中 国 国 家 标 准 汇 编

2011年修订-16

中国标准出版社　编

中国标准出版社

北　京

图书在版编目(CIP)数据

中国国家标准汇编:2011年修订.16/中国标准出版社编.—北京:中国标准出版社,2012
ISBN 978-7-5066-6944-3

Ⅰ.①中… Ⅱ.①中… Ⅲ.①国家标准-汇编-中国-2011 Ⅳ.①T-652.1

中国版本图书馆CIP数据核字(2012)第197794号

中国标准出版社出版发行
北京市朝阳区和平里西街甲2号(100013)
北京市西城区三里河北街16号(100045)

网址 www.spc.net.cn
总编室:(010)64275323 发行中心:(010)51780235
读者服务部:(010)68523946

中国标准出版社秦皇岛印刷厂印刷
各地新华书店经销

*

开本 880×1230 1/16 印张 37.75 字数 1130千字
2012年10月第一版 2012年10月第一次印刷

*

定价 220.00 元

出 版 说 明

1.《中国国家标准汇编》是一部大型综合性国家标准全集。自1983年起,按国家标准顺序号以精装本、平装本两种装帧形式陆续分册汇编出版。它在一定程度上反映了我国建国以来标准化事业发展的基本情况和主要成就,是各级标准化管理机构,工矿企事业单位,农林牧副渔系统,科研、设计、教学等部门必不可少的工具书。

2.《中国国家标准汇编》收入我国每年正式发布的全部国家标准,分为“制定”卷和“修订”卷两种编辑版本。

“制定”卷收入上一年度我国发布的、新制定的国家标准,顺延前年度标准编号分成若干分册,封面和书脊上注明“20××年制定”字样及分册号,分册号一直连续。各分册中的标准是按照标准编号顺序连续排列的,如有标准顺序号缺号的,除特殊情况注明外,暂为空号。

“修订”卷收入上一年度我国发布的、被修订的国家标准,视篇幅分设若干分册,但与“制定”卷分册号无关联,仅在封面和书脊上注明“20××年修订-1,-2,-3,……”字样。“修订”卷各分册中的标准,仍按标准编号顺序排列(但不连续);如有遗漏的,均在当年最后一分册中补齐。需提请读者注意的是,个别非顺延前年度标准编号的新制定的国家标准没有收入在“制定”卷中,而是收入在“修订”卷中。

读者配套购买《中国国家标准汇编》“制定”卷和“修订”卷则可收齐由我社出版的上一年度我国制定和修订的全部国家标准。

3. 由于读者需求的变化,自1996年起,《中国国家标准汇编》仅出版精装本。

4. 2011年我国制修订国家标准共1 989项。本分册为“2011年修订-16”,收入新制修订的国家标准36项。

中国标准出版社

2012年8月

目　录

ICS 47.020.01
U 07

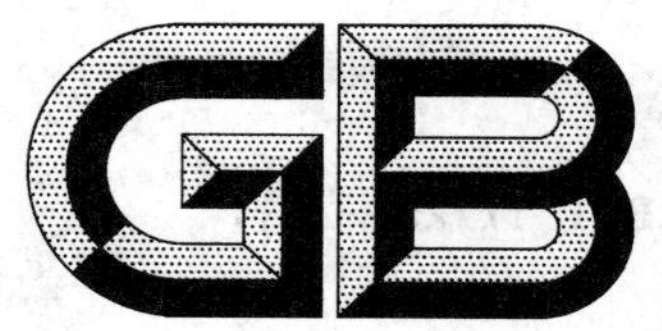

中华人民共和国国家标准

GB/T 17725—2011
代替 GB/T 17725—1999

造船 船体型线 船体几何元素的数字表示

Shipbuilding—Shiplines—Numerical representation of elements of the hull geometry

2011-12-30 发布 2012-06-01 实施

中华人民共和国国家质量监督检验检疫总局
中国国家标准化管理委员会 发布

前　言

本标准按照 GB/T 1.1—2009 给出的规划起草。

本标准代替 GB/T 17725—1999《造船　船体型线　船体几何元素的数字表示》，与 GB/T 17725—1999 相比，主要技术变化如下：

——增加了连续型线的有向半径-节点数字表示法(见 3.3.2)；

——增加了不连续型线的几何元素的数字表示法(见 3.4)。

本标准由中国船舶工业集团公司提出。

本标准由全国海洋船标准化技术委员会船舶基础分技术委员会(SAC/TC 12/SC 3)归口。

本标准负责起草单位：中国船舶工业集团公司第十一研究所。

本标准主要起草人：赵晶、陈之秋。

本标准所代替标准的历次版本发布情况为：

——GB/T 17725—1999。

造船　船体型线　船体几何元素的数字表示

1　范围

本标准规定了用数字形式表示船体型线的方法，以便于几何数据在不同的船体定义系统之间转换。所使用的数据格式由 GB/T 23304—2009 定义。

本标准适用于船体型线数字表示。

2　规范性引用文件

下列文件对于本文件的应用是必不可少的。凡是注日期的引用文件，仅注日期的版本适用于本文件。凡是不注日期的引用文件，其最新版本(包括所有的修改单)适用于本文件。

GB/T 23304—2009　造船　船体型线　格式和数据结构

3　型线的数字定义

3.1　概述

3.1.1　采用一系列相关的平面曲线作为定义船体型线的基础。对于非平面的型线则用其在正交平面上的投影线来定义。

3.1.2　用一组插值函数来定义船体型线。标准插值函数是直线和圆弧。

3.2　船体型线的定义

3.2.1　每一条型线由$(N-1)$条线段组成，每一条可以是直线段或者是圆弧，圆弧对应的圆心角α小于π。

3.2.2　连续船体型线由若干段首尾相接的圆弧和直线段组成。

3.2.3　不连续船体型线由若干段首尾不连接的线段组成，每段型线之间的不连续信息可用$-1E-8$和附加说明信息两种方式表示。

3.3　连续船体型线表示方法

3.3.1　圆心-节点数字表示法

3.3.1.1　圆心-节点数字表示法见图 1。

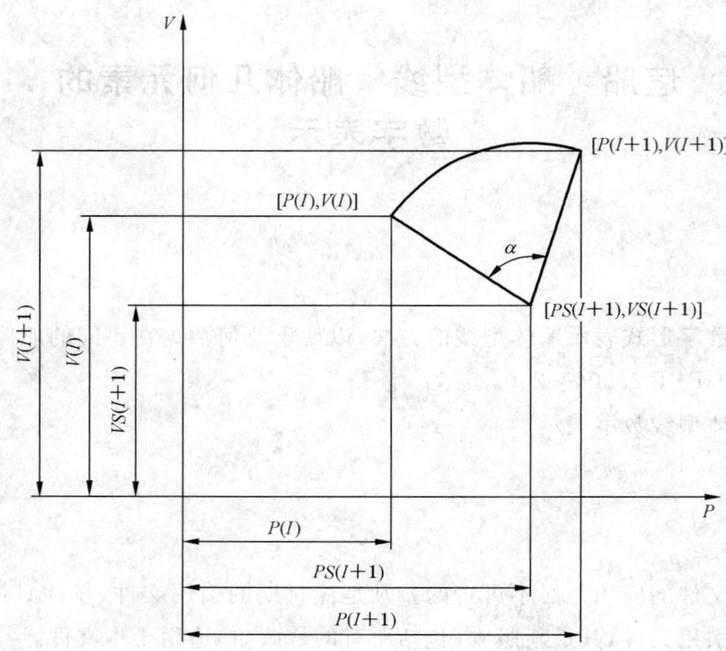

图 1　圆心-节点数字表示法

3.3.1.2　型线的数字描述可定义为：

DIM　$P(N), V(N), PS(N), VS(N)$

其中：

N 为一条型线上的点数($N \geqslant 2$)；

$P(I)$，$V(I)$分别表示第 I 点的横坐标和纵坐标，单位为毫米(mm)；

$PS(I+1)$，$VS(I+1)$分别表示第 I 段圆弧所对应的圆心的横坐标和纵坐标，单位为毫米(mm)；

$PS(1)$和 $VS(1)$无几何意义，可作其他用途。

3.3.1.3　型线上任意两个相邻点不应重叠，即满足公式(1)或公式(2)：

$$\mathrm{ABS}[P(I)-P(I+1)] \geqslant \varepsilon \qquad \cdots\cdots(1)$$

$$\mathrm{ABS}[V(I)-V(I+1)] \geqslant \varepsilon \qquad \cdots\cdots(2)$$

式中：

$I=1,2,\cdots(N-1)$；

ε 的值取决于数控绘图机和(或)切割机的允许偏差，ε 的标准值为 0.1 mm。

3.3.1.4　当 $\mathrm{ABS}[PS(I+1)] \geqslant MAX$ 时，第 I 段为直线段，此时 $VS(I+1)$对于第 I 段无几何意义，可作其他用途。

当 $\mathrm{ABS}[PS(I+1)] < MAX$ 时，第 I 段为圆弧，此时应用图 1 第 I 点和第 $I+1$ 点上的圆弧半径相等来定义 $PS(I+1)$和 $VS(I+1)$。即满足公式(3)：

$$\mathrm{ABS}\{\mathrm{SQRT}[[P(I+1)-PS(I+1)]^2+[V(I+1)-VS(I+1)]^2]- \mathrm{SQRT}[[P(I)-PS(I+1)]^2+[V(I)-VS(I+1)]^2]\} \leqslant \varepsilon \qquad \cdots\cdots(3)$$

式中：

MAX 的值应大于船体坐标的任意实际数值，MAX 的标准值为 100 000 000。

3.3.2　有向半径-节点数字表示法

3.3.2.1　有向半径-节点数字表示法见图 2。

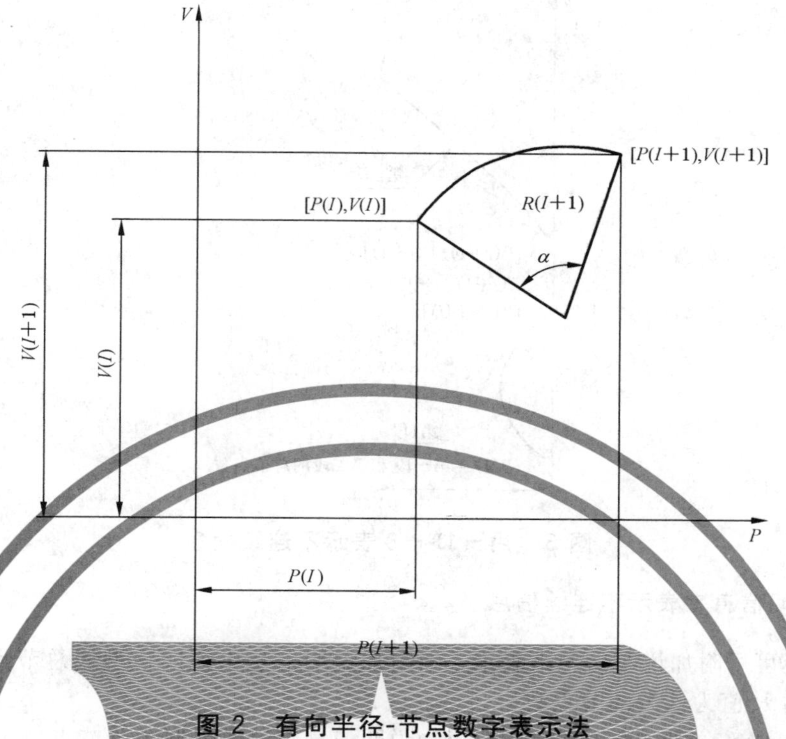

图 2 有向半径-节点数字表示法

3.3.2.2 型线的数字描述可定义为：

DIM $R(N)$，$P(N)$，$V(N)$

其中：

N 为一条型线上的点数（$N \geq 2$）；

$P(I)$、$V(I)$ 分别表示第 I 点的横坐标和纵坐标，单位为毫米（mm）；

$R(I+1)$ 为第 I 段线段所对应的有向半径，单位为毫米（mm）。

$R(1)$ 无几何意义，表示型线节点数 N。

3.3.2.3 当 $R(I+1)=0$ 时，第 I 段为直线段；当 $R(I+1) \neq 0$ 时，第 I 段为圆弧。若 $R(I+1)>0$，则该圆弧的走向为逆时针方向，若 $R(I+1)<0$，该圆弧的走向为顺时针方向。型线上任意两个相邻点不能重叠，即满足公式（1）或公式（2）。

3.4 不连续船体型线表示方法

3.4.1 用 −1E−8 表示不连续信息

不连续型线在线段不连续处用下一分段的 $R(I+1)=-1E-8$ 来连接。

例如：有两段不连续的曲线组成的型线，$R(1)$ 为型线的总节点数，型线不连续处用下一分段的 $R(I+1)=-1E-8$ 来连接，见图 3。在不连续的拼接段上插值，插值不是有效值。

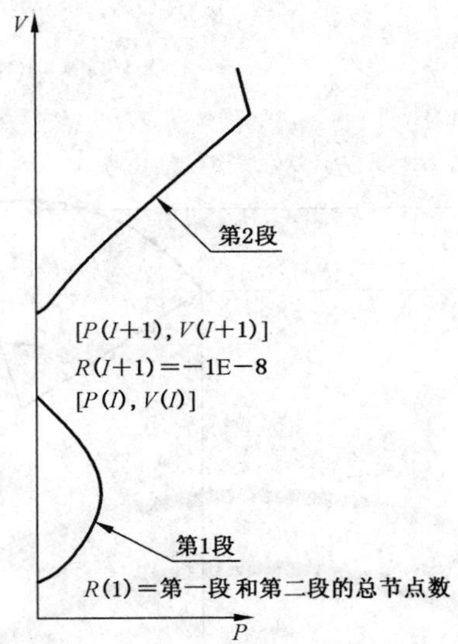

图 3　用−1E−8 表示不连续信息

3.4.2　用附加说明信息来表示不连续信息

不连续型线还可用附加说明信息来表示。在附加说明信息中说明该型线总节点数、组成段数。各不连续段的首点的 R 值为该段的节点数。

例如:对两段不连续的曲线组成的型线,附加说明信息应说明该型线总节点数为 $R(1)+R(I+1)$、组成曲线段数为 2。其中 $R(1)$ 指第 1 段线的节点数,$R(I+1)$ 指第 2 段线的节点数,见图 4。在不连续的拼接段上插值,插值不是有效值。

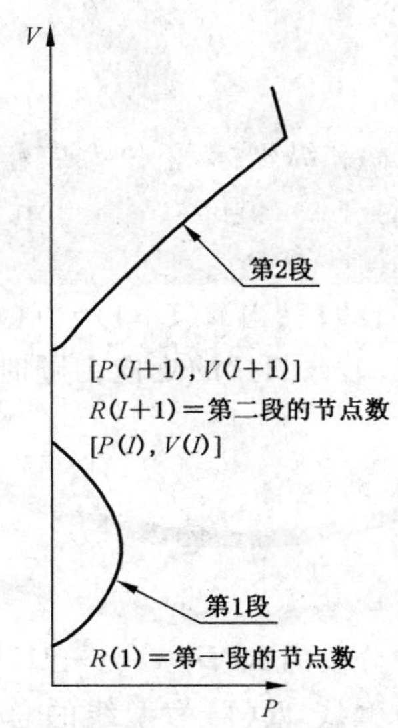

图 4　用附加说明信息来表示不连续信息

ICS 75.180.10
E 92

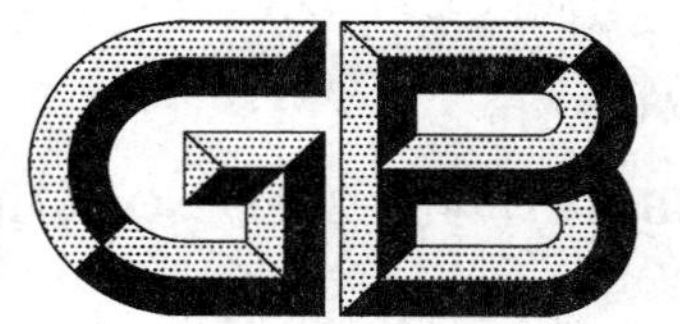

中华人民共和国国家标准

GB/T 17745—2011/ISO 10405:2000
代替 GB/T 17745—1999

石油天然气工业 套管和油管的维护与使用

Petroleum and natural gas industries—Care and use of casing and tubing

(ISO 10405:2000,IDT)

2011-07-20 发布 2011-10-01 实施

中华人民共和国国家质量监督检验检疫总局
中国国家标准化管理委员会 发布

前言

本标准按照 GB/T 1.1—2009 给出的规则起草。

本标准代替 GB/T 17745—1999《石油天然气工业　套管和油管的维护与使用》。

本标准与 GB/T 17745—1999 相比，主要技术变化如下：

——修订了部分数据；

——增加了针对套管和油管的失效问题而给出的失效报告；

——增加了易发生粘扣的双相不锈钢、镍基不锈钢套管和油管材料类型；

——明确了对装卸过程的要求；

——修订了部分术语。

本标准使用翻译法等同采用 ISO 10405:2000《石油天然气工业　套管和油管的维护与使用》。

该国际标准的引用标准，已经全部转化为我国标准，为了方便对外交流，同时也标注了对应的国际标准或 API 标准。

本标准由中国石油天然气集团公司提出。

本标准由全国石油天然气标准化技术委员会(SAC/TC 355)归口。

本标准起草单位：中国石油天然气集团公司管材研究所。

本标准主要起草人：林凯、王建军、申昭熙、刘文红、刘永刚、王建东、李磊。

石油天然气工业
套管和油管的维护与使用

1 范围

本标准给出了石油天然气工业用套管和油管的维护与使用指南。详细说明了套管、油管起下作业，包括通径、对扣、现场上扣、下入和联顶作业，同时也包含了套管和油管的故障原因以及运输、装卸、储存、检测和附件的现场焊接。

2 规范性引用文件

下列文件对于本文件的应用是必不可少的。凡是注日期的引用文件，仅注日期的版本适用于本文件。凡是不注日期的引用文件，其最新版本(包括所有的修改单)适用于本文件。

GB/T 5117 碳钢焊条

GB/T 9253.2 石油天然气工业 套管、油管和管线管螺纹的加工、测量和检验

GB/T 19830 石油天然气工业 油气井套管或油管用钢管(GB/T 19830—2005,ISO 11960:2001,IDT)

GB/T 20657 石油天然气工业 套管、油管、钻杆和管线管性能计算(GB/T 20657—2006,ISO 10400:1993,MOD)

GB/T 23512 石油天然气工业 套管、油管和管线管用螺纹脂的评价与试验(GB/T 23512—2009,ISO 13678:2000,IDT)

SY/T 6427 钻柱设计和操作限度的推荐做法

3 术语和定义

下列术语和定义适用于本文件。

3.1

应 shall

用于表示规定是要求性的。

3.2

宜 should

用于表示规定不是要求性的，而是推荐作为最佳作法。

3.3

可 may

用于表示规定是可选用的。

4 套管的起下作业

4.1 套管下井前的准备和检验

4.1.1 新套管应按 GB/T 19830 所规定的方法检验，且无有害缺陷。有些用户发现，这些检验方法并

不能检出套管的所有缺陷,以致不能满足少数条件苛刻的井的要求。因此,为保证高质量套管下入井内,建议在用户采用各种无损检验方法时考虑:

a) 熟悉本标准中规定的和各工厂所使用的检验方法,同时正确理解 GB/T 19830 中"缺陷"的定义。

b) 全面评价用户自己对套管所要采用的任一种无损检验方法,以保证检验能够正确指示缺陷位置,并能将缺陷与其他非缺陷信号区别开来。出现不真实"缺陷"的原因可能是、也往往是这些非缺陷信号。

4.1.2 所有的套管,不论是新的、旧的或修复的,其螺纹部位宜始终戴上螺纹保护器。任何时间,套管都宜放在无石块、砂子或污泥的台架上、木板上或金属板上。如不慎把套管拖入泥土中,应重新清洗螺纹,并按 4.1.7 要求处理后方能再用。

4.1.3 对长套管柱,推荐使用卡瓦式吊卡或超长卡瓦。卡盘和吊卡卡瓦宜保持洁净,并配合适当。卡盘应保持水平。

注:卡瓦和大钳的卡痕是有害的,宜使用各种措施,尽可能使这种损伤减少到最低限度。

4.1.4 如果使用接箍吊卡,仔细检查支承面:

a) 是否有不均匀磨损,因为这种磨损可导致接箍单侧提升,有接箍滑脱的危险。

b) 当载荷作用于接箍支承面时,负荷是否均匀分布。

4.1.5 检查卡盘和吊卡上的卡瓦,并注意使它们一起下放。否则,有可能使套管凹陷或严重的卡瓦咬伤。

4.1.6 特别是下长套管柱时,应维护卡瓦补心或卡瓦座,使之处于良好状态。选用的大钳可产生套管滑脱强度 1.5%的夹持力(滑脱强度计算见 GB/T 20657,若要采用 N·m 单位,按表 1 推荐扭矩的 150%)。检查大钳铰链销和铰链表面有无损伤。为避免大钳与套管咬合面上产生不均匀的载荷,尾绳要正确系在尾绳桩上,宜使之与大钳高度相同。尾绳的长度要适当,以保证施加在套管上的弯曲应力最低,并能使大钳进行全摆程移动。

表 1 8 牙圆螺纹套管的推荐上扣扭矩

外径		重量 (带螺纹和接箍) lb/ft	钢级	螺纹	扭矩	
mm	in				N·m	ft·lb
114.3	4.500	9.50	H-40	STC	1 040	770
114.3	4.500	9.50	J-55	STC	1 380	1 010
114.3	4.500	10.50	J-55	STC	1 790	1 320
114.3	4.500	11.60	J-55	STC	2 090	1 540
114.3	4.500	9.50	K-55	STC	1 520	1 120
114.3	4.500	10.50	K-55	STC	1 980	1 460
114.3	4.500	11.60	K-55	STC	2 310	1 700
114.3	4.500	11.60	J-55	LC	2 200	1 620
114.3	4.500	11.60	K-55	LC	2 430	1 800
114.3	4.500	11.60	C-75	LC	2 910	2 150
114.3	4.500	13.50	C-75	LC	3 530	2 600

表 1（续）

外径		重量（带螺纹和接箍）lb/ft	钢级	螺纹	扭矩	
mm	in				N・m	ft・lb
114.3	4.500	11.60	L-80	LC	3 030	2 230
114.3	4.500	13.50	L-80	LC	3 670	2 710
114.3	4.500	11.60	N-80	LC	3 090	2 280
114.3	4.500	13.50	N-80	LC	3 740	2 760
114.3	4.500	11.60	C-90	LC	3 320	2 450
114.3	4.500	13.50	C-90	LC	4 030	2 970
114.3	4.500	11.60	C-95	LC	3 500	2 580
114.3	4.500	13.50	C-95	LC	4 240	3 130
114.3	4.500	11.60	P-110	LC	4 100	3 020
114.3	4.500	13.50	P-110	LC	4 960	3 660
114.3	4.500	15.10	P-110	LC	5 960	4 400
114.3	4.500	15.10	Q-125	LC	6 650	4 910
127.0	5.000	11.50	J-55	STC	1 810	1 330
127.0	5.000	13.00	J-55	STC	2 290	1 690
127.0	5.000	15.00	J-55	STC	2 800	2 070
127.0	5.000	11.50	K-55	STC	1 990	1 470
127.0	5.000	13.00	K-55	STC	2 520	1 860
127.0	5.000	15.00	K-55	STC	3 090	2 280
127.0	5.000	13.00	J-55	LC	2 470	1 820
127.0	5.000	15.00	J-55	LC	3 020	2 230
127.0	5.000	13.00	K-55	LC	2 730	2 010
127.0	5.000	15.00	K-55	LC	3 340	2 460
127.0	5.000	15.00	C-75	LC	4 010	2 960
127.0	5.000	18.00	C-75	LC	5 110	3 770
127.0	5.000	21.40	C-75	LC	6 320	4 660
127.0	5.000	24.10	C-75	LC	7 310	5 390
127.0	5.000	15.00	L-80	LC	4 170	3 080
127.0	5.000	18.00	L-80	LC	5 320	3 930
127.0	5.000	21.40	L-80	LC	6 590	4 860
127.0	5.000	24.10	L-80	LC	7 610	5 610
127.0	5.000	15.00	N-80	LC	4 250	3 140
127.0	5.000	18.00	N-80	LC	5 420	4 000

表 1（续）

外径		重量（带螺纹和接箍）lb/ft	钢级	螺纹	扭矩	
mm	in				N·m	ft·lb
127.0	5.000	21.40	N-80	LC	6 710	4 950
127.0	5.000	24.10	N-80	LC	7 760	5 720
127.0	5.000	15.00	C-90	LC	4 590	3 380
127.0	5.000	18.00	C-90	LC	5 850	4 310
127.0	5.000	21.40	C-90	LC	7 240	5 340
127.0	5.000	23.20	C-90	LC	7 980	5 880
127.0	5.000	24.10	C-90	LC	8 370	6 170
127.0	5.000	15.00	C-95	LC	4 830	3 560
127.0	5.000	18.00	C-95	LC	6 160	4 550
127.0	5.000	21.40	C-95	LC	7 630	5 620
127.0	5.000	24.10	C-95	LC	8 810	6 500
127.0	5.000	15.00	P-110	LC	5 650	4 170
127.0	5.000	18.00	P-110	LC	7 200	5 310
127.0	5.000	21.40	P-110	LC	8 920	6 580
127.0	5.000	24.10	P-110	LC	10 300	7 600
127.0	5.000	18.00	Q-125	LC	8 040	5 930
127.0	5.000	21.40	Q-125	LC	9 950	7 340
127.0	5.000	23.20	Q-125	LC	10 970	8 090
127.0	5.000	24.10	Q-125	LC	11 510	8 490
139.7	5.500	14.00	H-40	STC	1 760	1 300
139.7	5.500	14.00	J-55	STC	2 330	1 720
139.7	5.500	15.50	J-55	STC	2 730	2 020
139.7	5.500	17.00	J-55	STC	3 110	2 290
139.7	5.500	14.00	K-55	STC	2 560	1 890
139.7	5.500	15.50	K-55	STC	3 000	2 220
139.7	5.500	17.00	K-55	STC	3 410	2 520
139.7	5.500	15.50	J-55	LC	2 940	2 170
139.7	5.500	17.00	J-55	LC	3 340	2 470
139.7	5.500	15.50	K-55	LC	3 240	2 390
139.7	5.500	17.00	K-55	LC	3 680	2 720
139.7	5.500	17.00	C-75	LC	4 440	3 270
139.7	5.500	20.00	C-75	LC	5 460	4 030
139.7	5.500	23.00	C-75	LC	6 410	4 730

表 1（续）

外径		重量（带螺纹和接箍）lb/ft	钢级	螺纹	扭矩	
mm	in				N·m	ft·lb
139.7	5.500	17.00	L-80	LC	4 630	3 410
139.7	5.500	20.00	L-80	LC	5 700	4 200
139.7	5.500	23.00	L-80	LC	6 690	4 930
139.7	5.500	17.00	N-80	LC	4 710	3 480
139.7	5.500	20.00	N-80	LC	5 800	4 280
139.7	5.500	23.00	N-80	LC	6 810	5 020
139.7	5.500	17.00	C-90	LC	5 090	3 750
139.7	5.500	20.00	C-90	LC	6 270	4 620
139.7	5.500	23.00	C-90	LC	7 360	5 430
139.7	5.500	17.00	C-95	LC	5 360	3 960
139.7	5.500	20.00	C-95	LC	6 600	4 870
139.7	5.500	23.00	C-95	LC	7 750	5 720
139.7	5.500	17.00	P-110	LC	6 270	4 620
139.7	5.500	20.00	P-110	LC	7 720	5 690
139.7	5.500	23.00	P-110	LC	9 060	6 680
139.7	5.500	23.00	Q-125	LC	10 120	7 470
168.3	6.625	20.00	H-40	STC	2 490	1 840
168.3	6.625	20.00	J-55	STC	3 320	2 450
168.3	6.625	24.00	J-55	STC	4 250	3 140
168.3	6.625	20.00	K-55	STC	3 620	2 670
168.3	6.625	24.00	K-55	STC	4 640	3 420
168.3	6.625	20.00	J-55	LC	3 600	2 660
168.3	6.625	24.00	J-55	LC	4 620	3 400
168.3	6.625	20.00	K-55	LC	3 940	2 900
168.3	6.625	24.00	K-55	LC	5 050	3 720
168.3	6.625	24.00	C-75	LC	6 140	4 530
168.3	6.625	28.00	C-75	LC	7 480	5 520
168.3	6.625	32.00	C-75	LC	8 650	6 380
168.3	6.625	24.00	L-80	LC	6 410	4 730
168.3	6.625	28.00	L-80	LC	7 810	5 760
168.3	6.625	32.00	L-80	LC	9 030	6 660

表 1（续）

外径		重量（带螺纹和接箍）lb/ft	钢级	螺纹	扭矩	
mm	in				N·m	ft·lb
168.3	6.625	24.00	N-80	LC	6 520	4 810
168.3	6.625	28.00	N-80	LC	7 940	5 860
168.3	6.625	32.00	N-80	LC	9 190	6 780
168.3	6.625	24.00	C-90	LC	7 060	5 210
168.3	6.625	28.00	C-90	LC	8 610	6 350
168.3	6.625	32.00	C-90	LC	9 950	7 340
168.3	6.625	24.00	C-95	LC	7 440	5 490
168.3	6.625	28.00	C-95	LC	9 070	6 690
168.3	6.625	32.00	C-95	LC	10 490	7 740
168.3	6.625	24.00	P-110	LC	8 690	6 410
168.3	6.625	28.00	P-110	LC	10 590	7 810
168.3	6.625	32.00	P-110	LC	12 250	9 040
168.3	6.625	32.00	Q-125	LC	13 710	10 110
177.8	7.000	17.00	H-40	STC	1 650	1 220
177.8	7.000	20.00	H-40	STC	2 380	1 760
177.8	7.000	20.00	J-55	STC	3 170	2 340
177.8	7.000	23.00	J-55	STC	3 850	2 840
177.8	7.000	26.00	J-55	STC	4 530	3 340
177.8	7.000	20.00	K-55	STC	3 450	2 540
177.8	7.000	23.00	K-55	STC	4 190	3 090
177.8	7.000	26.00	K-55	STC	4 930	3 640
177.8	7.000	23.00	J-55	LC	4 240	3 130
177.8	7.000	26.00	J-55	LC	4 980	3 670
177.8	7.000	23.00	K-55	LC	4 630	3 410
177.8	7.000	26.00	K-55	LC	5 440	4 010
177.8	7.000	23.00	C-75	LC	5 640	4 160
177.8	7.000	26.00	C-75	LC	6 630	4 890
177.8	7.000	29.00	C-75	LC	7 620	5 620
177.8	7.000	32.00	C-75	LC	8 580	6 330
177.8	7.000	35.00	C-75	LC	9 530	7 030
177.8	7.000	38.00	C-75	LC	10 400	7 670
177.8	7.000	23.00	L-80	LC	5 890	4 350

表 1（续）

外径		重量（带螺纹和接箍）	钢级	螺纹	扭矩	
mm	in	lb/ft			N·m	ft·lb
177.8	7.000	26.00	L-80	LC	6 930	5 110
177.8	7.000	29.00	L-80	LC	7 960	5 870
177.8	7.000	32.00	L-80	LC	8 970	6 610
177.8	7.000	35.00	L-80	LC	9 950	7 340
177.8	7.000	38.00	L-80	LC	10 860	8 010
177.8	7.000	23.00	N-80	LC	5 990	4 420
177.8	7.000	26.00	N-80	LC	7 040	5 190
177.8	7.000	29.00	N-80	LC	8 100	5 970
177.8	7.000	32.00	N-80	LC	9 110	6 720
177.8	7.000	35.00	N-80	LC	10 120	7 460
177.8	7.000	38.00	N-80	LC	11 040	8 140
177.8	7.000	23.00	C-90	LC	6 500	4 790
177.8	7.000	26.00	C-90	LC	7 630	5 630
177.8	7.000	29.00	C-90	LC	8 780	6 480
177.8	7.000	32.00	C-90	LC	9 880	7 290
177.8	7.000	35.00	C-90	LC	10 970	8 090
177.8	7.000	38.00	C-90	LC	11 970	8 830
177.8	7.000	23.00	C-95	LC	6 850	5 050
177.8	7.000	26.00	C-95	LC	8 050	5 930
177.8	7.000	29.00	C-95	LC	9 250	6 830
177.8	7.000	32.00	C-95	LC	10 420	7 680
177.8	7.000	35.00	C-95	LC	11 560	8 530
177.8	7.000	38.00	C-95	LC	12 620	9 310
177.8	7.000	26.00	P-110	LC	9 390	6 930
177.8	7.000	29.00	P-110	LC	10 800	7 970
177.8	7.000	32.00	P-110	LC	12 160	8 970
177.8	7.000	35.00	P-110	LC	13 500	9 960
177.8	7.000	38.00	P-110	LC	14 730	10 870
177.8	7.000	35.00	Q-125	LC	15 110	11 150
177.8	7.000	38.00	Q-125	LC	16 490	12 160
193.7	7.625	24.00	H-40	STC	2 870	2 120
193.7	7.625	26.40	J-55	STC	4 270	3 150
193.7	7.625	26.40	K-55	STC	4 640	3 420
193.7	7.625	26.40	J-55	LC	4 690	3 460

表 1（续）

外径		重量（带螺纹和接箍）lb/ft	钢级	螺纹	扭矩	
mm	in				N·m	ft·lb
193.7	7.625	26.40	K-55	LC	5 110	3 770
193.7	7.625	26.40	C-75	LC	6 250	4 610
193.7	7.625	29.70	C-75	LC	7 340	5 420
193.7	7.625	33.70	C-75	LC	8 610	6 350
193.7	7.625	39.00	C-75	LC	10 190	7 510
193.7	7.625	42.80	C-75	LC	11 560	8 520
193.7	7.625	47.10	C-75	LC	12 920	9 530
193.7	7.625	26.40	L-80	LC	6 530	4 820
193.7	7.625	29.70	L-80	LC	7 680	5 670
193.7	7.625	33.70	L-80	LC	9 000	6 640
193.7	7.625	39.00	L-80	LC	10 650	7 860
193.7	7.625	42.80	L-80	LC	12 090	8 910
193.7	7.625	47.10	L-80	LC	13 520	9 970
193.7	7.625	26.40	N-80	LC	6 640	4 900
193.7	7.625	29.70	N-80	LC	7 800	5 750
193.7	7.625	33.70	N-80	LC	9 140	6 740
193.7	7.625	39.00	N-80	LC	10 820	7 980
193.7	7.625	42.80	N-80	LC	12 280	9 060
193.7	7.625	47.10	N-80	LC	13 730	10 130
193.7	7.625	26.40	C-90	LC	7 210	5 320
193.7	7.625	29.70	C-90	LC	8 470	6 250
193.7	7.625	33.70	C-90	LC	9 930	7 330
193.7	7.625	39.00	C-90	LC	11 750	8 670
193.7	7.625	42.80	C-90	LC	13 330	9 840
193.7	7.625	45.30	C-90	LC	14 160	10 450
193.7	7.625	47.10	C-90	LC	14 910	11 000
193.7	7.625	26.40	C-95	LC	7 600	5 600
193.7	7.625	29.70	C-95	LC	8 930	6 590
193.7	7.625	33.70	C-95	LC	10 470	7 720
193.7	7.625	39.00	C-95	LC	12 390	9 140
193.7	7.625	42.80	C-95	LC	14 050	10 370
193.7	7.625	47.10	C-95	LC	15 720	11 590
193.7	7.625	29.70	P-110	LC	10 420	7 690
193.7	7.625	33.70	P-110	LC	12 220	9 010
193.7	7.625	39.00	P-110	LC	14 460	10 660
193.7	7.625	42.80	P-110	LC	16 400	12 100
193.7	7.625	47.10	P-110	LC	18 340	13 530

表 1（续）

外径		重量（带螺纹和接箍）lb/ft	钢级	螺纹	扭矩	
mm	in				N·m	ft·lb
193.7	7.625	39.00	Q-125	LC	16 190	11 940
193.7	7.625	42.80	Q-125	LC	18 370	13 550
193.7	7.625	45.30	Q-125	LC	19 520	14 390
193.7	7.625	47.10	Q-125	LC	20 540	15 150
219.1	8.625	28.00	H-40	STC	3 150	2 330
219.1	8.625	32.00	H-40	STC	3 780	2 790
219.1	8.625	24.00	J-55	STC	3 310	2 440
219.1	8.625	32.00	J-55	STC	5 050	3 720
219.1	8.625	36.00	J-55	STC	5 880	4 340
219.1	8.625	24.00	K-55	STC	3 570	2 630
219.1	8.625	32.00	K-55	STC	5 460	4 020
219.1	8.625	36.00	K-55	STC	6 350	4 680
219.1	8.625	32.00	J-55	LC	5 660	4 170
219.1	8.625	36.00	J-55	LC	6 590	4 860
219.1	8.625	32.00	K-55	LC	6 130	4 520
219.1	8.625	36.00	K-55	LC	7 140	5 260
219.1	8.625	36.00	C-75	LC	8 780	6 480
219.1	8.625	40.00	C-75	LC	10 060	7 420
219.1	8.625	44.00	C-75	LC	11 310	8 340
219.1	8.625	49.00	C-75	LC	12 730	9 390
219.1	8.625	36.00	L-80	LC	9 190	6 780
219.1	8.625	40.00	L-80	LC	10 530	7 760
219.1	8.625	44.00	L-80	LC	11 840	8 740
219.1	8.625	49.00	L-80	LC	13 320	9 830
219.1	8.625	36.00	N-80	LC	9 330	6 880
219.1	8.625	40.00	N-80	LC	10 680	7 880
219.1	8.625	44.00	N-80	LC	12 020	8 870
219.1	8.625	49.00	N-80	LC	13 520	9 970
219.1	8.625	36.00	C-90	LC	10 150	7 490
219.1	8.625	40.00	C-90	LC	11 630	8 580
219.1	8.625	44.00	C-90	LC	13 080	9 650
219.1	8.625	49.00	C-90	LC	14 710	10 850
219.1	8.625	36.00	C-95	LC	10 700	7 890

表 1（续）

外径		重量（带螺纹和接箍）lb/ft	钢级	螺纹	扭矩	
mm	in				N·m	ft·lb
219.1	8.625	40.00	C-95	LC	12 260	9 040
219.1	8.625	44.00	C-95	LC	13 790	10 170
219.1	8.625	49.00	C-95	LC	15 510	11 440
219.1	8.625	40.00	P-110	LC	14 300	10 550
219.1	8.625	44.00	P-110	LC	16 090	11 860
219.1	8.625	49.00	P-110	LC	18 100	13 350
219.1	8.625	49.00	Q-125	LC	20 280	14 960
244.5	9.625	32.30	H-40	STC	3 440	2 540
244.5	9.625	36.00	H-40	STC	3 990	2 940
244.5	9.625	36.00	J-55	STC	5 340	3 940
244.5	9.625	40.00	J-55	STC	6 120	4 520
244.5	9.625	36.00	K-55	STC	5 740	4 230
244.5	9.625	40.00	K-55	STC	6 590	4 860
244.5	9.625	36.00	J-55	LC	6 140	4 530
244.5	9.625	40.00	J-55	LC	7 050	5 200
244.5	9.625	36.00	K-55	LC	6 630	4 890
244.5	9.625	40.00	K-55	LC	7 610	5 610
244.5	9.625	40.00	C-75	LC	9 410	6 940
244.5	9.625	43.50	C-75	LC	10 530	7 760
244.5	9.625	47.00	C-75	LC	11 550	8 520
244.5	9.625	53.50	C-75	LC	13 540	9 990
244.5	9.625	40.00	L-80	LC	9 860	7 270
244.5	9.625	43.50	L-80	LC	11 030	8 130
244.5	9.625	47.00	L-80	LC	12 100	8 930
244.5	9.625	53.50	L-80	LC	14 190	10 470
244.5	9.625	40.00	N-80	LC	10 000	7 370
244.5	9.625	53.50	N-80	LC	11 190	8 250
244.5	9.625	47.00	N-80	LC	12 270	9 050
244.5	9.625	53.50	N-80	LC	14 390	10 620
244.5	9.625	40.00	C-90	LC	10 900	8 040
244.5	9.625	43.50	C-90	LC	12 190	8 990
244.5	9.625	47.00	C-90	LC	13 380	9 870

表 1（续）

外径		重量（带螺纹和接箍）lb/ft	钢级	螺纹	扭矩	
mm	in				N·m	ft·lb
244.5	9.625	53.50	C-90	LC	15 690	11 570
244.5	9.625	40.00	C-95	LC	11 490	8 470
244.5	9.625	43.50	C-95	LC	12 850	9 480
244.5	9.625	47.00	C-95	LC	14 100	10 400
244.5	9.625	53.50	C-95	LC	16 540	12 200
244.5	9.625	43.50	P-110	LC	14 980	11 050
244.5	9.625	47.00	P-110	LC	16 440	12 130
244.5	9.625	53.50	P-110	LC	19 280	14 220
244.5	9.625	47.00	Q-125	LC	18 440	13 600
244.5	9.625	53.50	Q-125	LC	21 620	15 950
273.1	10.750	32.75	H-40	STC	2 790	2 050
273.1	10.750	40.50	H-40	STC	4 250	3 140
273.1	10.750	40.50	J-55	STC	5 700	4 200
273.1	10.750	45.55	J-55	STC	6 680	4 930
273.1	10.750	51.00	J-55	STC	7 660	5 650
273.1	10.750	40.50	K-55	STC	6 100	4 500
273.1	10.750	45.55	K-55	STC	7 160	5 280
273.1	10.750	51.00	K-55	STC	8 210	6 060
273.1	10.750	51.00	C-75	STC	10 250	7 560
273.1	10.750	55.50	C-75	STC	11 420	8 420
273.1	10.750	51.00	L-75	STC	10 760	7 940
273.1	10.750	55.50	L-75	STC	11 990	8 840
273.1	10.750	51.00	N-80	STC	10 900	8 040
273.1	10.750	55.50	N-80	STC	12 140	8 950
273.1	10.750	51.00	C-90	STC	11 920	8 790
273.1	10.750	55.50	C-90	STC	13 270	9 790
273.1	10.750	51.00	C-95	STC	12 560	9 270
273.1	10.750	55.50	C-95	STC	13 990	10 320
273.1	10.750	51.00	P-110	STC	14 630	10 790
273.1	0.750	55.50	P-110	STC	16 300	12 020
273.1	10.750	60.70	P-110	STC	18 130	13 370

表 1（续）

外径		重量（带螺纹和接箍）lb/ft	钢级	螺纹	扭矩	
mm	in				N·m	ft·lb
273.1	10.750	65.70	P-110	STC	19 950	14 710
273.1	10.750	60.70	Q-125	STC	20 360	15 020
273.1	10.750	65.70	Q-125	STC	22 400	16 520
298.5	11.750	42.00	H-40	STC	4 170	3 070
298.5	11.750	47.00	J-55	STC	6 460	4 770
298.5	11.750	54.00	J-55	STC	7 700	5 680
298.5	11.750	60.00	J-55	STC	8 800	6 490
298.5	11.750	47.00	K-55	STC	6 900	5 090
298.5	11.750	54.00	K-55	STC	8 220	6 060
298.5	11.750	60.00	K-55	STC	9 400	6 930
298.5	11.750	60.00	C-75	STC	11 780	8 690
298.5	11.750	60.00	L-80	STC	12 370	9 130
298.5	11.750	60.00	N-80	STC	12 520	9 240
298.5	11.750	60.00	C-90	STC	13 710	10 110
298.5	11.750	60.00	C-95	STC	14 460	10 660
298.5	11.750	60.00	P-110	STC	16 830	12 420
298.5	11.750	60.00	Q-125	STC	18 920	13 950
339.7	13.375	48.00	H-40	STC	4 370	3 220
339.7	13.375	54.50	J-55	STC	6 970	5 140
339.7	13.375	61.00	J-55	STC	8 070	5 950
339.7	13.375	68.00	J-55	STC	9 160	6 750
339.7	13.375	54.50	K-55	STC	7 410	5 470
339.7	13.375	61.00	K-55	STC	8 580	6 330
339.7	13.375	68.00	K-55	STC	9 740	7 180
339.7	13.375	68.00	C-75	STC	12 280	9 060
339.7	13.375	72.00	C-75	STC	13 260	9 780
339.7	13.375	68.00	L-80	STC	12 910	9 520
339.7	13.375	72.00	L-80	STC	13 950	10 290

表 1（续）

外径		重量（带螺纹和接箍）	钢级	螺纹	扭矩	
mm	in	lb/ft			N·m	ft·lb
339.7	13.375	68.00	N-80	STC	13 060	9 630
339.7	13.375	72.00	N-80	STC	14 110	10 400
339.7	13.375	68.00	C-90	STC	14 330	10 570
339.7	13.375	72.00	C-90	STC	15 480	11 420
339.7	13.375	68.00	C-95	STC	15 110	11 140
339.7	13.375	72.00	C-95	STC	16 320	12 040
339.7	13.375	68.00	P-110	STC	17 580	12 970
339.7	13.375	72.00	P-110	STC	18 990	14 010
339.7	13.375	72.00	Q-125	STC	21 370	15 770
406.4	16.00	65.00	H-40	STC	5 950	4 390
406.4	16.00	75.00	J-55	STC	9 630	7 100
406.4	16.00	84.00	J-55	STC	11 080	8 170
406.4	16.00	75.00	K-55	STC	10 190	7 520
406.4	16.00	84.00	K-55	STC	11 730	8 650
473.0	18.625	87.50	H-40	STC	7 580	5 590
473.0	18.625	87.50	J-55	STC	10 220	7 540
473.0	18.625	87.50	K-55	STC	10 770	7 940
508.0	20.000	94.00	H-40	STC	7 870	5 810
508.0	20.000	94.00	J-55	STC	10 620	7 830
508.0	20.000	106.50	J-55	STC	12 370	9 130
508.0	20.000	133.00	J-55	STC	16 160	11 920
508.0	20.000	94.00	K-55	STC	11 160	8 230
508.0	20.000	106.50	K-55	STC	13 000	9 590
508.0	20.000	133.00	K-55	STC	16 980	12 520
508.0	20.000	94.00	J-55	LC	12 290	9 070
508.0	20.000	106.50	J-55	LC	14 320	10 560
508.0	20.000	133.00	J-55	LC	18 700	13 790
508.0	20.000	94.00	K-55	LC	12 950	9 550
508.0	20.000	106.50	K-55	LC	15 090	11 130
508.0	20.000	133.00	K-55	LC	19 700	14 530

注 1：推荐根据位置，而不是扭矩进行上扣（见 4.4.1 和 4.4.2）。

注 2：正常环境下，对于不大于 339.7 mm（13⅜ in）的套管，表中扭矩值的±25％变化量可以接受。

4.1.7 套管螺纹准备上扣前,应采取下列措施:

a) 套管即将使用前,卸下套管两端的螺纹保护器,彻底清洗螺纹。

b) 仔细检查螺纹。若发现螺纹有损坏,即便是轻微损伤,也应挑出,除非有很好的措施修复螺纹。

c) 套管使用前,应测量每根套管的长度。测量时使用精度为3.0 mm(0.01 ft)以内的钢卷尺。从接箍(或内螺纹接头)最外端面测量到外螺纹接头端指定位置。该位置是当机紧接头时,接箍(或内螺纹接头)终止的地方。在圆螺纹套管接头上,该位置是套管螺纹消失的平面;在偏梯形螺纹套管上,该位置是三角标记的底线;在直连型套管上,该位置是外螺纹端的台肩面。这样,测量的各根套管的长度总和代表套管柱的自然长度(无载荷时的长度)。对在井眼中处于拉伸状态下套管的实际长度,可从相关手册中查到。

d) 上扣前检查每个接箍,如果外露螺纹异常,则检查接箍是否装紧。在彻底清洗螺纹以后、套管提升到钻台上之前,上紧所有松动的接箍,并在整个螺纹表面涂上新螺纹脂。

e) 在套管螺纹对扣前,内、外螺纹整个表面都涂上螺纹脂。推荐使用符合GB/T 23512规定的螺纹脂,但遇到条件苛刻的特殊情况时,推荐使用GB/T 23512规定的高压硅酮螺纹脂。

f) 在套管端部戴上干净的螺纹保护器,以免套管在管架上滚动和提升到钻台上时螺纹受损伤。可以准备几个干净的螺纹保护器,以便反复使用。

g) 如果要下入混合管柱,需确认所有的套管是否容易进入管架。

h) 对作为受拉和提升构件使用的连接管,应认真检查螺纹性能,以保证连接管安全地承受载荷。

i) 对短节和连接管上扣时,应仔细检查,以保证配对螺纹的尺寸和类型相互一致。

4.2 套管通径检查

4.2.1 每根套管下井前,用符合GB/T 19830的通径规进行全长通径检验。通径检验不合格的套管不应使用。

4.2.2 摆放或滚动每根套管时,防止落下管架。要避免套管碰撞钻台或其他设备的任何部位。在钻台入口处备有缓冲绳。对于混合的或无标记的管柱,当沿滑道搬运套管提上钻台前,应用通径规或"通径检查器"穿过每根管子进行检查,以免下入长度过长或内径小于要求的套管柱。

4.3 螺纹对扣、上扣和下放

4.3.1 在准备螺纹对扣以前,套管端部的螺纹保护器不得卸下。

4.3.2 在螺纹对扣之前,对螺纹整个表面涂抹螺纹脂。用于涂抹螺纹脂的刷子或用具不宜有异物。同时,螺纹脂不应稀释。

4.3.3 螺纹对扣时,小心下放套管,以免损伤螺纹。要垂直对扣,应有人站在旁边协助。螺纹对扣后,如套管柱向一侧倾斜,则提起来,清洗、检查,如有损伤则用三角锉刀修复损伤的螺纹,然后仔细清除任何锉屑,并在螺纹表面重新涂上螺纹脂。螺纹对好扣后,首先很缓慢地转动套管,以保证螺纹正常啮合,不发生错位。如果使用猫头绳,宜紧靠接箍缠绕。

注:4.3.4、4.4.1中套管上扣的推荐做法为使用动力大钳。使用猫头绳和普通大钳进行套管上扣的推荐作法见4.4.2。

4.3.4 使用动力大钳对套管上扣时,需要对每种规格、重量和钢级的套管规定出推荐的扭矩值。早期的研究和试验结果表明,扭矩值受许多参数的影响,如锥度、螺距、齿高、齿型、螺纹表面粗糙度、螺纹脂种类、螺纹长度、套管重量和钢级等等。这些参数,不论单独作用或复合作用,都将影响扭矩值和上扣位置的关系,因此必须考虑所采用的扭矩和上扣位置。由于GB/T 20657中关于接头滑脱强度公式包括了几种影响扭矩的参数,因此,研究了一种修正过的公式来确定扭矩值。试验发现,按计算滑脱强度值的1%得出的扭矩值,与使用GB/T 23512改进型螺纹脂在井场进行试验得出的扭矩值相差不大。使用不同于GB/T 23512改进型螺纹脂的其他螺纹脂,扭矩会不同。因此,这种方法被用来确定表1和表2

所列的上扣扭矩值。全部数值圆整到 10 N·m(10 ft·lb)。由于某些连接在扭矩要求方面还存在更多的变化因素,这些值应认为只是一种推荐值。正因为这一点,有必要将 4.4 中提出的套管现场上扣位置与扭矩联系起来。表 1 所列的扭矩值适用于带镀锌或磷化处理的接箍的套管。当用镀锡接箍连接上扣时,表中所列值的 80%可以作为推荐值,但表中所列扭矩值不适用于带聚四氟乙烯(PTFE)密封环的接箍上扣。当带聚四氟乙烯密封环的圆螺纹管子接头上扣时,表中所列值的 70%作为上扣扭矩值的推荐值。带聚四氟乙烯密封环的偏梯形管子接头,可以采用不同于标准偏梯形螺纹的扭矩值上扣。

注:对于有些材料(如马氏体不锈钢、9Cr 和 13Cr、双相不锈钢和镍基不锈钢),在移动、对扣、上卸扣时易发生粘扣。预防螺纹粘扣主要有两个方面:一是在制造时,对螺纹表面进行处理和精加工;二是在起下时,小心操作。螺纹和螺纹脂必须洁净。应避免在水平位置组装。在缓慢地进行机紧以前,宜用手工上紧到手紧位置。卸开时,其程序相反。

表 2 直连型套管的扭矩值

外径 in	扭矩/(ft·lb)			
	J55、K55	C75、L80、N80、C90	C95、P110	Q125
5.000	2 700	3 200	3 700	4 200
5.500	2 700	3 200	3 700	4 200
6.625	3 200	3 700	4 200	4 700
7.000	3 200	3 700	4 200	4 700
7.625	3 700	4 200	4 700	5 200
8.625	4 200	4 700	5 200	5 700
9.625	4 700	5 200	6 200	6 700
外径 mm	扭矩/(N·m)			
	J55、K55	C75、L80、N80、C90	C95、P110	Q125
127.0	3 660	4 340	5 020	5 690
139.7	3 660	4 340	5 020	5 690
168.3	4 340	5 020	5 690	6 370
177.8	4 340	5 020	5 690	6 370
193.7	5 020	5 690	6 370	7 050
219.1	5 690	6 370	7 050	7 730
244.5	6 780	7 050	8 410	9 080

注 1:使用上面所列的扭矩时,同时近距离目测检查台肩的接近程度,以避免内螺纹过度膨胀。

注 2:外台肩不是密封面,仅作为制动之用。

注 3:若内螺纹接头不发生膨胀,在某些情况下可采用比本表所列更大的扭矩值。

注 4:当扭矩较高而引起的轴向拉伸应力增加时,可能超过硫化物服役环境的要求。

注 5:当采用最大扭矩时,台肩面仍未接触,则按 4.4.3 处理。

注 6:因缺乏数据,未提供 273.1 mm(10¾ in)管子的推荐上扣扭矩值。

4.4 现场上扣

4.4.1 下面是套管现场上扣的推荐作法。

a) 外径为(114~340)mm(4½ in~13⅜ in)的圆螺纹套管

1) 从每个工厂运来的套管进入井场前，建议对足够数量的接头进行上扣试验，以确定正常上扣所需扭矩。超过手紧位置的旋转圈数见4.4.2。这些值可能与表1中推荐的扭矩值有出入。如果选择其他扭矩值，最小扭矩不宜低于所选扭矩值的75%，最大扭矩也不宜大于所选扭矩值的125%。

2) 动力大钳上宜装配一个已知精度的可靠扭矩表。在上扣的初始阶段，注意任何不正常的上扣情况或上扣速度，因为这些情况可以反映出错扣、污物、损伤或其他不利情况。为防止粘扣，在现场接头上扣速度不宜超过25 r/min。

3) 持续上扣，并观察扭矩和接箍端面相对于套管螺纹消失点的大体位置。

4) 表1所列的扭矩值是正常条件下的推荐上扣扭矩。如果上扣后，接箍端面与螺纹消失点齐平，或者正负两扣，此扭矩值是合理的。

5) 上扣时，如果螺纹消失点的覆盖量已超过两圈螺纹，而扭矩还未到表1所列扭矩值的75%，则该接头宜作为有问题的接头按照4.4.3处理。

6) 如果扭矩值已经达到所列扭矩值，而数圈螺纹还露在外面，则可加大扭矩继续上扣，达到表1所列的最大扭矩值的125%为止。如果已经达到此附加的扭矩，而紧密距（接箍端面距螺纹消失点的距离）仍大于3扣，则该接头宜作为有问题的接头按照4.4.3处理。

b) 外径为(114.3～508)mm(4½ in～20 in)的偏梯形螺纹套管

外径为(114.3～508)mm(4½ in～20 in)的偏梯形螺纹套管，仔细观察几根套管上扣到三角形标记底边的扭矩来确定所需的上扣扭矩，然后用此扭矩值权衡管柱中不同重量和钢级套管的扭矩值。

c) 外径为406 mm(16 in)、473 mm(18⅝ in)和508 mm(20 in)的圆螺纹套管

1) 外径为406 mm(16 in)、473 mm(18⅝ in)和508 mm(20 in)，应上扣到每个接头的螺纹消失点，或以表1推荐扭矩值的75%确定的三角标记底边。

在8牙圆螺纹套管上距端部L4＋1.6 mm处，打印一个9.5 mm的等边三角形标记（L4，见GB/T 9253.2的图3）。在基本机紧时，该三角形标记底线有助于螺纹消失点的定位。但是接箍相对于三角形标记底线的位置不能作为产品验收或拒收的依据。应当小心操作，避免在这些大接头开始上扣时发生错扣。选择的大钳应能达到整个下井过程中的较高扭矩67 800 N·m(50 000 ft·lb)。最大的扭矩值余量是上扣到推荐位置所需最小扭矩的5倍。

2) 如a)5)或b)所述有问题的接头，宜卸下，放置一边，并查找上扣不当的原因。管螺纹和匹配的接箍螺纹宜都检查。已经损坏的螺纹或不符合规范要求的螺纹要修复后使用。如果上扣不当的原因不是螺纹损坏或超差，那么宜调节上扣扭矩，以便正常上扣（见a)1)）。要注意，采用与规定摩擦系数不同的螺纹脂也可能是上扣不当的原因。

4.4.2 当使用普通大钳对套管上扣时，对于外径为(114.3～177.8)mm(4½ in～7 in)的套管，接头的上扣位置宜至少超过手紧位置3圈；对于193.7 mm(7⅝ in)和更大的套管，至少宜超过3.5圈。但钢级为P110的244.5 mm(9⅝ in)、273.1 mm(10¾ in)和钢级为J55、K55的508 mm(20 in)的套管，其接头的上扣位置宜超过手紧位置的4圈。当使用猫头绳时，有必要比较手工上紧程度与旋绳上紧程度。为了做到这一点，将开始的几个接头上扣到手紧位置，然后卸开，再用旋绳上扣到旋绳上紧位置。比较这两种上扣的相对位置，并利用该数据确定接头上扣时超过手紧位置的推荐圈数。

4.4.3 对上扣有问题的套管，宜卸下接箍，放倒进行检查和修复。然后，仔细检查匹配的螺纹有无损伤。卸下的接箍不经检修或重新测量，不应重新使用，即使损伤很小也不例外。

4.4.4 如果套管在上扣时，上部过分摆动，可能使螺纹与套管不同轴，宜降低上扣速度，以免粘扣。如果降低上扣速度后，套管仍摆动，宜将该套管卸下检查。如果该套管是位于管柱中承受较大拉伸载荷的部位，宜慎重考虑。

4.4.5 在对现场端上扣时，工厂端可能轻微上扣。这并不表明工厂端太松，而只说明接箍的现场端已达到工厂端的上紧程度。

4.4.6 应小心提升和下放套管柱、放置卡瓦，以避免冲击载荷。管柱坠落，即使是很短的距离，也可能使管柱底部的接箍松动。应小心下放套管柱，避免套管柱接触井底或受压，否则套管柱有屈曲的风险，特别是在井眼扩大部位。

4.4.7 设计套管柱时，宜有明确地说明，包括各种钢级、重量和螺纹类型的套管在管柱中的正确位置。在下套管时，宜按设计程序正确而仔细地操作。若某根管子标记不清楚，应搁置一边，直到钢级、重量或螺纹类型能够确定为止。

4.4.8 为便于下套管和保证有足够的静水压控制油层压力，在下套管过程中，应定期灌注泥浆。泥浆的灌注次数与许多因素有关，如井眼中管柱重量、泥浆密度、油层压力等等。绝大多数情况下，每(6～10)根管子灌注一次即可。不能因为灌注次数太少而影响油层压力的静压平衡。为加快泥浆的灌注，宜选用适当密度的泥浆，并使用合适尺寸的水龙带，这种水龙带放置在操作方便的地方。泥浆水龙带上的快速开关塞阀，有利于操作和防止溢流。如果选用橡胶水龙带，建议在水龙带和泥浆管线连接处安装快闭阀，而不能安装在软管的出口处。同时还建议至少让泥浆系统上的一个放喷接头处于开放位置，以防止当快闭阀关闭而泥浆泵仍在运转时，压力上升过多。在泥浆水龙带的一端可以使用一个铜嘴，以避免在灌注泥浆时损坏接箍螺纹。

注：如果使用自动灌注式套管鞋和浮箍，上述泥浆灌注作法可以不采用。

4.5 套管联顶方法

要注明水泥凝固后的套管柱受力状态和恰当的联顶方法。其目的是防止在油井开采期间出现临界应力，即过大和不安全拉应力。在决定适当的拉应力和正确的联顶方法时，宜考虑所有的因素，如井筒温度、压力、水泥的水化作用而产生的温度、泥浆温度和采油作业期间的温度变化等。所设计管柱的原拉伸应力的安全系数选用是否影响联顶方法，宜予以考虑。若认为不需要提出特殊联顶方法(该方法可能适用于绝大多数已钻成的油井)，那么，当水泥塞到达最低点即注好水泥时，宜将套管联顶到套管头的准确位置。

4.6 井内套管的保护

钻杆在套管内旋转时，宜装有合适的钻杆护箍。

4.7 套管的回收

4.7.1 卸扣大钳宜位于靠近接箍但不接触接箍的地方，因为若套管连接较紧或套管壁厚较薄或两者都存在时，在大钳牙板接触套管表面处不可避免地出现轻微压扁现象。接箍和大钳之间若保持相当于套管直径的1/3～1/4的距离，通常可避免不必要的螺纹磨损。锤击接箍使其松开的作法是有害的。如果需要轻敲，用榔头的平端，不应使用尖端。在任何情况下都不应使用大铁锤。轻敲接箍中间及其四周，不应仅在端部或仅在相对的两侧敲击。

4.7.2 在套管从接箍中提出以前，宜格外小心地松开全部螺纹。不能让套管从接箍中突然跳出。

4.7.3 宜清洗全部螺纹，并涂上润滑油或防腐脂，使其尽可能减少腐蚀。套管放下钻台前，宜戴上干净的螺纹保护器。

4.7.4 套管在存放或重新使用前，宜检查管体和螺纹，对有缺陷的接头作出标记，以便交付检修并重新测量。

4.7.5 当套管因失效而回收时，须进行深入的失效分析，以免再次发生类似事故。宜尝试各种方法再现失效条件下的失效形式。如果通过失效分析发现，由于套管某些质量问题引起失效，那么宜出具失效报告。

4.7.6 钻台上的套管宜排放在坚固的木架上，且不必戴螺纹保护器。因为绝大多数螺纹保护器在设计时，并没有要求具有支承螺纹或立起来时不损伤现场端螺纹的能力。

4.8 套管故障原因

4.8.1 套管发生故障的常见原因如4.8.2～4.8.7。

4.8.2 对于一定井深和压力，选管不当。

4.8.3 对每根套管或现场修复的螺纹检查不严。

4.8.4 在工厂、运输途中和现场装卸套管时操作不当。

4.8.5 起下套管时没有遵守正确的操作规程。

4.8.6 现场修复螺纹时修磨不当。

4.8.7 更换和增配的接箍质量低劣。

4.8.8 存放时维护不当。

4.8.9 为使套管柱通过井筒缩径段而施加过大的旋转扭矩。

4.8.10 提拉管柱太猛(为使管柱松动)。这可以使管柱顶部的接箍松动，在最后下管柱以前，宜用大钳重新上紧。

4.8.11 在套管内钻进时套管转动。注水泥后，调整套管所用拉力不适当是造成这种失效的最主要原因之一。

4.8.12 在有套管的定向井眼中继续钻进时，钻杆对套管的磨损尤为明显。斜井中大的狗腿度，直井纠斜时偶然出现过大狗腿度会导致套管集中弯曲，而这种弯曲导致套管内壁过度地磨损。当井内狗腿度较大时，这种磨损更为严重。

4.8.13 抽吸原油或顿钻钻进时，钢丝绳对套管的磨削。

4.8.14 如果联顶时大量释放拉力，经钻井液冲刷的未注水泥的井眼扩大段的套管发生弯曲。

4.8.15 管柱突然下落，即使是很短的距离。

4.8.16 在外压或内压作用下，接头泄漏是常见的故障，其原因可能是：

a) 螺纹脂选用不当；
b) 螺纹未上紧；
c) 螺纹上有污物；
d) 由于污物、对扣不小心、螺纹碰伤、旋转过快、用旋绳或大钳上扣时过扭矩或套管摆动等原因造成粘扣；
e) 现场修复螺纹时修磨不当；
f) 提拉管柱太猛；
g) 管柱突然下落；
h) 上卸螺纹次数过多；
i) 大钳位置太高，尤其是卸开时(引起的弯曲产生粘扣)；
j) 接头在工厂上扣不当；
k) 套管椭圆或不圆；
l) 联顶操作不当，使螺纹连接处的应力超过屈服点。

4.8.17 腐蚀。腐蚀能损坏套管的内壁和外壁，套管上存在的麻点或小孔就是腐蚀引起的。套管的外壁腐蚀是由于接触腐蚀液或地层，或者离散电流通过套管流入周围液体或地层所致。硫酸盐还原菌也能产生严重的腐蚀。井筒中的腐蚀产出液通常导致套管内壁的腐蚀损坏，抽油设备对套管的磨损以及有些气举井中高速流体的冲刷作用能加速套管腐蚀损坏。内壁腐蚀也可能是由于离散电流(电解作用)或紧密接触的不同金属(双金属电位腐蚀)作用引起。

由于腐蚀是许多因素共同作用的结果，因此，没有一个简单的或通用的补救措施可加以控制，每种腐蚀问题应作为独立案例，并按照已知腐蚀因素和操作条件来考虑解决。套管的状态可以用目视检验或光学仪器检验来确定。若没有这些检验手段，可用井径仪测量套管内径，以确定内表面腐蚀状况。对于井内套管外表面腐蚀状况，迄今还没有设计出合适的工具来确定。套管内径的测量能说明腐蚀的范围、位置和严重程度。根据目前的生产经验，下列作法和措施可用来控制套管的腐蚀：

a) 若已知发生套管外表面腐蚀，或经离散电流测量表明井内有比较高的电流时，可采用下面作法：
   1) 保证固井质量，包括使用扶正器、刮泥器和适量的水泥，以防止套管外壁与腐蚀液接触。
   2) 装配绝缘法兰，使油管和油井绝缘，以降低或防止电流连通到井内。
   3) 使用高碱性钻井液或经杀菌剂处理过的钻井液（即完井液），可减轻因硫酸盐还原菌所造成的腐蚀。
   4) 采用与输送管上相似的阴极保护系统，以减轻套管外表面腐蚀。套管保护准则与输送管的不同。

宜查阅有关套管外表面腐蚀的文献，或请教这方面的专家，以确定可靠的保护措施。

b) 若已知套管内表面存在腐蚀，可采用下面作法：
   1) 在自喷井中，用清水或低盐碱度泥浆填充环形空间。（在有些自喷井中，依靠缓蚀剂保护套管和油管内壁可能效果更好一些）。
   2) 在抽油井中，避免使用套管泵。通常，抽油泵宜安装在靠近油井的最底部，使腐蚀液对套管的损坏减少到最低程度。
   3) 使用缓蚀剂防止套管内壁腐蚀。
c) 为了确定上述作法和措施的价值与效果，可对采用控制措施以前和以后的费用及设备损耗记录进行比较。对于缓蚀剂的效果，可采用测径仪测量，或对容易接近的几个设备进行外观检查，或分析水中铁含量来确定。挂片也许有助于测量缓蚀剂是否充分发挥作用。当使用上述任一种方法而又缺乏经验时，宜慎重使用，限制在一定范围内，直到对各个具体操作条件有充分的估计为止。
d) 通常认为，新区块都存在腐蚀的可能性，在油井开采初期，宜开始进行调查研究，并定期反复进行，以便在发生侵蚀性损坏以前发现并确定腐蚀位置。这些调查研究工作宜包括：
   1) 对流出的水进行全面化学分析，包括 pH 值、铁、硫化氢、有机酸以及影响或表明腐蚀程度的其他任何物质。另外，分析井内气体中的二氧化碳和硫化氢含量也是必要的。
   2) 使用与井内材料相同的挂片进行腐蚀速率试验。
   3) 使用测径仪或光学检测仪器进行检查。

在易发生腐蚀的区块，宜请教有资质的防腐蚀工程师。尤其是在那些地下设备的预期寿命短于油井开采寿命的地方，宜特别注意减缓腐蚀速度。

e) 当产出液中含有硫化氢时，高屈服强度的套管易引起硫化物腐蚀开裂。引起不同强度材料开裂的硫化氢浓度还没有明确规定，宜查阅有关硫化物腐蚀的文献或请教这方面的专家。

5 油管的起下作业

5.1 油管下井前的准备和检验

5.1.1 新油管应按 GB/T 19830 所规定的方法检验，且无有害缺陷。有些用户发现，这些检验方法并不能检出油管的所有缺陷，以致不能满足少数条件苛刻的井的要求。因此，为保证高质量套管下入井内，建议在用户采用各种无损检验方法时考虑：

a) 熟悉本标准中规定的和各工厂所使用的检验方法，同时正确理解 GB/T 19830 中“缺陷”的定义。

b) 全面评价用户自己对油管所要采用的任一种无损检验方法，以保证检验能够正确指示缺陷位置，并能将缺陷与其他非缺陷信号区别开来。出现不真实“缺陷”的原因可能是、也往往是这些非缺陷信号。

注：用户注意，由于外径允许公差适用于油管非加厚部位，所以，环绕密封式悬挂器安装在按正公差制造的油管上时，可能会出现一些困难。因此，建议用户对装在油管柱顶部的油管接头加以选择。

5.1.2 所有的油管，不论是新的、旧的或修复的，其螺纹部位宜始终戴上螺纹保护器。任何时间，油管都宜放在无石块、砂子或污泥的台架上、木板上或金属板上。如不慎把油管拖入泥土中，应重新清洗螺纹，并按 5.1.9 要求处理后方能再用。

5.1.3 在油管第一次下井之前，应使用通径规进行通径检验，以保证油管内畅通无阻，使抽油泵、抽油活塞和封隔器通过。

5.1.4 维护吊卡，两个吊环长度宜相等。

5.1.5 当下放特殊间隙接箍，尤其是那些坡口开在下端的接箍，推荐使用卡瓦式吊卡。

5.1.6 检查吊卡，注意闩合件是否完好。

5.1.7 宜使用不挤坏油管的卡盘卡瓦。在使用前检查这些卡瓦是否匹配。

注：卡瓦和大钳的卡痕是有害的。宜使用各种措施，尽可能使这种损伤减少到最低限度。

5.1.8 为避免不必要的管壁刮削，宜使用不挤坏油管的油管钳，并使其配合适当。油管钳板牙宜装配合适，与油管曲率一致。不推荐使用管钳。

5.1.9 对油管螺纹应采用下列措施：

a) 油管即将使用前，卸下油管两端螺纹保护器，彻底清洗螺纹。

b) 仔细检查螺纹，若发现螺纹有损坏，即使是轻微损伤，也应挑出，除非有很好的措施修复螺纹。

c) 在下油管前，应测量每根管的长度。测量时宜采用精度为 3.0 mm(0.01 ft)以内的钢卷尺，从接箍(或内螺纹接头)最外端面测量到外螺纹接头端指定位置。该位置是当机紧接头时，接箍(或内螺纹接头)终止的地方。这样，测量的各根油管的长度总和代表了油管柱的自然长度(无载荷的长度)。对在井眼中处于拉伸状态下油管的实际长度，可从有关手册中查到。

d) 在油管端部戴上干净的螺纹保护器，以免油管在管架上滚动和提升到钻台上时螺纹受损伤。可以准备几个干净的螺纹保护器，以便反复使用。

e) 检查每个接箍上扣情况。如果外露螺纹异常，则检查接箍是否上紧。在彻底清洗螺纹以后、油管提升到钻台上之前，上紧所有松动的接箍，并在整个螺纹表面涂上新螺纹脂。

f) 在油管螺纹对扣前，内、外螺纹整个表面都涂上螺纹脂。推荐使用符合 GB/T 23512 规定的螺纹脂，但遇到条件苛刻的特殊情况时，推荐使用 GB/T 23512 规定的高压硅酮螺纹脂。

g) 对作为受拉和提升构件使用的连接管，应认真检查螺纹性能，以保证连接管安全地承受载荷。

h) 对短节和连接管上扣时，应进行维护，以保证配对螺纹的尺寸和类型相互一致。

5.1.10 对高压井或凝析油井，为保证接头不泄漏，宜附加下列预防措施：

a) 宜卸下接箍，彻底清洗并检查工厂端和接箍螺纹。为便于操作，可要求工厂将油管接箍上紧到超过手紧位置一圈的程度，或要求工厂将接箍与油管分装运输。

b) 油管内、外螺纹宜涂上螺纹脂，接箍重新上紧。现场端的油管螺纹和匹配接箍螺纹宜在对扣前涂上螺纹脂。

5.1.11 油管提上钻台时，小心不要使油管弯曲，不要碰伤接箍或螺纹保护器。

5.2 螺纹对扣、上扣和下放

5.2.1 在准备螺纹对扣以前，油管端部的螺纹保护器不得卸下。

5.2.2 在螺纹对扣之前，对螺纹整个表面涂抹螺纹脂。用于涂抹螺纹脂的刷子或用具不应有异物。同时，螺纹脂不应稀释。

5.2.3 螺纹对扣时，小心下放油管，以免损伤螺纹。要垂直对扣，应有人站在旁边协助。对扣后，如油管柱向一侧倾斜，则提起来，清洗、检查，如有损伤则用三角锉刀修复损伤的螺纹，然后仔细清除任何锉屑，并在螺纹表面重新涂上螺纹脂。下双根或三根立柱时，小心操作，以避免在对扣的螺纹部分释放过多的重量而引起弯曲和对中误差。为了防止油管弯曲，可在钻台上安置中间支架。

5.2.4 对扣后，开始用手或普通油管钳或动力油管钳缓慢上扣。在井场上紧接头时，为防止粘扣，上扣速度不宜超过 25 r/min。对于高压井或凝析油井，建议使用动力油管钳，以保证均匀上紧。接头宜上紧到约超过手紧位置 2 圈，并小心不要粘扣。对高压井或凝析油井，若采用更多预备和检验措施时，采用浮动上扣方式或同时上扣方式使接箍两端超过手紧位置的正常圈数。在管架上用 68 N·m(50 ft·lb)的扭矩上紧几个接头，然后数一数外露螺纹的圈数，这样可以确定出手紧位置。

5.3 现场上扣

5.3.1 在现场反复上扣的情况下，油管接头的寿命与所采用的上扣扭矩成反比。因此，在那些对防漏要求不很严格的油井中，宜采用最小现场上扣扭矩值，以延长接头寿命。在油管上扣操作中采用动力大钳时，需要针对每种规格、重量和钢级的油管确定推荐扭矩值。表 3 列出不加厚、外加厚和整体接头油管的推荐扭矩值。它是根据 GB/T 20657 规定的 8 牙圆螺纹套管的接头滑脱强度公式确定的，即取接头计算滑脱强度的 1%为推荐扭矩值。全部数值圆整到 10 N·m。表 3 所列扭矩值适用于镀锌或磷化处理接头的油管。当对镀锡接头上扣时，表中所列数值的 80%可以作为依据。

表 3 圆螺纹油管的推荐上扣扭矩

外径		重量 (带螺纹和接箍) lb/ft	钢级	螺纹	扭矩	
mm	in				N·m	ft·lb
26.7	1.050	1.14	H-40	NU	190	140
26.7	1.050	1.14	J-55	NU	240	180
26.7	1.050	1.14	C-75	NU	320	230
26.7	1.050	1.14	L80	NU	330	240
26.7	1.050	1.14	N-80	NU	340	250
26.7	1.050	1.14	C-90	NU	350	260
26.7	1.050	1.20	H-40	EUE	630	460
26.7	1.050	1.20	J-55	EUE	810	600
26.7	1.050	1.20	C-75	EUE	1 060	780
26.7	1.050	1.20	L80	EUE	1 090	810
26.7	1.050	1.20	N-80	EUE	1 130	830
26.7	1.050	1.20	C-90	EUE	1 190	880
33.4	1.315	1.70	H-40	NU	280	210
33.4	1.315	1.70	J-55	NU	370	270
33.4	1.315	1.70	C-75	NU	480	360
33.4	1.315	1.70	L80	NU	500	370
33.4	1.315	1.70	N-80	NU	510	380
33.4	1.315	1.70	C-90	NU	540	400
33.4	1.315	1.80	H-40	EUE	590	440
33.4	1.315	1.80	J-55	EUE	770	570

表 3（续）

外径		重量 （带螺纹和接箍） lb/ft	钢级	螺纹	扭矩	
mm	in				N・m	ft・lb
33.4	1.315	1.80	C-75	EUE	1 010	740
33.4	1.315	1.80	L80	EUE	1 040	760
33.4	1.315	1.80	N-80	EUE	1 070	790
33.4	1.315	1.80	C-90	EUE	1 130	830
33.4	1.315	1.72	H-40	IJ	410	310
33.4	1.315	1.72	J-55	IJ	540	400
33.4	1.315	1.72	C-75	IJ	700	520
33.4	1.315	1.72	L80	IJ	720	530
33.4	1.315	1.72	N-80	IJ	740	550
33.4	1.315	1.72	C-90	IJ	780	580
42.2	1.660	2.30	H-40	NU	370	270
42.2	1.660	2.30	J-55	NU	470	350
42.2	1.660	2.30	C-75	NU	620	460
42.2	1.660	2.30	L80	NU	640	470
42.2	1.660	2.30	N-80	NU	660	490
42.2	1.660	2.30	C-90	NU	700	510
42.2	1.660	2.40	H-40	EUE	720	530
42.2	1.660	2.40	J-55	EUE	940	690
42.2	1.660	2.40	C-75	EUE	1 230	910
42.2	1.660	2.40	L80	EUE	1 270	940
42.2	1.660	2.40	N-80	EUE	1 300	960
42.2	1.660	2.40	C-90	EUE	1 380	1 020
42.2	1.660	2.10	H-40	IJ	520	380
42.2	1.660	2.33	H-40	IJ	520	380
42.2	1.660	2.10	J-55	IJ	680	500
42.2	1.660	2.33	J-55	IJ	680	500
42.2	1.660	2.33	C-75	IJ	890	650
42.2	1.660	2.33	L-80	IJ	920	680
42.2	1.660	2.33	N-80	IJ	940	690
42.2	1.660	2.33	C-90	IJ	1 000	730
48.3	1.900	2.75	H-40	NU	430	320
48.3	1.900	2.75	J-55	NU	560	410
48.3	1.900	2.75	C-75	NU	730	540
48.3	1.900	2.75	L80	NU	760	560
48.3	1.900	2.75	N-80	NU	780	570
48.3	1.900	2.75	C-90	NU	830	610
48.3	1.900	2.90	H-40	EUE	910	670

表 3(续)

外径		重量(带螺纹和接箍)	钢级	螺纹	扭矩	
mm	in	lb/ft			N·m	ft·lb
48.3	1.900	2.90	J-55	EUE	1 190	880
48.3	1.900	2.90	C-75	EUE	1 560	1 150
48.3	1.900	2.90	L80	EUE	1 610	1 190
48.3	1.900	2.90	N-80	EUE	1 650	1 220
48.3	1.900	2.90	C-90	EUE	1 760	1 300
48.3	1.900	2.40	H-40	IJ	600	450
48.3	1.900	2.76	H-40	IJ	600	450
48.3	1.900	2.40	J-55	IJ	790	580
48.3	1.900	2.76	J-55	IJ	790	580
48.3	1.900	2.76	C-75	IJ	1 030	760
48.3	1.900	2.76	L-80	IJ	1 070	790
48.3	1.900	2.76	N-80	IJ	1 100	810
48.3	1.900	2.76	C-90	IJ	1 160	860
52.4	2.063	3.25	H-40	IJ	770	570
52.4	2.063	3.25	J-55	IJ	1 010	740
52.4	2.063	3.25	C-75	IJ	1 320	970
52.4	2.063	3.25	L80	IJ	1 370	1 010
52.4	2.063	3.25	N-80	IJ	1 400	1 030
52.4	2.063	3.25	C-90	IJ	1 490	1 100
60.3	2.375	4.00	H-40	NU	630	470
60.3	2.375	4.60	H-40	NU	760	560
60.3	2.375	4.00	J-55	NU	830	610
60.3	2.375	4.60	J-55	NU	990	730
60.3	2.375	4.00	C-75	NU	1 090	800
60.3	2.375	4.60	C-75	NU	1 300	960
60.3	2.375	5.80	C-75	NU	1 860	1 380
60.3	2.375	4.00	L-80	NU	1 130	830
60.3	2.375	4.60	L-80	NU	1 350	990
60.3	2.375	5.80	L-80	NU	1 930	1 420
60.3	2.375	4.00	N-80	NU	1 160	850
60.3	2.375	4.60	N-80	NU	1 380	1 020
60.3	2.375	5.80	N-80	NU	1 980	1 460
60.3	2.375	4.00	C-90	NU	1 230	910
60.3	2.375	4.60	C-90	NU	1 470	1 080
60.3	2.375	5.80	C-90	NU	2 110	1 550
60.3	2.375	4.60	P-105	NU	1 740	1 280
60.3	2.375	5.80	P-105	NU	2 490	1 840
60.3	2.375	4.70	H-40	EUE	1 340	990
60.3	2.375	4.70	J-55	EUE	1 750	1 290

表 3（续）

外径		重量（带螺纹和接箍）lb/ft	钢级	螺纹	扭矩	
mm	in				N·m	ft·lb
60.3	2.375	4.70	C-75	EUE	2 310	1 700
60.3	2.375	5.95	C-75	EUE	2 870	2 120
60.3	2.375	4.70	L-80	EUE	2 390	1 760
60.3	2.375	5.95	L-80	EUE	2 970	2 190
60.3	2.375	4.70	N-80	EUE	2 450	1 800
60.3	2.375	5.95	N-80	EUE	3 040	2 240
60.3	2.375	4.70	C-90	EUE	2 610	1 920
60.3	2.375	5.95	C-90	EUE	3 250	2 390
60.3	2.375	4.70	P-105	EUE	3 080	2 270
60.3	2.375	5.95	C-105	EUE	3 830	2 830
73.0	2.875	6.40	H-40	NU	1 080	800
73.0	2.875	6.40	J-55	NU	1 420	1 050
73.0	2.875	6.40	C-75	NU	1 880	1 380
73.0	2.875	7.80	C-75	NU	2 500	1 850
73.0	2.875	8.60	C-75	NU	2 830	2 090
73.0	2.875	6.40	L-80	NU	1 940	1 430
73.0	2.875	7.80	L-80	NU	2 590	1 910
73.0	2.875	8.60	L-80	NU	2 930	2 160
73.0	2.875	6.40	N-80	NU	1 990	1 470
73.0	2.875	7.80	N-80	NU	2 650	1 960
73.0	2.875	8.60	N-80	NU	3 000	2 210
73.0	2.875	6.40	C-90	NU	2 130	1 570
73.0	2.875	7.80	C-90	NU	2 840	2 090
73.0	2.875	8.60	C-90	NU	3 210	2 370
73.0	2.875	6.40	P-105	NU	2 510	1 850
73.0	2.875	7.80	P-105	NU	3 350	2 470
73.0	2.875	8.60	P-105	NU	3 790	2 790
73.0	2.875	6.50	H-40	EUE	1 700	1 250
73.0	2.875	6.50	J-55	EUE	2 230	1 650
73.0	2.875	6.50	C-75	EUE	2 940	2 170
73.0	2.875	7.90	C-75	EUE	3 540	2 610
73.0	2.875	8.70	C-75	EUE	3 860	2 850
73.0	2.875	6.50	L-80	EUE	3 050	2 250
73.0	2.875	7.90	L-80	EUE	3 680	2 710
73.0	2.875	8.70	L-80	EUE	4 000	2 950
73.0	2.875	8.50	N-80	EUE	3 120	2 300
73.0	2.875	7.90	N-80	EUE	3 760	2 770
73.0	2.875	8.70	N-80	EUE	4 090	3 020
73.0	2.875	6.50	C-90	EUE	3 340	2 460
73.0	2.875	7.90	C-90	EUE	4 020	2 970
73.0	2.875	8.70	C-90	EUE	4 380	3 230

表 3（续）

外径		重量 （带螺纹和接箍） lb/ft	钢级	螺纹	扭矩	
mm	in				N·m	ft·lb
73.0	2.875	6.50	P-105	EUE	3 940	2 910
73.0	2.875	7.90	P-105	EUE	4 750	3 500
73.0	2.875	8.70	P-105	EUE	5 170	3 810
88.9	3.500	7.70	H-40	NU	1 250	920
88.9	3.500	9.20	H-40	NU	1 520	1 120
88.9	3.500	10.20	H-40	NU	1 770	1 310
88.9	3.500	7.70	J-55	NU	1 640	1 210
88.9	3.500	9.20	J-55	NU	2 010	1 480
88.9	3.500	10.20	J-55	NU	2 330	1 720
88.9	3.500	7.70	C-75	NU	2 170	1 600
88.9	3.500	9.20	C-75	NU	2 650	1 950
88.9	3.500	10.20	C-75	NU	3 080	2 270
88.9	3.500	12.70	C-75	NU	4 100	3 030
88.9	3.500	7.70	L-80	NU	2 250	1 660
88.9	3.500	9.20	L-80	NU	2 750	2 030
88.9	3.500	10.20	L-80	NU	3 200	2 360
88.9	3.500	12.70	L-80	NU	4 260	3 140
88.9	3.500	7.70	N-80	NU	2 300	1 700
88.9	3.500	9.20	N-80	NU	2 810	2 070
88.9	3.500	10.20	N-80	NU	3 270	2 410
88.9	3.500	12.70	N-80	NU	4 350	3 210
88.9	3.500	7.70	C-90	NU	2 460	1 820
88.9	3.500	9.20	C-90	NU	3 010	2 220
88.9	3.500	10.20	C-90	NU	3 510	2 590
88.9	3.500	12.70	C-90	NU	4 670	3 440
88.9	3.500	9.20	P-105	NU	3 550	2 620
88.9	3.500	12.70	P-105	NU	5 510	4 060
88.9	3.500	9.30	H-40	EUE	2 340	1 730
88.9	3.500	9.30	J-55	EUE	3 090	2 280
88.9	3.500	9.30	C-75	EUE	4 080	3 010
88.9	3.500	12.95	C-75	EUE	5 480	4 040
88.9	3.500	9.30	L-80	EUE	4 240	3 130
88.9	3.500	12.95	L-80	EUE	5 700	4 200
88.9	3.500	9.30	N-80	EUE	4 330	3 200
88.9	3.500	12.95	N-80	EUE	5 820	4 290
88.9	3.500	9.30	C-90	EUE	4 650	3 430
88.9	3.500	12.95	C-90	EUE	6 250	4 610
88.9	3.500	9.30	P-105	EUE	5 490	4 050
88.9	3.500	12.95	P-105	EUE	7 370	5 430
101.6	4.000	9.50	H-40	NU	1 260	930

表 3（续）

外径		重量（带螺纹和接箍）lb/ft	钢级	螺纹	扭矩	
mm	in				N·m	ft·lb
101.6	4.000	9.50	J-55	NU	1 660	1 220
101.6	4.000	9.50	C-75	NU	2 200	1 620
101.6	4.000	9.50	L-80	NU	2 280	1 680
101.6	4.000	9.50	N-80	NU	2 330	1 720
101.6	4.000	9.50	C-90	NU	2 500	1 850
101.6	4.000	11.00	H-40	EUE	2 630	1 940
101.6	4.000	11.00	J-55	EUE	3 470	2 560
101.6	4.000	11.00	C-75	EUE	4 600	3 390
101.6	4.000	11.00	L-80	EUE	4 780	3 530
101.6	4.000	11.00	N-80	EUE	4 880	3 600
101.6	4.000	11.00	C-90	EUE	5 250	3 870
114.3	4.500	12.60	H-40	NU	1 780	1 320
114.3	4.500	12.60	J-55	NU	2 360	1 740
114.3	4.500	12.60	C-75	NU	3 120	2 300
114.3	4.500	12.60	L-80	NU	3 250	2 400
114.3	4.500	12.60	N-80	NU	3 310	2 440
114.3	4.500	12.60	C-90	NU	3 570	2 630
114.3	4.500	12.75	H-40	EUE	2 930	2 160
114.3	4.500	12.75	J-55	EUE	3 870	2 860
114.3	4.500	12.75	C-75	EUE	5 130	3 780
114.3	4.500	12.75	L-80	EUE	5 340	3 940
114.3	4.500	12.75	N-80	EUE	5 450	4 020
114.3	4.500	12.75	C-90	EUE	5 870	4 330

注 1：推荐根据位置，而不是扭矩进行上扣（见 5.2.4 和 5.3.1）。

注 2：正常环境下，表中扭矩值的±25%变化量可以接受。

5.3.2 当对带聚四氟乙烯(PTFE)密封环的圆螺纹接头上扣时，推荐采用表中所列扭矩值的70%。与标准接头一样，上扣位置应控制。带聚四氟乙烯(PTFE)密封环的偏梯形螺纹接头，可以采用不同于偏梯形螺纹的扭矩值上扣。

注：对于有些材料(如马氏体不锈钢、9Cr 和 13Cr、双相不锈钢和镍基不锈钢)，在移动、对扣、上卸扣时易发生粘扣。预防螺纹粘扣主要有两个方面：一是在制造时，对螺纹表面进行处理和精加工；另一是在起下时，小心操作。螺纹和螺纹脂必须洁净。应避免在水平位置组装。在缓慢地进行机紧以前，宜用手工上紧到手紧位置。卸开时，其程序相反。

5.3.3 卡盘卡瓦和吊卡宜经常清洗，宜保持洁净。

5.3.4 宜特别关注井底情况，油管下放时不能太快。

5.4 油管的起出

5.4.1 在起出已磨损的油管柱之前，采用井径仪测量是快速检出磨损严重管段的方法。

5.4.2 卸扣钳宜位于靠近接箍的地方。锤击接箍使其松开的作法是有害的。如果需要轻敲，用榔头的平端，决不可使用尖端，轻敲接箍中间及其四周，决不能在端部或仅在相对的两侧敲击。

5.4.3 油管提出以前，宜格外小心地松开全部螺纹。不能让油管从接箍中突然跳出。

5.4.4 钻台上的油管宜排放在坚固的木板上，且不戴螺纹保护器。因为绝大多数螺纹保护器在设计时，并没有要求具有支承螺纹或立起来时不损伤现场端螺纹的能力。

5.4.5 当油管从井眼中取出时，要避免污染或损伤螺纹。

5.4.6 排放在钻台上的油管宜适当支撑，以避免过度的弯曲。外径为 60.3 mm(2⅜ in)和更大的油管，宜连接成长度约为 18.3 m(60 ft)的立柱或相当于两根 2 级长度油管的立柱提升。外径为 48.3 mm(1.9 in)或更小的油管立柱和长度大于 18.3 m(60 ft)的油管立柱，宜有中间支撑。

5.4.7 在离开原位以前，油管要一直稳固在油管立柱盒内。

5.4.8 在重新下井以前，要确保螺纹干净、无损伤，并涂好螺纹脂。

5.4.9 为避免油管和接头不均匀磨损，每次起出油管后，都要将上部一根油管换到最下部。

5.4.10 为了防止泄漏，所有接头都宜重新上紧。

5.4.11 当油管被卡时，最好的作法是使用有刻度的指重表。不要将油管柱的伸长误认为是解卡。

5.4.12 通过强拉使油管柱解卡后，拉出的全部接头宜重新上紧。

5.4.13 全部螺纹宜清洗、涂润滑油或防腐脂，尽可能减少腐蚀。在储存前，油管宜戴上干净螺纹保护器。

5.4.14 油管存放或重新使用前，宜检查管体和螺纹，对有缺陷的接头作出标记，以便交付检修并重新测量。

5.4.15 当油管因失效而回收时，须进行深入的失效分析，以免再次发生类似事故。宜尝试各种方法再现失效条件下的失效形式。如果通过失效分析发现，由于油管某些质量问题引起失效，那么宜出具失效报告。

5.5 油管故障原因

5.5.1 油管发生故障的常见原因如 5.5.2～5.5.16。

5.5.2 对强度和使用寿命选择不当，尤其是在需要加厚油管的地方使用了不加厚油管。

5.5.3 在工厂和使用现场对油管检验不足。

5.5.4 装、卸和运输过程中不小心。

5.5.5 因螺纹保护器松动或脱落而损坏螺纹。

5.5.6 储存时管理不善，维护不当。

5.5.7 过分锤击接箍。

5.5.8 使用已经磨损的和型号不配套的作业设备、卡盘、大钳、钳板牙和油管扳手。

5.5.9 起下油管时，没有遵守正确的操作规则。

5.5.10 接箍磨损及抽油杆对管内壁的磨损。

5.5.11 抽油杆损坏严重。

5.5.12 螺纹最后啮合部位的疲劳失效。这种失效尚无有效的补救措施，用外加厚油管代替不加厚油管的方法，可最大限度地延迟这种情况的发生。

5.5.13 用非标准接箍替换已经磨损的接箍。

5.5.14 管柱突然坠落，即使是很短的距离。这样可能使管柱底部的接箍松开。宜起出管柱，仔细检查所有接头，然后重新下入。

5.5.15 在内压和外压作用下，接头泄漏是常见的故障，其原因可能如下：

a) 螺纹脂选用不当或使用不当，或两者情况都存在；

b) 螺纹上有污物，或因使用防腐脂而污损螺纹；

c) 螺纹未上紧或上紧过度；

d) 由于脏物、错扣、螺纹损伤、螺纹脂质量差或稀释过等原因造成粘扣；

e) 现场修复螺纹时修磨不当；

f) 接箍因锤击而凹陷；

g) 提拉管柱太猛；

h) 反复起下次数过多。

5.5.16 腐蚀。油管的内壁和外壁可能因腐蚀而损坏。损坏常以麻点、接头磨损、应力腐蚀开裂和硫化物应力开裂等形式出现，但侵蚀、环状磨损和井径仪划痕等局部侵蚀也可能发生。麻点和抽油杆接头引起的磨损情况可用井径仪检查确定。磁粉探伤可以帮助探测裂纹。腐蚀产物可能附于管壁，也可能不附于管壁。腐蚀通常是井内腐蚀液引起的。但抽油设备的磨损以及气举井中高速流体的冲刷作用能加快油管腐蚀。紧密接触的不同金属（双金属腐蚀）、不同金相组织结构、不同表面状况和沉积（浓差电池腐蚀）等因素都能影响腐蚀。由于腐蚀是许多因素共同作用的结果，并且具有不同的形式，所以还没有一种简单的、通用的补救措施加以控制。每种腐蚀问题必须作为独立案例，并按照已知腐蚀因素和操作条件来考虑解决。

若已知油管内、外表面存在腐蚀并产出有腐蚀性液体，可采取下列措施：

a) 堵塞自喷井中的环形空间，将腐蚀液限制在油管内部。也可在油管内部使用特殊衬套、涂层或缓蚀剂加以保护。在情况严重时，可使用特种合金钢管或玻璃纤维管。合金钢管不能消除全部腐蚀。当井液中含有硫化氢时，高屈服强度的油管可能因硫化物腐蚀开裂。引起不同强度材料开裂的硫化氢浓度还没有明确规定。宜查阅有关硫化物腐蚀的文献或请教有关专家。

b) 在抽油井和气举井中，用缓蚀剂填充套管和油管之间的环形空间，可有效地防止腐蚀。这种完井方式，尤其在抽油井中，较好的操作方法也能延长油管的寿命，如使用抽油杆保护器，油管转动器，采用较长的抽油冲程和较慢的抽油冲次等等。

为确保上述作法和措施的价值与效果，可对采用控制措施以前和以后的费用及设备损耗记录进行比较。对于缓蚀剂的效果，可采用挂片、用井径仪测量或对容易接近的几个设备进行外观检查来确定。分析比较采用缓蚀剂处理后的水中铁含量，也可以显示出腐蚀速度。当使用述任一种方法而又缺乏经验时，宜慎重使用，限制在一定范围内，直到对各上具体的操作条件有充分的估计为止。

通常认为，新区块都存在腐蚀的可能性，在油井开采初期进行调查研究，并定期反复进行，以便在发生侵蚀性损坏以前发现并确定腐蚀位置。这些调查研究包括：

a) 产出气体中的硫化氢、二氧化碳分析，废液的 pH 值、铁含量、有机酸、氯离子总量以及认为影响个别问题的其他物质分析。

b) 使用与井内材料相同的挂片进行腐蚀速度试验。

c) 使用井径仪或光学检测仪器进行检查。

在易发生腐蚀的区块，宜请教有资格的防腐蚀工程师，尤其是在那些地下设备的预期寿命短于油井开采寿命的地方，宜特别注意减缓腐蚀。

6 运输、装卸和储存

6.1 通则

管材尤其是螺纹是经过精密加工制造的。因此，要小心装卸，不论是新的、用过的或修复的，都宜戴好螺纹保护器才能装卸。

6.2 运输

6.2.1 水上运输

管子供应商或其代理人宜在水运装卸管子时进行适当的监督。避免因垫块不适当或支撑不充分而在船倾斜时引起管子移动;避免管子堆放处存在污水、有害化学物质或其他腐蚀材料;避免沿管堆拖拽管子;避免接箍与螺纹保护器钩在一起,避免管子撞击船舱、冲击船上栏杆等。

6.2.2 铁路运输

当用火车装运管子时,宜在火车箱的底部横放枕木,以支撑管子,为提升时提供间隙,也可避免污染管子。如果火车底部不平整,宜在枕木底部加垫片,使上部在同一平面上。管子的接箍或加厚部分不宜放在枕木上。货物宜捆扎并适当分隔,以免移动。

6.2.3 卡车运输

卡车运输时宜采用下列预防措施:

a) 管子放在垫木上,并用打捆带捆扎。搬运长管子时,宜在中间另加一根打捆带。

b) 所有管子的带接箍端装在卡车的同一端。

c) 卡车装载量不能太大,以免发生危险,甚至运不到目的地就需要卸货。

d) 卡车行驶一小段距离以后,重新捆紧因货物下沉而松弛的打捆带。

6.3 装卸

装卸管子时宜注意下列事项:

a) 卸管子前,确认螺纹保护器拧到位,不准抛扔管子,避免可能造成螺纹损坏或管体凹痕的野蛮装卸。螺纹损坏可能造成泄漏或滑脱。凹痕或不圆度会降低管子抗挤毁性能。

对于酸性环境使用的材料和Cr合金管,要特别小心装卸。在管体或其他部分的冲击,会导致管体局部硬度增高,这将易引起硫化物应力开裂。在移动或装卸前,给用户提供特别的装卸要求。

b) 手工卸货时,用绳索控制管子。当沿滑架溜放时,管子平行于管堆滚动。当管子在管架上滚动时,不允许管子集中冲击,或撞击端部。因为即使有螺纹保护器保护,也可能造成螺纹损坏。

c) 每根管子到达前一根管的位置以前,要停下,然后用手推到恰当的位置。

6.4 储存

管子储存时推荐采用下列作法:

a) 不要将管子直接堆放在地面、铁轨、钢板或水泥地面上。为避免管子受潮或污染,第一层管子距地面的距离不宜小于500 mm(18 in)。

b) 为了防止管子弯曲或损坏螺纹,管子宜放在间隔适当的支架上。枕木宜放在同一平面上,并保持一定的水平度,同时足以承受全部管垛载荷而不下沉。

c) 为避免接箍承受载荷,在管子各层间放置木条作为隔离物。要求至少每层有3处放置隔离木条。

d) 为防止管子弯曲,隔离木条垂直于管子排放,并上下对正。

e) 在每层中,管子交错排列时,相邻管子错开大约一个接箍的长度。

f) 在隔离木条的两端分别设置1个或2个木块,防止拉动管子。

g) 为了安全，并易于检验和装卸，管子堆放高度不宜超过 3 m，堆放的管子不宜超过 5 层。

h) 储存的管子宜定期检查。需要防腐时，涂上防护涂层。

7 旧套管和油管的检验与分类

7.1 通则

本标准已建立旧套管和油管的检验标准和分类方法，程序如本章所述。

7.2 检验和分类程序

7.2.1 检验方法

目前能采用的管体部位检验方法有：目视法、机械测量法、电磁法、涡流法、超声波法和 γ 射线法。这些检验技术只限于确定裂纹、麻点以及其他表面缺欠的位置。检测出的缺陷可以认为表征出由服役过程引起的如下缺陷：内、外表面腐蚀损伤，内表面钢丝绳(抽油杆柱)拉伤(纵向)，外表面纵向、横向卡瓦和大钳划痕，内表面钻杆磨损(仅限套管)，横向裂纹(仅限作业油管)和内表面抽油杆磨损(仅限油管)。

7.2.2 管子壁厚的测量(最小壁厚)

能用来测量管子壁厚的仪器有壁厚千分尺，超声波测厚仪和 γ 射线仪。这些仪器的误差应不大于2%。使用的试块尺寸应接近管子壁厚。

7.2.3 程序

旧油管和套管宜根据表 4 所列公称壁厚的损失量分类。

管体实际壁厚与管体公称壁厚的百分率代表壁厚损失量。管体壁厚损失对管体沿内表面或外表面(或两者)计算的管体面积有影响。无论管端是带螺纹、外加厚或整体接头，螺纹部分或加厚部分(或这两部分)壁厚减小的管子，不能根据表 4 分类。在过厚部分的壁厚损失量允许再大些，但要取决于以后的服役条件。若损伤或壁厚减小(或两者)将影响管子端部的螺纹时，则需要根据用户提出的预期服役条件单独考虑。

除了表 4 所列的管体壁厚损失分类外，表 5 给出了通常用来表明各种状况的着色识别方法。在距管子内螺纹端约 300 mm(1 ft)处，环绕管子喷涂宽度约为 50 mm(2 in)的合适颜色的色带。

表 4 旧套管和油管的分类及着色规则

类　型	色　类	公称壁厚损失 %	最小剩余壁厚 %
2	黄色	0～15	85
3	蓝色	16～30	70
4	绿色	31～50	50
5	红色	＞50	＜50

表 5 着色识别

状况	颜 色
损坏区域或外螺纹端损伤	一条环绕管体的红色带，约 50 mm 宽，位于损伤螺纹的旁边。
接箍或内螺纹接头损伤	一条环绕损伤接箍或内螺纹端的红色带，约 50 mm 宽。
管体通径检验不合格	一条 50 mm 宽的绿色带，位于通径规受阻的位置，并与管体壁厚分类色相邻。

7.2.4 使用性能

新套管、油管和钻杆的使用性能通常是依据 GB/T 20657 中的公式得出的。但是，迄今还没有一个计算旧套管和油管使用性能的标准方法。SY/T 6427 提供了旧钻杆使用性能的推荐计算方法。钻杆的磨损通常发生在外表面。因此，用过的钻杆使用性能是以内径不变，外径和壁厚随不同磨损程度而变来计算的。

套管和油管的磨损（金属损耗）和腐蚀通常发生在内表面，使用性能宜以外径不变为依据。如果外表面有明显的腐蚀，则该因素也必须考虑。小的凹坑或其他局部金属损耗可根据管子应用情况不认为是损伤，但这类金属损耗宜由管子所有者考虑和评价。

如果在检验一根管子时发现了裂纹，并经验证具有足够的长度，能用肉眼、光学仪器或磁粉检验所查明，则这一根管子应予报废，不得再用。

7.3 管壁和螺纹接头条件

7.3.1 通则

下列条款是有关管子壁厚损失和螺纹状况的原则意见。

7.3.2 管壁

用过的套管和油管，其金属损耗通常发生在内表面，而其特性范围包括分散的凹坑、擦伤或切口，以及由于机械磨损或砂石切削造成的大量耗损。钻进时钻柱旋转和运动造成套管和衬管内壁磨损。即使钻杆采用橡胶保护圈也会使套管内壁出现磨损。磨损量随钻进时间的延长而增加。磨损往往发生在一侧，即在井眼内处于较低位置的套管侧。使用性能可用剩余壁厚计算。经验表明，就破裂率而言，钢丝绳磨损比钻杆磨损的影响更大。应指出，如果壁厚减小是由钢丝绳造成的，其破裂压力将减小。

金属损耗的类型可能影响旧套管和油管的再使用。有凹坑的管子不能用于腐蚀环境，但若腐蚀不是主要因素时，仍可以使用。因机械磨损使金属损耗较均匀的管子，不易受腐蚀介质的影响，但须按最小剩余壁厚降级使用。

7.3.3 螺纹

当检查旧套管和油管螺纹时，宜检查下列各项：圆螺纹拉伤、粘扣和最后螺纹啮合处的疲劳裂纹。当拉伸载荷超过了接头的屈服强度，最后螺纹啮合处的螺距增大表明螺纹已经伸长。它们可能在下次上扣时仍能配对，但将不能达到预期的连接强度，且密封性不好。螺纹粘结是接头卸开时常见的一种情况，尤其是接箍上装有支撑物时，在重复上扣时也可能发生。油管和钻柱承受交变拉应力，往往导致最后啮合螺纹的根部产生疲劳裂纹，使承载能力下降，或导致再次使用时发生失效。出现这种情况时，要对螺纹部分进行修复，直到能够再用。修复过的螺纹经机紧后不可能仍啮合的很好，因此其公差与规定值稍有差别也宜接受。

7.3.4 外螺纹锥度变小

油管在井中经过多次起下，如同作业管柱一样可能使外螺纹端直径减小。这是由于反复上扣而形成连续的塑性变形。这种状况将削弱接头承载能力和密封性能。严重时可导致外螺纹端在上扣时接近接箍中心位置。

7.4 服役等级

一根管子最终服役等级要考虑内径、管壁状况和剩余壁厚，以评价管体抗挤毁、抗爆破和抗拉伸能力；考虑螺纹状况，以评价密封抗力；考虑外螺纹端锥度变化情况，以评价上扣能力。

根据实际情况和紧急需要，螺纹测量可与壁厚常规检查一并考虑，以确定最终使用性能。旧套管和油管，宜根据以往对井况与环境因素的经验作出判断后，方能加以利用。

8 修复

因使用或使用不当而造成损伤的管材，往往通过修复后还可再用。修复必须按 GB/T 19830 进行。修复后螺纹的可用性宜按 GB/T 9253.2 进行测量和检验后确定。

9 套管附件的现场焊接

9.1 通则

9.1.1 套管用钢的选择受许多因素的制约，而这些因素又受套管服役状况的影响，最适合于现场焊接的钢不一定满足使用性能。因此，在选择套管用钢时，其可焊性不作为主要考虑因素。这样造成的后果是，除非采取了预防措施，否则焊接可能会对所有钢级套管产生负面影响，特别是 J55 及以上钢级。

9.1.2 焊接产生的热量可能影响高强度套管的机械性能。在热影响区，可能出现裂纹和脆性区，从而引起断裂，尤其是当套管受到钻杆接头磨损时更为突出。为此，尽量避免对高强度套管进行焊接。

9.1.3 推荐使用不需要焊接的设备和操作方法，如可用水泥或锁紧件代替焊接法固定接头底部，以防接头松动。同样，提倡使用机械方法连接扶正器和刮泥器。

9.1.4 对高强度套管虽然不推荐进行焊接，但不阻止在一定环境下用户可以采用焊接方法。施焊时，若采用必要的作法，可使焊接的有害程度减少到最低。这里的意图就在于概述这些方法，以指导现场工作人员。

9.1.5 套管柱的关键部位不推荐焊接作业，因为这些部位的抗拉伸、抗内压和抗挤毁性能不应改变。如果确需焊接，宜限制在管柱底部的注水泥区段的最低部位。当需要焊接套管接箍的引鞋接头时，宜慎重地使用本节所述的工艺。

9.1.6 焊接由用户负责，焊接质量与焊工技能相关。各种规格和钢级的套管，其可焊性变化很大，因此，焊工负有重大责任。经验证明，宁可派遣一名合格的焊工，也不就近使用一名技术不熟练的人。现场负责人要检查焊工的资格证，必要时，可由焊工本人说明或操作演练，以证实其确能胜任该项工作。

9.2 焊缝要求

9.2.1 焊缝宜有足够的机械强度，以防止接头松动或承载不同套管短节。在服役中，焊缝要能经受住震动、冲击、振动以及套管所经受的其他苛刻条件。抗弯能力往往也是很重要的，为了满足这一点，焊缝要有足够的韧性，而且无裂纹、脆性区或硬点等。

9.2.2 焊接的目的是连接附件，或防止接头松动。接头处焊接的目的是防止接头卸扣，而不是防止泄漏。防漏是靠接头本身保证的。

9.2.3 若焊接是为了套管悬挂器的密封时,则焊缝处的防漏性能必须保证。

9.3 工艺

焊接通常采用金属电弧焊或氧炔焊。钎焊合金熔点不超过650 ℃(1 200 ℉),具有良好的机械性能,可用氧炔或氧丙烷焊炬加热。使用火焰钎可避免焊接合金钢套管时产生脆性区或裂纹,但其强度有可能下降。

9.4 电弧焊焊条

当使用金属电弧焊时,推荐使用低氢焊条。低氢焊条包括GB/T 5117中所列的E××15、E××16和E××18型号。低氢焊条在使用前不宜暴露于空气中。焊条开封后,必须立即保存在(65~150)℃((150~300)℉)的保温箱中。焊条取出保温箱后,必须在30 min内使用。若在规定的时间期限内未用,则必须丢弃或置于(315~370)℃((600~700)℉)环境中烘干不低于1 h,再存放于保温箱中。

9.5 基体金属的处理

待焊接的区域宜是干燥的,并要刷净或擦净,没有任何多余的涂漆、油脂、水垢、铁锈或污物。

9.6 预热及冷却

9.6.1 焊接各钢级套管时,预热是很必要的。焊接两侧75 mm(3 in)内宜预热到(205~315)℃((400~600)℉)。焊接时宜保持预热温度(用“测温棒”即温度敏感炭棒测量温度)。

9.6.2 宜避免焊缝迅速冷却,保证缓慢冷却。避免使焊缝受急剧变化的气候条件影响(如严寒、下雨、大风等)。经过焊接的套管下井前,宜将焊缝在空气中冷却至120 ℃(250 ℉)(用测温棒测量)。冷却所需时间通常约为5 min。

9.7 焊接技术

9.7.1 当预热到规定温度时,焊接宜立即开始。焊接作业时,宜避开大风、吹起的尘土和砂子,以及下雨等。

9.7.2 若使用金属电弧焊,宜使用直径不大于4.18 mm(3/16 in)的电焊条。首选双层焊,这样第二层焊缝容易控制,只需堆焊在焊缝金属上,而不需扩大到套管。第二层焊缝的作用是使下面的焊缝及其邻近金属得到回火或退火。如果第二层焊缝扩大到套管上,则该目的达不到。在清理好第一层焊缝后,宜迅速焊第二层焊缝,以免被第一层焊缝加热的金属迅速冷却而变脆。焊缝的横向摆动宜降低到最小,电流宜在焊条制造厂推荐的低值范围内。要尽量防止咬边。

9.7.3 在焊接下一层焊道以前,铲除或磨掉留在焊层上的任何焊渣或焊剂。

9.7.4 附件安装时,尽可能贴近套管表面。

9.7.5 电弧不应在套管上起弧,因为每处电弧灼伤都会产生硬点,损伤套管。裂纹往往是由于在套管上起弧造成的。电弧宜在附件上起弧,因附件所用的钢材不易损伤。如必须在套管上起弧时,宜在焊接部位进行。

9.7.6 焊接电缆宜谨慎地在套管上接地。接地线要牢固地夹紧在套管上,或固定在管子卡瓦之间适当位置,不宜焊在套管上。接触不良可能产生火花,进而产生硬点,硬点下面可能产生初始裂纹。焊接电缆不宜在钻台、转盘底座或套管架上接地。

9.7.7 焊接尽可能在套管架上进行,而不要在钻台上或套管悬挂在井内时进行。这样做有双重优点:

a) 在比较便利的条件下施焊;

b) 焊缝冷却速度可以减慢,易于控制。套管焊接时不应放于地面上,而应固定在管架上。

9.7.8 在焊接接箍、浮箍或引鞋时,为了防止螺纹松动,宜熔敷上足够的金属。如果套管在转盘内要对浮箍和套管接箍进行焊接时，或者如果不进行全周长焊接时，则对 244.5 mm(9⅝ in)的套管，宜每隔 120°焊一条 75 mm(3 in)长的焊缝，对大于 244.5 mm(9⅝ in)的套管，宜焊三条 100 mm 长的纵向焊缝，对小于 244.5 mm(9⅝ in)的套管，宜焊三条 50 mm 长的焊缝。

9.7.9　如果焊缝长度达(100～150)mm(4 in～6 in)，则分段退焊是有利的。例如：一道焊缝已从左向右焊上了 150 mm(6 in)长，则操作者在已焊缝左侧约 150 mm(6 in)处开始，向已焊焊缝的开始点施焊。

9.7.10　整个角焊缝上的焊脚尺寸宜基本一致。注意避免咬边。优先选用双层焊接法，第二层焊接前宜清理底层焊道。

9.7.11　当焊片被焊在套管上时，焊缝宜围绕焊片端部向外延伸。在焊片端部附近起弧，焊接该端，并使焊缝回到焊片中心，这是一种较好的操作方法。电弧瞬间中断，会将焊片割断或烧掉一段，要把未焊接的一端从套管上用铁锤打下来。随后焊接围绕第二个端部继续进行，电弧中断前回到焊缝处。用这种方法，即可以不在端部起弧，又可以不在端部熄弧，还可把各端焊好。

9.7.12　在套管上焊接扶正器和刮泥器时，焊缝长度最短为 50 mm(2 in)，焊缝间隔为 50 mm(2 in)。

9.7.13　在套管上焊接旋转刮泥器时，各端要全长焊接。在前边两个相同间隔焊 19 mm(¾ in)，在后边中心焊 19 mm(¾ in)就满足要求了。

附 录 A
（资料性附录）
国际单位换算

关于美国惯用单位制（USC）转换为国际单位值（SI），本标准采用如表 A.1 数值进行转换单位的换算。

表 A.1 单位换算

量纲	美国惯用单位制（USC）	国际单位制（SI）
面积	1 平方英寸（in^2）	645.16 平方毫米（mm^2）（精确）
流速	1 美桶每天（bbl/d）	0.158 987 立方米每天（m^3/d）
	1 立方英尺每分（ft^3/min）	0.028 316 85 立方米每分（m^3/min） 或 40.776 192 立方米每天（m^3/d）
力	1 磅力（lbf）	4.448 222 牛顿（N）
冲击功	1 英尺磅力（ft・lbf）	1.355 818 焦耳（J）
长度	1 英寸（in）	25.4 毫米（mm）（精确）
	1 英尺（ft）	304.8 毫米（mm）（精确）
质量	1 磅（lb）	0.453 592 37 千克（kg）（精确）
压力	1 磅力每平方英寸（lbf/in^2） 或 1 磅每平方英寸（psi） （注：1bar=10^5 Pa）	6 894.757 帕（Pa）
强度或应力	1 磅力每平方英寸（lbf/in^2）	6 894.757 帕（Pa）
温度	用公式将 USC 温度（℉）转换为 SI 温度（℃）	℃=（℉−32）×5/9
扭矩	1 英寸磅（in・lbf） 1 英尺磅（ft・lbf）	0.112 985 牛顿米（N・m） 1.355 818 牛顿米（N・m）
速度	1 英尺每秒（ft/s）	0.304 8 米每秒（m/s）（精确）
体积	1 立方英寸（in^3） 1 立方英尺（ft^3） 1 加仑（U. S. Gallon） 1 桶（barrel）	16.387 064×10^{-3} 立方厘米（cm^3）（精确） 0.028 316 8 立方米（m^3）或 28.316 8 立方分米（dm^3） 0.003 785 4 立方米（m^3）或 3.785 4 立方分米（dm^3） 0.158 987 立方米（m^3）或 158.987 立方分米（dm^3）

ICS 75.060
E 24

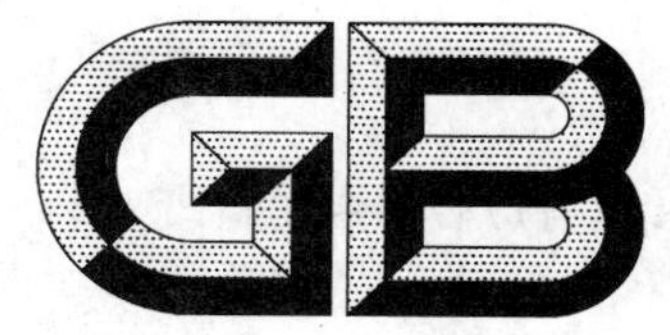

中华人民共和国国家标准

GB/T 17747.1—2011
代替 GB/T 17747.1—1999

天然气压缩因子的计算 第1部分:导论和指南

Natural gas—Calculation of compression factor—
Part 1: Introduction and guidelines

(ISO 12213-1:2006,MOD)

2011-12-05 发布　　　　2012-05-01 实施

中华人民共和国国家质量监督检验检疫总局
中国国家标准化管理委员会　发布

前言

GB/T 17747《天然气压缩因子的计算》分为以下3个部分：

——第1部分：导论和指南；

——第2部分：用摩尔组成进行计算；

——第3部分：用物性值进行计算。

本部分是第1部分。

本部分按照GB/T 1.1—2009给出的规则起草。

本部分代替GB/T 17747.1—1999《天然气压缩因子的计算　第1部分：导论和指南》。

本部分与GB/T 17747.1—1999相比，主要变化如下：

——将5.1.6第二段中"唯一的例外是对N_2摩尔分数大于0.15或CO_2摩尔分数大于0.09(相应的上限为0.20)的气体"改为"唯一的例外是对N_2摩尔分数大于0.15或CO_2摩尔分数大于0.05(相应的上限为0.20)的气体"；

——5.2.5中"绘制此直方图所依据的更详细信息见GB/T 17747.2—2011的附录E和GB/T 17747.3—2011的附录F"，1999版为"绘制此直方图所依据的更详细信息见GB/T 17747.2—2011和GB/T 17747.3—2011的附录E"；

——修改了图1中的符号和图注；

——删除了正文中不确定度数值及不确定度符号前的"±"号；

——删除附录B。

本部分使用重新起草法修改采用ISO 12213-1:2006《天然气　压缩因子的计算　第1部分：导论和指南》。本部分与ISO 12213-3:2006的主要差异是：

——第2章规范性引用文件中，将一些适用于国际标准的表述修改为适用于我国标准的表述，ISO标准替换为我国对应内容的国家标准，其余章节对应内容也作相应修改；本章还增加了GB/T 17747.2—2011和GB/T 17747.3—2011两个引用标准；

——在5.1.1和5.1.4增加了将高位发热量和相对密度换算为我国天然气标准参比条件下相应值的注；

——删除了正文中不确定度数值及不确定度符号前的"±"号；

——删除了ISO前言和参考文献，重新起草本部分前言；

——删除附录B。

《天然气压缩因子的计算》标准的用户可与全国天然气标准化技术委员会秘书处联系，以获取压缩因子计算软件的相关信息。

本部分由全国天然气标准化技术委员会(SAC/TC 244)归口。

本部分起草单位：中国石油西南油气田分公司天然气研究院、中国石油西南油气田分公司安全环保与技术监督研究院。

本部分主要起草人：罗勤、许文晓、周方勤、黄黎明、常宏岗、陈赓良、李万俊、曾文平、富朝英、陈荣松、丘逢春。

天然气压缩因子的计算 第1部分:导论和指南

1 范围

GB/T 17747 的本部分规定了天然气、含人工掺合物的天然气和其他类似混合物仅以气体状态存在时的压缩因子计算方法。

《天然气压缩因子的计算》标准包括 3 个部分。第 1 部分包括导论和为第 2 部分和第 3 部分所描述的计算方法提供的指南。第 2 部分给出了用已知气体的详细摩尔组成计算压缩因子的方法,又称为 AGA8-92DC 计算方法。第 3 部分给出了用包括可获得的高位发热量(体积基)、相对密度、CO_2 含量和 H_2 含量(若不为零)等非详细的分析数据计算压缩因子的方法,又称为 SGERG-88 计算方法。

两种计算方法主要应用于正常进行输气和配气条件范围内的管输干气,包括交接计量或其他用于结算的计量。通常输气和配气的操作温度为 263 K～338 K(约 −10 ℃～65 ℃),操作压力不超过 12 MPa。在此范围内,如果不计包括相关的压力和温度等输入数据的不确定度,则两种计算方法的预期不确定度大约为 0.1%。

注:本部分中所用的管输气术语是指已经过处理而可用作工业、商业和民用燃料的气体所采用的简明术语。在 5.1.1 中为使用者提供了管输气的一些量化准则,但不作为管输气的气质标准。

GB/T 17747.2 所提供的 AGA8-92DC 计算方法也适用于更宽的温度范围内和更高的压力下,包括湿气和酸性气(sour gas)在内的更宽类别的天然气,例如在储气层或地下储气条件下,或者在天然气汽车(NGV)应用方面,但不确定度增加。

GB/T 17747.3 所提供的 SGERG-88 计算方法适用于 N_2,CO_2 和 C_2H_6 含量高于管输气中常见含量的气体。该方法也可应用于更宽的温度和压力范围,但不确定度增加。

在规定条件下,气体温度处于水露点和烃露点之上,两种计算方法才是有效的。

GB/T 17747.2 和 GB/T 17747.3 给出了使用 AGA8-92DC 和 SGERG-88 计算方法所需要的全部方程和数值。经验证的计算机程序见 GB/T 17747.2—2011 和 GB/T 17747.3—2011 的附录 B。

2 规范性引用文件

下列文件对于本文件的应用是必不可少的,凡是注日期的引用文件,仅注日期的版本适用于本文件。凡是不注日期的引用文件,其最新版本(包括所有的修改单)适用于本文件。

GB/T 11062—1998　天然气发热量、密度、相对密度和沃泊指数的计算方法(ISO 6976:1995, NEQ)

GB/T 19205　天然气标准参比条件(GB/T 19205—2008,ISO 13443:1996,NEQ)

GB/T 17747.2—2011　天然气压缩因子的计算　第 2 部分:用摩尔组成分析进行计算(ISO 12213-2:2006,MOD)

GB/T 17747.3—2011　天然气压缩因子的计算　第 3 部分:用物性值进行计算(ISO 12213-3:2006,MOD)

3 术语和定义

下列术语和定义适用于 GB/T 17747 的本文件。文中出现的符号所代表的含义及数值和单位见附录 A。

3.1

压缩因子 compression factor;压缩性因子 compressibility factor;Z 因子 Z-factor,Z

在规定压力和温度下,任意质量气体的体积与该气体在相同条件下按理想气体定律计算的气体体积的比值,见式(1)～式(3):

$$Z = V_m(\text{真实})/V_m(\text{理想}) \quad \cdots\cdots(1)$$

$$V_m(\text{理想}) = RT/p \quad \cdots\cdots(2)$$

$$Z(p,T,y) = pV_m(p,T,y)/(RT) \quad \cdots\cdots(3)$$

式中:

p ——绝对压力;

T ——热力学温度;

y ——表征气体的一组参数(原则上,y 可以是摩尔全组成,或是一组特征的相关物化性质,或者是两者的结合);

V_m——气体的摩尔体积;

R ——摩尔气体常数,与单位相关;

Z ——压缩因子,无量纲,值通常接近于1。

3.2

密度 density,ρ

见 GB/T 11062—1998 中 2.3。

3.3

摩尔组成 molar composition

用摩尔分数或摩尔百分数表示的均匀混合物中每种组分的比例。

注1:给定体积的混合物中 i 组分的摩尔分数 x_i 是 i 组分的摩尔数与混合物中所有组分的总摩尔数(即所有组分摩尔数之和)之比。1摩尔任何化合物所含物质的量等于以克为单位的相对摩尔质量。相对摩尔质量的推荐值见 GB/T 11062。

注2:对于理想气体,摩尔分数或摩尔百分数与体积分数或体积百分数值完全相等。对真实气体,两者一般不是精确相等。

3.4

摩尔发热量 molar calorific value;摩尔热值 molar heating value,H

1摩尔气体在空气中完全燃烧所释放的热量。在燃烧反应发生时,压力 p_1 保持恒定,所有燃烧产物的温度降至与规定的反应物温度 t_1 相同的温度,并且除燃烧生成的水在温度 t_1 下全部冷凝为液态外,其余所有燃烧产物均为气态。

注1:摩尔发热量仅包含天然气中的烃类部分,即对不可燃及惰性组分(主要是 N_2,CO_2 和 He)和其他可燃组分(如 H_2 和 CO)不予考虑。

注2:燃烧参比条件:温度 t_1 为 298.15 K(25 ℃),压力 p_1 为 101.325 kPa。

3.5

高位发热量(体积基) superior calorific value (volumetric basis);总发热量 total calorific value,H_S

单位体积的天然气在空气中完全燃烧所释放的热量。在燃烧反应发生时,压力 p_1 保持恒定,所有燃烧产物的温度降至与规定的反应物温度 t_1 相同的温度,并且除燃烧生成的水在温度 t_1 下全部冷凝为液态外,其余所有燃烧产物均为气态。

注1:高位发热量包含天然气中所有可燃组分。

注2:燃烧参比条件:温度 t_1 为 298.15 K(25 ℃)。压力 p_1 为 101.325 kPa;体积计量参比条件:温度 t_2 为 273.15 K (0 ℃),压力 p_2 为 101.325 kPa。

注3：GB/T 17747.3—2011附录D给出换算因子，能使在其他的计量参比条件和燃烧参比条件，包括我国天然气标准参比条件（见GB/T 19205）下测得的高位发热量和相对密度，换算为GB/T 17747.3所给出计算方法中使用的输入数据。

3.6

相对密度　relative density，*d*

见GB/T 11062—1998中2.4。

注1：相对密度包含天然气中所有组分。

注2：干空气的标准组成见GB/T 11062—1998的表A1。

注3：体积计量参比条件（见3.5中的注3）：温度 t_2 为273.15 K（0 ℃），压力 p_2 为101.325 kPa。

注4：术语"比重"与"相对密度"同义。

3.7

压缩因子的预期不确定度　uncertainty of a predicted compression factor，ΔZ

真值（未知）位于（$Z-\Delta Z$）～（$Z+\Delta Z$）范围内，置信度为95%。

注1：不确定度既可用绝对值，也可用百分数表示。

注2：95%置信度是通过对比低不确定度压缩因子计算值 Z 的实验数据而确立的。

4　方法原理

AGA8-92DC和SGERG-88计算方法所使用的方程是基于这样的概念：任何天然气容量性质均可由组成或一组合适的、特征的可测定物性值来表征和计算。这些特性值和压力、温度一起用作计算方法的输入数据。

气体混合物的容量性质可直接从分子发生作用（碰撞）的数目和类型推导出，从这个意义上讲，能够清楚地判明混合物中每种分子的成分及其在整个混合物中的比例的方法，在某种程度上比其他方法更为重要。

GB/T 17747.2给出的AGA8-92DC计算方法要求对气体进行详细的摩尔组成分析。该分析包括摩尔分数超过0.000 05的所有组分。所有组分的摩尔分数之和应等于1±0.000 1。对典型的管输气，分析组分包括碳数最高到 C_7 或 C_8 的所有烃类及 N_2、CO_2 和He。对含人工掺合物的天然气，H_2、CO和 C_2H_4 也是重要的分析组分。对更宽类别的天然气，水蒸气和 H_2S 等也是分析组分。

该计算方法使用的方程是AGA8详细特征方程，表示为AGA8-92DC方程。该方程是美国气体协会（AGA）于1992年发表的AGA8号报告《天然气和其他烃类气体的压缩性和超压缩性》中提出的压缩因子计算用状态方程。

GB/T 17747.3给出的SGERG-88计算方法用高位发热量和相对密度两个特征的物理性质及 CO_2 的含量作为输入数据。

注：原则上可使用高位发热量、相对密度、CO_2 含量和 N_2 含量中任意三个变量计算压缩因子。这些计算方法从本质上讲是等效的。但本国际标准推荐使用由前面三个变量组成的计算方法。

该计算方法尤其适用于无法得到完全的气体摩尔组成的情况，它的优越之处还在于计算相对简单。对含人工掺合物的气体，需要知道 H_2 的含量。

该计算方法使用的方程是SGERG-88方程。该方程是欧洲气体研究集团（GERG）于1991年发表的GERG TM5技术报告《现场用GERG标准维利方程：简化GERG维利方程数据输入要求－天然气和类似混合物压缩因子计算的替代方法》中提出的立足于天然气物性的压缩因子计算用状态方程。

已用大容量、高精度（±0.1%）的压缩因子实验测定数据库（其中多数可溯源到相关的国际计量标准），对AGA8-92DC和SGERG-88计算方法进行了评价。两种计算方法在输气和配气压力及温度范围内性能基本相等。

5 指南

5.1 管输天然气

5.1.1 管输气

管输气主要由 CH_4 组成(摩尔分数大于 0.70),高位发热量通常为 30 MJ·m^{-3}～45 MJ·m^{-3},其中 N_2 和 CO_2 是主要的稀释物(各自的摩尔分数最高为 0.20)。

管输气中 C_2H_6(摩尔分数最高为 0.10)、C_3H_8、C_4H_{10}、C_5H_{12} 和更高碳数烃类的含量,随碳数增加呈现降低趋势。管输气中的 He、C_6H_6 和 C_7H_8 等微量组分,摩尔分数一般低于 0.001。含人工掺合物的天然气,H_2 和 CO 各自的摩尔分数最高为 0.10 和 0.03,同时还可能含少量 C_2H_4。没有其他的如湿气、酸性气(sour gas)中存在的组分(H_2O 蒸气、H_2S 和 O_2)以大于痕量的含量存在。管输气中还不应存在气溶胶、液体或颗粒物。管输气中微量和痕量组分应按 GB/T 17747.2 的规定处理。

上述定义的管输气并不排除在管线中输送含其他组分的天然气。

本标准所允许的管输气组成范围见表 1。

表 1 允许的管输气的组成范围

组分		摩尔分数
主要组分	CH_4	≥0.70
	N_2	≤0.20
	CO_2	≤0.20
	C_2H_6	≤0.10
	C_3H_8	≤0.035
	C_4H_{10}	≤0.015
	C_5H_{12}	≤0.005
	C_6H_{14}	≤0.001
	C_7H_{16}	≤0.000 5
	C_8H_{18} 和更高碳数烃类	≤0.000 5
	H_2	≤0.10
	CO	≤0.03
	He	≤0.005
	H_2O	≤0.000 15
微量和痕量组分	C_2H_4	≤0.001
	C_6H_6	≤0.000 5
	C_6H_7	≤0.000 2
	Ar	≤0.000 2
	H_2S	≤0.000 2
	O_2	≤0.000 2
总的未确定组分		≤0.000 1

注:将本条中的高位发热量换算为我国天然气标准参比条件下的高位发热量,则管输气高位发热量范围为 27.95 MJ·m^{-3}～41.93 MJ·m^{-3}。

5.1.2 输配计量

本标准主要用于管输气输配中的压缩因子计算。输气和配气的条件范围如下：

263 K≤T≤338 K

0 MPa<p≤12 MPa

在以上条件范围内，GB/T 17747.2 和 GB/T 17747.3 给出的 AGA8-92DC 和 SGERG-88 计算方法是等效的。

5.1.3 用摩尔组成进行计算(AGA8-92DC 计算方法)

该计算方法用于已获得详细摩尔组成分析数据的任何管输气。分析组分包括：CH_4、N_2、CO_2、CO、H_2、He、C_2H_6、C_3H_8、C_4H_{10}、C_5H_{12}、C_6H_{14} 和直至 C_{10} 的更高碳数烃类(若摩尔分数大于 0.000 05)。对表 1 下面部分确定的微量和痕量组分，必须确认其含量在表中所示的范围内。对任何不可忽略含量的其他微量和痕量组分，应按 GB/T 17747.2 的有关规定处理。

在 5.1.2 提供的条件范围内用该方法计算的压缩因子值，同根据发热量、相对密度和 CO_2 含量计算得到的压缩因子值等效。

该计算方法可在对组成进行定期或半连续测定的所有场合应用。

5.1.4 用物性值进行计算(SGERG-88 计算方法)

该计算方法可用于高位发热量 30 MJ·m^{-3}～45 MJ·m^{-3}、相对密度 0.55～0.80，并已知 CO_2 和 H_2 含量的任何管输天然气。

在 5.1.2 提供的条件范围内用该方法计算的压缩因子值，同根据摩尔组成全分析计算得到的压缩因子值等效。

该计算方法可在对高位发热量 H_S 和相对密度 d 进行定期或连续测定的所有场合应用。

注：将本条中的高位发热量和相对密度换算为我国天然气标准参比条件下的高位发热量和相对密度，则 SGERG-88 计算方法适用的高位发热量范围为 27.95 MJ·m^{-3}～41.93 MJ·m^{-3}，相对密度范围为 0.550～0.800。

5.1.5 人造气体

GB/T 17747.2 给出的 AGA8-92DC 计算方法和 GB/T 17747.3 给出的 SGERG-88 计算方法均不宜用于人造气体的压缩因子计算，这是因为此类气体含有大量的典型天然气中不存在的化学物质，或不符合典型天然气的组分含量比例(见 5.2.3)，

当人造气体的组成与天然气可能的组成相近，所有组分的含量均在 5.1.1 给出的浓度范围内，而且 C_4 以上的烃类或者没有，或者其含量随碳数增加有规律地降低，此时上述两种计算方法均可应用于人造气体。从不含 C_4 以上烃类的角度看，可将液化天然气归属于此类人造气体范畴。

此外，SGERG-88 计算方法可用于 H_2 含量不超过规定浓度限的、含焦炉煤气的天然气；但该方法不能用于未经稀释的焦炉煤气。

5.1.6 预期不确定度

如果对所有相关的输入变量均给定精确的值，则在 5.1.1 规定的管输气组成和物性值范围及 5.1.2 规定的输配压力和温度范围内，用 GB/T 17747.2 和 GB/T 17747.3 给出的计算方法计算压缩因子时，预期不确定度为 0.1%。

唯一的例外是对 N_2 摩尔分数大于 0.15 或 CO_2 摩尔分数大于 0.05(相应的上限为 0.20)的气体，仅当前者压力不大于 10 MPa，后者压力不大于 6 MPa 时，GB/T 17747.3 给出的 SGERG-88 计算方法的预期不确定度才为 0.1%。

输入变量的任何不确定度都会使计算结果产生更大的不确定度。计算结果对输入变量准确度的敏感度主要取决于：

a) 每一个输入变量的量值；

b) 每个输入变量相对其他输人变量值的自由度。

多数情况下，计算结果对所有输入变量的最大敏感度是在最大压力(12 MPa)和最低温度(263 K)下得到的。

表2中列出的各输入变量的无关联不确定度，会对压力为6 MPa，温度在263 K～338 K范围内的压缩因子计算结果产生约0.1%的附加不确定度。

表2 ΔZ<0.1%所允许的输入变量不确定度

输入变量	允许的不确定度
发热量	0.06 $MJ \cdot m^{-3}$
相对密度	0.001 3
温度	0.15 K
压力	0.02 MPa
惰性组分摩尔分数	0.001
xCH_4	0.001
xC_2H_6	0.001
xC_2H_6	0.000 5
xC_4H_{10}	0.000 3
xC_5^+	0.000 1
xH_2 和 xCO_2	0.001

选择计算方法不仅应考虑适宜的输入变量形式，而且要考虑输入变量的准确度。在不清楚仪器准确度是否足够的情况下，使用者应在所关心的最高压力和最低温度下，对典型的气体样品进行压缩因子计算以便得到相对于所有输入变量微小独立偏差的敏感度。

5.1.7 更宽范围的压力和温度

AGA8-92DC和SGERG-88计算方法在5.1.2给出的压力和温度范围以外使用时，准确度降低。

AGA8-92DC计算方法外推使用比SGERG-88计算方法更准确。在正常输气和配气条件范围以外应用时一般优先选择AGA8-92DC计算方法。

AGA8-92DC8方法计算的预期不确定度很大程度上取决于气体的组成和所关心的温度、压力条件。GB/T 17747.2对在任何选定条件下AGA8-92DC计算方法的预期不确定度做了进一步的评述。在更宽范围的压力和温度下，压缩因子计算的不确定度有时几乎与在天然气输气和配气条件范围内进行压缩因子计算的不确定度一样小。但在温度和压力极限条件下，压缩因子计算的不确定度将会非常大。由于缺乏高准确度实验数据，要估计此不确定度值是相当困难的。

5.2 其他气体及应用

5.2.1 导言

需要知道压缩因子的流体并不都是管输天然气。例如，未处理(井口)或部分处理的天然气，一般不在5.1.1所规定管输气范围内。人造气体也不在其范围内。对此类气体只要加上某些限制以及增加不确定度，仍可使用 GB/T 17747.2 和 GB/T 17747.3 所描述的方法计算压缩因子。此类气体一般不会送至最终的用户，对大多数要求计算压缩因子的应用，其压力和温度是落在 5.1.2 规定范围之内的。

当放宽允许的压力、温度和组成范围时，明确的计算指南(以及计算不确定度)是难以给出的。

5.2.2 非烃含量高的贫气(lean gas)和 C_2 以上烃类含量高的富气(rich gas)

某些供配气用的天然气中，N_2、CO_2、C_2H_6 或更高碳数烃类的含量超过了计算不确定度 0.1%所要求的含量范围。本标准中，如果气体中 N_2 的摩尔分数超过 0.15，或 CO_2 摩尔分数超过 0.05，这种气体就称为“非烃含量高的贫气”；如果 C_2H_6 摩尔分数超过 0.10，或 C_3H_8 及其以上组分的摩尔分数超过 0.035，这种气体就称为“C_2 以上烃类含量高的富气”。

GB/T 17747.2 和 GB/T 17747.3 所推荐的计算方法均可应用于非烃含量高的贫气和 C_2 以上烃类含量高的富气，但计算的预期不确定度会有所增加。

例如，GB/T 17747.3 给出的 SGERG-88 计算方法用于 N_2 摩尔分数不大于 0.50，CO_2 和 C_2H_6 摩尔分数各自为 0.18 和 0.13 的天然气，当压力在最高至 10 MPa 的范围内时，计算不确定度在 0.2%以内。以组分的摩尔分数为函数，在 GB/T 17747.2 和 GB/T 17747.3 用图示法详细估算了两种方法的计算不确定度，图中在宽的温度范围内，以压力分别对 N_2、CO_2、C_2H_6 和 C_3H_8 的摩尔分数作图，预期不确定度则作为一个参数示出。此图示法最大的问题是缺乏高准确度实验数据。

5.2.3 湿气和酸性气(wet gas and sour gas)

此类气体是由不符合管输气要求的气体组成，其中包括管输气不希望有的气体组分。此类气体一般可能是未处理(井口)或部分处理的天然气，可能含有大大超过 5.1.1 列出组分含量的 H_2O 蒸气(此类气体称为“湿气”)，H_2S(此类气体称为“酸性气(sour gas)”)和 O_2，也许还含有微量的 COS，以及处理剂流体的蒸气，如甲醇和乙二醇等。

只要不希望有的组分仅限于 H_2O 蒸气、H_2S 和 O_2，则 GB/T 17747.2 给出的 AGA8-92DC 计算方法适用于任何此类气体，但是预期不确定度显著增加。GB/T 17747.3 给出的 SGERG-88 计算方法不能用于此类气体。

5.2.4 人造气体

人造气体包括如下两种不同种类

a) 一种是人造天然气或天然气代用品，其组成和性质与天然气相似。

b) 第二种是实际使用中作为替代或提高天然气效能的气体，其组成不同于天然气。

在 a)情况下，如果组成与可能的天然气无差别，则 GB/T 17747.2 和 GB/T 17747.3 给出的计算方法同样适用，而且不确定度不会增加(见 5.1.5)。然而，实际上几乎不可能有这种情况。更常见的情况是，即使人造气体含有恰当比例的惰性组分和低碳数烃类，但其不含天然气特有的尾烃组分，而可能含有少量但影响很大的非烃组分。此情况对预期不确定度所产生的影响是难以估计的。

属于情况 b)的人造气体包括城市煤气、(未稀释的)焦炉气和液化石油气—空气混合物等，这些气体中没有一种组成与天然气相似(虽然液化石油气—空气混合物可与天然气互换使用)。GB/T 17747.3 给出的 SGERG-88 计算方法不适用于这类气体，可使用 GB/T 17747.2 给出的 AGA8-92DC 计算方法，但预期不确定度极难估计。

5.2.5 预期不确定度小结

图 1 对 GB/T 17747.2 和 GB/T 17747.3 推荐计算方法的预期不确定度作了小结。对不同含量的 N_2、CO_2 和 C_2H_6，以压力和摩尔分数作直方图，给出了以下 3 种情况下计算的预期不确定度：

a) 处于输气和配气正常压力和温度范围(温度 263 K～338 K,压力 0 MPa～12 MPa)内的管输气;

b) 在输气和配气正常温度范围内,而压力处于更宽范围(最大值为 30 MPa)的管输气;

c) 温度 263～338 K,,压力 0～30 MPa 的更宽组成范围的气体(N_2 摩尔分数最高至 0.50,CO_2 摩尔分数最高至 0.30,C_2H_6 摩尔分数最高至 0.20)。

绘制此直方图所依据的更详细信息见 GB/T 17747.2—2011 附录 E 和 GB/T 17747.3—2011 附录 F。涉及温度和压力主要范围以外的计算性能信息见 GB/T 17747.2—2011 和 GB/T 17747.3—2011 的图 1。

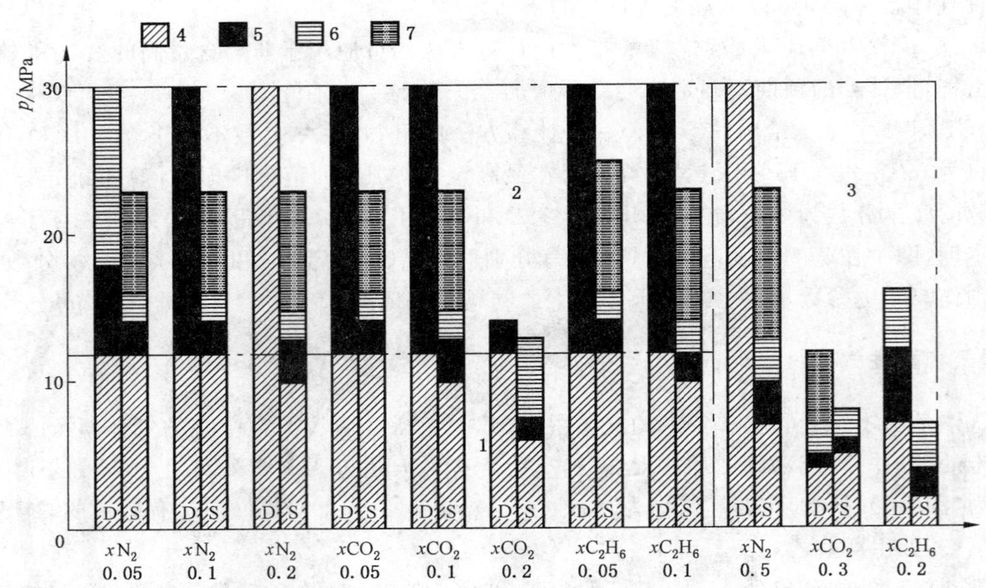

p——压力;

x——摩尔分数;

D——用摩尔组成进行计算的 AGA8-92DC 方法;

S——用物性值进行计算的 SGERG-88 方法;

1——管输气(温度 263 K～338 K,压力 0 MPa～12 MPa);

2——管输气(温度 263 K～338 K,压力 12 MPa～30 MPa);

3——更宽组成范围的气体(温度温度 263 K～338 K,压力 0 MPa～30 MPa);

4——预期不确定度≤0.1%;

5——预期不确定度:0.1%～0.2%;

6——预期不确定度:0.2%～0.5%;

7——预期不确定度:0.5%～3.0%。

图 1 GB/T 17747.2 和 GB/T 17747.3 规定计算方法的预期不确定度

5.2.6 相关性质的计算

本部分的主要目的是计算压缩因子,但也可用 GB/T 17747.2 和 GB/T 17747.3 所描述方法计算天然气流体的其他性质。摩尔密度 ρ_m 是摩尔体积 V_m(真实)的简单倒数,如果已知 $Z(p,T)$,摩尔密度 ρ_m 就能从方程(1)和方程(2)计算得到。摩尔密度 ρ_m 与平均摩尔质量 M(分子质量)相乘,可得到质量密度 ρ,而平均摩尔质量 M 可由表征流体特性的摩尔组成计算得到。

如果不知道流体摩尔组成,则质量密度可由管输条件和标准状态下的压缩因子与相对密度及已知的标准状态下干空气的质量密度来计算〔见 GB/T 17747.3—1999 方程(B.42)〕。

附　录　A
（规范性附录）
符号和单位

符号	含义	数值	单位
d	相对密度	变量	—
H	摩尔发热量	变量	$kJ \cdot mol^{-1}$
H_S	高位发热量	变量	$MJ \cdot m^{-3}$
M	摩尔质量	变量	$kg \cdot kmol^{-1}$
p	绝对压力	变量	kPa
R	气体常数	8.314 510	$J \cdot mol^{-1} \cdot K^{-1}$
T	绝对温度	变量	K
V_m	摩尔体积	变量	$m^3 \cdot kmol^{-1}$
x_i	组分 i 的摩尔分数	变量	—
y	一组性质		
Z	压缩因子	变量	—
ΔZ	压缩因子的预期不确定度(95%置信水平)	变量	—
ρ	质量密度	变量	$kg \cdot m^{-3}$
ρ_m	摩尔密度	Vm^{-1}	$kmol \cdot m^{-3}$

ICS 75.060
E 24

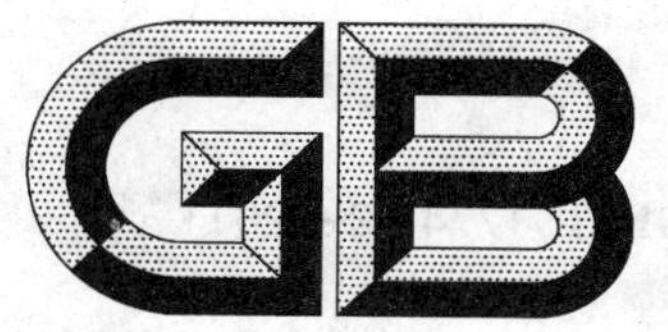

中华人民共和国国家标准

GB/T 17747.2—2011
代替 GB/T 17747.2—1999

天然气压缩因子的计算 第2部分：用摩尔组成进行计算

Natural gas—Calculation of compression factor—
Part 2: Calculation using molar-composition analysis

(ISO 12213-2:2006, MOD)

2011-12-30 发布　　2012-06-01 实施

中华人民共和国国家质量监督检验检疫总局
中国国家标准化管理委员会　发布

前 言

GB/T 17747《天然气压缩因子的计算》包括以下3个部分：

——第1部分：导论和指南；

——第2部分：用摩尔组成进行计算；

——第3部分：用物性值进行计算。

本部分是第2部分。

本部分按照GB/T 1.1—2009给出的规则起草。

本部分代替GB/T 17747.2—1999《天然气压缩因子的计算 第2部分：用摩尔组成进行计算》。

本部分与GB/T 17747.2—1999相比主要变化如下：

——按ISO 12213.2:2006修改了表1“微量和痕量组分一览表”中的内容；

——修改了图中的符号和图注；

——删除正文中不确定度数值前的“±”号。

本部分使用重新起草法修改采用ISO 12213-2:2006《天然气 压缩因子的计算 第2部分：用摩尔组成进行计算》。

本部分与ISO 12213-2:2006的主要差异是：

——第2章规范性引用文件中，将一些适用于国际标准的表述修改为适用于我国标准的表述，ISO标准替换为我国对应内容的国家标准，其余章节对应内容也作相应修改；

——在4.4.1和4.4.2增加了将高位发热量和相对密度换算为我国天然气标准参比条件下相应值的注；

——将B.2.1.1中注的内容移至4.3最后一段；

——删除正文中不确定度数值前的“±”号；

——删除ISO标准前言，重新起草本部分前言；

——删除第5章的内容；

——删除附录F和参考文献；

本部分由全国天然气标准化技术委员会(SAC/TC 244)归口。

本部分起草单位：中国石油西南油气田分公司天然气研究院、中国石油西南油气田分公司安全环保与技术监督研究院。

本部分主要起草人：罗勤、许文晓、周方勤、黄黎明、常宏岗、陈赓良、李万俊、曾文平、富朝英、陈荣松、丘逢春。

天然气压缩因子的计算
第2部分:用摩尔组成进行计算

1 范围

GB/T 17747 的本部分规定了天然气、含人工掺合物的天然气和其他类似混合物仅以气体状态存在时的压缩因子计算方法。

该计算方法是用已知气体的详细的摩尔分数组成和相关压力、温度计算气体的压缩因子。

该计算方法又称为 AGA8-92DC 计算方法,主要应用于在输气和配气正常进行的压力 p 和温度 T 范围内的管输气,计算不确定度约为 0.1%。也可在更宽的压力和温度范围内,用于更宽组成范围的气体,但计算结果的不确定度会增加(见附录 E)。

有关该计算方法应用范围和应用领域更详细的说明见 GB/T 17747.1。

2 规范性引用文件

下列文件对于本文件的应用是必不可少的。凡是注日期的引用文件,仅注日期的版本适用于本文件。凡是不注日期的引用文件,其最新版本(包括所有的修改单)适用于本文件。

GB 3102.3—1993 力学的量和单位

GB 3102.4—1993 热学的量和单位

GB/T 11062—1998 天然气发热量、密度、相对密度和沃泊指数的计算方法(ISO 6976:1995,NEQ)

GB/T 17747.1—2011 天然气压缩因子的计算 第1部分:导论和指南(ISO 12213-1:2006,MOD)

3 术语和定义

GB/T 17747.1 给出的术语和定义适用于本文件。文中出现的符号所代表的含义及单位见附录 A。

4 计算方法

4.1 原理

AGA8-92DC 计算方法所使用的方程是基于这样的概念:管输天然气的容量性质可由组成来表征和计算。组成、压力和温度用作计算方法的输入数据。

该计算方法需要对气体进行详细的摩尔组成分析。分析包括摩尔分数超过 0.000 05 的所有组分。对典型的管输气,分析组分包括碳数最高到 C_7 或 C_8 的所有烃类,以及 N_2、CO_2 和 He。对其他气体,分析需要考虑如 H_2O 蒸气、H_2S 和 C_2H_4 等组分。对人造气体,H_2 和 CO 也可能是重要的分析组分。

4.2 AGA8-92DC 方程

AGA8-92DC 计算方法使用 AGA8 详细特征方程(下面表示为 AGA8-92DC 方程,见 GB/T 17747.1);

该方程是扩展的维利方程，可写作方程(1)：

$$Z=1+B\rho_{\mathrm{m}}-\rho_{\mathrm{r}}\sum_{n=13}^{18}C_n^*+\sum_{n=13}^{58}C_n^*(b_n-c_nk_n\rho_{\mathrm{r}}^{k_n})\rho_{\mathrm{r}}^{b_n}\exp(-c_n\rho_{\mathrm{r}}^{k_n}) \quad\cdots\cdots\cdots\cdots(1)$$

式中：

Z ——压缩因子；

B ——第二维利系数；

ρ_{m} ——摩尔密度(单位体积的摩尔数)；

ρ_{r} ——对比密度；

b_n,c_n,k_n ——常数(见表 B.1)；

C_n^* ——温度和组成函数的系数。

对比密度 ρ_{r} 同摩尔密度 ρ_{m} 相关，两者的关系由方程(2)给出：

$$\rho_{\mathrm{r}}=K^3\rho_{\mathrm{m}} \quad\cdots\cdots\cdots\cdots(2)$$

式中：

K ——混合物体积参数。

摩尔密度表示为方程(3)：

$$\rho_{\mathrm{m}}=p/(ZRT) \quad\cdots\cdots\cdots\cdots(3)$$

式中：

p ——绝对压力；

R ——摩尔气体常数；

T ——热力学温度。

压缩因子 Z 的计算方法如下：首先利用附录 B 给出的相关式计算出 B 和 C_n^* (n=13～58)。然后通过适当的数值计算方法，求解联立方程(1)和(3)得到 ρ_{m} 和 Z。计算程序流程见图 B.1。

4.3 输入变量

AGA8-92DC 计算方法要求输入的变量包括绝对压力、热力学温度和摩尔组成。

摩尔组成包括下列组分的摩尔分数：N_2、CO_2、Ar、CH_4、C_2H_6、C_3H_8、n-C_4H_{10}、i-C_4H_{10}、n-C_5H_{12}、i-C_5H_{12}、C_6H_{14}、C_7H_{16}、C_8H_{18}、C_9H_{20}、$C_{10}H_{22}$、H_2、CO、H_2S、He、O_2 和 H_2O。

注：如果 C_7H_{16}、C_8H_{18}、C_9H_{20}、$C_{10}H_{22}$ 摩尔分数未知，允许用 C_{6+} 表示总的摩尔分数。应进行灵敏度分析，以检验此近似法是否会使计算结果变差。

摩尔分数大于 0.000 05 的所有组分都必须在计算中考虑。痕量组分(如 C_2H_4 等)应按表 1 中指定的赋值组分处理。所有组分的摩尔分数之和为 1±0.000 1。

如果已知体积分数组成，则应将其换算成摩尔分数组成，具体换算方法见 GB/T 11062—1998。

当压力和温度不以 MPa 和 K 表示时，必须将其分别换算成以 MPa 和 K 表示的值(有关换算因子见 GB 3102.3—1993 和 GB 3102.4—1993 以及附录 D)。

表 1 微量和痕量组分一览表

微量和痕量组分	指定赋值组分
O_2	O_2
Ar、Ne、Kr、Xe	Ar
H_2S	H_2S
一氧化二氮	CO_2

表 1（续）

微量和痕量组分	指定赋值组分
氨	CH_4
乙烯、乙炔、甲醇、氢氰酸	C_2H_6
丙烯、丙二烯、甲硫醇	C_3H_8
丁烯、丁二烯、硫氧碳、二氧化硫	$n\text{-}C_4H_{10}$
新戊烷、戊烯、苯、环戊烷、二硫化碳	$n\text{-}C_5H_{12}$
C_6 同分异构体、环己烷、甲苯、甲基环戊烷	$n\text{-}C_6H_{14}$
C_7 同分异构体、乙基环戊烷、甲基环己烷、环庚烷、乙苯、二甲苯	$n\text{-}C_7H_{16}$
C_8 同分异构体、乙基环己烷	$n\text{-}C_8H_{18}$
C_9 同分异构体	$n\text{-}C_9H_{20}$
C_{10} 同分异构体和更高碳数烃类	$n\text{-}C_{10}H_{22}$

4.4 应用范围

4.4.1 管输气

AGA8-92DC 计算方法对管输气的应用范围如下：

绝对压力：$0\ \text{MPa} \leqslant p \leqslant 12\ \text{MPa}$

热力学温度：$263\ \text{K} \leqslant T \leqslant 338\ \text{K}$

高位发热量：$30\ \text{MJ} \cdot \text{m}^{-3} \leqslant H_S \leqslant 45\ \text{MJ} \cdot \text{m}^{-3}$

相对密度：$0.55 \leqslant d \leqslant 0.80$

注：将本条中的高位发热量和相对密度换算为我国天然气标准参比条件下的高位发热量和相对密度，则高位发热量范围为 27.95 $\text{MJ} \cdot \text{m}^{-3}$～41.93 $\text{MJ} \cdot \text{m}^{-3}$，相对密度范围为 0.550～0.800。

天然气中各组分的摩尔分数应在以下范围以内：

CH_4	$0.7 \leqslant x(CH_4) \leqslant 1.00$
N_2	$0 \leqslant x(N_2) \leqslant 0.20$
CO_2	$0 \leqslant x(CO_2) \leqslant 0.20$
C_2H_6	$0 \leqslant x(C_2H_6) \leqslant 0.10$
C_3H_8	$0 \leqslant x(C_3H_8) \leqslant 0.035$
C_4H_{10}	$0 \leqslant x(C_4H_{10}) \leqslant 0.015$
C_5H_{12}	$0 \leqslant x(C_5H_{12}) \leqslant 0.005$
C_6H_{14}	$0 \leqslant x(C_6H_{14}) \leqslant 0.001$
C_7H_{16}	$0 \leqslant x(C_7H_{16}) \leqslant 0.000\,5$
C_{8+}	$0 \leqslant x(C_{8+}) \leqslant 0.000\,5$
H_2	$0 \leqslant x(H_2) \leqslant 0.10$

CO	$0 \leqslant x(CO) \leqslant 0.03$
He	$0 \leqslant x(He) \leqslant 0.005$
H_2O	$0 \leqslant x(H_2O) \leqslant 0.00015$

所有摩尔分数大于 0.000 05 的组分都不可忽略。微量和痕量组分见表 1，并按指定的赋值组分处理。

AGA8-92DC 计算方法仅适用于单相气态（高于露点）混合物在操作压力和操作温度下压缩因子计算。

4.4.2 更宽的应用范围

超出 4.4.1 所给出范围的应用范围如下：

绝对压力：$0\ \text{MPa} \leqslant p \leqslant 65\ \text{MPa}$

热力学温度：$225\ \text{K} \leqslant T \leqslant 350\ \text{K}$

相对密度：$0.55 \leqslant d \leqslant 0.90$

高位发热量：$20\ \text{M J} \cdot \text{m}^{-3} \leqslant H_S \leqslant 48\ \text{M MJ} \cdot \text{m}^{-3}$

注：将本条中的高位发热量和相对密度换算为我国天然气标准参比条件下的高位发热量和相对密度，则更宽的高位发热量范围为 $18.64\ \text{MJ} \cdot \text{m}^{-3} \sim 44.73\ \text{MJ} \cdot \text{m}^{-3}$，相对密度范围为 0.550～0.900。

天然气中主要组分摩尔分数允许范围如下：

CH_4	$0.50 \leqslant x(CH_4) \leqslant 1.00$
N_2	$0 \leqslant x(N_2) \leqslant 0.50$
CO_2	$0 \leqslant x(CO_2) \leqslant 0.30$
C_2H_6	$0 \leqslant x(C_2H_6) \leqslant 0.20$
C_3H_8	$0 \leqslant x(C_3H_8) \leqslant 0.05$
H_2	$0 \leqslant x(H_2) \leqslant 0.10$

管输气中微量和痕量组分含量范围见 4.4.1。在超出以上范围应用时，AGA8-92DC 方法的计算性能见附录 E。

4.5 不确定度

4.5.1 管输气压缩因子计算的不确定度

AGA8-92DC 计算方法在 4.4.1 给出的管输气应用范围（温度为 263 K～350 K，压力最大为 12 MPa）内，计算结果的不确定度为 0.1%（见图 1）。当温度高于 290 K，压力在最大为 30 MPa 的范围内时，计算结果的不确定度也为 0.1%。

温度低于 263 K 时，仅当压力在最高至 10 MPa 的范围内，计算结果的不确定度才能保持在 0.1%内。

不确定度水平是通过将天然气压缩因子计算值与实验值数据库相比较而得到的（天然气压缩因子计算示例见附录 C）。另外还同由称量法配制的模拟天然气混合物的压缩因子实验数据作了详细比较。用于试验本计算方法的两个数据库中实验测定值的不确定度在 0.1%以内。

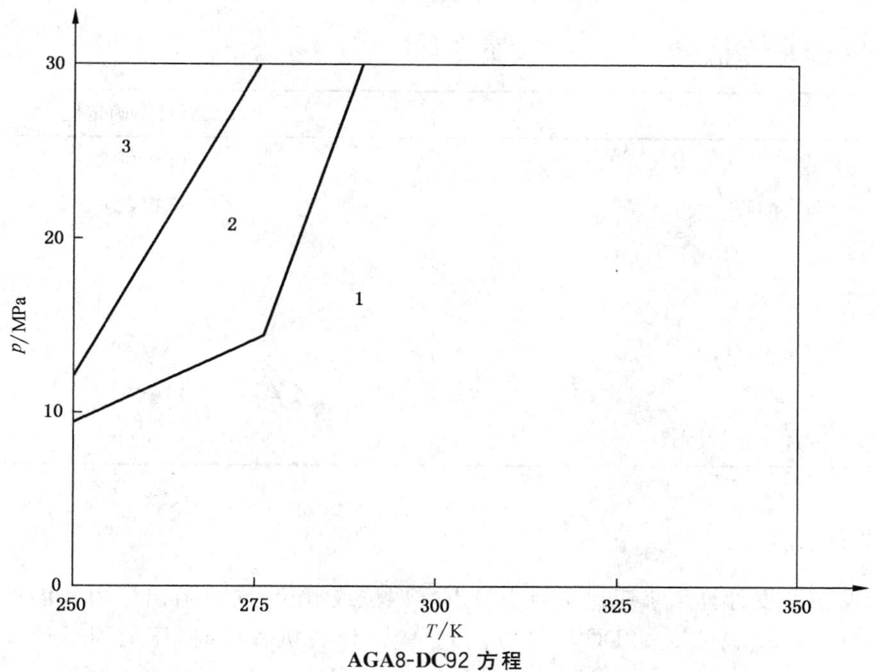

AGA8-DC92 方程

p——压力；

T——温度；

1——$\Delta Z \leqslant 0.1\%$；

2——0.1%～0.2%；

3——0.2%～0.5%。

注：给出的不确定度范围仅适合于满足下面条件的天然气和类似气体：

$x(N_2) \leqslant 0.20$、$x(CO_2) \leqslant 0.20$、$x(C_2H_6) \leqslant 0.10$、$x(H_2) \leqslant 0.10$、$30\ \mathrm{MJ \cdot m^{-3}} \leqslant H_S \leqslant 45\ \mathrm{MJ \cdot m^{-3}}$、$0.55 \leqslant d \leqslant 0.80$。

图 1 压缩因子计算的不确定度范围

4.5.2 更宽应用范围压缩因子计算的不确定度

超出 4.4.1 给出气质范围的气体压缩因子计算的预期不确定度见附录 E。

4.5.3 输入变量不确定度的影响

表 2 列出的是相关输入变量的典型不确定度值，这些值可在最优操作条件下获得。

根据误差传播分析，输入变量的不确定度会对压力为 6 MPa，温度在 263 K～338 K 范围内的压缩因子计算结果产生约 0.1%的附加不确定度。当压力大于 6 MPa 时，附加不确定度会更大，且大致与压力成正比例增加。

表 2 相关输入变量的典型不确定度值

输入变量	绝对不确定度
绝对压力	0.02 MPa
温度	0.15 K
惰性组分摩尔分数	0.001
$x(N_2)$	0.001

表 2（续）

输入变量	绝对不确定度
$x(CO_2)$	0.001
$x(CH_4)$	0.001
$x(C_2H_6)$	0.001
$x(C_3H_8)$	0.000 5
$x(C_4H_{10})$	0.000 3
$x(C_{5+})$	0.000 1
$x(H_2)$和$x(CO)$	0.001

4.5.4 结果的表述

压缩因子和摩尔密度计算结果应保留至小数点后四位或五位，同时给出压力和温度以及所使用的计算方法（GB/T 17747.2，AGA8-92DC 计算方法）。验证计算机程序时，压缩因子计算结果应给出更多的位数。

附 录 A
（规范性附录）
符号和单位

符 号	含 义	单 位
a_n	常数（表 B.1）	—
B	第二维利系数	$m^3 \cdot kmol^{-1}$
B_{nij}^*	混合物交互作用系数〔方程（B.1）和方程（B.2）〕	—
b_n	常数（表 B.1）	—
c_n	常数（表 B.1）	—
C_n^*	与温度和组成相关的系数	—
E_i	组分 i 的特征能量参数（表 B.2）	K
E_j	组分 j 的特征能量参数	K
E_{ij}	第二维利系数的二元能量参数	K
E_{ij}^*	第二维利系数的二元能量交互作用参数	—
F	混合物高温参数	—
F_i	组分 i 的高温参数（表 B.2）	—
F_j	组分 j 的高温能量参数	—
f_n	常数（表 B.1）	—
G	混合物定位参数	—
G_i	组分 i 的定位参数（表 B.2）	—
G_j	组分 j 的定位参数	—
G_{ij}	二元定位参数	—
G_{ij}^*	二元定位交互作用参数（B.3）	—
g_n	常数（表 B.1）	—
H_S	高位发热量	$MJ \cdot m^{-3}$
K	体积参数	$(m^3/kmol)^{1/3}$
K_i	组分 i 的体积参数（表 B.2）	$(m^3/kmol)^{1/3}$
K_j	组分 j 的体积参数	$(m^3/kmol)^{1/3}$
K_{ij}	二元体积交互作用参数（表 B.3）	—
k_n	常数（表 B.1）	—
M	摩尔质量	$kg \cdot kmol^{-1}$
M_i	组分 i 的摩尔质量	$kg \cdot kmol^{-1}$
N	气体混合物的组分数	—
n	整数（1～58）	—
p	绝对压力	MPa

Q	四级参数	—
Q_i	组分 i 的四级参数	—
Q_j	组分 j 的四级参数	—
q_n	常数(表 B.1)	—
R	气体常数(=0.008 314 510)	$MJ \cdot (kmol \cdot K)^{-1}$
S_i	组分 i 的偶极参数(表 B.2)	—
S_j	组分 j 的偶极参数	—
s_n	常数(表 B.1)	—
T	绝对温度	K
U	混合物能量参数	K
U_{ij}	混合物二元能量交互作用参数(表 B.3)	—
u_n	常数(表 B.1)	—
W_i	组分 i 的组合参数(表 B.2)	—
W_j	组分 j 的组合参数	—
w_n	常数(表 B.1)	—
x_i	气体混合物中组分 i 的摩尔分数	—
x_j	气体混合物中组分 j 的摩尔分数	—
Z	压缩因子	—
ρ	质量密度	$kg \cdot m^{-3}$
ρ_r	气体的对比密度	—
ρ_m	摩尔密度	$kmol \cdot m^{-3}$

附　录　B
（规范性附录）
AGA8-92DC 计算方法描述

B.1　概述

使用4.2给出的AGA8-92DC方程计算气体混合物的压缩因子Z。本附录将详细描述用AGA8-92DC方程进行压缩因子计算的有关方法和计算机执行程序，并给出必要的常数值。验证计算机程序用的压缩因子数据见附录C。如果计算机程序能够得到与附录C中数据相等的计算结果，则可使用。

B.2　AGA8-92DC 计算方法的计算机执行程序

B.2.1　计算程序概述

B.2.1.1　输入热力学温度 T，绝对压力 p 和混合物中各组分的摩尔分数 x_i；

B.2.1.2　计算状态方程系数 B 和 C_n^*（$n=13\sim58$），两者均取决于 T 和 x_i；

B.2.1.3　利用改写的状态方程，迭代求解摩尔密度 ρ_m，以得到压力 p；

B.2.1.4　当由B.2.1.3计算出的压力与B.2.1.1的输入压力，在规定的收敛范围内（如 1×10^{-6}）相一致时，即得到压缩因子计算值。

计算程序流程见图B.1。

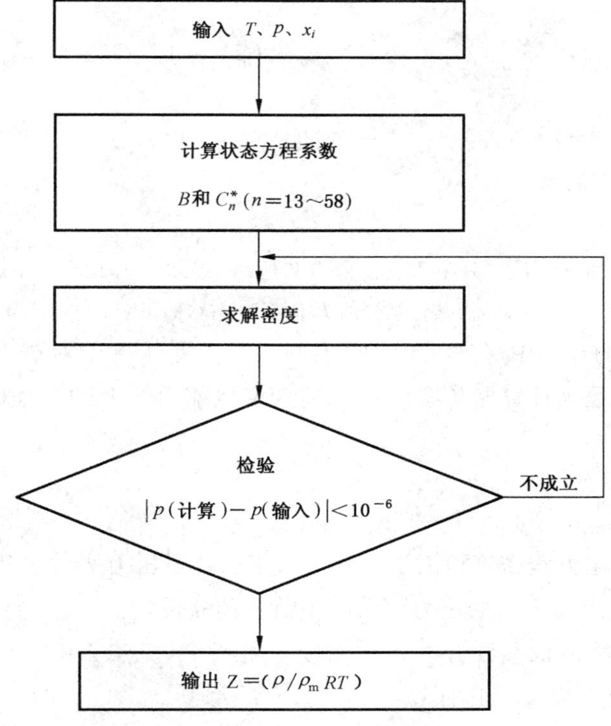

图 B.1　AGA9-92DC 计算方法的程序流程图

B.2.2 计算步骤

B.2.2.1 输入热力学温度 T,绝对压力 p 和混合物中各组分的摩尔分数 x_i;

B.2.2.2 根据 B.2.2.1 中输入的热力学温度 T 和天然气组分摩尔分数 x_i,计算与组成和温度有关的状态方程系数 B 和 C_n^* ($n=13\sim58$)。

第二维利系数 B 由方程(B.1)计算:

$$B=\sum_{n=1}^{18}a_nT^{-u_n}\sum_{i=1}^{N}\sum_{j=1}^{N}x_ix_jB_{nij}^*E_{ij}^{u_n}(K_iK_j)^{3/2} \qquad \text{(B.1)}$$

混合交互作用系数 B_{nij}^* 由方程(B.2)计算:

$$B_{nij}^*=(G_{ij}+1-g_n)^{g_n}(Q_iQ_j+1-q_n)^{q_n}(F_i^{1/2}F_j^{1/2}+1-f_n)^{f_n}(S_iS_j+1-s_n)^{s_n}(W_iW_j+1-w_n)^{w_n} \qquad \text{(B.2)}$$

二元参数 E_{ij} 和 G_{ij} 由方程(B.3)和(B.4)计算:

$$E_{ij}=E_{ij}^*(E_iE_j)^{1/2} \qquad \text{(B.3)}$$

$$G_{ij}=G_{ij}^*(G_i+G_j)/2 \qquad \text{(B.4)}$$

注 B.1:除了表 B.3 中给出的 E_{ij}^* 和 G_{ij}^* 外,所有其他二元交互作用参数 E_{ij}^* 和 G_{ij}^* 的值都是 1.0。

系数 C_n^* ($n=13\sim58$) 由方程(B.5)计算:

$$C_n^*=a_n(G+1-g_n)^{g_n}(Q^2+1-q_n)^{q_n}(F+1-f_n)^{f_n}U^{u_n}T^{-u_n} \qquad \text{(B.5)}$$

用共形求解混合方程(B.6)~(B.9)计算混合物参数 U、G 和 Q;二重加和时,i 从 $1\sim N-1$ 变化,而相对每一个 i 值,j 从 $i+1\sim N$ 变化。

$$U^5=\left(\sum_{i=1}^{N}x_iE_i^{5/2}\right)^2+\sum_{i=1}^{N-1}\sum_{j=i+1}^{N}x_ix_j(U_{ij}^5-1)(E_iE_j)^{5/2} \qquad \text{(B.6)}$$

$$G=\sum_{i=1}^{N}x_iG_i+\sum_{i=1}^{N-1}\sum_{j=i+1}^{N}x_ix_j(G_{ij}^*-1)(G_i+G_j) \qquad \text{(B.7)}$$

$$Q=\sum_{i=1}^{N}x_iQ_i \qquad \text{(B.8)}$$

$$F=\sum_{i=1}^{N}x_i^2F_i \qquad \text{(B.9)}$$

注 B.2:除了表 B.3 给出的 K_{ij}、E_{ij}^*、G_{ij}^* 和 U_{ij} 外,所有其他的二元交互作用参数 K_{ij}、E_{ij}^*、G_{ij}^* 和 U_{ij} 的值都为 1.0。表 B.2 中 H_2 的 $F(H_2)=1.0$,而其他组分的 F_i 值都为 0;水的 $W(H_2O)=1.0$,而其他组分的 W_i 值都为 0。

B.2.2.3 在压缩因子 Z 的计算中,气体的组成 x_i、热力学温度 T 和绝对压力 p 都是已知的,问题在于要用表示压力 p 的状态方程来计算摩尔密度 ρ_m。将定义压缩因子 Z 的方程(1)代入方程(3)(见 4.2),获得压力的状态方程(B.10):

$$p=\rho_mRT\left[1+B\rho_m-\rho_r\sum_{n=13}^{18}C_n^*+\sum_{n=13}^{58}C_n^*(b_n-c_nk_n\rho_r^{k_n})\rho_r^{b_n}\exp(-c_n\rho_r^{k_n})\right] \qquad \text{(B.10)}$$

方程(B.10)用标准状态方程密度检索法求解。由于已获得压力 p 的表达式[方程(B.10)],则求解摩尔密度 ρ_m 使计算出的压力与输入的压力两者的差值在预先设定的范围(如 1×10^{-6})以内。

对比密度 ρ_r 通过混合物体积参数 K 与摩尔密度 ρ_m 相关联[见 4.2 中方程(2)]。

混合物体积参数 K 由方程(B.11)计算:

$$K^5=\left(\sum_{i=1}^{N}x_iK_i^{5/2}\right)^2+2\sum_{i=1}^{N-1}\sum_{j=i+1}^{N}x_ix_j(K_{ij}^5-1)(K_iK_j)^{5/2} \qquad \text{(B.11)}$$

注:求和时,下标 i 指的是气体混合物中第 i 个组分;下标 j 指的是气体混合物中第 j 个组分;N 指的是混合物中的

组分数。单重求和中，i 是 $1\sim N$ 间的整数值。例如，对含 12 个组分的混合物，$N=12$，单重求和中将有 12 项；二重求和中 i 从 $1\sim N-1$ 变化，而相对每一个 i 值，j 从 $i+1\sim N$ 变化。例如，对含 12 个组分的混合物，如果 K_{ij} 的值都不为 1.0，则二重求和将有 66 项。由于许多 K_{ij} 的值都为 1.0，因此对许多天然气混合物，二重求和中非零项的数目很少。除了表 B.3 给出的 K_{ij} 外，所有其他的 K_{ij} 的值都为 1.0。

B.2.3 求出摩尔密度 ρ_m 后，利用压力、温度、摩尔密度和摩尔气体常数计算压缩因子，见方程(B.12)。

$$Z=p/(\rho_m RT) \qquad \text{(B.12)}$$

密度 ρ 可由方程(B.13)计算：

$$\rho=M\rho_m \qquad \text{(B.13)}$$

式中，M 根据方程(B.14)计算：

$$M=\sum_{i=1}^{N}x_iM_i \qquad \text{(B.14)}$$

密度值应保留至小数点后第三位。

表 B.1 状态方程参数

n	a_n	b_n	c_n	k_n	u_n	g_n	q_n	f_n	s_n	w_n
1	0.153 832 600	1	0	0	0.0	0	0	0	0	0
2	1.341 953 000	1	0	0	0.5	0	0	0	0	0
3	−2.998 583 000	1	0	0	1.0	0	0	0	0	0
4	−0.048 312 280	1	0	0	3.5	0	0	0	0	0
5	0.375 796 500	1	0	0	−0.5	1	0	0	0	0
6	−1.589 575 000	1	0	0	4.5	1	0	0	0	0
7	−0.053 588 470	1	0	0	0.5	0	1	0	0	0
8	0.886 594 630	1	0	0	7.5	0	0	0	1	0
9	−0.710 237 040	1	0	0	9.5	0	0	0	1	0
10	−1.471 722 000	1	0	0	6.0	0	0	0	0	1
11	1.321 850 350	1	0	0	12.0	0	0	0	0	1
12	−0.786 659 250	1	0	0	12.5	0	0	0	0	1
13	$2.291\,290\times10^{-9}$	1	1	3	−6.0	0	0	1	0	0
14	0.157 672 400	1	1	2	2.0	0	0	0	0	0
15	−0.436 386 400	1	1	2	3.0	0	0	0	0	0
16	−0.044 081 590	1	1	2	2.0	0	1	0	0	0
17	−0.003 433 888	1	1	4	2.0	0	0	0	0	0
18	0.032 059 050	1	1	4	11.0	0	0	0	0	0
19	0.024 873 550	2	0	0	−0.5	0	0	0	0	0
20	0.073 322 790	2	0	0	0.5	0	0	0	0	0
21	−0.001 600 573	2	1	2	0.0	0	0	0	0	0
22	0.642 470 600	2	1	2	4.0	0	0	0	0	0
23	−0.416 260 100	2	1	2	6.0	0	0	0	0	0
24	−0.066 899 570	2	1	4	21.0	0	0	0	0	0

表 B.1（续）

n	a_n	b_n	c_n	k_n	u_n	g_n	q_n	f_n	s_n	w_n
25	0.279 179 500	2	1	4	23.0	1	0	0	0	0
26	−0.696 605 100	2	1	4	22.0	0	1	0	0	0
27	−0.002 860 589	2	1	4	−1.0	0	0	1	0	0
28	−0.008 098 836	3	0	0	−0.5	0	1	0	0	0
29	3.150 547 000	3	1	1	7.0	1	0	0	0	0
30	0.007 224 479	3	1	1	−1.0	0	0	1	0	0
31	−0.705 752 900	3	1	2	6.0	0	0	0	0	0
32	0.534 979 200	3	1	2	4.0	1	0	0	0	0
33	−0.079 314 910	3	1	3	1.0	1	0	0	0	0
34	−1.418 465 000	3	1	3	9.0	1	0	0	0	0
35	$-5.999\ 05\times10^{-17}$	3	1	4	−13.0	0	0	1	0	0
36	0.105 840 200	3	1	4	21.0	0	0	0	0	0
37	0.034 317 290	3	1	4	8.0	0	1	0	0	0
38	−0.007 022 847	4	0	0	−0.5	0	0	0	0	0
39	0.024 955 870	4	0	0	0.0	0	0	0	0	0
40	0.042 968 180	4	1	2	2.0	0	0	0	0	0
41	0.746 545 300	4	1	2	7.0	0	0	0	0	0
42	−0.291 961 300	4	1	2	9.0	0	1	0	0	0
43	7.294 616 000	4	1	4	22.0	0	0	0	0	0
44	−9.936 757 000	4	1	4	23.0	0	0	0	0	0
45	−0.005 399 808	5	0	0	1.0	0	0	0	0	0
46	−0.243 256 700	5	1	2	9.0	0	0	0	0	0
47	0.049 870 160	5	1	2	3.0	0	1	0	0	0
48	0.003 733 797	5	1	4	8.0	0	0	0	0	0
49	1.874 951 000	5	1	4	23.0	0	1	0	0	0
50	0.002 168 144	6	0	0	1.5	0	0	0	0	0
51	−0.658 716 400	6	1	2	5.0	1	0	0	0	0
52	0.000 205 518	7	0	0	−0.5	0	1	0	0	0
53	0.009 776 195	7	1	2	4.0	0	0	0	0	0
54	−0.020 487 080	8	1	1	7.0	1	0	0	0	0
55	0.015 573 220	8	1	2	3.0	0	0	0	0	0
56	0.006 862 415	8	1	2	0.0	1	0	0	0	0
57	−0.001 226 752	9	1	2	1.0	0	0	0	0	0
58	0.002 850 908	9	1	2	0.0	0	1	0	0	0

表 B.2 特征参数

识别号	化合物	摩尔质量 M_i kg·kmol^{-1}	能量参数 E_i K	体积参数 K_i (m^3·kmol^{-1})$^{1/3}$	定位参数 G_i	四极参数 Q_i	高位参数 F_i	偶极参数 S_i	组合参数 W_i
1	CH_4	16.043 0	151.318 300	0.461 925 5	0.0	0.0	0.0	0.0	0.0
2	N_2	28.013 5	99.737 780	0.447 915 3	0.027 815	0.0	0.0	0.0	0.0
3	CO_2	44.010 0	241.960 600	0.455 748 9	0.189 065	0.690 000	0.0	0.0	0.0
4	C_2H_6	30.070 0	244.166 700	0.527 920 9	0.079 300	0.0	0.0	0.0	0.0
5	C_3H_8	44.097 0	298.118 300	0.583 749 0	0.141 239	0.0	0.0	0.0	0.0
6	H_2O	18.015 3	514.015 600	0.382 586 8	0.332 500	1.067 750	0.0	1.582 200	1.0
7	H_2S	34.082 0	296.355 000	0.461 826 3	0.088 500	0.633 276	0.0	0.390 000	0.0
8	H_2	2.015 9	26.957 940	0.351 491 6	0.034 369	0.0	1.0	0.0	0.0
9	CO	28.010 0	105.534 800	0.453 389 4	0.038 953	0.0	0.0	0.0	0.0
10	O_2	31.998 8	122.766 700	0.418 695 4	0.021 000	0.0	0.0	0.0	0.0
11	i-C_4H_{10}	58.123 0	324.068 900	0.640 693 7	0.256 692	0.0	0.0	0.0	0.0
12	n-C_4H_{10}	58.123 0	337.638 900	0.634 142 3	0.281 835	0.0	0.0	0.0	0.0
13	i-C_5H_{12}	72.150 0	365.599 900	0.673 857 7	0.332 267	0.0	0.0	0.0	0.0
14	n-C_5H_{12}	72.150 0	370.682 300	0.679 830 7	0.366 911	0.0	0.0	0.0	0.0
15	n-C_6H_{14}	86.177 0	402.636 293	0.717 511 8	0.289 731	0.0	0.0	0.0	0.0
16	n-C_7H_{16}	100.204 0	427.722 630	0.752 518 9	0.337 542	0.0	0.0	0.0	0.0
17	n-C_8H_{18}	114.231 0	450.325 022	0.784 955 0	0.383 381	0.0	0.0	0.0	0.0
18	n-C_9H_{20}	128.258 0	470.840 891	0.815 273 1	0.427 354	0.0	0.0	0.0	0.0
19	n-$C_{10}H_{22}$	142.285 0	489.558 373	0.843 782 6	0.469 659	0.0	0.0	0.0	0.0
20	He	4.002 6	2.610 111	0.358 988 8	0.0	0.0	0.0	0.0	0.0
21	Ar	39.948 0	119.629 900	0.421 655 1	0.0	0.0	0.0	0.0	0.0

表 B.3 二元交互作用参数

识别号		化合物对		E_{ij}^*	U_{ij}	K_{ij}	G_{ij}^*
i	j						
1	2	CH_4 +	N_2	0.971 640	0.886 106	1.003 630	
	3		CO_2	0.960 644	0.963 827	0.995 933	0.807 653
	4		C_2H_6				
	5		C_3H_8	0.994 635	0.990 877	1.007 619	
	6		H_2O	0.708 218			
	7		H_2S	0.931 484	0.736 833	1.000 080	

表 B.3（续）

识别号		化合物对		E_{ij}^{*}	U_{ij}	K_{ij}	G_{ij}^{*}
i	j						
	8		H_2	1.170 520	1.156 390	1.023 260	1.957 310
	9		CO	0.990 126			
	10		O_2				
	11		$i\text{-}C_4H_{10}$	1.019 530			
	12		$n\text{-}C_4H_{10}$	0.989 844	0.992 291	0.997 596	
	13		$i\text{-}C_5H_{12}$	1.002 350			
	14		$n\text{-}C_5H_{12}$	0.999 268	1.003 670	1.002 529	
	15		$n\text{-}C_6H_{14}$	1.107 274	1.302 576	0.982 962	
	16		$n\text{-}C_7H_{16}$	0.880 880	1.191 904	0.983 565	
	17		$n\text{-}C_8H_{18}$	0.880 973	1.205 769	0.982 707	
	18		$n\text{-}C_9H_{20}$	0.881 067	1.219 634	0.981 849	
	19		$n\text{-}C_{10}H_{22}$	0.881 161	1.233 498	0.980 991	
2	3	N_2＋	CO_2	1.022 740	0.835 058	0.982 361	0.982 746
	4		C_2H_6	0.970 120	0.816 431	1.007 960	
	5		C_3H_8	0.945 939	0.915 502		
	6		H_2O	0.746 954			
	7		H_2S	0.902 271	0.993 476	0.942 596	
	8		H_2	1.086 320	0.408 838	1.032 270	
	9		CO	1.005 710			
	10		O_2	1.021 000			
	11		$i\text{-}C_4H_{10}$	0.946 914			
	12		$n\text{-}C_4H_{10}$	0.973 384	0.993 556		
	13		$i\text{-}C_5H_{12}$	0.959 340			
	14		$n\text{-}C_5H_{12}$	0.945 520			
3	4	CO_2＋	C_2H_6	0.925 053	0.969 870	1.008 510	0.370 296
	5		C_3H_8	0.960 237			
	6		H_2O	0.849 408			1.673 090
	7		H_2S	0.955 052	1.045 290	1.007 790	
	8		H_2	1.281 790			
	9		CO	1.500 000	0.900 000		
	10		O_2				
	11		$i\text{-}C_4H_{10}$	0.906 849			
	12		$n\text{-}C_4H_{10}$	0.897 362			

表 B.3（续）

识别号		化合物对		E_{ij}^{*}	U_{ij}	K_{ij}	G_{ij}^{*}
i	j						
	13		i-C_5H_{12}	0.726 255			
	14		n-C_5H_{12}	0.859 764			
	15		n-C_6H_{14}	0.855 134	1.066 638	0.910 183	
	16		n-C_7H_{16}	0.831 229	1.077 634	0.895 362	
	17		n-C_8H_{18}	0.808 310	1.088 178	0.881 152	
	18		n-C_9H_{20}	0.786 323	1.098 291	0.867 520	
	19		n-$C_{10}H_{22}$	0.765 171	1.108 021	0.854 406	
4	5	C_2H_6 +	C_3H_8	1.022 560	1.065 173	0.986 893	
	6		H_2O	0.693 168			
	7		H_2S	0.946 871	0.971 926	0.999 969	
	8		H_2	1.164 460	1.616 660	1.020 340	
	9		CO				
	10		O_2				
	11		i-C_4H_{10}		1.250 000		
	12		n-C_4H_{10}	1.013 060	1.250 000		
	13		i-C_5H_{12}		1.250 000		
	14		n-C_5H_{12}	1.005 320	1.250 000		
5	8	C_3H_8 +	H_2	1.034 787			
	12		n-C_4H_{10}	1.004 900			
7	15	H_2S+	n-C_6H_{14}	1.008 692	1.028 973	0.968 130	
	16		n-C_7H_{16}	1.010 126	1.033 754	0.962 870	
	17		n-C_8H_{18}	1.011 501	1.038 338	0.957 828	
	18		n-C_9H_{20}	1.012 821	1.042 735	0.952 441	
	19		n-$C_{10}H_{22}$	1.014 089	1.046 966	0.948 338	
8	9	H_2 +	CO	1.100 000			
	10		O_2				
	11		i-C_4H_{10}	1.300 000			
	12		n-C_4H_{10}	1.300 000			

附　录　C
（规范性附录）
计 算 示 例

用AGA 8号报告中描述的经过验证的计算机程序对下述示例进行了压缩因子计算，该经验证的计算机程序包含附录B所描述的子程序。

表 C.1　以摩尔分数表示的气体组成分析数据

气体组成	1[#]气样	2[#]气样	3[#]气样	4[#]气样	5[#]气样	6[#]气样
$x(CO_2)$	0.006	0.005	0.015	0.016	0.076	0.011
$x(N_2)$	0.003	0.031	0.010	0.100	0.057	0.117
$x(H_2)$	0.00	0.00	0.00	0.095	0.00	0.00
$x(CO)$	0.00	0.00	0.00	0.010	0.00	0.00
$x(CH_4)$	0.965	0.907	0.859	0.735	0.812	0.826
$x(C_2H_6)$	0.018	0.045 0	0.085	0.033	0.043	0.035
$x(C_3H_8)$	0.004 5	0.008 4	0.023	0.007 4	0.009	0.007 5
$x(i\text{-}C_4H_{10})$	0.001 0	0.001 0	0.003 5	0.001 2	0.001 5	0.001 2
$x(n\text{-}C_4H_{10})$	0.001 0	0.001 5	0.003 5	0.001 2	0.001 5	0.001 2
$x(i\text{-}C_5H_{12})$	0.000 5	0.000 3	0.000 5	0.000 4	0.00	0.000 4
$x(n\text{-}C_5H_{12})$	0.000 3	0.000 4	0.000 5	0.000 4	0.00	0.000 4
$x(C_6H_{14})$	0.000 7	0.000 4	0.00	0.000 2	0.00	0.000 2
$x(C_7H_{16})$	0.00	0.00	0.00	0.000 1	0.00	0.000 1
$x(C_8H_{18})$	0.00	0.00	0.00	0.000 1	0.00	0.00

表 C.2　压缩因子计算结果

条件 p bar	条件 t ℃	1[#]气样	2[#]气样	3[#]气样	4[#]气样	5[#]气样	6[#]气样
60	−3.15	0.840 53	0.833 48	0.793 80	0.885 50	0.826 09	0.853 80
60	6.85	0.861 99	0.855 96	0.822 06	0.901 44	0.849 69	0.873 70
60	16.85	0.880 06	0.874 84	0.845 44	0.915 01	0.869 44	0.890 52
60	36.85	0.908 67	0.904 66	0.881 83	0.936 74	0.900 52	0.917 23
60	56.85	0.930 11	0.926 96	0.908 68	0.953 18	0.923 68	0.937 30
120	−3.15	0.721 33	0.710 44	0.641 45	0.810 24	0.695 40	0.750 74
120	6.85	0.760 25	0.750 66	0.689 71	0.837 82	0.737 80	0.785 86
120	16.85	0.793 17	0.784 75	0.731 23	0.861 37	0.773 69	0.815 69
120	36.85	0.845 15	0.838 63	0.796 97	0.899 13	0.830 22	0.863 11
120	56.85	0.883 83	0.878 70	0.845 53	0.927 66	0.872 11	0.898 62
注：1 bar=0.1 MPa							

附 录 D
（规范性附录）
压力和温度的换算因子

如果输入压力和温度的单位不是 MPa 和 K，为了使用附录 B 描述的计算机执行程序进行计算，应作单位换算。部分换算因子如下：

压力：

$p(\text{MPa})=[p(\text{bar})]\times 10^{-1}$

$p(\text{MPa})=[p(\text{atm})]\times 0.101\ 325$

$p(\text{MPa})=[p(\text{psia})]/145.038$

$p(\text{MPa})=[p(\text{psig})+14.695\ 9]/145.038$

温度：

$T(\text{K})=t(℃)+273.15$

$T(\text{K})=[t(℉)-32]/1.8+273.15$

$T(\text{K})=[t(°\text{R})]/1.8$

附 录 E
（资料性附录）
更宽范围的应用效果

在温度 263 K～338 K、压力最高至 30 MPa 的范围内，利用实验测定值数据库，对 AGA8-92DC 计算方法进行了全面检验，这些实验数据取自给定组成范围内的管输气（见 4.4.1），在此组成范围内压缩因子计算的不确定度已在 4.5 中给出。

对更宽范围（对组成而言）天然气（见 4.4.2）压缩因子计算的不确定度的粗略估计，见图 E.1～图 E.4。图中以压力为纵坐标，横坐标分别为 N_2、CO_2、C_2H_6 和 C_3H_8 含量。

图 E.1～图 E.4 显示了在压力最高为 30 MPa 的范围内，AGA8-92DC 计算方法的应用效果。不确定度范围取决于压力、温度和组成，也强烈地受到相界位置的影响。图 E.1～图 E.4 中给出的不确定度极限是在最坏情况下获得的结果，也就是说它们不是最佳选择。

实验数据不足以决定不确定度范围的边界位置时，用虚线将所估计的不确定度区划为两个区域。气体全组成对相界位置会有强烈的影响，使用者应当进行相界计算。

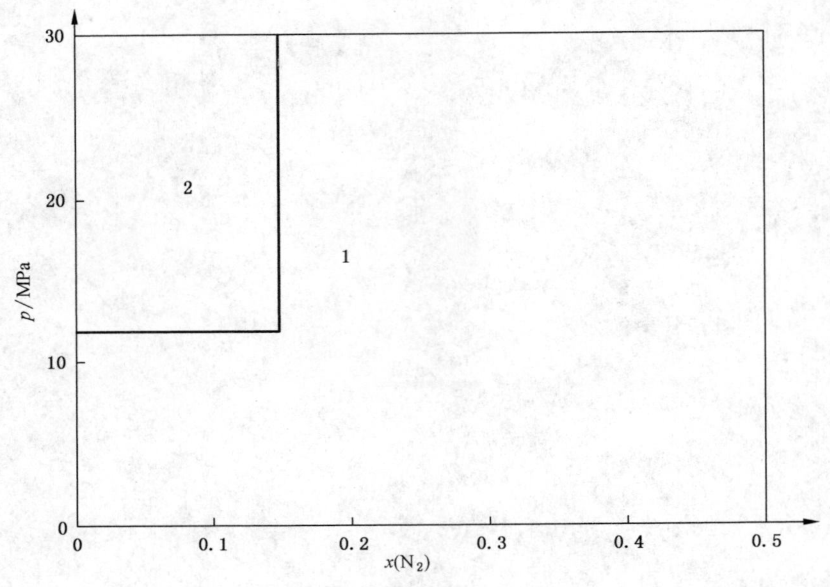

AGA8-92DC 方程（T=263 K～338 K）

p ——压力；

x_{N_2} ——N_2 的摩尔分数；

1 ——$\Delta Z \leqslant 0.1\%$；

2 ——ΔZ 0.1%～0.2%。

图 E.1 计算高含 N_2 天然气压缩因子时不确定度的估计范围

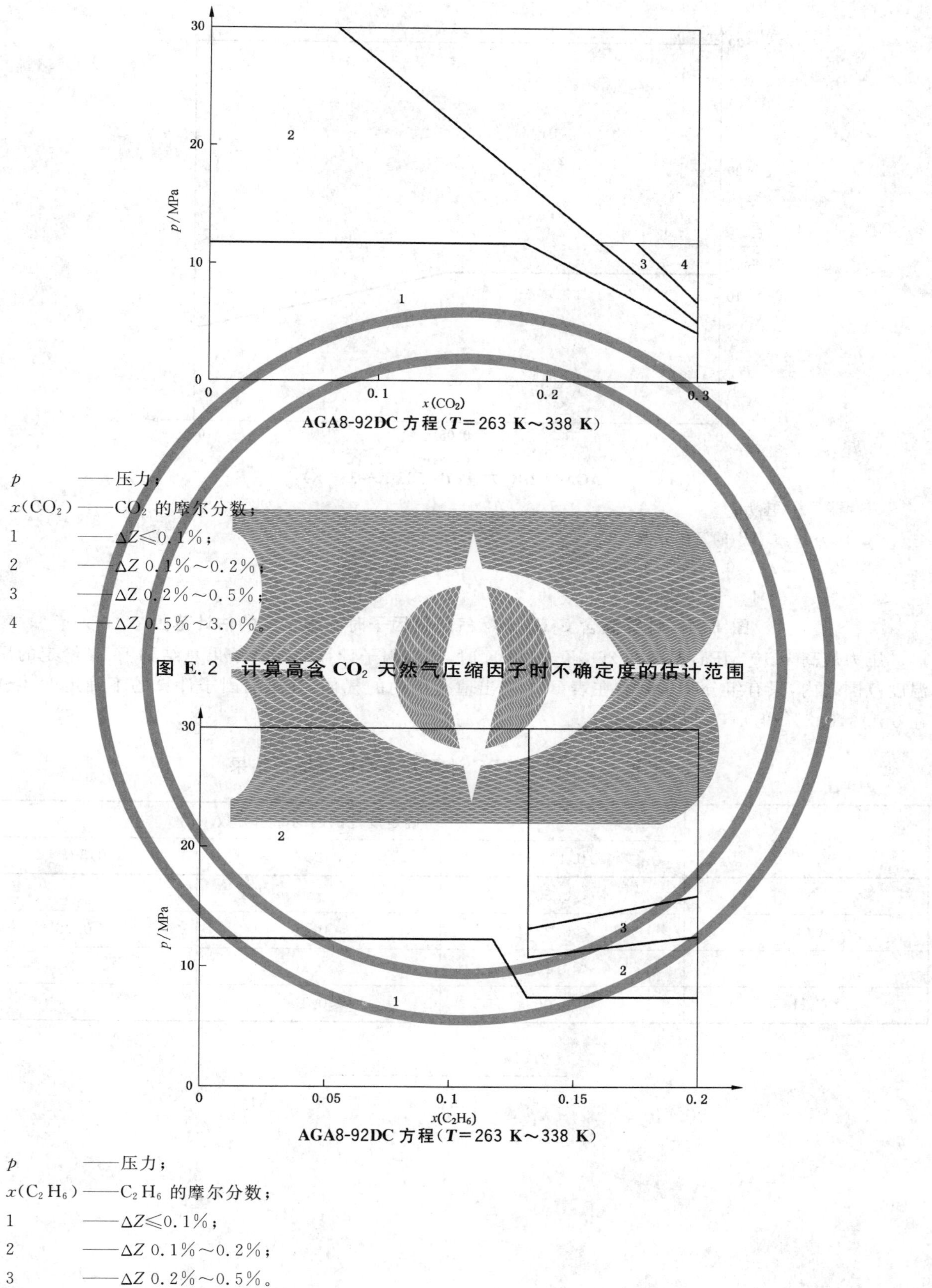

p ——压力；

$x(CO_2)$——CO_2 的摩尔分数；

1 ——$\Delta Z \leqslant 0.1\%$；

2 ——ΔZ 0.1%～0.2%；

3 ——ΔZ 0.2%～0.5%；

4 ——ΔZ 0.5%～3.0%。

图 E.2 计算高含 CO_2 天然气压缩因子时不确定度的估计范围

p ——压力；

$x(C_2H_6)$——C_2H_6 的摩尔分数；

1 ——$\Delta Z \leqslant 0.1\%$；

2 ——ΔZ 0.1%～0.2%；

3 ——ΔZ 0.2%～0.5%。

图 E.3 计算高含 C_2H_6 天然气压缩因子时不确定度的估计范围

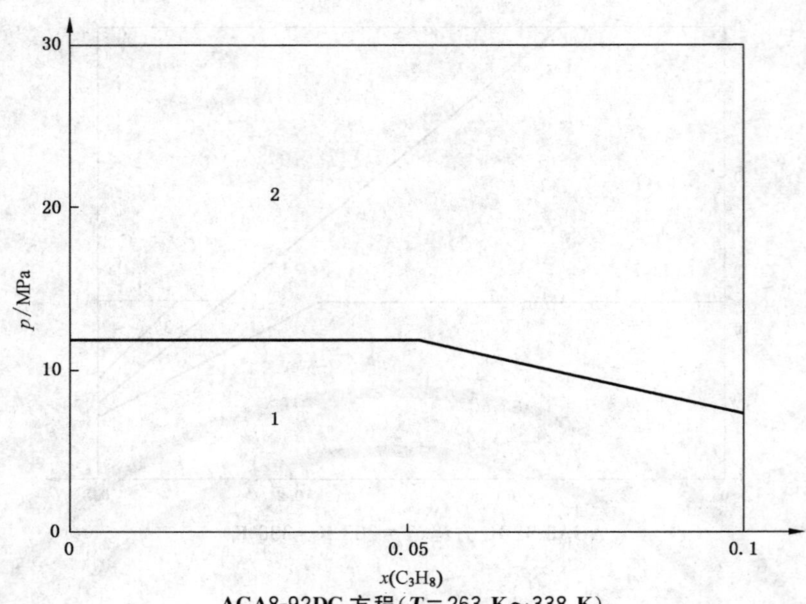

AGA8-92DC 方程（T=263 K～338 K）

p ——压力；

$x(C_3H_8)$ ——C_3H_8 的摩尔分数；

1 ——$\Delta Z \leqslant 0.1\%$；

2 ——0.1%～0.2%。

图 E.4 计算高含 C_3H_8 天然气压缩因子时不确定度的估计范围

压力最高至 10 MPa，温度在 263 K～338 K 时，压缩因子计算的综合结果总结如下：在给定的压力温度范围之内，只有组分摩尔分数在表 E.1 列出值范围内的气体，其压缩因子计算的不确定度才分别在 0.1%，0.2%和 0.5%以内。

表 E.1 AGA8-92DC 计算方法的计算综合结果

组　　分	不确定度范围内的摩尔分数		
	0.1%	0.2%	0.5%
N_2	≤0.50	—	—
CO_2	≤0.23	≤0.26	≤0.28
C_2H_6	≤0.13	≤0.20	—
C_3H_8	≤0.06	≤0.10	—

ICS 75.060
E 24

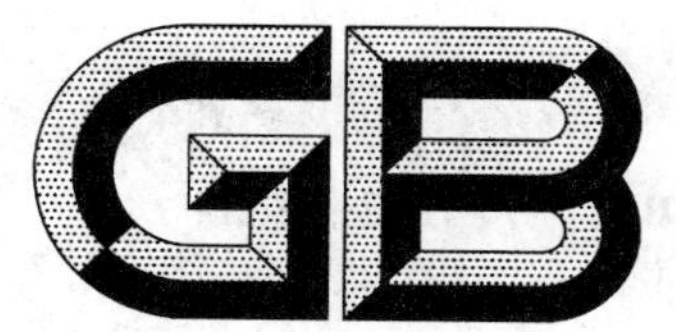

中华人民共和国国家标准

GB/T 17747.3—2011
代替 GB/T 17747.3—1999

天然气压缩因子的计算 第3部分:用物性值进行计算

Natural gas—Calculation of compression factor—
Part 3: Calculation using physical properties

(ISO 12213-3:2006, MOD)

2011-12-05 发布 2012-05-01 实施

中华人民共和国国家质量监督检验检疫总局
中国国家标准化管理委员会 发布

前　言

GB/T 17747《天然气压缩因子的计算》标准包括以下3个部分：

——第1部分：导论和指南；

——第2部分：用摩尔组成进行计算；

——第3部分：用物性值进行计算。

本部分是第3部分。

本部分按照GB/T 1.1—2009给出的规则起草。

本部分代替GB/T 17747.3—1999《天然气压缩因子的计算　第3部分：用物性值进行计算》。

本部分与GB/T 17747.3—1999相比主要变化如下：

——4.4.1中“天然气中其他组分的摩尔分数不作为输入数据。但是，他们必须在下列范围之内”之后增加“（同系列连续链烷烃摩尔分数之比一般为3∶1，见附录E）”；

——4.5.2中将“超出4.5.1给出气质范围的气体压缩因子计算的预期不确定度见附录E”改为“超出4.5.1给出气质范围的气体压缩因子计算的预期不确定度见附录F”；

——去掉正文中不确定度数值前的“±”号；

——增加附录E“管输气规范”；

——修改了图中的符号和图注。

本部分修改采用ISO 12213-3:2006《天然气　压缩因子的计算　第3部分：用物性值进行计算》。

本部分与ISO 12213-3:2006的主要差异是：

——第2章规范性引用文件中，将一些适用于国际标准的表述修改为适用于我国标准的表述，ISO标准替换为我国对应内容的国家标准，其余章节对应内容也作相应修改；

——在4.4.1和4.4.2增加了将高位发热量和相对密度换算为我国天然气标准参比条件下相应值的注；

——删除正文中不确定度数值前的“±”号；

——删除了第5章的内容；

——删除了附录B中的其他执行程序；

——将B.1.1中输入变量压力和温度的单位由bar和℃改为MPa和K；

——表D.1中增加中国的发热量测定采用的参比条件；

——将D.2中压力和温度单位bar和℃改为MPa和K，表D.2中的换算公式也做相应修改，并在表D.2中增加我国标准参比条件下的换算公式；

——删除了附录G和参考文献。

本部分由全国天然气标准化技术委员会(SAC/TC 244)归口。

本部分起草单位：中国石油西南油气田分公司天然气研究院。

本部分主要起草人：罗勤、许文晓、周方勤、黄黎明、常宏岗、陈赓良、李万俊、曾文平、富朝英、陈荣松、丘逢春。

天然气压缩因子的计算 第3部分:用物性值进行计算

1 范围

GB/T 17747 的本部分规定了天然气、含人工掺合物的天然气和其他类似混合物仅以气体状态存在时的压缩因子计算方法。该计算方法是用已知的高位发热量、相对密度和 CO_2 含量及相应的压力和温度计算气体的压缩因子。如果存在 H_2,也需知道其含量,在含人工掺合物的气体中常有这种情况。

注:已知高位发热量、相对密度、CO_2 含量和 N_2 含量中任意三个变量时,即可计算压缩因子。但 N_2 含量作为输入变量之一的计算方法不作为推荐方法,一般是使用前面三个变量作为计算的输入变量。

该计算方法又称为 SGERG-88 计算方法,主要应用于在输气和配气正常进行的压力 P 和温度 T 范围内的管输气,不确定度约为 0.1%。也可用于更宽范围,但计算结果的不确定度会增加(见附录 F)。

有关该计算方法应用范围和应用领域更详细的说明见 GB/T 17747.1。

2 规范性引用文件

下列文件对于本文件的应用是必不可少的。凡是注日期的引用文件,仅注日期的版本适用于本文件。凡是不注日期的引用文件,其最新版本(包括所有的修改单)适用于本文件。

GB 3102.3—1993 力学的量和单位

GB 3102.4—1993 热学的量和单位

GB/T 11062—1998 天然气发热量、密度、相对密度和沃泊指数的计算方法(neq ISO 6976:1995)

GB/T 17747.1—2011 天然气压缩因子的计算 第1部分:导论和指南(ISO 12213-1:2006,MOD)

GB/T 17747.2—2011 天然气压缩因子的计算 第2部分:用摩尔组成进行计算(ISO 12213-2:2006,MOD)

3 术语和定义

GB/T 17747.1 给出的术语和定义适用于本文件。文中出现的符号所代表的含义及单位见附录 A。

4 计算方法

4.1 原理

SGERG-88 计算方法所使用的方程是基于这样的概念:管输天然气的容量性质可由一组合适的、特征的、可测定的物性值来表征和计算。这些特征的物性值与压力和温度一起作为计算方法的输入数据。

该计算方法使用高位发热量、相对密度和 CO_2 含量作为输入变量。尤其适用于无法得到气体摩尔全组成的情况,它的优越之处还在于计算相对简单。对含人工掺合物的气体,需知道 H_2 的含量。

4.2 SGERG-88 方程

SGERG-88 计算方法是基于 GERG-88 标准维利方程(表示为 SGERG-88 方程,见 GB/T 17747.1)。该 SGERG-88 方程是由 MGERG-88 维利方程推导出来的。MGERG-88 方程是基于摩尔组成的计算方法。

SGERG-88 方程可写作方程(1)：

$$Z = 1 + B\rho_m + C\rho_m^2 \qquad \cdots\cdots(1)$$

式中：

B、C——高位发热量(H_S)、相对密度(d)、气体混合物中不可燃和可燃的非烃组分(CO_2、H_2)的含量及温度(T)的函数；

ρ_m——摩尔密度。

ρ_m由方程(2)计算：

$$\rho_m = p/(ZRT) \qquad \cdots\cdots(2)$$

式中的压缩因子 Z 由方程(3)计算：

$$Z = f_1(p, T, H_S, d, x_{CO_2}, x_{H_2}) \qquad \cdots\cdots(3)$$

SGERG-88 计算方法把天然气混合物看成本质上是由等价烃类气体(其热力学性质与存在的烃类的热力学性质总和相等)、N_2、CO_2、H_2 和 CO 组成的五组分混合物。为了充分表征烃类气体的热力学性质，还需要知道烃类的发热量 H_{CH}，压缩因子 Z 的计算公式见方程(4)：

$$Z = f_2(p, T, H_{CH}, x_{CH}, x_{CO_2}, x_{H_2}, x_{CO}) \qquad \cdots\cdots(4)$$

为了能模拟焦炉混合气，一般所采用的 CO 摩尔分数与 H_2 含量存在一个固定的比例关系。若不存在 H_2($x_{H_2} < 0.001$)，则设 $x_{H_2} = 0$。这样在计算中可将天然气混合物看成是由三个组分组成的混合物(见附录 B)。

计算按三个步骤进行：首先，根据附录 B 描述的迭代程序，通过输入数据得到同时满足已知高位发热量和相对密度的五种组分的组成。其次，按附录 B 给出的关系式求出 B 和 C。最后，用适宜的数值计算方法求解联立方程(1)和方程(2)，得到 ρ_m 和 Z。

由输入数据计算压缩因子 Z 的计算程序流程见附录 B 中的图 B.1。

4.3 输入变量

4.3.1 优先选择的输入数据组

SGERG-88 计算方法的输入变量包括绝对压力、热力学温度和高位发热量(体积基)、相对密度、CO_2 含量及 H_2 含量。用作输入数据组(A 组)的物性值有：

H_S，d，x_{CO_2} 和 x_{H_2}(A 组)

相对密度指 GB/T 17747.1—2011 中 3.6 规定参比条件下的相对密度。高位发热量指 GB/T 17747.1—2011 中 3.5 规定参比条件下的高位发热量。

4.3.2 可选择的输入数据组

除 4.3.1 中优先选择的输入数据组(A)之外，还有其他三组可选择的输入数据用于 SGERG-88 计算方法：

x_{N_2}，H_S，d 和 x_{H_2}(B 组)

x_{N_2}，x_{CO_2}，d 和 x_{H_2}(C 组)

x_{N_2}，x_{CO_2}，H_S和 x_{H_2}(D 组)

用以上输入数据组得到的计算结果仅在小数后第四位上可能有差异。本标准推荐使用输入数据组(A)。

4.4 应用范围

4.4.1 管输气

管输气应用范围定义如下：

绝对压力	0 MPa≤p≤12 MPa
热力学温度	263 K≤T≤338 K
CO_2 的摩尔分数	0≤x_{CO_2}≤0.20
H_2 的摩尔分数	0≤x_{H_2}≤0.10
高位发热量	30 MJ·m^{-3}≤H_S≤45 MJ·m^{-3}
相对密度	0.55≤d≤0.80

注：将本条中的高位发热量和相对密度换算为我国天然气标准参比条件下的高位发热量和相对密度，则高位发热量范围为 27.95 MJ·m^{-3}～41.93 MJ·m^{-3}，相对密度范围为 0.550～0.800。

天然气中其他组分的摩尔分数不作为输入数据。但是，他们必须在下列范围之内(同系列连续链烷烃摩尔分数之比一般为 3∶1，见附录 E)：

CH_4	0.7≤x_{CH_4}≤1.0
N_2	0≤x_{N_2}≤0.20
C_2H_6	0≤$x_{C_2H_6}$≤0.10
C_3H_8	0≤$x_{C_3H_8}$≤0.035
C_4H_{10}	0≤$x_{C_4H_{10}}$≤0.015
C_5H_{12}	0≤$x_{C_5H_{12}}$≤0.005
C_6H_{14}	0≤x_{C_6}≤0.001
C_7H_{16}	0≤x_{C_7}≤0.000 5
C_8H_{18}和更高碳数烃类	0≤$x_{C_{8+}}$≤0.000 5
CO	0≤x_{CO}≤0.03
He	0≤x_{He}≤0.005
H_2O	0≤x_{H_2O}≤0.000 15

SGERG-88 计算方法仅适用于单相气态(高于露点)混合物在操作压力和操作温度下压缩因子的计算。该方法还适用于更宽压力和温度范围下管输气压缩因子的计算，但不确定度增加(见图 1)。

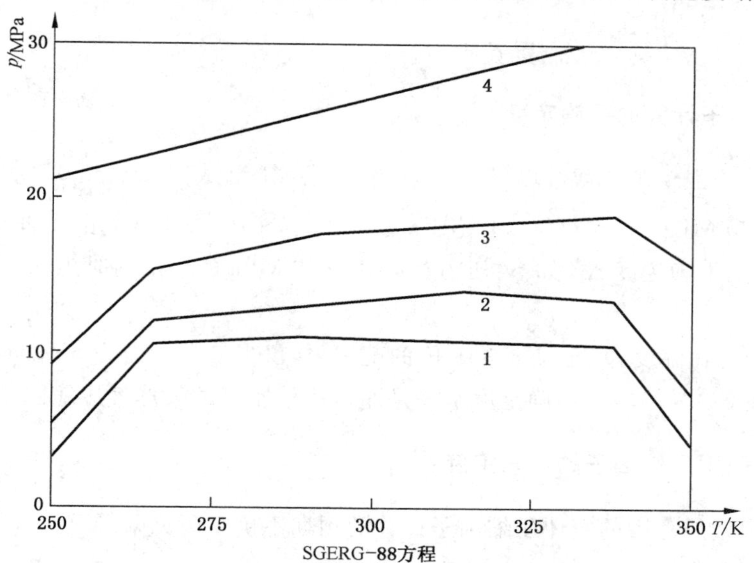

p——压力；

T——温度；

1——ΔZ≤0.1%；

2——0.1%≤ΔZ≤0.2%；

3——0.2%≤ΔZ≤0.5%；

4——0.5%≤ΔZ≤3.0%。

图 1 压缩因子计算的不确定度范围

（给出的不确定度范围仅适用于满足下面条件的天然气和类似气体：$x_{N_2} \leqslant 0.20$、$x_{CO_2} \leqslant 0.09$、$x_{C_2H_6} \leqslant 0.10$、$x_{H_2} \leqslant 0.10$、30 MJ·m^{-3} $\leqslant H_S \leqslant$ 45 MJ·m^{-3}、$0.05 \leqslant d \leqslant 0.80$）

4.4.2 更宽的应用范围

超出4.4.1所给出范围的应用范围如下：

绝对压力　　0 MPa $\leqslant p \leqslant$ 12 MPa

热力学温度　　263 K $\leqslant T \leqslant$ 338 K

CO_2 的摩尔分数　　$0 \leqslant x_{CO_2} \leqslant 0.30$

H_2 的摩尔分数　　$0 \leqslant x_{H_2} \leqslant 0.10$

高位发热量　　20 MJ·m^{-3} $\leqslant H_S \leqslant$ 48 MJ·m^{-3}

相对密度　　$0.55 \leqslant d \leqslant 0.90$

注：将本条中的高位发热量和相对密度换算为我国天然气标准参比条件下的高位发热量和相对密度，则更宽的高位发热量范围为18.64 MJ·m^{-3}～44.73 MJ·m^{-3}，相对密度范围为0.550～0.900。

天然气中其他主要组分摩尔分数的允许范围如下：

CH_4　　$0.5 \leqslant x_{CH_4} \leqslant 1.0$

N_2　　$0 \leqslant x_{N_2} \leqslant 0.50$

C_2H_6　　$0 \leqslant x_{C_2H_6} \leqslant 0.20$

C_3H_8　　$0 \leqslant x_{C_3H_8} \leqslant 0.05$

管输气中微量和痕量组分含量范围见4.4.1。

SGERG-88计算方法不能超出以上范围使用。附录B所描述的计算机执行程序不允许组成范围超过以上各极限值。

4.5 不确定度

4.5.1 管输气压缩因子计算的不确定度

SEGER-88计算方法，在温度263 K～338 K，天然气组成为 $x_{N_2} \leqslant 0.20$、$x_{CO_2} \leqslant 0.09$、$x_{C_2H_6} \leqslant 0.10$、$x_{H_2} \leqslant 0.10$、30 MJ·m^{-3} $\leqslant H_S \leqslant$ 45 MJ·m^{-3}、$0.55 \leqslant d \leqslant 0.80$（见图1）时，计算管输气压缩因子，其计算结果的预期不确定度 ΔZ 如下：压力在最高为10 MPa的范围内时为0.1%；压力在10 MPa～12 MPa时为0.2%。

当 $x_{CO_2} > 0.09$ 时，在温度为263 K～338 K的范围内，仅当最大压力为6 MPa时，计算结果的不确定度 ΔZ 才能保持在0.1%以内。不确定度水平是通过比较实测的天然气压缩因子数据而得到的。

4.5.2 更宽的应用范围压缩因子的不确定度

超出4.5.1给出气质范围的气体压缩因子计算的预期不确定度见附录F。

4.5.3 输入变量不确定度的影响

表1列出的是相关输入变量的典型不确定度值，这些值可在最优操作条件下获得。

根据误差传播分析，输入变量的不确定度会对压力为6 MPa，温度在263 K～338 K范围内的压缩因子计算结果产生约0.1%的附加不确定度。当压力大于6 MPa时，附加不确定度会更大，且大致与压力成正比例增加。

表 1 相关输入变量的典型不确定度值

输入变量	绝对不确定度
绝对压力	0.02 MPa
热力学温度	0.15 K
x_{CO_2}	0.002
x_{N_2}	0.005
相对密度	0.001 3
高位发热量	0.06 MJ·m^{-3}

4.5.4 结果的表述

压缩因子计算结果应保留至小数点后四位，同时给出压力和温度以及所使用的计算方法（GB/T 17747.3，SGERG-88 计算方法）。验证计算机程序时，压缩因子计算结果应给出更多的位数。

附 录 A
（规范性附录）
符号和单位

符号	含义	单位
b_{H0}	B_{11}摩尔发热量(H_{CH})展开式中的零次项(常数)[方程(B.20)]	$m^3 \cdot kmol^{-1}$
b_{H1}	B_{11}摩尔发热量(H_{CH})展开式中的一次项(一次)[方程(B.20)]	$m^3 \cdot MJ^{-1}$
b_{H2}	B_{11}摩尔发热量(H_{CH})展开式中的二次项(平方)[方程(B.20)]	$m^3 \cdot kmol \cdot MJ^{-2}$
$b_{H0}(0)$ $b_{H0}(1)$ $b_{H0}(2)$	b_{H0}温度展开式中的项[方程(B.21)]	$m^3 \cdot kmol^{-1}$ $m^3 \cdot kmol^{-1} \cdot K^{-1}$ $m^3 \cdot kmol^{-1} \cdot K^{-2}$
$b_{H1}(0)$ $b_{H1}(1)$ $b_{H1}(2)$	b_{H1}温度展开式中的项[方程(B.21)]	$m^3 \cdot kmol^{-1}$ $m^3 \cdot kmol^{-1} \cdot K^{-1}$ $m^3 \cdot kmol^{-1} \cdot K^{-2}$
$b_{H2}(0)$ $b_{H2}(1)$ $b_{H2}(2)$	b_{H2}温度展开式中的项[方程(B.21)]	$m^3 \cdot kmol^{-1}$ $m^3 \cdot kmol^{-1} \cdot K^{-1}$ $m^3 \cdot kmol^{-1} \cdot K^{-2}$
$b_{ij}(0)$ $b_{ij}(1)$ $b_{ij}(2)$	B_{ij}温度展开式中的项[方程(B.22)]	$m^3 \cdot kmol^{-1}$ $m^3 \cdot kmol^{-1} \cdot K^{-1}$ $m^3 \cdot kmol^{-1} \cdot K^{-2}$
B	第二维利系数[方程(1)]	$m^3 \cdot kmol^{-1}$
B_{ij}	组分 i 和组分 j 之间二元交互作用第二维利系数[方程(B.22)]	$m^3 \cdot kmol^{-1}$
c_{H0}	C_{111}摩尔发热量(H_{CH})展开式中的零次项(常数)[方程(B.29)]	$m^6 \cdot kmol^{-2}$
c_{H1}	C_{111}摩尔发热量(H_{CH})展开式中的一次项(一次)[方程(B.29)]	$m^6 \cdot kmol^{-1} \cdot MJ^{-1}$
c_{H2}	C_{111}摩尔发热量(H_{CH})展开式中的二次项(二次)[方程(B.29)]	$m^6 \cdot MJ^{-2}$
$c_{H0}(0)$ $c_{H0}(1)$ $c_{H0}(2)$	c_{H0}温度展开式中的项[方程(B.30)]	$m^6 \cdot kmol^{-2}$ $m^6 \cdot kmol^{-2} \cdot MJ^{-1}$ $m^6 \cdot kmol^{-2} \cdot MJ^{-2}$
$c_{H1}(0)$ $c_{H1}(1)$ $c_{H1}(2)$	c_{H1}温度展开式中的项[方程(B.30)]	$m^6 \cdot kmol^{-2} \cdot MJ^{-1}$ $m^6 \cdot kmol^{-1} \cdot MJ^{-1} \cdot K^{-1}$ $m^6 \cdot kmol^{-1} \cdot MJ^{-1} \cdot K^{-2}$
$c_{H2}(0)$ $c_{H2}(1)$ $c_{H2}(2)$	c_{H2}温度展开式中的项[方程(B.30)]	$m^6 \cdot MJ^{-2}$ $m^6 \cdot MJ^{-2} \cdot K^{-1}$ $m^6 \cdot MJ^{-2} \cdot K^{-2}$

符号	含义	单位
$c_{ijk}(0)$	C_{ijk}温度展开式中的项[方程(B.31)]	$m^6 \cdot kmol^{-2}$
$c_{ijk}(1)$		$m^6 \cdot kmol^{-2} \cdot K^{-1}$
$c_{ijk}(2)$		$m^6 \cdot kmol^{-2} \cdot K^{-2}$
C	第三维利系数[方程(1)]	$m^6 \cdot kmol^{-2}$
C_{ijk}	组分i、组分j和组分k之间三元交互作用第三维利系数[方程(B.31)]	$m^6 \cdot kmol^{-2}$
d	相对密度[d(空气)=1,方程(1)]	—
DH_{CH}	迭代计算中摩尔发热量H_{CH}的变化值[方程(B.10)和方程(B.11)]	$MJ \cdot kmol^{-1}$
H_S	高位发热量(参比条件0 ℃,101.325 kPa,燃烧温度25 ℃)	$MJ \cdot m^{-3}$
H	摩尔发热量(燃烧温度25 ℃)	$MJ \cdot kmol^{-1}$
M	摩尔质量[方程(B.5)和方程(B.8)]	$kg \cdot kmol^{-1}$
p	绝对压力	bar
R	摩尔气体常数	$MJ \cdot kmol^{-1} \cdot K^{-1}$
T	绝对温度	K
t	摄氏温度[$=T-273.15$,方程(B.27)]	℃
V_m	摩尔体积($=1/\rho_m$)	$m^3 \cdot kmol^{-1}$
x	组分的摩尔分数	—
y	二元非同类交互作用维利系数B_{12}和B_{13}(表B.2)和三元非同类交互作用维利系数C_{ijk}的混合规则参数[方程(B.32)]	
Z	压缩因子	—
ρ	质量密度[方程(B.8)和方程(B.42)]	$kg \cdot m^{-3}$
ρ_m	摩尔密度($={V_m}^{-1}$)	$kmol \cdot m^{-3}$

附加的下标

符号	含义
n	标准状态($T_n=273.15$ K,$p_n=101.325$ kPa)
CH	等价烃类
CO	一氧化碳
CO_2	二氧化碳
H_2	氢气
N_2	氮气

附加的后缀

符号	含义
(空气)	标准组成的干空气[方程(B.1)]
(D)	方程(B.11)中使用的特殊 ρ 值
1	等价烃[方程(B.12)和方程(B.15)]
2	氮气[方程(B.12)和方程(B.16)]
3	二氧化碳[方程(B.12)和方程(B.17)]
4	氢气[方程(B.12)和方程(B.18)]
5	一氧化碳[方程(B.12)和方程(B.19)]
(理想)	理想气体状态
(u)	迭代计数码(B.2.1)
(v)	迭代计数码(B.2.2)
(w)	迭代计数码(B.4)

附 录 B
（规范性附录）
SGERG-88 计算方法描述

本附录给出了用于 SGERG-88 计算方法的方程和系数值。同时描述了 SGERG-88 计算方法所采用的计算机执行程序。该程序提供了标准的求解方法。验证计算机程序用的压缩因子数据见附录 C。如果计算机程序能够得到与之相等（偏差在 10^{-5} 之内）的计算结果，则可使用。

计算结果应如附录 C 中示例保留至小数点后四位。

B.1 SGERG-88 计算方法的计算机执行程序

压缩因子 Z 的计算按 4.2 所述分 3 个步骤进行，如图 B.1 所示。

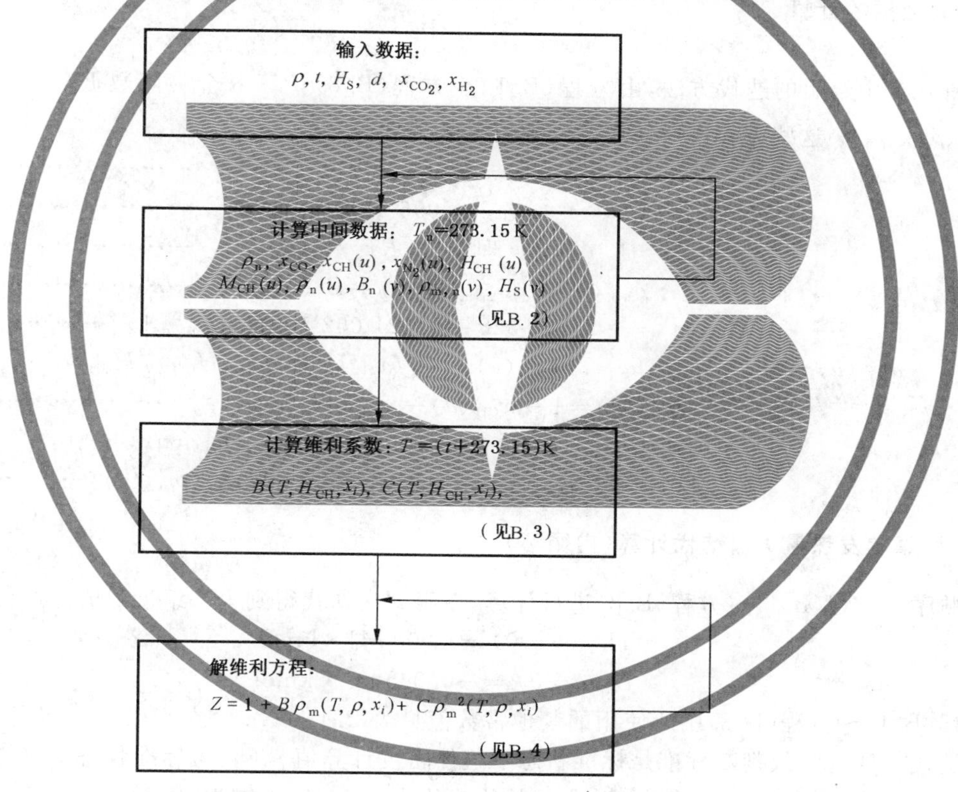

图 B.1 SGERG-88 计算方法流程图

（x_i：i 组分的摩尔分数）

B.1.1 输入数据，包括压力、温度、高位发热量、相对密度以及 CO_2 和 H_2 的摩尔分数。前三个参数值的单位凡不是 MPa、K 和 MJ·m^{-3}的，首先必须按附录 D 中给出的换算关系分别换算成以 MPa、K 和 MJ·m^{-3}为单位的值。然后，用输入数据计算下列中间数据：

烃类气体的摩尔分数	x_{CH}
氮气的摩尔分数	x_{N_2}
一氧化碳的摩尔分数	x_{CO}
等价烃的摩尔发热量	H_{CH}

等价烃的摩尔质量　　M_{CH}

第二维利系数($T_n = 273.15$ K)　　B_n

标准状态下的摩尔密度　　$\rho_{m,n}$

标准状态下的质量密度　　ρ_n

气体的高位发热量　　H_S

方程(B.1)～方程(B.46)中,每一个符号代表一个物理量除以所选单位(见附录A),因而每一个符号是一个无量纲的数值。

B.1.2 在所要求的温度下,用中间数据计算天然气第二维利系数和第三维利系数:$B(T, H_{CH}, x_i)$和$C(T, H_{CH}, x_i)$。

B.1.3 将B.1.2求得的第二维利系数B和第三维利系数C代入维利方程,计算给定压力和温度下的压缩因子Z。

所用符号的定义见附录A。

B.2 中间数据的计算

用图B.2中给出的迭代方法,由方程(B.1)～方程(B.8)计算8个中间数据(x_{CH}、x_{N_2}、x_{CO}、H_{CH}、M_{CH}、B_n、$\rho_{m,n}$、ρ_n)。这些方程中所使用的常数值见表B.1。

$$\rho_n = d\rho_n(\text{空气}) \tag{B.1}$$

$$x_{CO} = 0.096\,4 x_{H_2} \tag{B.2}$$

$$V_{m,n}(\text{理想}) = RT_n / p_n \tag{B.3}$$

$$\rho_{m,n}(v) = [V_{m,n}(\text{理想}) + B_n(v)]^{-1} \tag{B.4}$$

$$M_{CH}(u) = -2.709\,328 + 0.021\,062\,199 H_{CH}(u-1) \tag{B.5}$$

$$x_{CH}(u) = H_S / [H_{CH}(u-1)\rho_{m,n}(v)] - [(x_{H_2} H_{H_2} + x_{CO} H_{CO}) / H_{CH}(u-1)] \tag{B.6}$$

$$x_{N_2}(u) = 1 - x_{CH}(u) - x_{CO_2} - x_{H_2} - x_{CO} \tag{B.7}$$

$$\rho_n(u) = [x_{CH}(u) M_{CH}(u) + x_{N_2}(u) M_{N_2}]\,\rho_{m,n}(v) + (x_{CO_2} M_{CO_2} + x_{H_2} M_{H_2} + x_{CO} M_{CO})\,\rho_{m,n}(v) \tag{B.8}$$

B.2.1 用摩尔发热量H_{CH}迭代计算(内循环)

按顺序从方程(B.1)～方程(B.8)进行计算,在第u次迭代得到第一组近似值。迭代计算初值是:

$$H_{CH}(u=0) = 1\,000\ \text{MJ} \cdot \text{kmol}^{-1}$$

$$B_n(v=0) = -0.065\ \text{m}^3 \cdot \text{kmol}^{-1}$$

方程(B.1)～方程(B.8)中所使用的其他常数值见表B.1。

内迭代循环的收敛判断标准是标准状态下气体密度计算值$\rho_n(u)$与标准状态下已知气体密度值ρ_n(可直接测量,或由相对密度计算得到)之差的绝对值小于10^{-6},见方程(B.9):

$$|\rho_n - \rho_n(u)| < 10^{-6} \tag{B.9}$$

如果未满足,则用方程(B.10)计算方程(B.5)～方程(B.8)中所使用的摩尔发热量$H_{CH}(u)$的改进值:

$$H_{CH}(u) = H_{CH}(u-1) + DH_{CH}(u) \tag{B.10}$$

其中$DH_{CH}(u)$用方程(B.11)计算:

$$DH_{CH}(u) = [\rho_n - \rho_n(u)][\rho(D) - \rho_n(u)]^{-1} \tag{B.11}$$

式中:

$\rho_n(u)$——当前迭代下的密度值[由$H_{CH}(u-1)$开始计算];

$\rho(D)$——用[$H_{CH}(u-1)+1$]作摩尔发热量输入数据,通过方程(B.4)～方程(B.8)求得的密度。

当方程(B.9)左边小于10^{-6}时,本次迭代计算结束,用第二维利系数的迭代计算开始。

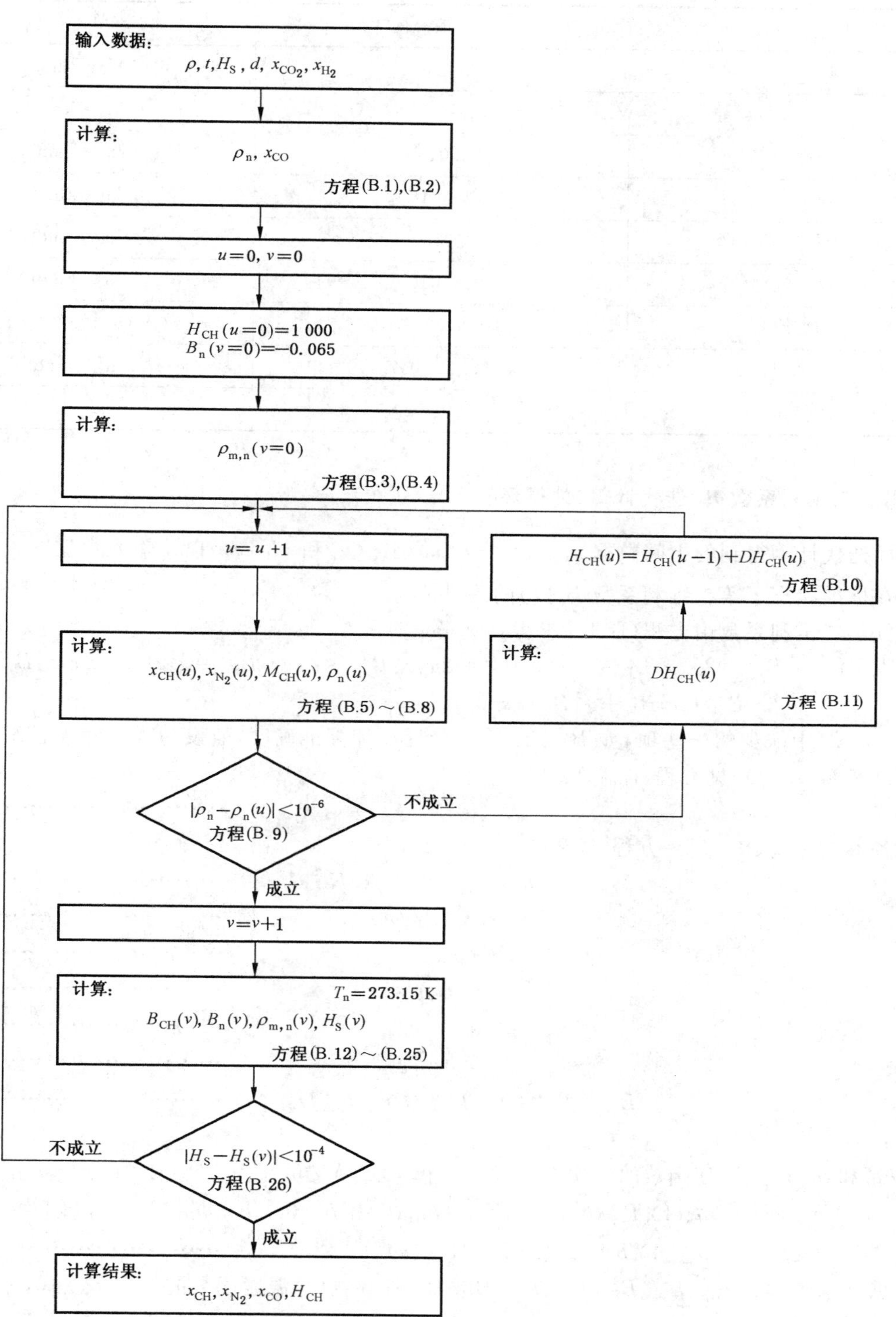

图 B.2 中间数据迭代计算流程图

表 B.1 方程(B.1)～方程(B.8)所使用的常数值(同 GB/T 11062—1998)

常　数	值	单　位
H_{H_2}	285.83	MJ · kmol^{-1}
H_{CO}	282.98	MJ · kmol^{-1}
M_{N_2}	28.013 5	kg · kmol^{-1}
M_{CO_2}	44.010	kg · kmol^{-1}
M_{H_2}	2.015 9	kg · kmol^{-1}
M_{CO}	28.010	kg · kmol^{-1}
R	0.008 314 510	MJ · kmol^{-1} · K^{-1}
$V_{每,n}$(理想)	22.414 097	m^3 · kmol^{-1}
ρ_n(空气)	1.292 923	kg · m^{-3}

B.2.2　用第二维利系数 B_n 迭代计算(外循环)

由前面迭代计算得到的中间数据 $x_{CH}(u)$,$x_{N_2}(u)$,$x_{CO}(u)$和 $H_{CH}(u)$以及输入数据 x_{CO_2} 和 x_{H_2} 计算整个气体在标准状态下第二维利系数 $B_n(v)$的改进值。

天然气第二维利系数由方程(B.12)求得:

$$B(T)=x_1^2B_{11}+2x_1x_2B_{12}+2x_1x_3B_{13}+2x_1x_4B_{14}+2x_1x_5B_{15}+x_2^2B_{22}+2x_2x_3B_{23}+2x_2x_4B_{24}+x_3^2B_{33}+x_4^2B_{44}+x_5^2B_{55} \quad \text{(B.12)}$$

方程(B.12)中缺少的一些项,如 B_{25}、B_{34} 等不会提高计算准确度,故设为零。标准状态下第二维利系数 $B_n(v)$等于 $B(T_n)$,见方程(B.13):

$$B_n(v)=B(T_n) \quad \text{(B.13)}$$

式中各参数见式(B.14)～方程(B.20):

$$T=T_n=273.15\ K \quad \text{(B.14)}$$

$$x_1=x_{CH}(u) \quad \text{(B.15)}$$

$$x_2=x_{N_2}(u) \quad \text{(B.16)}$$

$$x_3=x_{CO_2} \quad \text{(B.17)}$$

$$x_4=x_{H_2} \quad \text{(B.18)}$$

$$x_5=x_{CO} \quad \text{(B.19)}$$

$$B_{11}=b_{H0}+b_{H1}H_{CH}(u)+b_{H2}H_{CH}^2(u) \quad \text{(B.20)}$$

式中:

b_{H0}、b_{H1} 和 b_{H2}——温度函数的二次多项式。方程(B.20)又可写作方程(B.21):

$$B_{11}=b_{H0}(0)+b_{H0}(1)T+b_{H0}(2)T^2+[b_{H1}(0)+b_{H1}(1)T+b_{H1}(2)T^2]H_{CH}(u)+[b_{H2}(0)+b_{H2}(1)T+b_{H2}(2)T^2]H_{CH}^2(u) \quad \text{(B.21)}$$

第二维利系数 B_{14}、B_{15}、B_{22}、B_{23}、B_{24}、B_{33}、B_{34}、B_{44} 和 B_{55} 也是温度函数的二次多项式,一般形式见方程(B.22):

$$B_{ij}=b_{ij}(0)+b_{ij}(1)T+b_{ij}(2)T^2 \quad \text{(B.22)}$$

非同类交互作用维利系数 B_{12} 和 B_{13} 由方程(B.23)和(B.24)表示:

$$B_{12}=[0.72+1.875\times10^{-5}(320-T)^2(B_{11}+B_{22})/2] \quad \text{(B.23)}$$

$$B_{13}=-0.865(B_{11}B_{33})^{1/2} \quad \text{(B.24)}$$

方程(B.21)～方程(B.24)所涉及的系数见表 B.2。

表 B.2 纯气体第二维利系数和非同类交互作用维利系数温度展开式中系数 $b(0)$、$b(1)$ 和 $b(2)$ 的数值(温度为 K 时,B 的单位是 $m^3 \cdot kmol^{-1}$)

	ij	$b(0)$	$b(1)$	$b(2)$
CH	$H0$	-4.25468×10^{-1}	2.86500×10^{-3}	-4.62073×10^{-6}
CH	$H1$	8.77118×10^{-4}	-5.56281×10^{-6}	8.81510×10^{-9}
CH	$H2$	-8.24747×10^{-7}	4.31436×10^{-9}	-6.08319×10^{-12}
N_2	22	-1.44600×10^{-1}	7.40910×10^{-4}	-9.11950×10^{-7}
CO_2	33	-8.68340×10^{-1}	4.03760×10^{-3}	-5.16570×10^{-6}
H_2	44	-1.10596×10^{-3}	8.13385×10^{-5}	-9.87220×10^{-8}
CO	55	-1.30820×10^{-1}	6.02540×10^{-4}	-6.44300×10^{-7}
CH+N_2	12	$y=0.72+1.875\times10^{-5}(320-T)^2$		
CH+CO_2	13	$y=-0.865$		
CH+H_2	14	-5.21280×10^{-2}	2.71570×10^{-4}	-2.50000×10^{-7}
CH+CO	15	-6.87290×10^{-2}	-2.39381×10^{-6}	5.18195×10^{-7}
N_2+CO_2	23	-3.39693×10^{-1}	1.61176×10^{-3}	-2.04429×10^{-6}
N_2+H_2	24	1.20000×10^{-2}	0.00000	0.00000

方程(B.13)得到的 $B_n(v)$ 值,用于方程(B.4)计算 $\rho_{m,n}$ 的第 v 次近似值。

然后,反向使用方程(B.6)计算 $H_S(v)$ 值。$H_S(v)$ 由方程(B.25)求得:

$$H_S(v)=[x_1(u)H_{CH}(u-1)+x_4H_4+x_5H_5]\rho_{m,n}(v) \quad \cdots\cdots\cdots\cdots(B.25)$$

$H_4(=H_{H_2})$ 和 $H_5(=H_{CO})$ 分别是 H_2 和 CO 在 298.15 K 时的摩尔发热量。外迭代循环(迭代计数码 v)的收敛判断标准,是测得的高位发热量 H_S 与计算的高位发热量 $H_S(v)$ 之差的绝对值小于 10^{-4},见方程(B.26):

$$|H_S-H_S(v)|<10^{-4} \quad \cdots\cdots\cdots\cdots(B.26)$$

如果不满足,则将由方程(B.13)求得的 $B_n(v)$ 值用作方程(B.4)的新的输入值,并用 $H_{CH}(u-1)$ 和 $\rho_{m,n}(v)$ 的当前值从方程(B.5)开始整个迭代程序,也就是内迭代循环 u 重新开始。

当方程(B.9)和方程(B.26)两个收敛判断标准同时满足时,即得到了摩尔分数 x_{CH} 和 x_{N_2} 及摩尔发热量 H_{CH} 等中间数据的最终结果。

B.3 维利系数计算

天然气的第二维利系数 B(T)和第三维利系数 C(T)由 x_{co_2} 和 x_{H_2}(输入数据),及 x_{CH}、x_{N_2} 和 x_{co}(中间数据),以及摩尔发热量 H_{CH} 求得(见图 B.1 和图 B.3)。

B.3.1 第二维利系数 $B(T)$ 的计算

按照 B.2.2 所描述步骤,由方程(B.12)计算某一温度 T 下的第二维利系数 $B(T)$,其中

$$T=t+273.15 \quad \cdots\cdots\cdots\cdots(B.27)$$

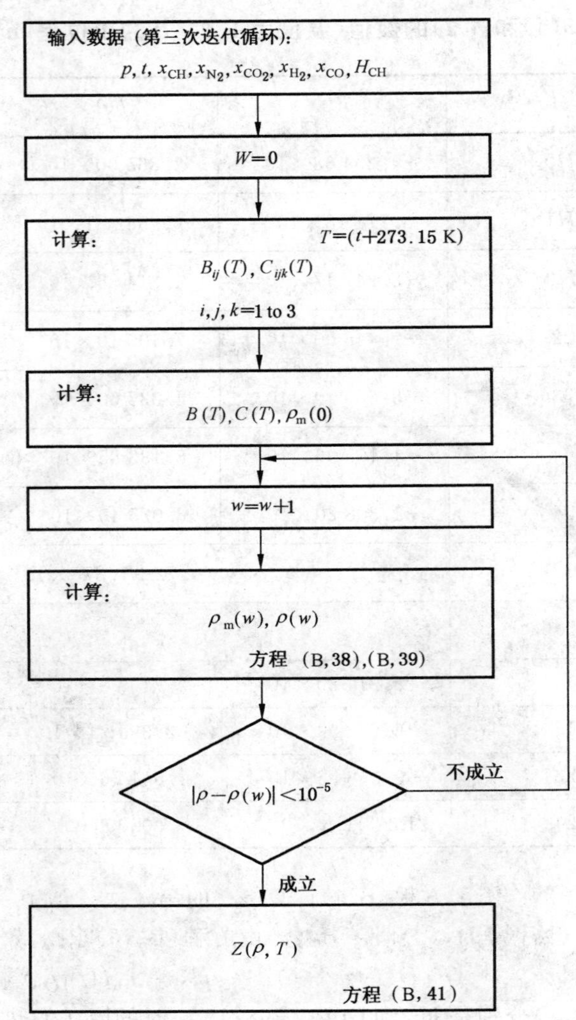

图 B.3 压缩因子计算流程图

B.3.2 第三维利系数 $C(T)$ 的计算

某一温度 T 下天然气的第三维利系数由方程(B.28)计算：

$$C(T)=x_1^3C_{111}+3x_1^2x_2C_{112}+3x_1^3x_3C_{113}+3x_1^2x_4C_{114}+3x_1^2x_5C_{115}+3x_1x_2^2C_{122}+6x_1x_2x_3C_{123}+3x_1x_3^2C_{133}+x_2^3C_{222}+3x_2^2x_3C_{223}+3x_2x_3^2C_{233}+x_3^3C_{333}+x_4^3C_{444} \qquad \text{(B.28)}$$

方程(B.28)中缺少的一些附加项不会提高计算准确度，故设为零。

方程(B.28)中，C_{111} 按方程(B.29)计算：

$$C_{111}=c_{H0}+c_{H1}H_{\mathrm{CH}}+c_{H2}H_{\mathrm{CH}}^2 \qquad \text{(B.29)}$$

式中：

c_{H0}、c_{H1} 和 c_{H2}——温度函数的二次多项式。方程(B.29)又可写作方程(B.30)：

$$C_{111}=c_{H0}(0)+c_{H0}(1)T+c_{H0}(2)T^2+[c_{H1}(0)+c_{H1}(1)T+c_{H1}(2)T^2]H_{\mathrm{CH}}+[c_{H2}(0)+c_{H2}(1)T+c_{H2}(2)T^2]H_{\mathrm{CH}}^2 \qquad \text{(B.30)}$$

C_{222}、C_{333}、C_{444}、C_{115}、C_{223} 和 C_{233} 也是温度函数的二次多项式，见方程(B.31)：

$$C_{ijk}=c_{ijk}(0)+c_{ijk}(1)T+c_{ijk}(2)T^2 \quad\cdots\cdots(B.31)$$

方程(B.30)和方程(B.31)中的系数见表 B.3。

表 B.3 纯气体第三维利系数和非同类交互作用维利系数的温度展开式中系数 $c(0)$、$c(1)$和 $c(2)$的数值(温度为 K 时,C 的单位是 $m^6 \cdot kmol^{-2}$)

	ijk	$c(0)$	$c(1)$	$c(2)$
CH	$H0$	-3.02488×10^{-1}	1.95861×10^{-3}	-3.16302×10^{-6}
CH	$H1$	6.46422×10^{-4}	-4.22876×10^{-6}	6.88157×10^{-9}
CH	$H2$	-3.32805×10^{-7}	2.23160×10^{-9}	-3.67713×10^{-12}
N_2	222	7.84980×10^{-3}	-3.98950×10^{-5}	6.11870×10^{-8}
CO_2	333	2.05130×10^{-3}	3.48880×10^{-5}	-8.37030×10^{-8}
H_2	444	1.04711×10^{-3}	-3.64887×10^{-6}	4.67095×10^{-9}
CH+CH+N_2	112	$y=0.92+0.0013(T-270)$		
CH+CH+CO_2	113	$y=0.92$		
CH+CH+H_2	114	$y=1.20$		
CH+CH+CO	115	7.36748×10^{-3}	-2.76578×10^{-5}	3.43051×10^{-8}
CH+N_2+N_2	122	$y=0.92+0.0013(T-270)$		
CH+N_2+CO_2	123	$y=1.10$		
CH+CO_2+CO_2	133	$y=0.92$		
N_2+N_2+CO_2	223	5.52066×10^{-3}	-1.68609×10^{-5}	1.57169×10^{-8}
N_2+CO_2+CO_2	233	3.58783×10^{-3}	8.06674×10^{-6}	-3.25798×10^{-8}

其他非同类交互作用维利系数由方程(B.32)求得:

$$C_{ijk}=y_{ijk}(C_{iii}C_{jjj}C_{kkk})^{1/3} \quad\cdots\cdots(B.32)$$

式中,y_{ijk} 由方程(B.33)~方程(B.36)给出:

$$y_{112}=y_{122}=0.92+0.0013(T-270) \quad\cdots\cdots(B.33)$$

$$y_{113}=y_{133}=0.92 \quad\cdots\cdots(B.34)$$

$$y_{114}=1.20 \quad\cdots\cdots(B.35)$$

$$y_{123}=1.10 \quad\cdots\cdots(B.36)$$

方程(B.32)表明,取决于温度的非同类交互作用维利系数,主要由各纯组分的第三维利系数决定,后者也取决于温度。

B.4 压缩因子和摩尔密度的计算

压缩因子和摩尔密度计算的最后步骤是在给定压力 p 下联解方程(1)和方程(2)。w 迭代计算中的第一个近似值 ρ_m 由方程(B.37)给出:

$$\rho_m^{-1}(w=0)=RT/p+B \quad\cdots\cdots(B.37)$$

式中,某一温度 T 下的第二维利系数 B 由方程(B.12)计算(见图 B.3)。然后,根据方程(B.38)求改进计算值 $\rho_m(w)$:

$$\rho_m^{-1}(w)=(RT/p)\left[1+B\rho_m(w-1)+C\rho_m^2(w-1)\right] \quad\cdots\cdots(B.38)$$

式中,某一温度 T 下混合气体的第三维利系数 C 由方程(B.28)计算。w 迭代计算的收敛判断标准,是由方程(B.39)计算的压力 $p(w)$与给定压力 p 之差的绝对值小于 10^{-5},见方程(B.40)。

$$p(w)=RT\rho_m(w)\left[1+B\rho_m(w)+C\rho_m^2(w)\right] \quad\cdots\cdots(B.39)$$

$$|p-p(w)|<10^{-5} \quad \cdots\cdots(B.40)$$

如果未满足，则将摩尔密度的当前值 $\rho_m(w)$ 作为方程(B.38)的新的输入值 $\rho_m(w-1)$，以计算摩尔密度改进值 $\rho_m(w)$。

如果方程(B.40)左边值小于 10^{-5}，迭代计算结束，最终的 $\rho_m(w)$ 就是摩尔密度值 ρ_m。压缩因子由方程(B.41)计算：

$$Z=1+B\rho_m+C\rho_m^2 \quad \cdots\cdots(B.41)$$

注：质量密度由方程(B.42)计算：

$$\rho=[d\rho_n(\text{空气})pZ_nT_n/(p_nZT)] \quad \cdots\cdots(B.42)$$

在应用于密度之前，Z 和 Z_n 值应先取到小数点后第四位。

密度计算结果保留至三位有效数值。

B.5 SGERG-88 计算方法的一致性检验

下列试验用于对输入数据进行部分一致性检验，宜在 SGERG-88 计算方法中应用。

a) 输入数据应满足方程(B.43)的判断标准：

$$d>0.55+0.97x_{CO_2}-0.45x_{H_2} \quad \cdots\cdots(B.43)$$

b) 中间数据 x_{N_2} 必须满足方程(B.44)和方程(B.45)规定的条件：

$$-0.01\leqslant x_{N_2}\leqslant 0.5 \quad \cdots\cdots(B.44)$$

$$x_{N_2}+x_{CO_2}\leqslant 0.5 \quad \cdots\cdots(B.45)$$

c) 第三次迭代循环输入数据的内在一致性应满足(B.46)：

$$d>0.55+0.4x_{N_2}+0.97x_{CO_2}-0.45x_{H_2} \quad \cdots\cdots(B.46)$$

附 录 C
（规范性附录）
计 算 示 例

应使用下列计算示例验证 SGERG-88 方法的计算机执行程序(附录 B 未给出)。用经过验证的可执行程序 GERG-88. EXE 执行计算,该程序包含附录 B 中描述的子程序 SGERG. FOR。

表 C.1 输入数据

	1# 气样	2# 气样	3# 气样	4# 气样	5# 气样	6# 气样
x_{CO_2}	0.006	0.005	0.015	0.016	0.076	0.011
x_{H_2}	0.000	0.000	0.000	0.095	0.000	0.000
d	0.581	0.609	0.650	0.599	0.686	0.644
H_S(MJ · m^{-3})	40.66	40.62	43.53	34.16	36.64	36.58

表 C.2 压缩因子计算结果

条件 p bar	条件 t ℃	1# 气样	2# 气样	3# 气样	4# 气样	5# 气样	6# 气样
60	−3.15	0.840 84	0.833 97	0.794 15	0.885 69	0.826 64	0.854 06
60	6.85	0.862 02	0.856 15	0.822 10	0.901 50	0.850 17	0.873 88
60	16.85	0.880 07	0.875 00	0.845 53	0.915 07	0.870 03	0.890 71
60	36.85	0.908 81	0.904 91	0.882 23	0.936 84	0.901 24	0.917 36
60	56.85	0.929 96	0.926 90	0.908 93	0.953 02	0.923 94	0.936 90
120	−3.15	0.721 46	0.711 40	0.643 22	0.808 43	0.695 57	0.749 39
120	6.85	0.759 69	0.750 79	0.690 62	0.836 13	0.738 28	0.784 73
120	16.85	0.792 57	0.784 72	0.731 96	0.859 99	0.774 63	0.814 90
120	36.85	0.844 92	0.838 77	0.797 78	0.898 27	0.831 66	0.862 66
120	56.85	0.883 22	0.878 32	0.845 54	0.926 62	0.872 69	0.897 49

计算用的气体即是 GB/T 17747.2—2011 附录 C 中的 6 个气体;气体摩尔组成全分析的数据见 GB/T 17747.2—2011 中的表 C.1。

附　录　D
（规范性附录）
换 算 因 子

D.1　参比条件

SGERG-88 维利方程和 SGERG. ORG 计算机执行程序使用的参比条件如下：

高位发热量：燃烧参比条件 $T_1=298.15\ \mathrm{K}(t_1=25\ ℃)$，$p_1=101.325\ \mathrm{kPa}$。

体积计量参比条件 $T_2=273.15\ \mathrm{K}(t_2=0\ ℃)$，$p_2=101.325\ \mathrm{kPa}$。

相对密度：体积计量参比条件 $T_2=273.15\ \mathrm{K}(t_2=0\ ℃)$，$p_2=101.325\ \mathrm{kPa}$。

计算中注意保证用于高位发热量和相对密度的参比条件输入值的正确性。一些国家通常使用上述参比条件；而另一些国家使用其他的参比条件；由于在各种参比条件下所测发热量的单位均为 $\mathrm{MJ\cdot m^{-3}}$，因此特别容易造成混淆。表 D.1 给出了世界主要天然气贸易国所使用的参比条件。

对那些用非公制发热量单位的（例如用 $\mathrm{Btu\cdot ft^{-3}}$ 作为发热量单位），则要求对单位和参比条件都进行换算。

表 D.1　不同国家发热量测定采用的公制参比条件

	t_1/℃	t_2/℃
中国	20	20
澳大利亚	15	15
奥地利	25	0
比利时	25	0
加拿大	15	15
丹麦	25	0
法国	0	0
德国	25	0
爱尔兰	15	15
意大利	25	0
日本	0	0
荷兰	25	0
俄罗斯	25	0 或 20
英国	15	15
美国	15	15

注 1：所有参比压力均为 101.325 kPa(1.013 25 bar)。

注 2：t_1 是燃烧参比温度。

注 3：t_2 是气体计量参比温度。

D.2 压力和温度单位及换算因子

如果输入变量压力 p 和温度 T 的单位不是所需的 MPa 和 K，则必须将它们换算成 MPa 和 K，以适用于计算机执行程序。单位间的换算因子见表 D.2。

表 D.2 压力和温度的换算因子

压力：
$p(\text{MPa})=[p(\text{kPa})]/1\,000$
$p(\text{MPa})=[p(\text{bar})]/10$
$p(\text{MPa})=[p(\text{atm})]\times 0.101\,325$
$p(\text{MPa})=[p(\text{psia})]/145.038$
$p(\text{MPa})=[p(\text{psig})+14.695\,9]/145.038$
温度：
$T(\text{K})=t(℃)+273.15$
$T(\text{K})=[t(℉)-32]/1.8+273.15$
$T(\text{K})=[t(°\text{R})]/1.8$

D.3 不同参比条件间高位发热量和密度的单位和换算

因为高位发热量和相对密度是气体混合物组成的函数，而各个特定组分的热力学性质又以特定的方式取决于温度和压力。所以原则上不知道组成，就不可能精确地将某参比条件下的发热量和相对密度换算成另一参比条件下的发热量和相对密度。

然而，相关参比条件在热力学上总是相近的，且天然气主要组分的含量变化不大，所以对于典型的天然气，实际上可以在所换算物性值准确度基本上不损失的情况下给出相应的换算因子。

D.3.1 单位间的换算因子

如果输入变量 H_S 的单位不是 $\text{MJ}\cdot\text{m}^{-3}$，则必须对其进行换算。

给定参比条件(见 D.1)下高位发热量的换算因子见表 D.3。

表 D.3 发热量的换算因子

$H_S(\text{MJ}\cdot\text{m}^{-3})=[H_S(\text{kWh}\cdot\text{m}^{-3})]\times 3.6$
$H_S(\text{MJ}\cdot\text{m}^{-3})=[H_S(\text{Btu}\cdot\text{ft}^{-3})]/26.839\,2$

D.3.2 不同参比条件间的换算

如果输入变量 H_S 和 d 未处于本标准规定的参比条件(见 D.1)，则需对其进行换算。表 D.1 中列出的参比条件下的高位发热量和相对密度的换算因子见表 D.4。

表 D.4　不同参比条件下发热量和相对密度的换算因子

$t_1=25$ ℃, $t_2=0$ ℃, $p_2=101.325$ kPa 参比条件下的高位发热量 H_S：
$H_S=H_S(t_1=0\ ℃, t_2=0\ ℃, p_2=101.325\ \text{kPa})\times 0.997\ 4$
$H_S=H_S(t_1=15\ ℃, t_2=15\ ℃, p_2=101.325\ \text{kPa})\times 1.054\ 3$
$H_S=H_S(t_1=60\ ℉, t_2=60\ ℉, p_2=101.592\ \text{kPa})\times 1.053\ 5$
$H_S=H_S(t_1=60\ ℉, t_2=60\ ℉, p_2=101.560\ \text{kPa})\times 1.053\ 9$
$H_S=H_S(t_1=20\ ℃, t_2=20\ ℃, p_2=101.325\ \text{kPa})\times 1.073\ 2$
$t_2=0$ ℃, $p_2=101.325$ kPa 参比条件下的相对密度 d：
$d=d(t_2=15\ ℃, p_2=101.325\ \text{kPa})\times 1.000\ 2$
$d=d(t_2=60$ ℉, $p_2=101.592$ kPa 或 101.560 kPa$)\times 1.000\ 2$
$d=d(t_2=20\ ℃, p_2=101.325\ \text{kPa})\times 1.000\ 3$
注：$p=1.015\ 60$ bar$=14.73$ psia(美国惯例)

附 录 E
（资料性附录）
管输气规范

E.1 摩尔分数上限

SGERG-88 计算方法是对 MGERG-88 方法的简化，MGERG-88 方法计算压缩因子或密度需要全组分（CH_4～C_8H_{18}、N_2、CO_2、H_2 和 CO）分析数据。GB/T 17747 的本部分定义了 SGERG-88 方法所要求的各组分摩尔分数上限（见表 E.1）。表 E.1 的第 2 列为由实验验证的应用范围，第 3 列为管输天然气各组分摩尔分数上限，第 4 列定义了"更宽的应用范围"。由实验验证的应用范围比管输气范围和"更宽的应用范围"都窄。对压力高至 10 MPa 和第 2 列所给出的组分范围，计算的压缩因子与 GERG 数据库的实验值一致，这些实验值的不确定度为 0.1%（95%置信水平）。

表 E.1 SGERG-88 应用范围（摩尔分数上限）

	实验验证的应用范围（见图 1）	管输气范围（见 4.4.1）	更宽的应用范围（见 4.4.2）
N_2	0.20	0.20	0.50
CO_2	0.09	0.20	0.30
C_2H_6	0.10	0.10	0.20
C_3H_8	0.035	0.035	0.05
C_4H_{10}	0.015	0.015	0.015
H_2	0.10	0.10	0.10

GB/T 17747 介绍了"管输气"术语以描述通过天然气管网输送的天然气（见表 E.1 第 3 列）。对于这些天然气，CO_2 摩尔分数上限为 0.20。不过，对这一 CO_2 含量，压力不超过 6 MPa 时，其不确定度才为 0.1%。

E.2 输入变量的一致性检验和要求

B.5 条描述了 SGERG-88 计算方法输入变量 d、x_{CO_2}、x_{N_2} 和 x_{H_2} 的一致性检验，作为一种约束性（规范性）要求。

SGERG-88 计算方法的各种出版物及 GB/T 17747 的本部分均强调了计算天然气压缩因子的该方法表明典型天然气高级烃之间的关系。也就是说，实际上连续同系列烷烃摩尔分数的比例为 3∶1。这一经验法则已通过与 GERG 数据库的比较而得到证实。

图 E.1 和 E.2 分别是丙烷和丁烷加的摩尔分数 $x_{C_3H_8}$、$x_{C_{4+}}$ 与乙烷摩尔分数 $x_{C_2H_6}$ 的关系图，这些天然气组分数据取自 GERG 数据库（TM4，1990），数据点（图中的圆圈）满足表 E.1 给出的管输气标准（见 TM7 中的表 10，1996）。这两种摩尔分数比例给出了总是能正确执行 SGERG-88 计算方法的值的范围。图 E.1 和图 E.2 中的短划线表明三分之一的比例规则：$x_{C_3H_8}$ 与 $x_{C_2H_6}$ 的比例为 0.3，$x_{C_{4+}}$ 与 $x_{C_2H_6}$ 的比例为 0.1。两边的限制线表明丙烷和丁烷加的摩尔分数分别有 ±0.01 和 ±0.003 的偏离范围，事实上，GERG 数据库的所有数据点都在这一偏离范围内。选择使用绝对容许极限比用相对容许极限能更好地定义数据位置。

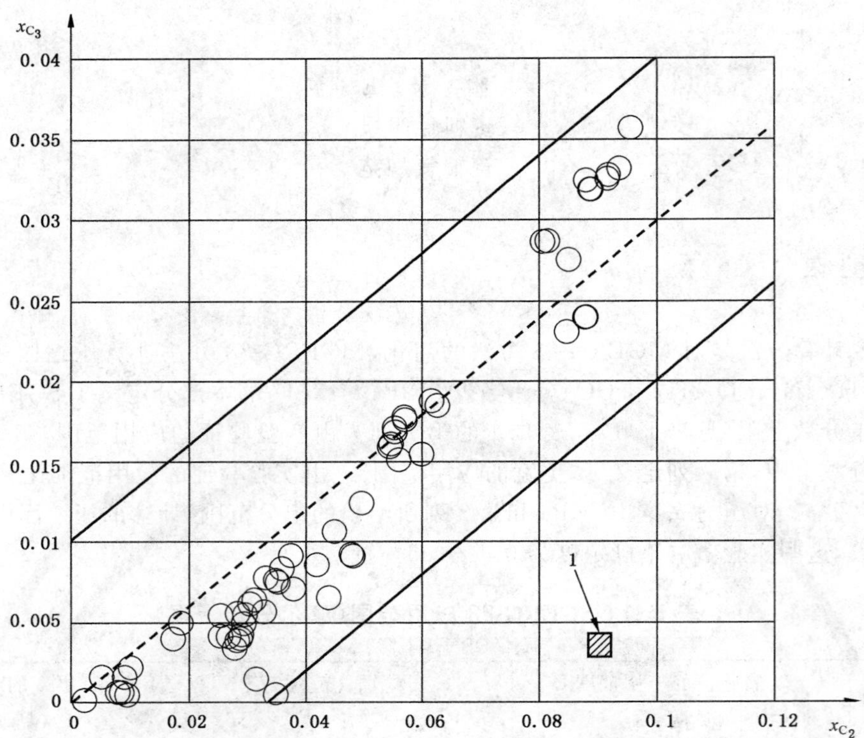

x_{C_3}——丙烷摩尔分数；
x_{C_2}——乙烷摩尔分数；
1——03-4605 天然气(北海天然气)。

图 E.1　天然气中丙烷摩尔分数与乙烷摩尔分数的函数关系

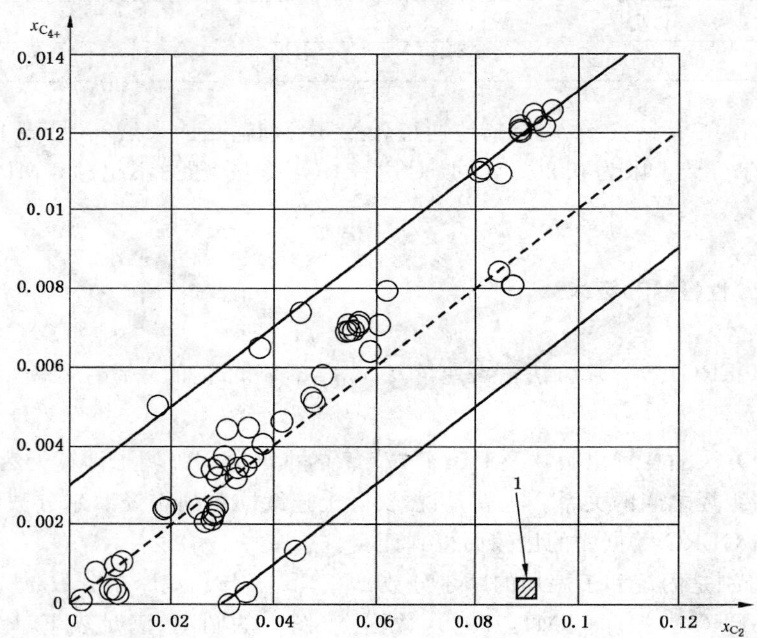

$x_{C_{4+}}$——丙烷摩尔分数；
x_{C_2}——乙烷摩尔分数；
1——03-4605 天然气(北海天然气)。

图 E.2　天然气中丁烷加摩尔分数与乙烷摩尔分数的函数关系

如果天然气分析组分摩尔分数不在图 E.1 和图 E.2 所示的范围内,建议将 SGERG-88 计算方法与其他状态方程(简化的维利方程、AGA8-92DC 方程或 GERG-2004 方程)进行比较,以对该方法的应用进行检验,不过,为了对天然气质量进行描述,这些状态方程要求对全组分进行分析。

以某个北海天然气为例(命名为 03-4605,乙烷、丙烷和丁烷加的摩尔分数分别为 0.090 2、0.003 5 和 0.000 16,见图 E.1 和图 E.2 中的阴影方块),用以上其他状态方程对该气体进行了大量比较计算。在这种情况下,在 10 MPa 压力和 275 K～280 K 温度范围内,SGERG-88 计算方法的最大偏差为+0.5%。

实验表明,用气体密度测量系统在同一等温线上的密度测量值与由全组分分析数据计算的密度值一致,总测量不确定度为 0.04%,因此,SGERG-88 计算方法不适用于这一特殊情况。总测量不确定度由两等份不确定度构成,即由密度测量不确定度和天然气组分分析不确定度构成。

在不宜用 SGERG-88 计算方法的情况下,建议使用本国际标准第 2 部分规定的 AGA8-92DC 方法,或 GERG-2004 状态方程,不过,这些方法在具备全组分分析数据的情况下才能使用。

附 录 F
（资料性附录）
更宽范围的应用效果

在温度 263 K～338 K，压力最高至 12 MPa 的范围内，利用实验测定值数据库对 SGERG-88 方程进行了全面检验。这些数据取自在给定组成、高位发热量、相对密度范围内的管输气（见 4.4.1）。这些范围内的不确定度见 4.5。

更宽范围下进行压缩因子计算的不确定度的粗略估计见图 F.1～图 F.4。图中以压力为纵坐标，横坐标分别为 N_2、CO_2、C_2H_6 和 C_3M_8 含量。

图 F.1～图 F.4 显示了 SGERG 计算方法在压力最大为 30 MPa 的范围内时的应用效果，此并不意味着可以经常地或不加鉴别地在超出规定的正常范围的条件下使用 SGERG-88 计算方法。不确定度范围取决于压力、温度和组成，也强烈地受到相界位置的影响。

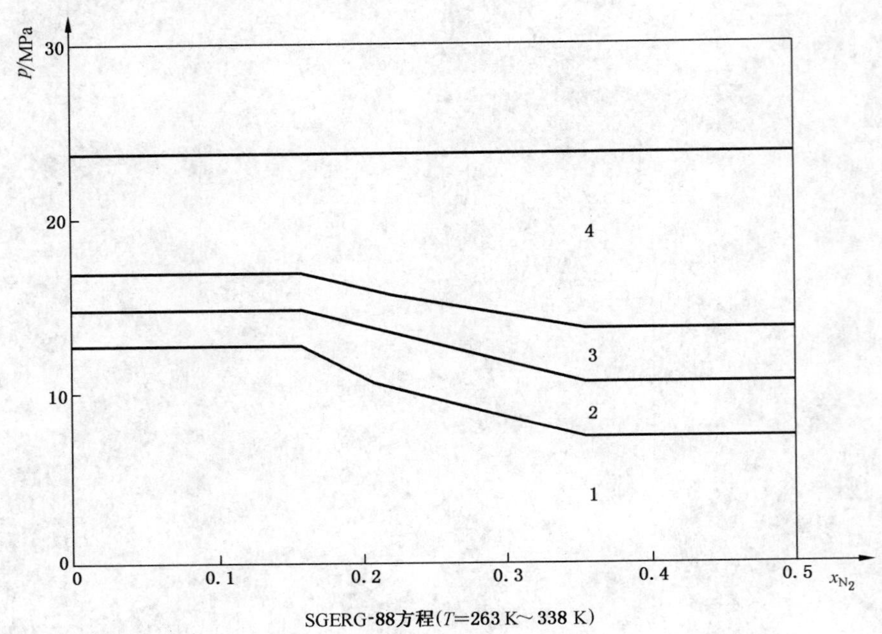

p ——压力；

x_{N_2} ——N_2 的摩尔分数；

1——ΔZ ≤0.1%；

2——ΔZ 0.1%～0.2%；

3——ΔZ 0.2%～0.5%；

4——ΔZ 0.5%～3.0%。

图 F.1 计算高含 N_2 天然气压缩因子时不确定度的估计范围

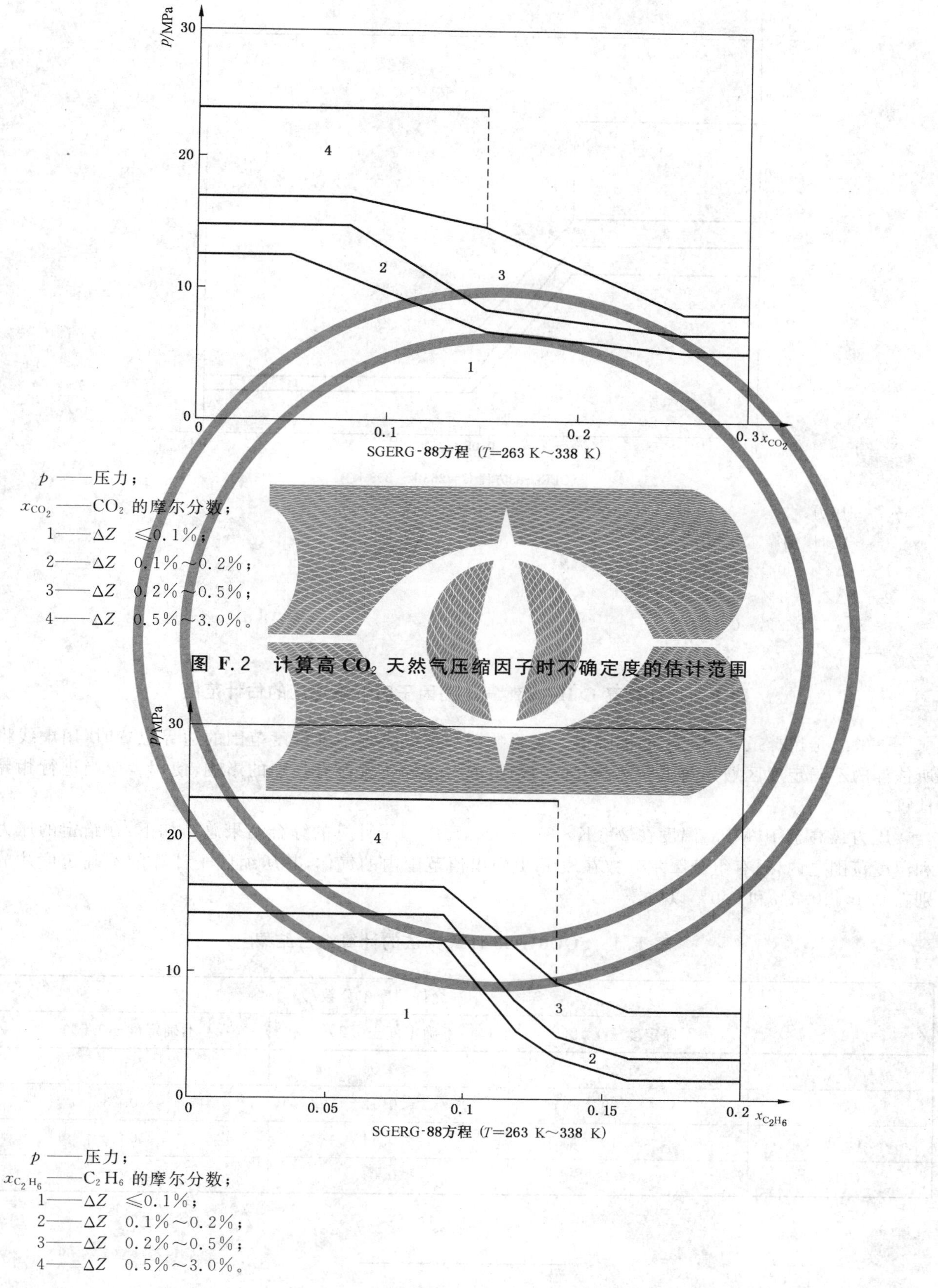

p——压力；

x_{CO_2}——CO_2 的摩尔分数；

1——ΔZ ≤0.1％；

2——ΔZ 0.1％～0.2％；

3——ΔZ 0.2％～0.5％；

4——ΔZ 0.5％～3.0％。

图 F.2 计算高 CO_2 天然气压缩因子时不确定度的估计范围

p——压力；

$x_{C_2H_6}$——C_2H_6 的摩尔分数；

1——ΔZ ≤0.1％；

2——ΔZ 0.1％～0.2％；

3——ΔZ 0.2％～0.5％；

4——ΔZ 0.5％～3.0％。

图 F.3 计算高 C_2H_6 天然气压缩因子时不确定度的估计范围

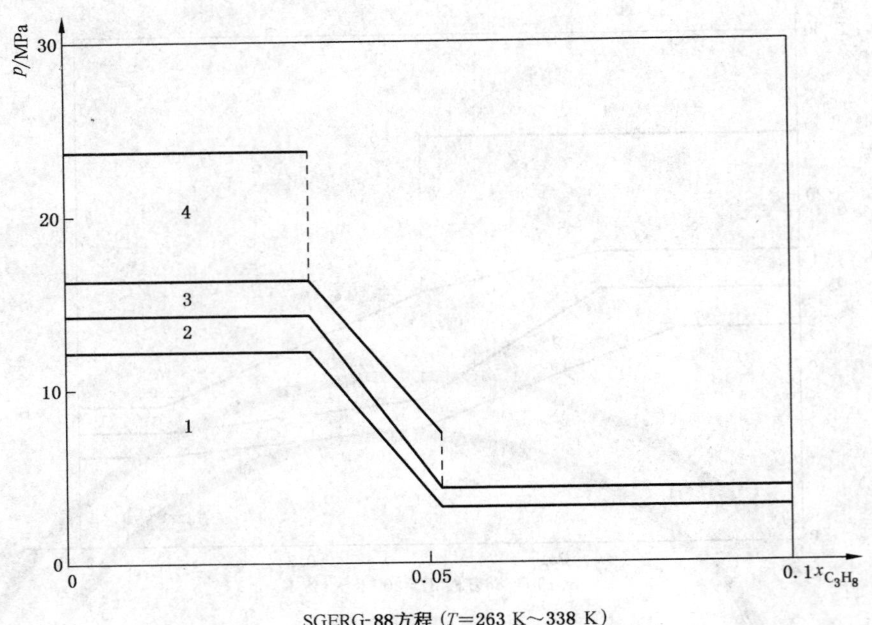

SGERG-88方程（T=263 K～338 K）

p——压力；

$x_{C_3H_8}$——C_3H_8 的摩尔分数；

1——ΔZ ≤0.1%；

2——ΔZ 0.1%～0.2%；

3——ΔZ 0.2%～0.5%；

4——ΔZ 0.5%～3.0%。

图 F.4 计算高 C_3H_8 天然气压缩因子时不确定度的估计范围

一般总是选择最坏情况下的极限值。实验数据不足以决定不确定度范围的边界位置时，用虚线将所估计的不确定度区划为两个区域。气体的全组成对相界位置会有强烈的影响，使用者应当进行相界计算。

压力最高至 10 MPa，温度在 263 K～338 K 时，压缩因子计算的综合结果总结如下：在给定的压力和温度范围之内，只有组分摩尔分数在表 F.1 列出值范围内的气体，其压缩因子计算的不确定度才分别在 0.1%、0.2%和 0.5%以内。

表 F.1 SGERG-88 计算方法的计算综合结果

组 分	允许的摩尔分数/%		
	不确定度±0.1%	不确定度±0.2%	不确定度±0.5%
N_2	<0.20	<0.50	—
CO_2	<0.09	<0.12	<0.23
C_2H_6	<0.10	<0.11	<0.12
C_3H_8	<0.035	<0.04	<0.045

ICS 13.220.01
C 80

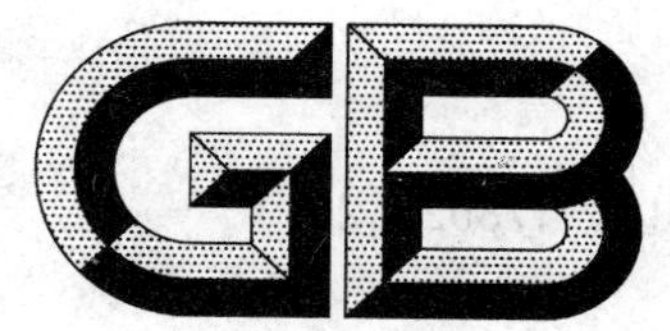

中华人民共和国国家标准

GB/T 17802—2011
代替 GB/T 17802—1999

热不稳定物质动力学常数的热分析试验方法

Thermal analysis test methods for Arrhenius kinetics constants of thermally unstable materials

2011-07-20 发布　　　　2011-11-01 实施

中华人民共和国国家质量监督检验检疫总局
中国国家标准化管理委员会　发布

前　言

本标准按照 GB/T 1.1—2009 给出的规则编写。

本标准代替 GB/T 17802—1999《可燃物质动力学常数的热分析试验方法》。

本标准与 GB/T 17802—1999 相比，主要技术变化如下：

——修改了标准的名称；

——删除了 ASTM 前言（见 1999 版的 ASTM 前言）；

——修改了标准的范围（见本版的第 1 章，1999 版的第 1 章）；

——增加了术语和定义（见 3.6）；

——修改了仪器参数要求中的程序升温速率，由“0.5 ℃/min～30 ℃/min”改为“1 ℃/min～10 ℃/min”（见本版的 5.1，1999 版的 6.2）；

——增加了试验次数的规定（见 7.6）。

本标准中 DSC 的试验方法和数据处理参考采用了美国 ASTM E 698:2001《热不稳定物质阿仑尼乌斯动力学常数的标准试验方法》（2001 年英文版）。

本标准由中华人民共和国公安部提出。

本标准由全国消防标准化技术委员会基础标准分技术委员会（SAC/TC 113/SC 1）归口。

本标准起草单位：公安部天津消防研究所。

本标准主要起草人：陈迎春、邓震宇、卓萍、梁亚东。

本标准所替代标准的历次版本发布情况为：

——GB/T 17802—1999。

热不稳定物质动力学常数的热分析试验方法

1 范围

本标准规定了使用差热分析仪(DTA)和差示扫描量热仪(DSC)测量热不稳定性物质放热反应的阿仑尼乌斯方程动力学常数的热分析试验的术语和定义、原理、仪器和材料、试样、试验步骤、数据处理、误差和试验报告。

本标准适用于能用阿仑尼乌斯方程和一般速率规律描述的反应。

本标准不适用于曲线偏离直线、部分反应被抑制、同步或连续反应、经历相转变且反应速率在转变温度上十分显著及不能控制的化学反应。

2 规范性引用文件

下列文件对于本文件的应用是必不可少的。凡是注日期的引用文件,仅注日期的版本适用于本文件。凡是不注日期的引用文件,其最新版本(包括所有的修改单)适用于本文件。

GB/T 6425 热分析术语

GB/T 13464—2008 物质热稳定性的热分析试验方法

3 术语和定义

GB/T 6425 和 GB/T 13464—2008 界定的以及下列术语和定义适用于本文件。

3.1

活化能(E) activation energy

将 1 mol 稳定态的分子激发成为 1 mol 活化分子所需的能量。

3.2

指前因子(Z) pre-exponential factor

阿仑尼乌斯方程指数前的因子。

3.3

半衰期($t_{1/2}$) half-life time

物质能量衰减一半所需要的时间。

3.4

老化 the aged

温度引起物质能量的衰减。

3.5

老化时间 the aged time

试样经历试验过程中每一特定温度下计算的半衰期。

3.6

阿仑尼乌斯方程 Arrhenius equation

反应速率常数和温度之间的数学关系式,表示为:$k=Ze^{-E/RT}$。其中,k 是反应速度常数,Z 是指前因子，E 是活化能，R 是气体常数，T 是绝对温度。

4 原理

本方法是用差热分析仪或差示扫描量热仪测量物质的焓变温度，计算反应活化能，根据阿仑尼乌斯方程求出反应速率常数，进而求出物质在所需观察温度下的半衰期，并以此来评价物质的热不稳定性。

5 仪器和材料

5.1 仪器

差热分析仪(DTA)或差示扫描量热仪(DSC)，包含以下主要部件：

a) 温度控制器。温度控制器可以控制程序升温速率在 1 ℃/min～10 ℃/min 范围内；温度的控制精度为±2 ℃，温度的测量精度为±0.5 ℃。

b) 感应器。感应器应能使温度差或功率差的大小在记录仪上达到 40%～95%的满刻度指示。

c) 样品容器。样品容器应不与试样和参比物起反应。一般的样品容器包括铝坩埚、铂坩埚、陶瓷坩埚等。

d) 气体流量控制器。气体流量控制器应能使气体流量控制在 10 mL/min～50 mL/min 的范围并稳定在 5%的误差以内。

e) 冷却装置。冷却装置应能达到－50 ℃的冷却温度。

f) 压力调节转换器。能够维持试验压力在 0.1 MPa～1.27 MPa 范围内，可以测量并调节试验压力至规定值且误差在 5%以内。

5.2 材料

5.2.1 气源

气源包括空气、氮气等，纯度应达到工业用气体纯度。

5.2.2 参比物

参比物在试验温度范围内不发生焓变。典型的参比物有煅烧的氧化铝、玻璃珠、硅油或空容器等。参比物应储存在干燥器中。

6 试样

6.1 取样

对于液体或浆状试样，混匀后取样即可；对于固体试样，粉碎后用圆锥四分法取样。

6.2 试样量

选择放热量最大值小于 8 mJ 的试样量，试样量一般应在 0.1 mg～50 mg 之间。

7 试验步骤

7.1 按 GB/T 13464—2008 的附录 A 对仪器的温度测量值进行校准，误差应在±0.5 ℃范围内。

7.2 根据仪器生产者在操作手册中提供的标定程序，标定温度信号精度至±0.5 ℃，标定热流信号精度至±0.5%。

7.3 将试样和参比物分别放入各自的样品容器中，并使之与样品容器有良好的热接触(对于液体试样，最好加入试样重量20%的惰性材料，如α-氧化铝等)。将装有试样和参比物的样品容器一起放入仪器的加热装置内，并使之与热传感元件紧密接触。

7.4 接通气源，并将气体流量控制在 10 mL/min～50 mL/min 的范围内(如果在静止状态下进行测量，则不需要通气)。

7.5 根据所用试样的性质和仪器的正常工作温度区间和压力范围来确定试验温度范围和试验压力范围。

7.6 启动升温控制器，在低于试样起始放热温度 50 ℃以下的温度开始对试样以不同的程序升温速率升温，应至少进行四次不同升温速率的试验并记录所有的放热反应峰温 T_p。

7.7 对试样进行至少 1 h 的老化，然后立即冷却到低于老化温度 50 ℃以下。

7.8 对老化后的试样进行 7.3～7.6 的试验步骤。

8 数据处理

8.1 按附录 A 中给出的方法和示例，对反应峰温进行升温速率(β)、热延迟和非线性校正。

8.2 将 $\lg\beta$ 与 $1/T$ 作图(T 为校正后的反应峰温)。

8.3 活化能 E 的近似值按公式(1)计算：

$$E \approx -2.19\mathrm{R}\left[\frac{\mathrm{d}(\lg\beta)}{\mathrm{d}(1/T)}\right] \qquad \cdots\cdots(1)$$

式中：

R——气体常数，8.314 J/(mol·℃)。

8.4 活化能 E 的精确值计算用数学迭代法按以下步骤进行：

a) 近似地计算出 $E/\mathrm{R}T$；

b) 从表 B.2 中找出 D 的对应值；

c) 第一次精确的 E 值按公式(2)计算出：

$$E = -2.303(\mathrm{R}/D)\left[\frac{\mathrm{d}(\lg\beta)}{\mathrm{d}(1/T)}\right] \qquad \cdots\cdots(2)$$

d) 重复 a)～c)步骤，计算出最后精确的 E 值。

活化能计算示例参见附录 B；活化能计算的替换方法参见附录 C；恒温试样计算示例参见附录 D。

8.5 阿仑尼乌斯指前因子(Z)按公式(3)计算：

$$Z = \beta E \mathrm{e}^{E/\mathrm{R}T}/\mathrm{R}T^2 \qquad \cdots\cdots(3)$$

式中：

β——升温速率范围内的中间值。

8.6 不同温度下的速率常数 k 按公式(4)计算：

$$\mathrm{k} = Z\mathrm{e}^{-E/\mathrm{R}T} \qquad \cdots\cdots(4)$$

8.7 不同温度下的老化时间 $t_{1/2}$ 按公式(5)计算：

$$t_{1/2} = 0.693/\mathrm{k} \qquad \cdots\cdots(5)$$

8.8 在相同条件下，如果老化后试样的峰面积是未老化试样峰面积的一半(误差为10%)，那么，上述计算出的老化时间就是该物质在该温度下的半衰期。

9 误差

最后两次计算出的活化能之间的误差应在±2%内。

10 试验报告

试验报告应包括下列内容：

——试验委托单位名称；

——试验单位名称和试验负责人；

——送样日期和试验日期；

——试样和参比物的名称、组分、重量等；

——仪器型号和样品容器；

——列出升温速率和峰温的关系表；

——反应活化能和半衰期的计算值。

附 录 A
(规范性附录)
峰温的校正方法

A.1 峰温校正步骤

A.1.1 概述

选择一种高纯度金属(通常采用铟),以10 ℃/min的升温速率升温后得到峰温读数,再把升温速率、热延迟、非线性等三种不同的校正值加到峰温读数中,得到校正后的峰温值。

A.1.2 升温速率校正

通过试验得到各型号仪器不同升温速率的校正值。例如,用一台杜邦990型DTA和一台珀金-埃尔默DSC-2仪器试验得到表A.1所列的校正值。

表 A.1 升温速率的校正

杜邦990型DTA		珀金-埃尔默DSC-2	
升温速率/(℃/min)	校正值/℃	升温速率/(℃/min)	校正值/℃
0.5	0.5	0.625	1.6
1	0.25	1.25	1.5
2	0.2	2.5	1.3
3	0.2	5.0	0.9
5	0.15	10	0
7	0.1	20	−1.7
10	0		
15	−0.1		

A.1.3 热延迟校正

按照公式(A.1)用仪器灵敏度乘以峰高和热阻,得到热延迟校正值T_{Lc},

$$T_{Lc}=S\times H\times R_0 \qquad \cdots\cdots(A.1)$$

式中:

S ——灵敏度,mW/cm;

H ——峰高,cm;

R_0——热阻,℃/mW。

根据试验(见图A.1),R_0值由线段a和线段b比值决定;斜线是由曲线上斜率最大点决定。对于杜邦990型DTA,R_0为0.17 ℃/mW;对于珀金-埃尔默DSC-2,R_0为0.1 ℃/mW。

A.1.4 非线性校正

非线性校正值根据仪器供应商提供的标准校正手册查找。

A.2 峰温校正示例

使用杜邦 990 型 TDA 仪对峰温进行校正的典型示例如下：

a) 实验条件

升温速率：5 ℃/min；灵敏度 S：0.185 mW/cm；热阻 R_0：0.17 ℃/mW；

峰高 H：8.9 cm；峰值：247.2 ℃（见图 A.2）。

b) 三个校正值

升温速率的校正值从表 A.1 得到：0.15 ℃；

热延迟校正值按公式(A.1)计算：$T_{Lc}=8.9\times0.17\times0.185=0.28$(℃)；

非线性校正值：根据标准校正手册查为－3.67 ℃。

c) 校正后的峰温计算

校正后的峰温＝峰值＋升温速率校正值＋热延迟校正值＋非线性校正值

＝247.2＋0.15＋0.28＋(－3.67)

＝244.0(℃)

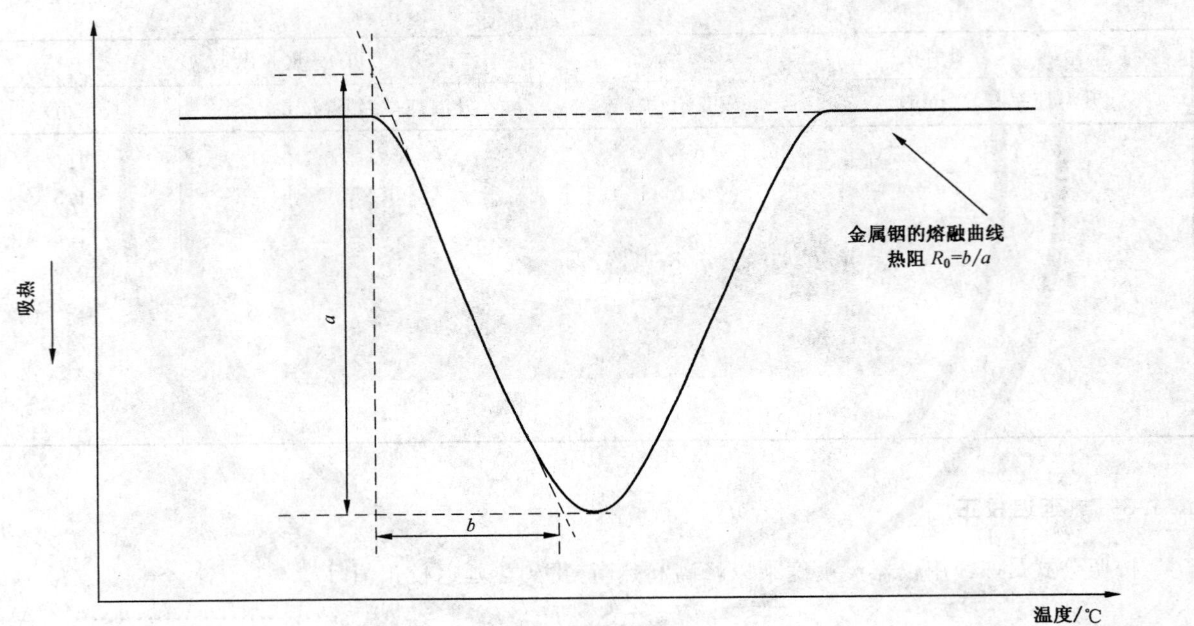

图 A.1 热阻(R_0)的测定

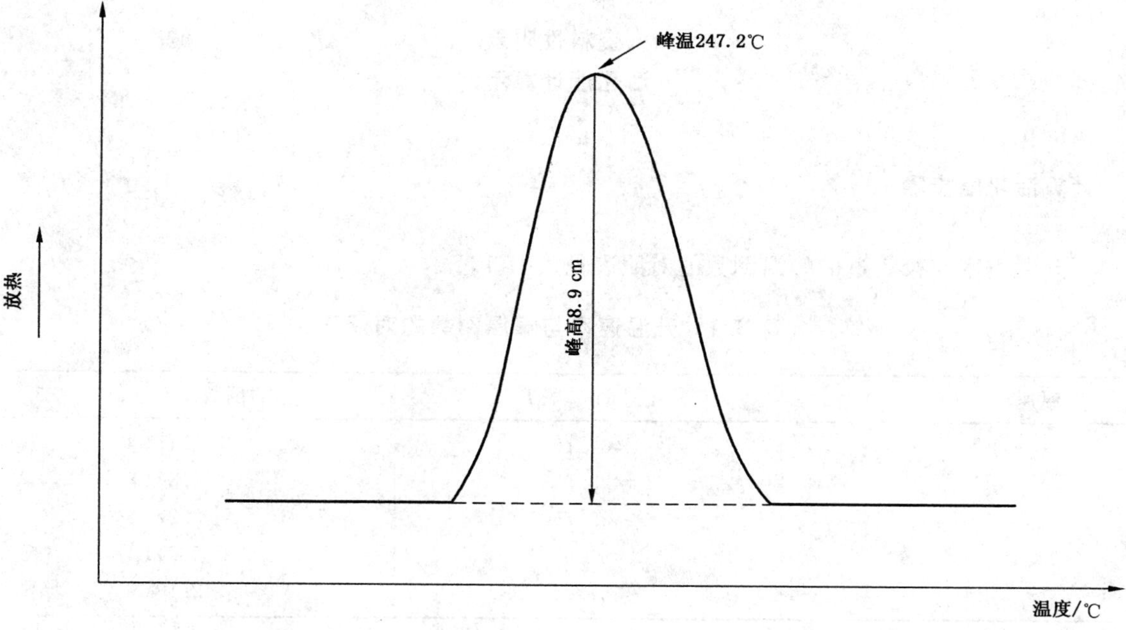

图 A.2 典型的峰温曲线

附 录 B
（资料性附录）
活化能计算示例

B.1 计算活化能步骤

B.1.1 升温速率与校正过的峰温倒数的对照表见表 B.1。

表 B.1 升温速率与峰温倒数的对照表

升温速率 β/(℃/min)	校正过的峰温 T/℃	峰温的倒数 $1/T$/(1/1 000 ℃)
1	404.15	2.474 3
3	428.85	2.331 8
5	439.75	2.274 5
7	451.65	2.214 1
10	457.75	2.184 6

B.1.2 把 $\lg\beta$ 与 $1/T$ 作图，得到的斜率是－3 398，见图 B.1。

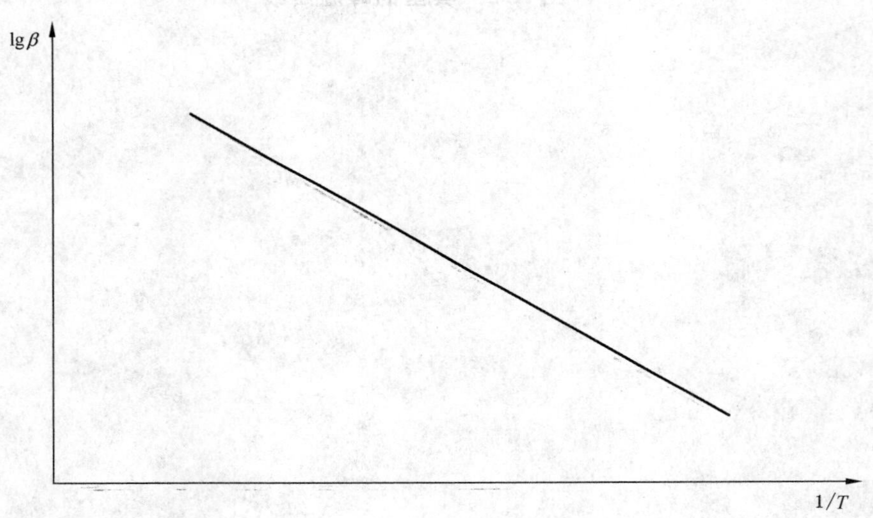

图 B.1 计算斜率的示意图

B.1.3 按照公式(1)计算活化能 E。

$$E \approx -2.19 \times \mathrm{R} \times \left[\frac{\mathrm{d}(\lg\beta)}{\mathrm{d}(1/T)}\right]$$
$$= -2.19 \times 8.314 \times (-3\,398)$$
$$= 61\,870(\mathrm{J/mol})$$

B.1.4 按下述步骤计算精确活化能数值：

a) 计算 $E/\mathrm{R}T$，其中，T 是靠近升温速率中间值的峰温；

$$E/\mathrm{R}T = (61\,870/8.314)(0.002\,214\,1) = 16.48$$

b) 从表 B.2 中查找对应 $E/\mathrm{R}T$ 的 D 值是 1.121 5；

c) 按照公式(2)计算活化能 E 值：

$$E \approx -2.303(\mathrm{R}/D)\left[\frac{\mathrm{d}(\lg\beta)}{\mathrm{d}(1/T)}\right]$$

$$= -2.303 \times (8.314/1.1215) \times (-3398)$$

$$= 58013(\mathrm{J/mol})$$

d) 重复 a)～c)步骤，计算出精确的 E 值。

表 B.2 $X=E/RT$ 的值与 D[a]

X	D	X	D	X	D
5	1.400 0	29	1.069 0	52	1.038 5
6	1.333 3	30	1.066 7	53	1.037 7
7	1.285 7	31	1.064 5	54	1.037 0
8	1.250 0	32	1.062 5	55	1.036 4
9	1.222 2	33	1.060 6	56	1.035 7
10	1.200 0	34	1.058 8	57	1.035 1
11	1.181 8	35	1.057 1	58	1.034 5
12	1.166 7	36	1.055 6	59	1.033 9
13	1.153 8	37	1.054 1	60	1.033 3
14	1.142 9	38	1.052 6	61	1.032 8
15	1.133 3	39	1.051 3	62	1.032 3
16	1.125 0	40	1.050 0	63	1.031 7
17	1.117 6	41	1.048 8	64	1.031 2
18	1.111 1	42	1.047 6	65	1.030 8
19	1.105 3	43	1.046 5	66	1.030 3
20	1.100 0	44	1.045 5	67	1.029 9
21	1.095 2	45	1.044 4	68	1.029 4
22	1.090 9	46	1.043 5	69	1.029 0
23	1.087 0	47	1.042 6	70	1.028 6
24	1.083 3	48	1.041 7	71	1.028 2
25	1.080 0	49	1.040 8	72	1.027 8
26	1.076 9	50	1.040 0	73	1.027 4
27	1.074 1	51	1.039 2	74	1.027 0
28	1.071 4				

[a] $D=-\frac{\mathrm{d}}{\mathrm{d}x}\ln\rho(x)$，假设 $\rho(x)=(x+2)^{-1}x^{-1}\mathrm{e}^{-x}$ 与 $X=E/RT=16.47$，对应的 D 值约为 1.121 5。

B.2 计算结果

表 B.3 活化能的精确数值

重复计算次数	E/(J/mol)
0	61 870
1	58 013
2	57 369
3	57 293
4	57 303

附　录　C
（资料性附录）
活化能计算的替换方法

C.1　计算活化能步骤

C.1.1　按附录 A 中所示方法，对峰温进行校正。

C.1.2　以$-\ln(\beta/T^2)$与 $1/T$ 计算斜率，其中，β 为升温速率，T 为校正后的峰温，见表 C.1。

表 C.1　$-\ln(\beta/T^2)$与 $1/T$ 的关系

升温速率 β/(℃/min)	$-\ln(\beta/T^2)$	峰温 T/℃	峰温的倒数 $1/T$/(1/1 000 ℃)
1	12.00	404.15	2.474 3
3	11.02	428.85	2.331 8
5	10.06	439.75	2.274 5
7	10.28	451.65	2.214 1
10	9.95	457.75	2.184 6

$$斜率=\frac{d[-\ln(\beta/T^2)]}{d(1/T)}=6\,934 \quad\cdots\cdots\cdots\cdots(C.1)$$

C.1.3　按照公式(C.1)、公式(C.2)计算活化能数值：

$$E=R\frac{d[-\ln(\beta/T^2)]}{d(1/T)} \quad\cdots\cdots\cdots\cdots(C.2)$$

$$=8.314\times 6\,934$$

$$=57\,649(\mathrm{J/mol})$$

C.2　计算阿仑尼乌斯指前因子 Z 的数值

按照公式(3)计算阿仑尼乌斯指前因子 Z 数值：

$$Z=\beta E\,e^{E/RT}/RT^2$$

附 录 D
（资料性附录）
恒温试样计算示例

D.1 计算速率常数 k 步骤

D.1.1 需要被检验的阿仑尼乌斯动力学数值为：

a) 活化能：$E=58\ 000$ J/mol；

b) 指前因子：$Z=1.290\times10^{6}$ min^{-1}。

D.1.2 在 350 ℃～380 ℃范围内，按照公式(4)计算速率常数 k，计算结果见表 D.1。

$$\begin{aligned}k&=Ze^{-E/RT}\\&=1.290\times10^{6}\times e^{(-58\ 000/8.314T)}\end{aligned}$$

D.2 计算半衰期 $t_{1/2}$

根据不同的 k 值，按照公式(5)计算反应半衰期 $t_{1/2}$，计算结果见表 D.1。

表 D.1 半衰期的计算

T/℃	k/min^{-1}	$t_{1/2}$/min
350	0.002 85	243
360	0.004 95	140
370	0.008 36	83
380	0.013 90	50

ICS 65.120
B 46

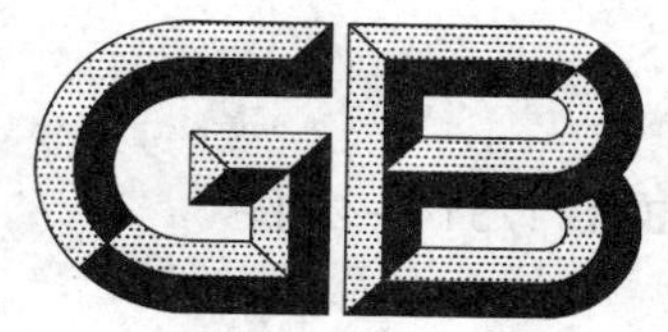

中华人民共和国国家标准

GB/T 17814—2011
代替 GB/T 17814—1999

饲料中丁基羟基茴香醚、二丁基羟基甲苯、乙氧喹和没食子酸丙酯的测定

Determination of butyl hydroxy anisole, dibutyl hydroxy toluene, ethoxyquin and propyl gallate in feeds

2011-12-30 发布　　2012-06-01 实施

中华人民共和国国家质量监督检验检疫总局
中国国家标准化管理委员会　发布

前　言

本标准按照 GB/T 1.1—2009 给出的规则起草。

本标准代替 GB/T 17814—1999《饲料中丁基羟基茴香醚、二丁基羟基甲苯和乙氧喹的测定》。

本标准与 GB/T 17814—1999 相比主要变化如下：

——标准名称更改为“饲料中丁基羟基茴香醚、二丁基羟基甲苯、乙氧喹和没食子酸丙酯的测定”；

——增加了用高效液相色谱法测定饲料中丁基羟基茴香醚(BHA)、二丁基羟基甲苯(BHT)、乙氧喹(EQ)和没食子酸丙酯(PG)含量作为第一法(仲裁法)，原标准中气相色谱法测定饲料中丁基羟基茴香醚(BHA)、二丁基羟基甲苯(BHT)和乙氧喹(EQ)含量作为第二法。

本标准由全国饲料工业标准化技术委员会(SAC/TC 76)归口。

本标准起草单位：上海市兽药饲料检测所、中国农业科学院农业质量标准与检测技术研究所[国家饲料质量监督检验中心(北京)]。

本标准主要起草人：商军、黄士新、王蓓、华贤辉、潘娟、蔡金华、刘雅妮、曹莹、李兰。

本标准所代替标准的历次版本发布情况为：

——GB/T 17814—1999。

饲料中丁基羟基茴香醚、二丁基羟基甲苯、乙氧喹和没食子酸丙酯的测定

1 范围

本标准规定了饲料中丁基羟基茴香醚(BHA)、二丁基羟基甲苯(BHT)、乙氧喹(EQ)和没食子酸丙酯(PG)的高效液相色谱测定方法和饲料中丁基羟基茴香醚(BHA)、二丁基羟基甲苯(BHT)、乙氧喹(EQ)的气相色谱测定方法。

本标准高效液相色谱测定方法适用于配合饲料、复合预混合饲料、浓缩饲料、鱼粉和骨粉中丁基羟基茴香醚(BHA)、二丁基羟基甲苯(BHT)、乙氧喹(EQ)和没食子酸丙酯(PG)含量的测定;气相色谱测定方法适用于配合饲料、鱼粉中丁基羟基茴香醚(BHA)、二丁基羟基甲苯(BHT)和乙氧喹(EQ)含量的测定。

高效液相色谱测定方法的检出限为:丁基羟基茴香醚(BHA)1.1 mg/kg、二丁基羟基甲苯(BHT)1.6 mg/kg、乙氧喹(EQ)1.8 mg/kg、没食子酸丙酯(PG)1.3 mg/kg;定量限为:丁基羟基茴香醚(BHA)5.6 mg/kg、二丁基羟基甲苯(BHT)8.0 mg/kg、乙氧喹(EQ)8.8 mg/kg、没食子酸丙酯(PG)6.5 mg/kg。

2 规范性引用文件

下列文件对于本文件的应用是必不可少的。凡是注日期的引用文件,仅注日期的版本适用于本文件。凡是不注日期的引用文件,其最新版本(包括所有的修改单)适用于本文件。

GB/T 6682 分析实验室用水规格和试验方法

GB/T 14699.1 饲料 采样

GB/T 20195 动物饲料 试样的制备

3 原理

高效液相色谱法:用乙腈超声提取试样中 BHA、BHT、EQ 和 PG,提取液经有机相针式滤器过滤,滤液经 0.22 μm 有机滤膜过滤,滤液经反相柱的高效液相色谱仪分离,紫外检测器检测,外标法定量。

气相色谱法:试样中 BHA、BHT 和 EQ 用正己烷提取,离心分离后(如遇干扰待测组分的样品,则需取上清液,用柱层析净化处理),取上清液用气相色谱、FID 检测器检测,外标法定量。

4 实验方法

本标准所用试剂和水,未注明其要求时,均指分析纯和符合 GB/T 6682 中规定的三级水。色谱分析中所用水均为符合 GB/T 6682 中规定的一级用水。

4.1 第一法 高效液相色谱法(仲裁法)

4.1.1 试剂和溶液

4.1.1.1 乙腈:色谱纯。

4.1.1.2 乙酸。

4.1.1.3 乙酸溶液(2%):量取20.0 mL乙酸(4.1.1.2),用水稀释至1 000 mL,摇匀,即得。

4.1.1.4 丁基羟基茴香醚标准品(BHA):含量≥96.0%。

4.1.1.5 二丁基羟基甲苯标准品(BHT):含量≥96.0%。

4.1.1.6 乙氧喹标准品(EQ):含量≥96.0%。

4.1.1.7 没食子酸丙酯标准品(PG):含量≥96.0%。

4.1.1.8 混合标准储备液:分别称取BHA(4.1.1.4)、BHT(4.1.1.5)、EQ(4.1.1.6)0.250 g(精确至0.0001 g,视其含量,换算成100%再称样)和PG(4.1.1.7)0.125 g(精确至0.000 1 g,视其含量,换算成100%再称样),置250 mL棕色容量瓶中,用乙腈(4.1.1.1)溶解,定容至刻度,摇匀;精密量取该液20.00 mL,置200 mL棕色容量瓶中,用乙腈(4.1.1.1)定容至刻度,摇匀。使PG浓度为0.05 mg/mL,BHA、BHT、EQ浓度为0.1 mg/mL,贮存于4 ℃冰箱中,有效期为2周。

4.1.1.9 混合标准工作液:分别精密量取混合标准储备液(4.1.1.8)0.50 mL,2.00 mL,4.00 mL,8.00 mL,16.00 mL,20.00 mL,25.00 mL置50 mL棕色容量瓶中,用乙腈定容至刻度,摇匀,配制成PG为0.50 μg/mL,2.00 μg/mL,4.00 μg/mL,8.00 μg/mL,16.0 μg/mL,20.0 μg/mL和25.0 μg/mL标准工作液,BHA、BHT、EQ为1.00 μg/mL,4.00 μg/mL,8.00 μg/mL,16.0 μg/mL,32.0 μg/mL,40.0 μg/mL和50.0 μg/mL标准工作液。临用现配。

4.1.2 仪器和设备

4.1.2.1 实验室常用仪器设备。

4.1.2.2 分析天平:感量为0.000 1 g。

4.1.2.3 具塞三角瓶:250 mL

4.1.2.4 超声波清洗器。

4.1.2.5 一次性注射器:10 mL。

4.1.2.6 有机相针式滤器:直径25 mm,孔径0.45 μm。

4.1.2.7 微孔滤膜:有机相,孔径0.22 μm。

4.1.2.8 高效液相色谱仪:配有紫外检测器或二级管阵列检测器。

4.1.3 试样制备

按GB/T 14699.1采样,按GB/T 20195制备试样,磨碎,通过0.45 mm孔筛,混匀,装入密闭容器中,避光低温保存备用。

4.1.4 分析步骤

4.1.4.1 试样溶液制备

称取试样2 g～5 g(精确至0.000 1 g),置250 mL具塞三角瓶(4.1.2.3)中,精密加入乙腈(4.1.1.1)50.00 mL,摇匀,置超声波清洗器(4.1.2.4)中提取40 min,在提取过程中振摇2次～3次。冷却至室温,摇匀,静置。用一次性注射器(4.1.2.5)吸取上述提取液10 mL,用有机相针式滤器(4.1.2.6)过滤,滤液经0.22 μm微孔滤膜(4.1.2.7)滤过,滤液作为试样溶液,供液相色谱测定。

4.1.4.2 测定

4.1.4.2.1 液相色谱参考条件

色谱柱:C_{18}柱,长150 mm,内径3.9 mm,粒径5 μm,或性能相当者;

柱温:室温;

流动相：乙腈（4.1.1.1）＋乙酸溶液（4.1.1.3）＝68＋32（体积比）；

流速：0.5 mL/min；

检测波长：280 nm；

进样量：20 μL；

色谱图：参见附录 A。

4.1.4.2.2 **标准曲线绘制**

按液相色谱参考条件（4.1.4.2.1），向基线平稳的高效液相色谱仪（4.1.2.8）连续注入混合标准工作液（4.1.1.9），浓度由低到高，以浓度为横坐标，峰面积为纵坐标作图，得到标准曲线回归方程。

4.1.4.2.3 **定量测定**

注入试样溶液（4.1.4.1），其中 PG、BHA、EQ 和 BHT 的峰面积响应值应在标准曲线线性范围内，超过线性范围则应稀释后再进行分析。依峰面积，从标准曲线中得到试样溶液（4.1.4.1）中 PG、BHA、EQ 或 BHT 的浓度。

4.1.4.2.4 **结果计算**

试样中 PG、BHA、EQ 和 BHT 的含量 X_1，以质量分数表示，单位为毫克每千克（mg/kg），按式（1）计算。

$$X_1 = \frac{c \times V \times D}{m} \qquad \cdots\cdots(1)$$

式中：

c ——由标准曲线而得的试样液中 PG、BHA、EQ 或 BHT 的浓度，单位为微克每毫升（μg/mL）；

V——试样定容体积，单位毫升（mL）；

D——试样稀释倍数；

m——试样质量，单位为克（g）。

4.1.4.2.5 **结果表述**

测定结果用平行测定的算术平均值表示，保留到小数点后一位。

4.1.5 **重复性**

在重复性条件下，同一分析者对同一试样同时两次平行测定所得结果的绝对差值不得超过算术平均值的 10%。

4.2 **第二法　气相色谱法**

注：检测全过程，尽可能避光（或不在强光下）操作，以减少损失。

4.2.1 **试剂和溶液**

4.2.1.1 正己烷。

4.2.1.2 丙酮。

4.2.1.3 二氯甲烷。

4.2.1.4 二氯甲烷-丙酮混合液：9＋1，体积比。

4.2.1.5 无水硫酸钠：500 ℃烘 4 h。

4.2.1.6 氟罗里硅土：孔径 177 μm～149 μm（80 目～100 目），550 ℃烘 4 h，存于干燥器中。

4.2.1.7　助滤剂：Celite545，20 μm～45 μm。

4.2.1.8　医用脱脂棉。

4.2.1.9　混合标准溶液：分别称取 BHA(4.1.1.4)、BHT(4.1.1.5)、EQ(4.1.1.6)0.5 g(精确至 0.0001 g，视其含量，换算成 100%再称样)，置于 50 mL 棕色容量瓶中，以正己烷(4.2.1.1)溶解并定容。此液为 10 mg/mL。然后稀释成系列标准液：1.00 mg/mL，0.50 mg/mL，0.10 mg/mL，0.05 mg/mL，0.01 mg/mL。

4.2.2　仪器和设备

4.2.2.1　气相色谱仪：配置氢火焰离子化检测器(FID)。

4.2.2.2　氮气钢瓶：氮气纯度为 99.99%。

4.2.2.3　氢气发生器：氢气纯度为 99.99%。

4.2.2.4　空气钢瓶：一般压缩空气。

4.2.2.5　离心机：4 000 r/min。

4.2.2.6　粉碎机：粉碎粒度达 380 μm(40 目)。

4.2.2.7　超声波处理机。

4.2.2.8　微型混合器。

4.2.2.9　分析天平：感量 0.000 1 g。

4.2.2.10　具塞刻度玻璃试管：10 mL。

4.2.2.11　铝制试管架。

4.2.2.12　具活塞层析柱：15 cm×ϕ1 cm。

4.2.2.13　旋转蒸发器：带抽真空装置(或真空泵)。

4.2.2.14　浓缩烧瓶：150 mL，带 5 mL 刻度尾接管。

4.2.3　试样制备

按 GB/T 14699.1 采样，按 GB/T 20195 制备试样，磨碎，通过 0.45 mm 孔筛，混匀，装入密闭容器中，避光低温保存备用。

4.2.4　分析步骤

4.2.4.1　试样溶液制备

4.2.4.1.1　提取

称取试样 2 g(精确至 0.000 1 g)于 10 mL 具塞刻度试管中，加入少许无水硫酸钠(4.2.1.5)，再加 5.0 mL 正己烷(4.2.1.1)，加塞。在微型混合器(4.2.2.8)上混合 0.5 min，将试管放到试管架上，连同试管架一起放入超声波(4.2.2.7)处理槽内，槽内水位以刚好与试管中试样液位取齐或稍过，超声提取 15 min。取出，将试管外水液擦去，放入离心机(4.2.2.5)，以 4 000 r/min 离心 2 min，取出试管。上清液为待测溶液。

注 1：如遇较难提取的试样，可于前一天称样，加正己烷浸泡过夜，第二天再提取测定。

注 2：也适合于维生素预混料、单组分抗氧化剂 BHA、BHT、EQ 的测定，而且可免除程序升温，节省时间。

4.2.4.1.2　净化

4.2.4.1.2.1　如遇干扰待测组分的样品，须作如下柱层析净化处理：首先按 4.2.4.1.1 提取样品，只是提取液由 5.0 mL 正己烷(4.2.1.1)改为 10.0 mL 正己烷(4.2.1.1)。

注：本方法是以程序升温去除色谱图后面可能出现的杂质峰(避免干扰后续上机样品的测定)。如色谱图中，前面

各待测组分不受杂峰干扰，则尽可不必采用净化处理，避繁求简。但要常注意清洗进样器。

4.2.4.1.2.2 装柱：层析柱(4.2.2.12)底先放少许脱脂棉(4.2.1.8)，再加少许(约 2 g)无水硫酸钠(4.2.1.5)，用正己烷(4.2.1.1)调制氟罗里硅土(4.2.1.6)适量(约 4 g，以装满柱为准)，湿法填充于层析柱(4.2.2.12)中，上端先加约 5 g 助滤剂(4.2.1.7)，再加约 5 g 无水硫酸钠(4.2.1.5)，铺平。

注：如用柱层析净化时，一定要注意氟罗里硅土的活性。550 ℃烘 4 h 能保持 3 d，3 d 后，用前需在 130 ℃烘 4 h(特别是夏天湿度大时，更需注意)；活性太强，EQ 过柱洗脱不下来时，可加分析用水脱活(加氟罗里硅土质量的 2%的水，摇匀，过夜平衡)。

4.2.4.1.2.3 淋洗：用移液管准确吸取 4.2.4.1.2.1 所得上清液 5.0 mL 上柱。先以 30 mL 正己烷(4.2.1.1)淋洗，再以 80 mL 二氯甲烷-丙酮混合液(4.2.1.4)淋洗，速度以大约每分钟 2 mL 为宜。用旋转蒸发器(4.2.2.13)浓缩至约 1 mL，用正己烷(4.2.1.1)定容至 2.0 mL，待测。

4.2.4.2 测定

4.2.4.2.1 气相色谱参考条件

4.2.4.2.1.1 毛细管柱法

色谱柱：HP-1 石英毛细管柱，25 m×ϕ0.32 mm。

载气：氮气：2.0 mL/min；尾吹气：30 mL/min；氢气：30 mL/min；空气：350 mL/min。

隔垫吹扫：6 mL/min。

分流比：20∶1。

检测器温度：240 ℃。

进样口温度：210 ℃。

柱温：参见附录 B。

色谱图：参见附录 C。

4.2.4.2.1.2 填充柱法

色谱柱：5%SE-30 玻璃填充柱，2.5 m×ϕ3.5 mm。

气体流速：氮气：40 mL/min；氢气：25 mL/min；空气：250 mL/min。

进样口、检测器温度：230 ℃。

柱温：参见附录 B。

色谱图：参见附录 C。

4.2.4.2.2 定量测定

分别取系列混合标准溶液(4.2.1.9)1 μL 进样，测得不同浓度 BHA、BHT、EQ 的峰面积(或峰高)，以浓度为横坐标，峰面积(或峰高)为纵坐标，分别绘制工作曲线。同时取试样溶液(4.2.4.1)1 μL 进样，测得峰面积(或峰高)分别与工作曲线相比较定量，按式(2)或式(3)计算求得。

4.2.4.2.3 结果计算

试样中 BHA、EQ 和 BHT 的含量 X_2，以质量分数表示，单位为毫克每千克(mg/kg)，按式(2)计算。

$$X_2 = \frac{A_s \times m_{st} \times V}{A_{st} \times m \times V_i} \qquad \cdots\cdots(2)$$

式中：

A_s ——进样样液中 BHA、BHT、EQ 峰面积或峰高，单位为微伏·秒或毫米(μV·s 或 mm)；

m_{st}——BHA、BHT、EQ 标准品进样的绝对量,单位为纳克(ng);

V ——样品提取定容体积,单位为毫升(mL);

A_{st}——标准液的 BHA、BHT、EQ 峰面积或峰高,单位为微伏·秒或毫米(μV·s 或 mm);

m ——称样量,单位为克(g);

V_i —— 样液的进样体积,单位为微升(μL)。

如样品用柱层析净化处理,试样中 BHA、EQ 和 BHT 的含量 X_3,以质量分数表示,单位为毫克每千克(mg/kg),按式(3)计算。

$$X_3 = \frac{A_s \times m_{st} \times V}{A_{st} \times m \times V_i} \times \frac{V_2}{V_1} \quad \cdots\cdots(3)$$

式中:

V_2——样液进样前定容体积,单位为毫升(mL);

V_1——样品提取液分取过柱体积,单位为毫升(mL)。

4.2.4.2.4 结果表述

测定结果用平行测定的算术平均值表示,保留到小数点后一位。

4.2.5 重复性

在重复性条件下,同一分析者对同一试样同时两次平行测定所得结果的绝对差值不得超过算术平均值的 15%。

附　录　A
（资料性附录）
丁基羟基茴香醚、二丁基羟基甲苯、乙氧喹和没食子酸丙酯标准品的高效液相色谱色谱图

丁基羟基茴香醚、二丁基羟基甲苯、乙氧喹和没食子酸丙酯标准品的高效液相色谱图见图 A.1。

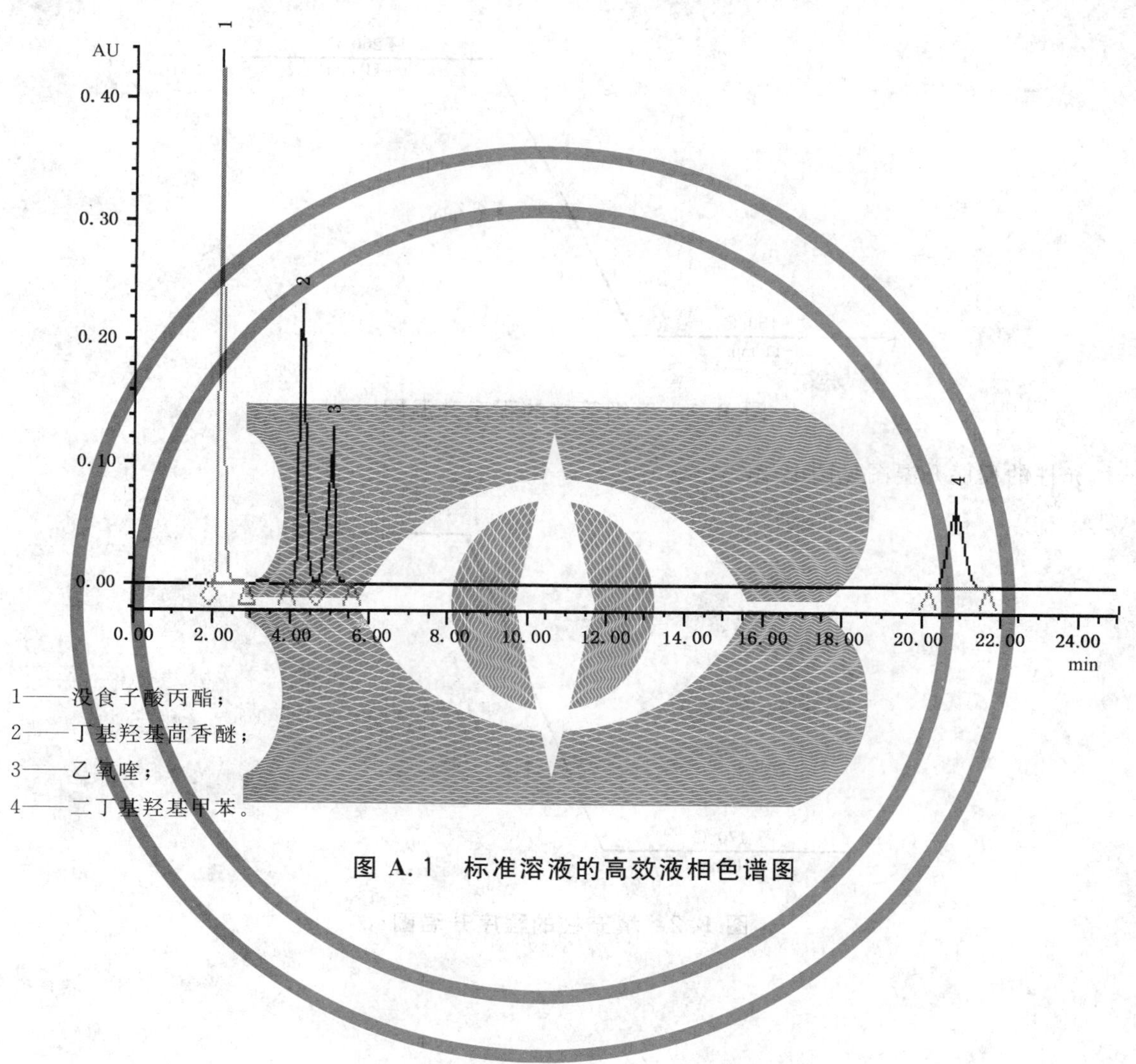

1——没食子酸丙酯；
2——丁基羟基茴香醚；
3——乙氧喹；
4——二丁基羟基甲苯。

图 A.1　标准溶液的高效液相色谱图

附　录　B
（资料性附录）
气相色谱法的程序升温图

B.1　毛细管柱的程序升温图见图 B.1。

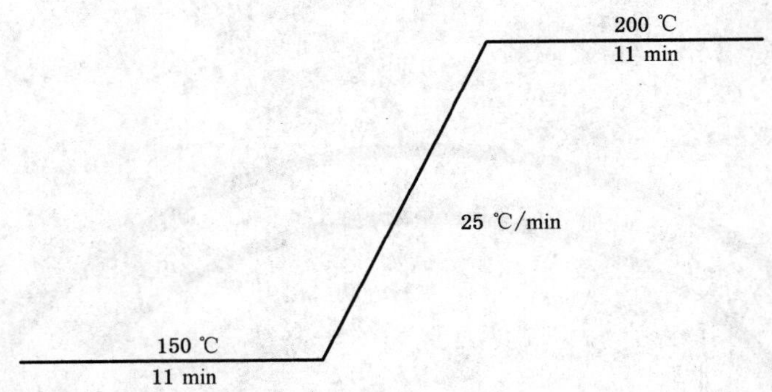

图 B.1　毛细管柱的程序升温图

B.2　填充柱的程序升温图见图 B.2。

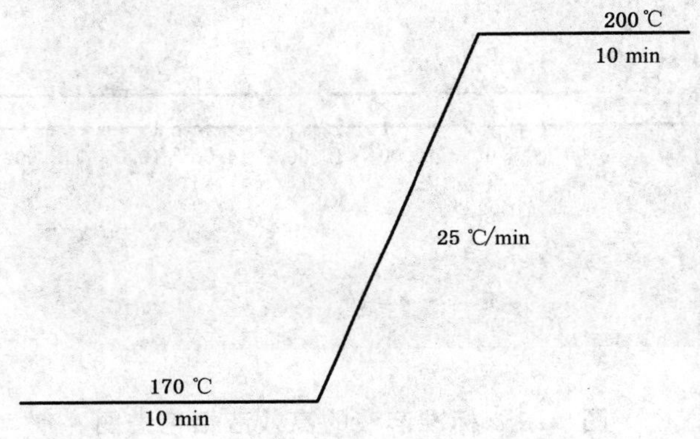

图 B.2　填充柱的程序升温图

附　录　C
（资料性附录）
丁基羟基茴香醚、二丁基羟基甲苯和乙氧喹标准品的气相色谱图

C.1　丁基羟基茴香醚、二丁基羟基甲苯和乙氧喹标准品的毛细管柱气相色谱图见图 C.1。

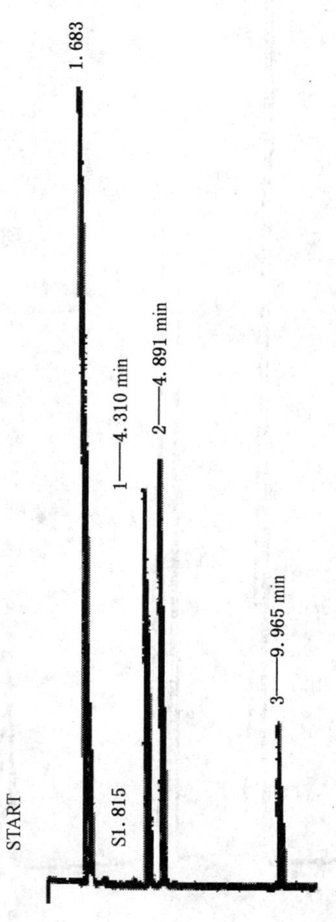

1——丁基羟基茴香醚；
2——二丁基羟基甲苯；
3——乙氧喹。

图 C.1　丁基羟基茴香醚、二丁基羟基甲苯和乙氧喹标准品的毛细管柱气相色谱图

C.2 丁基羟基茴香醚、二丁基羟基甲苯、乙氧喹标准品的填充柱气相色谱图见图 C.2。

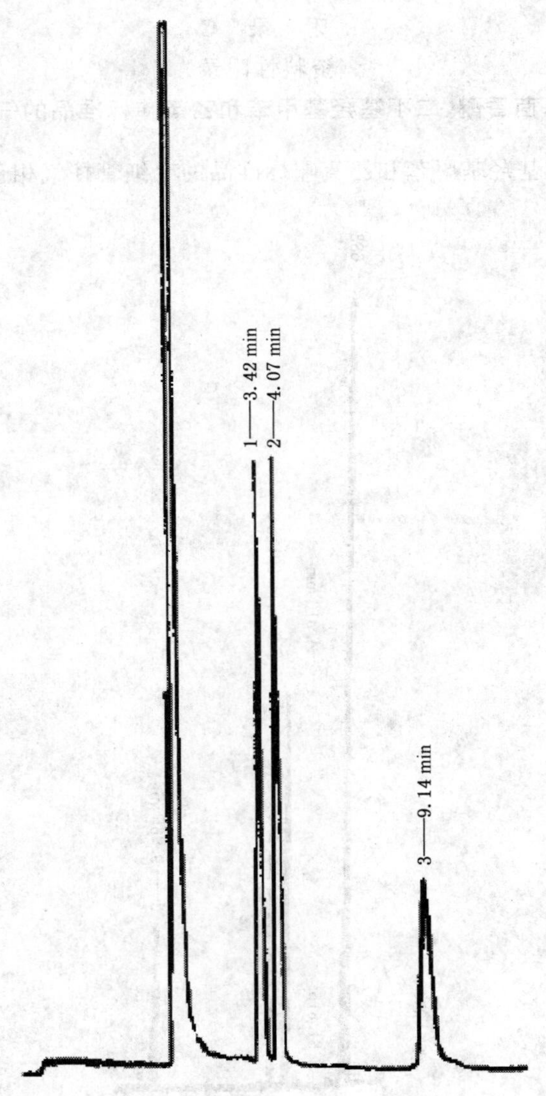

1——丁基羟基茴香醚；

2——二丁基羟基甲苯；

3——乙氧喹。

图 C.2　丁基羟基茴香醚、二丁基羟基甲苯和乙氧喹标准品的填充柱气相色谱图

ICS 07.060
A 45

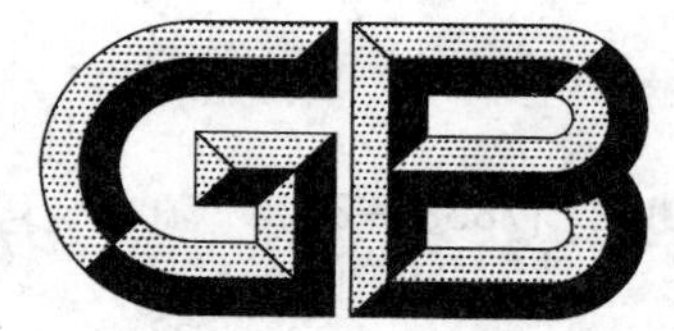

中华人民共和国国家标准

GB/T 17839—2011
代替 GB/T 17839—1999

警戒潮位核定规范

Specification for warning water level determination

2011-12-30 发布　　2012-01-01 实施

中华人民共和国国家质量监督检验检疫总局
中国国家标准化管理委员会　发布

前言

本标准按照 GB/T 1.1—2009 给出的规则修订。

本标准代替 GB/T 17839—1999《警戒潮位核定方法》。

本标准与 GB/T 17839—1999 相比，主要技术变化如下：

——增加了“潮位”、“感潮河段”和“核定岸段”的术语和定义(见 3.1、3.3 和 3.4)；

——修改了“警戒潮位”的定义(见 3.2，1999 年版的 3.1)；

——修改了“总则”一章的内容，其中增加了“警戒潮位分级”、“核定范围”、“核定要求”和“核定步骤”，修改了“核定原则”，删除了“目的”(见 4.1～4.5，1999 年版的 3.2、3.3)；

——修改了“岸段等级划分”(见 5 和附录 A，1999 年版的 3.5.1)；

——修改了“资料的收集、整理”和“资料的统计、分析”的内容，合并为一章“资料的收集整理与统计分析”(见 6，1999 年版的 4 和 5)；将关于资料的要求内容合并，增加了“资料要求”(见 6.1，1999 年版的 3.4、4.3、4.4.2 和 5.2.3)；增加了基础地理资料项目，修改了岸段高程要求(见 6.2 表 1，1999 年版的 3.5.2 和 4.3.4 的表 1)；修改了“资料的统计分析”内容(见 6.4，1999 年版的 5)；

——增加了“波浪爬高”计算(见 6.4.2 和附录 E)；

——修改了警戒潮位值的核定方法，增加蓝色、黄色、橙色和红色警戒潮位值的核定方法(见 7，1999 年版的 6.1)；

——修改了“不同重现期高潮位的计算方法”(见附录 D，1999 年版的附录 A)；

——增加了“警戒潮位修正值核定方法”，作为资料性附录(见附录 F)；

——增加了“警戒潮位核定技术报告”的编写要求(见附录 G)。

本标准由国家海洋局提出。

本标准由全国海洋标准化技术委员会(SAC/TC 283)归口。

本标准起草单位：国家海洋局东海分局、国家海洋信息中心、国家海洋环境预报中心、国家海洋标准计量中心。

本标准主要起草人：翁光明、龚茂珣、邬惠明、刘克修、张惠荣、郭小勇、董剑希、费岳军、张文静、肖文军、陆建新、堵盘军、邓小东、袁玲玲。

本标准所代替标准的历次版本发布情况为：

——GB/T 17839—1999。

警戒潮位核定规范

1 范围

本标准确立了警戒潮位核定的原则，规定了警戒潮位核定的程序、方法及技术要求等内容。

本标准适用于中华人民共和国陆地和岛屿的海岸、河口海域岸段及感潮河段警戒潮位的核定。

2 规范性引用文件

下列文件对于本文件的应用是必不可少的。凡是注日期的引用文件，仅所注日期的版本适用于本文件。凡是不注日期的引用文件，其最新版本(包括所有的修改单)适用于本文件。

GB 3100 国际单位制及其应用

GB 3101 有关量、单位和符号的一般原则

GB 3102(所有部分) 量和单位

GB/T 8170 数值修约规则与极限数值的表示和判定

GB/T 12898—2009 国家三、四等水准测量规范

GB/T 14914—2006 海滨观测规范

HY/T 058 海洋调查观测监测档案业务规范

SL 435—2008 海堤工程设计规范

3 术语和定义

下列术语和定义适用于本文件。

3.1

潮位 water level

潮汐出现时，海面相对基准点的高度。

注：改写 GB/T 15920—2010，定义 2.5.2。

3.2

警戒潮位 warning water level

防护区沿岸可能出现险情或潮灾，需进入戒备或救灾状态的潮位既定值。

3.3

感潮河段 tideway

潮水可达到的，流量及水位受潮汐影响的河流区段。

3.4

核定岸段 warning water level determination coast

需进行警戒潮位核定的岸段。

4 总则

4.1 警戒潮位分级

警戒潮位分为蓝色警戒潮位、黄色警戒潮位、橙色警戒潮位、红色警戒潮位四个等级(说明见表 1)，

单位为厘米(cm),取整数。

表 1 四色警戒潮位说明

警戒潮位分级	说 明
蓝色警戒潮位	指海洋灾害预警部门发布风暴潮蓝色警报的潮位值,当潮位达到这一既定值时,防护区沿岸须进入戒备状态,预防潮灾的发生。
黄色警戒潮位	指海洋灾害预警部门发布风暴潮黄色警报的潮位值,当潮位达到这一既定值时,防护区沿岸可能出现轻微的海洋灾害。
橙色警戒潮位	指海洋灾害预警部门发布风暴潮橙色警报的潮位值,当潮位达到这一既定值时,防护区沿岸可能出现较大的海洋灾害。
红色警戒潮位	指防护区沿岸及其附属工程能保证安全运行的上限潮位,是海洋灾害预警部门发布风暴潮红色警报的潮位值。当潮位达到这一既定值时,防护区沿岸可能出现重大的海洋灾害。

4.2 核定原则

4.2.1 尊重灾害自然规律,满足潮灾防御要求

警戒潮位核定应以潮位资料为基础,以潮灾发生规律为依据,满足潮灾防御要求。

4.2.2 统筹兼顾、综合考虑

警戒潮位核定应从实际防御能力出发,以重要岸段为主,兼顾一般岸段,同时考虑区域规划,具有一定的前瞻性。

4.3 核定范围

以沿海县(县级市、区)辖区内海岸、岛屿及感潮河段为核定基本范围。

4.4 核定要求

各沿海县(县级市、区)应至少设定一套警戒潮位。对于红色警戒潮位和蓝色警戒潮位核定值之差小于 50 cm 的岸段,可根据当地实际情况确定是否设立黄色和橙色警戒潮位,并与当地海洋灾害应急预案相衔接。警戒潮位应每 5 年核定一次,若发现与防潮减灾不相适应的应及时重新核定。

4.5 核定步骤

警戒潮位核定应按照下列步骤进行:

a) 划分岸段等级,选取核定岸段;

b) 选取或设立具有代表性的核定潮位站;

c) 进行资料收集、整理和统计分析;

d) 核定警戒潮位;

e) 编写技术报告;

f) 征求意见;

g) 验收与颁布。

5 岸段等级划分

警戒潮位核定前应进行岸段等级划分。根据防护区社会经济属性,岸段分为特别重要岸段、重要岸段、较重要岸段和一般岸段4个等级。岸段等级划分方法见附录A。

6 资料收集整理与统计分析

6.1 资料要求

警戒潮位核定资料应满足如下要求:

a) 一年以上的核定潮位站连续观测潮位资料,并符合GB/T 14914—2006中第5章的要求;
b) 收集的资料应保证来源可靠,内容真实、准确和完整。现场调查应记录被访者姓名、所在单位、联系方式等方面的内容;
c) 引用的文字资料、数据资料应注明来源、出处;引用的极值应审查考证;
d) 数据单位采用我国法定计量单位,量和单位的表示执行GB 3100、GB 3101、GB 3102,数值表示应符合GB/T 8170的要求;
e) 潮位资料、警戒潮位及地面、地物高程等应统一换算到1985国家高程基准;
f) 收集的资料应包括相关的历史观测、调查和统计资料,同时应有核定工作前形成的最新资料。

6.2 资料收集

资料收集采取现场调访、集中汇交等形式。收集前应制定详细计划,明确资料收集的具体项目及内容,力求全面、详尽。主要资料项目及内容见表2。

6.3 资料整理

6.3.1 审查

收集的资料应逐项审查,发现疑误应及时进行核实、鉴别和修正。

6.3.2 汇总

对收集的资料应进行分类、汇总,形成电子文档和统一的数据集,并与警戒潮位核定全过程形成的各项材料、资料一起立卷归档。

表2 主要资料项目及内容

项目	要素	内容
自然因子	潮位	潮高基准面及其与国家高程基准面的关系;潮汐类型;长期验潮站和临时测站所有连续逐时潮高及高低潮;年最高潮位及出现时间。
	气旋,强冷空气	热带、温带气旋及强冷空气的活动时间、强度、路径、影响范围;热带气旋登陆地点等。
	风暴潮	增水过程(时间、增水值),最大增水及出现时间;历史典型风暴潮实例。
	海浪	历年平均波高,最大波高及出现日期,各向平均波高、最大波高、周期。
	其他	历史上有关地震海啸的记载;(河口海岸)潮灾发生过程相应的降水量及持续时间,日降水量及最大降水量;(河口海岸)潮灾发生过程的流量、洪水总量、洪峰流量、重现期。

表 2（续）

项目	要素	内　容
防御能力	岸段高程	岸段高程[a]
	海岸防护工程	堤前水深、堤防迎水面结构、建设时间、设计标准、高程、宽度、结构、施工情况及现状、沉降情况。
基础地理	地理状况	地形、地貌、海岸类型和入海河流。
	地面高程	5 m 等高线以下岸段的平均高程、最大高程和最小高程，可根据当地情况适当调整等高线数值。
	岸线变迁	自然变迁和围填海工程。
现行警戒潮位		警戒潮位值历史变化及其背景，警戒潮位制定时间、方法、数值、使用情况。
潮灾		历次潮灾发生时间、诱发因子及强度、受灾面积及人口、建筑物损坏、人员伤亡及经济损失、出现险情的岸段等。
社会经济		人口密度及其分布；社会经济现状及发展规划。
[a] 无高程资料的岸段，应按 GB/T 12898—2009 第 6 章中四等水准测量规定，进行四等水准高程测量获取岸段高程资料。		

6.4 资料统计分析

6.4.1 潮位

潮位资料的统计与分析应包括：

a) 逐年、累年平均海平面及变化基本规律；

b) 逐月、逐年最高潮位及其出现时间；

c) 逐月、逐年、累年平均潮差和最大潮差；

d) 潮汐性质和潮汐特征值（潮汐类型划分方法见附录 B）；

e) 理论最高潮位（计算方法见附录 C）；

f) 不同重现期高潮位（计算方法见附录 D）；

g) 增水级别及出现频率（应分别统计 50 cm、100 cm、150 cm、200 cm 各增水级出现的次数及年、月次数，分析各级增水特点；增水幅度较小的岸段，增水级可按 10 cm 级差划分）；

h) 典型风暴潮个例；

i) 高潮位超过现用警戒潮位的总次数及年、月次数；

j) 高潮位超过现用警戒潮位的时空分布特征；

k) 潮位年极值及历史最高潮位。

6.4.2 波浪

波浪计算分析应包括：

a) 波浪性质、特征值；

b) 不同重现期的波高；

c) 波浪爬高（计算方法见附录 E）。

6.4.3 潮灾

历史潮灾统计分析应包括：

a) 潮灾发生总次数、年均次数、年最多次数、月最多次数；

b) 历次潮灾损失；

c) 分析潮灾成因规律、特点及易灾岸段。

6.4.4 海岸防护工程

结合潮高、海浪及保护区内人口、经济变化等对海岸防护工程资料进行综合分析，评估其实际防御能力。

6.5 统计审核

资料统计的全过程(包括抄入、统计方法、计算过程及结果等)记录应经第二人审核，并签名。

7 警戒潮位核定

7.1 蓝色警戒潮位的核定

蓝色警戒潮位(H_b)由式(1)计算：

$$H_b = H_s + \Delta h_b \quad \cdots\cdots(1)$$

式中：

H_b ——蓝色警戒潮位，单位为厘米(cm)；

H_s ——二年到五年重现期高潮位，单位为厘米(cm)；

Δh_b——修正值，单位为厘米(cm)。

H_s 由核定岸段实际防御能力来确定。有堤坝岸段的防御能力为堤坝实际防潮标准，可通过计算岸段内实际防潮标准最低的海堤的实际高程所对应的重现期(按 SL 435—2008 中的 8.3 推算得出)；无堤坝岸段的防御能力以岸顶高度对应的防潮标准，计算岸段实际防御能力对应的重现期。由表 3 可确定 H_s 对应的重现期取值，然后根据 6.4.1 方法计算 H_s 值。

Δh_b 的核定应综合分析历次潮灾的风、浪、潮等自然因子、实际防潮能力及社会、经济等情况，具体核定方法参照附录 F。

表 3 H_s 对应重现期取值

单位为年

核定岸段实际防御能力对应的潮位重现期	H_s 对应的重现期
(0,50]	2
(50,100]	3
(100,200)	4
≥200	5

7.2 黄色警戒潮位的核定

黄色警戒潮位(H_y)由式(2)计算：

$$H_y = H_b + (H_r - H_b)/3 \quad \cdots\cdots(2)$$

式中：

H_y ——黄色警戒潮位，单位为厘米（cm）；

H_b ——蓝色警戒潮位，单位为厘米（cm）；

H_r ——红色警戒潮位，单位为厘米（cm）。

7.3 橙色警戒潮位的核定

橙色警戒潮位（H_o）由式（3）计算：

$$H_o = H_b + 2(H_r - H_b)/3 \quad \cdots\cdots(3)$$

式中：

H_o ——橙色警戒潮位，单位为厘米（cm）；

H_b ——蓝色警戒潮位，单位为厘米（cm）；

H_r ——红色警戒潮位，单位为厘米（cm）。

7.4 红色警戒潮位的核定

7.4.1 有堤坝岸段

有堤坝岸段红色警戒潮位（H_r）主要由核定岸段防潮海堤的实际防潮标准来核定。实际防潮标准可通过计算岸段内实际防潮标准最低的海堤的实际高程所对应的重现期（按 SL 435—2008 的 8.3 推算得出）。计算公式如式（4）：

$$H_r = H_d + \Delta h_r \quad \cdots\cdots(4)$$

式中：

H_r ——红色警戒潮位值，单位为厘米（cm）；

H_d ——核定岸段所有防潮海堤的实际防潮标准所对应重现期极值潮位的最小值，单位为厘米（cm）；

Δh_r ——修正值，单位为厘米（cm）。

Δh_r 的核定应综合分析历次潮灾的风、浪、潮等自然因子、实际防潮能力及社会、经济等情况，具体核定方法参照附录 F。

7.4.2 无堤坝的岸段

无堤坝岸段红色警戒潮位取核定岸段历次重大风暴潮灾害期间高潮位的最低值。重大风暴潮灾害判断依据参照《海洋灾害调查技术规程》。

7.5 校验

对历史潮灾及相应的潮高进行统计分析，判断核定的警戒潮位是否适合。如不适合，应重新调整修正值 Δh_b 或 Δh_r，直至适合。

8 技术报告编写

警戒潮位核定应编写技术报告，格式要求见附录 G。

9 征求意见

警戒潮位核定后应征求各有关部门意见。

10 验收、归档与颁布

10.1 验收

警戒潮位核定技术报告应由委托单位组织专家组评审并验收。

10.2 归档

应对警戒潮位核定工作全过程中的原始资料、分析结果与核定报告等成果资料进行整编，并按照HY/T 058的要求进行归档。

10.3 颁布

警戒潮位评审验收通过后应及时报当地县或县以上人民政府颁布实施。

附 录 A
（规范性附录）
岸段等级划分方法

A.1 特别重要岸段

符合以下条件之一的岸段为特别重要岸段：

——防护区人口密度大于或等于1 000人每平方千米；

——货港年吞吐能力大于或等于30 000万吨或年集装箱吞吐量大于或等于1 000万TEU；

——有投资额百亿元以上，一旦发生风暴潮灾害将遭受重大人员死亡、重大经济损失或特别恶劣社会影响的工程设施，如核电站、机场、重要工业区、军事基地等；

——防护区年经济产值大于或等于500万元每公顷；

——中心渔港：年渔货卸港能力8万吨以上，可容纳800艘以上渔船停泊，防灾减灾能力为50年一遇；

——农业围垦区大于或等于2 000公顷。

A.2 重要岸段

符合以下条件之一的岸段为重要岸段：

——防护区人口密度大于或等于400人每平方千米、小于1 000人每平方千米；

——货港年吞吐能力大于或等于20 000万吨、小于30 000万吨或年集装箱吞吐量大于或等于500万TEU、小于1 000万TEU；

——有投资额大于或等于50亿元、小于100亿元，一旦发生风暴潮灾害将造成人员死亡或重大经济损失的工程设施，如重要工业区、滨海旅游区等；

——防护区年经济产值大于或等于100万元每公顷、小于500万元每公顷；

——一级渔港：年渔货卸港能力4万吨以上，可容纳600艘以上渔船停泊，防灾减灾能力为50年一遇；

——农业围垦区大于或等于666.67公顷、小于2 000公顷。

A.3 较重要岸段

符合以下条件之一的岸段为较重要岸段：

——防护区人口密度大于或等于30人每平方千米、小于400人每平方千米；

——货港年吞吐能力大于或等于10 000万吨、小于20 000万吨或年集装箱吞吐量大于或等于100万TEU、小于500万TEU；

——有投资额大于或等于10亿元、小于50亿元，一旦发生风暴潮灾害将遭受影响或人员死亡或经济损失的工程设施，如工业区、滨海旅游区等；

——防护区年经济产值大于或等于40万元每公顷、小于100万元每公顷；

——二级渔港：年渔货卸港能力2万吨以上，可容纳200艘以上渔船停泊；

——农业围垦区大于或等于66.67公顷、小于666.67公顷。

A.4 一般岸段

符合以下条件之一的岸段为一般岸段：

——防护区人口密度小于30人每平方千米；

——货港年吞吐能力小于10 000万吨或年集装箱吞吐量小于100万TEU；

——有投资额小于10亿元，一旦发生风暴潮灾害一般不会造成人员伤亡，经济损失轻微的工程设施；

——防护区年经济产值小于40万元每公顷；

——三级渔港：能容纳一定数量的渔船，满足当地渔船停泊的需要；

——农业围垦区小于66.67公顷。

附　录　B
（规范性附录）
潮汐类型划分方法

潮汐根据太阴太阳合成日振幅 H_{K_1} 与太阴日分潮振幅 H_{O_1} 之和对太阴半日分潮振幅 H_{M_2} 的比值，划分成以下类型：

a) 半日潮

$$0.0 < \frac{H_{K_1} + H_{O_1}}{H_{M_2}} \leqslant 0.5$$

b) 不规则半日潮

$$0.5 < \frac{H_{K_1} + H_{O_1}}{H_{M_2}} \leqslant 2.0$$

c) 不规则全日潮

$$2.0 < \frac{H_{K_1} + H_{O_1}}{H_{M_2}} \leqslant 4.0$$

d) 全日潮

$$4.0 < \frac{H_{K_1} + H_{O_1}}{H_{M_2}}$$

附 录 C
（规范性附录）
理论最高潮位计算

C.1 主要分潮

理论最高潮位由以下主要分潮的调和常数推算：

——太阴主要半日分潮(M_2)；

——太阳主要半日分潮(S_2)；

——太阴椭率主要半日分潮(N_2)；

——太阴太阳赤纬半日分潮(K_2)；

——太阴太阳全日分潮(K_1)；

——太阴主要全日分潮(O_1)；

——太阳主要全日分潮(P_1)；

——太阴椭率主要全日分潮(Q_1)。

此外，有的海港还应加浅海分潮、长周期分潮改正，主要有：

——太阴浅海 1/4 日分潮(M_4)；

——太阴太阳浅海 1/4 日分潮(MS_4)；

——太阴浅海 1/6 日分潮(M_6)；

——太阳年分潮(S_a)；

——太阳半年分潮(S_{S_a})。

C.2 理论最高潮位计算

主要分潮推算理论最高潮位的公式为式(C.1)：

$$\begin{aligned} H = &(fh)_{K_1}\cos\phi_{K_1} + (fh)_{K_2}\cos(2\phi_{K_1} + 2g_{K_1} - 180° - g_{K_2}) + \\ &\sqrt{(fh)^2_{M_2} + (fh)^2_{O_1} + 2(fh)_{M_2}(fh)_{O_1}\cos(\phi_{K_1} + g_{K_1} + g_{O_1} - g_{M_2})} + \\ &\sqrt{(fh)^2_{S_2} + (fh)^2_{P_1} + 2(fh)_{S_2}(fh)_{P_1}\cos(\phi_{K_1} + g_{K_1} + g_{P_1} - g_{S_2})} + \\ &\sqrt{(fh)^2_{N_2} + (fh)^2_{Q_1} + 2(fh)_{N_2}(fh)_{Q_1}\cos(\phi_{K_1} + g_{K_1} + g_{Q_1} - g_{N_2})} \end{aligned} \quad \cdots\cdots\cdots(C.1)$$

式中：

H ——平均海平面上的高度，单位为厘米(cm)；

h、g ——分潮调和常数；

f ——节点因数；

ϕ_{K_1} ——为分潮 K_1 的相角，它的变化从 0°～360°。

当($h_{M_4} + h_{M_6} + h_{MS_4}$)＞20 cm 时，应加浅海分潮改正，其改正值 ΔH_1 计算公式为：

$$\Delta H_1 = (fh)_{M_4}\cos\phi_{M_4} + (fh)_{M_6}\cos\phi_{M_6} + (fh)_{MS_4}\cos\phi_{MS_4}$$

对于平均海平面变化较大的海区，应加长周期分潮改正，其改正值为 ΔH_2 计算公式为：

$$\Delta H_2 = h_{S_a}\cos\phi_{S_a} + hS_{S_a}\cos\phi S_{S_a}$$

其中：

$$\phi_{M_4}=2\phi_{M_2}+2g_{M_2}-g_{M_4}$$
$$\phi_{MS_4}=\phi_{M_2}+\phi_{S_2}+g_{M_2}+g_{S_2}-g_{MS_4}$$
$$\phi_{M_6}=3\phi_{M_2}+3g_{M_2}-g_{M_6}$$
$$\varphi_{M_2}=\tan^{-1}\left[\frac{(fh)_{O_1}\sin(\phi_{K_1}+g_{K_1}+g_{O_1}-g_{M_2})}{(fh)_{M_2}+(fh)_{O_1}\cos(\phi_{K_1}+g_{K_1}+g_{O_1}-g_{M_2})}\right]$$
$$\varphi_{S_2}=\tan^{-1}\left[\frac{(fh)_{P_1}\sin(\phi_{K_1}+g_{K_1}+g_{P_1}-g_{S_2})}{(fh)_{S_2}+(fh)_{P_1}\cos(\phi_{K_1}+g_{K_1}+g_{P_1}-g_{S_2})}\right]$$
$$\phi_{S_a}=\phi_{K_1}-\varepsilon_2/2+g_{K_1}-g_{S_2}/2-180^\circ-g_{S_a}$$
$$\phi_{S_{S_a}}=2\phi_{K_1}-\varepsilon_2+2g_{K_1}-g_{S_2}-g_{S_{S_a}}$$
$$\varepsilon_2=\varphi_{S_2}$$

由此可求得 H 的极大值，其相应的潮位即为理论最高潮位。

节点因数 f 取月球轨道升交点经度分别为 0°和 180°时对应的 f 值，见表 C.1。取计算结果中较高的一个作为理论最高潮位。

表 C.1 节点因数 f 值

分潮	f 值		分潮	f 值	
	月球升交点经度 0°	月球升交点经度 180°		月球升交点经度 0°	月球升交点经度 180°
S_a	1.000	1.000	M_2	0.963	1.038
S_{S_a}	1.000	1.000	S_2	1.000	1.000
Q_1	1.183	0.807	K_2	1.317	0.748
O_1	1.183	0.807	M_4	0.927	1.077
P_1	1.000	1.000	MS_4	0.963	1.038
K_1	1.113	0.882	M_6	0.893	1.118
N_2	0.963	1.038	—	—	—

附 录 D
(规范性附录)
不同重现期高潮位计算

D.1 不少于20年连续实测潮位资料

确定重现期的高潮位,一般要求有不少于20年的连续实测潮位资料,并应调查和核实历史上的出现的特殊高潮位。确定重现期潮位频率分析的线型,宜采用第Ⅰ型极值分布律(见表D.1),也可采用皮尔逊Ⅲ型频率曲线(见表D.2)。

D.2 5年~20年连续实测潮位资料

对于有5年~20年连续实测潮位资料的岸段(核定站),重现期高潮位计算可采用近似方法,即可用"极值同步差比法"与附近有不少于20年连续实测潮位资料的站(参照站)进行同步相关分析求得。

极值同步差比法的计算公式为式(D.1):

$$h_{jY}=A_Y+\frac{R_Y}{R_X}(h_{jX}-A_X) \quad \cdots\cdots(\text{D.1})$$

式中:

h_{jX}、h_{jY}——分别为参照站和核定站的某重现期高潮位,单位为厘米(cm);

R_X、R_Y——分别为参照站和核定站的同期各年年最高潮位的平均值与平均海平面的差值,单位为厘米(cm);

A_X、A_Y——分别为参照站和核定站的平均海平面,单位为厘米(cm)。

D.3 1年~5年连续实测潮位资料

D.3.1 计算方法(给出仲裁方法)

对有1年~5年连续实测潮位资料的岸段进行警戒潮位核定时,宜采用"高潮同步相关法",也可采用"增减水同步相关法"推算核定站逐年最高潮位,并宜采用第Ⅰ型极值分布律,也可采用皮尔逊Ⅲ型频率曲线方法计算核定岸段的重现期高潮位。

D.3.2 高潮同步相关法

计算步骤如下:

a) 利用最小二乘法建立核定站与参照站同期高潮位的相关关系为式(D.2):

$$y=ax+b \quad \cdots\cdots(\text{D.2})$$

式中:

y ——核定站高潮位;

x ——参照站高潮位;

a、b ——拟合系数。

b) 根据核定站与参照站同期高潮位的相关关系,推算核定站的逐年最高潮位。

D.3.3 增减水同步相关法

计算步骤如下:

a) 分别计算核定站 1 年、参照站同期 1 年和 19 年的调和常数；

b) 基于潮汐调和常数的差比关系，订正核定站调和常数；

c) 基于核定站与参照站的实测水位与调和常数，分别计算增减水；

d) 建立核定站与参照站同期增减水的相关关系；

e) 根据两站增减水的相关关系，推算核定站的多年逐时增减水；

f) 根据核定站天文潮位与增减水，计算多年逐时潮位，确定其逐年最高潮位。

D.4 1 个月以上，1 年以下连续实测潮位资料

D.4.1 计算方法

对有 1 个月以上，1 年以下连续实测潮位资料的岸段进行警戒潮位核定时，宜采用“高潮同步相关法”，也可采用“增减水同步相关法”或数值模拟方法推算核定站的逐年最高潮位，并宜采用第Ⅰ型极值分布律，也可采用皮尔逊Ⅲ型频率曲线方法分析核定岸段的重现期高潮位。

D.4.2 高潮同步相关法

计算步骤见 D.3.2。

D.4.3 增减水同步相关法

计算步骤见 D.3.3，同时应注意以下两点：

——S_a、S_{S_a} 分潮的调和常数，取参照站调和分析结果；

——根据参照站多年平均海平面，订正核定站平均海平面。

D.4.4 数值模拟方法

根据该岸段连续 20 年以上的历史天气数据资料，每年寻找 3 次～5 次可能影响最大的灾害性天气过程，利用成熟的数值模拟方法反演推算并遴选出历史上可能出现过的年极值潮位。模拟过程中取得的计算极值可利用已有的短期序列潮位值或邻近岸段的潮位过程进行比对验证，水位计算平均误差小于 20 cm。

D.4.4.1 天文潮计算

核定岸段及邻近潮汐特性相似岸段无长时间序列潮位观测资料，可通过数值模拟的方法进行天文潮汐特性的计算。模拟结果应有不少于一个月的实测资料验证，潮位计算平均误差应小于 20 cm。对数值计算结果进行核定岸段的潮汐调和分析，确定特征潮位。

D.4.4.2 风暴潮位拟合计算

对每年的 3 次～5 次可能影响最大的灾害性天气过程进行风暴潮拟合计算时可进行天文潮、风暴潮的联合计算。模拟过程中取得的计算极值可利用已有的短期序列潮位值或邻近岸段的潮位过程进行比对验证，潮位计算平均误差应小于 20 cm。

D.4.4.3 重现期高潮位计算

根据数值模拟结果确定年极值高潮位。利用 D.1、D.2 的方法计算重现期高潮位。

表 D.1 第Ⅰ型极值分布律的 $\lambda_{p,n}$ 表

年数 n	频率 p %					
	0.1	0.2	0.5	1	2	4
8	7.103	6.336	5.321	4.551	3.779	3.001
9	6.909	6.162	5.174	4.425	3.673	2.916
10	6.752	6.021	5.055	4.322	3.587	2.847
11	6.622	5.905	4.957	4.238	3.516	2.789
12	6.513	5.807	4.874	4.166	3.456	2.741
13	6.418	5.723	4.802	4.105	3.404	2.699
14	6.337	5.650	4.741	4.052	3.360	2.663
15	6.266	5.586	4.687	4.005	3.321	2.632
16	6.196	5.523	4.634	3.959	3.283	2.601
17	6.137	5.471	4.589	3.921	3.250	2.575
18	6.087	5.426	4.551	3.888	3.223	2.552
19	6.043	5.387	4.518	3.860	3.199	2.533
20	6.006	5.354	4.490	3.836	3.179	2.517
22	5.933	5.228	4.435	3.788	3.138	2.484
24	5.870	5.232	4.387	3.747	3.104	2.457
26	5.816	5.183	4.346	3.711	3.074	2.433
28	5.769	5.141	4.310	3.681	3.048	2.412
30	5.727	5.104	4.279	3.653	3.026	2.393
35	5.642	5.027	4.214	3.598	2.979	2.356
40	5.576	4.968	4.164	3.554	2.942	2.326
45	5.522	4.920	4.123	3.519	2.913	2.303
50	5.479	4.881	4.090	3.491	2.889	2.283
60	5.410	4.820	4.038	3.446	2.852	2.253
70	5.359	4.774	4.000	3.413	2.824	2.230
80	5.319	4.738	3.970	3.387	2.802	2.213
90	5.287	4.709	3.945	3.366	2.784	2.199
100	5.261	4.686	3.925	3.349	2.770	2.187
200	5.130	4.568	3.826	3.263	2.698	2.129
500	5.032	4.481	3.752	3.200	2.645	2.086
1 000	4.992	4.445	3.722	3.174	2.623	2.069
∞	4.936	4.395	3.679	3.137	2.592	2.044

表 D.1(续)

年数 n	频率 p %					
	5	10	25	50	75	90
8	2.749	1.953	0.842	−0.130	−0.897	−1.458
9	2.670	1.895	0.814	−0.133	−0.879	−1.426
10	2.606	1.848	0.790	−0.136	−0.865	−1.400
11	2.553	1.809	0.771	−0.138	−0.854	−1.378
12	2.509	1.777	0.755	−0.139	−0.844	−1.360
13	2.470	1.748	0.741	−0.141	−0.836	−1.345
14	2.437	1.724	0.729	−0.142	−0.829	−1.331
15	2.408	1.703	0.718	−0.143	−0.823	−1.320
16	2.379	1.682	0.708	−0.145	−0.817	−1.308
17	2.355	1.664	0.699	−0.146	−0.811	−1.299
18	2.335	1.649	0.692	−0.146	−0.807	−1.291
19	2.317	1.636	0.685	−0.147	−0.803	−1.283
20	2.302	1.625	0.680	−0.148	−0.800	−1.277
22	2.272	1.603	0.669	−0.149	−0.794	−1.265
24	2.246	1.584	0.659	−0.150	−0.788	−1.255
26	2.224	1.568	0.651	−0.151	−0.783	−1.246
28	2.205	1.553	0.644	−0.152	−0.779	−1.239
30	2.188	1.541	0.638	−0.153	−0.776	−1.232
35	2.153	1.515	0.625	−0.154	−0.768	−1.218
40	2.126	1.495	0.615	−0.155	−0.762	−1.208
45	2.104	1.479	0.607	−0.156	−0.758	−1.198
50	2.086	1.466	0.601	−0.157	−0.754	−1.191
60	2.059	1.446	0.591	−0.158	−0.748	−1.180
70	2.038	1.430	0.583	−0.159	−0.744	−1.172
80	2.022	1.419	0.577	−0.159	−0.740	−1.165
90	2.008	1.409	0.572	−0.160	−0.737	−1.160
100	1.998	1.401	0.568	−0.160	−0.735	−1.155
200	1.944	1.362	0.549	−0.162	−0.723	−1.134
500	1.905	1.333	0.535	−0.164	−0.714	−1.117
1 000	1.889	1.321	0.529	−0.164	−0.710	−1.110
∞	1.886	1.305	0.520	−0.164	−0.705	−1.110

表 D.1(续)

年数 n	频率 p %			
	95	97	99	99.9
8	−1.749	−1.923	−2.224	−2.673
9	−1.709	−1.879	−2.172	−2.609
10	−1.677	−1.843	−2.129	−2.556
11	−1.650	−1.813	−2.095	−2.514
12	−1.628	−1.788	−2.065	−2.478
13	−1.609	−1.769	−2.040	−2.447
14	−1.592	−1.748	−2.018	−2.420
15	−1.578	−1.732	−1.999	−2.396
16	−1.564	−1.716	−1.980	−2.373
17	−1.552	−1.703	−1.965	−2.354
18	−1.541	−1.691	−1.951	−2.338
19	−1.532	−1.681	−1.939	−2.323
20	−1.525	−1.673	−1.930	−2.311
22	−1.510	−1.657	−1.910	−2.287
24	−1.497	−1.642	−1.893	−2.266
26	−1.486	−1.630	−1.879	−2.249
28	−1.477	−1.619	−1.866	−2.233
30	−1.468	−1.610	−1.855	−2.219
35	−1.451	−1.591	−1.832	−2.191
40	−1.438	−1.576	−1.814	−2.170
45	−1.427	−1.564	−1.800	−2.152
50	−1.418	−1.553	−1.788	−2.138
60	−1.404	−1.538	−1.770	−2.115
70	−1.394	−1.526	−1.756	−2.098
80	−1.386	−1.517	−1.746	−2.085
90	−1.379	−1.510	−1.737	−2.075
100	−1.374	−1.504	−1.720	−2.066
200	−1.347	−1.474	−1.694	−2.023
500	−1.326	−1.451	−1.688	−1.990
1 000	−1.318	−1.442	−1.657	−1.976
∞	−1.306	−1.428	−1.641	−1.957

表 D.2 皮尔逊Ⅲ型频率曲线的 K_p 值表

(1) $Cs=2Cv$

Cv	p %													
	0.01	0.1	0.2	0.5	1	2	5	10	20	50	75	90	95	99
0.05	1.20	1.16	1.15	1.13	1.12	1.11	1.08	1.06	1.04	1.00	0.97	0.94	0.92	0.89
0.10	1.42	1.34	1.31	1.28	1.25	1.22	1.17	1.13	1.08	1.00	0.93	0.87	0.84	0.78
0.15	1.66	1.53	1.49	1.43	1.38	1.33	1.26	1.20	1.12	0.99	0.90	0.81	0.77	0.68
0.20	1.92	1.73	1.67	1.59	1.52	1.45	1.35	1.26	1.16	0.99	0.86	0.75	0.70	0.59
0.25	2.21	1.95	1.87	1.77	1.67	1.58	1.44	1.33	1.20	0.98	0.82	0.70	0.63	0.51
0.30	2.51	2.19	2.08	1.94	1.83	1.71	1.54	1.40	1.24	0.97	0.79	0.64	0.56	0.44
0.35	2.85	2.44	2.31	2.13	1.99	1.84	1.64	1.47	1.28	0.96	0.75	0.59	0.51	0.37
0.40	3.20	2.70	2.54	2.32	2.16	1.98	1.74	1.54	1.31	0.95	0.71	0.53	0.45	0.31
0.45	3.58	2.98	2.80	2.53	2.34	2.13	1.84	1.60	1.35	0.93	0.67	0.48	0.39	0.25
0.50	3.98	3.27	3.04	2.74	2.51	2.27	1.94	1.67	1.38	0.92	0.64	0.44	0.34	0.21
0.55	4.41	3.57	3.32	2.97	2.70	2.42	2.04	1.74	1.41	0.90	0.59	0.39	0.30	0.17
0.60	4.85	3.89	3.59	3.20	2.89	2.58	2.15	1.80	1.44	0.88	0.56	0.35	0.26	0.13
0.65	5.32	4.22	3.89	3.44	3.09	2.74	2.25	1.87	1.47	0.86	0.52	0.31	0.22	0.10
0.70	5.80	4.57	4.19	3.68	3.29	2.88	2.36	1.94	1.49	0.84	0.49	0.27	0.18	0.08
0.75	6.32	4.92	4.52	3.93	3.50	3.06	2.46	2.00	1.52	0.82	0.45	0.24	0.15	0.06
0.80	6.85	5.30	4.82	4.19	3.71	3.22	2.57	2.06	1.54	0.80	0.42	0.21	0.13	0.04
0.85	7.41	5.68	5.17	4.46	3.93	3.39	2.68	2.12	1.56	0.77	0.39	0.18	0.10	0.03
0.90	7.99	6.08	5.50	4.73	4.15	3.56	2.78	2.19	1.58	0.75	0.35	0.15	0.08	0.02
0.95	8.59	6.49	5.86	5.02	4.38	3.74	2.89	2.25	1.60	0.72	0.31	0.13	0.07	0.01
1.00	9.21	6.91	6.22	5.30	4.61	3.91	3.00	2.30	1.61	0.69	0.29	0.11	0.05	0.01

表 D.2（续）

（2） $Cs=3Cv$

Cv	p %													
	0.01	0.1	0.2	0.5	1	2	5	10	20	50	75	90	95	99
0.05	1.20	1.17	1.15	1.14	1.12	1.11	1.08	1.07	1.04	1.00	0.97	0.94	0.92	0.89
0.10	1.44	1.35	1.32	1.29	1.25	1.22	1.17	1.13	1.08	1.00	0.93	0.88	0.84	0.79
0.15	1.71	1.56	1.51	1.45	1.40	1.34	1.26	1.20	1.12	0.99	0.89	0.82	0.77	0.70
0.20	2.01	1.79	1.72	1.63	1.55	1.47	1.36	1.27	1.16	0.98	0.86	0.76	0.71	0.62
0.25	2.35	2.05	1.95	1.82	1.72	1.61	1.46	1.33	1.20	0.97	0.82	0.71	0.65	0.56
0.30	2.72	2.32	2.19	2.02	1.89	1.75	1.56	1.40	1.23	0.96	0.78	0.66	0.59	0.51
0.35	3.12	2.61	2.46	2.24	2.07	1.90	1.66	1.47	1.26	0.94	0.74	0.61	0.55	0.46
0.40	3.57	2.92	2.73	2.46	2.26	2.05	1.76	1.54	1.29	0.92	0.71	0.57	0.50	0.42
0.45	4.04	3.26	3.03	2.70	2.46	2.21	1.87	1.60	1.32	0.90	0.67	0.53	0.47	0.39
0.50	4.54	3.62	3.34	2.96	2.67	2.37	1.98	1.67	1.35	0.88	0.63	0.49	0.43	0.37
0.55	5.09	3.99	3.66	3.21	2.88	2.54	2.08	1.73	1.37	0.86	0.60	0.46	0.41	0.36
0.60	5.66	4.38	4.01	3.49	3.10	2.71	2.19	1.79	1.39	0.83	0.57	0.43	0.39	0.35
0.65	6.26	4.81	4.36	3.77	3.33	2.88	2.29	1.85	1.40	0.80	0.53	0.41	0.37	0.34
0.70	6.90	5.22	4.72	4.06	3.56	3.06	2.40	1.91	1.41	0.78	0.51	0.39	0.36	0.34
0.75	7.57	5.68	5.12	4.36	3.80	3.24	2.50	1.96	1.42	0.76	0.48	0.38	0.35	0.34
0.80	8.27	6.14	5.51	4.67	4.04	3.42	2.61	2.01	1.43	0.72	0.46	0.37	0.35	0.33
0.85	9.00	6.62	5.92	4.98	4.29	3.60	2.71	2.06	1.43	0.69	0.44	0.36	0.34	0.33
0.90	9.75	7.11	6.34	5.31	4.54	3.78	2.81	2.10	1.43	0.66	0.42	0.35	0.34	0.33
0.95	10.54	7.62	6.76	5.62	4.79	3.96	2.91	2.14	1.43	0.63	0.40	0.34	0.34	0.33
1.00	11.35	8.15	7.21	5.96	5.05	4.15	3.00	2.18	1.42	0.60	0.39	0.34	0.34	0.33

表 D.2（续）

（3）$Cs=4Cv$

Cv	p %													
	0.01	0.1	0.2	0.5	1	2	5	10	20	50	75	90	95	99
0.05	1.21	1.17	1.16	1.14	1.12	1.11	1.08	1.06	1.04	1.00	0.97	0.94	0.92	0.89
0.10	1.46	1.37	1.34	1.30	1.26	1.23	1.18	1.13	1.08	0.99	0.93	0.88	0.85	0.80
0.15	1.76	1.59	1.54	1.47	1.41	1.35	1.27	1.20	1.12	0.98	0.89	0.82	0.78	0.72
0.20	2.10	1.85	1.77	1.66	1.58	1.49	1.37	1.27	1.16	0.97	0.86	0.77	0.72	0.65
0.25	2.49	2.13	2.02	1.87	1.76	1.64	1.47	1.34	1.19	0.96	0.82	0.72	0.67	0.60
0.30	2.92	2.44	2.30	2.10	1.94	1.79	1.57	1.40	1.22	0.94	0.78	0.67	0.63	0.57
0.35	3.40	2.78	2.60	2.34	2.15	1.95	1.68	1.47	1.25	0.92	0.74	0.64	0.59	0.54
0.40	3.93	3.15	2.91	2.60	2.36	2.11	1.79	1.53	1.27	0.90	0.71	0.60	0.56	0.52
0.45	4.50	3.54	3.25	2.87	2.58	2.28	1.89	1.59	1.29	0.87	0.68	0.58	0.54	0.51
0.50	5.10	3.95	3.61	3.15	2.80	2.46	2.00	1.65	1.31	0.85	0.64	0.55	0.53	0.51
0.55	5.76	4.39	3.99	3.44	3.04	2.64	2.10	1.70	1.31	0.82	0.62	0.53	0.52	0.50
0.60	6.45	4.86	4.38	3.75	3.28	2.81	2.21	1.76	1.32	0.79	0.59	0.52	0.51	0.50
0.65	7.18	5.34	4.78	4.07	3.54	2.99	2.32	1.81	1.32	0.76	0.57	0.51	0.50	0.50
0.70	7.95	5.83	5.21	4.39	3.78	3.18	2.41	1.85	1.32	0.73	0.55	0.51	0.50	0.50
0.75	8.77	6.36	5.65	4.72	4.04	3.37	2.50	1.89	1.31	0.70	0.54	0.50	0.50	0.50
0.80	9.61	6.91	6.11	5.07	4.30	3.55	2.59	1.92	1.31	0.68	0.53	0.50	0.50	0.50
0.85	10.50	7.47	6.58	5.42	4.56	3.74	2.68	1.95	1.29	0.65	0.52	0.50	0.50	0.50
0.90	11.42	8.06	7.04	5.78	4.83	3.91	2.77	1.97	1.27	0.63	0.51	0.50	0.50	0.50
0.95	12.37	8.64	7.55	6.13	5.10	4.10	2.85	1.99	1.25	0.61	0.51	0.50	0.50	0.50
1.00	13.36	9.25	8.05	6.50	5.37	4.27	2.92	2.00	1.23	0.59	0.51	0.50	0.50	0.50

表 D.2（续）

（4）$Cs=6Cv$

Cv	p %													
	0.01	0.1	0.2	0.5	1	2	5	10	20	50	75	90	95	99
0.05	1.22	1.18	1.16	1.14	1.13	1.11	1.09	1.07	1.04	1.00	0.97	0.94	0.92	0.89
0.10	1.51	1.40	1.36	1.31	1.28	1.24	1.18	1.13	1.08	0.99	0.93	0.88	0.85	0.81
0.15	1.66	1.66	1.60	1.51	1.44	1.38	1.28	1.20	1.12	0.98	0.89	0.83	0.80	0.75
0.20	2.28	1.96	1.87	1.73	1.63	1.53	1.38	1.27	1.15	0.96	0.85	0.78	0.75	0.71
0.25	2.77	2.31	2.17	1.98	1.83	1.69	1.48	1.33	1.17	0.94	0.82	0.75	0.72	0.69
0.30	3.33	2.69	2.50	2.25	2.05	1.85	1.60	1.40	1.19	0.92	0.78	0.72	0.69	0.67
0.35	3.95	3.11	2.86	2.53	2.28	2.03	1.70	1.45	1.21	0.89	0.75	0.70	0.68	0.67
0.40	4.63	3.57	3.26	2.83	2.52	2.21	1.81	1.51	1.22	0.86	0.73	0.68	0.67	0.67
0.45	5.38	4.06	3.67	3.16	2.77	2.39	1.91	1.55	1.22	0.83	0.71	0.67	0.67	0.67
0.50	6.17	4.58	4.10	3.49	3.03	2.58	2.00	1.59	1.21	0.80	0.69	0.67	0.67	0.67
0.55	7.03	5.13	4.56	3.84	3.29	2.76	2.09	1.62	1.20	0.78	0.68	0.67	0.67	0.67
0.60	7.95	5.70	5.03	4.19	3.55	2.94	2.18	1.65	1.18	0.75	0.68	0.67	0.67	0.67
0.65	8.90	6.29	5.54	4.55	3.82	3.12	2.26	1.66	1.16	0.73	0.67	0.67	0.67	0.67
0.70	9.92	6.91	6.04	4.91	4.09	3.30	2.33	1.67	1.13	0.71	0.67	0.67	0.67	0.67
0.75	10.98	7.57	6.57	5.30	4.36	3.47	2.39	1.68	1.10	0.70	0.67	0.67	0.67	0.67
0.80	12.08	8.23	7.11	5.67	4.63	3.64	2.44	1.67	1.07	0.69	0.67	0.67	0.67	0.67
0.85	13.24	8.91	7.66	6.06	4.89	3.80	2.49	1.66	1.08	0.68	0.67	0.67	0.67	0.67
0.90	14.43	9.61	8.22	6.45	5.16	3.96	2.53	1.65	1.00	0.68	0.67	0.67	0.67	0.67
0.95	15.68	10.33	8.80	6.83	5.42	4.10	2.56	1.62	0.96	0.67	0.67	0.67	0.67	0.67
1.00	16.94	11.07	9.38	7.22	5.68	4.25	2.59	1.59	0.93	0.67	0.67	0.67	0.67	0.67

附 录 E
(规范性附录)
波浪爬高计算

E.1 正向来波在单一斜坡上的波浪爬高计算

在风的作用下,正向来波在单一斜坡上的波浪爬高可按下列方法确定:

a) 当 $1.5 \leqslant m \leqslant 5.0$ 时,可按下式计算:

$$R_p = \frac{K_\Delta K_v K_p}{\sqrt{1+m^2}} \sqrt{\overline{H}L} \quad \cdots\cdots (E.1)$$

b) 当 $m \leqslant 1.25$ 时,可按下式计算:

$$R_p = K_\Delta K_v K_p R_0 \overline{H} \quad \cdots\cdots (E.2)$$

式中:

R_p ——累计频率为 P 的波浪爬高,单位为米(m);

K_Δ ——斜坡的糙率及渗透系数,可按表 E.1 确定;

K_v ——经验系数,可按表 E.2 确定;

K_p ——爬高累计频率换算系数,可按表 E.3 确定;

m ——斜坡坡率,$m = \mathrm{ctg}\alpha$,α 为斜坡坡角;

$\overline{H}$ ——堤前波浪的平均波高,单位为米(m);

L ——堤前波浪的波长,单位为米(m);

R_0 ——无风情况下,光滑不透水护面 $K_\Delta = 1$、$\overline{H} = 1$ 时的爬高值,可按表 E.4 确定。

c) 当 $1.25 < m < 1.5$ 时,可由 $m = 1.25$ 与 $m = 1.5$ 时对应的波浪爬高值使用内插法计算。

表 E.1 斜坡的糙率及渗透系数 K_Δ

护面类型	K_Δ
光滑不透水护面(沥青混凝土)	1.0
混凝土及混凝土板护面	0.9
草皮护面	[0.85,0.9)
砌石护面	[0.75,0.8]
抛填两层块石(不透水基础)	[0.6,0.65]
抛填两层块石(透水基础)	[0.5,0.55)
四脚空心方块(安放一层)	0.55
四脚锥体(安放两层)	0.4
扭工字块体(安放两层)	0.38

表 E.2 经验系数 K_v

$V/\sqrt{gd}$	≤1	1.5	2	2.5	3	3.5	4	≥5
K_v	1	1.02	1.08	1.16	1.22	1.25	1.28	1.30

注：V——风速，单位为米每秒(m/s)；
d——堤前水深，单位为米(m)；
g——重力加速度，单位为米每平方秒(m/s²)。

表 E.3 爬高累计频率换算系数 K_p 值表

$\overline{H}/d$	K_p									
	p=0.1%	p=1%	p=2%	p=3%	p=4%	p=5%	p=10%	p=13%	p=20%	p=50%
<0.1	2.66	2.23	2.07	1.97	1.9	1.84	1.64	1.54	1.39	0.96
0.1～0.3	2.44	2.08	1.94	1.86	1.8	1.75	1.57	1.48	1.36	0.97
>0.3	2.13	1.86	1.76	1.7	1.65	1.61	1.48	1.4	1.31	0.99

表 E.4 R_0 值

$m=\mathrm{ctg}\alpha$	0	0.5	1.0	1.25
R_0	1.24	1.45	2.2	2.5

E.2 带有平台的复合斜坡堤的波浪爬高计算

带有平台的复合斜坡堤(见图 E.1)的波浪爬高可先确定该断面的折算坡度系数 m_e，再按坡度系数为 m_e 的单坡断面确定其爬高。折算坡度系数 m_e 可按下列公式计算：

a) 当 $\Delta m=(m_{down}-m_{up})=0$，即上下坡度一致时：

$$m_e=m_{up}(1-4.0\,|d_W|/L)K_b$$

$$K_b=1+3B/L$$

b) 当 $\Delta m>0$，即下坡缓于上坡时：

$$m_e=(m_{up}+0.3\Delta m-0.1\Delta m^2)(1-4.5\,|d_W|/L)K_b$$

c) 当 $\Delta m<0$，即下坡陡于上坡时：

$$m_e=(m_{up}+0.5\Delta m-0.08\Delta m^2)(1+3.0\,|d_W|/L)K_b$$

式中：

m_{down}——平台以下的斜坡坡率；

m_{up}——平台以上的斜坡坡率；

d_W——平台上的水深(平台在静水位以上时取正值；平台在静水位以下时取负值)，单位为米(m)；

B——平台宽度，单位为米(m)；

L——波长，单位为米(m)。

该方法适用于 $1.0\leqslant m_{up}\leqslant 4.0$、$1.5\leqslant m_{down}\leqslant 3.0$、$-0.067\leqslant|d_W|/L\leqslant 0.067$、$B/L\leqslant 0.25$ 的条件。

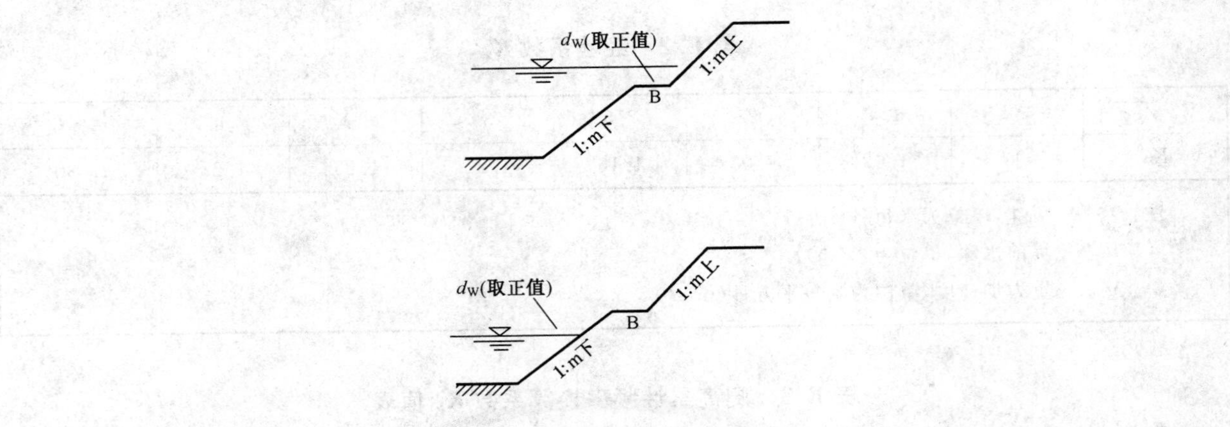

图 E.1 带平台的复式防波堤

E.3 波浪爬高调整

当来波波向线与堤轴线的法线成 β 角时，波浪爬高应乘以系数 K_β，当堤坡坡率 $m \geqslant 1$ 时，K_β 可按表 E.5 确定。

表 E.5 K_β 值

β	≤15°	20°	30°	40°	50°	60°
K_β	1	0.96	0.92	0.87	0.82	0.76

附　录　F
（资料性附录）
警戒潮位修正值核定方法

F.1　蓝色警戒潮位修正值的核定

F.1.1　核定公式

蓝色警戒潮位修正值（Δh_b）的核定主要考虑防潮设施受浪程度、堤高（或自然高度）与蓝色警戒潮位的高度差和核定岸段的重要程度三项要素，计算公式为：

$$\Delta h_b = h_1 + h_2 + h_3 \qquad \text{(F.1)}$$

式中：

Δh_b ——蓝色警戒潮位修正值，单位为厘米（cm）；

h_1 ——防潮设施受浪程度调整值，单位为厘米（cm）；

h_2 ——防潮设施建设标准调整值，单位为厘米（cm）；

h_3 ——岸段重要程度调整值，单位为厘米（cm）。

F.1.2　防潮设施受浪程度调整值的计算

防潮设施受浪程度取决于岸堤迎浪程度、堤底处水深和堤底处向岸波浪高度。调整值 h_1 可取核定岸段 2 年一遇堤前波浪爬高 R 的 0～15%，取值方法见表 F.1。

表 F.1　h_1 取值

单位为厘米

受浪程度	严重	较重	一般	轻微
2 年一遇波浪爬高 R	≥150	[100,150)	[50,100)	<50
h_1	$-15\%R$	$-15\%R\sim-10\%R$	$-10\%R\sim-5\%R$	$-5\%R\sim0$

F.1.3　防潮设施建设标准调整值的计算

防潮能力与堤坝建设标准密切相关，堤坝顶高与 H_s（或 H_d）的高度差可基本反映该岸段堤坝的防潮能力。防潮设施堤坝标准对警戒潮位调整值 h_2 的计算法见表 F.2。其他防潮设施可参照此表确定。

表 F.2　h_2 取值

防波堤	Δ≤1.24 m；砂土堤或自然低平海岸	Δ=1.25 m～1.99 m；半坡石块护坡堤	Δ=2.00 m～2.99 m；石堤或构件护坡堤	Δ>3.0 m；水泥浇筑堤
h_2 cm	[−20,−10)	[−10,0)	[0,10)	[10,20]
注：“Δ”为堤坝顶高与 H_S 的差值。				

F.1.4　岸段重要程度调整值的计算

警戒潮位的核定应要密切关注核定岸段重要程度。岸段重要程度对警戒潮位调整值 h_3 取值方法见表 F.3。

表 F.3　h_3 取值

单位为厘米

岸段等级	特别重要	重要	较重要	一般
h_3	[−20,−10)	[−10,0)	[0,10)	[10,20]

F.2　红色警戒潮位修正值核定

红色警戒潮位修正值(Δh_r)的核定主要考虑防潮设施受浪程度、堤高(或自然高度)与红色警戒潮位的高度差和核定岸段的重要程度三项要素。计算方法同 F.1,其中计算 h_2 时"Δ"为堤坝顶高与 H_d 的差值。

附 录 G
（规范性附录）
警戒潮位核定技术报告

G.1 报告内容

G.1.1 封面

封面应书写内容包括：

——×××岸段警戒潮位核定技术报告；

——委托单位名称；

——承担单位或核定单位名称(盖章)；

——报告编制日期。

G.1.2 封二

封二应书写内容包括：

——核定负责人姓名；

——技术负责人姓名；

——报告编写人员姓名；

——主要参与人员姓名；

——审核人员姓名。

G.1.3 目次

警戒潮位核定技术报告应有目次页，置于引言之前，宜使用编写软件自动生成。

G.1.4 引言

引言应简要说明×××岸段警戒潮位核定工作的任务来源、背景、目的、意义等。

G.1.5 正文

警戒潮位核定技术报告正文编写内容大纲如下：

——第1章“核定区域概况”，内容包括自然环境概述、核定岸段及高程分布、防护区内社会经济状况及发展规划等；

——第2章“资料收集整理”，内容包括自然因子、防御能力、基础地理、现行警戒潮位、潮灾、社会经济等资料的收集整理情况统计描述；

——第3章“资料统计分析结果”，内容包括潮位、波浪、潮灾、海岸防护工程等资料的统计分析结果；

——第4章“警戒潮位核定”，内容包括蓝色、黄色、橙色和红色警戒潮位的核定公式与结果；

——第5章“校验”；

——第6章“结论及建议”；

——参考文献。

G.1.6 封底

印刷版警戒潮位核定技术报告宜有封底。封底可放置出版者的名称和地址或其他相关信息，也可为空白页。

G.2 报告格式

警戒潮位核定技术报告文本外形尺寸为A4(210 mm×297 mm)。

封面、封二、目次、引言、正文和封底的编排格式，以及文中图、表和公式的编写参照GB/T 7713.3—2009的要求执行。

参 考 文 献

[1] GB/T 7713.3—2009 科技报告编写规则
[2] GB/T 15920—2010 海洋学术语 物理海洋学
[3] 国家海洋局908专项办公室.海洋灾害调查技术规程.北京:海洋出版社,2006
[4] 国家海洋局.风暴潮、海浪、海啸和海冰灾害应急预案.2011

ICS 25.220.10
A 29

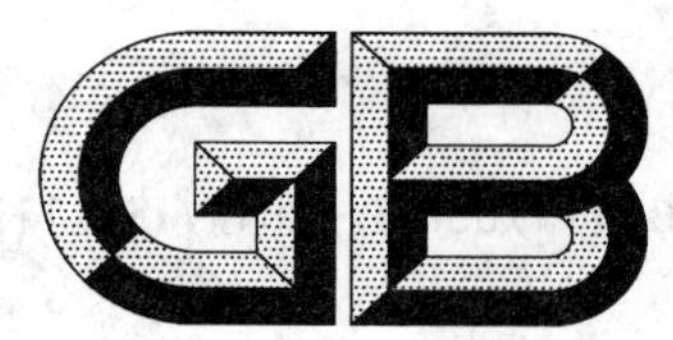

中华人民共和国国家标准

GB/T 17850.6—2011/ISO 11126-6:1993

涂覆涂料前钢材表面处理 喷射清理用非金属磨料的技术要求 第6部分:炼铁炉渣

Preparation of steel substrates before application of paints and related products—Specifications for non-metallic blast-cleaning abrasives—Part 6:Iron furnace slag

(ISO 11126-6:1993,IDT)

2011-12-30 发布　　　　2012-10-01 实施

中华人民共和国国家质量监督检验检疫总局
中国国家标准化管理委员会　发布

前 言

GB/T 17850《涂覆涂料前钢材表面处理　喷射清理用非金属磨料的技术要求》分为下列几部分：

——第1部分：导则和分类；

——第2部分：硅砂；

——第3部分：铜精炼渣；

——第4部分：煤炉渣；

——第5部分：镍精炼渣；

——第6部分：炼铁炉渣；

——第7部分：熔融氧化铝；

——第8部分：橄榄石砂；

——第9部分：十字石；

——第10部分：石榴石；

——第11部分：钢渣特种型砂。

本部分为GB/T 17850的第6部分。

本部分按照GB/T 1.1—2009给出的规则起草。

本部分使用翻译法等同采用ISO 11126-6:1993《涂覆涂料前钢材表面处理　喷射清理用非金属磨料的技术要求　第6部分：炼铁炉渣》。

与本部分中规范性引用的国际文件有一致性对应关系的我国文件如下：

——GB/T 17849—1999　涂覆涂料前钢材表面处理　喷射清理用非金属磨料的试验方法(eqv ISO 11127-1～11127-7:1993)。

本部分做了下列编辑性修改：

——为清楚可见，在6.1中添加了二级条号。

本部分由中国船舶工业集团公司提出。

本部分由全国涂料和颜料标准化技术委员会涂漆前金属表面处理及涂漆工艺分技术委员会(SAC/TC 5/SC 6)归口。

本部分起草单位：中国船舶工业集团公司第十一研究所、中国船舶工业综合技术经济研究院。

本部分主要起草人：傅建华、江枫、宋艳媛。

涂覆涂料前钢材表面处理 喷射清理用非金属磨料的技术要求 第6部分:炼铁炉渣

警告:对于表面处理所用的设备、材料和磨料,如果使用不小心,可能出现危险。许多国家对在使用期间或使用后(废物管理)认为存在危险的材料和磨料,如:游离硅、致癌物质或有毒物质,均作了规定。因此,应遵守这些规定。重要的是应确保给予适当的指导和所有要求的预防措施得以执行。

1 范围

GB/T 17850 的本部分规定了喷射清理用炼铁炉渣磨料的颗粒尺寸范围、表观密度、莫氏硬度、含水量、水浸出液的电导率以及水溶性氯化物的含量等。

本部分规定的要求只适用于未经使用过的磨料,不适用于使用过的磨料。

喷射清理用非金属磨料的试验方法见 ISO 11127 的各个部分。

注1:通常参考的有关非金属磨料的世界各国标准参见附录A。

注2:虽然本部分是为了满足钢结构表面处理要求而特别制定的,但规定的这些特性一般也适用于使用喷射清理技术处理的其他材料的表面或部件。这些规定已在 ISO 8504-2:2000[1)]《涂覆涂料前钢材表面处理 表面处理方法 第2部分:磨料喷射清理》中给出。

2 规范性引用文件

下列文件对于本文件的应用是必不可少的。凡是注日期的引用文件,仅注日期的版本适用于本文件。凡是不注日期的引用文件,其最新版本(包括所有的修改单)适用于本文件。

ISO 11127-1:1993 涂覆涂料前钢材表面处理 喷射清理用非金属磨料的试验方法 第1部分:抽样(Preparation of steel substrates before application of paints and related products—Test methods for non-metallic blast-cleaning abrasives—Part 1:Sampling)

ISO 11127-2:1993 涂覆涂料前钢材表面处理 喷射清理用非金属磨料的试验方法 第2部分:颗粒尺寸分布的测定(Preparation of steel substrates before application of paints and related products—Test methods for non-metallic blast-cleaning abrasives—Part 2:Determination of particle size distribution)

ISO 11127-3:1993 涂覆涂料前钢材表面处理 喷射清理用非金属磨料的试验方法 第3部分:表观密度的测定(Preparation of steel substrates before application of paints and related products—Test methods for non-metallic blast-cleaning abrasives—Part 3:Determination of apparent density)

ISO 11127-4:1993 涂覆涂料前钢材表面处理 喷射清理用非金属磨料的试验方法 第4部分:通过水玻璃载片试验评估硬度(Preparation of steel substrates before application of paints and related products—Test methods for non-metallic blast-cleaning abrasives—Part 4:Assessment of hardness by a glass slide test)

ISO 11127-5:1993 涂覆涂料前钢材表面处理 喷射清理用非金属磨料的试验方法 第5部分:

1) 该标准在 ISO 11126-6:1993 中为 ISO 8504-2:1992。GB/T 18839.2—2002 为修改采用 ISO 8504-2:2000。

含水量的测定(Preparation of steel substrates before application of paints and related products—Test methods for non-metallic blast-cleaning abrasives—Part 5:Determination of moisture)

ISO 11127-6:1993　涂覆涂料前钢材表面处理　喷射清理用非金属磨料的试验方法　第6部分:通过测量电导率测定水溶性杂质(Preparation of steel substrates before application of paints and related products—Test methods for non-metallic blast-cleaning abrasives—Part 6:Determination of water-soluble contaminants by conductivity measurement)

ISO 11127-7:1993　涂覆涂料前钢材表面处理　喷射清理用非金属磨料的试验方法　第7部分:水溶性氯化物的测定(Preparation of steel substrates before application of paints and related products—Test methods for non-metallic blast-cleaning abrasives—Part 7:Determination of water-soluble chlorides)

3　术语和定义

下列术语和定义适用于本文件。

3.1

炼铁炉渣　iron furnace slag

一种喷射清理用的合成矿物质非金属磨料。用熔炼铁所得的炉渣,经水中粒化成型、干燥、筛分,采用或不采用机械粉碎处理制造而成,主要是硅酸钙渣。

注:通过空气冷却而不是水中粒化成型制造的熔渣,通常矿化结构是不同的,因此不包括在GB/T 17850的本部分中。

4　磨料标记

炼铁炉渣磨料应使用“磨料 GB/T 17850”和表示非金属炼铁炉渣磨料的缩写字母“N/FE”来标记,其后标注要求购买的颗粒形状为砂粒的符号“G”,最后标注以毫米表示的颗粒尺寸范围数字(见表1)。

示例:

磨料 GB/T 17850 N/FE/G 0.2-1.0

表示非金属炼铁炉渣磨料,符合GB/T 17850的本部分的要求,初始颗粒形状为砂粒,颗粒尺寸范围为0.2 mm~1.0 mm。

在订货单上标出这个完整的产品标记是必要的。

表1　颗粒尺寸分布

颗粒尺寸范围[a]/mm		0.2~0.5	0.2~1.0	0.2~1.4	0.2~2.0	0.2~2.8	0.5~1.0	0.5~1.4	1.0~2.0	1.4~2.8
超大尺寸	筛尺寸/mm	0.5	1.0	1.4	2.0	2.8	1.0	1.4	2.0	2.8
	残留量/%(质量分数)≤	10	10	10	10	10	10	10	10	10
正常尺寸	筛尺寸/mm	0.2	0.2	0.2	0.2	0.2	0.5	0.5	1.0	1.4
	残留量/%(质量分数)≥	85	85	85	85	85	80	80	80	80

表 1（续）

颗粒尺寸范围[a]/mm		0.2～0.5	0.2～1.0	0.2～1.4	0.2～2.0	0.2～2.8	0.5～1.0	0.5～1.4	1.0～2.0	1.4～2.8
超小尺寸	筛尺寸/mm	0.2	0.2	0.2	0.2	0.2	0.5	0.5	1.0	1.4
	通过量/%（质量分数）≤	5	5	5	5	5	10	10	10	10

[a] 根据供需双方协议，不同尺寸范围的磨料可混合，超大、超小及正常尺寸的颗粒比例应有详细规定。最大颗粒尺寸不应超过 3.15 mm，而小于 0.2 mm 的颗粒，所占份额不应超过 5%（质量分数）。

5 抽样

按 ISO 11127-1 的规定进行抽样。

6 要求

6.1 一般要求

6.1.1 炼铁炉渣磨料应是一种玻璃态的非晶体材料，不吸水，仅表面可以被润湿。

6.1.2 炼铁炉渣中的硅应以键合硅酸盐形式存在。用 X 射线衍射法测定其游离结晶硅（例如石英、三棱石、方晶石）成分应不超过 1%（质量分数）。

6.1.3 炼铁炉渣磨料应无腐蚀成分或破坏附着力的污染物。

注：炼铁炉渣磨料在供应时主要为棱角形的。较为圆形的颗粒也不排除，因为它们对表面粗糙度的影响通常与用棱角形磨料颗粒清理的效果是一致的。

6.2 性能要求

炼铁炉渣磨料的主要性能指标按表 2 的规定。

表 2 炼铁炉渣磨料的主要性能指标

性　　能	要　　求	试验方法
颗粒尺寸范围和分布	见表 1	ISO 11127-2
表观密度/（kg/m³） [（kg/dm³）]	(3.0～3.3)×10³ [3.0～3.3]	ISO 11127-3
莫氏硬度[a]	≥6	ISO 11127-4
含水量/%（质量分数）	≤0.2	ISO 11127-5
水浸出液的电导率/（mS/m）	≤25	ISO 11127-6
水溶性氯化物/%（质量分数 ）	≤0.002 5	ISO 11127-7

[a] 根据供需双方协商，也可使用适当的最低要求的另一种评价硬度的方法。

7 标志和标识

所有供应品均应按第 4 章的规定,直接或随装运单一起清楚地加以标记或标识。

8 制造商或供应商应提供的资料

需要时,制造商或供应商应提供试验报告,详细列出按表 2 中规定的方法测定的有关性能的结果。

附 录 A
（资料性附录）
参 考 书 目

下面是通常参考的有关非金属磨料的世界各国标准：

[1] DIN 8200:1982 Blasting;terms,classification of blasting techniques

[2] DIN 8201-1:1985 Abrasives;classification,designation

[3] DIN 8201-5:1985 Natural mineral abrasives;quartz sand

[4] DIN 8201-6:1985 Synthetic mineral abrasives;electric corundum

[5] DIN 8201-9:1986 Synthetic mineral solid abrasives;copper refinery slag,melting chamber slag

ICS 65.020.01
A 29

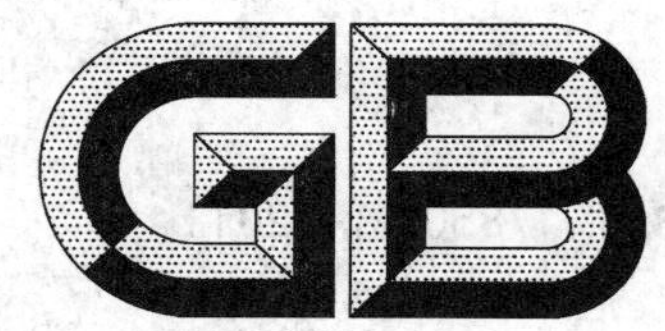

中华人民共和国国家标准

GB/T 17850.11—2011

涂覆涂料前钢材表面处理 喷射清理用非金属磨料的技术要求 第11部分:钢渣特种型砂

Preparation of steel substrates before application of paints and related products—Specifications for non-metallic blast-cleaning abrasives—Part 11:Special type grit of steel slag

2011-12-30 发布　　　　2012-06-01 实施

中华人民共和国国家质量监督检验检疫总局
中国国家标准化管理委员会　发布

前　言

GB/T 17850《涂覆涂料前钢材表面处理　喷射清理用非金属磨料的技术要求》分为下列几部分：

——第1部分：导则和分类；

——第2部分：硅砂；

——第3部分：铜精炼渣；

——第4部分：煤炉渣；

——第5部分：镍精炼渣；

——第6部分：炼铁炉渣；

——第7部分：熔融氧化铝；

——第8部分：橄榄石砂；

——第9部分：十字石；

——第10部分：石榴石；

——第11部分：钢渣特种型砂。

本部分为GB/T 17850的第11部分。

本部分按照GB/T 1.1—2009给出的规则起草。

本部分由中国船舶工业集团公司提出。

本部分由全国涂料和颜料标准化技术委员会涂漆前金属表面处理及涂漆工艺分技术委员会(SAC/TC 5/SC 6)归口。

本部分起草单位：中国船舶工业第十一研究所、中国船舶工业综合技术经济研究院、中冶宝钢技术服务有限公司。

本部分主要起草人：傅建华、宋艳媛、李力、江枫、曹春光、张健、金强、杨刚、韩懿、苏剑、王幼琴。

涂覆涂料前钢材表面处理 喷射清理用非金属磨料的技术要求 第11部分:钢渣特种型砂

警告:对于表面处理所用的设备、材料和磨料,如果使用不小心,可能出现危险。许多国家对在使用期间或使用后(废物管理)认为存在危险的材料和磨料,如:游离硅、致癌物质或有毒物质,均作了规定。因此,应遵守这些规定。重要的是应确保给予适当的指导和所有要求的预防措施得以执行。

1 范围

GB/T 17850的本部分规定了喷射清理用钢渣特种型砂磨料的颗粒尺寸范围、表观密度、莫氏硬度、含水量、水浸出液的电导率、水溶性氯化物含量及颗粒吸附物含量等。

本部分规定的要求只适用于未经使用过的磨料,不适用于使用过的磨料。

喷射清理用非金属磨料的试验方法见GB/T 17849。

2 规范性引用文件

下列文件对于本文件的应用是必不可少的。凡是注日期的引用文件,仅注日期的版本适用于本文件。凡是不注日期的引用文件,其最新版本(包括所有的修改单)适用于本文件。

GB/T 17849 涂覆涂料前钢材表面处理 喷射清理用非金属磨料的试验方法(ISO 11127-1～ISO 11127-7)

3 术语和定义

下列术语和定义适用于本文件。

3.1

钢渣特种型砂 special type grit of steel slag

一种喷射清理用的合成矿物质非金属磨料。用熔炼钢所得的渣,经初级粒化、干燥、筛分,采用或不采用机械粉碎处理制造而成。主要成分是硅酸钙、铁酸钙及其RO相(二价金属氧化物固熔体)。

3.2

颗粒吸附物含量 particle adsorption content

吸附在钢渣特种型砂表面的粉状颗粒占砂粒总质量的比例。

4 磨料标记

钢渣特种型砂磨料应使用“磨料 GB/T 17850”和表示非金属钢渣特种型砂磨料的缩写字母“N/SFE”来标记,其后标注要求购买的颗粒形状为砂粒的符号“G”,最后标注以毫米表示的颗粒尺寸范围数字(见表1)。

示例:

磨料 GB/T 17850 N/SFE/G 0.5-1.0

表示非金属钢渣特种型砂磨料，符合 GB/T 17850 的本部分要求，初始颗粒形状为砂粒，颗粒尺寸范围为 0.5 mm～1.0 mm。

在订货单上标出这个完整的产品标记是必要的。

表 1　颗粒尺寸分布

颗粒尺寸范围[a]/mm		0.2～0.5	0.2～1.0	0.2～1.4	0.2～2.0	0.2～2.8	0.5～1.0	0.5～1.4	1.0～2.0	1.4～2.8
超大尺寸	筛尺寸/mm	0.5	1.0	1.4	2.0	2.8	1.0	1.4	2.0	2.8
	残留量/%（质量分数）≤	10	10	10	10	10	10	10	10	10
正常尺寸	筛尺寸/mm	0.2	0.2	0.2	0.2	0.2	0.5	0.5	1.0	1.4
	残留量/%（质量分数）≥	85	85	85	85	85	80	80	80	80
超小尺寸	筛尺寸/mm	0.2	0.2	0.2	0.2	0.2	0.5	0.5	1.0	1.4
	通过量/%（质量分数）≤	5	5	5	5	5	10	10	10	10

[a] 根据供需双方协议，不同尺寸范围的磨料可混合，超大、超小及正常尺寸的颗粒比例应有详细规定。最大颗粒尺寸不应超过 3.15 mm，而小于 0.2 mm 的颗粒，所占份额不应超过 5%（质量分数）。

5　抽样

按 GB/T 17849 的规定进行抽样。

6　要求

6.1　一般要求

6.1.1　钢渣特种型砂磨料应是一种玻璃态的非晶体材料，可根据实际情况多次循环使用。

6.1.2　钢渣特种型砂中的硅应以键合硅酸盐形式存在。用 X 射线衍射法测定其游离结晶硅（例如石英、三棱石、方晶石）成分应不超过 1%（质量分数）。

注：X 射线衍射法测定可参照 ISO 24095:2009《工作场所空气　可吸入结晶二氧化硅的测量指南》或 JY/T 009—1996《转靶多晶体　X 射线衍射法通则》进行。

6.1.3　钢渣特种型砂磨料应无腐蚀成分或破坏附着力的污染物。

注：钢渣特种型砂磨料在供应时主要为棱角形的。较为圆形的颗粒也不排除，因为他们对表面粗糙度的影响通常与用棱角形磨料颗粒清理的效果是一致的。

6.2　性能要求

钢渣特种型砂磨料的主要性能指标按表 2 的规定。

表 2 钢渣特种型砂磨料的主要性能指标

性 能	要 求	试验方法
颗粒尺寸范围和分布	见表 1	GB/T 17849
颗粒吸附物含量/%（质量分数）	≤0.5	附录 A
表观密度/(kg/m^3)	$(3.3\sim3.9)\times10^3$	GB/T 17849
莫氏硬度[a]	≥6	
含水量/%(质量分数)	≤0.2	
水浸出液的电导率/(mS/m)	≤25	
水溶性氯化物/%（质量分数）	≤0.002 5	

[a] 根据供需双方协商，也可使用适当的最低要求的另一种评价硬度的方法。

7 试验方法

钢渣特种型砂磨料的颗粒尺寸范围、表观密度、莫氏硬度、含水量、水浸出液的电导率和水溶性氯化物的测定均按 GB/T 17849 的规定进行，颗粒吸附物含量的测定按附录 A 进行。结果应符合 6.2 的要求。

8 标志和标识

所有供应品均应按第 4 章的规定，直接或随装运单一起清楚地加以标记或标识。

9 制造商或供应商应提供的资料

需要时，制造商或供应商应提供试验报告，详细列出按表 2 中规定的方法测定有关性能的结果。

附 录 A
（规范性附录）
颗粒吸附物含量的测定

A.1 仪器设备

颗粒吸附物含量测定试验的主要仪器设备包括：

a) 烘箱：温度能控制在（105±5）℃范围内；

b) 天平：感量 0.01 g；

c) 筛：孔径为 0.2 mm；

d) 淘洗容器：要求淘洗试样时，保持试样不溅出；

e) 搪瓷盘、毛刷等。

A.2 试验步骤

A.2.1 将试样在原始状态下抽取约 1 100 g，移入搪瓷盘内摊平，放入烘箱 110 ℃中烘干 1 h，冷却至室温。

A.2.2 称取 500 g 试样（m_0）两份，精确至 0.01 g。

A.2.3 将试样放入淘洗容器。注入清水，水面高于试样表面约 150 mm。然后充分搅拌，浸泡 2 h。

A.2.4 用手或工具淘洗，并将陶瓷容器中的浑水倒入 0.2 mm 筛中，滤去小于 0.2 mm 的颗粒。

A.2.5 重复 A.2.3，直至淘洗容器内的水变清澈。

A.2.6 将清洗过的试样放入搪瓷盘内烘干 3 h。

A.2.7 称量试样（m_1），精确至 0.01 g。

A.3 结果计算

A.3.1 颗粒吸附物含量按公式（A.1）计算，结果精确至 0.01%。

$$\omega_c = \frac{m_0 - m_1}{m_0} \times 100\% \qquad \text{(A.1)}$$

式中：

ω_c ——颗粒吸附物含量，单位为%（质量分数）；

m_0——试验前烘干试样的质量，单位为克（g）；

m_1——试验后烘干试样的质量，单位为克（g）。

A.3.2 试验结果取两次测定的平均值。若两次测定结果差值超过 0.05%时，应重新进行试验。

ICS 23.020.30
J 74

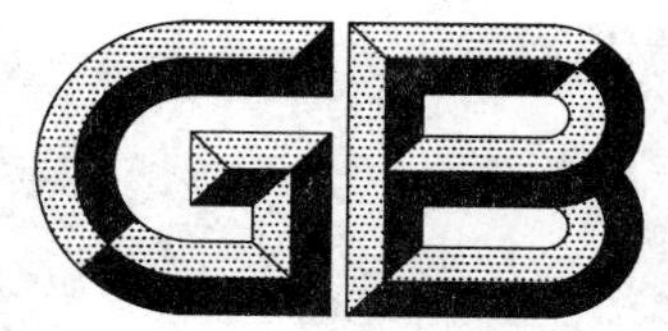

中华人民共和国国家标准

GB/T 17925—2011
代替 GB 17925—1999

气瓶对接焊缝X射线数字成像检测

Standard practice for X-ray digital radioscopic examination of cylinder weld

2011-12-30 发布　　2012-07-01 实施

中华人民共和国国家质量监督检验检疫总局
中国国家标准化管理委员会　发布

前　言

本标准按照 GB/T 1.1—2009《标准化工作导则　第1部分：标准的结构和编写》给出的规则起草。

本标准代替 GB 17925—1999《气瓶对接焊缝　X射线实时成像检测》。

本标准与 GB 17925—1999 相比，主要技术变化如下：

——修订后的标准由强制性标准修改为推荐性标准；

——修改了术语和定义；

——修改了成像技术的透照工艺条件；

——修改了 X 射线数字成像检测系统组成的规定；

——修改了最高管电压的限定；

——修改了 X 射线数字成像检测系统性能指标；

——修改了图像质量指标；

——对章条的顺序作了调整。

本标准由全国气瓶标准化技术委员会(SAC/TC 31)提出并归口。

本标准起草单位：广东盈泉钢制品有限公司、兰州瑞奇戈德测控技术有限公司、中国特种设备检测研究院、苏州工业园区道青科技有限公司。

本标准主要起草人：曾祥照、孙忠诚、丁克勤、陶维道。

本标准所代替标准的历次版本发布情况为：

——GB 17925—1999。

引　言

GB 17925—1999《气瓶对接焊缝　X射线实时成像检测》首次发布以来，X射线实时成像检测技术得到了快速的发展，在气瓶对接焊缝检测中实时成像技术代替了胶片照相方法得到广泛的认同。随着射线探测器的多样化发展和实际应用的不断深入，成像技术已经从单一的图像增强器技术发展为线阵列探测器技术和平板探测器技术，以其辐射接收范围广、动态范围宽、检测速度快、检测图像清晰等特点，在工业无损检测中具良好的发展前景。

X射线透过金属材料后经射线探测器将隐含的X射线检测信号转换为数字信号为计算机所接收，形成数字图像，按照一定格式存储在计算机内并显示在显示屏上。通过观察检测图像和应用计算机程序按照有关标准进行缺陷评定，可达到无损检测的目的；检测图像可存储在计算机或数字存储媒体上。在检测结果上X射线数字成像检测方法与X射线胶片检测方法具有相同的效果。

由于X射线数字成像探测器的不同，X射线数字成像检测技术形成了三种技术路线：平板探测器成像技术路线、线阵列探测器成像技术路线和图像增强器成像技术路线；不同的成像技术路线会有不同的成像设备配置、组成不同的X射线数字成像检测系统供使用单位选择。本标准规定了三种不同成像技术路线的基本要求。

由于“实时成像”仅表述了该检测方法快速产生图像的特点，而没能全面准确地描述该方法是产生的数字图像和通过数字图像处理获得更高图像质量的特点，用“数字成像”替代原来的“实时成像”更能表征成像技术的特点，因此，本次标准修订时将标准更名为《气瓶对接焊缝X射线数字成像检测》。由于本标准是检测方法标准，根据有关规定，将本标准更改为推荐性标准。

气瓶对接焊缝 X 射线数字成像检测

1 范围

本标准规定了气瓶对接焊缝 X 射线数字成像检测方法的系统组成、射线探测器、检测环境、检测方法、成像技术、图像质量、图像显示与观察、图像评定、检测报告、图像存储、工艺评定等。

本标准适用于母材厚度为 1.5 mm～20.0 mm 的钢及有色金属材料制成的气瓶对接焊缝 X 射线数字成像检测。

本标准规定的射线检测技术为 AB 级——中等灵敏度技术。

本标准可作为其他设备的对接焊缝 X 射线数字成像检测参考。

2 规范性引用文件

下列文件对于本文件的应用是必不可少的。凡是注日期的引用文件，仅注日期的版本适用于本文件。凡是不注日期的引用文件，其最新版本(包括所有的修改单)适用于本文件。

JB/T 4730.2—2005 承压设备无损检测 第 2 部分：射线检测

JB/T 7902 无损检测 线型像质计

JB/T 10815 无损检测 射线检测图像分辨力测试计

3 术语和定义

下列术语和定义适用于本文件。

3.1

X 射线数字成像 X-ray digital radioscopy

X 射线穿透工件经光电探测器采集转换为数字输入计算机处理显示图像的一种成像方法。

3.2

X 射线实时成像 X-ray real time Imaging

X 射线穿透工件经光电探测器采集转换为数字输入计算机处理显示图像的一种成像方法；图像采集速度通常不低于 25 帧/秒。

3.3

X 射线探测器 X-ray detectors

通过直接或间接的方式将 X 射线转化为电信号或直接输出数字信号的光电转换装置，如平板探测器、线阵列探测器、图像增强器等。

3.4

图像质量 image quality

图像质量是图像清晰度、对比度和信噪比等因素的综合反映，用像质计灵敏度表示。

3.5

图像不清晰度 unsharpness

评价图像清晰程度的物理量。一个明锐的边界成像后的影像会变得模糊，模糊区域的宽度(半影区)即为图像不清晰度，单位是毫米(mm)。它是几何不清晰度、固有不清晰度和运动不清晰度的综合作用的结果。

3.6

图像处理 image process

利用计算机程序对图像数据进行变换处理，以获得更高的图像质量。图像处理是一种辅助方法，不可改变保存的原始图像数据。

3.7

平板探测器 flat panel detector (FPD)

X射线通过转换屏转换为光(电)信号后，由平板式二维图像探测器阵列接收并转化为图像数据输出的一种射线探测器。

3.8

线阵列探测器 linear diode array (LDA)

X射线通过转换屏转换为光(电)信号后，由线阵列图像传感器接收并转化为数字信号的一种射线探测器。线阵列探测器需利用与物体的相对运动来形成检测区域的数字图像。

3.9

图像增强器 image intensifier tube (IIT)

X射线通过闪烁体转换为可见光，利用光电倍增的方法在输出屏上获得高亮度可见光图像的装置。通常与CCD(电荷耦合器件)或CMOS(互补金属氧化物半导体)摄相机耦合后输出视频电信号或直接数字信号。

3.10

灵敏度 sensitivity

显示的透视图像中肉眼可识别细节的能力，用能观察到的像质计钢丝最小直径表征，用像质指数表示。

3.11

图像灰度等级 image gray scale

黑白图像明暗程度的定量描述，用位数(2^n)值表示。

3.12

探测器动态范围 dynamic range

在不做校正的条件下，探测器可输出的最大灰度值与射线源关闭时采集的暗图像灰度值之比，用探测器倍数表示。

3.13

图像动态范围 dynamic range

系统可采集最大灰度值与最小灰度值的范围，由系统的A/D(模拟量/数字量)转换器的位数(2^n)决定。

3.14

像素 pixel

数字图像的最小组成单元和显示图像中可识别的最小几何尺寸。各像素点赋予的灰度值不同构成明暗不同的数字图像。

3.15

线对 line pair

由一根线条和一个间距组成，间距的宽度等于线条的宽度；以每毫米宽度范围内的可识别线对数表示图像分辨率。

3.16

图像分辨率 image resolution

又称图像空间分辨率，是描述显示图像中两个相邻的细节的分辨能力，用每毫米范围内的可识别线对数表示，单位为LP/mm。

3.17

系统分辨率　system resolution

透照几何放大倍数等于1时的图像分辨率，由系统配置所决定，用于评价成像系统性能。

3.18

数字存储媒体　digital storage media

用于存储计算机数字代码的载体，例如光盘、硬盘等。

3.19

几何测试体　geometrical tester

图像几何尺寸标定和几何变形量的测试工具。

3.20

系统校正　system calibration

用软件的方法消除数字图像中固有噪声的方法，这些固有噪声可能是因射线探测器暗电流、吸收剂量与灰度值的非线性响应和存在不敏感像素（坏点）等。

3.21

信噪比　signal to noise ratio (SNR)

信号的平均值与噪声的均方差值之比，用于评估数字图像的噪声大小。

4　符号

下列符号适用于本文件。

D_0 ——被检测气瓶外直径

d ——X射线管有效焦点

E ——几何变形率

F ——焦点至探测器输入屏表面的距离

f ——焦点至被检焊缝靠近探测器输入屏侧表面的距离

f_1 ——焦点至靠近射线源侧气瓶被检焊缝表面的距离

f_2 ——靠近射线源侧气瓶被检焊缝表面至探测器输入屏表面的距离

K ——透照厚度比值

kV ——X射线管电压

L_t ——探测器有效长度

L_y ——焊缝一次透照长度的投影长度

LP ——线对

LP/mm——每毫米范围内的线对数，分辨率的单位

M ——图像几何放大倍数

N ——整条环焊缝检测时的最少透照次数

S ——几何测试体测量值

T ——被检测气瓶母材厚度

U ——几何变形测量值

W ——透照厚度

α ——一次透照范围对应的圆心角的1/2

η ——X射线透照角度的1/2

θ ——根据K值、被检测气瓶外直径和气瓶母材厚度计算的对应角度

5 检测人员

从事X射线数字成像检测的人员，取得相应项目和等级的特种设备无损检测人员资格后方可进行相应的工作。

检测人员应具有与本检测技术有关的技术知识和掌握相应的计算机基本操作方法。

按附录A的方法测试检测人员的视力适应能力，要求检测人员在1 min内能识别灰度测试图像中的全部灰度级别。

6 X射线数字成像检测系统

6.1 系统的组成

6.1.1 X射线机

根据被检气瓶的材质、母材厚度、透照方式和透照厚度选择X射线机的能量范围；射线管有效焦点应不大于3.0 mm。

6.1.2 X射线探测器

根据不同的检测要求和检测条件，可选择以下X射线探测器：

1) 平板探测器；
2) 线阵列探测器；
3) 图像增强器；
4) 与上述具有类似功能的其他探测器。

6.1.3 计算机系统

6.1.3.1 计算机基本配置

计算机基本配置应与所采用的射线探测器和成像系统的功能相适应。

宜配置较大容量的内存和硬盘、较高清晰度黑白显示器或彩色显示器以及网卡、纸质打印机、光盘刻录机等。

6.1.3.2 计算机操作系统

计算机中文Windows操作系统应具有支持工件运动控制、图像采集、图像处理、图像辅助评定等功能。

6.1.3.3 计算机图像采集、图像处理系统

计算机系统软件应具有系统校正、图像采集、图像处理、缺陷几何尺寸测量、缺陷标注、图像存储、辅助评定和检测报告打印等功能。

6.1.4 图像存储格式

6.1.4.1 尽量采用通用、标准的图像存储格式；也可根据需要采用专门的存储格式。专门存储格式应留有与其他格式交换信息的接口。

6.1.4.2 存储格式应具有保存图像数据功能，将保存工件名称、型号、执行标准、工件编号、母材厚度、工件主要尺寸、焊缝编号、透照方式、透照厚度、透照工艺参数、几何尺寸标定、缺陷定性、定位、定量、评

定级别等相关信息写入图像存储格式中;存储格式应具有文件输出打印的功能。

6.1.4.3 存储图像的信息应具备不可更改性、连续性和可读性。

6.1.5 检测工装

6.1.5.1 检测工装:检测工装应至少具备一个运动自由度;气瓶在工装上能进行匀速运动和步进运动。

6.1.5.2 焊缝定位

根据工件焊缝位置特征或规定的部位作为焊缝检测的起始位置和位移的方向。在检测图像上应有起始位置的标记影像。

6.1.5.3 检测焊缝位移控制

根据一次透照有效检测长度控制焊缝位移;100%检测和扩大检测范围时,相邻检测图像上应有不小于 5 mm 的焊缝搭接长度。

6.2 X 射线数字成像系统的分辨率

6.2.1 系统分辨率

6.2.1.1 系统分辨率指标

系统分辨率指标宜控制在 2.0 LP/mm～2.5 LP/mm 范围内。系统分辨率低于 2.0 LP/mm 的检测系统不得用于气瓶焊缝检测。

6.2.1.2 系统分辨率的测试

系统确定后或系统改变后应测试系统分辨率。

采用 JB/T 10815 射线检测系统分辨力测试计测试系统分辨率;系统分辨率测试方法见附录 B。

6.2.1.3 系统分辨率的校验

间隔 30 天或停用 30 天后重新启用时应校验系统分辨率,校验后的系统分辨率应不低于控制范围。

7 检测环境

放射卫生防护应符合相关标准的规定。

操作室内温度:15 ℃～25 ℃;相对湿度≤80%。

X 射线曝光室内温度 5 ℃～30 ℃;相对湿度≤80%;曝光室内应有抽风装置。

电源电压波动范围不大于±5%。

检测设备外壳应有良好的接地。

射线源高压发生器应有独立的地线,电阻≤4 Ω。

8 检测技术要求

8.1 X 射线能量

选用较低的管电压,图 1 规定了不同材料、不同透照厚度允许采用的最高 X 射线管电压。

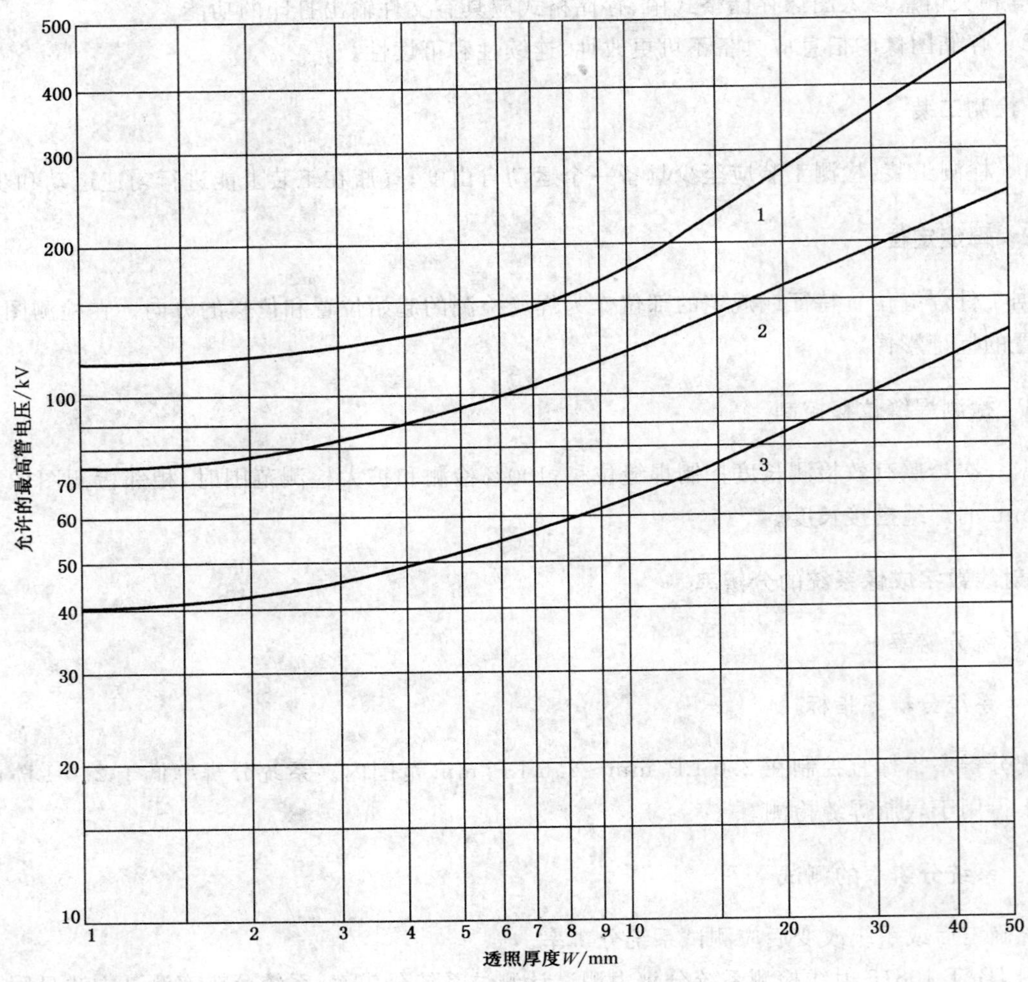

说明：

1——钢；

2——钛及钛合金；

3——铝和铝合金。

图 1 不同材料、不同透照厚度允许采用的最高 X 射线管电压

8.2 气瓶检测的时机

气瓶对接焊缝 X 射线检测应在焊接后和热处理前进行。如焊后有产生延迟裂纹倾向材料的产品，应在制造、焊接及热处理完成 24 h 以后进行检测。

8.3 被检气瓶焊缝表面要求

被检气瓶焊缝表面不得有油脂、铁锈、氧化皮或其他物质(如：粗劣的焊波，多层焊焊道之间的表面沟槽，以及焊缝的表面凹坑、凿痕、飞溅、焊疤、焊渣等)，表面的不规则状态不得影响检测结果的正确性和完整性，焊缝余高应不大于 2 mm，否则应修磨。

8.4 透照布置

8.4.1 X 射线机、气瓶和 X 射线探测器三者之间相互位置，如图 2 所示。

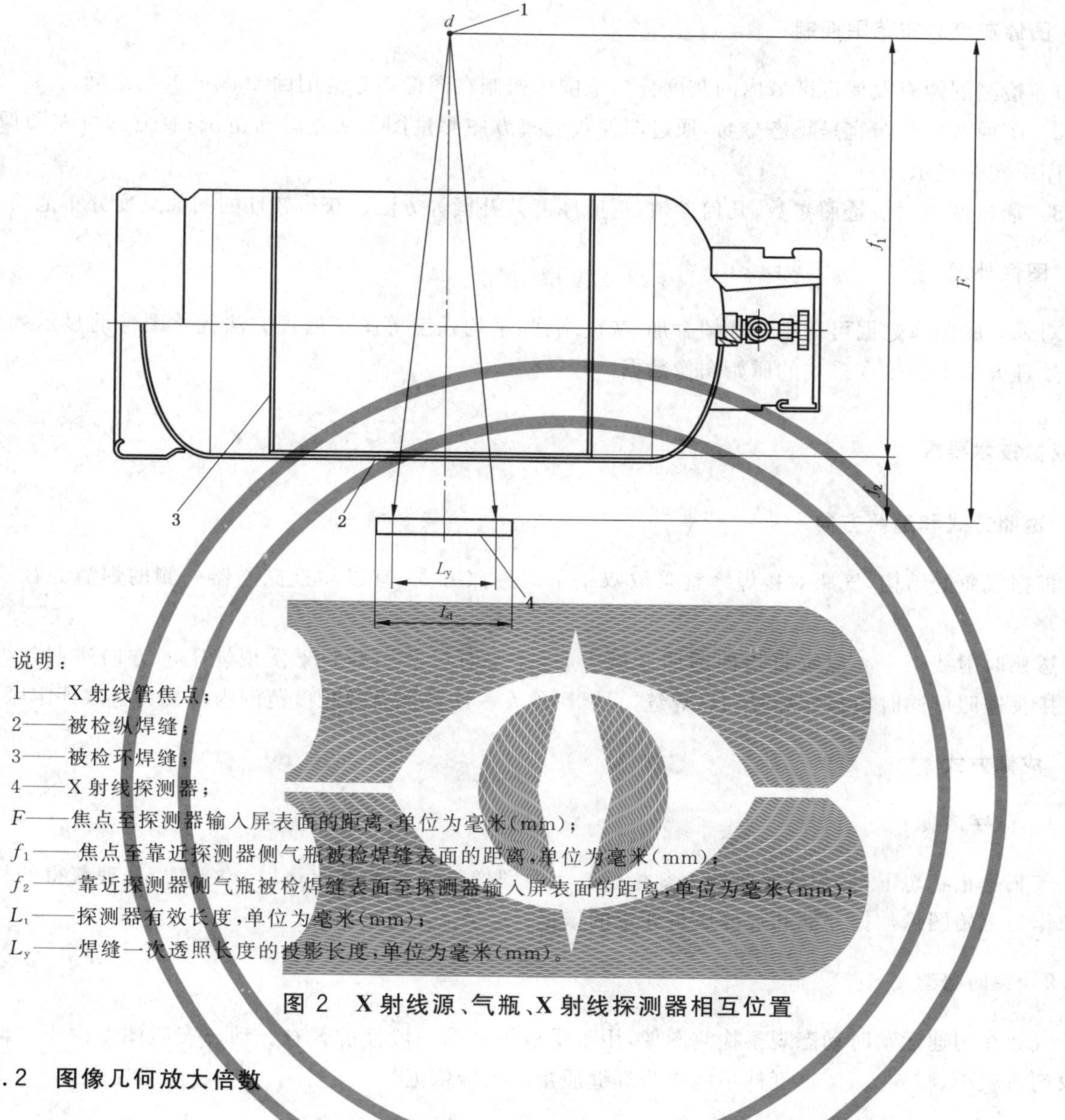

说明：

1——X射线管焦点；

2——被检纵焊缝；

3——被检环焊缝；

4——X射线探测器；

F——焦点至探测器输入屏表面的距离，单位为毫米(mm)；

f_1——焦点至靠近探测器侧气瓶被检焊缝表面的距离，单位为毫米(mm)；

f_2——靠近探测器侧气瓶被检焊缝表面至探测器输入屏表面的距离，单位为毫米(mm)；

L_t——探测器有效长度，单位为毫米(mm)；

L_y——焊缝一次透照长度的投影长度，单位为毫米(mm)。

图2 X射线源、气瓶、X射线探测器相互位置

8.4.2 图像几何放大倍数

$$M=\frac{f_1+f_2}{f_1}=1+\frac{f_2}{f_1} \qquad (1)$$

式中：

M——图像几何放大倍数。

8.4.3 为保护探测器、X射线管不受工件碰撞损伤和为控制一次透照长度范围内两侧环焊缝影像的不清晰度和投影变形量，图像几何放大倍数 M 宜控制在1.2左右。

8.5 图像几何不清晰度控制

检测图像几何不清晰度值(U_g)应不大于0.3mm，通过公式(2)验证。

$$U_g=\frac{f_2 d}{f_1}=(M-1)d \qquad (2)$$

式中：

U_g——几何不清晰度，单位为毫米(mm)；

d——X射线管有效焦点尺寸，单位为毫米(mm)。

8.6 图像灰度分布范围控制

8.6.1 检测图像有效评定区域内的灰度分布范围应控制在图像动态范围的40%～90%之间。

8.6.2 图像灰度分布宜呈正态分布，通过图像灰度直方图测量图像灰度分布范围；直方图可在图像采集程序中实时显示。

8.6.3 通过调节射线透照参数、几何参数、透照厚度差补偿等方法以获得较佳的图像灰度分布范围。

8.7 图像处理

对采集的图像数据可选用连续帧叠加、灰度增强、平均强度等图像处理方法优化图像的显示效果。任何处理方法不得改变采集的原始图像数据。

9 成像技术要求

9.1 透照方式和透照方向

根据气瓶的结构，气瓶对接焊缝宜采取双壁单影透照方式；宜以靠近探测器一侧的焊缝为被检测焊缝。

透照时射线束中心应垂直指向透照区域中心，需要时可选用有利于发现缺陷的方向透照。焊缝T型接头透照可同时包含环焊缝和纵焊缝，只要影像在一次透照有效长度范围内均视为有效评定区。

9.2 成像方式

9.2.1 数字成像

气瓶静止状态下，探测器吸收较大剂量后产生的图像数据经过多帧叠加(或平均)处理获得的检测图像作为原始图像数据存储和焊缝质量评定的依据。

9.2.2 实时普查

气瓶在匀速运动时动态观察检测图像，用于受检焊缝的一般性的普查。动态实时图像由于探测器吸收剂量较小、噪声大、清晰度低不能作为焊缝质量的评级依据。

9.3 一次透照长度

9.3.1 根据透照厚度比(K值)和透照几何尺寸确定一次透照长度。

9.3.2 透照厚度比(K值)的规定

1) 纵向对接焊接接头，$K \leqslant 1.03$；

2) 外径100 mm$<D_0\leqslant$400 mm的环向对接焊接接头，$K \leqslant 1.2$；

3) 外径$D_0>$400 mm的环向对接焊接接头，$K \leqslant 1.1$。

9.3.3 整条环向对接焊接接头检测图像的最少幅数的确定

整条环向对接焊接接头检测图像的最少幅数应符合附录C的规定，检测图像的最少幅数可按曲线图查找确定；若探测器长度不能覆盖一次透照长度的投影范围，需按比例增加图像幅数。

9.4 图像的信息标识

9.4.1 同一条焊缝连续检测时，每幅检测图像的编号应连续，可由系统软件自动设置编号。

9.4.2 通过系统软件对检测图像中心位置和一次透照长度范围进行定位指示。

9.4.3 每幅检测图像上应有工件编号、母材厚度、检测日期等必要的信息标识;信息标识在图像存储时直接由软件写入图像文件且不可更改。

注1:必要时图像中可有图像的编号、中心标记、搭接标记的铅字影像。

9.5 图像畸变率的测量

图像畸变率应≤10%,测量方法见附录D。

9.6 散射线和无用射线的屏蔽

无用射线和散射线应尽可能屏蔽。

可采用铅板、铜滤波板、准直器(光栅)、限制照射场范围等适当措施屏蔽散射线和无用射线。

10 图像质量

10.1 像质计灵敏度

10.1.1 一般要求

图像质量以像质计灵敏度表示,像质计灵敏度应达到JB/T 4730.2—2005表7中AB级的规定。

10.1.2 像质计的选用

选用JB/T 7902线型像质计;金属丝的材质应与被检测气瓶的材质相同。

10.1.3 像质计的成像

像质计应与被检焊缝同时成像;像质计的影像在检测图像中应清晰可见。

10.1.4 像质计的放置

双壁单影透照时像质计应放在靠近探测器一侧被检焊缝约1/4处的表面上,金属丝细线朝外;金属丝应横跨焊缝并与焊缝垂直。

10.1.4.1 非连续检测时像质计的放置

同一规格、相同工艺制造的钢瓶非连续检测时,每只钢瓶的每条焊缝的第一幅图像位置应放置像质计,如像质计影像完整,像质指数达到规定的要求,则该焊缝的其他幅图像可不放置像质计。

10.1.4.2 连续检测时像质计的放置

1) 同一规格、相同工艺、批量制造的钢瓶连续检测时,同一成像检测工艺条件下,首批(次)检测的前十只钢瓶的每条焊缝的第一幅图像位置应放置像质计;相应的图像中像质计影像应完整,像质指数应达到规定的要求。
2) 同一规格、相同工艺、批量连续制造的钢瓶,每班次设备开启时前一只钢瓶的每条焊缝上至少放置一只像质计;相应的图像中像质计影像应完整,像质指数应达到规定的要求。
3) 同一规格、相同工艺、批量连续制造的钢瓶,在产品质量和检测工艺稳定的条件下,每间隔4 h应抽取一只气瓶在每条焊缝上分别放置一只像质计校验像质计灵敏度。应记录校验结果。

若符合以上规定,可以进行连续检测。

10.1.5 图像质量异常处置

若发现像质指数达不到规定要求时，应停止检测，查找原因，调整检测系统和检测参数将图像质量恢复到规定要求后方可继续检测，并对上一次校验后的所有已检气瓶逐只进行复检。

10.2 图像评定的时机

检测图像质量满足规定的要求后，方可进行焊缝缺陷等级分级评定。

11 图像显示与观察

11.1 图像显示

检测图像可以正像或负像的方式在黑白显示器或彩色显示器上显示。按附录A的方法测试，应能显示灰度测试图像中的全部灰度。

11.2 图像观察

图像显示器屏幕应清洁、无明显的光线反射；在光线柔和的环境下观察检测图像。

11.3 图像纸质打印输出

为方便现场核对缺陷位置和现场质量分析，可用高清晰度的打印机输出纸质检测图像。纸质检测图像不能作为图像评定的依据。

12 图像评定

12.1 焊缝缺陷性质的认定

焊缝缺陷性质的认定应以取得相应资格的无损检测人员为准。

12.2 计算机辅助评定

12.2.1 计算机辅助评定可使用计算机辅助评定程序对焊缝质量进行辅助评定。

12.2.2 计算机辅助评定程序应能具有缺陷评定框、长度测量、长度累计、点数换算和累计等辅助评定功能。

12.2.3 用中几何测试体(见附录D)标定检测图像的几何尺寸；每30天或停用30天后应重新校验。

12.2.4 计算机辅助评定程序可将图像中焊缝缺陷的性质、位置、尺寸以及评定级别标注在对应的图像文件一并保存。标注内容不得影响对图像的后续评定。

12.3 气瓶对接接头射线检测质量分级

气瓶对接接头射线检测质量分级按JB/T 4730.2—2005中第5章的规定。

13 检测报告

13.1 检测报告主要内容

产品名称、型号、编号、材质、母材厚度、检测装置型号、检测部位、透照方法、工艺参数、图像质量、缺陷名称、评定等级、返修情况和检测日期等。检测报告应有操作人员和评定人员的签名并注明其资格级别。

13.2 检测报告参考格式见附录E。

14 图像存储

14.1 图像存储要求

14.1.1 检测图像和原始图像数据应保存在数字存储媒体(例如光盘、硬盘)或其他专门的存储媒体中。

14.1.2 检测图像和原始图像数据应至少备份两份由气瓶制造单位或相关方分开保存,保存期不少于8年,相应的原始记录和检测报告也应备份同期保存。

14.1.3 在有效保存期内,检测图像和原始图像数据不得发生丢失、更改或发生数据无法读取等状况,相关方应定期检查并采取有效措施确保图像存储良好。

14.2 存储环境

数字存储媒体应防磁、防潮、防尘、防挤压、防划伤。

15 检测工艺评定

15.1 检测工艺试验与评定按附录F的要求,以确定能满足图像质量要求的工艺参数。

15.2 检测工艺条件改变后,应重新进行工艺评定。

16 工艺文件

应有必要的检测工艺文件;文件应包含以下内容:

1) 检测依据;
2) 适用范围;
3) 人员要求;
4) 设备条件;
5) 工件参数;
6) 抽查比例;
7) 检测时机;
8) 系统性能;
9) 图像质量要求;
10) 像质计选用;
11) 像质计的放置规定;
12) 分辨率测试计和几何测试体选用;
13) 透照方式;
14) 透照方法;
15) 透照方向;
16) 几何参数及简图;
17) 透照参数;
18) 放大倍数;
19) 一次透照长度;
20) 图像幅数;
21) 屏蔽方法;

22） 图像评定时机；
23） 缺陷评定依据；
24） 图像评定及记录；
25） 检测记录；
26） 图像存储；
27） 安全防护；
28） 其他必要内容。

附 录 A
（规范性附录）
图像灰度测试程序

A.1 图像灰度测试程序

图像检测程序中应有图像灰度测试程序。要求程序在图像动态范围内按一定规则设置若干个灰度测试块。图 A.1 是表示程序设有 25 个灰度块的灰度测试图像的示例。

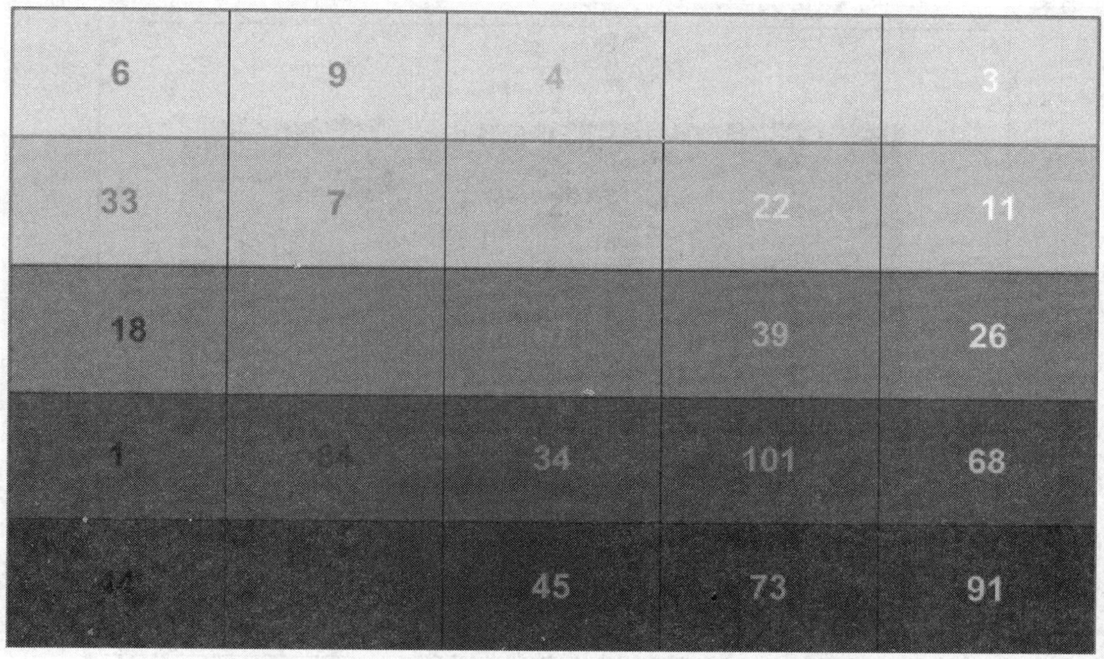

图 A.1 灰度测试图像示例

A.2 用途

用于测试检测人员对图像灰度级别的识别能力；评价数字成像系统对图像灰度级别的显示功能。

A.3 图像观察

检测人员在正常环境下、距离 300 mm～500 mm 内观察显示器灰度测试图像。

附　录　B
（规范性附录）
图像分辨率与不清晰度测试方法

B.1　射线检测图像分辨率测试计

用 JB/T 10815 射线检测图像分辨率测试计测量 X 射线数字成像系统分辨率和不清晰度。

B.1.1　射线检测图像分辨率测试计样式

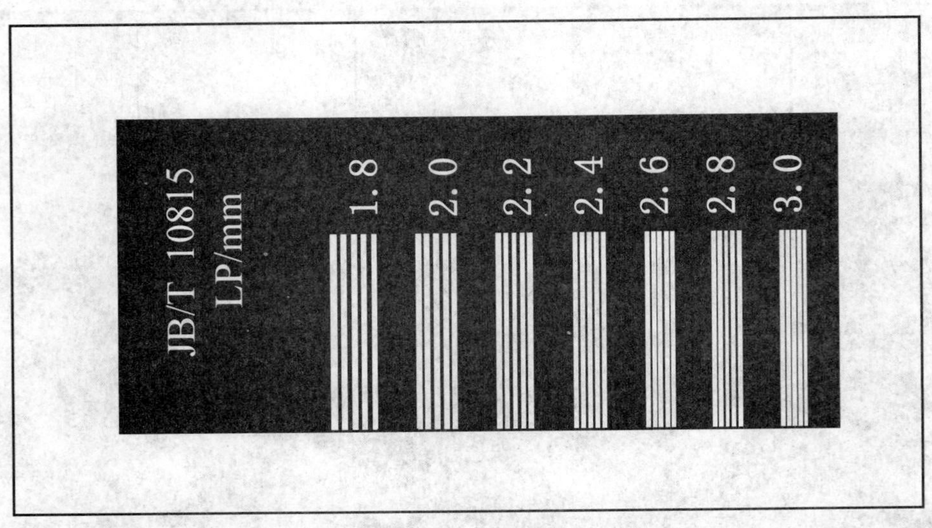

图 B.1　1.8 LP/mm～3.0 LP/mm 等差数列分辨率测试计

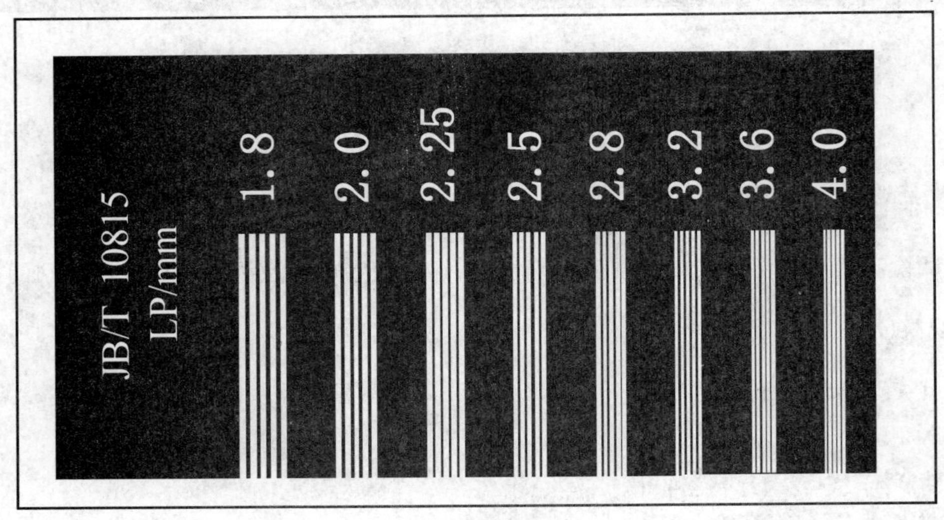

图 B.2　1.8 LP/mm～4.0 LP/mm 等比数列分辨率测试计

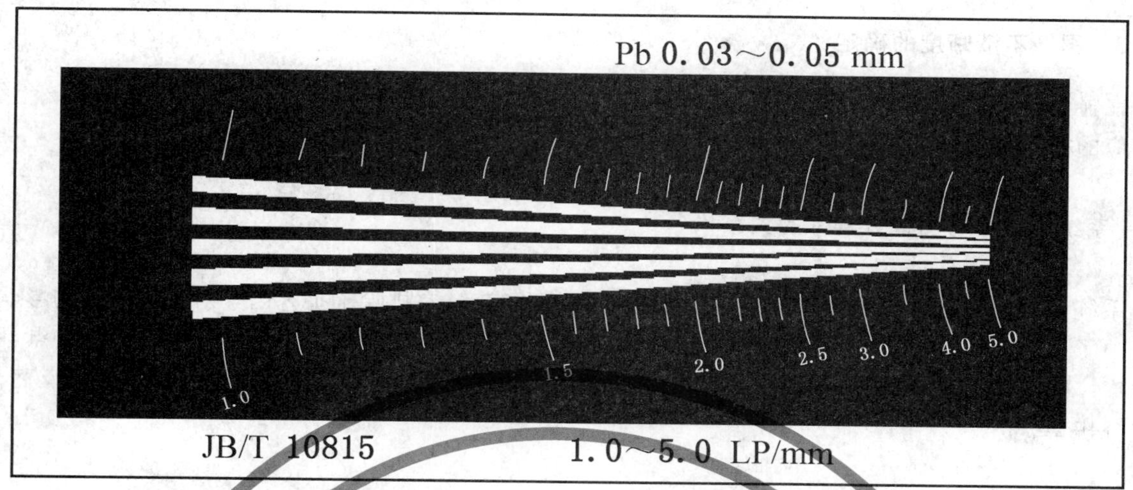

图 B.3 1.0 LP/mm～5.0 LP/mm 扇形结构分辨率测试计

B.1.2 射线检测图像分辨率测试计选用

可选用 JB/T 10815 中的一种射线检测图像分辨率测试计测量 X 射线数字成像系统分辨率和固有不清晰度。

B.2 系统分辨率和图像不清晰度的测试方法

B.2.1 测试方法

将射线检测图像分辨率测试计紧贴在射线探测器输入屏表面中心区域，按如下工艺条件进行透照：

1) X 射线管的焦点至射线探测器输入屏表面的距离不小于 600 mm；
2) 选择合适的管电压和管电流，保证图像具有合适的亮度和对比度。

B.2.2 X 射线数字成像系统分辨率的确定

在显示屏上观察射线检测图像分辨率测试计的影像，观察到栅条刚好分离的一组线对，则该组线对所对应的值即为系统分辨率。

B.2.3 系统不清晰度的确定

在显示屏上观察射线检测图像分辨率测试计的影像，观察到栅条刚好重合的一组线对，则该组线对所对应的栅条宽度即为系统固有不清晰度。

B.3 图像分辨率和不清晰度的测试方法

B.3.1 测试方法

将射线检测图像分辨率测试计置于被检测焊缝位置，栅条垂直于焊缝，与被检焊缝同时成像。

B.3.2 图像分辨率的确定

在显示屏上观察射线检测图像分辨率测试计的影像，观察到栅条刚好分离的一组线对，则该组线对所对应的值即为图像分辨率。

B.3.3 图像不清晰度的确定

在显示屏上观察射线检测图像分辨率测试计的影像，观察到栅条刚好重合的一组线对，则该组线对所对应的栅条宽度即为图像不清晰度。

B.4 系统分辨率与图像分辨率的关系

系统分辨率是放大倍数等于或接近于1时的图像分辨率，它排除了工艺因素对图像质量的影响，纯粹反映了X射线数字成像设备本身的分辨能力。当放大倍数大于1时，如果射线源采用小焦点，图像分辨率一般高于系统分辨率；如果焦点尺寸较大，图像分辨率可能会由于几何不清晰度的影响反而低于系统分辨率。

B.5 图像分辨率与图像不清晰度的换算关系

图像分辨率与图像不清晰度在量值上的换算关系为"互为倒数的二分之一"。

附 录 C
（规范性附录）
整条环焊缝最少透照次数

C.1 环向焊缝透照次数

对于环向焊缝对接接头进行100%检测时，所需的最少透照次数与透照方式和透照厚度比 K 有关，如图1所示。

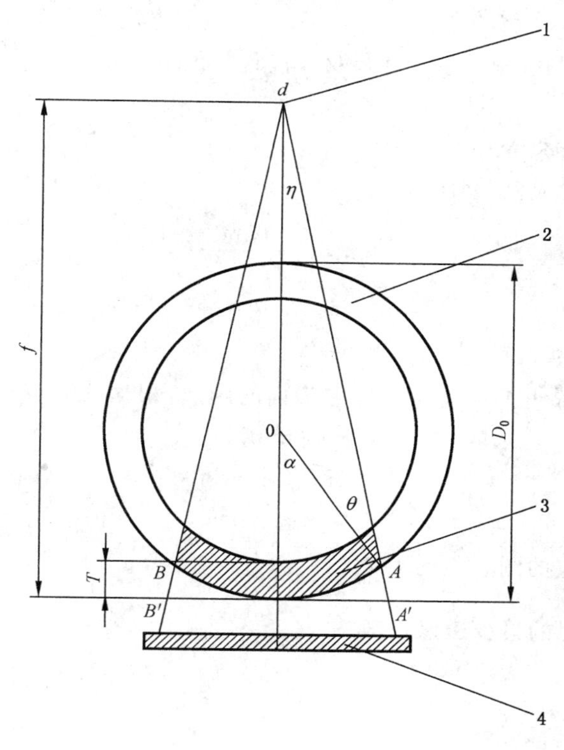

说明：

1——X射线管焦点；

2——被检环焊缝；

3——被检环焊缝一次透照范围；

4——X射线探测器；

D_0——被检测气瓶外直径；

d——射线焦点

f——焦点至被检焊缝靠近探测器输入屏侧表面的距离；

T——气瓶母材厚度；

α——一次透照范围对应的圆心角的1/2；

η——X射线透照角度的1/2；

θ——根据 K 值、被检测气瓶外直径和气瓶母材厚度计算的对应角度。

图C.1 确定整条环焊缝最少透照次数简图

C.2 环向焊缝透照次数计算

C.2.1 透照厚度比 K 值

100 mm$<D_0\leqslant$400 mm 时，$K=1.2$；

$D_0>$400 mm 时，$K=1.1$。

C.2.2 一次透照范围对应的圆心角计算

$$\theta=\cos^{-1}\left[\frac{1+(K^2-1)T/D_0}{K}\right] \quad\cdots\cdots(\text{C.1})$$

式中：

θ ——根据 K 值、被检测气瓶外直径和母材厚度计算的对应角度；

K ——透照厚度比；

D_0——被检测气瓶外直径，单位为毫米(mm)；

T ——气瓶母材厚度，单位为毫米(mm)。

$$\eta=\sin^{-1}\left[\frac{\sin\theta}{2f/D_0-1}\right] \quad\cdots\cdots(\text{C.2})$$

式中：

η——X 射线透照角度的 1/2；

f——焦点至被检焊缝靠近探测器输入屏侧表面的距离，根据气瓶直径和在满足图像几何放大倍数条件下由透照工艺选取，单位为毫米(mm)。

$$\alpha=\beta+\eta \quad\cdots\cdots(\text{C.3})$$

式中：

α——一次透照范围对应的圆心角的 1/2。

C.2.3 环焊缝 100%检测时的最少透照次数 N

$$N=180°/\alpha \quad\cdots\cdots(\text{C.4})$$

式中：

N——整条环焊缝检测时的最少透照次数。N 应向上取整数。

C.3 透照次数曲线

为简化计算，以 T/D_0 为横坐标、D_0/f 为纵坐标，绘制气瓶整条环焊缝最少透照次数曲线图。

图 C.2 为 $K=1.2$、100 mm$<D_0\leqslant$400 mm 气瓶整条环焊缝透照次数曲线图。

图 C.3 为 $K=1.1$、$D_0>$400 mm 气瓶整条环焊缝透照次数曲线图。

C.4 由图确定透照次数的方法

计算出 T/D_0 和 D_0/f，在横坐标上找到 T/D_0 值的对应点，过此点画一条垂直于横坐标的直线，在纵坐标上找到 D_0/f 对应的点，过此点画一条垂直于纵坐标的直线。从两直线交点所在的区域确定为所需的透照次数；当交点在两区域的分界线上时，应取较大数值作为所需的最少透照次数。

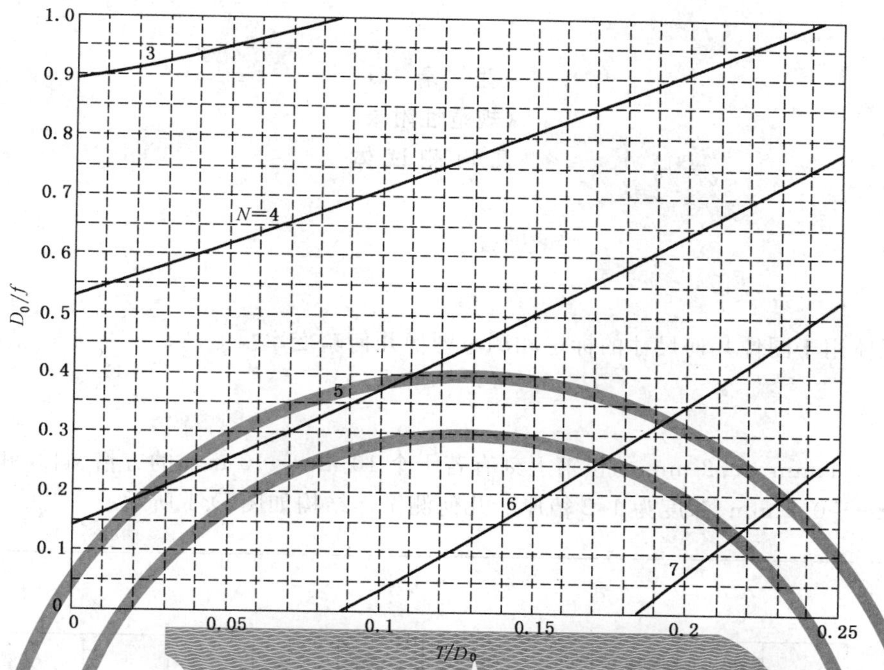

图 C.2　K=1.2、100 mm<D_0≤400 mm 的气瓶整条环焊缝最少透照次数图

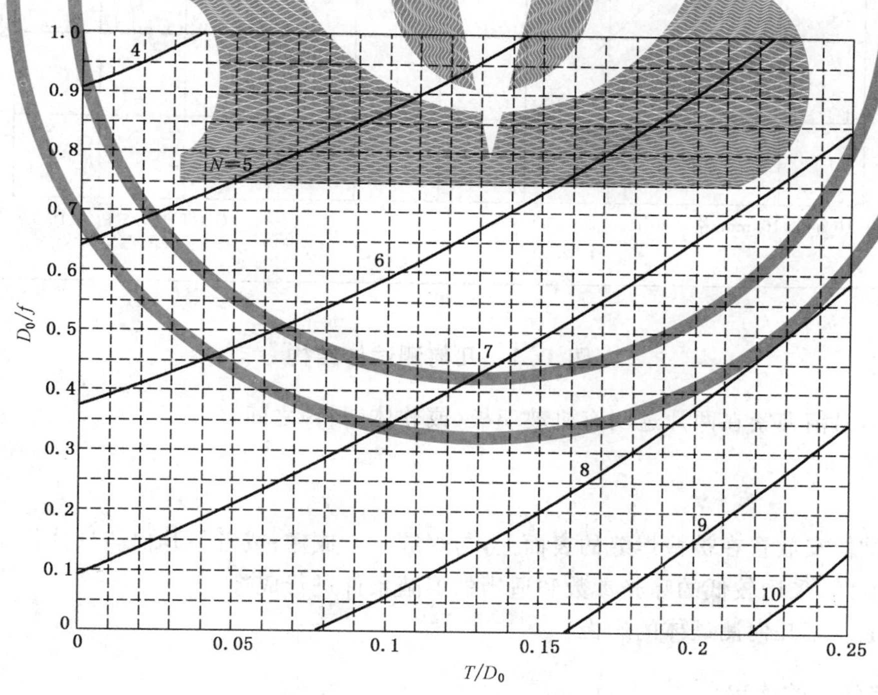

图 C.3　K=1.1、D_0>400 mm 的气瓶整条环焊缝最少透照次数图

附　录　D
（规范性附录）
几 何 测 试 体

D.1　用途

几何测试体用于图像几何尺寸的标定和测量图像几何畸变率。

D.2　结构

在厚度为 0.1 mm～0.2 mm 的铅箔上刻有若干个 10 mm×10 mm 的方格、斜线和刻度，线条加工宽度为 0.1 mm～0.2 mm、深度为 1/2 箔厚。几何测试体结构如图 D.1 所示。

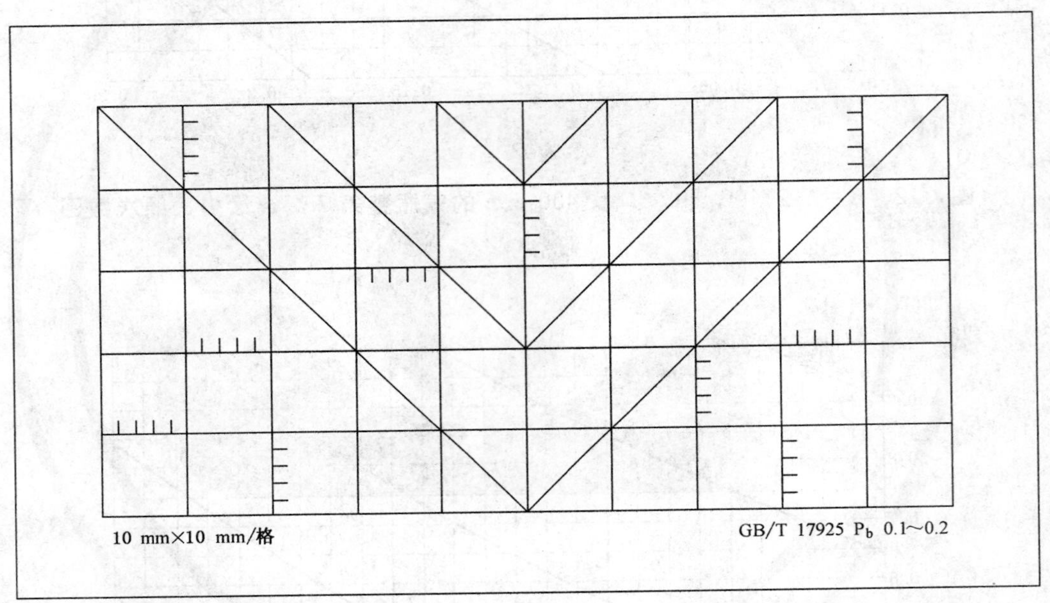

图 D.1　几何测试体结构

几何测试体铅箔夹紧在两片透明有机玻璃板（或软体塑料）之间。

D.3　使用方法

将几何测试体安放置在被检焊缝的表面上，与焊缝同时成像；或者将几何测试体挂于被检焊缝的表面相同的几何空间，采用较低的曝光参数和适当的屏蔽条件进行成像。

在显示器上观察几何测试体的影像。

D.4　几何标定结果的确定

用系统软件多次测量几何测试体影像各方位不同长度的像素数目并输入对应的实际尺寸，然后计算出每个像素所表示的实物尺寸；当计算值相对稳定后，将该数值确定为图像几何标定结果，单位为 mm/像素。

几何测试体图像应与同型号钢瓶的同类型焊缝的检测图像同时存储。

D.5 几何尺寸的标定与校验

成像几何条件确定后，每种型号气瓶的每种同类型焊缝首次检测时应标定几何尺寸。

成像几何条件改变后，每种型号气瓶的每种同类型焊缝应重新校验几何尺寸。

D.6 几何变形率的测量

利用评定程序测量各条直线、斜线的弯曲和变形量，计算几何变形率。

$$E=\frac{U}{S}\times 100\% \quad \cdots\cdots\cdots\cdots\cdots\cdots\cdots\cdots\cdots\cdots\cdots\cdots\cdots\cdots\cdots\cdots\cdots\cdots\cdots\cdots (D.1)$$

式中：

E——几何变形率，%；

U——几何变形测量值，单位为毫米(mm)；

S——几何测试体测量值，单位为毫米(mm)。

附 录 E
（资料性附录）
检 测 报 告

××公司__________型气瓶对接焊缝 X 射线数字成像检测报告（参考格式）

报告编号：YQ/YSP118-201×-001　　　　报告日期：201×年××月××日

气瓶概况	气瓶名称	液化石油气钢瓶	气瓶型号	YSP118	产品批号	201×-001
	产品标准	GB 5842	检测标准	GB/T 17925	检测合格标准	JB/T 4730.2 Ⅲ级合格
	瓶体厚度/mm	3.5	钢瓶外径/mm	407	环焊缝焊接方式	缩口对接单面埋弧自动焊
	纵焊缝焊接方式	对接双面埋弧自动焊	抽查比例	每只钢瓶纵环焊缝检测长度≥20%	本批气瓶抽查数量/只	1 000 只为一批逐只抽查
检测条件	检测设备型号	X320-4-PB200	透照方式	双壁单影	被检焊缝位置	靠近探测器侧
	焦点尺寸/mm	1.5	管电压/kV	215	管电流/mA	3.8
	焦点至被检焊缝距离 L_1/mm	650	被检焊缝至探测器距离 L_2/mm	15	放大倍数 M	1.05
	工件背散射线屏蔽	2 mm 铅板	窗口射线过滤	0.5 mm 铜箔	射线束限制	光栅调节
图像质量	像质计灵敏度规定要求	13 号丝	系统分辨率规定要求	≥2.2 LP/mm	动态范围规定要求	16 bit 40%～80%
	像质计灵敏度实测结果	14 号丝	系统分辨率实测结果	2.2 LP/mm	动态范围控制	16 bit 30%～70%
图像检测长度	环焊缝总长度/mm	1 290×2	纵焊缝总长度/mm	680×1	焊缝总长度/mm	3 260
	一幅图像有效检测长度/mm	160	每只气瓶检测图像幅数	环 4，纵 2	被检焊缝总长度/mm	960 含 T 字头
	检测标记坐标起点	T 形接头	位移方向（上封头为左侧）	纵：左至右 环：顺时钟	每只气瓶实际抽查比例	30%
检测图像幅数	本批气瓶焊缝检测图像（幅）	6×1 000	本批气瓶焊缝合格图像（幅）	5 988	一次检测合格率	99.8%
	有超标缺陷图像（幅）	12（见检测记录）	返修和扩探图像（幅）	48	返修和扩探结果	全部合格
检验结论与监检意见	检测操作人员			检测日期	年　月　日至　月　日	
	图像初评人员	（签名，RT-BⅡ）日期		图像复评人员	（签名，RT-BⅡ）日期	
	检测结果	对本批气瓶对接焊缝进行 X 射线数字成像检测 100% 的检验，气瓶对接焊缝质量符合 GB 5842—2006 和 GB/T 17925—2011 的规定，检验结论：合格。				

<table>
<tr><td rowspan="2">检验结论与监检意见</td><td>监检单位</td><td></td><td>监检人员</td><td>(签名,RT-BⅡ)
日期</td></tr>
<tr><td>监检意见</td><td colspan="3">对本批气瓶对接焊缝的X射线数字成像检测图像进行监督抽查检验,气瓶对接焊缝质量符合GB 5842—2006和GB/T 17925—2011的要求,监检结论:合格。</td></tr>
<tr><td colspan="2">图像保存介质与编号</td><td colspan="3"></td></tr>
<tr><td colspan="2">备注</td><td colspan="3"></td></tr>
</table>

检测记录

代号说明：

缺陷性质代号：A.圆形缺陷；B.条形缺陷；C.未焊透；D.未熔合；E.裂纹 。

图像编号代号：Z——纵焊缝，含T形接头(上1，下2)；H1-1——上封头环缝T形接头顺方向；H2-2——下封头环缝T形接头逆方向；

缺陷代号：/—— 无缺陷；A3——圆缺陷3点；E23——裂纹长度23 mm。

焊缝检测结果代号： Y——合格；N——缺陷超标；F——返修；K——沿缺陷方向扩探。

批号-瓶号-图像编号	缺陷性质和尺寸	焊缝质量评定级别	焊缝质量评定结果	备　注
……				
001-152-H1-1	/	Ⅰ	Y	
001-152-H1-2	/	Ⅰ	Y	
001-152-Z1	/	Ⅰ	Y	
001-152-Z2	/	Ⅰ	Y	
001-152-H2-1	A3	Ⅱ	Y	
001-152-H2-2	E23＋B9	Ⅳ	N	返修
001-152-H2-2F	/	Ⅰ	Y	返修合格
001-152-H2-2K1	E12	Ⅳ	N	扩探返修
001-152-H2-2KF1	/	Ⅰ	Y	扩探返修合格
……				
001-278-H1-1	/	Ⅰ	合格	
……				

(续下页)

操作人员		检测日期	年　月　日至　月　日
初评人员	(签名，RT-BⅡ)	复评人员	(签名，RT-BⅡ)
本批气瓶对接焊缝检测评定结论	合格	日　期	年　月　日

备注：

××××公司　质量部　无损检测室(盖章)

附　录　F
（规范性附录）
检测工艺评定

F.1　检测工艺评定

在X射线数字成像检测技术使用之前，或在检测气瓶型号、工艺因素、检测设备改变之后，均应进行工艺评定。

F.2　检测工艺因素

X射线数字成像检测的主要工艺因素有：X射线管电压、X射线管电流、成像距离、放大倍数、散射线屏蔽、低能射线的吸收、图像帧叠加（或平均）次数。

F.3　检测工艺评定结果

工艺评定的结果应能满足图像质量的要求并编入工艺文件。工艺评定文件应经单位技术负责人批准，并存入技术档案。

ICS 97.140
Y 80

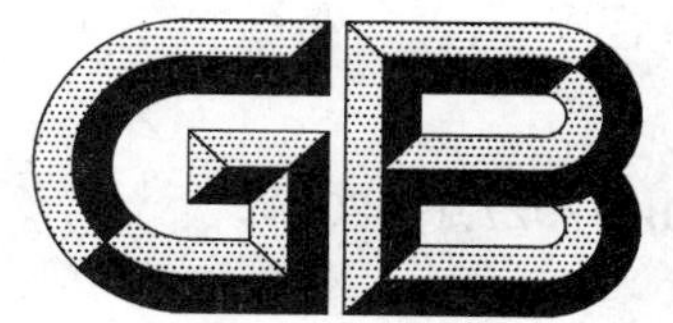

中华人民共和国国家标准

GB 17927.1—2011
代替 GB 17927—1999

软体家具 床垫和沙发 抗引燃特性的评定 第1部分:阴燃的香烟

Upholstered furniture—Assessment of the resistance to ignition of mattress and sofa—Part 1:Smouldering cigarette

(ISO 8191-1:1988,Furniture—Assessment of the ignitability of upholstered furniture—Part 1:Ignition source:smouldering cigarette,NEQ)

2011-06-16 发布　　　　2011-12-01 实施

中华人民共和国国家质量监督检验检疫总局
中国国家标准化管理委员会　发布

前　言

GB 17927 的本部分的全部技术内容为强制性。

GB 17927《软体家具　床垫和沙发　抗引燃特性的评定》已计划发布以下部分：

——第 1 部分：阴燃的香烟；

——第 2 部分：模拟火柴火焰；

……

本部分为 GB 17927 的第 1 部分。

本部分按照 GB/T 1.1—2009《标准化工作导则　第 1 部分：标准的结构和编写》给出的规则起草。

本部分代替 GB 17927—1999《软体家具　弹簧软床垫和沙发　抗引燃特性的评定》，与 GB 17927—1999 相比主要技术变化如下：

——修改了适用范围，适用于家庭用床垫和沙发的抗引燃特性评定(1999 版的第 1 章，本版的第 1 章)；

——增加和修改了部分定义。增加了发展性闷烧、有焰燃烧、引燃、床垫、家具软包件、沙发的定义(本版的 2.1、2.2、2.5、2.7、2.8、2.9)；修改了原标准中"抗引燃特性"的定义(1999 版的 2.4，本版的 2.6)；取消了"引燃危险性"的定义(1999 版的 2.3)；

——修改了原标准中软体家具的试验部位，分别规定了床垫和沙发的试验部位(1999 版的 8.1.2，本版的 8.3)；

——修改了试验前试样的预处理环境(1999 版的 7.1，本版的 7.1)，并规定了预处理后至试样开始检验的时间；

——修改了试验环境(1999 版的 7.3，本版的 7.2)；

——修改了"抗引燃特性的评定"(1999 版的 8.1.4，本版的 8.6)；

——增加了"产品标识"(本版的第 9 章)；

——修改了"软体家具抗引燃特性试验流程图(1999 版的附录 A，本版的附录 A)。

本部分使用重新起草法参考 ISO 8191-1:1988《家具　软体家具可点燃性的评定　第 1 部分　火源：阴燃的香烟》、EN 597-1:1995《家具　床垫和软床可点燃性的评定　第 1 部分　火源：阴燃的香烟》编制，与 ISO 8191-1:1988 和 EN 597-1:1995 的一致性程度为非等效。

请注意本文件的某些内容可能涉及专利。本文件的发布机构不承担识别这些专利的责任。

本部分由中国轻工业联合会提出。

本部分由全国家具标准化技术委员会(SAC/TC 480)归口。

本部分主要起草单位：上海市质量监督检验技术研究院、广东联邦家私集团有限公司、广州市建筑材料工业研究所有限公司、浙江顾家工艺沙发制造有限公司、湖北联乐床具有限公司。

本部分参加起草单位：喜临门集团有限公司、宁波梦神床垫机械有限公司、浙江绍兴花为媒集团有限公司、深圳市左右家私有限公司、浙江圣奥家具制造有限公司、湖南星港家具有限公司、烟台吉斯家具集团有限公司。

本部分主要起草人：古鸣、刘曜国、罗炘、张淑艳、李隆平、朱宇宏、杨展、赵侠、罗菊芬、刘建勇、钟文翰、余霆。

GB 17927 的本部分所代替标准的历次版本发布情况为：

——GB 17927—1999。

软体家具　床垫和沙发抗引燃特性的评定 第1部分:阴燃的香烟

1　范围

GB 17927 的本部分规定了采用阴燃香烟作为点火源对软体家具进行抗引燃特性试验的方法及评定规则。

本部分适用于家庭用床垫、沙发等软体家具抗引燃特性的试验及评定,家具软包件抗引燃特性试验及评定可参照执行。

2　术语和定义

下列术语和定义适用于本文件。

2.1

发展性闷烧　progressive smouldering

一种没有火焰的放热氧化反应。脱离火源后会自行蔓延,有时伴有白炽发光现象。

2.2

有焰燃烧　flaming

伴有发光的气态燃烧过程。

2.3

续燃　afterflame

在规定的试验条件下,移开火源后试样的持续有焰燃烧。

2.4

阴燃　afterglow

在规定的试验条件下,移开火源后或者有焰燃烧终止后,试样的发展性闷烧。

2.5

引燃　ignition

在火源作用下试样出现的发展性闷烧或有焰燃烧现象。

2.6

抗引燃特性　resistance to ignition

在火源作用下,试样不易被引燃的特性。

2.7

床垫　mattress

以弹性材料或其他材料为内芯材料,表面罩有纺织面料或其他材料制成的软体卧具。

2.8

家具软包件　upholstered furniture unit

用纺织面料、天然皮革、人造革等材料包覆弹性材料或其他软质填充材料制成的构件或部件。

2.9

沙发 sofa

产品使用软质材料、木质材料或金属材料制成，具有弹性、有靠背的座具。

3 引燃准则

3.1 阴燃引燃

在本部分中，下列情况视为阴燃引燃：

a) 试样上出现逐步加剧的阴燃特性，导致继续试验将危及安全而必须采取有效的灭火措施；

b) 试验期间，软包部分基本全部阴燃燃尽；

c) 试验期间，试样阴燃至末端，即试样的上边缘、下边缘、侧面或穿透试样的整个厚度；

d) 在最终检查时，试样上除最靠近火源上方外的任何方向上，离火源位置 100 mm 以外出现任何不同于变色的烧焦现象。

3.2 有焰燃烧引燃

在本部分中，下列情况视为有焰燃烧引燃：

a) 试样上出现逐步加剧的续燃现象，导致继续试验将危及安全而必须采取有效的灭火措施；

b) 试验期间，软包部分基本续燃烧尽；

c) 试验期间，燃烧火焰前端已抵达试样下边缘、侧面或穿透试样的整个厚度。

4 原理

采用阴燃的香烟作为点火源对软体家具进行引燃试验，用以确定试样包括面料、内衬料、填充料在内的软包整体部分的抗引燃特性。但试验结果并不表明某种组成材料的抗引燃特性。

5 试验安全设施

5.1 试验室

试验室可采用一间容积大于 20 m^3 的房间(含有试验所需的足够氧气)，或者是一间带有通风设施的小型空间。供、排气系统供给试验台周围的气流速率为 0.02 m/s～0.2 m/s，含有足够的氧气，不干扰燃烧试验。

5.2 灭火装置

考虑到某些材料组合后在试验期间可能会产生剧烈的燃烧，故必须提供足够有效的灭火设施。

6 试验仪器设备

6.1 计时器

计时器的计时范围应不小于 1 h，精度为 1 s。

6.2 香烟点火源

香烟为不带过滤嘴、或去掉过滤嘴和接口包装的圆柱体香烟，且满足下列要求：

——长度：(60±5)mm；

——直径：(8±0.5)mm；

——单位长度的质量：(0.6±0.1)g/50 mm；

——香烟燃耗时间：(12±3)min/50 mm。

同一种香烟中，每10支为一组，从中任意抽取1支，按照下述方法在试验室内测定香烟的燃耗时间：香烟按7.1预处理后，取出1支，在香烟离点火一端5 mm和55 mm处各作上标记。将香烟非点火端水平插入一根细钢针，插入长度应不大于11 mm。点火端按照8.2规定点燃，测试记录香烟在两个标记间燃烧所耗的时间。

6.3 试验平台

表面平整、坚固的工作平台，应保证试样放置平稳。

7 预处理和试验环境

7.1 预处理环境

温度(23.0±2.0)℃、相对湿度50.0%±5.0%；

香烟和试样的预处理时间至少为16 h。

7.2 试验环境

试验应在温度为10.0 ℃～30.0 ℃，相对湿度为15.0%～80.0%的环境中进行。

8 试验程序

8.1 试样放置

试样从预处理环境中取出后，平稳放置在试验平台上，应在20 min内开始试验。

8.2 点火源的准备

点燃满足6.2规定的香烟，直到香烟头上燃烧发光，在点燃过程中，香烟燃耗应在5 mm～8 mm之间。

8.3 点火源放置

8.3.1 床垫

将点燃的香烟水平放置于床垫上表面的平坦部位，距最近的边部或以前试验留下的痕迹处至少100 mm。若试样采用滚边或围边处理，或经绗缝加工或钉有钉扣，则应将香烟放置在围边上面、绗缝线凹槽内以及钉扣上进行试验。同时启动计时器开始计时。

8.3.2 沙发

将点燃的香烟沿着沙发的座垫与靠背的结合部放置，且香烟紧贴立面；或者放置在其他最容易引燃沙发的部位，例如缝边内侧和绗缝线的凹坑等局部凹陷处。并使得点火源与该试样两端的距离或以前试验留下痕迹的距离至少为50 mm。同时启动计时器开始计时。

8.4 燃烧过程的观察和记录

观察放置点燃香烟后1 h内试样的阴燃或续燃现象。

如果放置点燃香烟后 1 h 内的任一时刻发现试样上出现阴燃或有焰燃烧引燃，表明试样未通过香烟抗引燃试验，应立即停止试验进行灭火处理。记录从放置香烟到扑灭引燃试样所经过的时间，并完成试验报告。

如果在 1 h 内未能发现任何续燃或阴燃现象，或者香烟在燃完其全长之前熄灭，应记录这些现象。并在满足 8.3.1 或 8.3.2 要求的其他位置重复上述试验。若仍未发现续燃或阴燃现象，应进行记录，并对试样进行最终检查。

8.5 最终检验

仔细检查试样的表面及内部是否存在未被发现的任何续燃或阴燃现象。若有，立即对试样进行灭火处理。并测量烧损部位范围，以 mm 为单位记录烧损部位(水平、垂直)的范围(最大长度、宽度和深度)。

为安全起见，试验人员应确保离开前试样完全熄灭。

8.6 抗引燃特性的评定

当按 8.3、8.4 和 8.5 的规定进行试验和检查时，未观察到试样表面或内部出现任何续燃、阴燃现象，评定该试样为阻燃Ⅰ级，通过香烟抗引燃特性试验；否则评定该试样未通过香烟抗引燃特性试验，并记录烧损部位的范围。

注：试验程序参见附录 A。

9 产品标识

制造商应标识产品的阻燃等级水平。

10 试验报告

试验报告应包括下列内容：

1) 试验采用的标准名称、标准号；
2) 试样组成结构的简要描述；
3) 点火源的种类；
4) 每次试验试样是否被引燃。按 8.4 进行试验，如果重复试验发现续燃或阴燃现象，则总的结果评定为“未通过香烟抗引燃试验”。按 8.5 最终检查如果发现续燃或阴燃现象，结果评定也为“未通过香烟抗引燃试验”；
5) 记录每次试验烧损部位(水平、垂直)的范围(长、宽、深尺寸)；
6) 每次试验的灭火处理措施；
7) 试样预处理环境、时间，试验环境；
8) 燃烧的典型特征：如熔融、滴落、烧焦，从阴燃到续燃的发展过程；
9) 主要事项的时间，如试样出现续燃或阴燃的时间、面料开裂时间、试样熄灭时间。

附 录 A
（资料性附录）
软体家具香烟抗引燃特性试验流程图

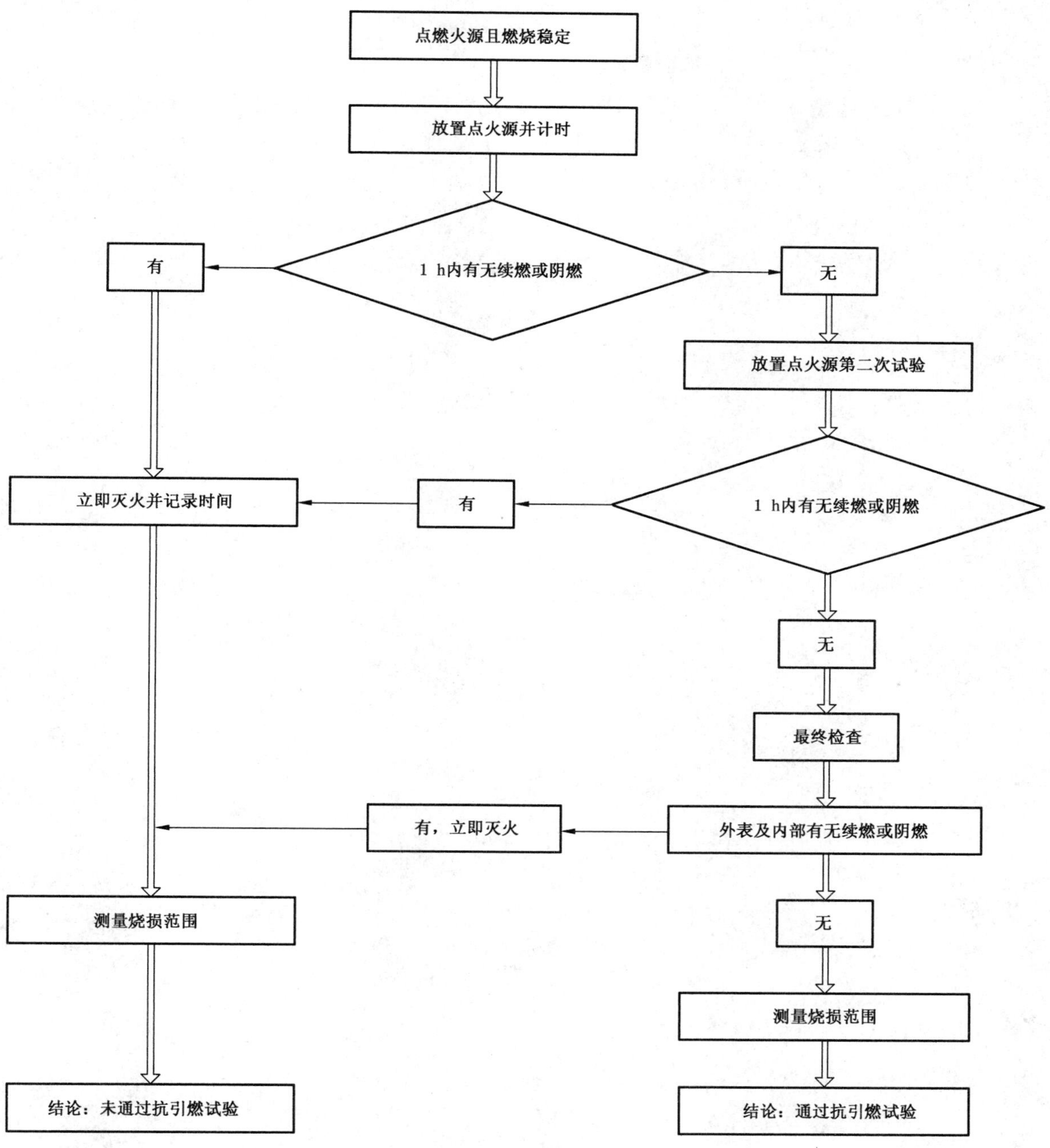

图 A.1 软体家具香烟抗引燃特性试验流程图

ICS 97.140
Y 80

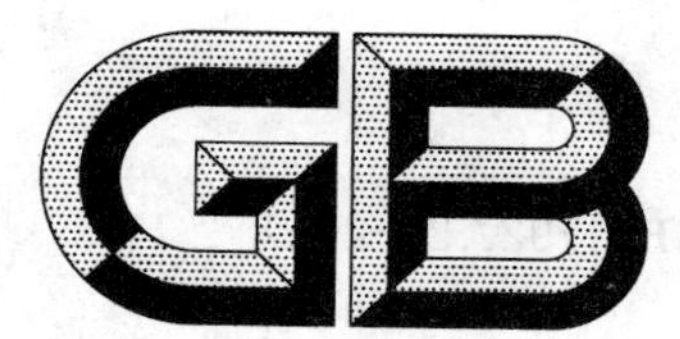

中华人民共和国国家标准

GB 17927.2—2011

软体家具 床垫和沙发抗引燃特性的评定 第2部分：模拟火柴火焰

Upholstered furniture—Assessment of the resistance to ignition of mattress and sofa—Part 2: Match flame equivalent

(ISO 8191-2:1988, Furniture—Assessment of the ignitability of upholstered furniture—Part 2: Ignition source: match flame equivalent, NEQ)

2011-06-16 发布　　2011-12-01 实施

中华人民共和国国家质量监督检验检疫总局
中国国家标准化管理委员会　发布

前　言

GB 17927 的本部分的全部技术内容为强制性。

GB 17927《软体家具　床垫和沙发　抗引燃特性的评定》已计划发布以下部分：

——第 1 部分：阴燃的香烟；

——第 2 部分：模拟火柴火焰；

……

本部分为 GB 17927 的第 2 部分。

本部分按照 GB/T 1.1—2009《标准化工作导则　第 1 部分：标准的结构和编写》给出的规则起草。

本部分使用重新起草法参考 ISO 8191-2：1988《家具　软体家具可点燃性的评定　第 2 部分　火源：模拟火柴火焰》、EN 597-2：1995《家具　床垫和软床可点燃性的评定　第 2 部分　火源：模拟火柴火焰》编制，与 ISO 8191-2：1988 和 EN 597-2：1995 的一致性程度为非等效。

请注意本文件的某些内容可能涉及专利。本文件的发布机构不承担识别这些专利的责任。

本部分由中国轻工业联合会提出。

本部分由全国家具标准化技术委员会(SAC/TC 480)归口。

本部分主要起草单位：上海市质量监督检验技术研究院、广东联邦家私集团有限公司、广州市建筑材料工业研究所有限公司、浙江顾家工艺沙发制造有限公司、湖北联乐床具有限公司。

本部分参加起草单位：喜临门集团有限公司、宁波梦神床垫机械有限公司、浙江绍兴花为媒集团有限公司、深圳市左右家私有限公司、浙江圣奥家具制造有限公司、湖南星港家具有限公司、烟台吉斯家具集团有限公司。

本部分主要起草人：古鸣、刘曜国、罗炘、张淑艳、李隆平、朱宇宏、杨展、赵侠、罗菊芬、刘建勇、汤玉训、余霆。

软体家具　床垫和沙发抗引燃特性的评定第2部分:模拟火柴火焰

1　范围

GB 17927的本部分规定了模拟火柴火焰的点火源对软体家具进行抗引燃特性试验的方法及评定规则。

本部分适用于公共场所用床垫、沙发等软体家具抗引燃特性的试验及评定,家具软包件抗引燃特性试验及评定可参照执行。

2　术语和定义

下列术语和定义适用于本文件。

2.1

发展性闷烧　progressive smouldering

一种没有火焰的放热氧化反应。脱离火源后会自行蔓延,有时伴有白炽发光现象。

2.2

有焰燃烧　flaming

伴有发光的气态燃烧过程。

2.3

续燃　afterflame

在规定的试验条件下,移开火源后试样的持续有焰燃烧。

2.4

阴燃　afterglow

在规定的试验条件下,移开火源后或者有焰燃烧终止后,试样的发展性闷烧。

2.5

引燃　ignition

在火源作用下试样出现的发展性闷烧或有焰燃烧现象。

2.6

抗引燃特性　resistance to ignition

在火源作用下,试样不易被引燃的特性。

2.7

床垫　mattress

以弹性材料或其他材料为内芯材料,表面罩有纺织面料或其他材料制成的软体卧具。

2.8

家具软包件　upholstered furniture unit

用纺织面料、天然皮革、人造革等材料包覆弹性材料或其他软质填充材料制成的构件或部件。

2.9

沙发　sofa

产品使用软质材料、木质材料或金属材料制成，具有弹性、有靠背的座具。

3　引燃准则

3.1　阴燃引燃

在本部分中，下列情况视为阴燃引燃：

a）试样上出现逐步加剧的阴燃特性，导致继续试验将危及安全而必须采取有效的灭火措施；

b）试验期间，软包部分基本全部阴燃燃尽；

c）试验期间，试样阴燃至末端，即试样的上边缘、下边缘、侧面或穿透试样的整个厚度；

d）在最终检查时，试样上除最靠近火源上方外的任何方向上，离火源位置 100 mm 以外出现任何不同于变色的烧焦现象。

但不计火源移去后 120 s 内熄灭的任何闷烧。

3.2　有焰燃烧引燃

在本部分中，下列情况视为有焰燃烧引燃：

a）试样上出现逐步加剧的续燃现象，导致继续试验将危及安全而必须采取有效的灭火措施；

b）试验期间，软包部分基本续燃烧尽；

c）试验期间，燃烧火焰前端已抵达试样下边缘、侧面或穿透试样的整个厚度。

但不计火源移去后 120 s 内熄灭的任何有焰燃烧。

4　原理

采用模拟火柴火焰作为点火源对软体家具进行引燃试验，用以确定试样包括面料、内衬料、填充料在内的软包整体部分的抗引燃特性。但试验结果并不表明某种组成材料的抗引燃特性。

5　试验安全设施

5.1　试验室

试验室可采用一间容积大于 20 m^3 的房间（含有试验所需的足够氧气），或者是一间带有通风设施的小型空间。供、排气系统供给试验台周围的气流速率为 0.02 m/s～0.2 m/s，含有足够的氧气，不干扰燃烧试验。

5.2　灭火装置

考虑到某些材料组合后在试验期间可能会产生剧烈的燃烧，故必须提供足够有效的灭火设施。

6　试验仪器设备

6.1　计时器

计时器的计时范围应不小于 1 h，精度为 1 s。

6.2 点火源系统

采用相当于模拟火柴火焰的丁烷为点火源，火源的设计能提供相当于一根燃烧的火柴发出的热量。点火源系统包括：

a) 不锈钢燃烧管：一根外径为(8.0±0.1)mm，内径为(6.5±0.1)mm、长度为(200±5)mm；

b) 软管：长度应为2.5 m～3 m，内径应为(7±1)mm，与不锈钢燃烧管相连；

c) 流量控制系统：包括一个流量计、微调阀、开关阀和调压阀，与丁烷钢瓶相连。流量计标定的流量应能满足测量25 ℃时的丁烷气体的流量为(45±2)mL/min的需要。该系统提供的名义输出压力为2.8 kPa。

注1：也可采用与a)尺寸近似的不锈钢燃烧管，但在燃烧管距离管口(火焰端口)50 mm长度内，内、外径必须通过机加工达到原定的尺寸。

注2：为保证燃烧管内的流量满足规定要求，可在测定流量前使燃气通过一段浸在保持20 ℃(规定为固定气流的温度之一)的水中的金属管道。燃气流量的控制措施可参考附录A。

6.3 试验平台

表面平整、坚固的工作平台，应保证试样放置平稳。

7 预处理和试验环境

7.1 预处理环境

温度(23.0±2.0)℃、相对湿度50.0%±5.0%。

试样的预处理时间至少为16 h。

7.2 试验环境

试验应在温度为10.0 ℃～30.0 ℃，相对湿度为15.0%～80.0%的环境中进行。

8 试验程序

8.1 试样放置

试样从预处理环境中取出后，平稳放置在试验平台上，应在20 min内开始试验。

8.2 点火源系统准备

按6.2的规定准备点火源系统。点燃从燃烧管喷出的燃气，调节流量控制系统，使流量达到规定值，并使之至少稳定燃烧2 min。

8.3 点火源放置

8.3.1 床垫

将燃烧管水平放置于床垫上表面的平坦部位，距最近的边部或以前试验留下的痕迹处至少100 mm。若试样采用滚边或围边处理，或经绗缝加工或钉有钉扣，则应将燃烧管放置在围边上面、绗缝线凹槽内以及钉扣上进行试验。同时启动计时器开始计时。燃烧管放置应水平与试样接触。燃烧管在试样上燃烧(15±1)s后，小心地从试验部位移开，终止引燃。

8.3.2 沙发

将燃烧管沿着沙发的座垫与靠背的结合部放置，或者放置在其他最容易引燃沙发的部位，例如缝边内侧和绗缝线的凹坑等局部凹陷处。并使得点火源与该试样两端的距离或以前试验留下痕迹的距离至少 50 mm。同时启动计时器开始计时。燃烧管在试样上燃烧(15±1)s 后，小心地从试验部位移开，终止引燃。

8.4 燃烧过程的观察和记录

观察并记录试样表面和内部的所有续燃或阴燃现象。燃烧管移开后 120 s 内即自行熄灭的任何续燃或阴燃等燃烧现象均不须记录。

若燃烧管移开 120 s 以后直至 1 h 期间观察到续燃或阴燃现象，表明试样未通过模拟火柴火焰抗引燃特性试验，应立即停止试验进行灭火处理。记录从放置点火源到扑灭引燃试样所经过的时间，并完成试验报告。

如果在 1 h 内未能发现任何续燃或阴燃现象，应记录这些现象，并在满足 8.3.1 或 8.3.2 要求的其他位置重复上述试验。若仍未发现续燃或阴燃现象，应进行记录，并对试样进行最终检查。

8.5 最终检查

仔细检查试样的表面及内部是否存在未被发现的任何续燃或阴燃现象。若有，立即对试样进行灭火处理。并测量烧损部位范围，以 mm 为单位记录烧损部位(水平、垂直)的范围(最大长度、宽度和深度)。

为安全起见，试验人员应确保离开前试样完全熄灭。

8.6 抗引燃特性的评定

当按 8.3、8.4 和 8.5 的规定进行试验和检查时，若燃烧管移开 120 s 以后直至 1 h 期间，未观察到试样表面或内部出现任何续燃、阴燃现象，评定该试样为阻燃Ⅱ级，通过模拟火柴火焰抗引燃特性试验；否则评定该试样未通过模拟火柴火焰抗引燃特性试验，并记录烧损部位的范围。

注：试验程序参见附录 B。

9 产品标识

制造商应标识产品的阻燃等级水平。

10 试验报告

试验报告应包括下列内容：

1) 试验采用的标准名称、标准号；
2) 试样组成结构的简要描述；
3) 点火源的种类；
4) 每次试验试样是否被引燃。按 8.4 进行试验，如果重复试验发现续燃或阴燃现象，则总的结果评定为“未通过模拟火柴火焰抗引燃特性试验”。按 8.5 最终检查如果发现续燃或阴燃现象，结果评定也为“未通过模拟火柴火焰抗引燃特性试验”；
5) 记录每次试验烧损部位(水平、垂直)的范围(长、宽、深尺寸)；

6） 每次试验的灭火处理措施；

7） 试样预处理环境、时间，试验环境；

8） 燃烧的典型特征：如熔融、滴落、烧焦，从阴燃到续燃的发展过程；

9） 主要事项的时间，如试样出现续燃或阴燃的时间、面料开裂时间、试样熄灭时间。

附 录 A
（资料性附录）
燃气流量的控制

燃气流量控制最基本的是保证燃烧管内的流量应符合规定的要求。然而，在燃气的供应和流量的测定方面尚存在一些困难，尤其是当必须把气瓶存放在低于规定的试验环境温度的地方，或气瓶存放在离试验装置距离远时更为突出。

在这种情况下，或在其他产生困难的情况下，重要的是应把足够长的一段气管放在温度控制在10 ℃～30 ℃环境中，以保证燃气在测定流量前已达到所要求的温度。上述办法的一种辅助措施是在测定流量前使燃气通过一段浸在保持20 ℃温度（规定为一个固定流量的温度）的水中的金属管道，这样可避免温度变化时的流量校正工作。

对燃气流量的测量和校正应非常仔细。直读式流量计乃至直接校正流量的设备在初次安装后及试验中每隔一定时间后都应用一种能精确测量燃气管中燃气绝对流量的方法进行核查。其中方法之一是使燃气管通过一段短管（内径 7 mm）与一个皂泡流量计相连，这种流量计在一个标定容积的玻璃管（即量筒）内有一层向上移动的弯月形皂膜，经过一段给定时间后可测出流量的绝对值。

附 录 B
(资料性附录)
软体家具模拟火柴火焰抗引燃特性试验流程图

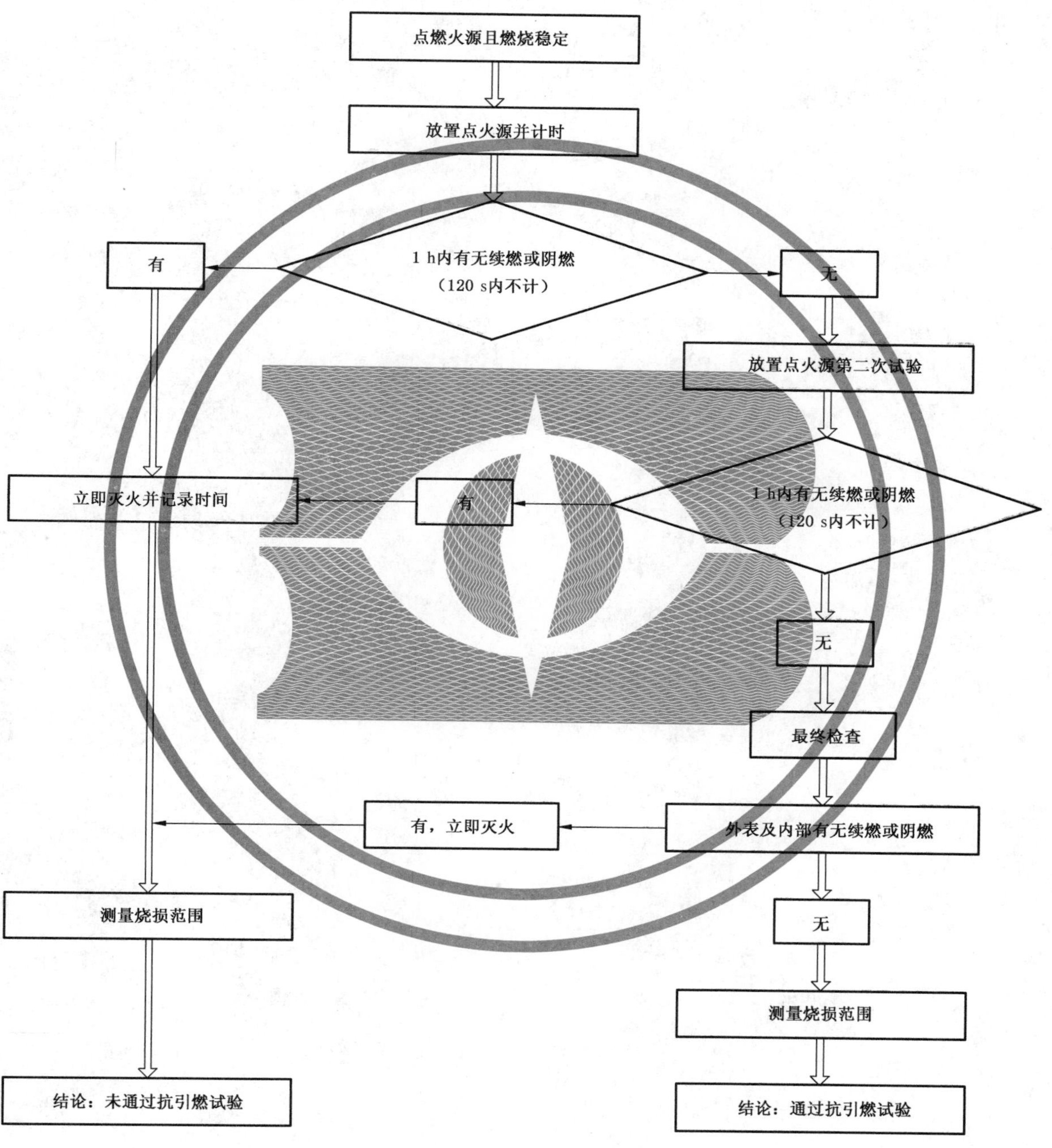

图 B.1 软体家具模拟火柴火焰抗引燃特性试验流程图

ICS 75.160.20
E 31

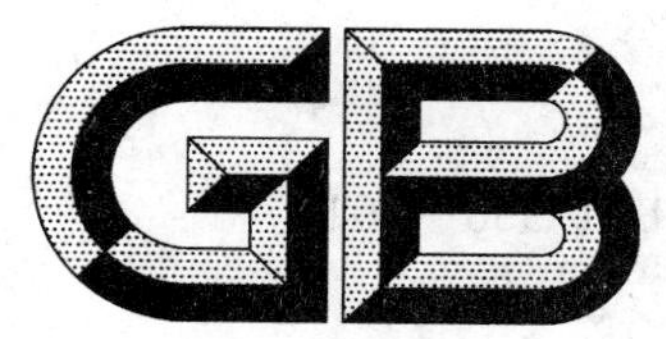

中华人民共和国国家标准

GB 17930—2011
代替 GB 17930—2006

车 用 汽 油

Gasoline for motor vehicles

2011-05-12 发布 2011-05-12 实施

中华人民共和国国家质量监督检验检疫总局
中国国家标准化管理委员会 发布

前 言

本标准的附录为推荐性的，其余均为强制性的。

本标准代替 GB 17930—2006《车用汽油》。

本标准与 GB 17930—2006 相比主要技术差异如下：

——删除了范围中“符合本标准表 1 技术要求的车用汽油能够满足 GB 18352.2 的要求；符合本标准表 2 技术要求的车用汽油能够满足 GB 18352.3 中第Ⅲ阶段的要求。”；

——删除了表 1“车用汽油（Ⅱ）的技术要求和试验方法”；

——增加了表 2；

——增加了第 8 章“安全”；

——增加了第 9 章“实施过渡期”；

——增加了附录 A。

本标准的附录 A 为资料性附录。

本标准由全国石油产品和润滑剂标准化技术委员会(SAC/TC 280)提出。

本标准由全国石油产品和润滑剂标准化技术委员会石油燃料和润滑剂分技术委员会(SAC/TC 280/SC 1)归口。

本标准主要起草单位：中国石油化工股份有限公司石油化工科学研究院、中国石油天然气股份有限公司石油化工研究院。

本标准参加单位：中国石油天然气股份有限公司兰州润滑油研究中心、中国石油化工股份有限公司北京燕山分公司。

本标准主要起草人：倪蓓、龙军、付兴国、张建荣、徐小红、郭莘、李文乐、郑书佳、周旭光、王福江、刘泉山、陈延、张永光、董红霞。

本标准于 1999 年首次发布，2006 年第一次修订，本次为第二次修订。

车　用　汽　油

1　范围

本标准规定了车用汽油的术语和定义、产品分类、要求和试验方法、取样、标志、包装、运输和贮存、安全及实施过渡期。

本标准适用于由液体烃类或由液体烃类及改善使用性能的添加剂组成的车用汽油。

2　规范性引用文件

下列文件中的条款通过本标准的引用而成为本标准的条款。凡是注日期的引用文件，其随后所有的修改单(不包括勘误的内容)或修订版均不适用于本标准，然而，鼓励根据本标准达成协议的各方研究是否可使用这些文件的最新版本。凡是不注日期的引用文件，其最新版本适用于本标准。

GB/T 259　石油产品水溶性酸及碱测定法

GB/T 260　石油产品水分测定法

GB/T 380　石油产品硫含量测定法(燃灯法)

GB/T 503　汽油辛烷值测定法(马达法)

GB/T 511　石油产品和添加剂机械杂质测定法(重量法)

GB/T 1792　馏分燃料中硫醇硫测定法(电位滴定法)

GB/T 4756　石油液体手工取样法(GB/T 4756—1998,eqv ISO 3170:1988)

GB/T 5096　石油产品铜片腐蚀试验法

GB/T 5487　汽油辛烷值测定法(研究法)

GB/T 6536　石油产品蒸馏测定法

GB/T 8017　石油产品蒸气压测定法(雷德法)

GB/T 8018　汽油氧化安定性测定法(诱导期法)

GB/T 8019　燃料胶质含量的测定　喷射蒸发法

GB/T 8020　汽油铅含量测定法(原子吸收光谱法)

GB/T 11132　液体石油产品烃类的测定　荧光指示剂吸附法

GB/T 11140　石油产品硫含量的测定　波长色散X射线荧光光谱法

GB 12268　危险货物品名表

SH 0164　石油产品包装、贮运及交货验收规则

SH/T 0174　芳烃和轻质石油产品硫醇定性试验法(博士试验法)(SH/T 0174—1992,eqv ISO 5275:1979)

SH/T 0253　轻质石油产品中总硫含量测定法(电量法)

SH/T 0663　汽油中某些醇类和醚类测定法(气相色谱法)

SH/T 0689　轻质烃及发动机燃料和其它油品的总硫含量测定法(紫外荧光法)

SH/T 0693　汽油中芳烃含量测定法(气相色谱法)

SH/T 0711　汽油中锰含量测定法(原子吸收光谱法)

SH/T 0712　汽油中铁含量测定法(原子吸收光谱法)

SH/T 0713　车用汽油和航空汽油中苯和甲苯含量测定法(气相色谱法)

SH/T 0741　汽油中烃族组成测定法(多维气相色谱法)

SH/T 0742　汽油中硫含量测定法(能量色散X射线荧光光谱法)

SH/T 0794 石油产品蒸气压的测定 微量法

3 术语和定义

下列术语和定义适用于本标准。

3.1 抗爆指数 antiknock index

研究法辛烷值(RON)和马达法辛烷值(MON)之和的二分之一。

4 产品分类

车用汽油按研究法辛烷值分为90号、93号和97号三个牌号。

5 要求和试验方法

车用汽油(Ⅲ)和车用汽油(Ⅳ)的技术要求和试验方法分别见表1和表2。

注：满足第Ⅴ阶段排放要求的建议性车用汽油技术指标参见附录A。

表1 车用汽油(Ⅲ)的技术要求和试验方法

项目		质量指标			试验方法
		90	93	97	
抗爆性： 研究法辛烷值(RON) 抗爆指数(RON+MON)/2	 不小于 不小于	 90 85	 93 88	 97 报告	 GB/T 5487 GB/T 503、GB/T 5487
铅含量[a]/(g/L)	不大于	0.005			GB/T 8020
馏程： 10%蒸发温度/℃ 50%蒸发温度/℃ 90%蒸发温度/℃ 终馏点/℃ 残留量(体积分数)/%	 不高于 不高于 不高于 不高于 不大于	 70 120 190 205 2			GB/T 6536
蒸气压/kPa 11月1日至4月30日 5月1日至10月31日	 不大于 不大于	 88 72			GB/T 8017
溶剂洗胶质含量/(mg/100 mL)	不大于	5			GB/T 8019
诱导期/min	不小于	480			GB/T 8018
硫含量[b](质量分数)/%	不大于	0.015			SH/T 0689
硫醇(满足下列指标之一，即判断为合格)： 博士试验 硫醇硫含量(质量分数)/%	 不大于	 通过 0.001			 SH/T 0174 GB/T 1792
铜片腐蚀(50 ℃,3 h),级	不大于	1			GB/T 5096
水溶性酸或碱		无			GB/T 259
机械杂质及水分		无			目测[c]
苯含量[d](体积分数)/%	不大于	1.0			SH/T 0713
芳烃含量[e](体积分数)/%	不大于	40			GB/T 11132
烯烃含量[e](体积分数)/%	不大于	30			GB/T 11132

表 1（续）

项　　目		质量指标			试验方法
		90	93	97	
氧含量(质量分数)/%	不大于	2.7			SH/T 0663
甲醇含量[a](质量分数)/%	不大于	0.3			SH/T 0663
锰含量[f]/(g/L)	不大于	0.016			SH/T 0711
铁含量[a]/(g/L)	不大于	0.01			SH/T 0712

[a] 车用汽油中，不得人为加入甲醇以及含铅或含铁的添加剂。

[b] 允许采用 GB/T 380、GB/T 11140、SH/T 0253、SH/T 0742。有异议时，以 SH/T 0689 测定结果为准。

[c] 将试样注入 100 mL 玻璃量筒中观察，应当透明，没有悬浮和沉降的机械杂质和水分。有异议时，以 GB/T 511 和 GB/T 260 方法测定结果为准。

[d] 允许采用 SH/T 0693，有异议时，以 SH/T 0713 测定结果为准。

[e] 对于 97 号车用汽油，在烯烃、芳烃总含量控制不变的前提下，可允许芳烃的最大值为 42%(体积分数)。允许采用 SH/T 0741，有异议时，以 GB/T 11132 测定结果为准。

[f] 锰含量是指汽油中以甲基环戊二烯三羰基锰形式存在的总锰含量，不得加入其他类型的含锰添加剂。

表 2　车用汽油(Ⅳ)的技术要求和试验方法

项　　目		质量指标			试验方法
		90	93	97	
抗爆性：					
研究法辛烷值(RON)	不小于	90	93	97	GB/T 5487
抗爆指数(RON+MON)/2	不小于	85	88	报告	GB/T 503、GB/T 5487
铅含量[a]/(g/L)	不大于	0.005			GB/T 8020
馏程：					GB/T 6536
10%蒸发温度/℃	不高于	70			
50%蒸发温度/℃	不高于	120			
90%蒸发温度/℃	不高于	190			
终馏点/℃	不高于	205			
残留量(体积分数)/%	不大于	2			
蒸气压[b]/kPa					GB/T 8017
11 月 1 日至 4 月 30 日		42～85			
5 月 1 日至 10 月 31 日		40～68			
溶剂洗胶质含量/(mg/100 mL)	不大于	5			GB/T 8019
诱导期/min	不小于	480			GB/T 8018
硫含量[c]/(mg/kg)	不大于	50			SH/T 0689
硫醇(满足下列指标之一，即判断为合格)：					
博士试验		通过			SH/T 0174
硫醇硫含量(质量分数)/%	不大于	0.001			GB/T 1792
铜片腐蚀(50 ℃，3 h)/级	不大于	1			GB/T 5096
水溶性酸或碱		无			GB/T 259

表 2（续）

项　目		质量指标			试验方法
		90	93	97	
机械杂质及水分		无			目测[d]
苯含量[e]（体积分数）/%	不大于	1.0			SH/T 0713
芳烃含量[f]（体积分数）/%	不大于	40			GB/T 11132
烯烃含量[f]（体积分数）/%	不大于	28			GB/T 11132
氧含量（质量分数）/%	不大于	2.7			SH/T 0663
甲醇含量[a]（质量分数）/%	不大于	0.3			SH/T 0663
锰含量[g]/(g/L)	不大于	0.008			SH/T 0711
铁含量[a]/(g/L)	不大于	0.01			SH/T 0712

[a] 车用汽油中，不得人为加入甲醇以及含铅或含铁的添加剂。

[b] 允许采用 SH/T 0794，有异议时，以 GB/T 8017 测定结果为准。

[c] 允许采用 GB/T 11140、SH/T 0253。有异议时，以 SH/T 0689 测定结果为准。

[d] 将试样注入 100 mL 玻璃量筒中观察，应当透明，没有悬浮和沉降的机械杂质和水分。有异议时，以 GB/T 511 和 GB/T 260 测定结果为准。

[e] 允许采用 SH/T 0693，有异议时，以 SH/T 0713 测定结果为准。

[f] 对于 97 号车用汽油，在烯烃、芳烃总含量控制不变的前提下，可允许芳烃的最大值为 42%（体积分数）。允许采用 SH/T 0741，有异议时，以 GB/T 11132 测定结果为准。

[g] 锰含量是指汽油中以甲基环戊二烯三羰基锰形式存在的总锰含量，不得加入其他类型的含锰添加剂。

6　取样

取样按 GB/T 4756 进行，取 4 L 作为检验和留样用。若车用汽油中含锰，取样时应避光。

7　标志、包装、运输和贮存

7.1　向用户销售的符合本标准表 1 或表 2 技术要求的车用汽油所使用的加油机和容器都应标明下列标志："90 号汽油（Ⅲ）"、"93 号汽油（Ⅲ）"、"97 号汽油（Ⅲ）"或"90 号汽油（Ⅳ）"、"93 号汽油（Ⅳ）"、"97 号汽油（Ⅳ）"，并应标识在汽车驾驶者可以看见的地方。

7.2　本标准产品的标志、包装、运输、贮存及交货验收按 SH 0164。

8　安全

根据 GB 12268 的规定，车用汽油属于危险化学品的第 3 类　易燃液体，其涉及的安全问题应符合相关法律、法规和标准的规定。

9　实施过渡期

本标准自发布之日起实施，表 2 规定的技术要求过渡期至 2013 年 12 月 31 日。

附 录 A
（资料性附录）
建议性车用汽油技术指标

A.1 本附录是根据国外车用汽油的发展趋势，为满足第Ⅴ阶段排放要求而提出的建议性车用汽油技术指标（见表 A.1）。

A.2 本附录除对车用汽油中硫含量规定为不大于 10 mg/kg 外，其他技术内容待进行相关研究后，再予以确定。

表 A.1 建议性车用汽油技术要求和试验方法

项目		质量指标			试验方法
		89	92	95	
抗爆性：					
研究法辛烷值(RON)	不小于	89	92	95	GB/T 5487
抗爆指数(RON+MON)/2	不小于	84	87	90	GB/T 503、GB/T 5487
铅含量[a]/(g/L)	不大于	0.005			GB/T 8020
馏程：					GB/T 6536
10%蒸发温度/℃	不高于	70			
50%蒸发温度/℃	不高于	120			
90%蒸发温度/℃	不高于	190			
终馏点/℃	不高于	205			
残留量(体积分数)/%	不大于	2			
蒸气压[b]/kPa					GB/T 8017
11 月 1 日至 4 月 30 日		45～85			
5 月 1 日至 10 月 31 日		40～65			
溶剂洗胶质含量/(mg/100 mL)	不大于	5			GB/T 8019
诱导期/min	不小于	480			GB/T 8018
硫含量[c]/(mg/kg)	不大于	10			SH/T 0689
硫醇(满足下列指标之一，即判断为合格)：					
博士试验		通过			SH/T 0174
硫醇硫含量(质量分数)/%	不大于	0.001			GB/T 1792
铜片腐蚀(50 ℃，3 h)/级	不大于	1			GB/T 5096
水溶性酸或碱		无			GB/T 259
机械杂质及水分		无			目测[d]
苯含量[e](体积分数)/%	不大于	1.0			SH/T 0713
芳烃含量[f](体积分数)/%	不大于	40			GB/T 11132
烯烃含量[f](体积分数)/%	不大于	25			GB/T 11132
氧含量(质量分数)/%	不大于	2.7			SH/T 0663
甲醇含量[a](质量分数)/%	不大于	0.3			SH/T 0663
锰含量[a]/(g/L)	不大于	0.002			SH/T 0711

表 A.1（续）

项 目		质量指标			试验方法
		89	92	95	
铁含量[a]/(g/L)	不大于		0.01		SH/T 0712

[a] 车用汽油中，不得人为加入甲醇以及含铅、含铁和含锰的添加剂。

[b] 允许采用 SH/T 0794，有异议时，以 GB/T 8017 测定结果为准。

[c] 允许采用 GB/T 11140、SH/T 0253。有异议时，以 SH/T 0689 测定结果为准。

[d] 将试样注入 100 mL 玻璃量筒中观察，应当透明，没有悬浮和沉降的机械杂质和水分。有异议时，以 GB/T 511 和 GB/T 260 测定结果为准。

[e] 允许采用 SH/T 0693，有异议时，以 SH/T 0713 测定结果为准。

[f] 对于 95 号车用汽油，在烯烃、芳烃总含量控制不变的前提下，可允许芳烃的最大值为 42%（体积分数）。允许采用 SH/T 0741，在有异议时，以 GB/T 11132 测定结果为准。

GB 17930—2011《车用汽油》国家标准第1号修改单

本修改单经国家标准化管理委员会于2012年4月11日批准，自2012年5月1日起实施。

一、将第5章　要求和试验方法中表1上方文字部分修改为：

5.1　车用汽油中所使用的添加剂应无公认的有害作用，并按推荐的适宜用量使用。车用汽油中不应含有任何可导致汽车无法正常运行的添加物和污染物。

5.2　车用汽油(Ⅲ)和车用汽油(Ⅳ)技术要求和试验方法分别见表1和表2。

注：满足第Ⅴ阶段排放要求的建议性车用汽油技术指标参见附录A。

二、表1、表2和表A.1中，在“溶剂洗胶质含量”栏目下增加一栏：

未洗胶质含量(加入清净剂前)/(mg/100 mL)	不大于	30	GB/T 8019

ICS 79.120.99
B 97

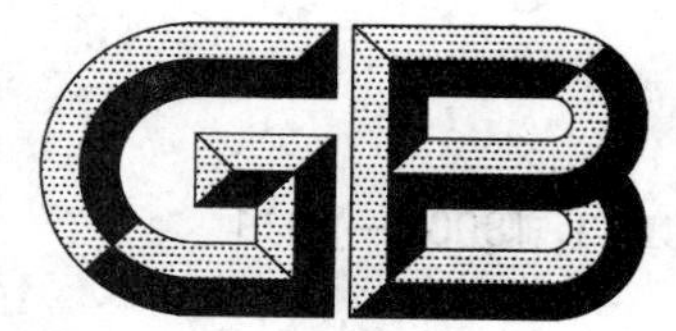

中华人民共和国国家标准

GB/T 18002—2011
代替 GB/T 18002—1999

中密度纤维板生产线验收通则

Acceptance rules generality of the medium density fiberboard production line

2011-09-29 发布　　2011-12-01 实施

中华人民共和国国家质量监督检验检疫总局
中国国家标准化管理委员会　发布

前　言

本标准代替 GB/T 18002—1999《中密度纤维板生产线验收通则》。

本标准与 GB/T 18002—1999 相比主要差异如下：

——范围中增加了安全卫生要求、节能环保要求以及标志等内容。

——引用文件进行了增减。

——将原标准中第 3、4、5、6、7、8、9 章和第 10 章合并入要求中，对相关内容作了修订。

——增加了安全卫生、节能环保等 2 项要求。

——修订了检验方法与验收规则中的部分内容。

本标准由国家林业局提出。

本标准由全国人造板机械标准化技术委员会归口。

本标准负责起草单位：东北林业大学。

本标准参加起草单位：国家林业局北京林业机械研究所、柯诺(北京)木业有限公司。

本标准主要起草人：花军、李晓旭、张熙中、陈光伟、刘诚。

本标准所代替标准的历次版本发布情况为：

——GB/T 18002—1999。

中密度纤维板生产线验收通则

1 范围

本标准规定了中密度纤维板生产线验收的一般要求、设备基础、主要设备安装、辅助设备及电气安装、设备附属管道安装、安全、卫生要求，节能、环保要求，单机空运转试验、生产线空运转试验、生产线负荷试验等要求，检验与验收规则以及标志等。

本标准适用于干法中密度纤维板生产线(以下简称生产线)。

2 规范性引用文件

下列文件中的条款通过本标准的引用而成为本标准的条款。凡是注日期的引用文件，其随后所有的修改单(不包括勘误的内容)或修订版均不适用于本标准，然而，鼓励根据本标准达成协议的各方研究是否可使用这些文件的最新版本。凡是不注日期的引用文件，其最新版本适用于本标准。

GB 3095 环境空气质量标准

GB/T 3766 液压系统通用技术条件

GB/T 4272 设备及管道绝热技术通则

GB 5226.1 机械电气安全 机械电气设备 第1部分:通用技术条件

GB/T 7932 气动系统通用技术条件

GB 8978 污水综合排放标准

GB/T 11718 中密度纤维板

GB 12348 工业企业厂界环境噪声排放标准

GB/T 13306 标牌

GB/T 14554 恶臭污染物排放标准

GB 16297 大气污染物综合排放标准

GB/T 18262 人造板机械通用技术条件

GB/T 18514 人造板机械安全通则

GB 50235 工业金属管道工程施工及验收规范

GB 50254 电气装置安装工程低压电器施工及验收规范

GB 50275 压缩机、风机、泵安装工程及验收规范

GBZ 1 工业企业设计卫生标准

HJ/T 315—2006 清洁生产标准 人造板行业(中密度纤维板)

JB/T 9953 木工机床 噪声声(压)级测量方法

LY/T 1611—2003 地板用基材纤维板

LY/T 1806—2008 木材工业气力除尘(运输)系统设计规范

LY/T 5133—1996 中密度纤维板工程设计规范

3 要求

3.1 一般要求

3.1.1 生产线工艺流程与工艺布置应符合 LY/T 5133—1996 的要求。

3.1.2 生产线全部设备、电气装置、自动控制装置、气力输送系统、附属管道、安全消防设施、防静电设施、水、电、汽、气、液压、热力及通风除尘系统，化验、检验、环保系统等应完整、齐备，并符合各自相关标

准和技术要求,人造板机械还应符合 GB/T 18262 和 GB/T 18514 的有关规定。

3.1.3 生产线验收时技术资料应完整、正确、统一,其中包括:

a) 工艺设计说明书、工艺流程图、工艺布置图、工段安装图、管道布置图、设备基础图、设备基础总图及设备明细表;

b) 设备总图、装配图、电气原理图、液压原理图、气动原理图、控制系统图及通风除尘系统图;

c) 水、电、气、热力系统图,照明图、电气布置图;

d) 设备供货清单、装箱单、设备使用说明书、出厂合格证明书及随机供应的其他图纸和技术文件;

e) 相关的标准;

f) 相关供货合同文本、设备安装、运转及生产线验收的有关文件;

g) 消防、环保、劳动保护、压力容器等方面的验收文件。

3.2 设备基础

3.2.1 混凝土应达到设计强度,基础表面应平整,无裂缝、蜂窝、麻面等缺陷,对振动大的设备其基础应有可靠的减震和隔震措施。

3.2.2 基础纵、横中线应与设计中线相符,纵、横中线垂直度允差 1 000∶1。

3.2.3 基础承载面标高允差−10 mm～0 mm,基础承载面与设备底座之间的二次浇注材料应采用无收缩水泥砂浆。

3.3 主要设备安装

3.3.1 安装精度

3.3.1.1 削片机、摆动筛、木片水洗机、热磨机、木片和纤维料仓、纤维干燥机等设备,纵向(车间柱距方向,下同)、横向位置允差±5 mm,标高允差±5 mm,水平度允差 1 000∶0.50;热磨机水平度允差 1 000∶0.10。

3.3.1.2 铺装机、预压机、纵向裁边机、横向裁边锯、同步运输机、过渡运输机、加速运输机、快速运输机、废板回收机、装板运输机、装板机、热压机、卸板机、卸板运输机、翻板机、纵横裁边机、砂光机等设备,纵向、横向位置允差±2 mm,标高允差±1 mm,水平度允差 1 000∶0.10。连续滚压热压机、连续平压热压机工段纵向、横向位置允差±1 mm,标高允差±0.50 mm。连续平压热压机在驱动辊与张紧辊距离内,水平度允差 1 000∶0.10。

3.3.2 安装精度检测基准

3.3.2.1 纵向位置检测基准

鼓式削片机刀鼓轴线,盘式削片机刀盘轴线,摆动筛进料口轴线,木片水洗机洗鼓轴线,木片和纤维料仓进料口轴线,纤维干燥机进风口端面,热磨机主轴轴线,铺装机第一成型箱纵向中线,预压机驱动辊轴线,纵向裁边机锯片主轴轴线,横截锯纵向中线,同步运输机、过渡运输机、加速运输机、快速运输机、废板回收机、装板运输机、卸板运输机等设备驱动辊轴线,装板机、卸板机升降油缸轴线,热压机活动横梁纵向中线,连续平压热压机钢带主传动辊和张紧辊轴线,连续滚压热压机主压辊轴线,翻板机翻板架长度中线,纵向裁边机锯片主轴轴线,横向裁边机纵向中线,砂光机第一砂架接触辊轴线。

3.3.2.2 横向位置检测基准

鼓式削片机进料口宽度中线,盘式削片机出料口中线,摆动筛进料口轴线,木片水洗机洗鼓宽度中线,木片和纤维料仓进料口轴线,纤维干燥机进风口轴线,热磨机纤维排料口轴线,铺装机成型箱横向中线,纵向裁边机中线,横截锯中线,预压机、同步运输机、过渡运输机、加速运输机、快速运输机、废板回收机、装板运输机、卸板运输机等设备驱动辊筒长度中线,装板机、卸板机两升降油缸间中线,热压机活动横梁横向中线,连续平压热压机主传动辊和张紧辊长度中点的连线,连续滚压热压机主压辊长度中线,翻板机翻板架轴线,纵向裁边机横向中线,横向裁边机锯片轴线,砂光机砂架接触辊长度中线。

3.3.2.3 标高检测基准

鼓式削片机进料皮带上平面,盘式削片机刀盘轴线,摆动筛进料口平面,木片水洗机洗鼓轴线,木片和纤维料仓进料口平面，纤维干燥机进风口轴线，热磨机主轴轴线，铺装机网带、同步运输机、过渡运输机、加速运输机、快速运输机、装板运输机(多层时为最底层)、卸板运输机等运输带上平面，装板机吊笼上止点第一层托盘(皮带)上平面，热压机活动横梁下止点第一层热压板上平面，连续平压热压机框架内口下平面，连续滚压热压机板坯输送台上平面，卸板机上止点第一层托盘上平面，翻板机、纵横裁边机、砂光机等设备进料辊上平面。

3.3.3 检测方法

3.3.3.1 设备纵、横向位置检测方法

在被测区段首末设备两端设计纵轴线上标杆处，用重锤张紧钢丝拉一直线并调至水平 1 000 : 1，且全长不应大于 20 mm。用钢板(卷)尺在水平面内，沿钢丝长度方向测量设备纵向基准为设备纵向位置；沿钢丝垂直方向测量设备横向基准与钢丝距离为设备横向位置。设备较长又无法拉钢丝，则以设备纵向中线最长两端点分别向同一方向引垂直于中线的两直线，分别找出两个等距的测量点，用经纬仪测两点的差值。每台设备测量点不少于 2 点(最大范围)，以最大差为测量值。

3.3.3.2 设备标高检测方法

用水准仪或激光水准仪检测。

3.3.3.3 设备水平度检测方法

用框式水平仪、水准仪或激光水准仪检测。

3.4 辅助设备及电气安装

3.4.1 空气压缩机、风机、泵的安装应符合 GB 50275 相关规定。

3.4.2 电气设备的安装应符合 GB 5226.1 的相关规定。

3.4.3 电气装置的安装应符合 GB 50254 的相关规定。

3.4.4 液压系统的安装应符合 GB/T 3766 的相关规定。

3.4.5 气力除尘(运输)系统应符合 LY/T 1806—2008 的相关规定。

3.4.6 其他辅助设备的安装应符合相关标准的规定。

3.5 设备附属管道安装

3.5.1 管道安装

3.5.1.1 管道安装应符合 GB 50235 相关规定。

3.5.1.2 管道安装应横平竖直，排列合理有序，整齐美观，安装牢固，便于操作。管壁间应有适当间距，管道安装、管道支架应满足管道热胀冷缩的要求。

3.5.1.3 液压系统管道、导热油管道内壁应进行碱洗或酸洗钝化处理，管道内壁不应有焊渣、锈斑及油污等异物。

3.5.1.4 水平部分回油管道、回水管道安装斜度不应小于 1 000 : 5，并向油箱或水箱方向倾斜；水平部分压缩空气管道应设置排水装置。

3.5.1.5 所有热力管道应敷设保温层，保温层外壁温度与环境温度之差不应高于 10 ℃，室外管道保温层应有防雨防雪措施，应符合 GB/T 4272 的相关规定。

3.5.1.6 压缩空气管道在生产线内的布置，应根据车间用气设备的布置和用气要求而定，可采用树状系统或环形系统布置；重要部位应设有储气罐。管道坡度应大于 0.002，并应在适当的地点设置油水分离器和集油器。

3.5.1.7 供热管道安装应合理选择和布置补偿器，管道上各种阀门的安装位置应便于操作和维修。

3.5.1.8 生产线所有液压、气动和热力系统应按设计要求进行耐压试验，不应泄漏。

3.5.2 气力输送与通风管道安装

3.5.2.1 生产线内气力输送管道宜沿墙或柱架空敷设，地下风管应有管沟，沟盖板应与地坪标高一致。

3.5.2.2 水平安装风管，水平度允差 1 000 : 3，总偏差不应大于 20 mm。

3.5.2.3 风管穿出屋面应设防水罩，超过屋面高度 1.5 m 的应设固定装置。

3.5.2.4 柔性风管应松紧适当，不应扭曲。

3.5.2.5 风管与设备联接的风口表面应平整，密封性能良好，应符合 GB/T 7932 的相关规定。

3.5.2.6 风管支、吊、托架的配置，应保证风管支撑牢固、不产生变形。

3.5.2.7 旋风分离器、除尘器的安装应牢固平稳，具有抗风能力，垂直度允差 1 000：2。

3.5.2.8 风管弯曲半径应为 4～6 倍管径，风管不应采用直接煨弯方法加工。风管三通夹角不应大于 15°。

3.5.2.9 气力输送系统实际风量与设计值允差±5%，气力输送系统设计能力应预留 10%。

3.5.3 管道与设备联接

3.5.3.1 管道与设备联接，管道不应对设备有附加外力；热力系统管道安装应留有膨胀余量。

3.5.3.2 所有法兰接口在任何状态下都不应有渗漏或泄漏。配对法兰在自由状态下，水、汽、气、油管端面平行度 0.10 mm，法兰孔同轴度允差 0.30 mm。风管端面平行度允差 0.20 mm，法兰孔同轴度允差 0.40 mm。

3.5.3.3 物料输送管道和风机连接处应有柔性防振措施。

3.6 安全、卫生要求

3.6.1 防火、防爆与防雷

3.6.1.1 纤维干燥系统、干纤维输送系统和砂光粉输送系统应设置火花探测与自动灭火系统。

3.6.1.2 纤维干燥旋风分离器顶部应设置大流量灭火系统；纤维干燥旋风分离器和砂光粉料仓应设置防爆设施。

3.6.1.3 纤维干燥旋风分离器、干纤维料仓、铺装机和热压机等应设置防火和灭火装置。

3.6.1.4 气力输送系统用于纤维、砂光粉除尘的袋式除尘器、旋风分离器设备等应设防爆门等安全设施。

3.6.1.5 纤维干燥旋风分离器宜架设避雷针，并可利用其钢架作为引线。

3.6.1.6 所有气力输送管道、室外管道、支架等均应接地防雷。

3.6.2 生产线所用 PLC 和计算机的供电，应设置不间断电源；同时应设置电磁屏蔽装置和防辐射装置。

3.6.3 生产线所用容器设备应设置安全阀。

3.6.4 生产线设备的运动部分，凡危及安全的地方，其周围均应设置安全护栏。

3.6.5 生产线设备噪声超标的操作岗位，应设置隔声的操作间。

3.6.6 生产线易燃、高温、高压、易触电、易挤伤等设备和场所应设置明显警告标志。

3.6.7 生产线卫生特征应按 GBZ 1 中 3-4 级执行。

3.7 节能、环保要求

3.7.1 节能

3.7.1.1 生产线的供热系统宜选用热能中心，热能中心同时生产热油、蒸汽和烟气等分别供热压、热磨和干燥使用。

3.7.1.2 生产线应选用能耗低、体积小、效率高的先进能源设备，严禁选用国家明令淘汰的产品。

3.7.1.3 生产线生产的中密度纤维板资源利用指标、产品指标等应符合 HJ/T 315—2006 中三级技术指标和合同的规定。

3.7.2 环保

3.7.2.1 木片水洗、热磨、调施胶工序等产生的污水，应经过滤、沉淀处理后循环使用，排放应符合 GB/T 14554 和相关国家污水排放标准的规定排放。

3.7.2.2 木片筛选产生的细屑、废纤维、锯屑及小碎块、砂光粉等应采用封闭式输送和贮存，宜集中利用和妥善处理。

3.7.2.3 生产线所产生的废气、粉尘排放应符合 GB 16297 和国家相关标准的规定。

3.7.2.4 生产线皮带运输机在运输易扬粉尘物料时应安装密闭防尘罩。

3.7.2.5 各种分离器出料口不应出现正压。

3.7.2.6 噪声较大的设备,应采取降噪的措施,应符合 GB 12348 和国家相关标准的规定。

3.8 单机空运转试验

3.8.1 单机空运转试验应检查下列各项:

a) 所用的润滑油、液压油、润滑脂等的牌号与注油量应符合设备使用说明书有关规定;

b) 转动部分应灵活可靠,无阻滞和异常声响;

c) 现场消防设施、自动报警装置,防静电、保护接地装置和安全防护设施等齐全可靠;

d) 与设备有关的水、电、气、汽、液压、电气仪表及警示系统应符合设计要求;

e) 对生产线设置的火花自动检测和灭火装置,随机试验不应有火警误报、漏报和灭火失灵现象。

3.8.2 按 JB/T 9953 的规定检验生产线单机设备的空运转噪声声(压)级,其结果应符合相关标准规定。

3.8.3 空运转试验应符合设备已有标准和设备使用说明书中有关空运转试验规定。

3.9 生产线空运转试验

3.9.1 生产线空运转试验应具备的条件

3.9.1.1 应有各单机空运转试验记录,空运转试验合格证书,空运转试验中出现的重大缺陷及消除后技术记录及证明。

3.9.1.2 与生产线有关的水、电、汽、气、油、电器、仪表及警示系统应符合设计要求。

3.9.2 生产线空运转试验的技术要求

3.9.2.1 生产节拍相同的设备,速度应保持一致,运行速度应符合设计文件要求。

3.9.2.2 生产线工艺流程模拟显示系统、反馈系统应显示正确,安全保护、联锁、互锁等系统应灵活、可靠,动作准确。

3.9.2.3 设备运转中无异常声响和振动。

3.9.2.4 水、汽、气、油及液压等系统应无渗漏或泄漏,无阻塞,保持畅通。

3.9.2.5 连续空运转时间不少于 24 h。

3.9.2.6 仪表运转正常,显示准确,精度达到相关标准和技术文件的规定。

3.10 生产线负荷试验

3.10.1 生产线负荷试验应具备的条件

3.10.1.1 应有单机空运转试验与生产线空运转试验记录,试验合格证书,试验中重大缺陷消除后的技术记录及证明。

3.10.1.2 试验用原料、材料、辅料及工艺参数,动力和能源供给应符合工艺设计要求。

3.10.2 生产线负荷试验的技术要求

3.10.2.1 木片、纤维、胶粘剂等物料流应有序流动,畅通无阻;半成品、成品的物流可靠,各工序生产节拍应协调一致。

3.10.2.2 物料输送系统宜密封,无阻塞、无泄漏;除尘系统、物料风送系统无阻塞、无泄漏。

3.10.2.3 生产线电气、仪表控制、联锁、互锁、检测及警示系统应准确可靠,无误报和漏报现象。

3.10.2.4 水、汽、气、油及液压等系统应无渗漏或泄漏,保持畅通。

3.10.2.5 生产线技术经济指标应符合下列要求:

a) 生产线产能应达到设计值;

b) 产品质量应达到 GB/T 11718、LY/T 1611—2003 的要求或符合合同规定的技术指标;

c) 单位原料消耗、单位水耗、单位胶粘剂消耗及综合能耗等指标均应达到设计要求;

d) 环境保护应分别符合 GB 3095、GB 8978、GB 12348、GB 16297 的规定;或符合当地的地方法规或合同文件规定的环保限量值;

e) 无故障间隔连续工作时间不应少于 72 h；

f) 劳动安全保护和厂界环境污染限量值应符合国家相关标准的规定。

4 检验与验收规则

4.1 生产线应在用户进行检验，经质量技术监督、劳动、环保和消防等部门检验合格并签发合格证后方可验收。

4.2 生产线应进行下列项目的检验与试验：

a) 设备成套完整性及设备安装精度检验；

b) 设备、电气、管道安全防护及气力输送系统、通风除尘系统检验；

c) 单机空运转试验；

d) 生产线空运转试验；

e) 生产线负荷试验。

4.3 生产线合格判定规则：本标准 3.10.2.5 和 4.2 中各检验与试验项目均合格则判定生产线为合格。

5 标志

生产线全部设备应在明显位置上固定产品标牌，标牌应符合 GB/T 13306 规定。

ICS 67.140.20
B 35

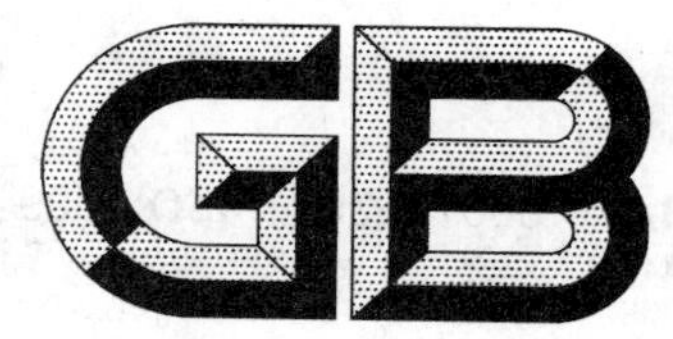

中华人民共和国国家标准

GB/T 18007—2011/ISO 3509:2005
代替 GB/T 18007—1999

咖啡及其制品　术语

Coffee and coffee products—Vocabulary

(ISO 3509:2005,IDT)

2011-12-30 发布　　2012-04-01 实施

中华人民共和国国家质量监督检验检疫总局
中国国家标准化管理委员会　发布

前　言

本标准按照 GB/T 1.1—2009《标准化工作导则　第 1 部分:标准的结构和编写》给出的规则起草。

本标准代替 GB/T 18007—1999《咖啡及其制品　术语》。

本标准与 GB/T 18007—1999 相比主要差异如下:

——本标准删除了 ISO 前言;

——本标准将目次进行了调整;

——本标准删除了 2.1.16 回潮咖啡豆、2.2.8 种皮、2.2.10 种子、3.27.7.1 大土块、3.27.7.2 中土块、3.27.7.3 小土块、4.6 掺和以及第 5 章检验;

——本标准增加了 2.2、2.2.1 的注、2.2.2 的注、2.2.3 的注、2.2.4 的注、3.2、6.2.5、6.2.6、6.2.7、6.4.3 、6.5.6、6.5.7 、6.6.3 和 8.4;

——本标准将 3.27.1 大石子、3.27.2 中石子、3.27.3 小石子合并为 6.2.2;将 3.27.4 大枝、3.27.5中枝、3.27.6 小枝合并为 6.2.3。

本标准等同采用 ISO 3509:2005《咖啡及其制品　术语》(英文版)。

为了便于使用,本标准作了如下编辑性修改:

——“本国际标准”一词改为“本标准”;

——删除国际标准的前言。

本标准由中华人民共和国农业部提出。

本标准由农业部热带作物及制品标准化技术委员会归口。

本标准由中国热带农业科学院农产品加工研究所负责起草,国家重要热带作物工程技术研究中心、云南省农垦总局、云南省德宏热带作物研究所参加起草。

本标准主要起草人:陈成海、卢光、陈民、周仕峥、李文伟。

本标准所代替标准的历次版本发布情况为:

——GB/T 18007—1999。

咖啡及其制品　术语

1　范围

本标准规定了咖啡及其制品相关的最常用术语。

2　咖啡通用术语

2.1

咖啡　coffee

咖啡属植物(*Coffea*,一般指栽培种)的果实和种子以及这些果实和种子制成的供人类消费的产品。

注：本条术语适用于以下产品:咖啡鲜果、干果、带种皮咖啡豆、生咖啡、抛光咖啡豆、脱咖啡因咖啡、焙炒咖啡豆、咖啡粉、咖啡提取液、速溶咖啡以及咖啡饮料。

2.2

正常咖啡　normal coffee

一批均质的咖啡种子,其中不包括以下五类被定义为缺陷的物质,即:

——不是咖啡原有的杂质;

——不是咖啡豆原有的杂质;

——形状不规则的咖啡豆;

——外观不正常的咖啡豆;

——变味的咖啡。

注1:制定本正常咖啡定义的最终目的是为了生产出满足消费者需要并符合良好贸易规范的咖啡饮料。

注2:NY/T 1519 给出了生咖啡缺陷的详细资料。

2.2.1

小粒种咖啡(阿拉伯种咖啡)　arabica coffee

植物学种名为 *Coffea arabica* L.。

注:阿拉伯种咖啡品种举例如下:

波邦种 Bourbon:植物学种名为 *Coffea arabica* L.,为非洲东部和巴西的传统品种;

铁毕卡种 Typica:植物学种名为 *Coffea arabica* L.,在印度尼西亚选育的品种以及中美洲和南美洲的主要种植品种[也叫阿拉伯种咖啡(巴西),蓝山咖啡(牙买加)];

蒙多诺沃种 Mundo Novo:植物学种名为 *Coffea arabica* L.,由波邦种与铁毕卡种杂交产生出来的品种;

摩卡种 Mokka:植物学种名为 *Coffea arabica* L.,种植量不多;

卡杜拉种 Caturra:植物学种名为 *Coffea arabica* L.,波邦种的矮化品种;

帝汶杂交种 Timor Hybrid:植物学种名为 *Coffea arabica* L.,在东帝汶发现的由中粒种咖啡(*C. canephora*)与小粒种咖啡(*C. arabica*)之间自然杂交而产生的品种;

卡蒂莫种 Catimor:植物学种名为 *Coffea arabica* L.,由卡杜拉种与帝汶杂交种之间杂交而产生的品种;

卡杜埃种 Catuai:植物学种名为 *Coffea arabica* L.,在巴西选育的由蒙多诺沃种与卡杜拉种之间杂交而产生的品种;

衣卡杜种 Icatu:植物学种名为 *Coffea arabica* L.,用中粒种咖啡(*C. canephora*)配种并回交至小粒种咖啡(*C. arabica*)而产生的品种;

哥伦比亚种 Colombia:植物学种名为 *Coffea arabica* L.,在哥伦比亚选育的卡蒂莫种;

CR95 种:植物学种名为 *Coffea arabica* L.,在哥斯达黎加选育的卡蒂莫种;

鲁依鲁Ⅱ种 Ruiru Ⅱ:植物学种名为 *Coffea arabica* L.,由小粒种咖啡(*C. arabica*)与卡蒂莫种之间杂交而成(抗锈病的咖啡)。

2.2.2

中粒种咖啡(罗巴斯塔种咖啡) robusta coffee

植物学种名为 *Coffea canephora* Pierre ex A. Froehner,包括它的栽培种和一些变种。

注:孔尼隆(Conillon)是中粒种咖啡的蔻依萝(Kouillou 或 Kouilou 变种),在巴西及马达加斯加种植。

2.2.3

大粒种咖啡(利比里亚种咖啡) liberica coffee

植物学种名为 *Coffea liberica* Hiern。

注:这种咖啡的国际交易量不大。

2.2.4

高种咖啡(埃塞尔萨种咖啡) excelsa coffee

植物学种名为 *Coffea dewevrei* De Wild and Durand var. excelsa Chevalier。

注:这种咖啡的国际交易量不大。

2.2.5

阿拉巴斯塔咖啡 arabusta coffee

小粒种咖啡与中粒种咖啡的杂交种,学名为 *Coffea arabica*×*Coffea canephora* Capot and Ake Assi。

3 与咖啡有关的物质

3.1

咖啡果 coffee cherries

咖啡属植物的果实。

3.2

咖啡鲜果 cherry coffee

收获后未经干燥的咖啡果。

3.3

干果 husk coffee;coffee in pod

干的咖啡果。

3.4

带种皮咖啡豆 parchment coffee;coffee in parchment

带内果皮(种皮)的咖啡豆。

3.5

生咖啡 green coffee;raw coffee

咖啡豆。

参见:咖啡鲜豆(4.4)。

注:所谓的生咖啡(green coffee 字面意思为"绿色咖啡")其颜色不一定是绿色的。

3.6

湿法加工咖啡豆 wet-processed coffee

采用湿法加工方法生产的生咖啡。

参见:湿法加工(8.3)。

注:术语"湿法加工咖啡豆"适用于除去胶质的方法;术语"半湿法加工咖啡豆"适用于胶质仍然粘在干种皮上的方法。

3.7

淡味咖啡豆 mild coffee

洗净的小粒种咖啡豆。

3.8

干法加工咖啡豆　dry-processed coffee

采用干法加工方法生产的生咖啡。

参阅：干法加工（8.2）。

注：也用术语“天然咖啡”指该产品。

3.9

抛光咖啡豆　polished coffee

采用机械操作除去银皮，使咖啡豆具有光泽和较好外观的生咖啡。

3.10

洗净咖啡豆　washed and cleaned coffee

在有水的情况下采用机械方法除去银皮的干法加工生咖啡。

3.11

筛余　triage residue;screenings

筛选分级时筛出的外来杂质和来源于咖啡果的其他杂质以及有缺陷的咖啡豆。

3.12

焙炒咖啡豆　roasted coffee

生咖啡经焙炒所得的产品。

3.13

咖啡粉　ground coffee;R&G coffee

焙炒咖啡豆磨碎后的产品。

3.14

咖啡提取液　coffee extract

采用物理方法，以水为唯一载体从焙炒咖啡粉中提取的产品。

3.15

速溶咖啡　instant coffee;soluble coffee;dried coffee extract

采用物理方法，以水为唯一载体从焙炒咖啡粉中提取的干的水溶性产品。

3.15.1

喷雾干燥速溶咖啡　spray-dried instant coffee

将咖啡萃取液用喷雾法喷入热空气中，使水分蒸发而形成干的颗粒状速溶咖啡。

3.15.2

二次造粒速溶咖啡　agglomerated instant coffee

将经喷雾干燥的速溶咖啡颗粒再次融合在一起而形成较大的颗粒所得的速溶咖啡。

3.15.3

冻干速溶咖啡　freeze-dried instant coffee; freeze-dried coffee extract; freeze-dried coffee; freeze-dried soluble coffee

将咖啡萃取液冷冻，然后通过升华而将冰除去后所得的速溶咖啡。

注：法语中，用术语“lyophilisé”来指冻干咖啡。

3.16

脱咖啡因咖啡　decaffeinated coffee

已抽提过咖啡因的咖啡。

注：某些国家的法规中规定了残留咖啡因的最大值即脱咖啡因的最低程度。

3.17

咖啡饮料　coffee brew

将焙炒咖啡粉用水处理或者将水加入咖啡萃取液或速溶咖啡中所得的饮料。

4　咖啡鲜果

4.1

咖啡鲜果　coffee cherry

新鲜完整的咖啡树果实。

4.2

果皮　pulp

咖啡鲜果的外果皮和中果皮。

注：在脱皮和发酵的过程中果皮被除去。参阅：脱果皮（8.3.1）。

4.3

种皮　parchment

咖啡果的内果皮。

4.4

咖啡鲜豆　bean；fresh bean

咖啡果的种仁。

注：每个咖啡果通常有两颗咖啡豆。

5　咖啡干果

5.1

干果　dried coffee cherry；coco

咖啡树的干咖啡果，由外果皮和一粒或多粒豆组成。

5.2

咖啡壳　husk；dried cherry pulp

干果的外果皮总称。

5.3

带种皮咖啡豆　bean in parchment

带种皮（内果皮）的咖啡豆。

5.4

干种皮　hull；dried parchment

咖啡果的干内果皮。

注：法语中通常只使用术语“parche”。

5.5

银皮　silverskin；dried testa；dried seed perisperm

咖啡豆的表皮。

注：银皮外观通常呈银色或铜色。

5.6

咖啡豆　coffee bean

干的咖啡种仁。

6 生咖啡

6.1 几何特征

6.1.1

咖啡豆直径 bean diameter

咖啡豆能通过的最小圆孔的直径。

注1：本术语通常指用于将豆进行大小分级所用的筛孔。

注2：本定义也适用于圆豆（6.1.3）的分级。

6.1.2

扁平豆 flat bean

具有一个明显扁平面的咖啡豆。

6.1.3

圆豆 peaberry bean;caracolito

由咖啡果中单粒种子发育而成的近似卵形的咖啡豆。

6.1.4

大象豆 elephant bean;elephant

由假多胚现象导致的咖啡豆集合体。通常由两粒咖啡豆、有时由几粒咖啡豆集合组成。

参阅:耳形豆 ear bean（6.4.3）

6.2 杂质

6.2.1

杂质 foreign matter

不是咖啡果原有的物质。

6.2.2

石子 stone

任何大小的石头。

6.2.3

细枝 stick

任何大小的细枝。

6.2.4

土块 clod

由土粒团聚而成的团粒。

6.2.5

金属杂质 metallic matter

任何大小的金属粒子。

注：咖啡干燥后这些粒子可出现在干燥区域和(或)由与咖啡接触的工业设备剥蚀后产生。

6.2.6

动物杂质 animal matter

由来自动物的杂质如死虫、虫的碎片和尸体、动物的粪便和尿液等组成的任何大小的粒子。

注：咖啡干燥后这些粒子可出现在干燥区域。

6.2.7

其他杂质　other foreign matter

除石子、细枝、土块、金属类、动物类以外的非咖啡类物质。

例如：烟头，塑料粒子，包装袋粒子，线，玻璃，矿物粒子以及其他豆类如玉米和小麦等的粒子。

6.3　来自咖啡果的缺陷

6.3.1

干果　dried cherry

咖啡树的干咖啡果（豆荚），由外果皮和一粒或多粒豆组成。

6.3.2

果壳碎片　husk fragment

干外果皮（咖啡壳）的碎片。

6.3.3

带种皮咖啡豆　bean in parchment

带种皮（内果皮）的咖啡豆。

6.3.4

种皮碎片　piece of parchment

干种皮（内果皮）的碎片。

6.4　形状不规则的咖啡豆

6.4.1

畸形豆　malformed bean

外形不正常的咖啡豆，能明显地与正常咖啡豆区别开来。

6.4.2

贝壳豆　shell bean；shell

带凹面的畸形豆，形似贝壳。

注：贝壳豆通常与耳形豆（6.4.3）一起出现。两者均由大象豆（6.1.4）的分裂产生。

6.4.3

耳形豆　ear bean；shell core

带有特殊褶皱的畸形豆，能明显地与正常咖啡区别开来。

注：耳形豆通常与贝壳豆（6.4.2）一起出现。两者均由大象豆（6.1.4）的分裂产生。

6.4.4

豆碎　bean fragment

体积少于半粒咖啡豆的咖啡豆碎片。

6.4.5

破豆　broken bean

体积大于或等于半粒咖啡豆的咖啡豆碎片。

6.4.6

机损豆　pulper-nipped bean；pulper-cut bean

脱皮时被切伤或擦伤的湿法加工豆，通常带有褐色或黑色的伤痕。

6.4.7

虫蛀豆　insect-damaged bean

内部或外部受昆虫蛀蚀的咖啡豆。

注：当咖啡豆是受咖啡果小蠹虫（*Hypothenemus hampei* Ferr）蛀蚀时，法语用术语“fève scolytée”或“broca”来指虫蛀豆。

6.4.8

有虫咖啡豆　insect-infested bean

藏有处于任何发育阶段的昆虫的咖啡豆。

6.4.9

有活虫咖啡豆　live-insect-infested bean

藏有处于任何发育阶段的活昆虫的咖啡豆。

6.4.10

有死虫咖啡豆　dead-insect-infested bean

含有死昆虫或其碎片的咖啡豆。

6.5　外观不正常的咖啡豆

6.5.1

黑色豆　black bean

其外表面和内部(胚乳)有一半以上为黑色的咖啡豆。

6.5.2

半黑豆　partly black bean

其外表面和内部(胚乳)的黑色部分少于或等于一半的咖啡豆。

注:通常使用"半黑豆 semi-black bean"这一术语。

6.5.3

黑生豆　black-green bean

其表面通常起皱、呈墨绿几近黑色且具有光泽性银皮的未成熟咖啡豆。

6.5.4

未熟豆　immature bean;quaker bean

表面通常起皱的未成熟咖啡豆。

注1:这种豆的银皮呈淡绿色或铜绿色。其细胞壁和内部结构还未完全发育。

注2:焙炒后,未成熟豆呈现出来的褐色比正常成熟的咖啡豆要浅。

6.5.5

棕色豆　brown bean;ardido

这种咖啡豆外表呈现出一系列的颜色,例如浅红棕色、棕黑色、黄绿色至深红棕色,而其内部(胚乳)则呈褐色。

注1:在焙炒和冲泡时,这样的咖啡豆会产生一种难闻酸味(恶臭)。

注2:不要将这种豆与银皮豆(6.5.6)相混淆;因为银皮豆在轻轻刮伤其表面时,会露出正常的内部绿颜色,并且在冲泡时不产生异味。

6.5.6

银皮豆　foxy silverskin bean;melado

其银皮(外胚乳)的颜色为杏黄色至深红棕色的咖啡豆。

注1:除去银皮后,在裸豆上没有残留异常的阴影。

注2:不要将这种豆与棕色豆(6.5.5)相混淆。

6.5.7

褐色豆　dark brown bean

由于咖啡果在未成熟时受斑椿象(*Antestia*)蛀蚀或因枯萎病所致,使其外观皱折而颜色完全为褐色的咖啡豆。

注:这一缺陷也可因果实过熟和脱果皮不当引起。

6.5.8

蜡质豆　waxy bean

具有半透明蜡状外观的咖啡豆，其颜色由黄绿色至深红棕色。

注：这种豆的细胞和表面呈腐烂的纤维状。

6.5.9

琥珀豆　amber bean

半透明咖啡豆，通常呈黄色，由于泥土的营养不足引起。

6.5.10

白色豆　white bean

呈现浅白至乳白颜色的咖啡豆，有时稍带杂色。

注：本缺陷也可由干燥后回潮引起。

6.5.11

花斑豆　blotchy bean;spotted bean

呈现出不规则的绿色、白色或有时为黄色色斑的咖啡豆。

6.5.12

干瘪豆　withered bean

轻而起皱的咖啡豆。

6.5.13

海绵豆　spongy bean

坚实度与木栓相似的咖啡豆，通常稍带白色。

注：可用手指甲将其组织压下成凹痕。

6.5.14

轻质豆　white low-density bean;floater bean

呈白色而且极轻的咖啡豆，其密度远低于正常豆。

6.5.15

发霉豆　mouldy bean

长霉或具有肉眼可见的霉迹的咖啡豆。

6.6 变味咖啡

6.6.1

酸咖啡豆　sour bean;fermented bean

由于过度发酵导致变质的咖啡豆，内部（胚乳）呈浅棕色至茶褐色，外表为蜡质状，在焙炒和冲泡时产生酸味。

6.6.2

臭咖啡豆　stinker bean

在刚切开时发出非常难闻的气味的咖啡豆，用这种豆制成的咖啡在冲泡好后也会发出极难闻的与鱼发酵、变酸或腐烂后相似的味道。

注：这种豆可呈浅棕色或稍带棕色，偶尔呈现蜡质状外观，甚至呈现正常的外观。

6.6.3

脏咖啡豆　dirty bean;untidy bean

这种咖啡豆使冲泡好的咖啡具有使人厌恶的霉味、臭味、脏味、泥味、木味、里约味、酚味以及类似麻袋的气味。

7 焙炒咖啡

7.1

炭化豆 carbonized bean

焙炒过度的咖啡豆,其质地与木炭相似,用手指的压力就可容易地将其压成细粒。

7.2

花斑豆 blotchy bean;spotted bean

呈现出不规则色斑的焙炒咖啡豆。

7.3

浅色豆 pale bean

颜色比其他的焙炒豆要浅得多的焙炒咖啡豆。

7.4

恶臭豆 vile-smelling bean

这种焙炒咖啡豆散发出令人作呕的气味,通常由臭咖啡豆(6.6.2)或酸咖啡豆(6.6.1)焙炒而成。

8 加工

8.1

分选 selection

除去杂质(如石子、细枝和树叶等)及根据大小、密度和成熟度对咖啡鲜果进行分类的工艺操作。

8.2

干法加工 dry process

在太阳下或用干燥机对咖啡鲜果进行干燥以获得咖啡干果(3.3)的处理方法。

注:本操作完成后,通常是用机械方法除去咖啡壳(干果皮)以制得“天然咖啡”(3.8)。

8.2.1

咖啡鲜果干燥 drying of cherry coffee

用来降低咖啡鲜果水分含量的工艺操作,使之利于脱壳和良好地保存。

8.2.2

脱果壳 dehusking

采用机械方法除去干咖啡果的壳(干果皮)。

8.3

湿法加工 wet process

在水的存在下,先用机械方法除去咖啡鲜果外果皮和大部分中果皮,然后用下列方法之一制得带种皮咖啡豆的工艺操作:

采用发酵或其他方法除去胶质(中果皮),接着通过清洗制得带种皮咖啡豆;

注:除去胶质后,带种皮咖啡豆通常要进行干燥和脱种壳,以制得“湿法加工咖啡豆”(见3.6)。

或者直接对带胶质的咖啡豆进行干燥,然后脱种壳制得“半湿法加工咖啡豆”。

8.3.1

脱果皮 pulping

湿法加工中使用机械方法将外果皮和尽可能多的中果皮(胶质)除去的工艺操作。

注:一部分的胶质(中果皮)通常仍然会粘附于种皮(内果皮)上。

8.3.2

发酵脱胶　fermentation process

将粘附在种皮上的胶质(中果皮)分解,便于水洗清除的工艺操作。

注:发酵脱胶可用通过摩擦力除去胶质的机械脱胶装置代替。

8.3.3

清洗　washing

用水将所有残留在种皮表面的胶质(中果皮)除去的工艺操作。

8.3.4

带种皮咖啡豆的干燥　drying of parchment coffee

利用阳光或烘干机械产生的热能使带种皮咖啡豆逐渐失水,最终达到标准含水量的工艺操作。

8.3.5

脱种壳　hulling

将带种皮咖啡豆的干种皮(种壳)除去以制得生咖啡的工艺操作。

8.4

抛光　polishing

通过机械方法将残留银皮(外胚乳)从生咖啡中除去的工艺操作。

注:可以在使生咖啡回潮后再进行抛光。

8.5

筛选分级　sorting

该工艺操作是通过筛子将杂质、咖啡豆碎片及有缺陷的咖啡豆从生咖啡中除去,以便对咖啡豆进行分级。

8.6

焙炒　roasting

通过热处理使生咖啡豆在结构和组成上产生根本的化学和物理变化,导致咖啡豆颜色变暗(变黑)并发出焙炒咖啡豆特有的香味的工艺操作。

8.7

磨粉　grinding

将焙炒咖啡豆磨碎成咖啡粉的机械操作。

参 考 文 献

［1］ NY/T 1519—2007 生咖啡 缺陷参考图(ISO 10470:2004,IDT)

［2］ ISO 6668:1991 生咖啡 感官分析用样品的制备(Green coffee—Preparation of samples for use in sensory analysis)

中文索引

英文索引

A

B

C

D

E

F

G

H

S

T

U

V

W

ICS 33.100
L 06

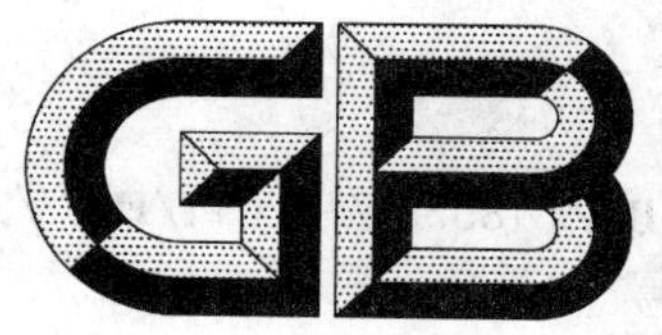

中华人民共和国国家标准化指导性技术文件

GB/Z 18039.7—2011/IEC/TR 61000-2-8:2002

电磁兼容　环境
公用供电系统中的电压暂降、短时中断及其测量统计结果

**Electromagnetic compatibility—Environment—
Voltage dips and short interruptions on public electric power supply systems with statistical measurement results**

(IEC/TR 61000-2-8:2002,IDT)

2011-12-30 发布　　　　2012-06-01 实施

中华人民共和国国家质量监督检验检疫总局
中国国家标准化管理委员会　发布

前　言

本指导性技术文件是《电磁兼容　环境》系列标准之一，该系列标准分为以下几个部分：

GB/Z 18039.1—2000　电磁兼容　环境　电磁环境的分类(IEC 61000-2-5:1996,IDT)

GB/Z 18039.2—2000　电磁兼容　环境　工业设备电源低频传导骚扰发射水平的评估(IEC 61000-2-6:1996,IDT)

GB/T 18039.3—2003　电磁兼容　环境　公用低压供电系统低频传导骚扰及信号传输的兼容水平(IEC 61000-2-2:1990,IDT)

GB/T 18039.4—2003　电磁兼容　环境　工厂低频传导骚扰的兼容水平(IEC 61000-2-4:1994,IDT)

GB/T 18039.5—2003　电磁兼容　环境　公用供电系统低频传导骚扰及信号传输的电磁环境(IEC 61000-2-1:1990,IDT)

GB/Z 18039.6—2005　电磁兼容　环境　各种环境中的低频磁场(IEC 61000-2-7:1998,IDT)

GB/Z 18039.7-2011　电磁兼容　环境　公用供电系统中的电压暂降、短时中断及其测量统计结果(IEC 61000-2-8:2002,IDT)

本指导性技术文件按照 GB/T 1.1—2009 给出的规则起草。

本指导性技术文件等同采用 IEC/TR 61000-2-8:2002《电磁兼容　环境　第 2-8 部分:公用供电系统中的电压暂降、短时中断及其测量统计结果》。

本指导性技术文件由全国电磁兼容标准化技术委员会(SAC/TC 246)提出并归口。

本指导性技术文件负责起草单位:上海电器科学研究院、上海三基电子工业有限公司。

本指导性技术文件主要起草人:寿建霞、钱振宇、叶琼瑜、程丽玲、孟志平、肖潇、刘媛、邢琳、郑军奇、刘晓东。

电磁兼容 环境 公用供电系统中的电压暂降、短时中断及其测量统计结果

1 范围

本指导性技术文件规定了电压暂降和短时中断的电磁骚扰现象，涉及到骚扰的来源、影响、补救措施、测量方法和测量结果(在此范围内适用)。主要讨论在公用供电系统的线路上观察到的现象和对那些从系统接收能量的电子设备的影响。

“电压跌落”是电压暂降现象的一个别称。

2 术语和定义

下列术语和定义适用于本文件。

2.1

电压暂降/电压跌落 voltage dip/voltage sag

在供电系统某一点上的电压突然减少到低于规定的阈值，随后经历一段短暂的间隔恢复到正常值。

注1：典型的暂降与短路的发生和结束有关，或者与系统及其相连装置上的急剧电流增加有关。

注2：电压暂降是一种二维电磁骚扰，其等级由电压和时间(持续时间)决定。

2.2

短时中断 short interruption

供电系统某一点上所有各相的电压突然下降到规定的中断阈值以下，随后经历一段短暂间隔恢复到正常值。

注：典型的短时中断与开关装置的动作有关，该动作是由与系统或与系统相连装置上短路的发生和结束引起。

2.3

(电压暂降)参考电压〈电压暂降和短时中断的测量〉 (voltage dip)reference voltage〈measurement of voltage dips and short interruptions〉

规定的电压基准值，电压暂降的深度、阈值和其他值均用其对此基准值的标幺值或百分数来表示。

注：供电系统额定或标称的电压值通常被选择作为参考电压。

2.4

电压暂降起始阈值〈电压暂降测量〉 voltage dip start threshold〈voltage dip measurement〉

为了定义电压暂降的开始而规定的供电系统的电压均方根值(r. m. s)。

注：通常以参考电压的0.85和0.95倍之间的典型值作为该阈值。

2.5

电压暂降结束阈值〈电压暂降测量〉 voltage dip end threshold〈voltage dip measurement〉

为了定义电压暂降的结束而规定的供电系统的电压均方根值(r. m. s)。

注：通常情况下，结束阈值与起始阈值相同或者超出起始阈值0.01倍的参考电压。

2.6

中断阈值〈电压暂降和短时中断的测量〉 interruption threshold〈measurement of voltage dips and short interruptions〉

在供电系统中，规定一个电压的均方根值作为电压暂降的临界值，对于各相电压低于此值的情况定

义为短时中断。

2.7

(电压暂降的)剩余电压　residual voltage(of voltage dip)

在电压暂降或者短时中断期间记录的电压均方根值的最小值。

注:剩余电压可以表示为一个以伏为单位的值,也可以是相对于参考电压的百分数或标幺值。

2.8

(电压暂降的)深度　depth(of voltage dip)

参考电压与剩余电压之间的差值。

注1:深度可以表示为一个以伏为单位的值,也可以是相对于参考电压的百分数或标幺值。

注2:通常“深度”这个词是描述性的,非量化的意思,用于表示电压暂降的尺度,未规定是否用上述定义过的剩余电压或是深度来表示该尺度。在使用这个词时要谨慎,保证其含义在上下文的关系上是清楚的。

2.9

(电压暂降的)持续时间　duration(of voltage dip)

供电系统某一点上的电压从下降至低于起始阈值开始,到回升至结束阈值为止的时间。

注:在多相情况下,该过程是随有关各相的暂降开始和结束而发生变化的。对多相情况来说,习惯上只要有一相的电压跌到低于起始阈值,暂降就开始了;要等到所有各相的电压等于或超过结束阈值,暂降才算结束。

2.10

(电压暂降)变动参考电压〈电压暂降和短时中断的测量〉　(voltage dip)sliding reference voltage〈measurement of voltage dips and short interruptions〉

在刚发生电压暂降前的指定时间段,供电系统某一点的电压均方根值经连续计算后得到的电压值,作为该电压暂降的参考电压。

注:该指定的时间段应该比电压暂降的持续时间长很多。

3　电压暂降和短时中断

3.1　电压暂降的来源

供电系统任意点上发生的电气短路是公用电网上观察到的电压暂降的主要来源。

短路引起电流的急剧升高,随之引起供电系统阻抗上大幅的压降。短路故障在电力系统中是不可避免的。引发的原因有很多,但基本原因是本应相互绝缘且在正常情况下具有不同电位的两个结构之间的介质的击穿。

许多短路是由超出了绝缘体耐压能力的过电压引起。大气中的闪电是引起过电压的重要原因,或者,如天气因素(风、雪、冰、盐雾等),或者动物、车辆、挖掘设备等的撞击或接触,以及老化的影响,都能使绝缘被减弱、破坏或桥接。

典型的供电系统由多个源(几个发电站)向许多负载(电动机、照明及电热等电阻性设备、电子装置的电源模块等)传递能量。整个系统,包括发电机、负载和两者间的设备,是一个单一的、集成的和动态的系统,在某一点上电压、电流、阻抗等的任何变化,都会在瞬间引起系统中其他点的变化。

绝大多数的供电系统是三相系统。短路会发生在相线与相线之间,相线与中线之间,或者相线与地线之间。也包括任何多相短路。

在短路点上,电压突降为零。同时,系统上几乎所有其他节点上的电压同样要发生改变,但一般来说,其改变的程度相对较小。

供电系统所配备的保护装置将短路点从供电源上断开。断开一旦发生,断开点以外的每一点上的电压立即恢复到接近于原先的值。某些故障可以自行清除:短路消失并且电压恢复到断开之前的值。

刚刚描述的这种电压突然降低,随后电压恢复的现象被称为电压暂降(也称为电压跌落)。

大负载的切换、变压器的通电、大型电动机的启动以及某些负载特性造成的大幅值波动，都可以产生与短路电流的效果类似的大幅电流变化。尽管通常对发生点的影响不严重，但在特定点上观察到的电压变化与短路引起的现象不易区分。这种情况也被划分为电压暂降（然而在公用电网的管理上，作为供电条件，对这些波动通常是有限制的）。

3.2 电压暂降持续时间

除可自行清除的故障，电压暂降的持续时间取决于保护装置的动作速度。

总的来说，保护装置是熔断器或由各种继电器控制的断路器。保护继电器经常被设计成有反时限特性，所以短路电流越小，故障清除时间就越长。熔断器具有相似的特性。对熔断器与继电器的时间特性和设置应仔细划分及协调，使几种设备检测到的短路在最合适的点上被清除。

许多短路可以在 100 ms～500 ms 的时间范围内被清除。对于主要输电线路上的短路，通常清除时间会更短；在配电网上的短路的清除就会相对慢些。

当电压暂降不是因短路而是由电流波动引起时，其持续时间取决于引起事件的时间。

在电压暂降结束时由于电压的恢复，某些负载会引起大幅值的冲击电流。它会引起恢复电压的延迟和电压暂降持续时间的延长。在电压恢复的过程中变压器进入饱和状态时会产生同样的效果。

3.3 电压暂降的幅值

电压暂降的幅值由观察点相对于短路点和供电电源的距离来决定。

系统由观察点与单一等效电源和故障点相连接的简化等效电路表示（见图 1）。全部电压（100%）降落在电源和短路点之间的阻抗上。观察点上的压降取决于连接到电源和短路点的两个阻抗的相对值。基于这些阻抗，电压暂降的深度可以是 0%～100% 范围之间的任何值。

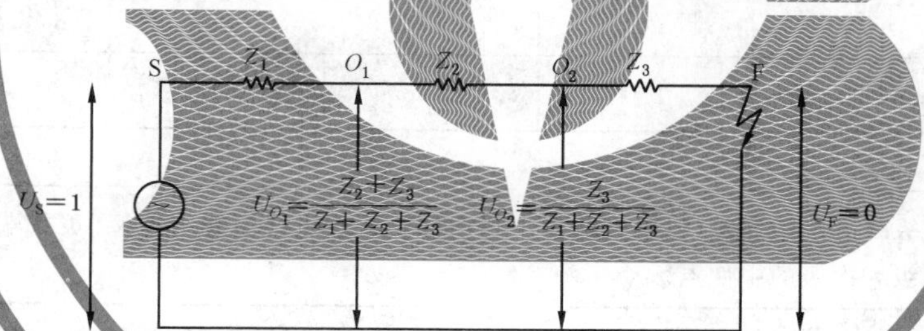

相对于短路点 F 和单一等效电源 S（用剩余电压的标幺值表示），在观察点 O_1 和 O_2 上的电压暂降

图 1 电压暂降的等效电路

通常，观察点距离短路的位置越近，观察点上的电压越接近故障位置上的电压。换言之，靠近短路处的电压暂降接近最大可能深度（零剩余电压）。另一方面，如果观察点接近发电源或者储能源，例如旋转设备，如图 1 所示的观测点移动到离单一等效电源更近的地方。这样会降低观察到的电压暂降的严酷程度。（然而，如果暂降持续时间延长，由于电动机的减速会引起电流增加，则增加暂降的严酷程度。）

短路是否导致某一特定观察点的电压暂降，取决于供电系统上短路的位置。输电系统上的短路可能导致的范围非常广，甚至距离在几百公里之外也能观察到明显的电压暂降。另一方面，配电线路上的短路产生的影响范围要小得多。同一电路上的观察点可能受到严重的暂降，而在相邻线路中电压暂降的严重程度会明显缓和，在经过较长距离之后其暂降几乎难以分辨出来。

在专用设施内部或附近设一个观察点，当然也有可能在同一个设施里产生短路或其他原因的故障，此时，观察到的电压暂降可以等于或超过公用输配电系统上由短路引起的暂降。

观察点的电压暂降的幅值也取决于各有关相的短路点和观察点，以及这两点之间任何变压器绕组的连接方式（星-三角，星-星等）。

3.3.1 变压器和负载接线的意义

观察由特定事件产生的电压暂降幅值，取决于观察点和事件在网络或用户变压器的同侧还是异侧。短路或其他事件所在的相线位置、测试系统所在的相线位置、变压器初级和次级绕组的连接方法，都对电压暂降的幅值有重大影响。例如，电网或设备位于 Dyn 或 Dy 接法的降压变压器任一侧，当初级有一根线与地之间发生故障时，则其中一相的电压暂降为 0 V(剩余电压)，但是在次级，有两相的相线-中线电压降为先前电压的 58%。

实际情况中，对电压暂降敏感的负载(如电力变换器、驱动器、电动机和控制设备等)在工业设施里常常以相线-相线的形式连接。因此这些负载经受相线-相线的电压暂降而不是相线-中线的暂降的影响。这就需要考虑测量是放在相线-中线、相线-相线，还是二者都有。

例如，表 1 表明了不同降压变压器的次级上观测到的电压暂降，该变压器初级有一相产生线-地故障，在该侧的第一相引起 100%电压跌落(假定供电网络是一个中性点直接接地的系统)。

表 1 初级侧单线接地故障的变压器次级电压

变压器连接[a]	相线-中线电压			相线-相线电压		
	V_1	V_2	V_3	V_{12}	V_{23}	V_{13}
YNyn，YNy	0.0	1.0	1.0	0.58	1.0	0.58
Yy，Yyn，Dd	0.33	0.88	0.88	0.58	1.0	0.58
YNd，Yd	—	—	—	0.33	0.88	0.88
Dyn，Dy	0.58	1.0	0.58	0.88	0.88	0.33

注：本表参见[6][1)]。

[a] 大写字母表示初级线圈绕组连接(供电网端)，小写字母表示次级线圈绕组连接(负载端)。*N* 和 *n* 分别代表接地的变压器的初级和次级的中性点。

3.4 短时中断

断路器或熔断器的动作将系统的一部分从电源断开。对于放射式电路，这会中断对系统所有后续部分的供电。对于网状线路的情况，为了清除故障有必要断开多点的连接。供电网断开部分的电力用户会受到断电的影响。

对于架空线路，断开故障电流的断路器常采用自动重合闸程序。其目的是在最小的延迟时间里使电路恢复正常，这种故障是暂时性(可自动清除)的(例如对于由过电压引起的闪络，没有导致包括器件在内的重大或永久性的损坏)。如果首次重合闸尝试没有成功，在预先设定的时间间隔内可以再次进行尝试。如果在断开-重合闸操作的预设定程序完成后，故障仍然存在，断路器将保持断开状态，要等到在故障位置进行必要的修复后才能闭合(当然，对故障仍然存在时的每一次重合闸会导致额外的电压暂降，所观察到的深度与观察点的位置有关)。

除了故障的有效隔离外，还需要进行自动或者手动的开关操作，以减少先前故障清除而导致的电网中断范围和断电用户的数目。

1) 方括号中的数字指的是参考文献的序号。

因此，一次单独的故障可能会导致一连串复杂的开关动作，用户可以看到持续时间不同的断电过程。其实际情况取决于电网的结构和用户相对于故障及相关开关的位置，一些用户会经历非常短暂的断电，而另一些用户在电网重新供电之前可能必须等待维修的完成。

按照惯例，对持续时间达 1 min 的中断(或者，对于某些重合闸的要求，会长达 3 min)划分为短时中断。

3.5 电压暂降和短时中断的原因

如前所述，电压暂降(有时会扩大到短时中断，或者伴随有短时中断)的原因是电力系统上的短路以及偶尔的大负载波动引起的很大的电流浪涌。电流在网络阻抗上的流动导致电压降，从而使得传到电力用户处的电压下降。

引起短路的介质击穿或是由于过电压应力，或是某种原因引起的绝缘性能的减弱、损坏或桥接。产生这些故障的原因有很多，包括：

——气候条件：闪电和风暴、雪、冰、在绝缘体上盐或大气污染物的沉积以及由风吹来的砂石；

——机械撞击和损坏：由交通工具、施工设备、挖掘设备、动物和鸟类、生长的树木的接触，造成有意和无意的损坏；

——电网设备的击穿：老化、侵蚀、腐烂、潜在的制造或结构故障；

——运行和维护中的事故或过失；

——主要的自然灾害：洪水、山崩、地震、雪崩。

在所有电网上，由于这些原因而导致的一定数量的故障发生是不可避免的。某些类型的电网大量暴露在多种上述原因所述及的环境或更大范围的环境中，尤其以架空线路为最甚。

负载波动引起的电压暂降与大型电动机的启动有关，尤其是那些处在孤立区域的远距离供电的大型电动机、类似带大波动负载的电动机、电弧炉和焊接设备等(在公用网络的管理上，作为供电条件，对这些波动通常是有限制的)。

3.6 中压电网上的故障举例

图 2 举例说明了由于中压馈电线上的故障导致的电压暂降和短时中断。有如下三种起因：

——在第一次重合闸操作时发现了瞬时故障并得到清除；

——在第一次重合闸操作时依然存在的半永久性故障，但在第二次(延时的)重合闸操作时被发现和清除；

——在所有的重合闸操作已经结束后依然存在永久性的故障。

在每一种情况中，电压暂降和中断都被如图示的两个用户所观测到，一个用户处在发生故障的同一条馈电线上，但在故障点的上游；而另一个用户则在同一根母线的另一条馈电线上(为便于说明，图 2 中给出了时间，实际的时间取决于特定电网所采用的设定)。

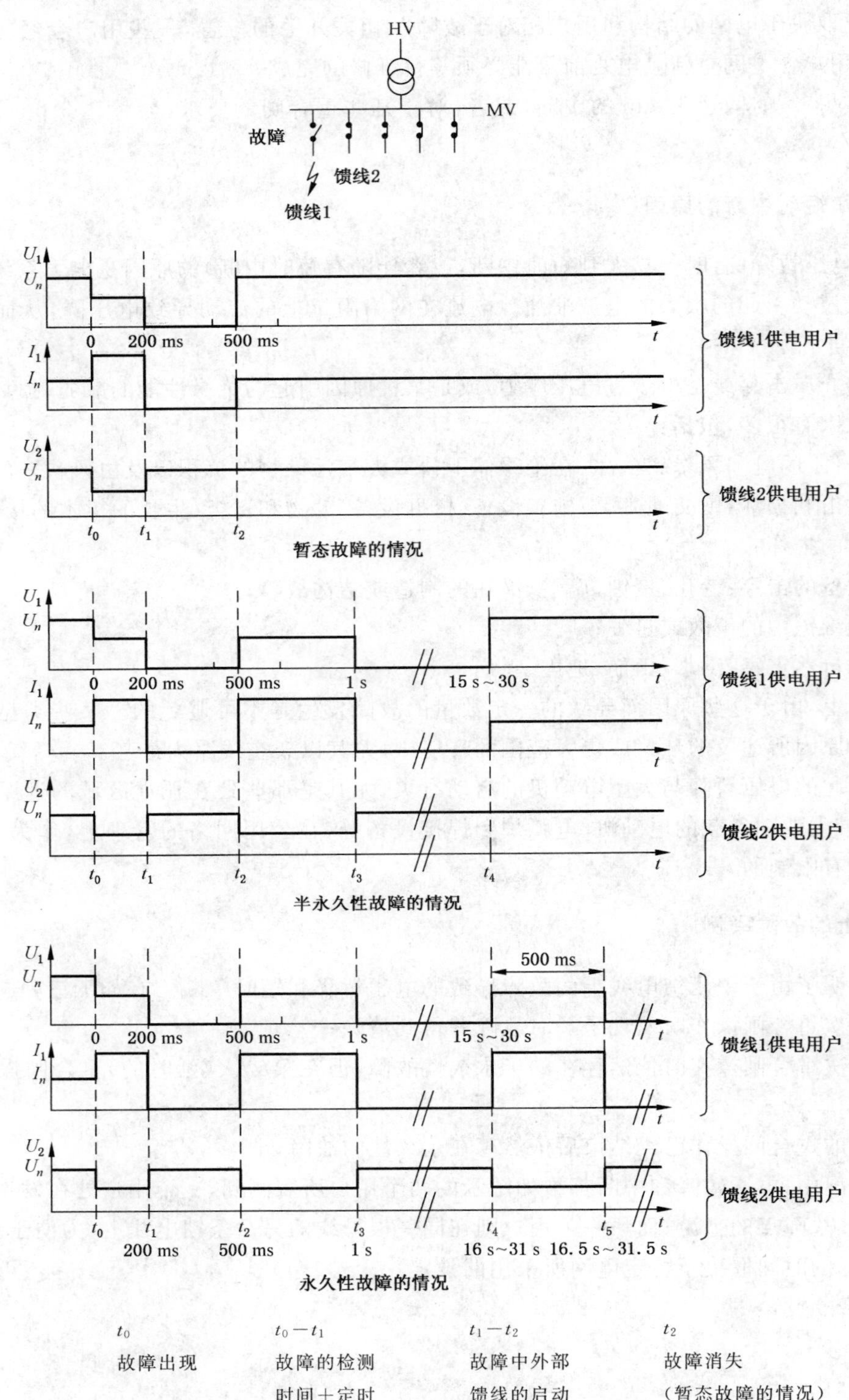

t_0	t_0-t_1	t_1-t_2	t_2
故障出现	故障的检测 时间＋定时	故障中外部 馈线的启动	故障消失 （暂态故障的情况）

图 2　由中压电网故障所造成的电压暂降和短时中断

4 电压暂降和短时中断的影响

4.1 概述

在 IEC 61000 系列标准中，相应的影响如设备的性能可能降低是与 EMC 有关的。作为 EMC 现象，电压暂降和短时中断会引起连接到供电网络的设备以非预期的方式运行。

在供电系统和连接到供电源的设备之间的基本关系是供电系统作为能量源存在，而设备从该能量源获取需要的能量并执行预期功能。获取和使用的能量几乎全部用于设备的预定目的和运行(包括嵌入的转换和控制特性)，仅仅受到设备连接点上线路传输能量的容量限制。

电网的能量传输容量随着电压的降低而减少。因此，电压暂降和短时中断会引起传输给设备的能量的短暂减少或中断。引起的性能降低因设备类型而异，甚至可能引起运行的完全中断。

有时候，可以选择在设计或者设备安装时加入保护装置，安装保护装置的目的是电压一旦降到设置的阈值以下则中断供电，从而防止低电压条件下的损害或其他不必要的影响。这种保护有将电压暂降转化为长时间中断的效果。长时间的中断不是由电压暂降引起的，而是设计对电压的降低做出反应的保护措施的预期结果。

正如所有的骚扰现象，电压暂降和短时中断的影响不仅在于对相关设备造成直接影响，而且取决于设备执行功能的重要程度和严重程度。例如，当今的制造方法常常是利用许多的设备处理复杂的连续过程。电压暂降或短时中断导致的一次故障或者切除任意一个设备，必然会停止整个过程，造成产品损失和设备的损坏或严重的错误动作。这是电压暂降和短时中断最严重的和代价最大的后果。然而，由此导致的损害或损失，是程序设计所造成的，是电压暂降或短时中断的间接或二次影响。

EMC 考虑的是对从电力网络上获取能量的实际设备性能的直接影响。对于某些类型的设备更普遍的影响在后面的条目中有更专门的描述。此处不作详述。

注：伴随电压暂降发生的相位突变，对某些设备有重要影响。这些现象在本指导性技术文件中不作进一步讨论。

4.2 对某些特定设备的影响

4.2.1 IT 和过程控制设备

一般而言，设备的主要功能单元要求直流电源供电，这是由公用供电系统的交流电源经过电源模块的转换提供的。通常，在电压暂降中达到的最低电压对电源模块具有重要的意义。图 3 给出了众所周知的 ITIC 曲线，说明了暂降的最低抗扰度目标(也包括超出正常范围的电压)。设备的用户必须考虑是否存在比图 3 中曲线显示的数据更严酷的电压暂降的结果，为保证设备满意的性能，有必要采取附加措施。依据设备使用场合的不同，设备失效的发生可能涉及安全性或其他延伸的后果。交通信号灯失灵是许多可能的例子之一。

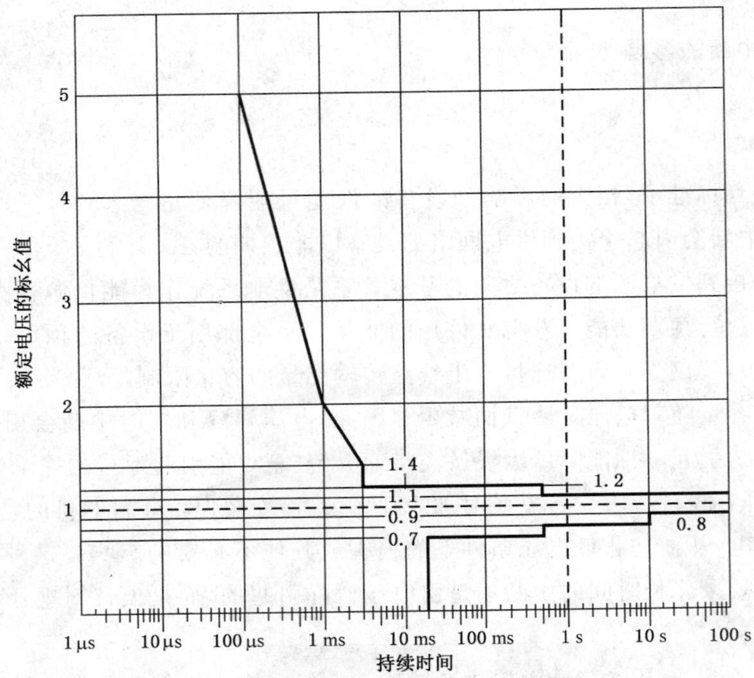

图 3　连接到 120 V/60 Hz 供电系统的设备的 ITIC(CBEMA)[2] 曲线

4.2.2　继电器和接触器

当电压减小到标称值的 80%以下并且持续时间在 1 个周期之上时，交流继电器和接触器将脱扣。造成的后果因应用的环境而不同，但是在安全或金融领域是十分严重的。

4.2.3　异步电动机

异步电动机的工作点是由电动机转矩-速率特性和机械负载的平衡来控制，转矩-速率特性取决于电压的平方。在电压暂降期间，电动机的转矩减小，转速降低，同时会有电流的增加，直至达到新的工作点。

对最大转矩超出 2.2 倍额定值的感应电动机来说，当出现一个正相序在额定电压 70%以上的剩余电压的暂降时，电动机有良好的耐受性。当从电网上获取的功率保持不变或略有减少时，电流增加 25%～35%。(如果取决于负载的转矩不变，则速度仅减少一个很小的百分位，这是由于电动机内较低的磁通量而提高了电机的转差率。)对电机的主要影响是发热，其持续的时间甚至比最长的暂降持续时间还要长许多。对于直接连接的电动机，伴随着电压恢复产生的过电流常常是受限制的，不会超过正常的起动电流。

在电动机的运转效果上，深度更大的暂降等效于短时中断。依据机械时间常数(总惯量与电动机额定转矩的比值)，发现了两种不同的特性。

——当机械时间常数高于暂降持续时间时，速率只有略微减小。通常磁通的时间常数为几百毫秒的量级，因此在电源电压的恢复过程中，可能存在一个相位相反的反电动势(e. m. f)。导致瞬

2)　CBEMA 是 Computer and Business Equipment Manufacturers Association 的缩写，为计算机和商用设备制造商协会。出于对大型计算机及其控制装置的电能质量要求，提出了电压容限曲线，称为 CBEMA 曲线。后因该协会改称信息技术工业协会，英文名 Information Technology Industry Council，其缩写为 ITIC，它将前面提到过的电压容限曲线作了一定改进，亦称为 ITIC 曲线。

时的涌入电流比正常的起动电流还要大。

——当机械时间常数低于暂降持续时间，速度的降低使电动机实际上停止了转动。电压恢复时的涌入电流与正常起动电流相当。

注：电动机保护继电器或接触器脱扣的可能性必须要考虑，见4.2.2。

如果大量电动机接到同一条母线上，暂降之后的电压恢复可能会引起麻烦。在这种情况下，在电压恢复中的高涌入电流可以产生二次电压降，延迟了电压的恢复，并且延缓了电动机重新加速至正常速度。在某些情况下，重新加速是不可能的，因此要求将电动机断开。

4.2.4 同步电动机

同步电动机的运行由输出端的转矩与速度，以及输入端的电压与有功功率确定。磁通、无功功率和内部转子角度是可变的，是与电压和转矩相关联的。如果新的、稳定的运行条件建立了，电压暂降是可以允许的。通常允许的电压暂降有75%或80%的剩余电压(正序)。还有，励磁电路也可能会受影响，应当予以考虑。

更严酷的条件会阻止建立新的稳定运行条件，并且由于转子角度增加到稳定的极限产生了同步损耗。能否达到该临界角度，取决于电压暂降的持续时间，电压降低的等级和机械时间常数。完全的分析是复杂的，必须考虑能够产生异步转矩的阻尼笼。

4.2.5 功率驱动系统

功率驱动系统(PDS)对非常小的电压暂降也是敏感的，电压暂降和短时中断的影响是非常复杂的，因为该部分必须和全部的配置一起考虑。这样的系统一般包括一个功率变换器/逆变器、电动机，控制单元和许多辅助部件。

控制元件的作用很关键，因为它具有处理其他元器件对电压暂降或短时中断响应的功能。电压的减少导致传到电动机和驱动设备的功率的减少，并且导致控制的失效。正反馈变换器对此尤其敏感或需要特别的控制，特别是当电压暂降或短时中断与逆向电力流动同时发生时。

变换器几乎不具备储能能力。通常，驱动设备具有一定的能量储存能力，可以在某些情况下使用。

4.2.6 照明设备

当电压暂降到低于额定值的90%时，高压放电灯会熄灭。由于冷却和压力降低的原因，它们可能需要几分钟时间才能重新启动。包含电子元器件的照明系统所受的影响见4.2.1。

5 补救措施

5.1 总则

实现电磁兼容性的标准是采用协调发射和抗扰度限值的方法。其目的，一方面阻止电磁骚扰的发射超过规定的水平，另一方面为暴露在骚扰下的设备提供足够的抗扰度电平，即能使设备按预期用途运行的电平。

电压暂降和短时中断是电气系统对短路或任何电流浪涌的正常反应，骚扰电平有两个参数，即剩余电压和持续时间。发射的限值必须包含这两个参数。

通常，剩余电压不能被改变。剩余电压的范围是从0 V到供电电压额定值，这取决于观察点、短路点和电源的相对位置。

持续时间在一定范围里改变，因为这在很大程度上取决于短路清除的速度。然而，短路保护的特点是在电网不同点上的开关、继电器等动作时间的分级操作，以保证在最适宜的点上清除每一个短路。这意味着清除时间、电压暂降与短时中断的持续时间取决于短路的位置(如果起因不是短路，则持续时间取决于相关事件)。

因此,关于骚扰电平的发射限制的范围是有限的(在特定情况下可能存在一些范围,会影响暂降和短时中断的发生频率,应通过采取措施减少电网的故障),所以必须考虑是否要求设备具备电压暂降和短时中断的抗干扰能力。

对于有适中的深度和持续时间的电压暂降,某些设备有一定的固有抗扰度能力,例如,借助它的惯量或能量储存能力。或者,也可以调整设计提供这种功能。

对短时中断和更严酷的电压暂降的抗扰度,严格地说,这是一个不可行的概念。该事故的基本特点是在短暂的时间段内,能源完全中断或急剧减少。没有一台电气设备能够在缺少能源的情况下继续进行预期的作业。

因此,针对这些骚扰所提供的提高抗扰度的办法倾向于从外部来解决,或者用快速恢复供应的替代能源,或者将设备及相关程序设计成能适应能源的短时减小或中断。

——对于在有限的时间内能量从供电系统中消失的情况,某些补救措施是利用贮存的能量来进行供电。这样可以对剩余电压为任何值的电压暂降,甚至是短时中断进行补偿。设备在一定时间里耐受电压暂降和中断的能力取决于贮存的能量和相关处理过程对电源需求间的关系。在很多情况下,必须考虑一定的反应时间(几毫秒)。因为能量贮存的成本很高,所以过程的保护措施趋向于直接用在特别敏感的部位。

——对于没有能量贮存能力的其他补救措施,虽不能解决电源中断问题,但是有能力补偿剩余电压低至50%的电压暂降。它们能渡过电压减少等级不同的情况。在这些方法中,通常电压暂降的持续时间不是一个重要的参数。由于省略了储备能源,降低了补偿措施的成本。

下述例子对电压暂降和短时中断的骚扰现象提供更完整的信息。改进措施在本指导性技术文件的考虑之外。这需要在经济和技术分析的基础上进行探讨,参见IEEE 1346—1988中的概要。

5.2 补救措施举例

5.2.1 具有附加惯性的旋转电机

旋转设备解决电压暂降和短时中断的简单方法是增加其惯量。然而,该方法的使用仅限于特殊的用途,例如在钢铁企业中,常常附加使用该方法去平滑急剧的负载变化。这种结构的性能取决于惯性和实际负载之间的关系,但通常在几秒钟的范围内。

5.2.2 带飞轮和发动机或紧急备用动力系统的旋转电机

大惯量物体随着电动机/发电机一起在与外界隔绝的环境中高速旋转,并贮存高达几兆瓦·秒的能量。这些能量通过变换器提供给该系统,其可用功率可高达几百千瓦。

5.2.3 不间断电源(UPS)

不间断电源系统广泛用于对供电系统电压变化和断电敏感的设备。典型的负载经过变换器供电。它的直流部分连接到如电池的电源上。贮存的容量可以在很宽的范围内变化,这取决于特殊的要求,主要受到能量贮存成本的限制。实际的应用范围从小的低压负载直至高达几百千瓦的负载。

5.2.4 超导磁能量贮存器(SMES)

超导磁能贮存器有在超导电抗线圈里存储几兆瓦·秒的能力。根据设计,典型的超导磁能贮存器能够对大功率要求的负载在几百毫秒的断电或深度电压暂降进行补偿。

5.2.5 静态无功功率补偿器(SVC)

典型的静态无功功率补偿器由电容器和/或带有晶闸管控制的电抗器的无源滤波电路并联组成,它可为系统提供连续可调的无功功率(平衡或不平衡的),从而能够调节电压。通常,静态无功功率补偿器(SVC)连接到中压或高压系统,其额定容量为几兆乏(Mvar)到几百兆乏。它们主要用于分布系统中大节点处的电压控制,它们也能够被设计用来补偿电压的暂降,但是在该应用中能力相当有限。静态无功补偿器(SVC)的典型电压调节能力是系统电压的10%～20%。

5.2.6 动态电压恢复器(DVR)

在电压暂降期间,动态电压恢复器运用电力电子技术,通过变压器与负载串联,补偿缺失的平衡和不平衡的电压幅值。对于剩余电压低至50%的情况,电压可以在几毫秒内恢复。可以应用在几十千瓦(低压)到几十兆瓦(中压)范围的负载上。

5.2.7 铁磁共振变压器

铁磁共振(恒定电压)变压器有时用于减轻电压暂降。它被设计成在磁饱和状态下运行,在某些条件下,无论输入电压如何变化,维持输出电压恒定。

6 电压暂降和短时中断测量

6.1 电压暂降和短时中断测量中采用的规定

所有有关电压暂降的电压值都用均方根值表示,至少要取电源频率的半个周期的电压,10 ms 和 8⅓ ms 分别对应 50 Hz 和 60 Hz。

注:在 IEC 61000-4-30[3] 中,基本电压测量采用均方根电压,在一个周期上测量,并且每半个周期更新一次。

电压暂降的重要参数是电压的幅值。这个参数有两种表示方式,一种是在事故期间的电压降低值;另一种是低于预设电压或其他参考值的量值。在本指导性技术文件中,习惯上采用电压暂降的定量法,并使用"剩余电压"这个术语。

电压暂降的测量包括记录暂降期间的电压值,持续时间和测量期间的暂降次数。后两个参量也用于记录短时中断。为了记录这些值并比较测试结果,有必要采取某些特殊的规定。

下面分别叙述描述在各种电压暂降测量中使用或考虑的规定,不涉及任何特殊情况。

6.1.1 测量用参考电压

6.1.1.1 固定参考电压

电压暂降中的剩余电压经常用相对值表示,如百分值或标幺值。习惯上,这种关系的基准通常是观察点上的额定电压或标称电压。当对所用设备可能产生的影响感兴趣时,这就特别有用。因此,在低压和中压电网中的测量参考电压通常是相关电网的额定电压或标称电压。

6.1.1.2 变动参考电压

当调查的对象包括由单一短路事件引起的、电网上不同点间的电压暂降比较时,采用不同的方法是适当的,电网可能工作在不同电压。在较高电压的电网上进行测试的情况比较常见。然而,对于很多与低压或中压电网连接的电气设备来说,了解如何测量在高压电网上电气设备所经历暂降的方法也是很有用的。

相对于低压或中压电网,高压电网上正常电压范围的变动要大得多,因为高压电网只有一个可操作其电压范围的部件,例如变压器的抽头。引起高压电网上一定深度的电压暂降事件,可能导致在低压电

3) IEC 61000-4-30《电磁兼容 试验和测量技术 电力质量测量方法》正在转化为国标。

网不同观察点上出现很多个剩余电压,即使它们紧邻在一起。这是因为在不同点上暂降前的电压是随中间变压器抽头位置和连接方式而变化。

在这些情况下,可以测量与先前电压有关的电压暂降,也能够记录电压变化的情况。在这种情况下,为了显示暂降发生之前的电压,参考电压是在某一特定的时间间隔内(远长于电压暂降的持续时间)连续计算得到的值。这就是提到过的变动参考电压。

当使用变动参考电压时,必须考虑到,对用电设备来说关键值常常是电压绝对值。例如,假设在某一特定点暂降之前的电压值在 $0.9U_n \sim 1.1U_n$ 的范围,电压减少标幺值 r,相对于变动参考值,意味着实际的剩余电压低至 $0.9rU_n$ 或高至 $1.1rU_n$(U_n=标称电压)。在评估对设备影响时不需要太精确。

6.1.2 暂降持续时间:标志起始和结束的电压阈值

起始电压和结束电压阈值标志的选择取决于参考电压是代表先前即时电压的变动电压,还是代表额定或标称电压的固定值。固定参考电压是首选的。

在供电网络上任意给定的观察点上,电压始终随着电网不同点上频繁的变化和负载的切换而变化。通常,至少在正常供电的条件下,电网应能维持电压在一定的范围内变化。电压在指定的允许范围内不断变动时,由短路或等效的电流浪涌引起的电压变化型式被定义为电压暂降。在这种情况下,引发的电压可以是先前电压的 0%和 100%之间的任何值,这取决于观察点与引起事故点的相对位置。

因此,在与引起事故位置相对远的观察点上,尤其是先前电压接近指定电压变化范围上限的地方,其剩余电压保持得相当高,并仍然在指定变化范围内。在这种电压维持在指定范围内点的剩余电压测量,不需要与由于当地负载的正常波动产生的电压变化进行区分。按惯例,这被排除在暂降测试之外。

基于这一理由,多数电压暂降的测量是基于指定允变范围下限来作为电压的阈值。仅仅将电压下降到阈值以下的事故记录为暂降。每次电压暂降的计算从电压下降到阈值以下时开始,等到电压恢复到至少为阈值时结束。

然而,在给定的时间里,观察点的电压恰好接近于指定变化范围的下限,很可能因正常的变化和负载的切换导致在指定阈值的下限附近产生微小的电压波动(变动的正常范围考虑采用短时间隔内的平均电压,例如 10 min,因此在这段时间内的电压有低于和高于平均值的情况)。如果阈值如上述所设置,在这样一个观察点上记录的电压暂降数目,可能会随着负载感应电压的变化而明显增加。

消除这种变化的一种方法是在电压变化的正常范围以下设置预留的界限。在这种方法中,仅当剩余电压降到比指定电压允变范围之下的某个特定限值更低的情况才作为电压暂降予以记录。在电压暂降的记录期间,电压越过阈值的两个瞬间就被标志为事故的开始与结束。

另一种替代方法是采用两个阈值,此方法也已被用来排除负载感应电压的波动接近于指定允变范围下限的情况。仅把那些电压下降到相当于允变范围底部下面的阈值,再恢复到在第一个阈值上稍微设置了余量(典型值是1%的参考电压)的第二个阈值的事故分类为电压暂降(类似地,术语"迟滞量"用于描述两个阈值之间的差值)。

在该方法发展的最初阶段,使用第二阈值的目的仅仅用来将一种事件划分为电压暂降——给事件分类,第一阈值用来标志暂降的起始和结束。随着该方法的演变,发展成采用刚刚描述的第二阈值作为电压暂降结束的标志。

总的说来,对于固定参考电压的情况,起始和结束阈值可如下设置:

——起始阈值设置成正常电压允变带宽的下限,或限值以下有指定余量的值;

——结束阈值设置成与起始阈值相同的值,或者在起始阈值上面稍微留一点余量(滞后)。

当参考电压是一个变动值时,连续计算暂降发生前的电压值,这种方法具有平滑作用,自动排除绝大多数由于局部负载波动产生的变化。因此,这种情况下,起始和结束阈值可以选择为一个十分接近于变动参考电压的值。

当发生一个与暂降无关的电压下降趋势时,暂降结束时电压恢复到的值有时略低于事件发生前的即时电压值。那么，为了确保能够识别“暂降”的结束，可能有必要将结束阈值设置成略低于参考值，例如99%的变动参考电压值。为统一起见，起始阈值可以设置成同一值。

在多相测量中，若各相电压暂降的持续时间在时间上是相互重叠的，习惯上被计成一个单独事故。某些情况下，测量持续时间从第一相或线电压降到低于起始阈值的瞬间开始，到最后一相或线电压上升到或超过结束阈值的瞬间结束。

6.1.3 电压暂降和短时中断的区别

概念上，中断意味着与供电电源的完全断开，因此电压为零。然而实际上，电网的断开部分可能包含了重要的能量储存源，它阻止了电压在非常短的中断时间里降至零伏。此外，理论上最严重的电压暂降意味着是电压为零。尽管还连在电源上，而这样的电压暂降却等同于一次中断。所以，测量仪器要想从电压暂降中区分出短时中断是困难的。

基于这个原因，在测量电压暂降和短时中断中，为了区别这些现象，有必要采用一个大于零伏的界限电压。一个事故中，它的剩余电压低于所采用界限值时便被划分为短时中断，否则就是电压暂降。

其结果是，一个特定的短路可能导致不同的观察点被视为电压暂降或短时中断结果，这取决于在每观察点上的剩余电压是高于还是低于按照惯例所选择的界限值。

6.2 电压暂降的测量

虽然电压暂降的形成通常是很复杂的，一个简化方法是在几个点上进行电压暂降测量，以获得统计数据。该方法已用于处理暂降，将它们都看成是简单的单一深度的事件。对每一次暂降，记录一对数据。事故发生期间的剩余电压是最低电压。持续时间是从电压降到起始阈值以下的瞬间，至电压变成等于或高于结束阈值的瞬间进行测量。阈值的设置如前所述。

然而，发现某些被测事件要复杂得多，电压在事件发生期间有若干值，在暂降持续期内的一段可觉察的时间里可能伴有电压下降、上升或二者兼有。在这种情况下，为了表征暂降的特征，取剩余电压等同于达到的最低电压，而持续时间对应于起始和结束的阈值，这可能是严重夸大了骚扰本身的程度。

为了处理复杂的、非矩形的电压暂降，可能要在电压标尺上指定若干等级，并且记录电压到达或低于每个这样标记的持续时间。这样有可能要导致记录若干组剩余电压-持续时间的数据组来描述每一次电压暂降。

然而，这种方法没有用在本指导性技术文件出现的测量结果中。

在某些情况中，在特定场所进行电压暂降测量的目的是为了监测供应商和用户之间的合同条款是否满足，或是为了监测特定设备或程序的关键条件是否被违反。在这种情况下，可能要关注特定的电压阈值，这是因为合同有明确规定，或是因为该值对相关的设备或程序至关重要。实际暂降的起始和结束与其最终深度可能毫不相关。仅当电压降至特定的阈值以下，才会进行记录。此时，唯一需要的信息是电压保持或低于该值的持续时间。

6.3 短时中断的测量

对短时中断采取与电压暂降相同的方式进行测量。选择一个电压界限，低于此值的被指为短时中断。在此之前，界限值被设置成几个不同的值，分别为参考电压的1%、5%和10%。

当这些测量是上文涉及的部分内容时，界限电压仅仅用来确定是电压暂降还是短时中断。然而，短时中断的持续时间基于与电压暂降相同的起始和结束阈值。在非矩形事件的情况下，这样会夸大短时中断的持续时间。

6.4 测量结果的分类

收集或描述电压暂降和短时中断的测量活动结果，必须注意这种现象的二维性。建议使用制作二维矩阵或表格的方法，行表示深度或剩余电压的分类，列表示持续时间分类。

6.4.1 基于矩形假定的结果

表2给出UNIPEDE(国际电能生产者与配电者联合会)设计的表格。对于一个特定的测量场地，每个单元格包括在指定的周期里发生的具有相应深度和持续时间的电压暂降次数，通常周期为一年。最后一行表示短时中断(在早期测量中，参考电压的1%的电压作为电压暂降和短时中断的分界线)。

表2 测量结果的分类

剩余电压 u U_{ref}的百分数	持续时间/s							
	$0.01<\Delta t \leqslant 0.02$	$0.02<\Delta t \leqslant 0.1$	$0.1<\Delta t \leqslant 0.5$	$0.5<\Delta t \leqslant 1$	$1<\Delta t \leqslant 3$	$3<\Delta t \leqslant 20$	$20<\Delta t \leqslant 60$	$60<\Delta t \leqslant 180$
$90>u\geqslant 85$								
$85>u\geqslant 70$								
$70>u\geqslant 40$								
$40>u\geqslant 10$								
$10>u\geqslant 0$								

注1：第一列和第一行的测量结果可能会因为瞬态现象和负载波动而分别扩大。

注2：在持续时间标题中为首的两个，0.01 s和0.02 s相应于是50 Hz电压的半个周期和一个周期。对于60 Hz系统，应使用相应的值。

类似的表格用于对测量过程中所有位置的结果进行汇集。

在这种情况下，每个单元格包含：

——单元格中记录所有观测点的某一百分位(一般为95百分位)电压暂降的次数；

——单元格中记录的最大数；

——单元格中记录的所有观测点的平均数；

——或其他统计数据。

当涉及几种类型的电网时，应为每种类型单独列表。例如，架空电网应该与地下电网相区别。

6.4.2 复杂暂降情况的结果确认

类似的表可以用来收集为每次电压暂降记录到几组深度-持续时间的测量结果。每次暂降会有几组数据填入表格，电压标度所指定若干等级中的每个等级作为一组。有必要在表格中专门提供一列给零持续时间。行与所选电压等级相对应。在多位置测量过程中，如同上面讲到的简单暂降情况，将从所有测量点上取得结果可以归在一张表格当中，每个单元格包括通过对全部测量结果经计算得到的专用统计值。

据悉，这种相当复杂的方法还未在实际中使用。

6.5 测量结果的汇总

由同一次事故产生的重合闸操作能够导致多次电压暂降或中断。这些重复的骚扰不太可能多次影响设备和程序。但它可能产生误导而将这些骚扰算作多次独立事件。考虑这种影响，汇总的概念可应用于统计分析和管理或用户报告中。这在于应用一套规则，如何对在有限的时间段内发生的一组事件进行分类，如何按照幅值和持续时间对形成的等效事件进行表述。

例如，所有在1 min内的事件可被计算为一个单独的事件，它的幅值和持续时间是这期间内观察到的最严重的暂降。

必须注意的是汇总方法的选择对记录事件的数量和特性有相当大的影响。此外，形成的等效事件不需要准确反映对设备和程序的影响。

7 所得的测量结果

结果如下，其格式已提交给国际电工委员会(IEC)。

7.1 UNIPEDE[4)]的统计资料

UNIPEDE DISDIP在欧洲的9个国家联合进行的测量活动[8]确定了接到低压和中压电网的电力用户每年所经历的电压暂降和短时中断的数目。

在低压电网测量尽可能接近中压/低压变电站的低压母线、或者直接在中压/低压变电站的中压线上进行。测量通过电压互感器进行，对于低压用户，所经受的相线-中线电压必须进行校正。

其目的是为了反映宽范围的环境和地理条件而找出有不同气候和电网结构的几个国家。从85个监测点得到了测量结果，几乎每个监测点的测量周期至少是一年。

电压暂降起始和结束的电压阈值采用标称电压的90%，持续时间从10 ms～1 min。短时中断的电压阈值是0%，对应于表3～表8的最后一行。

85个测量点中，33个是地下电网，其余的52个是高架线路和地下线路比例不同的混合电网。

表3、表4和表5列出了地下电网的结果。

表3在相应单元格中记录了发生事件的最多次数，因为在同一测量点不会出现两个最多次数，所以对表中所有单元格的数据汇总就没有意义了。作为参考信息，将测量点记录到的暂降-中断事件最多次数附在表尾。

表4在每个单元格中给出事件发生数的平均值(在这种情况下，附在表后的所有测量点事件的平均值，与单元格值的平均值相同)。

表5中每单元格包含的是去除所有记录数字中最高的5%后的事件最大次数，即每个单元格中的值是这个单元内所有发生次数分布的第95个百分位的值。在所有观测点上的所有暂降-中断事件次数的第95个百分位附在表中。

表6、表7和表8列出了混合电网相应的值。

表3 地下电网：电压暂降发生率——最大值

剩余电压 u U_{ref}的百分数	持续时间 t					
	$10 \leqslant t < 100$ ms	$100 \leqslant t < 500$ ms	$0.5 \leqslant t < 1$ s	$1 \leqslant t < 3$ s	$3 \leqslant t < 20$ s	$20 \leqslant t < 60$ s
$90 > u \geqslant 70$	63	38	8	1	1	0
$70 > u \geqslant 40$	8	29	4	0	0	0
$40 > u \geqslant 0$	6	17	1	3	0	0
$u=0$(中断)	1	1	2	1	1	10
暂降最大值/测量点：124。						

4) 国际电能生产者与配电者联合会

表4　地下电网:电压暂降发生率——平均值

剩余电压 u U_{ref}的百分数	持续时间 t					
	10≤t<100 ms	100≤t<500 ms	0.5≤t<1 s	1≤t<3 s	3≤t<20 s	20≤t<60 s
90>u≥70	13.4	9.5	0.4	0.2	0.1	0
70>u≥40	1.5	5.9	0.3	0	0	0
40>u≥0	0.1	1.8	0.2	0.2	0	0
u=0(中断)	0.1	0.1	0.3	0.1	0.1	0.7
暂降平均值/测量点:35。						

表5　地下电网:电压暂降发生率——95百分位

剩余电压 u U_{ref}的百分数	持续时间 t					
	10≤t<100 ms	100≤t<500 ms	0.5≤t<1 s	1≤t<3 s	3≤t<20 s	20≤t<60 s
90>u≥70	23	19	3	1	0	0
70>u≥40	5	19	1	0	0	0
40>u≥0	1	8	1	0	0	0
u=0(中断)	0	0	1	0	1	1
暂降的第95个百分位/测量点:63。						

表6　混合电网:电压暂降发生率——最大值

剩余电压 u U_{ref}的百分数	持续时间 t					
	10≤t<100 ms	100≤t<500 ms	0.5≤t<1 s	1≤t<3 s	3≤t<20 s	20≤t<60 s
90>u≥70	111	99	20	8	3	1
70>u≥40	50	59	14	3	1	0
40>u≥0	5	26	11	4	1	1
u=0(中断)	5	25	104	10	15	24
暂降的最大值/测量点:306。						

表7　混合电网:电压暂降发生频率——平均值

剩余电压 u U_{ref}的百分数	持续时间 t					
	10≤t<100 ms	100≤t<500 ms	0.5≤t<1 s	1≤t<3 s	3≤t<20 s	20≤t<60 s
90>u≥70	26.8	27.6	3.4	1.2	0.3	0.02
70>u≥40	3.1	15.1	1.3	0.4	0.02	0
40>u≥0	0.4	6.5	1	0.4	0.1	0.02
u=0(中断)	0.3	3.5	7.4	1.2	1.1	2.1
暂降的平均值/测量点:103。						

表 8 混合电网:电压暂降发生率——95 百分位

剩余电压 u U_{ref}的百分数	持续时间 t					
	$10\leqslant t<100$ ms	$100\leqslant t<500$ ms	$0.5\leqslant t<1$ s	$1\leqslant t<3$ s	$3\leqslant t<20$ s	$20\leqslant t<60$ s
$90>u\geqslant70$	61	68	12	6	1	0
$70>u\geqslant40$	8	38	4	1	0	0
$40>u\geqslant0$	2	20	4	2	1	0
$u=0$(中断)	0	18	26	5	4	9
暂降的第 95 个百分位/测量点:256。						

7.2 EPRI(美国电力研究院)调查的统计资料[9][10]

这个调查历时两年(1993 年—1995 年),收集了分布在美国的 24 个公司的中压配电系统中的测量结果。在 95 条不同的馈电线路上,安装监测器的场地点数达到 277 个。在这个调查中很少有电缆电路。

大部分情况,在中压线上测量相线-中线电压。用一个周期来计算均方根电压。任何 1 min 内的事故被划分为一次暂降,用任何一相的最小电压及涉及该相的事件持续时间表示。

电压暂降的频率和幅值的统计结果,如下图所示(涉及到电压暂降持续时间的数据尚未公布)。每个测量点反馈数据的取样权重是根据从所有可能监测点上选定的概率来取的。

图 4 给出了每个观察点在每 30 d 出现的暂降和中断的数目。

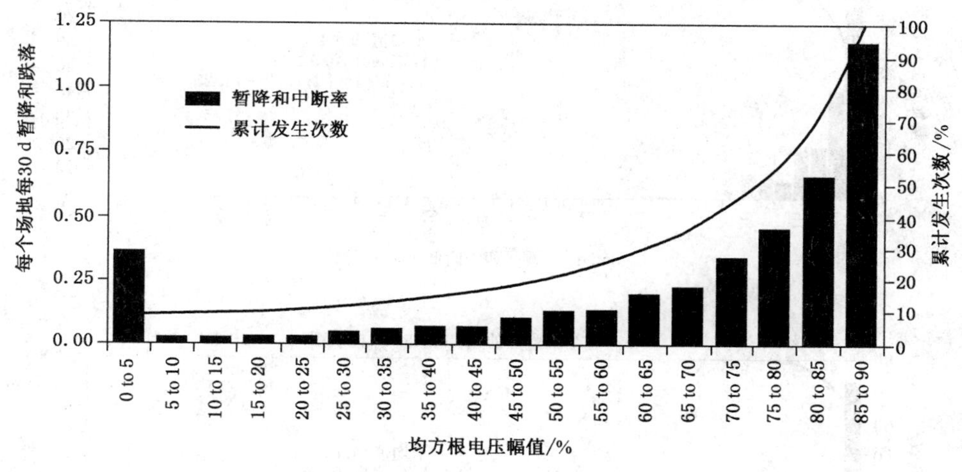

图 4 暂降和中断率柱状图

图 5 说明用于记录给定低于 4 个不同阈值的电压暂降数的测量场地数。符合 $SARFI_x$ 指标,这里:

$SARFI_x$(系统平均均方根值(可变)发生次数指标)$=\sum N_i/N_t$

其中:

x=均方根电压阈值;

N_i=用户每年经受的电压暂降至 x 以下的次数;

N_t=用户接受系统相关部门服务的次数。

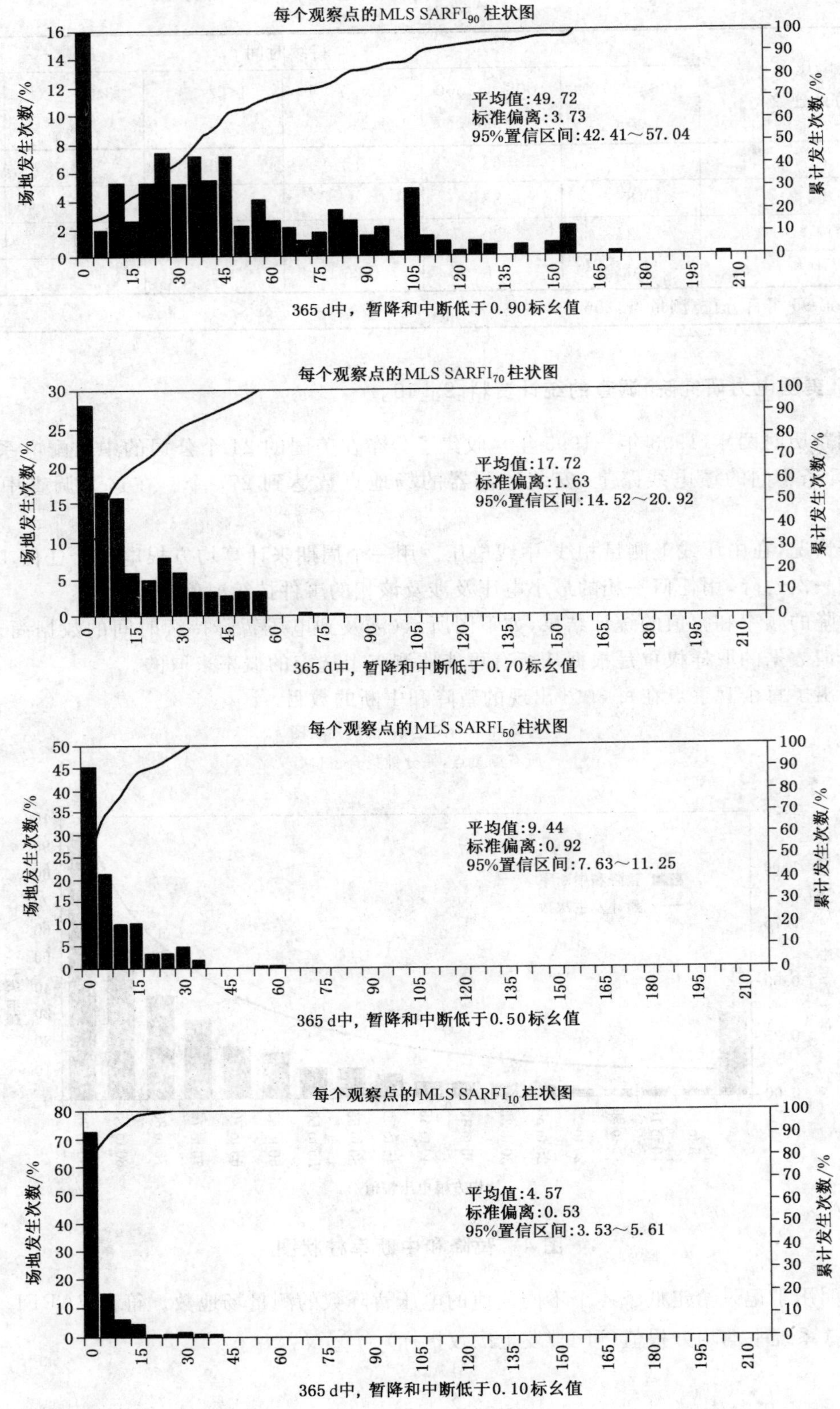

图5　每年低于4个电压阈值的电压暂降和中断次数

7.3 个别国家的统计资料

7.3.1 A国

在高压和中压系统上进行了为期一年的测量，在高压电网测量时使用 27 台仪器，中压电网测量时使用 36 台仪器。

将额定电压作为参考值，采用的阈值为参考电压的 90%（开始）、92%（结束）和 10%（中断）。在 10 ms 的窗口上计算均方根电压值。

当三相电压中至少有一相降到开始阈值之下，这个事件被认为是电压暂降，当三相电压都降到 10%阈值之下，则认为是短时中断。

测量设备被设置成检测持续时间长于或等于 20 ms，且剩余电压低于或等于 90%参考电压的事件。然而，下列表格仅给出了持续时间长于或等于 50 ms，以及幅值低于或等于 80%参考电压的事件。

短时中断与电压暂降分别计算，各自的统计结果见下表。

表 9 和表 10 给出了高压和中压系统上检测到的暂降和中断事件分布，用事件总数（超过20 000 件）的百分数来表示。

表 9 高压系统上的电压暂降和短时中断

剩余电压 u U_{ref}的百分数	持续时间 t				
	$50 \leqslant t < 200$ ms	$200 \leqslant t < 400$ ms	$400 \leqslant t < 600$ ms	$0.6 \leqslant t < 1$ s	$1 \leqslant t$ s
$80 > u \geqslant 75$	7.4%	2.7%	0.6%	0.8%	0.6%
$75 > u \geqslant 70$	3.9%	1.5%	0.2%	0.3%	0%
$70 > u \geqslant 50$	4.7%	2.5%	0.2%	0.4%	0.4%
$50 > u \geqslant 30$	0.9%	0.4%	0.2%	0.2%	0%
$30 > u$	3.2%	0.6%	0.2%	0%	1.1%
短时中断	0%	0.3%	0.1%	0%	3.5%

表 10 中压系统上的电压暂降和短时中断

剩余电压 u U_{ref}的百分数	持续时间 t				
	$50 \leqslant t < 200$ ms	$200 \leqslant t < 400$ ms	$400 \leqslant t < 600$ ms	$0.6 \leqslant t < 1$ s	$1 \leqslant t$ s
$80 > u \geqslant 75$	6.5%	2.4%	0.8%	0.9%	0%
$75 > u \geqslant 70$	2.7%	1.4%	1.1%	1.3%	0%
$70 > u \geqslant 50$	7.1%	2.4%	1.6%	1.3%	0%
$50 > u \geqslant 30$	2.2%	1.8%	0.6%	0.6%	0%
$30 > u$	5.7%	2.4%	0.8%	0%	0.2%
短时中断	1.3%	2.4%	0.2%	0%	4.7%

7.3.2 B国

测量活动进行了三年(1996 年—1998 年),使用了 45 台暂降记录仪,在每个选定点记录整整一年的结果。通常,测量在相线-地线之间进行,但在某些情况下,通过接入适用的电压互感器在相线-相线间测量。

将标称电压作为参考值,采用的阈值为参考电压的 90%(起始),91%(结束)和 1%(中断)。

电压暂降依据深度和持续时间进行分类,与 UNIPEDE 设计的表格相一致。超过一相的暂降如果在时间上交迭,定为一次事件。时间上分开的事件(不交迭)则计为是各自分离的暂降。

发现在已记录的事件有 1/4 的持续时间在 10 ms～20 ms 范围内。显然,不同的测量设备对这些事件具有不同的响应,这些事件可能是由电压瞬变所造成的。因此要去掉持续时间小于 20 ms 的事件。

下表给出了三种电网的结果:中压架空电网取 109 个测量点,中压地下电网取 11 个测量点,高压(400 kV)电网取 9 个测量点。

在每种情况中,列出了最大发生率和平均发生率。对于表 11、表 14 和表 16 中的最大值,每个表格的单元包含的是在测试点上每年的电压暂降数,这是记录了对应深度(剩余电压)和持续时间上的电压暂降最大数目。对于表 13、表 15 和表 17 中的平均值,每个单元格包含了每年在所有测量点上,按相应深度(剩余电压)和持续时间记录到的事件数目的算术平均值。

此外,表 12 包含的是在中压架空电网的 95 百分位。该表格中的每个单元格记录的是去除了 5% 的测量点所记录的对应深度(剩余电压)和持续时间的暂降的最大次数之后的暂降最大次数(其他类型的电网测量点数目不足,不能提供类似的表格)。

表 11　中压架空电网:电压暂降发生率——最大值

剩余电压 u U_{ref} 的百分数	持续时间 t						
	$20 \leqslant t < 100$ ms	$100 \leqslant t < 500$ ms	$0.5 \leqslant t < 1$ s	$1 \leqslant t < 3$ s	$3 \leqslant t < 20$ s	$20 \leqslant t < 60$ s	$60 \leqslant t < 180$ s
$90 > u \geqslant 85$	541	61	24	25	53	51	10
$85 > u \geqslant 70$	1 532	203	136	20	7	1	1
$70 > u \geqslant 40$	1 146	225	38	26	8	1	1
$40 > u \geqslant 1$	97	424	31	28	5	1	3
$1 > u \geqslant 0$(中断)	2	20	7	27	27	6	10

表 12　中压架空电网:电压暂降发生率——95 百分位

剩余电压 u U_{ref} 的百分数	持续时间 t						
	$20 \leqslant t < 100$ ms	$100 \leqslant t < 500$ ms	$0.5 \leqslant t < 1$ s	$1 \leqslant t < 3$ s	$3 \leqslant t < 20$ s	$20 \leqslant t < 60$ s	$60 \leqslant t < 180$ s
$90 > u \geqslant 85$	150	37	9	6	3	2	1
$85 > u \geqslant 70$	238	93	14	5	1	0	0
$70 > u \geqslant 40$	141	128	15	5	1	0	0
$40 > u \geqslant 1$	55	113	12	4	1	0	0
$1 > u \geqslant 0$(中断)	0	4	1	6	7	2	3

表 13 中压架空电网:电压暂降发生率——平均值

剩余电压 u U_{ref}的百分数	持续时间 t						
	20≤t<100 ms	100≤t<500 ms	0.5≤t<1 s	1≤t<3 s	3≤t<20 s	20≤t<60 s	60≤t<180 s
90>u≥85	47.1	11.7	2.3	1.2	1.5	1.1	0.2
85>u≥70	63.9	28.1	5.3	1.0	0.2	0	0
70>u≥40	36.5	31.9	3.6	1.1	0.2	0	0
40>u≥1	10.4	24.2	2.5	0.8	0.2	0	0
1>u≥0(中断)	0	0.8	0.3	1.1	1.4	0.4	0.6

表 14 中压地下电网:电压暂降发生率——最大值

剩余电压 u U_{ref}的百分数	持续时间 t						
	20≤t<100 ms	100≤t<500 ms	0.5≤t<1 s	1≤t<3 s	3≤t<20 s	20≤t<60 s	60≤t<180 s
90>u≥85	105	34	8	20	43	11	10
85>u≥70	64	54	28	2	0	0	0
70>u≥40	65	126	9	2	0	0	0
40>u≥1	26	53	3	1	0	0	0
1>u≥0(中断)	0	9	5	6	3	1	2

表 15 中压地下电网:电压暂降发生率——平均值

剩余电压 u U_{ref}的百分数	持续时间 t						
	20≤t<100 ms	100≤t<500 ms	0.5≤t<1 s	1≤t<3 s	3≤t<20 s	20≤t<60 s	60≤t<180 s
90>u≥85	37.4	12.1	1.8	1.9	4.2	1.2	1.1
85>u≥70	24.0	20.4	4.4	0.5	0	0	0
70>u≥40	14.2	19.7	2.1	0.2	0	0	0
40>u≥1	5.6	12.5	0.8	0.1	0	0	0
1>u≥0(中断)	0	0.8	0.7	0.6	0.7	0.2	0.5

表 16 高压(400 kV)电网:电压暂降发生率——最大值

剩余电压 u U_{ref}的百分数	持续时间 t						
	20≤t<100 ms	100≤t<500 ms	0.5≤t<1 s	1≤t<3 s	3≤t<20 s	20≤t<60 s	60≤t<180 s
90>u≥85	50	11	2	0	0	0	0
85>u≥70	61	15	1	0	0	0	0
70>u≥40	20	14	1	0	0	0	0
40>u≥1	2	1	0	6	0	0	0
1>u≥0(中断)	0	0	2	4	0	0	0

表 17　高压(400 kV)电网:电压暂降发生率——平均值

剩余电压 u U_{ref}的百分数	持续时间 t						
	20≤t<100 ms	100≤t<500 ms	0.5≤t<1 s	1≤t<3 s	3≤t<20 s	20≤t<60 s	60≤t<180 s
90>u≥85	27.7	3.1	0.4	0	0	0	0
85>u≥70	30.2	7.6	0.3	0	0	0	0
70>u≥40	7.1	2.9	0.2	0	0	0	0
40>u≥1	0.9	0.1	0	1.1	0	0	0
1>u≥0(中断)	0	0	0.2	0.6	0	0	0

7.3.3　C 国

对于该国,可用的测量结果如下所述:

——地下电网的两个测量点,历时三年的测量(1996 年—1998 年);

——混合电网(架空/地下)的 3 个测量点,历时同样的三年测量;

——混合电网的 3 个测量点,历时一年的测量(1999 年);

——架空电网的 3 个测量点,历时一年的测量(1999 年)。

这些测量在高压/中压变电站的中压母线上进行。

除了一般的结果表格,为每一组结果列表确定了一个特征值。该值是对每个单元格的值进行加权,然后对所有单元格的加权值求和。

表 18 给出了单元格加权系数。每个单元格的系数由持续时间和深度(不是剩余电压)的区间中间值的乘积给出。例如,对应持续时间区间为 0.5 s～0.75 s 和深度区间为 $0.3U_{\mathrm{ref}}$～$0.6U_{\mathrm{ref}}$(剩余电压 $0.4U_{\mathrm{ref}}$～$0.7U_{\mathrm{ref}}$)的单元格,其加权系数为 0.28 125=0.625×0.45。然而,这里假设超过 1 s 的严酷度没有进一步增加,对于最后四列,系数计算是基于同样的持续时间中间值 0.875。

表 18　电压暂降严酷度加权系数

剩余电压 u	深度 u'	持续时间 t							
(u/U_{N})%		20≤t<100 ms	100≤t<250 ms	250≤t<500 ms	0.5≤t<0.75 s	0.75≤t<1 s	1≤t<3 s	3≤t<20 s	20≤t<180 s
90>u≥85	10<u'≤15	0.008	0.022	0.047	0.078	0.109	0.109	0.109	0.109
85>u≥70	15<u'≤30	0.014	0.039	0.084	0.141	0.197	0.197	0.197	0.197
70>u≥40	30<u'≤60	0.027	0.079	0.169	0.281	0.394	0.394	0.394	0.394
40>u≥10	60<u'≤90	0.045	0.131	0.281	0.469	0.656	0.656	0.656	0.656
10>u≥0	90<u'≤100	0.057	0.166	0.356	0.594	0.831	0.831	0.831	0.831

各单元格值乘以表 18 中的相应系数得出加权和,列在表 19～表 26 的最后。为了比较,附带列出了由实际的、无加权的单元值求和得出的直接总和。

表19和表20包括了地下电网中两个测量场地历时3年(1996年—1998年)的测量结果。这两个表格分别包括了记录的每年的电压暂降数的最大值和平均值,所记录的电压暂降根据剩余电压和持续时间的分类区间进行合并。对于最大值,两个场地各自三年中每年年度值取平均值,得到的两个结果中的较大者列在表格的每个单元格中。对于平均值,每个单元格中的数值仅仅是六个值的平均—两个场地各自的3个每年记录值。

表21和表22包括混合电网在相同的3年周期里的测量结果,计算方法同上,不同之处在于这里是3个而不是两个测量场地。

表19 地下电网:2个测量场地,1996年—1998年——暂降最大值/年

剩余电压 u U_{ref}的百分数	持续时间 t							
	$20\leqslant t<100$ ms	$100\leqslant t<250$ ms	$250\leqslant t<500$ ms	$0.5\leqslant t<0.75$ s	$0.75\leqslant t<1$ s	$1\leqslant t<3$ s	$3\leqslant t<20$ s	$20\leqslant t<180$ s
$90>u\geqslant85$	1.67	0.33	0.00	0.33	0.00	0.00	0.00	0.00
$85>u\geqslant70$	3.67	3.33	0.67	0.33	0.00	0.00	0.00	0.00
$70>u\geqslant40$	0.67	2.67	0.33	1.33	0.00	1.33	0.00	0.00
$40>u\geqslant10$	0.00	0.33	0.00	0.00	0.00	0.00	0.00	0.00
$10>u\geqslant0$	0.00	0.00	0.00	0.00	0.00	0.00	0.00	0.00
直接求和:17.0; 加权求和:1.5。								

表20 地下电网:2个测量场地,1996年—1998年——暂降平均值/年

剩余电压 u U_{ref}的百分数	持续时间 t							
	$20\leqslant t<100$ ms	$100\leqslant t<250$ ms	$250\leqslant t<500$ ms	$0.5\leqslant t<0.75$ s	$0.75\leqslant t<1$ s	$1\leqslant t<3$ s	$3\leqslant t<20$ s	$20\leqslant t<180$ s
$90>u\geqslant85$	1.17	0.17	0.00	0.17	0.00	0.00	0.00	0.00
$85>u\geqslant70$	3.67	2.50	0.50	0.33	0.00	0.00	0.00	0.00
$70>u\geqslant40$	0.33	1.33	0.17	1.00	0.00	0.67	0.00	0.00
$40>u\geqslant10$	0.00	0.17	0.00	0.00	0.00	0.00	0.00	0.00
$10>u\geqslant0$	0.00	0.00	0.00	0.00	0.00	0.00	0.00	0.00
直接求和:12.2; 加权求和:1.0。								

表 21　混合电网:3 个测量场地,1996 年—1998 年——暂降最大值/年

剩余电压 u U_{ref}的百分数	持续时间 t							
	20≤t<100 ms	100≤t<250 ms	250≤t<500 ms	0.5≤t<0.75 s	0.75≤t<1 s	1≤t<3 s	3≤t<20 s	20≤t<180 s
90>u≥85	4.00	1.33	1.00	0.67	0.33	0.67	0.33	0.00
85>u≥70	8.67	5.33	2.33	2.33	1.33	0.33	0.00	0.00
70>u≥40	3.00	3.67	2.67	4.00	0.67	1.00	0.00	0.00
40>u≥10	0.67	1.33	0.67	1.00	1.00	1.67	0.00	0.00
10>u≥0	0.00	0.33	0.33	0.67	0.00	1.00	0.33	0.00
直接求和:52.7; 加权求和:8.3。								

表 22　混合电网:3 个测量场地,1996 年—1998 年——暂降平均值/年

剩余电压 u U_{ref}的百分数	持续时间 t							
	20≤t <100 ms	100≤t <250 ms	250≤t <500 ms	0.5≤t <0.75 s	0.75≤t <1 s	1≤t <3 s	3≤t <20 s	20≤t <180 s
90>u≥85	2.67	0.89	0.56	0.33	0.11	0.22	0.11	0.00
85>u≥70	5.78	4.78	1.11	1.44	0.67	0.11	0.00	0.00
70>u≥40	1.78	2.56	1.78	1.44	0.22	0.67	0.00	0.00
40>u≥10	0.22	0.89	0.22	0.56	0.44	1.11	0.00	0.00
10>u≥0	0.00	0.11	0.11	0.22	0.00	0.33	0.11	0.00
直接求和:31.6; 加权求和:4.1。								

表 23 给出了混合电网中 3 个测量场地历时一年(1999 年)的测量结果。在每个单元格中的数值记录了 3 个场地中有相应持续时间和剩余电压的最大值。表 24 包括了同样测量条件下的平均值。

表 25 和表 26 包括了相同的年份里架空电网上的 3 个测量场地相应的测量结果。

表 23　混合电网:3 个测量场地,1999 年——暂降的最大值

剩余电压 u U_{ref}的百分数	持续时间 t							
	20≤t <100 ms	100≤t <250 ms	250≤t <500 ms	0.5≤t <0.75 s	0.75≤t <1 s	1≤t <3 s	3≤t <20 s	20≤t <180 s
90>u≥85	2	3	1	0	0	0	0	0
85>u≥70	7	13	1	0	1	0	0	0
70>u≥40	5	4	1	2	1	1	0	0
40>u≥10	1	1	0	0	1	1	0	1
10>u≥0	0	1	0	1	1	1	0	4
直接求和:55; 加权求和:10.8。								

表 24　混合电网:3 个测量场地,1999 年——暂降的平均值

剩余电压 u U_{ref} 的百分数	持续时间 t							
	20≤t<100 ms	100≤t<250 ms	250≤t<500 ms	0.5≤t<0.75 s	0.75≤t<1 s	1≤t<3 s	3≤t<20 s	20≤t<180 s
90>u≥85	1.67	1.67	1.00	0.00	0.00	0.00	0.00	0.00
85>u≥70	4.67	5.33	0.33	0.00	0.33	0.00	0.00	0.00
70>u≥40	3.00	2.33	0.67	1.00	0.67	0.33	0.00	0.00
40>u≥10	0.67	0.33	0.00	0.00	0.33	0.33	0.00	0.33
10>u≥0	0.00	0.33	0.00	0.33	0.33	0.33	0.00	1.33
直接求和:27.7; 加权求和:4.1。								

表 25　架空电网:3 个测量场地,1999 年——暂降的最大值

剩余电压 u U_{ref} 的百分数	持续时间 t							
	20≤t<100 ms	100≤t<250 ms	250≤t<500 ms	0.5≤t<0.75 s	0.75≤t<1 s	1≤t<3 s	3≤t<20 s	20≤t<180 s
90>u≥85	10	4	3	1	0	1	1	0
85>u≥70	7	17	17	9	4	1	1	0
70>u≥40	2	12	3	1	5	0	0	0
40>u≥10	0	8	0	1	0	4	0	2
10>u≥0	0	0	0	3	0	1	6	0
直接求和:124; 加权求和:21.8。								

表 26　架空电网:3 个测量场地,1999 年——暂降的平均值

剩余电压 u U_{ref} 的百分数	持续时间 t							
	20≤t<100 ms	100≤t<250 ms	250≤t<500 ms	0.5≤t<0.75 s	0.75≤t<1 s	1≤t<3 s	3≤t<20 s	20≤t<180 s
90>u≥85	7.00	2.00	1.00	1.00	0.00	0.67	0.33	0.00
85>u≥70	6.67	12.00	7.67	3.33	1.33	0.33	0.33	0.00
70>u≥40	1.00	7.33	1.33	0.67	2.00	0.00	0.00	0.00
40>u≥10	0.00	3.00	0.00	0.33	0.00	1.33	0.00	0.67
10>u≥0	0.00	0.00	0.00	1.00	0.00	0.33	2.00	0.00
直接求和:64.7; 加权求和:8.5。								

7.3.4 D国

在1987年，该国家电力公司联盟，包括10个电力公司，从7月到9月在由闪电引发的断电最多的时间里进行了测量。

测量有两个目的：第一个目的是评估电压暂降和短时中断的实际发生率；第二个目的是提供概率数据，使遭受骚扰的电力用户和设备制造商能设计它们的系统结构，并对补救措施的成本和收益进行实际评估。

大多数电力用户由6.6 kV配电站供电，这些配电站又依次连接到77 kV的母线。连接到77 kV以上电网的特殊用户数相比之下可忽略。大部分的77 kV母线安装了自动录波单元，在故障的情况下由欠压继电器触发，从而记录暂降中的电压。因此被选择作为所需数据的来源。

对于没有安装录波单元的77 kV母线的情况，用154 kV或更高电压的母线取代。这也是由154 kV或更高压电网直接供电的配电站的情况。

下列假设用于评价结果。

——每个配电线上的电力用户数相同。因此，用录波单元记录的每次电压暂降对配电线路影响的鉴别，可以对包含的用户数进行评估。

——电压暂降和短时中断的数目与传输线上的故障数成正比。因此，从全国性的统计中，通过3个月测量周期中每个电压等级上发生的故障数，可以推断出每年发生的故障数，这样就可以估计每年发生的暂降和中断数目。

将可能的暂降持续时间和深度(剩余电压)的范围各自划分为7个和5个区间。对于每个作为结果的深度-持续时间对，利用上面的假设，以及受影响的用户数和连接的用户总数之间的关系，计算在任一年中任何用户受到相应严酷度的暂降影响的概率。

结果如表27所示。

表27　每个用户经受的电压暂降和短时中断的平均概率 p

剩余电压 u U_{ref}的百分数	持续时间(周期)						
	<3	3～6	6～9	9～12	12～15	15～18	18～120
$90>u\geqslant80$	4	29	11	3	1	1	6
$80>u\geqslant60$	3	12	4	1	0	0	2
$60>u\geqslant40$	0	7	3	1	0	0	1
$40>u\geqslant20$	0	4	2	0	0	0	1
$20>u\geqslant0$	0	2	1	0	0	0	1

8　结果比较及一般结论

8.1　结果比较

对前面提到的结果只能进行有限的比较。不同的测量会产生相当大的差异，涉及：

——测量点的数量和它们在选定电网上的观测点；

——选择的暂降和中断阈值；

——测量周期的长度，包括总的时间和在每个测量点记录保持的持续时间；

——测试仪器的类型；

——尽量保证测试点是电网中有代表性的抽样点。

数据的分析和显示存在进一步的差异,例如:

——在深度和持续时间的选择范围上有差异;

——结果是以绝对值、相对值还是以概率值表示;

——暂降的发生率是以每个用电用户的形式还是每个测试场地的形式表达;

——数值是以最大值、平均值、百分比还是其他的统计量来表示;

——集合的方法。

尽管存在着以上差异,一些共同的特征已成共识:

——关于暂降在深度-持续时间平面内分布的相对密度方面,测量有很多共同点;

——确认了暂降发生在整个深度-持续时间平面内;

——确认了电网类型对暂降发生率有影响,架空电网有更高的发生率;

——接近于零持续时间和接近于正常电压范围的高发生率,暗示了分别是由电压瞬变和一般负载波动所造成的;

——测量包括了相当多的测量点,发现了相当宽范围的发生率,大致反映了不同的电网类型和结构,气候条件和其他自然和建筑环境的特征;

——发生电压暂降次数的最大值、平均值、百分值和其他记录数据的差异进一步证明了暂降发生率的分布是分散的。

8.2 由统计结果得出的结论

由结果得出的最重要的结论是电压暂降和短时中断在电磁环境中是真实存在的。它们预期发生在任何地点、任何时间、以及电平上包括电压实际下降为零值和持续时间达到 1s 及以上的情况。在任何电平上的发生频率和发生概率,由于地点和年份的不同会有很大的变化。

很明显,在架空电网上可能有相当高的电压暂降年发生率反映出这些电网故障原因,尤其是严酷的气候条件,是影响所有电网的额外的原因。

注:由当地地下电网供电的电力用户,自然会受到来自于电网上游部分的电压暂降的影响,相当多的上游部分是架空结构。

另一个结论是希望通过努力使对该现象的调研、测量和报告达到国际标准化。目标应该是达到一致性和连贯性,以代替 8.1 中列出的许多不一致的地方。然而,关于这类骚扰的现有知识可能不足以允许有一份在各方面都有正确方法的规范说明。为了尽可能获取最多的知识,除了安装并维护必要的设备以外,还要考虑测试仪器以及数据采集、存储和分析的成本。

应该注意的是,大多数的测量没有在任何一个场地进行为期超过一年的监测。然而,必须记住电压暂降的主要原因是很多电网的故障,特别要强调的是这些故障与相当长时间内的气候条件有关。如闪电或风暴,大致在每十年或更长的时期内,有一次最严酷的峰值,而这类与正常气候条件的偏离是无法预测的。同样,在区域内正常气候条件十分正常的情况下,一个单独的线路或电网的一部分也有可能在某一时刻受到当地暴风雨的袭击。

这样就提出了一个问题,需要选择多少测量场地和调研需要历时多少年,才能提供想要得到的电压暂降的类型和频率的真正数据。为避免在获得的结果中引入偏差,一定程度上,会增加对选择正常要求的场地的复杂性。

因此,必须认识到在测量所选择的时间和地点上存在特别有利或者特别不利的状况时,已经报告的一些结果可能存在偏差。

8.3 一般结论

电压暂降从来就是公用电网中的固有特征。然而近 10 年,电压暂降已经变成了日益棘手的骚扰,产生了很多不便和相当大的经济损失。原因在于一些现代的电力设备,或者由于自身的设计,或者由于其内部的控制特性，对电压暂降更加敏感。因此需要在供应商、电力用户和电气设备的制造商之间，对电压暂降现象予以更多的重视。

对于已经提到的所有的结论都要予以重视，包括观察到的电压和持续时间值，暂降发生的频度和频度的变化，以及由此产生的不确定度。暂降对用户设备的影响必须要考虑，特别要关注非常重要的深度-持续时间特性，用户必须要考虑设备运行中任何性能降低或失效所造成的可能后果。根据那些结果，在方案的最初阶段，需要设计使电压暂降引起的骚扰和损失最小化，并且要有经济上的考虑。

一般的做法是遵照电磁兼容性，协调包含骚扰现象在内的发射和抗扰度的限值。对电压暂降和短时中断采取的特殊限制措施前面已有叙述，对发射的限制实际上是不大可行的，关于提高内在抗扰度的方法已在5.1中表述。

有两种情况会有区别，一种情况是设备在其预期的地点安装，它可能受到特殊的和专业的关注，另一种情况是设备被投放于开放的市场，由非专业用户购买，并且根据自己的判断连接到电网。

因为第一种情况可能是大型设备的部件，在用户、设备制造商或供应商和供电厂三方之间，可能还有专业的安装人员，存在协商和合作的机会。对于一些地区和国家，供电方有可能提供安装场所有可能出现的电压暂降的电平和频度的基本信息，但带来的不确定度是不可避免的。然而，这些值变化的范围是有限的，因为在任何地点，大多数电源暂降来自于很远的上游。

用户经过与所有方面的协商，对可能出现的电压暂降可能造成的影响做出平衡性评估，给出可减轻影响并经济可行的方案，使用的方法实例见5.2。

作为消费品描述的第二种情况的设备，应提供固有抗扰度的最大可能电平。此外，应该给出足够的步骤，告知潜在用户抗扰度的限制和任何能够减轻超出抗扰度电平的暂降可供选择的方法。

如果电压暂降的兼容性电平能够作为这种类型设备的制造商指南给出，是比较可取的，这样他们可以考虑在产品成本和所提供的抗扰度电平之间做出最佳的平衡。然而，信息的水平和质量对建立兼容电平的需求还是不够的。

要设置这样的兼容性电平，必须考虑电压暂降的二维特性。如GB/Z 18039.3[3]的附件A中所描述的，兼容性水平（对于一维现象）是在骚扰电平尺度上的一个点，在相关的电磁环境中实际骚扰电平超过该点的概率是很小的。因此，在电压暂降的情况中，兼容性电平将是深度-持续时间图上的一条曲线，这样，对更大的深度（较低的剩余电压）和更长的持续时间的暂降只有很小的概率。

已介绍的电压暂降的测量结果，强调的是骚扰事件发生的数量而不是骚扰电平，该方法与一般EMC方面处理电磁骚扰的方法有所不同。然而从抗扰度的观点来看，如果一台设备对电压暂降的抗扰度达到某一水平，那么与该点电网上该水平以下的暂降次数完全不相关，即设备不受影响。

另一方面，超过电平的暂降会妨碍设备按照预期的方式运行。如果性能的降低比较明显，其发生率就会使用户很不愉快甚至不能忍受。

对于性能比较明显的降低，这个发生率可能很低，每年发生大约2～4次。基于上述情况并考虑其发生概率与暂降的深度-持续时间有关，建议用一种可能的方法建立电压暂降兼容性水平。

这种方法建立了一些兼容性水平（在骚扰电平图上的曲线），每一个都与特定的发生率有关。例如，与发生率为每年2次的有关的兼容性水平在深度-持续时间图上将是一条曲线，这样，暂降超过深度-持续时间的水平能够每年发生2次以上的只存在很小的概率。同样地，可以建立每年3次或每年4次（也可能是每年1次甚至0次）的发生率的类似的曲线。

对于这样的安排，提供给非电技术专业用户的产品制造商，对照它可提供固有抗扰度电平，计入抗扰度的成本和产品所能提供的功能价值来选择兼容电平。类似地，用户应认识到产品很有可能遭受高达每年2次（举例）的暂降骚扰，他可以选择接受这种骚扰，或者采取他认为适当的行动。

如果测量的结果在暂降深度-持续时间座标内能提供足够的分辨率，并且结果的代表性令人满意，则可以绘制这种类型的曲线。

8.4 建议

下面的建议被提议作为电压暂降测量和数据表达的共同基础。虽然这里推荐的参数被认为是电压暂降测量研究的一个起点，进行研究的个人需要考虑这些值是否适用于特定的被监测的场地。

a) 在每个选择的场地上至少进行为期 3 年的测量。

b) 应监测高压/中压变电站上的中压母线。可用的连接将决定测量是在相线-相线上还是相线-地线上。

c) 测量方法应根据 IEC 61000-4-30[4]。

d) 将额定/标称电压作为参考电压，阈值应以 90%作为开始，91%作为结束（滞后 1%）和 10%作为中断。结果的报告应记录阈值的实际值和/或所使用的滞后的电平，以及选择这些值的理由。

e) 电压暂降应根据表 28 按深度和持续时间进行分类，多于一相的暂降如果在时间上重叠被定义为一个单独的事件。

f) 应说明表单元格的组成方法-实际的发生率、95%点的百分值、最大值、平均值等。

g) 如果使用集合规则，应予声明。

表 28 结果的推荐性表述

剩余电压 u U_{ref}的百分数	持续时间/s							
	$0.02<\Delta t\leqslant 0.1$	$0.1<\Delta t\leqslant 0.25$	$0.25<\Delta t\leqslant 0.5$	$0.5<\Delta t\leqslant 1$	$1<\Delta t\leqslant 3$	$3<\Delta t\leqslant 20$	$20<\Delta t\leqslant 60$	$60<\Delta t\leqslant 180$
$90>u\geqslant 80$								
$80>u\geqslant 70$								
$70>u\geqslant 60$								
$60>u\geqslant 50$								
$50>u\geqslant 40$								
$40>u\geqslant 30$								
$30>u\geqslant 20$								
$20>u\geqslant 10$								
$10>u\geqslant 0$（中断）								

注：第一栏中两个持续时间 0.01 s 和 0.02 s 对应 50 Hz 电压的半个周期和一个周期。对于 60 Hz 系统应使用相应的时间值。

参考文献

［1］ GB/T 4365 电工术语 电磁兼容

［2］ GB/Z 18039.5 电磁兼容 环境 公用供电系统低频传导骚扰及信号传输的电磁环境

［3］ GB/T 18039.3 电磁兼容 环境 公用低压供电系统低频传导骚扰及信号传输的兼容水平

［4］ IEC 61000-4-30 电磁兼容(EMC) 第4-30部分:试验和测量技术 电源质量测量方法

［5］ IEEE 1346:1998 评估电力系统和电子处理设备兼容性的推荐规程

［6］ SMITH,JC. et al. 工业设备负载电压暂降的影响.首次国际电源质量会议:终端用户应用和前景.巴黎,1991,C-24号文件,PQA'91:171～178.

［7］ UIE GT2 工业装置供电质量 部分2:电压暂降和短时中断.

［8］ Disdip Group 中压公用供电系统的电压暂降和短时中断。国际电能生产者与配电者联合会(UNIPEDE)的报告,1990.

［9］ SABIN,DD. et al. 电压暂降和短时中断的统计学分析 EPRI配电系统电能质量监控测量的最终结果.CIRED,1999.6.

［10］ SABIN,DD. et al. 配电系统电能质量性能的RMS电压变化统计分析.IEEE,1998,IEEE 0-7803-4403-0/98号文件.

ICS 67.120.30
X 20

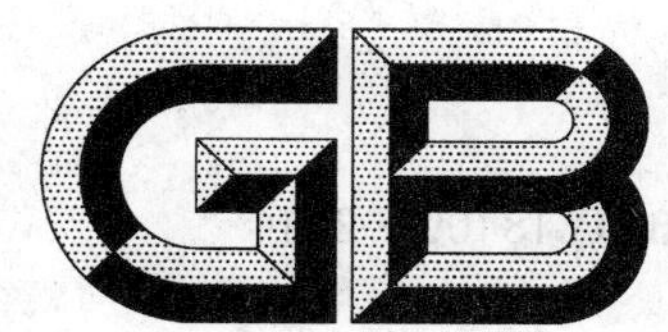

中华人民共和国国家标准

GB/T 18109—2011
代替 GB/T 18109—2000

冻 鱼

Quick frozen finfish

(CODEX STAN 36-1981,Rev.1-1995 Codex standard for quick frozen finfish,uneviscerated and eviscerated,MOD)

2011-12-30 发布 2012-04-01 实施

中华人民共和国国家质量监督检验检疫总局
中国国家标准化管理委员会 发布

前　言

本标准按照 GB/T 1.1—2009 给出的规则起草。

本标准是对 GB/T 18109—2000《冻海水鱼》的修订。

本标准与 GB/T 18109—2000 相比，主要修改内容如下：

——增加了术语和定义；

——感官要求中，取消等级的划分；

——增加了鱼肉中水分含量指标；

——安全指标直接引用卫生标准及我国相关法律规定。

本标准使用重新起草法修改采用 CODEX STAN 36-1981，Rev. 1-1995《冻鱼(未去内脏及去内脏)》(Codex standard for quick frozen finfish，uneviscerated and eviscerated)，一致性程度为修改采用；本标准与 CODEX STAN 36-1981，Rev. 1-1995 的文本结构变化参见附录 A，技术性差异参见附录 B。

本标准由中华人民共和国农业部提出。

本标准由全国水产标准化技术委员会水产品加工分技术委员会(SAC/TC 156/SC 3)归口。

本标准起草单位：中国水产科学研究院黄海水产研究所、国家水产品质量监督检验中心。

本标准主要起草人：王联珠、李晓川、翟毓秀、路世勇、陈远惠、孙建华。

本标准于 2000 年 5 月首次发布，本次为第一次修订。

冻　　鱼

1　范围

本标准规定了冻鱼产品的要求、试验方法、检验规则、标签、包装、运输和贮存。

本标准适用于带头的、去头的，全部去内脏或未去内脏的、适合人类食用的冻鱼产品。

2　规范性引用文件

下列文件对于本文件的应用是必不可少的。凡是注日期的引用文件，仅注日期的版本适用于本文件。凡是不注日期的引用文件，其最新版本(包括所有的修改单)适用于本文件。

GB 2733　鲜、冻动物性水产品卫生标准

GB 2760　食品添加剂使用卫生标准

GB 3097　海水水质标准

GB 5009.3　食品安全国家标准　食品中水分的测定

GB 5749　生活饮用水卫生标准

GB 7718　预包装食品标签通则

JJF 1070　定量包装商品净含量计量检验规则

SC/T 3016—2004　水产品抽样方法

3　术语和定义

下列术语和定义适用于本文件。

3.1

干耗　deep dehydration

样品表面积10%以上过度损失水分，表现为鱼体表面呈现异常的白色、黄色，覆盖了肌肉本身的颜色，并已渗透至表层以下，如用刀或其他利器刮去，将明显影响产品外观。

3.2

外来杂质　foreign matter

除包装材料外，样品单位中存在的、非鱼体自身、可轻易辨别的物质。虽不会对人体健康造成危害，出现外来杂质表明不符合良好操作规范和卫生习惯。

3.3

异味　odour

样品带有的明显的、持久的、令人厌恶的由腐败、酸败或饵料引起的气味或风味。

3.4

鱼肉异常　flesh abnormalities

鱼肉呈现糊状、膏状，或出现鱼肉与鱼骨分离等腐败特征；未去内脏鱼产品，出现破肚的腐败情况；样品出现过量凝胶状态的鱼肉，同时鱼肉中水分达86%以上，或按重量计算5%以上的样品被寄生虫感染导致肉质呈现糊状。

4 要求

4.1 加工要求

4.1.1 产品经过适当预处理后，应在下述条件下冻结加工：

a) 冻结应在合适的设备中进行，并使产品迅速通过最大冰晶生成带。

b) 速冻加工只有在产品的中心温度达到并稳定在≤－18 ℃时才算完成。

c) 产品在运输、贮存、分销过程中应保持在深度冻结状态，以保证产品质量。

4.1.2 在产品的加工和包装过程中应尽量采取一系列措施，防止在贮存过程中脱水和氧化作用影响产品质量。

4.1.3 在保证质量的条件下，允许按规定要求对速冻产品再次速冻加工，并按照被认可的操作进行再包装。

4.1.4 产品原料验收及加工操作过程应符合良好操作技术规范。

4.2 原料要求

4.2.1 鱼

速冻鱼原料应为品质良好、可作为鲜品供人类消费的鱼，应符合 GB 2733 的规定。

4.2.2 水

加工或镀冰衣用水应为饮用水或清洁海水。饮用水应符合 GB 5749 的要求，清洁海水应符合 GB 3097 的规定。

4.2.3 其他成分

所使用的其他成分应具有食品级的质量，并符合相应法规及标准的规定。

4.3 食品添加剂

加工生产中所用的食品添加剂的品种及用量应符合 GB 2760 的规定。

4.4 感官要求

4.4.1 冻品感官要求

4.4.1.1 单冻产品：冰衣透明光亮，应将鱼体完全包覆，基本保持鱼体原有形态，不变形，个体间应易于分离，无明显干耗和软化现象。

4.4.1.2 块冻产品：冻块清洁、坚实、表面平整不破碎，冰被均匀盖没鱼体，需要排列的鱼体排列整齐，允许个别冻鱼块表面有不大的凹陷。

4.4.2 解冻后感官要求

解冻后鱼体的感官要求见表 1。

表 1 解冻后鱼体的感官要求

项　目	要　求
鱼体外观	未去内脏鱼：鱼体完整，无破肚现象 去内脏鱼：内脏去除干净 剖割鱼：内脏去除干净，切面平整，大小基本一致，部位搭配合理

表 1（续）

项目	要求
色泽	具有鲜鱼固有色泽及花纹，有光泽，无干耗、变色现象，有鳞鱼鳞片紧贴鱼体
气味	体表和鳃丝具正常鱼特有滋气味，无异味
肌肉	肌肉组织紧密有弹性，鱼肉无异常
杂质	无外来杂质

4.5 物理指标

冻鱼物理指标的规定见表 2。

表 2 物理指标

项目	指标
冻品中心温度/℃	≤−18
水分/%	≤86

4.6 卫生指标

卫生指标应符合 GB 2733 的规定。

4.7 兽药残留

兽药残留指标及限量应符合相关标准的规定。

4.8 净含量

预包装产品的净含量应符合 JJF 1070 的规定。

5 试验方法

5.1 感官检验

在光线充足、无异味的环境中，将试样倒在白色搪瓷盘或不锈钢工作台上，按 4.4 的规定逐项进行检验：

a) 通过测定只能用小刀或其他利器除去的面积，检查冻结样品中脱水的情况。测量样品单位的总表面积，计算受影响的面积百分比。

b) 解冻并逐条检查样品有无外来杂质。

c) 在鱼颈部背后撕开或切开裂缝，对暴露的鱼肉表面进行鱼肉气味的检测和评价。

d) 对在解冻后未蒸煮状态下无法最终判定其气味的样品，则应从样品单位中截取一小块可疑部分（约 200 g），并按 5.2 规定的方法进行蒸煮试验，确定其气味和风味。

5.2 蒸煮试验

蒸煮使产品内部温度达到 65 ℃～70 ℃。不能过度蒸煮，蒸煮时间随产品大小和采用的温度而不同。准确的蒸煮时间和条件应依据预先实验来确定，可从以下方法中任选一种进行蒸煮试验。

a) 烘焙:用铝箔包裹产品,并将其均匀放入扁平锅或浅平锅上。
b) 蒸:用铝箔包裹产品,并将其置于带盖容器中沸水之上的金属架上。
c) 袋煮:将产品放入可煮薄膜袋中加以密封,浸入沸水中煮。
d) 微波:将产品放入适于微波加热的容器中,若用塑料袋,应检查确定塑料袋不会发出任何气味。根据设备说明加热。

5.3 冻品中心温度

用钻头钻至冻块几何中心部位,取出钻头立即插入温度计,等温度计指示温度不再下降时,读数。单冻鱼可将温度计插入最小包装的中心位置,至温度计指示的温度不再下降时,读数。

5.4 水分的测定

5.4.1 解冻:解冻时将样品装入薄膜袋中,浸入室温(温度不高于 35 ℃)水中,不时用手轻捏袋子,至袋中无硬块和冰晶时为止,应注意不要捏坏鱼的组织。

5.4.2 试样:至少取 3 尾鱼清洗后,去头、骨、内脏,取肌肉等可食部分绞碎混合均匀后备用。

5.4.3 测定:取按上述方法处理后的试样,按 GB 5009.3 中的规定执行。

5.5 卫生指标

按 GB 2733 中规定的检验方法执行。

5.6 兽药残留指标

兽药残留的检测方法按相关标准执行。

5.7 净含量偏差

净含量偏差的测定按 JJF 1070 的规定执行。

6 检验规则

6.1 组批规则与抽样方法

6.1.1 组批规则

在原料及生产条件基本相同的情况下,同一天或同一班组生产的产品为一批。按批号抽样。

6.1.2 抽样方法

6.1.2.1 产品批次检验用样品的抽样方法应按 SC/T 3016—2004 的规定执行。样品单位是初级包装,单体速冻(IQF)产品 1 kg 样品为样品单位。

6.1.2.2 对需检测净重的样品批次的抽样,抽样计划应按 SC/T 3016—2004 中附录 A 的规定执行。

6.2 检验分类

6.2.1 产品检验

产品检验分为出厂检验和型式检验。

6.2.2 出厂检验

每批产品应进行出厂检验。出厂检验由生产单位质量检验部门执行,检验项目为感官、净含量偏差、冻品中心温度、微生物指标，检验合格签发检验合格证，产品凭检验合格证入库或出厂。

6.2.3 型式检验

有下列情况之一时应进行型式检验。检验项目为本标准中规定的全部项目。

a) 长期停产，恢复生产时；

b) 原料变化或改变主要生产工艺，可能影响产品质量时；

c) 加工原料来源或生长环境发生变化时；

d) 国家质量监督机构提出进行型式检验要求时；

e) 出厂检验与上次型式检验有大差异时；

f) 正常生产时，每年至少一次的周期性检验。

6.3 判定规则

6.3.1 冻鱼感官检验所检项目全部符合4.4规定，合格样本数符合SC/T 3016—2004表A1规定，则判为批合格。

6.3.2 所有样品单位平均净重不少于标示量，在任何一个包装单位中没有不合理的重量短缺。

6.3.3 其他项目检验结果全部符合本标准要求时，判定为合格。

6.3.4 其他项目检验结果中有两项及两项以上指标不合格，则判为不合格。

6.3.5 其他项目检验结果中有一项指标不合格时，允许重新抽样复检，如仍有不合格项则判为不合格。

7 标签、包装、运输、贮存

7.1 标签

7.1.1 预包装产品标签

预包装产品标签应符合GB 7718的规定，还应遵守以下规定：

a) 标签上除注明该品种鱼的常用名外，对已去内脏的鱼应注明，并说明“带头”或“去头”。

b) 标签上应恰当注明产品是养殖的，还是捕捞的，以及产品来自水域的说明。

c) 用海水镀冰衣的产品，应予以说明。

d) 标签上注明产品应贮藏在－18 ℃或更低的温度条件下，在运输、分销过程中应保持在－8 ℃或更低的温度条件下，以保证其质量。

7.1.2 非零售包装的标签

应标明食品名称、批号、制造或分装厂名、地址，以及贮藏条件。但批号、制造或分装厂名、地址也可用同一证明标志代替，只要证明标志能在辅助文件中表示清楚。

7.2 包装

7.2.1 包装材料

所用塑料袋、纸盒、瓦楞纸箱等包装材料应洁净、无毒、无异味、坚固。

7.2.2 包装要求

一定数量的小袋装入大袋（或盒），再装入纸箱中。箱中产品要求排列整齐，大袋或箱中加产品合格证。纸箱底部用粘合剂粘牢，上下用封箱带粘牢或用打包带捆扎。

7.3 运输

7.3.1 应用冷藏或保温车船运输，保持鱼体温度低于－15 ℃。

7.3.2 运输工具应清洁卫生，无异味，运输中防止日晒、虫害、有害物质的污染，不得靠近或接触有腐蚀性物质、不得与气味浓郁物品混运。

7.4 贮存

7.4.1 贮藏库温度低于－20 ℃，库温波动应保持在±2 ℃内。不同品种，不同规格，不同等级、批次的冻鱼应分别堆垛，并用垫板垫起，与地面距离不少于 10 cm，与墙壁距离不少于 30 cm，堆放高度以纸箱受压不变形为宜。

7.4.2 产品贮藏于清洁、卫生、无异味、有防鼠防虫设备的库内，防止虫害和有害物质的污染及其他损害。

附 录 A
（资料性附录）
本标准与 CODEX STAN 36-1981,Rev. 1-1995 相比结构变化情况

本标准与 CODEX STAN 36-1981,Rev. 1-1995 相比在结构上有较多调整，具体章条编号对照情况见表 A.1。

表 A.1 本标准与 CODEX STAN 36-1981,Rev. 1-1995 的章条编号对照情况

本标准章条编号	对应的国际标准章条编号
1	1 和 2.1
2	—
3	8
4.1.1、4.1.2、4.1.3	2.2
4.1.4	5.3
4.2.1	3.1、3.4
4.2.2	3.2
4.2.3	3.3
4.3	4
4.4	5.1、8
4.5	—
4.6、4.7	5.1、5.2
4.8	6.2
5.1	7.2、附录 A
5.2	7.6
5.3	—
5.4	7.4
5.5、5.6	7.2
5.7	7.3、附录 A
6.1	7.1
6.2	—
6.3	3.5、5.2、9
7.1	2.3.2、6
7.2	2.2 第三段
7.3	2.2 第一段
7.4	6.3

附 录 B
（资料性附录）
本标准与 CODEX STAN 36-1981，Rev. 1-1995 的技术性差异及其原因

本标准与 CODEX STAN 36-1981，Rev. 1-1995 的技术性差异及其原因见表 B.1。

表 B.1 本标准与 CODEX STAN 36-1981，Rev. 1-1995 的技术性差异及其原因

本标准章条编号	技术性差异	原　因
全部	本标准技术内容顺序与章条编号与 CODEX STAN 36-1981，Rev. 1-1995 的顺序不一致	本标准在主要技术内容与 CODEX STAN 36-1981，Rev. 1-1995 的规定一致的前提下，标准的内容顺序及章条编号按我国 GB/T 1.1—2009 中的规定编写，在确保技术内容的前提下，使文本结构与我国的标准编写要求一致
2	引用标准中采用的我国标准	按 GB/T 1.1—2009 的规定，增加了本章，方便标准在我国的推广应用
3	将 CODEX STAN 36-1981，Rev. 1-1995 第 8 章中的对缺陷的规定，转化为术语和定义	在标准技术内容不变的情况下，标准文本结构符合我国国家标准的编写规定
4.1.4	CODEX STAN 36-1981，Rev. 1-1995 中 5.3 规定了详细的操作技术规范，本标准修改为“产品原料验收及加工操作过程应符合良好操作技术规范”	CAC 正在组织修改标准中所引用的操作技术规范为水产及水产加工品操作技术规范，近期内即可发布，本标准修改后可适应修订后的水产品加工操作技术规范
4.2.2	将原标准中饮用水符合 WHO 最新版本的《国际饮用水质量规范》修改为符合 GB 5749	引用标准改为我国国家标准，利于标准的执行和操作
4.4	增加对冻品感官要求	与我国现行的标准描述方式一致，便于本标准在我国的推广应用
4.5～4.6	增加了对物理指标和安全指标的要求	技术内容与 CODEX STAN 36-1981，Rev. 1-1995 的规定一致，但格式与我国标准起草规定一致
5.3	增加冻品中心温度测定方法	增加标准的可操作性
5.4～5.7	增加相应技术指标的测定方法	根据我国标准的结构，以及便于操作和检测的目的，对检测方法进行了规定
6.1	抽样方法本标准采用 SC/T 3016—2004 水产品抽样方法	因 SC/T 3016—2004 中对应的部分章节，采用了 CODEX STAN 233-1969 预包装食品抽样的规定
6.2	增加了检验分类	在标准技术内容不变的情况下，标准文本结构符合我国国家标准的编写规定

表 B.1（续）

本标准章条编号	技术性差异	原　因
7.2～7.4	增加并细化了对包装、运输、贮存的要求	参照 CODEX STAN 36-1981，Rev. 1-1995 中对包装、运输、贮存的规定，并按我国相关要求进行了细化，增加了标准的可操作性。

ICS 11.040.70
C 40

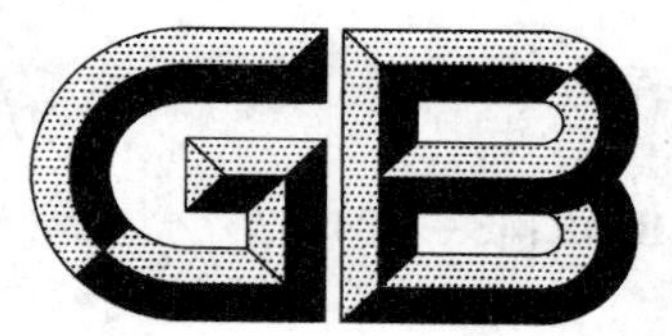

中华人民共和国国家标准

GB 18143—2011
代替 GB 18143—2000

眼科仪器　试镜架

Ophthalmic instruments—Trial frames

(ISO 12867:1998,MOD)

2011-10-31 发布　　2012-08-01 实施

中华人民共和国国家质量监督检验检疫总局
中国国家标准化管理委员会　发布

前　言

本标准的 4.2.6～4.2.9 为强制性，其余技术内容为推荐性。

本标准修改采用 ISO 12867:1998《眼科仪器　镜架》，与 ISO 12867:1998 的技术性差异如下：

——删除了第 3 章全孔径试镜架和缩小孔径试镜架的定义；

——将试镜架分为瞳距可调试镜架和固定瞳距试镜架，在表 1 中提出了不同的瞳距要求；

——删除了镜腿应与验光镜片的平面保持垂直的规定，增加了镜腿长度可调的要求；

——删除了镜框几何轴线的平行性要求；

——删除了镜片光学轴线与镜框几何轴线的同心性规定；

——增加了试镜架瞳距值误差的要求和检验方法；

——根据 GB/T 2828.1 的规定给出了检验规则；

——根据 GB/T 15464 增加了一些对试镜架的标志、包装、运输、贮存的要求。

本标准代替 GB 18143—2000《眼科仪器　镜架》，本标准与 GB 17342《眼科仪器　验光镜片》配套使用。

本标准与 GB 18143—2000 相比主要变化如下：

——删除了第 3 章全孔径试镜架和缩小孔径试镜架的定义；

——将试镜架分为瞳距可调试镜架和固定瞳距试镜架，在表 1 中提出了不同的瞳距要求；

——删除了镜腿应与验光镜片的平面保持垂直的规定，增加了镜腿长度可调的要求；

——删除了镜框几何轴线的平行性要求；

——删除了镜片光学轴线与镜框几何轴线的同心性规定；

——增加了试镜架瞳距值误差的要求和检验方法；

——根据新发布的 GB/T 2828.1 的规定给出了新的检验规则。

本标准由中国机械工业联合会提出。

本标准由全国光学与光学仪器标准化技术委员会眼镜光学分技术委员会(SAC/TC 103/SC 3)归口。

本标准起草单位：中国计量科学研究院、山东省计量科学研究院。

本标准主要起草人：朱建平、孙劼、李飞、任宏伟。

本标准所代替标准的历次版本发布情况为：

——GB 18143—2000。

眼科仪器　试镜架

1　范围

本标准规定了安装验光镜片用的试镜架的基本要求和测试方法。

本标准适用于头带式、托架式以及带有镜腿和鼻托的眼镜镜框式的各类试镜架。

本标准不适用于综合验光仪。

2　规范性引用文件

下列文件对于本文件的应用是必不可少的。凡是注日期的引用文件，仅注日期的版本适用于本文件。凡是不注日期的引用文件，其最新版本（包括所有的修改单）适用于本文件。

GB/T 15464　仪器仪表包装通用技术条件

GB 17342　验光镜片（GB 17342—1998，eqv ISO 9801：1997）

GB/T 2828.1　计数抽样检验程序　第1部分：按接收质量限（AQL）检索的逐批检验抽样计划（GB/T 2828.1—2003，ISO 2859-1：1999，IDT）

3　术语和定义

下列术语和定义适用于本文件。

3.1

试镜架　trial frames

由两个相连的镜框组成，可根据需要使验光镜片在被测者眼前定位。

3.2

半眼式试镜架　half-eye trial frames

能安装验光镜片，并只带有部分镜框的试镜架。

3.3

镜框　lens holder

试镜架上能安装若干验光镜片，并在被测者眼前定位的部分。

3.4

鼻托　bridge piece

试镜架上与被测者鼻梁相接触起支撑作用的部分。

3.5

镜腿　side

试镜架上钩挂被测者耳廓以保持试镜架与脸颊相接触的部分。

4　要求

4.1　通用要求

各类试镜架在常温下使用，均应符合4.2～4.3的要求，并按5.1～5.5的方法进行测试。

眼镜镜框式试镜架必须带有镜腿和鼻托这两个基本部件。

4.2 机械要求

4.2.1 镜框

每个镜框应带有3个验光镜片插槽,每个验光镜片在镜框的几何轴线上具有分隔空间。

4.2.2 瞳距

4.2.2.1 瞳距可调试镜架

在一定瞳距范围内,两个镜框的中心距离连续可调,以保证验光镜片的几何中心距离与瞳距一致。

4.2.2.2 固定瞳距试镜架

两个镜框的中心距离为固定偶数。通常成套使用,以满足不同的瞳距需求。

4.2.3 验光镜片的旋转

验光镜片在每个镜框中均应能围绕光轴平滑旋转180°(不包括专用于渐变镜片的试镜架)。

4.2.4 镜腿

镜腿长度应能调节以保证验光镜片在被测者眼前的正确定位。

4.2.5 鼻托

鼻托应保证验光镜片与人眼的顶点距离可调,并使验光镜片的几何中心能根据人眼瞳孔的连线升高或降低。

4.2.6 轴位刻度

试镜架的镜框上应带有柱镜轴位和棱镜基底的刻度,刻度范围至少为180°。刻度值应沿逆时针方向增大,其最小分度不应大于5°。

刻线应平直均匀,无断折,无毛边。

4.2.7 镜框校准

验光镜片装入镜框后,两验光镜片光学轴线的平行性偏差不应大于2.5°。两镜框的平面等高互差不应大于0.5 mm。

4.2.8 尺寸和公差

表1给出了试镜架的瞳距范围和最小通光孔径的尺寸。

表1 瞳距范围和最小通光孔径

项　　目	普通试镜架		半眼式试镜架	
	瞳距可调式	固定瞳距式	瞳距可调式	固定瞳距式
瞳距范围	55 mm～75 mm	固定整数	59 mm～67 mm	固定整数
最小通光孔径	20 mm			
注:本表不包括儿童试镜架的瞳距范围。				

试镜架在规定的瞳距范围内提供的瞳距值偏差不能大于1 mm。验光镜片相对于其几何中心的横向和轴向位移不得大于0.3 mm。

4.2.9 结构

试镜架表面应平滑，不得带有任何可能对被测者造成伤害的尖角和锐边。

4.3 材料

试镜架直接与被测者皮肤相接触的部件，应严格禁止使用有毒物质，或能直接造成皮肤过敏反应的材料。

制作试镜架的材料不允许含有任何腐蚀成分，或经过适当的表面处理以保证在常温环境下不出现腐蚀。

5 检验方法

5.1 机械要求的检验

本标准中4.2.1～4.2.6和4.2.9所规定的内容均采用目测和手动操作的方法进行检验。

5.2 光学轴线平行性的检验

验光镜片装入镜框后，两验光镜片光学轴线的平行性可参考图1的自准直法进行检验。

如图1所示，把试镜架稳妥的固定在工作台上，将两块平面反光镜(M)分别装入镜框中，在试镜架的前方放置一个测量精度不低于±0.5°的自准直望远镜。沿着垂直于镜框几何轴线的方向横向移动自准直望远镜，分别读取来自两个反光镜的反射像，得到其相互之间的位移偏差。将位移偏差换算成角度后，即得到验光镜片的光学轴线平行性偏差，应符合4.2.7的规定。

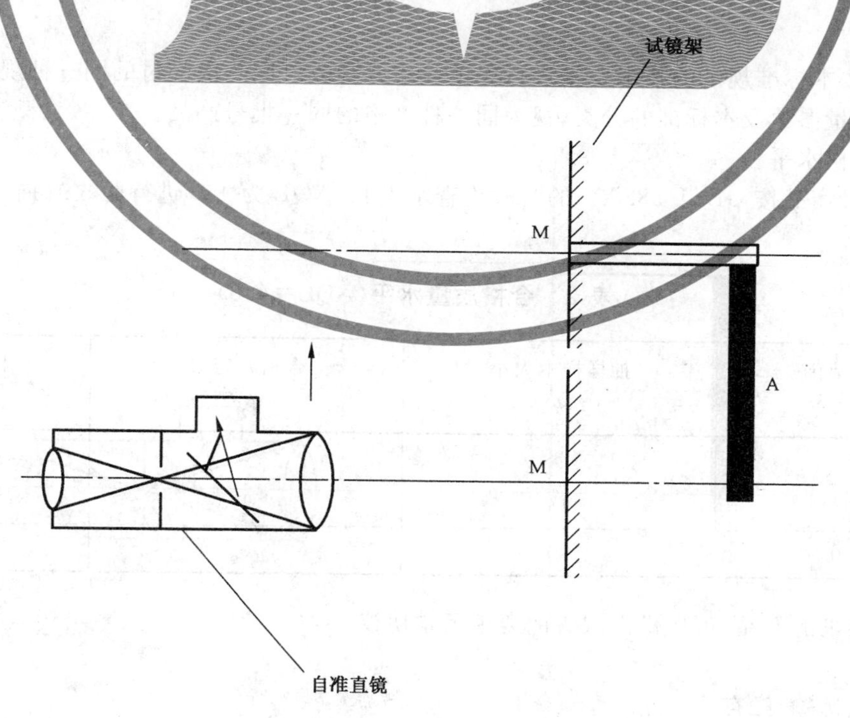

图1 自准直法检验示意图

5.3 镜框平面等高互差的检验

利用一个专用部件可检验两镜框的平面等高互差。

如图 1 所示，该部件由一个带有连杆臂的等厚平板(A)组成。连杆臂长度已知，一端与平板垂直连接，另一端为平面，与平板平行。平板的长度应大于试镜架两镜框的中心距离。

用夹持器将试镜架固定在平台上，保证其中一个镜框与平台垂直(以下称该镜框为镜框 1)。选择两个相同厚度的平面镜分别插入两个镜框中。将专用部件放置在平台上，保证平板与平台垂直，并使连杆臂的平面一端与镜框 1 内的平面镜完全接触，以保证该平面镜与平板平行。由于平面镜厚度和连杆臂长度已知，因此可以确定镜框 1 内的平面镜上表面到平板底面的距离。用分度值不低于 0.1 mm 的游标卡尺测量另外一个镜框内的平面镜上表面到平板底面的距离，两个距离之差即为镜框平面等高互差，其值应符合 4.2.7 的规定。

5.4 瞳距范围和最小通光孔径的检验

使用分度值不低于 0.1 mm 的游标卡尺进行，其值应符合表 1 的规定。

瞳距值误差可参考如下方法进行检验：

将试镜架调节到所需的瞳距位置，将两个同心性很好的十字片分别装入试镜架的两个镜框中，测量两个十字片中心点的距离，即为试镜架的实际瞳距值，其与瞳距标称值的偏差应符合 4.2.8 的规定。

5.5 横向和轴向位移的检验

选择合适的镜片装进镜框中，用分度值不低于 0.1 mm 的游标卡尺，分别对镜片的横向和轴向位移进行测量，其值应符合 4.2.8 的规定。

6 检验规则

6.1 检验规则

出厂产品按本标准规定的技术要求进行逐项检验或验收。同一次交付的同一种规格的产品经检验合格后，根据测量参数及本标准的分类，视为同一种规格的同一批号产品。

6.2 检验或抽样水平

出厂的批量产品按 GB/T 2828.1 的一般检查水平Ⅱ，AQL 为 4.0 进行验收或抽样，合格质量水平见表 2。

表 2 合格质量水平(AQL＝4.0)

产品批量范围 *N*	抽样样本大小 *n*	合格判定数 Ac	不合格判定数 Re
2～25	3	0	1
26～90	13	1	2
91～150	20	2	3

6.3 对特殊要求的产品，可按供需双方的要求另定协议。

7 标志、包装、运输、贮存

7.1 标志和包装

7.1.1 试镜架应有包装箱。

7.1.2 包装箱上应标明下列信息：

a) 生产厂家的名称和地址；

b) 试镜架的品牌和型式；

c) 出厂编号。

7.1.3 包装箱内应带有下列相关资料：

a) 试镜架使用说明；

b) 试镜架的有效消毒方法，以及需要返回厂家进行修理或维护的说明；

c) 执行标准的代号。

7.2 试镜架的外包装应符合 GB/T 15464 的规定。

7.3 运输时应轻放轻卸，避免碰撞、雨淋、受潮。

7.4 贮存时应注意通风干燥，防止受潮。

ICS 13.100
C 56

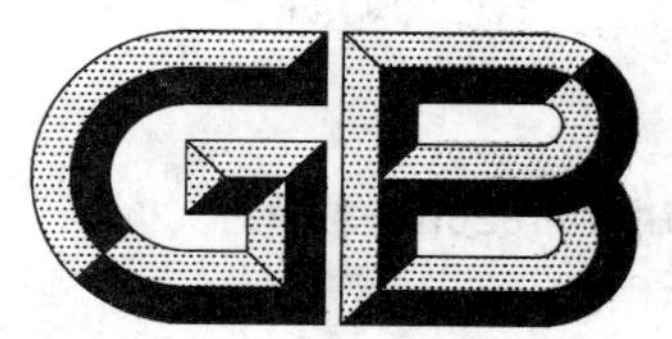

中华人民共和国国家标准

GB/T 18206—2011
代替 GB/T 18206—2000

中小学健康教育规范

Requirement of health education in primary and middle school

2011-12-30 发布　　　　2012-05-01 实施

中华人民共和国卫生部
中国国家标准化管理委员会　发布

前言

本标准按照 GB/T 1.1—2009 给出的规则起草。

本标准代替 GB/T 18206—2000《中、小学生健康教育规范》。

本标准与 GB/T 18206—2000 相比,主要技术内容变化如下:

——修改了范围;

——修改了实施目标;

——修改了教育内容,将教育内容分为五个领域,分配到五级水平中,并确定了各级水平的目标与核心内容;

——增加了实施途径和评价建议的内容。

本标准由中华人民共和国卫生部提出并归口。

本标准由中华人民共和国卫生部负责解释。

本标准负责起草单位:北京大学儿童青少年卫生研究所、教育部体育卫生艺术司、中南大学公共卫生学院、复旦大学公共卫生学院。

本标准参加起草单位:北京市东城区中小学卫生保健所、北京市西城区中小学卫生保健所。

本标准主要起草人:余小鸣、张芯、杨土保、王书梅、朱广荣、潘勇平、张新。

本标准所代替标准的历次版本发布情况为:

——GB/T 18206—2000。

中小学健康教育规范

1 范围

本标准规定了在中小学校开展健康教育的一般要求、实施目标、教育内容、实施途径和评价建议。

本标准适用于中小学(包括九年义务教育、高中阶段)在校学生。

2 一般要求

本标准提供了中小学发展健康教育课程内容的基本框架。学校负责依据此标准进行课程计划、教学组织、课堂活动及实践安排。

3 实施目标

培养儿童青少年良好的健康意识与公共卫生意识,提高学生的健康素养,培养学生保持和增进健康的态度与实践能力,为一生的健康打下坚实的基础。

4 教育内容

4.1 中小学健康教育内容包括五个领域:

——健康行为与生活方式;

——疾病预防;

——安全应急与避险;

——心理健康;

——生长发育与青春期保健。

4.2 根据儿童青少年生长发育的不同阶段,依照小学低年级、小学中年级、小学高年级、初中年级、高中年级划分为五级水平,即:

——水平一(小学 1 年级~2 年级);

——水平二(小学 3 年级~4 年级);

——水平三(小学 5 年级~6 年级);

——水平四(初中阶段);

——水平五(高中阶段)。

4.3 将健康教育内容的五个领域合理分配到各级水平中,五个不同的水平互相衔接,完成学校健康教育的目标。各级健康教育内容基本要求如下:

a) 水平一(小学 1 年级~2 年级)健康教育内容基本要求:见附录 A。

b) 水平二(小学 3 年级~4 年级)健康教育内容基本要求:见附录 B。

c) 水平三(小学 5 年级~6 年级)健康教育内容基本要求:见附录 C。

d) 水平四(初中阶段)健康教育内容基本要求:见附录 D。

e) 水平五(高中阶段)健康教育内容基本要求:见附录 E。

4.4 各地、各类学校在制定发展中小学学生健康教育课程内容时,应以本标准(附录 A~附录 E)为依据，反映各水平健康教育的总体内容。遵循学校健康教育实施的基本理念，即健康知识传授与健康技能传授并重、健康知识与健康信念、健康行为形成相统一，循序渐进，适时适度，学生参与的基本原则。

4.5 在保证本标准教育内容基本要求的前提下，尊重不同地区、学校和学生之间的差异，各地学校可根据学制设置的实际情况，合理选择相关水平的健康教育内容，有效运用教学方法，使每个学生获得基本的健康教育。

5 实施途径

5.1 健康教育可采用正式课堂或者多种形式向学生传授，鼓励健康教育与学校各类课程教育的相互结合、相互渗透。学校健康教育要通过学科教学和学校各种活动以及多种宣传教育形式开展。

5.2 学科教学每学期应安排 6 课时～7 课时，小学、中学阶段主要以《体育与健康》作为载体课程进行。对无法在《体育与健康》课程中渗透的健康教育内容，可以利用综合实践活动和地方课程的时间，采用多种形式，向学生传授健康知识和技能。

5.3 学校健康教育体现在教育过程的各个环节，各地学校在组织实施过程中，要注意健康教育与其他相关教育，如安全教育、心理健康教育有机结合，把课堂内教学与课堂外教学活动结合起来，发挥整体教育效应。

6 评价建议

6.1 重视健康教育的评价和督导。把健康教育实施过程与健康教育实施效果作为评价重点。主要包括学生健康意识的建立、基本知识和技能的掌握、卫生习惯和健康行为的形成，以及学校对健康教育课程（活动）的安排、必要的资源配置、实施情况以及实际效果。

6.2 学校健康教育是学校教育的一部分，学校应将健康教学、健康环境的创设、健康服务的提供有机结合，以大健康观为指导，全面、统筹思考学校的健康教育，为学生践行健康行为提供支持，以实现促进学生健康发展的目标。

附 录 A
（规范性附录）
水平一（小学1年级～2年级）健康教育内容基本要求

A.1 目标

知道个人卫生习惯对健康的影响，初步掌握正确的个人卫生知识；了解保护眼睛和牙齿的知识，学会保护眼睛和牙齿；知道偏食、挑食对健康的影响，养成良好的饮水、饮食习惯；了解自己的身体，学会自我保护；学会加入同伴群体的技能，能够与人友好相处；了解道路交通和玩耍中的安全常识，掌握一些简单的紧急求助方法；了解环境卫生对个人健康的影响，初步树立维护环境卫生意识。

A.2 基本内容

A.2.1 健康行为习惯与生活方式

A.2.1.1 养成良好的个人卫生习惯

A.2.1.1.1 不随地吐痰，不乱丢果皮纸屑等垃圾。
A.2.1.1.2 咳嗽、打喷嚏时遮掩口鼻。
A.2.1.1.3 勤洗澡、勤换衣、勤洗头、勤剪指甲（包含头虱的预防）。
A.2.1.1.4 不共用毛巾和牙刷等洗漱用品（包含沙眼的预防）。
A.2.1.1.5 不随地大小便，饭前便后要洗手。
A.2.1.1.6 学会正确洗手的方法。
A.2.1.1.7 养成正确的坐、立、行姿势，预防脊柱弯曲异常。

A.2.1.2 爱护眼睛

A.2.1.2.1 养成正确的读写姿势。
A.2.1.2.2 正确做眼保健操。

A.2.1.3 口腔卫生

A.2.1.3.1 每天早晚刷牙，饭后漱口。
A.2.1.3.2 学会正确的刷牙方法以及选择适宜的牙刷和牙膏。
A.2.1.3.3 预防龋齿和牙龈炎（认识龋齿的成因、注意口腔卫生、定期检查）。

A.2.1.4 饮水卫生

注意饮水卫生，适量饮水有益健康。

A.2.1.5 合理营养

A.2.1.5.1 吃好早餐，一日三餐有规律。
A.2.1.5.2 了解偏食、挑食危害健康。
A.2.1.5.3 了解喝牛奶、经常食用豆类及豆制品有利于生长发育，有益于健康。

A.2.1.6 环境与健康

A.2.1.6.1 了解经常开窗通气有利健康。

A.2.1.6.2 文明如厕,自觉维护厕所卫生。

A.2.1.6.3 了解蚊子、苍蝇、老鼠、蟑螂等会传播疾病。

A.2.2 预防疾病

了解接种疫苗可以预防一些传染病。

A.2.3 安全应急与避险

A.2.3.1 交通安全

A.2.3.1.1 认识常见的交通安全标志。

A.2.3.1.2 遵守交通规则,行人过马路要走人行横道、不要闯红灯。

A.2.3.1.3 注意乘车安全。

A.2.3.2 游戏与运动安全

A.2.3.2.1 不玩危险游戏,注意游戏安全。

A.2.3.2.2 燃放鞭炮要注意安全。

A.2.3.3 学习、生活中的安全

A.2.3.3.1 不玩火、使用电源要注意安全。

A.2.3.3.2 使用文具、玩具要注意卫生安全。

A.2.3.3.3 了解学校紧急疏散的要求和方式,学会应对校园突发事件。

A.2.3.4 动物咬伤的预防和处理

A.2.3.4.1 远离野生动物,不与宠物打闹。

A.2.3.4.2 了解家养犬要注射疫苗。

A.2.3.5 自救互救的知识和技能

学会自救互救,发生紧急情况会拨打求助电话(医疗求助电话:120,火警电话:119,匪警电话:110)。

A.2.4 心理健康

培养沟通能力,学会使用基本的礼貌用语,与同学和睦相处。

A.2.5 生长发育和青春期保健

A.2.5.1 认识生命,珍爱生命。

A.2.5.2 初步了解生命孕育常识,知道“我从哪里来”。

附　录　B
（规范性附录）
水平二（小学3年级～4年级）健康教育内容基本要求

B.1　目标

进一步了解保护眼睛、预防近视眼知识，学会合理用眼；了解食品安全基本知识，初步树立食品安全意识；了解体育锻炼对健康的作用，初步学会合理安排课外作息时间；初步了解烟草对健康的危害；了解肠道寄生虫病、常见呼吸道传染病和营养不良等疾病的基本知识及预防方法；了解容易导致意外伤害的危险因素，熟悉常见的意外伤害的预防与简单处理方法；了解日常生活中的安全常识，掌握简单的避险与逃生技能；初步了解生命的意义和价值，树立保护生命的意识。

B.2　基本内容

B.2.1　健康行为习惯与生活方式

B.2.1.1　爱护眼睛

B.2.1.1.1　注意读书写字、看电视、用电脑的卫生要求。

B.2.1.1.2　预防近视（认识影响近视发生的因素、学会合理用眼、注意用眼卫生、定期检查）。

B.2.1.1.3　预防眼外伤。

B.2.1.2　饮食（饮水）卫生

B.2.1.2.1　不吃不洁、腐败变质、超过保质期的食品。

B.2.1.2.2　饭菜要做熟；生吃蔬菜水果要洗净。

B.2.1.2.3　认识人体所需的营养素。

B.2.1.3　健康生活方式

B.2.1.3.1　认识体育锻炼有利于促进生长发育和预防疾病。

B.2.1.3.2　注意睡眠卫生要求（小学生每天睡眠时间应该保证10 h）。

B.2.1.3.3　生活垃圾应该分类放置。

B.2.1.3.4　不吸烟不酗酒远离毒品。

B.2.2　预防疾病

B.2.2.1　学生常见病的预防

B.2.2.1.1　认识蛔虫、蛲虫等肠道传染病对健康的危害与预防。

B.2.2.1.2　认识营养不良、肥胖对健康的危害与预防。

B.2.2.1.3　了解冻疮的预防（可根据地方实际选择）。

B.2.2.2　预防接种

了解学生应接种的疫苗。

B.2.2.3　常见呼吸道、消化道传染病的预防

B.2.2.3.1　认识传染病(重点为传播链)。

B.2.2.3.2　了解常见呼吸道传染病(流感、水痘、腮腺炎、麻疹、流脑等)的预防。

B.2.3　安全应急与避险

B.2.3.1　游戏与运动安全

注意游戏与运动安全,到正规的游泳、滑冰场所游泳和滑冰。

B.2.3.2　学习、生活中的安全

注意学习、生活中的安全,不乱服药物,不乱用化妆品。

B.2.3.3　伤害的预防与处理

B.2.3.3.1　了解火灾发生时的逃生与求助。

B.2.3.3.2　了解地震发生时的逃生与求助。

B.2.3.4　动物咬伤的处理

一旦被动物咬伤后,应立即冲洗伤口,及时就医,及时注射狂犬疫苗。

B.2.3.5　自救互救的基本知识和技能

B.2.3.5.1　了解鼻出血的简单处理。

B.2.3.5.2　了解简便止血方法(指压法、加压包扎法)。

B.2.4　心理健康

B.2.4.1　关心尊重他人。

B.2.4.2　正确对待残疾同伴。

B.2.5　生长发育和青春期保健

B.2.5.1　了解人的生命周期包括诞生、发育、成熟、衰老、死亡。

B.2.5.2　认识自己的身体,关注自己的身体发育情况。

附　录　C
（规范性附录）
水平三（小学5年级～6年级）健康教育内容基本要求

C.1　目标

了解健康的含义与健康的生活方式，初步形成健康意识；了解营养对促进儿童少年生长发育的意义，树立正确的营养观；了解食品安全知识，养成良好的饮食卫生习惯；了解烟草对健康的危害，树立吸烟有害健康的意识；了解毒品危害的简单知识，远离毒品危害；掌握常见肠道传染病、病媒生物传播疾病的基本知识和预防方法，树立卫生防病意识；了解常见地方病（如碘缺乏病）、血吸虫病对健康的危害，掌握预防方法；了解青春期生理发育基本知识，初步掌握相关的卫生保健知识；了解日常生活中的安全常识，学会体育锻炼中的自我监护，提高自我保护的能力。

C.2　基本内容

C.2.1　健康行为习惯与生活方式

C.2.1.1　健康生活方式

C.2.1.1.1　了解健康不仅仅是没有疾病或虚弱，而是身体、心理、社会适应的完好状态。
C.2.1.1.2　了解健康生活方式主要包括合理膳食、适量运动、戒烟限酒、心理平衡4个方面，健康的生活方式有利于健康。
C.2.1.1.3　了解体育锻炼时自我监护的主要内容（主观感觉和客观检查的指标）。

C.2.1.2　爱护眼睛

发现视力异常，应到正规医院眼科进行视力检查、验光，注意配戴眼镜的卫生要求。

C.2.1.3　饮食（饮水）卫生

C.2.1.3.1　购买包装食品应注意查看生产日期、保质期、包装有无涨包或破损，不购买无证摊贩食品。
C.2.1.3.2　了解容易引起食物中毒的常见食品（发芽土豆、不熟扁豆和豆浆、毒蘑菇、新鲜黄花菜、河豚鱼等）。
C.2.1.3.3　不采摘、不食用野果、野菜。

C.2.1.4　合理营养

C.2.1.4.1　膳食应以谷类为主，多吃蔬菜水果和薯类，注意荤素搭配。
C.2.1.4.2　日常生活饮食应适度，不暴饮暴食，不盲目节食，适当零食。

C.2.1.5　不吸烟不酗酒远离毒品

C.2.1.5.1　认识吸烟和被动吸烟会导致癌症、心血管疾病、呼吸系统疾病等多种疾病。
C.2.1.5.2　中小学生应做到不吸烟、不饮酒。
C.2.1.5.3　了解常见毒品的名称。
C.2.1.5.4　认识毒品对个人和家庭的危害，自我保护的常识和简单方法，能够远离毒品。

C.2.2 预防疾病

C.2.2.1 贫血的预防

认识贫血对健康的危害与预防。

C.2.2.2 肠道传染病的预防

了解常见肠道传染病(细菌性痢疾、伤寒与副伤寒、甲型肝炎等)的预防。

C.2.2.3 疟疾的预防

了解疟疾疾病的预防。

C.2.2.4 血吸虫病的预防

了解血吸虫病的预防(可根据地方实际选择)。

C.2.2.5 出血性结膜炎的预防

了解流行性出血性结膜炎(红眼病)的预防。

C.2.2.6 碘缺乏病及其他地方病的预防

C.2.2.6.1 认识碘缺乏病对人体健康的危害。

C.2.2.6.2 食用碘盐可以预防碘缺乏病。

C.2.3 安全应急与避险

C.2.3.1 交通安全

注意骑自行车安全与道路交通安全。

C.2.3.2 危险标识的识别

识别常见的危险标识(如高压、易燃、易爆、剧毒、放射性、生物安全),远离危险物。

C.2.3.3 伤害的预防和处理

C.2.3.3.1 了解煤气中毒的发生原因和预防。

C.2.3.3.2 了解触电、雷击的预防。

C.2.3.4 自救互救的基本知识和技能

C.2.3.4.1 了解中暑的预防和处理。

C.2.3.4.2 了解轻微烫烧伤、割、刺、擦、挫伤等的自我处理。

C.2.3.5 网络的合理利用

合理利用网络,提高网络安全防范意识。

C.2.4 心理健康

保持自信,自己的事情自己做。

C.2.5 生长发育和青春期保健

C.2.5.1 体温、脉搏的测量

掌握体温、脉搏测量方法及其测量的意义。

C.2.5.2 青春期心身发育特点

C.2.5.2.1 了解青春期的生长发育特点。

C.2.5.2.2 了解男女少年在青春发育期的差异(男性、女性第二性征的具体表现)。

C.2.5.2.3 了解女生月经初潮及意义(月经形成以及周期计算)。

C.2.5.2.4 了解男生首次遗精及意义。

C.2.5.3 青春期卫生保健

C.2.5.3.1 注意变声期的保健。

C.2.5.3.2 注意青春期的个人卫生。

附　录 D
（规范性附录）
水平四（初中阶段）健康教育内容基本要求

D.1　目标

了解生活方式与健康的关系，建立文明、健康的生活方式；进一步了解平衡膳食、合理营养意义，养成科学、营养的饮食习惯；了解充足睡眠对儿童少年生长发育的重要意义；了解预防食物中毒的基本知识；进一步了解常见传染病预防知识，增强卫生防病能力；了解艾滋病基本知识和预防方法，熟悉毒品预防基本知识，增强抵御毒品和艾滋病的能力；了解青春期心理变化特点，学会保持愉快情绪和增进心理健康；进一步了解青春期发育的基本知识，掌握青春期卫生保健知识和青春期常见生理问题的预防和处理方法；了解什么是性侵害，掌握预防方法和技能；掌握简单的用药安全常识；学会自救互救的基本技能，提高应对突发事件的能力；了解网络使用的利弊，合理利用网络。

D.2　基本内容

D.2.1　健康行为习惯与生活方式

D.2.1.1　不良生活方式的危害

了解不良生活方式有害健康，慢性非传染性疾病（恶性肿瘤、冠心病、糖尿病、脑卒中）的发生与不健康的生活方式有关。

D.2.1.2　饮食（饮水）卫生

D.2.1.2.1　了解食物中毒的常见原因（细菌性、化学性、有毒动植物等）避免发生食物中毒。

D.2.1.2.2　发现病死禽畜要报告，不吃病死禽畜肉。

D.2.1.2.3　适宜保存食品，腐败变质食品会引起食物中毒。

D.2.1.3　合理营养

D.2.1.3.1　学会膳食平衡；平衡膳食有利于促进健康。

D.2.1.3.2　认识青春期需要补充充足的营养素，保证生长发育的需要。

D.2.1.4　睡眠卫生

合理安排作息时间，保证充足的睡眠有利于生长发育和健康（初中生每天睡眠时间应该保证 9 h，高中生每天睡眠时间应该保证 8 h）。

D.2.1.5　不吸烟不酗酒远离毒品

D.2.1.5.1　学会拒绝吸烟、饮酒。

D.2.1.5.2　认识毒品对个人、家庭和社会的危害。

D.2.1.5.3　认识吸毒违法，拒绝毒品。

D.2.2 预防疾病

D.2.2.1 乙型脑炎的预防

了解乙型脑炎防治的基本知识。

D.2.2.2 疥疮等传染性皮肤病的预防

了解疥疮等传染性皮肤病防治的基本知识。

D.2.2.3 结核病防治基本知识

D.2.2.3.1 出现咳嗽、咳痰2周以上,或痰中带血,应及时检查是否得了肺结核。
D.2.2.3.2 肺结核主要通过病人咳嗽、打喷嚏、大声说话等产生的飞沫传播。
D.2.2.3.3 肺结核病应该到医院接受正规治疗。

D.2.2.4 肝炎防治基本知识

D.2.2.4.1 认识肝炎。
D.2.2.4.2 了解甲型肝炎的预防。
D.2.2.4.3 了解乙(丙)型肝炎的预防。
D.2.2.4.4 不歧视乙型肝炎病人及感染者。

D.2.2.5 艾滋病防治基本知识

D.2.2.5.1 掌握艾滋病的基本知识。
D.2.2.5.2 认识艾滋病的危害。
D.2.2.5.3 掌握艾滋病的预防方法。
D.2.2.5.4 判断安全行为与不安全行为。
D.2.2.5.5 拒绝不安全行为的技巧。
D.2.2.5.6 学会寻求帮助的途径和方法。
D.2.2.5.7 了解与预防艾滋病相关的青春期生理和心理知识。
D.2.2.5.8 了解吸毒与艾滋病。
D.2.2.5.9 不歧视艾滋病病毒感染者与患者。

D.2.3 安全应急与避险

D.2.3.1 中毒的处理

了解毒物中毒的应急处理。

D.2.3.2 自救互救的知识和技能

D.2.3.2.1 了解溺水的应急处理。
D.2.3.2.2 了解骨折简易应急处理知识(固定、搬运)。

D.2.3.3 用药安全

D.2.3.3.1 有病应及时就医。
D.2.3.3.2 服药要遵从医嘱,不乱服药物。
D.2.3.3.3 不擅自服用、不滥用镇静催眠等成瘾性药物。

D.2.3.3.4 不擅自服用止痛药。

D.2.3.3.5 了解保健品不能代替药品。

D.2.3.4 性侵害的预防

D.2.3.4.1 识别容易发生性侵害的危险因素。

D.2.3.4.2 保护自己不受性侵害。

D.2.3.5 网络的合理利用

合理利用网络资源,预防网络成瘾。

D.2.4 心理健康

D.2.4.1 培养调节情绪能力

D.2.4.1.1 认识不良情绪影响健康。

D.2.4.1.2 学会调控情绪的基本方法。

D.2.4.2 认识自我

建立自我认同,客观认识和对待自己。

D.2.4.3 合理制定目标

培养制定目标的能力,根据自己的学习能力和状况确定合理的学习目标。

D.2.4.4 人际交往

了解异性交往的原则。

D.2.5 生长发育和青春期保健

D.2.5.1 生长发育

了解青春期心理发育,正确对待青春期心理变化。

D.2.5.2 青春期卫生保健

D.2.5.2.1 了解痤疮发生的原因、预防方法。

D.2.5.2.2 注意月经期间的卫生保健,痛经的症状及处理。

D.2.5.2.3 学会选择和佩戴适宜的胸罩。

附 录 E
（规范性附录）
水平五（高中阶段）健康教育内容基本要求

E.1 目标

了解中国居民膳食指南，了解常见食物的选购知识，进一步了解预防艾滋病基本知识，正确对待艾滋病病毒感染者和患者；学会正确处理人际关系，培养有效的交流能力，掌握缓解压力等基本的心理调适技能；进一步了解青春期保健知识，认识婚前性行为对身心健康的危害，树立健康文明的性观念和性道德。

E.2 基本内容

E.2.1 健康行为习惯与生活方式

E.2.1.1 饮食卫生

了解食品选购基本知识，注意饮食卫生。

E.2.1.2 合理营养

了解中国居民膳食指南，合理营养。

E.2.2 预防疾病

E.2.2.1 艾滋病防治基本知识

E.2.2.1.1 掌握艾滋病的预防方法。
E.2.2.1.2 认识艾滋病的流行趋势及对社会经济带来的危害。
E.2.2.1.3 了解 HIV 感染者与艾滋病病人的区别。
E.2.2.1.4 了解艾滋病的窗口期和潜伏期。
E.2.2.1.5 了解无偿献血知识。
E.2.2.1.6 不歧视艾滋病病毒感染者与患者。

E.2.3 安全应急与避险

认识网络交友的危险性，培养网络信息的辨别能力。

E.2.4 心理健康

E.2.4.1 培养沟通能力

E.2.4.1.1 学会宣泄，学会倾诉，学会站在他人的角度客观的看待事件。
E.2.4.1.2 正确处理人际交往中的冲突，做到主动、诚恳、公平、谦虚、宽厚地与人交往。

E.2.4.2 培养缓解压力能力

E.2.4.2.1 学会有效环节压力的技巧。

E.2.4.2.2　认识竞争的积极意义。

E.2.4.2.3　正确应对失败和挫折。

E.2.4.3　情绪调节

了解考试等特殊时期常见的心理问题与应对方法，培养调节情绪能力。

E.2.5　生长发育和青春期保健

E.2.5.1　生长发育

E.2.5.1.1　热爱生活，珍爱生命。

E.2.5.1.2　了解青春期常见的发育异常，发现不正常要及时就医。

E.2.5.2　树立责任意识，遵守性道德

E.2.5.2.1　婚前性行为严重影响青少年身心健康。

E.2.5.2.2　避免婚前性行为。

ICS 91.120.25
P 15

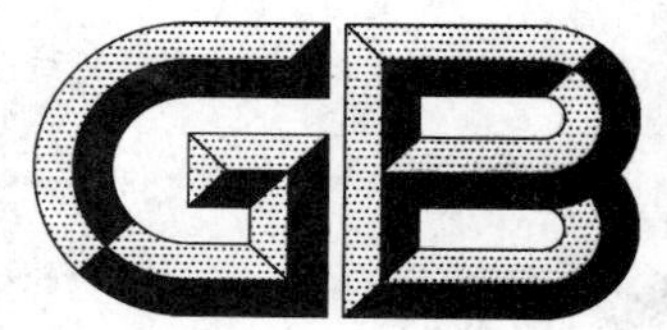

中华人民共和国国家标准

GB/T 18208.3—2011
代替 GB/T 18208.3—2000

地震现场工作
第3部分：调查规范

Post-earthquake field works—
Part 3: Code for field survey

2011-12-30 发布　　2012-03-01 实施

中华人民共和国国家质量监督检验检疫总局
中国国家标准化管理委员会　发布

前言

GB/T 18208《地震现场工作》分为四个部分：

——第1部分：基本规定；

——第2部分：建筑物安全鉴定；

——第3部分：调查规范；

——第4部分：灾害直接损失评估。

本部分为GB/T 18208的第3部分。

本部分按照GB/T 1.1—2009给出的规则起草。

本部分代替GB/T 18208.3—2000《地震现场工作　第3部分：调查规范》。

本部分与GB/T 18208.3—2000相比，主要变化如下：

a) 增加了“人员伤亡调查”、“场地震害调查”、“地震次生灾害调查”和“照片拍摄、图纸收集和调查报告编写”四章内容；

b) 将“工程结构震害调查”一章拆分为“房屋震害调查”和“重大工程、构筑物、工业设备震害调查”二章；

c) 修改了部分术语的定义；

d) 增加、删除和修改了部分条款；

e) 修改和补充了“规范性附录”中的调查表格。

本部分由中国地震局提出。

本部分由全国地震标准化技术委员会(SAC/TC 225)归口。

本部分起草单位：中国地震局工程力学研究所、云南省地震局。

本部分主要起草人：孙景江、袁一凡、孙柏涛、苗崇刚、李山有、张令心、郭恩栋、周光全、林均岐、戴君武、景立平。

本部分于2000年10月17日首次发布，本次修订为第1次修订。

引　言

GB/T 18208.3—2000 实施以来，对地震现场调查工作起到了重要的指导作用。

本次修订是基于 GB/T 18208.3—2000 实施以来所积累的经验及近年来地震、特别是汶川地震的现场工作经验，目的是进一步规范和完善地震现场调查工作，提供能反映地震灾情的资料和数据，同时为防震减灾工作积累震害基础资料。

地震现场工作
第3部分：调查规范

1 范围

GB/T 18208的本部分规定了地震现场调查的内容、方法和技术要求。

本部分适用于地震现场调查工作。

2 规范性引用文件

下列文件对于本文件的应用是必不可少的。凡是注日期的引用文件，仅所注日期的版本适用于本文件。凡是不注日期的引用文件，其最新版本(包括所有的修改单)适用于本文件。

GB 17740—1999 地震震级的规定

GB/T 17742 中国地震烈度表

GB/T 24335—2009 建(构)筑物地震破坏等级划分

GB/T 24336—2009 生命线工程地震破坏等级划分

3 术语和定义

下列术语和定义适用于本文件。

3.1

地震烈度 seismic intensity

地震引起的地面震动及其影响的强弱程度。

3.2

等震线 isoseismal contour

不同地震烈度或地面震动强度的分界线。

3.3

极震区 meizoseismal area

一次地震破坏或影响最重的区域。

[GB/T 18207.1—2008，定义3.8]

3.4

烈度异常区 intensity anomaly area

在同一烈度区内，烈度高于或低于本烈度区且有一定面积范围的局部区域。

3.5

地震宏观异常 macroscopic pre-earthquake anomaly

非仪器观测到的异常现象。

[GB/T 18207.2—2005，定义4.6.7]

3.6

地下流体异常 subsurface fluid anomaly

钻孔、井、泉、油气井等中的地下流体(液体或气体)出现的各种物理、化学动态异常变化现象。

3.7

动植物习性异常 animal and plant behavior anomaly

动物一反常态的行为和植物反常的生态现象。

3.8

气候异常 climatic anomaly

人们直接观察或感受到的气候宏观异常现象。

3.9

地象异常 natural phenomena anomaly

人们观察到的声、光、电、气、火、磁等自然奇异现象。

3.10

发震构造 seismogenic structure

曾发生和可能发生破坏性地震的地质构造。

[GB/T 18207.2—2005,定义 3.3.3]

3.11

地震地表破裂带 earthquake surface rupture zone

震源断层错动在地表产生的破裂和形变的总称,由地震断层、地震鼓包、地震裂缝、地震沟槽等组成。

[GB/T 18207.2—2005,定义 3.3.5]

3.12

地震断层 earthquake fault

震源错动在地表形成的断层。

[GB/T 18207.2—2005]

3.13

地震次生灾害 secondary disaster of earthquake

地震造成工程结构、设施和自然环境破坏而引发的灾害。例如火灾、爆炸、瘟疫、有毒有害物质污染以及水灾、泥石流和滑坡等对居民生产和生活区的破坏。

[GB/T 18207.1—2008,定义 5.3]

3.14

地震地质灾害 earthquake induced geological disaster

在地震作用下,地质体变形或破坏所引起的灾害。

[GB/T 18207.2—2005,定义 6.1.7]

4 人员伤亡调查

4.1 调查因地震造成房屋倒塌、设施破坏和地震地质灾害、地震次生灾害等各种原因造成的死亡人数,包括死亡原因、地点、时间、性别、年龄。注明统计截止日期。

4.2 统计不能准确确定是否已经因地震致死的失踪人员的数量。注明统计截止日期。

4.3 统计需住院治疗的重伤人数。注明统计截止日期。

4.4 统计无需住院治疗的轻伤人数。注明统计截止日期。

4.5 调查人员应与医疗、民政以及政府有关部门沟通,认真核对数据。按附录 A 填写人员伤亡调查表,并按附录 B 填写人员伤亡调查汇总表。

5 现场地震及强震动观测

5.1 地震观测

5.1.1 在地震现场应布设测震网(点)和前兆流动观测网(点)。主要工作内容如下:

a) 测定余震分布范围、余震震源参数,编制相应的地震目录;

b) 观测震源的空间分布特征,研究地震序列的发展过程。

5.1.2 测震网(点)和前兆流动观测网(点)的数量、布设和仪器等技术要求见《中国数字地震观测网络技术规程》(JSGC-01)和《地震及前兆数字观测技术规范》,震级测定技术要求应符合GB 17740—1999的规定。

5.2 强震动观测

5.2.1 地震发生后,应汇总强震动固定观测台的记录,并根据需要补充布设流动观测台阵,获取强余震的地震动记录。

5.2.2 宜根据地震现场的场地情况和技术条件,布设场地影响观测台阵、建筑或桥梁等结构反应观测台阵。

5.2.3 根据强震动观测记录,宜绘制以地面运动加速度等为参数的等震线图。

5.2.4 应测定观测站(点)经度、纬度和高程。宜采用1:50 000的地形图和GPS技术对经度、纬度和高程进行核定。

5.2.5 在台站强震动仪取得强震记录后,且强震记录加速度峰值大于或等于100 cm/s^2时,宜对强震动仪的仪器特性进行标定,并记录在案。

5.2.6 应观察、搜集、记录每个观测站(点)的地质、地貌资料,调查场地条件。必要时,可进行钻探测试。

6 地震烈度调查

6.1 应按照GB/T 17742的相关内容进行烈度调查。

6.2 在Ⅴ度及Ⅴ度以下地区,重点调查地面上以及底层房屋中人的感觉,并调查器物反应等其他相关现象;在Ⅵ度~Ⅹ度区,重点调查房屋震害,并调查其他相关震害现象;在Ⅺ度和Ⅻ度区,重点调查房屋震害和地表震害现象。

6.3 农村和城市应分别进行调查。农村宜以自然村为基本单位进行调查;城市宜以居民小区或若干街道围成的区域进行调查,调查面积宜为1 km^2左右。在震中区及地震烈度Ⅷ度及Ⅷ度以上地区,调查点的密度宜包括所有自然村和城镇小区;其余地区可采用抽样调查;人口稀少地区宜调查到所有居民点。

6.4 进入现场后应首先核定极震区,确定极震区的地震烈度。

6.5 进行人的感觉调查时,一个调查点(自然村或小区)被调查的人数不应少于5人,并按附录C填写调查表。

6.6 房屋震害调查,应按房屋结构类型,将房屋的破坏程度按GB/T 24335—2009划分的五个等级进行评定,统计各破坏等级的房屋数量和所占房屋总数的比例;一个抽样点中破坏与未发生破坏的房屋均应调查,并同时调查房屋的抗震设防水准。

6.7 在调查房屋破坏的同时,宜根据每栋房屋的破坏等级按GB/T 17742确定其相应的震害指数,并计算该调查点各种类型房屋的平均震害指数和不同类型房屋的综合平均震害指数。

6.7.1 一个调查点内某一类房屋的平均震害指数$\overline{d}$,可按式(1)计算:

$$\overline{d_i}=\frac{\sum d_{ij}n_{ij}}{\sum n_{ij}} \qquad \cdots\cdots(1)$$

式中：

d_{ij}——第 i 类房屋破坏等级为 j 级的震害指数；

n_{ij}——第 i 类房屋破坏等级为 j 级的房屋栋数。

6.7.2 一个调查点内综合平均震害指数 D 宜以砖砌体结构为准，把其他类型结构的震害指数折算为砖砌体结构的震害指数，可按式(2)计算：

$$D=\frac{\sum \overline{d}_{bi}N_i}{N} \qquad \cdots\cdots(2)$$

式中：

$\overline{d}_{bi}$——第 i 类房屋平均震害指数折算为砖砌体房屋震害指数值，下标 b 指砖砌体房屋；

N_i——第 i 类房屋的栋数；

N——全部统计房屋的栋数。

6.7.3 按附录 D 填写房屋震害指数调查结果和调查点的综合平均震害指数或同种类型房屋的平均震害指数。

6.8 调查水塔、烟囱、大型水利工程、桥梁和管线等震害，根据 GB/T 17742，作为评定地震烈度的参考指标。

6.9 调查地面变形和破坏情况，根据 GB/T 17742 评定高烈度区的地震烈度。

6.10 调查在同一地震烈度圈内高于或低于本区烈度的区域，当该区域面积相当或大于一个县城的区域且 $M\geqslant6.5$ 级时，或者面积相当或大于一个乡镇的区域且 $M<6.5$ 级时，应圈定为烈度异常区。

6.11 调查点的地震烈度经综合评定后，应将地震烈度值标明在大比例尺(1∶500 000～1∶100 000)底图上，由极震区到外围，按等烈度值的外包线依次绘出地震烈度等震线。

6.12 每一个地震烈度调查点的调查结果应填入附录 E。

7 地震宏观异常现象调查

7.1 调查方法及技术要求

7.1.1 出现各类宏观异常现象的异常程度、时间序列演化特征和空间分布范围。重点是震前异常，重视调查宏观异常现象发生的准确时间。

7.1.2 宜进行震区异常现象普查，并选择一批异常突出、干扰较小、信度较高的灵敏点，建立临时性的观测点或观察哨，并定时监测。

7.1.3 对主震发生后新出现的宏观异常现象应进行调查落实，及时将落实结果通报地震现场调查指挥部。

7.1.4 应对可观测到的地震宏观异常现象及其动态演化过程、地象现象留下的痕迹等进行拍摄，并附文字说明。

7.1.5 宜从当地气象、水文、农业等部门收集有关气温、气压、降水量、河流水位、地下水潜水面高低和物理化学的动态变化、动植物生长和发育习性等日变、月变或年变观测数据，量化地下水、气候和动植物习性等异常信息。

7.2 调查内容

7.2.1 地下流体异常现象

7.2.1.1 调查钻孔、水井、泉水等的水位、流量、水温、水色、水味、透明度等异常变化的量值，或翻花、冒泡、出油、打漩等异常现象出现和恢复正常的时间。

7.2.1.2　调查油气井油气量变化的幅度、规模和持续时间等。宜对地下流体，特别是地下气体异常采集必要的样品，进行化学成分分析，判定异常成分的来源（深部成因、浅部成因）。

7.2.2　动植物习性异常现象

调查动物一反常态的行为和植物反常的生态现象。

7.2.3　气候异常现象

调查震前、震时或震后反常的烈日、闷热、气压、大风、大雨、大雾、云彩、冰雹等异常值及其持续的时间。

7.2.4　地象异常现象

地象异常现象（声、光、电、气、火、磁）出现的准确时间、地点和留下的痕迹等。重点调查通信中断、广播电视信号受干扰等电磁异常。

7.3　调查结果

按附录F填写地震宏观异常现象调查表。

8　场地震害调查

8.1　液化调查

调查液化场地的地下水埋深、液化和地基流滑的强弱程度；初步判别液化土层类别；调查液化区域的分布；详细调查液化对房屋和其他工程结构的破坏影响。

8.2　震陷调查

调查软土震陷地点、沉降幅度（震陷量）、震陷区域分布和对房屋以及其他工程结构破坏的影响。

8.3　地形影响调查

调查地形变化，如突出的陡崖、山梁、山包、谷地和河流等对房屋和工程结构破坏的影响。

8.4　场地资料

搜集和记录调查点的地质、地貌资料，调查场地条件。必要时可进行钻探和波速测试。

9　房屋震害调查

9.1　调查方法

9.1.1　房屋震害调查应区别结构类型，并按附录G进行分类。

9.1.2　房屋的破坏程度应按GB/T 24335—2009进行评定。

9.1.3　宜按照典型房屋和人员密集的公共房屋进行单体详细调查和群体房屋统计调查方法进行。

9.1.3.1　选择具有代表性破坏的典型房屋和人员密集的公共房屋（医院、学校等）进行单体详细调查。调查房屋的结构类型、层数、建筑年代、是否设防、震前状况、场地条件等，详细调查并记录破坏的构件、部位、程度、特征和倒塌形式以及后果等，并收集相关图纸和场地资料。注意调查本次震害中特殊的破坏形式。调查结果按附录H内容填写,并附调查房屋结构简图(或图纸资料)和破坏状态照片。

9.1.3.2 群体房屋震害调查时,宜采用抽样调查方法,抽样点以自然村或城镇中若干相邻街道组成的调查点为单位。城镇调查点的分布应考虑到覆盖整个城区。统计各类型房屋的不同破坏等级的数量和比例,结果填入附录I和附录J的汇总表内。

9.1.4 宜采用对比调查方法,对比不同结构类型、建筑年代、场地条件、建筑材料等因素的影响;对比相同条件下破坏程度差异明显的房屋;对比设防与否房屋破坏的差别,考察抗震构造措施的效果;注意总结当地传统房屋的震害经验,调查抗震能力较强房屋的特点。

9.1.5 调查房屋震害时,应区分强地震动作用影响还是地面破坏(如地基液化、沉降、滑坡、崩塌等)影响。

9.2 调查内容

9.2.1 钢筋混凝土框架结构

重点调查梁、柱、节点破坏情况,破坏处显露出的实际配筋情况;调查填充墙、楼梯、电梯间、楼板、玻璃幕墙、高层与低层毗连部分、屋顶附属结构的破坏情况。

9.2.2 钢筋混凝土框架-剪力墙结构、剪力墙结构及框架-筒体结构

调查框架与剪力墙(或筒体)间的连梁破坏和剪力墙破坏;调查梁、柱、节点破坏情况,破坏处显露出的实际配筋情况;调查填充墙、楼梯、电梯间、楼板、玻璃幕墙、高层与低层毗连部分、屋顶附属结构的破坏情况。

9.2.3 砌体结构

调查房屋主要破坏发生楼层,墙体裂缝的走向(竖向、横向、斜向),预制楼板与现浇楼板房屋的破坏差异,圈梁与构造柱或芯柱的设置情况和破坏形式。区分承重墙破坏和非承重墙破坏。

9.2.4 钢结构

调查的梁、柱和支撑杆件连接形式及破坏状况;梁、柱及支撑破坏是由塑性变形还是屈曲引起;调查墙体、楼梯、电梯间、楼板、玻璃幕墙、高层与低层毗连部分、屋顶附属结构的破坏情况。

9.2.5 单层工业厂房

调查厂房屋盖结构及其支撑系统和柱间支撑的破坏状况;大型预制板屋面与其他屋面结构破坏的对比;围护墙破坏与柱的连接情况的关系;牛腿、牛腿上柱和牛腿下柱以及斜撑的破坏形式;砖柱与扶臂柱的破坏情况。

9.2.6 木构架房屋

调查围护墙破坏或倒塌形式,木柱与墙体的相互影响以及大梁(屋架)移位和破坏情况,梁、柱及榫接处的破坏、有无虫蚁和腐朽现象。

9.2.7 生土房屋

调查墙体裂缝、外闪或塌落,墙角开裂情况,屋架(盖)和屋面破坏,房屋倒塌形式。

10 生命线工程震害调查

10.1 调查方法

10.1.1 生命线工程宜进行结构单体调查，系统全面调查。当桥梁、道路、管线和输电杆(塔)等破坏数量较多时，可进行群体统计调查。

10.1.2 生命线工程结构单体调查时，应详细调查该工程的结构形式、建造材料、建筑年代、设防水平、震前状况、场地条件等，并记录破坏的构件、部位、程度、特征；调查相应系统整体破坏状况、后果等。收集相关图纸(单体结构图纸、系统网络图纸等)和场地资料。

10.1.3 生命线工程的破坏程度应按 GB/T 24336—2009 进行评定。

10.1.4 应调查生命线工程各系统功能破坏程度，中断和恢复运行的时间，中断期间对应急救灾的影响等。

10.1.5 宜调查各系统地震破坏的相互影响，如断电对供水、通信、燃气等系统的影响；交通中断对其他系统运行的影响等。

10.1.6 调查生命线工程震害时，应区分强地震动作用影响还是地面破坏(如地基液化、沉降、滑坡、崩塌等)影响。

10.2 调查内容

10.2.1 给(排)水系统

调查水处理厂、泵站、蓄水池和水处理池、给(排)水管网、水塔、各种阀门等破坏状况和破坏等级。调查管道泄漏情况、泄漏点数量及供水量下降幅度；管道破坏和接头破坏的程度与数量；水池池壁、盖板、底板开裂和渗漏情况；各种阀门是否发生破坏；给(排)水系统设备破坏情况；调查支架式水塔的支架及水柜破坏情况；调查筒式水塔的支撑结构和水柜破坏。破坏情况及统计结果按附录 K～附录 N 的内容填写调查表。

10.2.2 燃气系统

调查供气管网、压气站、储气罐、各种阀门等破坏状况和破坏等级。调查管道破坏部位，并区分管身破坏、焊缝破坏和接口破坏。储气罐除了检查罐体破坏外，还应检查支承结构、连接部件和阀门的破坏。调查各种供气系统设备破坏情况。破坏情况及统计结果按附录 K～附录 P 的内容填写调查表。

10.2.3 输油系统

调查炼油厂、输油泵站、油库、输油管道、加油站、各种阀门等破坏状况和破坏等级。调查管道破坏部位，并区分管身破坏、焊缝破坏和接口破坏。储油罐除了检查罐体破坏外，还应检查支承结构、连接部件和阀门的破坏。调查各种输油系统设备破坏情况。破坏情况及统计结果按附录 K～附录 P 的内容填写调查表。

10.2.4 交通系统

调查公路、铁路、桥梁(详细见 10.2.5)、隧道、车站、机场、港口码头、轨道交通等破坏状况和破坏等级。道路开裂、塌陷应有测量结果。道路震害情况和震害统计分别按附录 Q 和附录 R 的内容填写调查表。

10.2.5 桥梁

调查桥梁桥面和桥墩破坏情况，裂缝宽度，特别注意桥面与桥墩连接部位破损情况并测量移位距离。调查结果按附录S内容逐项填写,并按附录T内容进行统计。

10.2.6 电力系统

调查发电厂房、各类设备、附属工程设施、调度通信以及变电站内的各类电气设备、输电线路、电杆(塔)等破坏状况和破坏等级。调查结果按附录K和附录L填写。

10.2.7 广播通信系统

调查广播电视大楼、通信邮政枢纽楼、中继站、卫星地面站、无线电发射和接收台站以及无线塔架等;通信系统的交换机、载波机、中继设备、微波收发信机、卫星通信设备、天线、供电设备等各种通信设备以及架空明线、地下电缆、光缆和微波通信线路等。调查结果按附录K和附录L填写。

10.2.8 热力系统

调查热力系统的锅炉房、热力设施、供热管道等的破坏状况和破坏等级。调查管道破坏部位,并区分管身破坏、焊缝破坏和接口破坏。调查供热系统设备破坏情况。按照附录K～附录P填写调查结果。

11 重大工程、构筑物、工业设备震害调查

11.1 调查方法

按第10.1条相关要求进行。

11.2 调查内容

11.2.1 重大工程应调查核电站、海洋采油平台、大型水坝、大型港口码头等工程震害情况,详细记录破坏状态及影响,编写专门调查报告。

11.2.2 构筑物、工业设备应调查电视塔和冶金、采矿企业的高炉、井架、井塔、通廊、筒仓等的破坏情况以及化工企业的各种罐、塔等。调查各类企业的机械、设备破坏;调查工业和民用水塔、烟囱破坏。

11.2.3 土工、水工及地下工程应调查土坝、堤防、挡土墙、闸门、水坝、扬水站、矿井、地下商场和人防工程等。详细记录结构的裂缝走向、宽度、长度和深度;同时注意附近地面破坏和砂土液化。

12 地震次生灾害调查

12.1 地震火灾

调查地震火灾起因(易燃、易爆物品点燃,电线短路,炉具倒塌等);火灾引起的人员伤亡;起、止时间;过火面积;建(构)筑物和设备等受损情况;火灾引起的经济损失。

12.2 有害有毒物质泄漏

调查泄漏的有害物质的种类;泄漏量及扩散情况;对生命及环境的影响,灾害后果;采取的应急措施。

12.3 地震水灾

调查地震造成溃坝、决堤等引起的水灾,并统计相应的人员伤亡、受淹面积;建(构)筑物和设备等受淹情况;水灾所引起的经济损失。

12.4 爆炸灾害

调查地震引起爆炸的起因;爆炸造成的人员伤亡;爆炸造成的经济损失;影响范围以及其他后果。

12.5 震后瘟疫

调查地震后发生瘟疫的种类;流行地区和面积;受感染人数;流行开始时间和持续时间;治愈人数和死亡人数;治理流行瘟疫紧急措施建议和治理所需费用(包括伤、死人员补助和治疗费用)。

12.6 表格填写

按照附录U填写次生地震灾害调查表。

13 地震地质调查

13.1 调查方法及技术要求

13.1.1 应根据出现的地表破裂等现象开展地震的发震构造和地震地质构造背景调查。

13.1.2 对地震地表破裂带应进行1:50 000~1:1 000比例尺的条带状地质填图和实测水平或垂直位移。

13.1.3 对地震地表破裂带的总体形变特征(空间展布、几何结构等)以及反映地震断层运动学性质的构造现象(次级断层的几何组合、标志地质体、地貌面或构造线的位移、各种典型伴生构造等)应进行详细拍摄,并做必要的文字和声像说明。

13.1.4 对地震期间发生位移的标志地质体、地貌面或构造线,应采集必要的年代或标本样品,用便携式GPS接收仪测定其经度、纬度,标绘在地震地表破裂带条带状地质图上。

13.1.5 野外调查结束之前,应对原始资料做如下核实:

a) 野外记录本检查:包括观察点、观察现象的描述和图表、样品编号及采样地点等是否完整准确;
b) 样品整理:确定是否需要补采样品;
c) 重要平面图和剖面图的核查:地震地表破裂带条带状地质图、实测剖面图等是否完整准确。

13.2 调查内容

13.2.1 调查地震地表破裂带的几何学和运动学特征,包括:

a) 地震地表破裂带几何结构和空间展布;
b) 发震断层的运动学性质;
c) 断层位移及其空间分布特征;
d) 发震断层晚第四纪活动习性;
e) 小型地堑、褶皱隆起、挤压性凹陷、地震鼓包、挤压垄脊等各种伴生构造的调查。

13.2.2 调查发震构造环境,包括:

a) 发震断层运动学性质、产状、规模、分段性、古地震复发模式、平均滑动速率等;
b) 结合震源深部构造、震源机制和近场测震等资料,确定本次地震的发震构造。

14 地震地质灾害调查

14.1 应收集与地震地质灾害相关的基础资料:包括地形图、地质图、地貌图、遥感、历史地震地质灾害、地层分布、工程地质、水文地质、大地测量和强地面运动等资料。

14.2 应调查震区出现的地裂、滑坡、堰塞、崩塌等地震地质灾害。

14.3 应调查各类地震地质灾害形态、大小及其空间展布等特征。

14.4 应编制地震地质灾害分布图(图件比例尺 1∶200 000～1∶10 000)以及说明本次地震构造特征的相关图件。

14.5 重要的地震地质灾害现象按附录 V 填写调查表。

15 社会影响调查

15.1 调查方法及技术要求

15.1.1 调查抽样方式应根据当地人口、经济发展水平,地区组织与管理结构来确定,也可采用分层抽样方法。

15.1.2 调查样本的数量应根据当地人口数量和密度确定,总样本量应大于 1 000,调查区域内小区的样本量应大于 30。

15.1.3 在同一地点,对同一人群至少应进行两次调查。

15.1.4 调查的组织形式应保证调查对象总体中的各个单位都有相等的中选机会。

15.1.5 应对调查资料进行可能性分析,剔除错误的数据。

15.1.6 应对调查资料进行逻辑性检验。

15.2 调查内容

15.2.1 调查救灾工作情况,包括:灾民生活安置工作、社会秩序恢复工作、医疗救护、物质供应分配等方面的经验和教训。

15.2.2 调查公众防震减灾意识,包括:公众对地震科学的认识、地震时避震措施和防震减灾知识的普及情况等。

15.2.3 调查公众行为,包括:震时和震后行为,利他行为和越轨行为等。

15.2.4 调查机构和团体的灾时反应和行为,包括:震前社会组织的防震状态,震时和震后社会组织在维护社会稳定和救灾工作中的作用等。

15.2.5 调查震后灾区人民自救,包括:自救形式、自救方法等。

15.2.6 调查地震信息传播,包括:地震知识的传播,公众对地震信息的反应,震后地震信息的传播及传播渠道等。

15.2.7 调查地震的心理反应,包括:震后的情绪反应,地震的关注程度,震后心理创伤等。

15.2.8 调查地震谣言,包括:地震谣言的内容、演变、传播和社会影响等。

16 照片拍摄、图纸收集和调查报告编写

16.1 调查报告编写

现场调查结束后,参照附录 W 的提要编写地震现场调查报告。

16.2 照片拍摄要求

16.2.1 房屋和工程结构破坏以及地质灾害照片,应包括能反映本次地震震害特点的各类典型震害和特殊的破坏现象。

16.2.2 各类房屋和工程结构破坏应有全景和局部破坏照片。全景照片应能显示结构的总体破坏状态和局部破坏所在位置,局部破坏应说明震害特征。应有能说明拍摄地点的照片或另有标志说明地点,例如拍摄或记录村镇街道或单位名称等。

16.2.3 地质调查和地质灾害应有全景和细部照片，注明镜头朝向；有参考物件或明示尺寸、比例，并注明或另有标志说明地点。

16.2.4 每张照片应有下列说明：拍摄地点、拍摄对象名称及所属、拍摄日期、拍摄内容简要说明、拍摄地点地震烈度、拍摄者姓名。

16.3 图纸资料收集

搜集典型结构的建筑和结构图纸以及场地勘探资料。建筑图纸应包括建筑说明、结构平、立、剖面图；结构图纸应包括结构说明、各主要平面图、结构和配筋等图纸。生命线工程除搜集上述图纸、资料外，还应搜集网络系统分布图纸，构件(管线等)尺寸、连接形式等。场地方面应搜集当地地形图和场地勘探、测试资料等。

附 录 A
（规范性附录）
人员伤亡调查表

表 A.1 人员伤亡调查表

<table>
<tr><td>编号</td><td></td><td>地点</td><td colspan="2"></td><td>烈度</td><td></td></tr>
<tr><td colspan="2">该地点总人口</td><td>失踪人数</td><td>重伤人数</td><td>轻伤人数</td><td colspan="2">死亡人数</td></tr>
<tr><td colspan="2"></td><td></td><td></td><td></td><td colspan="2"></td></tr>
<tr><td colspan="7">备注：（说明死亡和受伤的原因，是因建筑物破坏或惊吓或次生灾害等所致，以及定为失踪人员的原因等）</td></tr>
</table>

调查人姓名		调查日期		审核人姓名		审核日期	

附 录 B
（规范性附录）
人员伤亡调查汇总表

表 B.1 人员伤亡调查汇总表

序号	编号	地点	烈度	该地总人口	死亡人数	失踪人数	重伤人数
1							
2							
3							
4							
5							
6							
7							
8							
…							
合 计							
填表人姓名		填表日期		审核人姓名		审核日期	

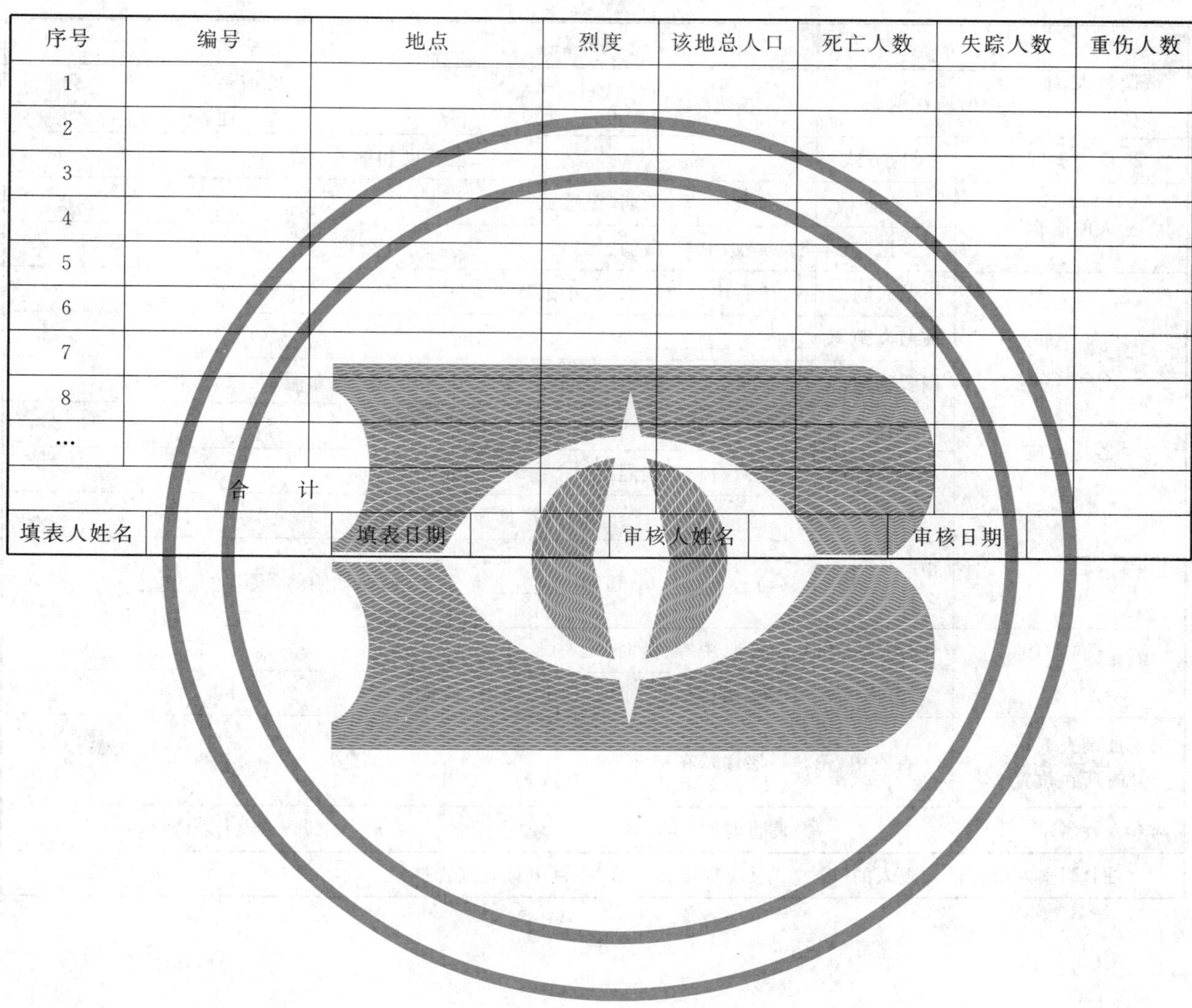

附 录 C
（规范性附录）
地震时人的感觉和器物反应现场调查表

表 C.1 地震时人的感觉和器物反应现场调查表

<table>
<tr><td rowspan="2">被调查人</td><td colspan="2">姓 名</td><td></td><td>年龄</td><td></td><td>职业</td><td></td></tr>
<tr><td colspan="2">震时所在地点</td><td colspan="3"></td><td>此前是否经历地震</td><td></td></tr>
<tr><td>反应类别</td><td colspan="2">反应方式</td><td colspan="5">反应程度和细节</td></tr>
<tr><td rowspan="2">人的感觉</td><td colspan="2">晃动</td><td colspan="5">强烈、中等、微弱、无感觉</td></tr>
<tr><td colspan="2">被抛起</td><td colspan="5">强烈、中等、微弱、无感觉</td></tr>
<tr><td rowspan="7">器物反应</td><td colspan="2">抛起物</td><td colspan="5">砖石块、茶杯、水壶、小家具等物件</td></tr>
<tr><td colspan="2">被抛离距离</td><td colspan="5">______ m</td></tr>
<tr><td colspan="2">搁置物滚落</td><td colspan="5">少量、部分、多数、全部（电视机、饮水机、花盆、瓶罐、花瓶、书籍等）</td></tr>
<tr><td colspan="2">悬挂物</td><td colspan="5">电灯摆动、墙上挂画、乐器、小型家具掉落</td></tr>
<tr><td colspan="2">家具声响</td><td colspan="5">轻微、较响、剧烈</td></tr>
<tr><td colspan="7">物品（家具等）移动、倾倒</td></tr>
<tr><td>物品名称</td><td></td><td colspan="5">移动______ m、移动______ m 后倾倒、原地倾倒、滚动______ m</td></tr>
<tr><td rowspan="2">地声</td><td colspan="2">响声大小</td><td colspan="5">强烈、中等、微弱、无</td></tr>
<tr><td colspan="2">方向</td><td colspan="5">东、南、西、北、东南、西北、西南、东北</td></tr>
<tr><td>被调查人震时所在位置</td><td colspan="7">在室内（第____层楼）、在室外</td></tr>
<tr><td>调查人姓名</td><td colspan="2"></td><td>调查时间</td><td colspan="2"></td><td>调查点烈度</td><td></td></tr>
<tr><td colspan="8">注：调查人根据被调查人的陈述在“反应程度和细节”栏目中对应位置打勾。</td></tr>
</table>

附 录 D
（规范性附录）
房屋震害指数调查表

表 D.1 房屋震害指数调查表

自然村或小区(社区)名称		地址		
编号	单位名称或住户	设防烈度	破坏情况描述	震害指数
平均震害指数				
综合平均震害指数				
评定烈度				
调查人姓名		调查日期	年 月 日	

附 录 E
（规范性附录）
地震烈度调查表

表 E.1 地震烈度调查表

<table>
<tr><td>地震地点</td><td colspan="2"></td><td>震级</td><td></td><td>时间</td><td></td></tr>
<tr><td>总号</td><td></td><td>编号</td><td></td><td>调查地点</td><td colspan="2"></td></tr>
<tr><td>场地条件</td><td colspan="6"></td></tr>
<tr><td>房屋破坏情况</td><td colspan="6"></td></tr>
<tr><td>人、器物反应</td><td colspan="6"></td></tr>
<tr><td>其他工程结构
破坏情况</td><td colspan="6"></td></tr>
<tr><td>地面破坏情况</td><td colspan="6"></td></tr>
<tr><td>宏观异常现象</td><td colspan="6"></td></tr>
<tr><td rowspan="2">烈度评定</td><td>小组意见</td><td colspan="2"></td><td>调查时间</td><td colspan="2"></td></tr>
<tr><td>调查队意见</td><td colspan="5"></td></tr>
<tr><td>调查人姓名</td><td></td><td>调查日期</td><td colspan="4">年 月 日</td></tr>
<tr><td colspan="7">注 1：每调查一个居民点填写此表一张。照片用同样大小的纸贴好与表装订在一起。
注 2：“编号”指小组编号，“总号”指各小组汇总后统一编号。
注 3：场地条件栏指调查点所在地的地层岩性、地貌、土质条件、地下水等情况。
注 4：房屋破坏情况栏，应对房屋进行分类，填入调查房屋数量，各破坏等级所占比例。对典型房屋的震害应进行详细描述和拍摄。
注 5：人、器物反应栏，填写地震时人和器物所在位置(室外或室内楼层数)，人的感觉程度及占人数比例，人员伤亡等情况。器物反应要写明现象及发生数量。
注 6：其他工程结构破坏情况栏，填写除房屋以外的其他工程结构的破坏情况、数量及所占比例。</td></tr>
</table>

附 录 F
（规范性附录）
地震宏观异常现象调查表

表 F.1 地震宏观异常现象调查表

地震地点		震 级		调查地点		时 间	
总号		编 号		调查点烈度			
异常种类	（1）地下水；（2）动植物习性；（3）各种物理化学现象；（4）其他						
被调查者情况	（包括姓名、性别、年龄、文化程度、职业等）						
异常现象描述							
调查落实情况							
异常原因初步分析							
异常可信度							
调查人姓名		调查日期	年 月 日				

注 1：每个调查点的每一类宏观异常现象填一张表。若某个点存在多种异常则分别填写，附相应的照片和录像资料。

注 2："被调查者"栏，如果人数较多，仅填写其中 2～3 名被调查者。

注 3：有关"地下流体异常现象"、"动植物习性异常现象"、"气候异常现象"、"地象异常现象"等方面的内容填写"异常现象描述"栏。

注 4：对有形迹或留下痕迹的异常现象，进行简单的现场测试或取样（水样、土样、气样）进行实验室化学成分测定，填写在"调查落实情况"栏，实验室化学测定结果应做详细记录，并附在调查表后。

注 5："异常原因初步分析"栏，要求调查者对了解到的异常现象产生原因进行分析，对是否与地震有关做出初步判断，以供分析预报组织参考。

注 6：凡能到现场落实的异常现象，在"异常可信度"栏填写 1，其他异常可信度根据被调查者情况在 0～1 之间取值。

附 录 G
(规范性附录)
房屋结构类型

G.1 房屋结构分为如下类型:

a) 高层钢筋混凝土框筒和筒中筒结构;

b) 高层钢筋混凝土剪力墙结构;

c) 高层钢筋混凝土框架剪力墙结构;

d) 多层和高层钢筋混凝土框架结构;

e) 多层和高层钢结构;

f) 多层砖砌体结构;

g) 底框架多层砌体结构;

h) 多层空心砌体结构;

i) 多层内框架结构;

j) 多层砖木结构;

k) 多层空斗墙结构;

l) 单层钢筋混凝土柱厂房;

m) 单层砖柱厂房;

n) 单层钢结构厂房;

o) 单层空旷房屋;

p) 砖木平房;

q) 砖砌体平房;

r) 木构架房屋;

s) 生土房屋;

t) 土坯窑洞;

u) 黄土崖土窑洞;

v) 碎石、片石砌筑房屋。

附 录 H
（规范性附录）
典型房屋调查表

表 H.1 砌体结构破坏调查表

<table>
<tr><td colspan="2">房屋名称</td><td colspan="3"></td><td colspan="2">房屋地址</td><td colspan="4"></td></tr>
<tr><td>地震烈度</td><td>设防烈度</td><td>建造年代</td><td>砌体材料</td><td>内墙厚</td><td>外墙厚</td><td>砂浆强度等级</td><td>层数</td><td>破坏前状况</td><td>破坏等级</td><td>场地条件</td></tr>
<tr><td></td><td></td><td></td><td></td><td></td><td></td><td></td><td></td><td></td><td></td><td></td></tr>
<tr><td colspan="2">破坏情况描述</td><td colspan="9"></td></tr>
<tr><td colspan="6">平面简图(注明尺寸)</td><td colspan="5">剖面简图(注明尺寸)</td></tr>
<tr><td colspan="6"></td><td colspan="5"></td></tr>
<tr><td colspan="11">附结构外观照片和破坏处照片</td></tr>
<tr><td colspan="2">调查人姓名</td><td colspan="4"></td><td colspan="2">调查日期</td><td colspan="3">年 月 日</td></tr>
</table>

表 H.2　底框架多层砌体结构破坏调查表

<table>
<tr><td colspan="2">房屋名称</td><td colspan="3"></td><td colspan="2">房屋地址</td><td colspan="4"></td></tr>
<tr><td>地震烈度</td><td>设防烈度</td><td>建造年代</td><td>砌体材料</td><td>内墙厚</td><td>外墙厚</td><td>砂浆强度等级</td><td>层数</td><td>破坏前状况</td><td>破坏等级</td><td>场地条件</td></tr>
<tr><td></td><td></td><td></td><td></td><td></td><td></td><td></td><td></td><td></td><td></td><td></td></tr>
<tr><td>底框架层数</td><td></td><td>混凝土强度等级</td><td></td><td>纵向抗震墙长度及厚度</td><td></td><td>横向抗震墙长度及厚度</td><td colspan="4"></td></tr>
<tr><td colspan="2">破坏情况描述</td><td colspan="9"></td></tr>
<tr><td colspan="5">平面简图(注明尺寸)</td><td colspan="6">剖面简图(注明尺寸)</td></tr>
<tr><td>砖砌体结构部分</td><td colspan="4"></td><td colspan="6" rowspan="2"></td></tr>
<tr><td>底框架结构部分</td><td colspan="4"></td></tr>
<tr><td colspan="11">附结构外观照片和破坏处照片</td></tr>
<tr><td colspan="2">调查人姓名</td><td colspan="4"></td><td colspan="2">调查日期</td><td colspan="3">年　　月　　日</td></tr>
</table>

表 H.3 单层厂房破坏调查表

<table>
<tr><td colspan="3">房屋名称</td><td colspan="3"></td><td colspan="2">房屋地址</td><td colspan="3"></td></tr>
<tr><td>地震
烈度</td><td>设防
烈度</td><td>建造
年代</td><td>柱高</td><td>屋面
类型</td><td>屋面系统
支撑情况</td><td>柱的混凝土
强度等级或
砂浆等级</td><td>破坏
等级</td><td>场地
条件</td><td>破坏前
状况</td></tr>
<tr><td></td><td></td><td></td><td></td><td></td><td></td><td></td><td></td><td></td><td></td></tr>
<tr><td colspan="2">破坏情况描述</td><td colspan="8"></td></tr>
<tr><td colspan="5">平面简图
(注明柱截面尺寸、跨度、柱距)</td><td colspan="5">剖面简图
(注明大柱、小柱尺寸、屋架形式)</td></tr>
<tr><td colspan="10">附结构外观照片和破坏处照片</td></tr>
<tr><td colspan="2">调查人姓名</td><td colspan="4"></td><td colspan="2">调查日期</td><td colspan="2">年　　月　　日</td></tr>
</table>

表 H.4 钢筋混凝土结构破坏调查表

<table>
<tr><td colspan="2">房屋名称</td><td colspan="2"></td><td>房屋地址</td><td colspan="2"></td></tr>
<tr><td>地震
烈度</td><td>设防
烈度</td><td>建造
年代</td><td>设计
单位</td><td>混凝土
强度等级</td><td>场地
条件</td><td>地下层
数及形式</td></tr>
<tr><td></td><td></td><td></td><td></td><td></td><td></td><td></td></tr>
<tr><td colspan="2">地上层数及高度</td><td colspan="2"></td><td>破坏前状况</td><td colspan="2"></td></tr>
<tr><td colspan="4">地基情况</td><td colspan="3">结构形式(画√或说明)</td></tr>
<tr><td colspan="4"></td><td colspan="3">(1) 框架
(2) 框架-剪力墙
(3) 剪力墙
(4) 框筒/筒中筒
(5) 其他(说明结构形式)</td></tr>
<tr><td rowspan="3">破坏情况</td><td colspan="2">结构构件</td><td colspan="4"></td></tr>
<tr><td colspan="2">非结构构件</td><td colspan="4"></td></tr>
<tr><td colspan="2">其他(包括装修等)</td><td colspan="4"></td></tr>
<tr><td colspan="7">附结构外观照片和破坏处照片、结构设计或施工图纸,如搜集全套图纸困难,可附一张标准层平面图和一张剖面图或立面图。</td></tr>
<tr><td colspan="2">调查人姓名</td><td colspan="2"></td><td>调查日期</td><td colspan="2">年 月 日</td></tr>
</table>

附 录 I
（规范性附录）
抽样点各类房屋破坏汇总表

表 I.1 抽样点各类房屋破坏汇总表（按面积或栋数）

抽样地点名称				地震烈度			统计单位：m² 或栋			
序号	房屋名称或地址	结构类型	建造年代	层数	设防水平	基本完好	轻微破坏	中等破坏	严重破坏	毁坏	备注
1											
2											
3											
4											
5											
6											
7											
8											
9											
10											
合 计											
调查人姓名		复核人姓名			调查日期		年 月 日				

注 1：地震烈度栏填写该调查小组建议的该调查点的烈度水平。

注 2：房屋较特殊的破坏现象在备注栏中简要描述。

注 3：调查人姓名可填多名，也可填调查小组名称。

附 录 J
（规范性附录）
各类房屋破坏比汇总表

表 J.1 各类房屋破坏比汇总表

抽样地点名称			地震烈度		统计单位：m² 或栋						
结构类型	数量（m² 或栋）	基本完好		轻微破坏		中等破坏		严重破坏		毁坏	
		数量	百分比	数量	百分比	数量	百分比	数量	百分比	数量	百分比
调查人姓名		复核人姓名		调查日期		年 月 日					

注 1：地震烈度栏填写该调查小组建议的该调查点的烈度水平。

注 2：百分比指各种破坏状态的房屋数量占该类型房屋调查数量的比例。

注 3：调查人姓名可填多名，也可填调查小组名称。

附 录 K
（规范性附录）
生命线工程设施破坏调查表

表 K.1 生命线工程设施破坏调查表

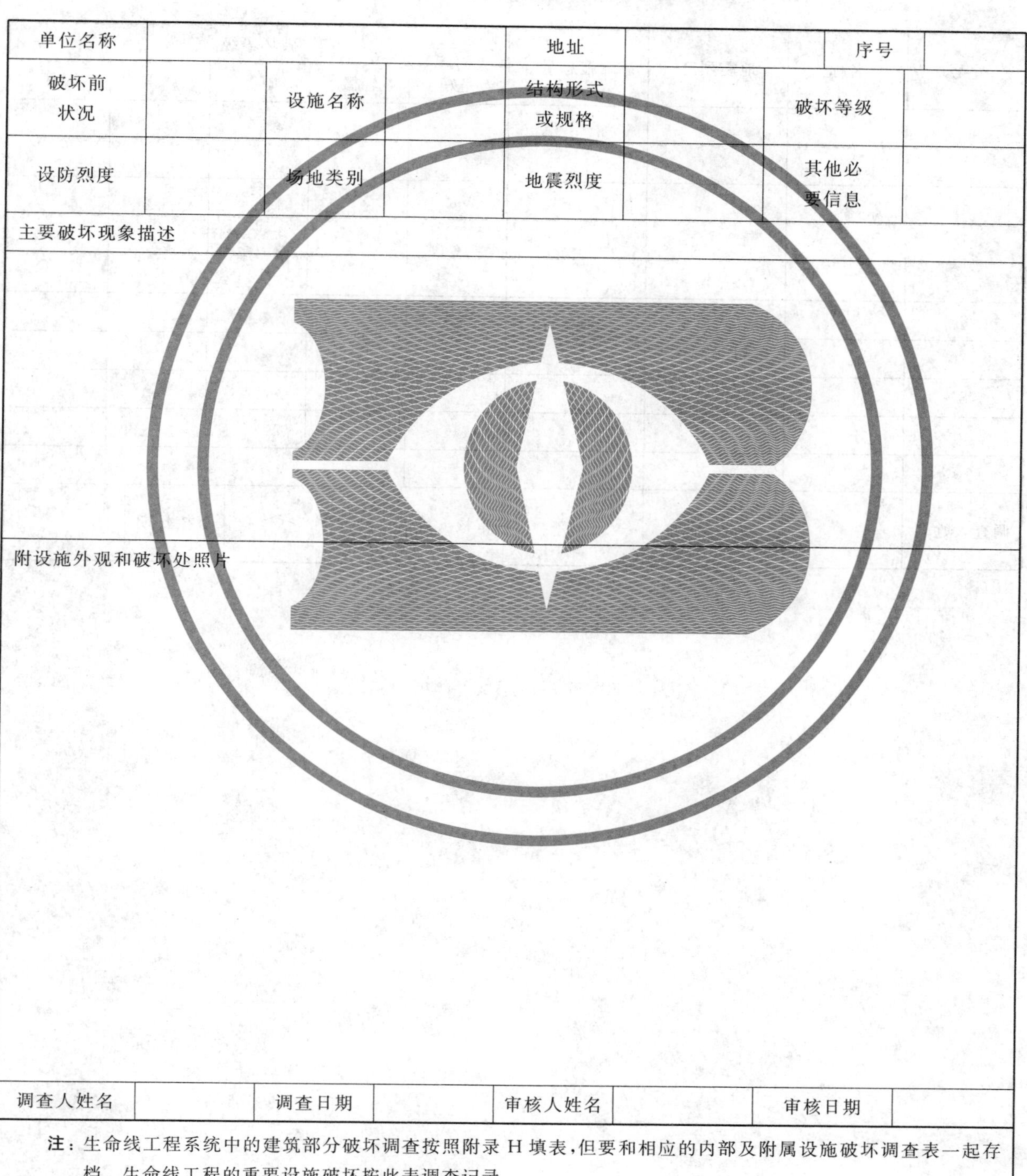

单位名称				地址		序号	
破坏前状况		设施名称		结构形式或规格		破坏等级	
设防烈度		场地类别		地震烈度		其他必要信息	
主要破坏现象描述							
附设施外观和破坏处照片							
调查人姓名		调查日期		审核人姓名		审核日期	
注：生命线工程系统中的建筑部分破坏调查按照附录 H 填表，但要和相应的内部及附属设施破坏调查表一起存档。生命线工程的重要设施破坏按此表调查记录。							

附 录 L
（规范性附录）
设施破坏调查汇总表

表 L.1 设施破坏调查汇总表

序号	名称	地震烈度	设施总量	破坏等级				
				完好	轻微	中等	严重	毁坏
1								
2								
3								
4								
5								
6								
7								
8								
9								
10								
调查人姓名		调查日期		审核人姓名			审核日期	

附 录 M
(规范性附录)
各类管道调查表

表 M.1 各类管道调查表

<table>
<tr><td>所属单位</td><td colspan="3"></td><td>地址</td><td colspan="3"></td></tr>
<tr><td>序号</td><td></td><td>管段名称</td><td></td><td>管材</td><td></td><td>管径及壁厚</td><td></td></tr>
<tr><td>铺设方式：</td><td>( )地上架设
( )地下埋深______ m</td><td>接口形式</td><td></td><td>场地条件</td><td></td><td>地震烈度</td><td></td></tr>
<tr><td colspan="2">破坏前状况</td><td colspan="2"></td><td>使用年限</td><td></td><td rowspan="2">其他必要信息</td><td rowspan="2"></td></tr>
<tr><td colspan="2">管内压力</td><td colspan="2"></td><td>破坏等级</td><td></td></tr>
<tr><td colspan="8">主要破坏现象描述</td></tr>
<tr><td colspan="8"></td></tr>
<tr><td colspan="8">附外观和破坏处照片</td></tr>
<tr><td>调查人姓名</td><td></td><td>调查日期</td><td></td><td>审核人姓名</td><td></td><td>审核日期</td><td></td></tr>
</table>

附　录　N
（规范性附录）
管道破坏调查汇总表

表 N.1　管道破坏调查汇总表

序号	管材	接口形式	场地条件	地震烈度	管径	管段总长/km	破坏处数	破坏率处/km
1								
2								
3								
4								
5								
6								
7								
8								
9								
10								
合　计								
调查人姓名		调查日期		审核人姓名		审核日期		

附 录 O
（规范性附录）
储气（油）罐调查表

表 O.1 储气（油）罐调查表

所属单位				地址			
储罐名称		类型		容量		壁厚	
固定形式		地震烈度		破坏等级		场地类别	
主要破坏现象描述							
附外观和破坏处照片							
调查人姓名		调查日期		审核人姓名		审核日期	

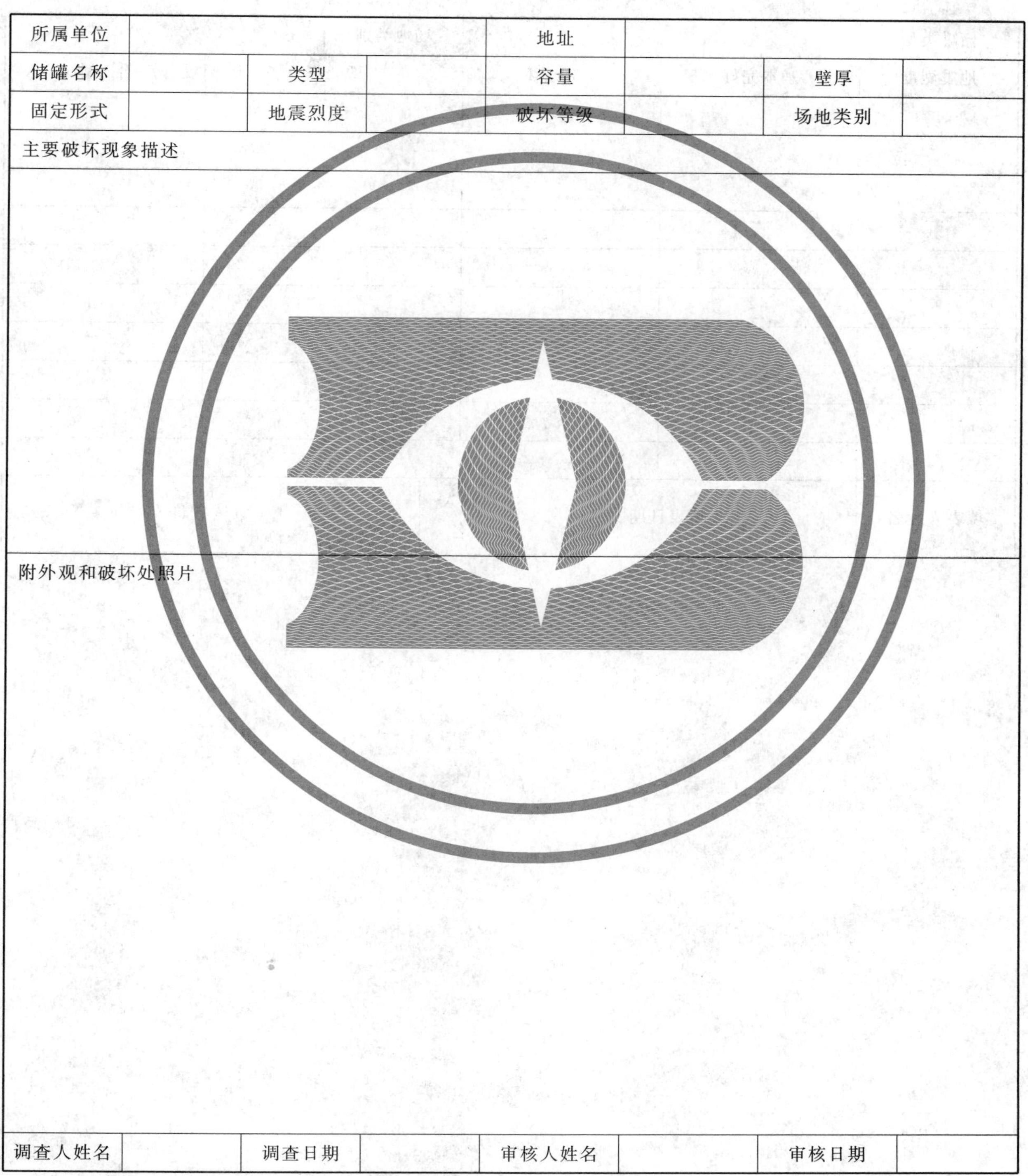

附　录　P
（规范性附录）
储气(油)罐破坏调查汇总表

表 P.1　储气（油)罐破坏调查汇总表

储罐类型			场地类别	
地震烈度	基本完好	中等破坏	毁　坏	合　计
合　　计				

填表人姓名		填表日期		审核人姓名		审核日期	

附　录　Q
（规范性附录）
道路调查表

表 Q.1　道路调查表

编号	道路名称	地震烈度	路长/km	路宽/m
路面材料	破坏处数	裂缝宽/mm	破坏率 处/km	破坏等级
主要破坏现象描述：				
附破坏处照片				

调查人姓名		调查日期		审核人姓名		审核日期	

附 录 R
（规范性附录）
道路破坏调查汇总表

表 R.1　道路破坏调查汇总表

序号	道路名称	路面材料	场地条件	地震烈度	路宽	路长/km	破坏等级	破坏率 处/km
1								
2								
3								
4								
5								
6								
7								
8								
9								
10								
合　　计								
填表人姓名		填表日期		审核人姓名		审核日期		

附 录 S
（规范性附录）
桥梁调查表

表 S.1 桥梁调查表

编号	桥梁名称	地址	结构类型		地基基础	地震烈度	破坏等级
			上部	下部			

场地类别	桥长	桥宽	桥高	其他

主要结构破坏现象描述：

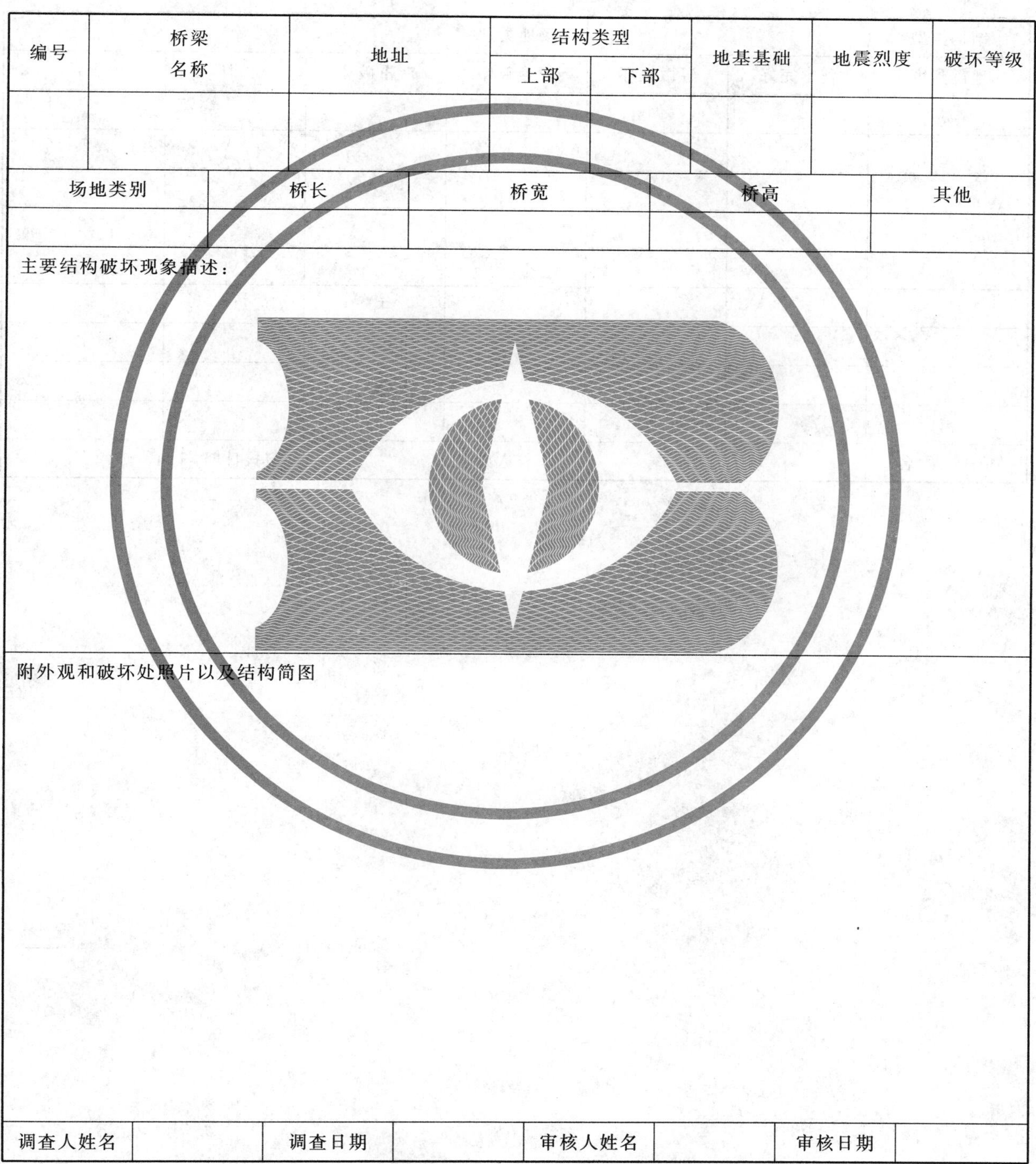

附外观和破坏处照片以及结构简图

调查人姓名		调查日期		审核人姓名		审核日期	

附 录 T
（规范性附录）
桥梁破坏调查汇总表

表 T.1 桥梁破坏调查汇总表

结构类型			场地类别			
地震烈度	基本完好	轻微破坏	中等破坏	严重破坏	毁坏	合计
合计						
填表人姓名		填表日期		审核人姓名		审核日期	

附　录　U
（规范性附录）
地震次生灾害调查表

表 U.1　地震次生灾害调查表

编号		地点		地震烈度	
火灾	起因	过火面积	燃烧起、止时间	人员伤亡	经济损失
有害物质泄漏	物质种类	泄漏量	影响范围	危害评估	
水灾	起因	受淹面积	人员伤亡	经济损失	建筑、设备受淹情况
流行瘟疫	瘟疫种类	流行面积	受感染人数	起、止时间	死、伤人数
爆炸灾害	起因	影响情况	人员伤亡	经济损失	其他后果
其他次生灾害	种类	影响情况			
次生灾害及影响详细描述：					
附灾害照片					

调查人姓名		调查日期		审核人姓名		审核日期	

附　录　V
（规范性附录）
地震地质灾害调查表

表 V.1　地震地质灾害调查表

<table>
<tr><td>地震地点</td><td colspan="2"></td><td>震　级</td><td></td><td>时　间</td><td></td></tr>
<tr><td>总　　号</td><td></td><td>编　号</td><td></td><td>调查地点</td><td colspan="2"></td></tr>
<tr><td>资料来源</td><td colspan="6"></td></tr>
<tr><td>调查点地形
地物位置</td><td colspan="6"></td></tr>
<tr><td>地震地质灾害
现象描述</td><td colspan="6"></td></tr>
<tr><td>岩性构造条件</td><td colspan="6"></td></tr>
<tr><td>水文地质条件</td><td colspan="6"></td></tr>
<tr><td>变形机制分析</td><td colspan="6"></td></tr>
<tr><td>平面及剖面
示意图</td><td colspan="6"></td></tr>
<tr><td>烈度评定初步意见</td><td colspan="3"></td><td>调查时间</td><td colspan="2"></td></tr>
<tr><td rowspan="2">烈度综合评定</td><td colspan="3" rowspan="2"></td><td>调查人单位</td><td colspan="2"></td></tr>
<tr><td>调查人姓名</td><td colspan="2"></td></tr>
<tr><td>填表人姓名</td><td></td><td colspan="2">填表日期</td><td colspan="3">年　　月　　日</td></tr>
</table>

附　录　W
（资料性附录）
地震现场调查报告内容

W.1　地震基本参数及震区概况包括：

a)　地震发生时间、震中位置(经、纬度)、震级、震中烈度及震源深度；

b)　余震发生时间、位置(经、纬度)、震级；

c)　受到本次地震影响的省、市、县及人口数；

d)　震区自然地理情况；

e)　震区主要产业、本次地震伤亡人数。

W.2　人员伤亡调查包括：

a)　震区人员伤亡调查工作概况，调查方式及数据来源；

b)　震区人员伤亡调查主要结果；

c)　震区人员伤亡原因分析及今后减轻地震伤亡的建议；

d)　附件：相应的统计资料。

W.3　现场地震及强震动观测包括：

a)　台网布设、仪器性能及主要参数；

b)　观测内容及数据处理方法；

c)　地震目录及综合分析；

d)　强震记录地点、参数(峰值、反应谱、强震记录图形)以及综合分析。

W.4　地震烈度调查包括：

a)　各级烈度的划分原则及主要破坏特征；

b)　房屋震害指数与烈度的关系；

c)　宏观震中、地震烈度调查点分布图、地震烈度等震线图(比例尺取 1∶500 000～1∶100 000 为宜)；

d)　烈度异常区。

W.5　地震宏观异常现象调查包括：

a)　动植物习性异常现象；

b)　地下流体异常现象；

c)　气候、地象及其他异常现象；

d)　附件：必要的图件、照片、摄像带及说明。

W.6　场地震害调查包括：

a)　液化区的场地情况、程度、分布及对工程结构破坏的影响；

b)　震陷场地情况、震陷量；

c)　地形变化对工程结构破坏的影响；

d)　附件：搜集到的场地勘测资料、破坏照片、摄像带及说明。

W.7　房屋震害调查包括：

a)　震区各类工程结构的概况，本次地震的破坏特点；

b)　各类房屋在不同烈度区的不同破坏程度比例；

c)　典型破坏分析；

d)　场地破坏及其对工程结构震害的影响；

e)　综合分析本地区房屋结构的薄弱环节及造成破坏的主要因素；

f) 附件：照片、摄像带、图纸和图件及其说明。

W.8 生命线工程震害调查包括：

a) 震区生命线工程的概况及其破坏对生产、生活的影响；

b) 本次地震生命线工程的破坏特点及调查主要结果；

c) 综合分析本地区生命线工程的薄弱环节及造成破坏的主要因素；

d) 附件：必要的图件、照片及其说明。

W.9 重大工程、构筑物、工业设备震害调查包括：

a) 震区各类重大工程、构筑物、工业设备的概况，本次地震的破坏特点；

b) 各类重大工程、构筑物、工业设备的地震破坏情况、破坏原因及影响；

c) 附件：必要的图件、照片及其说明。

W.10 地震次生灾害调查包括：

a) 震区次生灾害的概况及其对生产、生活的影响；

b) 本次地震各类次生灾害的产生原因及调查结果；

c) 附件：必要的图件、照片及其说明。

W.11 地震地质调查包括：

a) 区域地震构造环境概述；

b) 地震地表破裂带几何结构和空间展布(附 1∶50 000～1∶1 000 比例尺条带状地质填图)；

c) 发震断层的运动学性质；

d) 断层位移及其空间分布特征；

e) 结合震源深部构造、震源机制和近场测震等资料，确定本次地震的发震构造；

f) 附件：各种比例尺的平面和剖面图、照片、摄像带及其说明。

W.12 地震地质灾害调查包括：

a) 地震地质环境概况；

b) 震区历史地震地质灾害基本特征；

c) 本次地震地质灾害特征(附 1∶200 000～1∶10 000 灾害分布图)；

d) 本次地震地质灾害成因分析及间接地质灾害的可能类型及其危害性评价；

e) 附件：不同比例尺的平面图、剖面图和照片、摄像带及说明。

W.13 地震社会影响调查包括：

a) 调查对象、范围和内容以及调查方法；

b) 抽样数量及调查的准确性和误差分析；

c) 结论与建议。

W.14 结论包括：

a) 本次地震灾害特点；

b) 本地区应对地震灾害的薄弱环节；

c) 本地区防震减灾措施和建议。

参 考 文 献

[1] GB/T 18207.1—2008 防震减灾术语 第1部分:基本术语
[2] GB/T 18207.2—2005 防震减灾术语 第2部分:专业术语
[3] GB/T 18208.4 地震现场工作 第4部分:灾害直接损失评估
[4] 中国数字地震观测网络技术规程(JSGC-01)
[5] 中国地震局编.地震及前兆数字观测技术规范.北京,地震出版社,2001

ICS 91.120.25
P 15

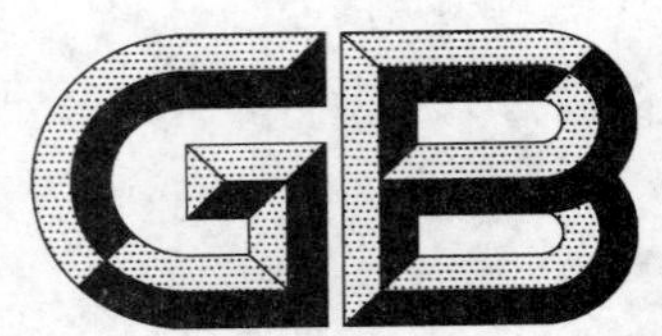

中华人民共和国国家标准

GB/T 18208.4—2011
代替 GB/T 18208.4—2005

地震现场工作
第4部分:灾害直接损失评估

Post-earthquake field works—
Part 4:Assessment of direct loss

2011-12-30 发布 2012-03-01 实施

中华人民共和国国家质量监督检验检疫总局
中国国家标准化管理委员会 发布

前言

GB/T 18208《地震现场工作》分为四个部分：

——第1部分：基本规定；

——第2部分：建筑物安全鉴定；

——第3部分：调查规范；

——第4部分：灾害直接损失评估。

本部分为GB/T 18208的第4部分。

本部分按照GB/T 1.1—2009给出的规则起草。

本部分代替GB/T 18208.4—2005《地震现场工作　第4部分：灾害直接损失评估》。

本部分与GB/T 18208.4—2005相比，主要有以下变化：

a) 修订了四条术语和定义："地震灾害直接损失"、"地震灾害直接经济损失"、"重置费用"和"地震失去住所人数"；

b) 增加了三条术语和定义："城市评估区"、"农村评估区"和"中高档装修地震直接经济损失"；

c) 增加了上报地震灾害直接损失报表的工作要求，并给出了包括各行业系统、生命线系统、企业及文物古迹等工程结构、设施、设备地震灾害直接损失的18个报表；

d) 对于城市评估区，增加了中高档装修地震直接经济损失评估的工作要求和技术内容，并在附录中给出了相关参数的经验取值范围；

e) 修改了房屋破坏损失比在"严重破坏"时的上限值，并给出区间中值；增加了部分生命线工程破坏损失比的区间范围，并给出区间中值；

f) 增加了人员伤亡情况的两个调查表，并定义了失踪人口；

g) 将原来14个附录重新归类，合并成5个附录，并修改了附录E中地震灾害损失评估报告的内容；

h) 对原标准的部分条款进行了修订，并对所有原标准的调查表格重新进行了完善设计。

本部分由中国地震局提出。

本部分由全国地震标准化技术委员会(SAC/TC 225)归口。

本部分起草单位：中国地震局工程力学研究所、新疆维吾尔自治区地震局、湖北省地震局、云南省地震局。

本部分主要起草人：孙柏涛、袁一凡、苗崇刚、宋立军、郭恩栋、林均岐、张令心、孙景江、戴君武、陈洪富、秦小军、周光全。

本部分于2005年3月28日首次发布，本次修订为第一次修订。

引　言

GB/T 18208.4—2005 自颁布实施以来，为政府部门、社会团体和国际社会在实施地震应急救援、人道主义援助、震后恢复重建以及减灾决策等方面都发挥了重要的作用。随着近些年来我国经济的快速发展，城市的建筑结构、基础设施以及重大工程数量逐年增加，新型结构的增多，地震灾害损失的组成也发生了很大变化，同时，人们对地震灾害损失的内涵有了更深一步的认识。因此，有必要进行修订。

本次修订是基于 GB/T 18208.4—2005 实施以来所积累的实践经验以及近些年来国内外地震灾害的考察资料，尤其是汶川特大地震现场损失评估工作实践的基础上进行的，目的是进一步完善和规范地震灾害直接损失评估现场工作。

地震现场工作
第4部分:灾害直接损失评估

1 范围

GB/T 18208的本部分规定了地震灾害直接损失评估的工作内容、程序、方法和报告内容。

本部分适用于在地震现场开展的地震灾害直接损失的评估。

2 规范性引用文件

下列文件对于本文件的应用是必不可少的。凡是注日期的引用文件，仅所注日期的版本适用于本文件。凡是不注日期的引用文件，其最新版本(包括所有的修改单)适用于本文件。

GB/T 18208.3—2011 地震现场工作 第3部分:调查规范

GB/T 24335—2009 建(构)筑物地震破坏等级划分

GB/T 24336—2009 生命线工程地震破坏等级划分

3 术语和定义

下列术语和定义适用于本文件。

3.1

地震灾害直接损失 earthquake-caused direct loss

地震灾害造成的人员伤亡、地震直接经济损失以及地震救灾投入费用。

3.2

地震直接经济损失 earthquake-caused direct economic loss

地震(包括地震动、地震地质灾害及地震次生灾害)造成的房屋和其他工程结构、设施、设备、物品等物项破坏的经济损失。

3.3

地震救灾投入费用 cost for earthquake disaster relief

地震救灾投入的各种费用，包括人工、物资、运输、通信设施抢修、电力设施抢修、医疗药品、消毒防疫、埋葬、废墟清理及人员搬迁暂住等费用。

3.4

重置费用 replacement cost

基于当地当前价格，重建与震前同样规模和标准的房屋和其他工程结构、设施、设备、物品等物项所需费用。

3.5

地震灾区 earthquake disaster area

地震发生后，人民生命财产遭受损失、经济建设遭到破坏的地区。

3.6

地震极灾区 extreme earthquake disaster area

遭受地震灾害直接损失最严重的区域，不包括对社会经济无直接影响的地震地质灾害区域。

3.7

地震失去住所人数　number of homeless caused by earthquake

因地震破坏而失去原住所的人数。

3.8

房屋破坏比　damage ratio of buildings

房屋某一破坏等级的建筑面积与总建筑面积之比。

3.9

损失比　loss ratio

房屋或工程结构某一破坏等级的修复单价与重置单价之比。

3.10

续发地震损失评估　loss assessment of consequent earthquake

对相同区域震群型的后续地震或强余震造成损失进行的灾害损失评估。

3.11

城市评估区　loss assessment area in city

地震灾害损失评估的范围主要覆盖按国家行政建制设立的直辖市、市、县以及部分经济较为发达的镇辖区。

3.12

农村评估区　loss assessment area in village

地震灾害损失评估的范围主要覆盖不属于城市评估区范围内的农村(乡村)以及部分经济较为落后的建制镇辖区。

3.13

中高档装修地震直接经济损失　earthquake-caused direct economic loss of middle and high grade decoration

城市评估区中房屋装修占主体造价较大比例的公共建筑和民居，因地震而造成的装修部分价值损失。

4　地震灾害直接损失调查

4.1　地震灾区调查

4.1.1　确定地震极灾区位置及地震灾区范围，可通过地震台网测定参数、电话收集震害、网络查询、航空摄像、遥感影像和实地调查了解等方法进行综合判定。

4.1.2　在地震灾区调查，应收集下列基础资料：

a)　城镇村庄分布；

b)　村镇人口及分布；

c)　房屋结构类型；

d)　各类房屋总建筑面积；

e)　各类房屋中采用中高档装修的建筑总面积；

f)　人均或户均住宅建筑面积；

g)　各类房屋建造单价；

h)　生命线系统构成；

i)　其他工程设施的规模和分布；

j)　灾区经济及支柱产业；

k)　其他灾区特性资料(自然环境、民族构成、震源机制、地震破裂过程、地震构造、工程地质、水文地质等)。

4.2 房屋破坏损失调查分区

4.2.1 地震灾区的房屋破坏损失情况,应按农村评估区和城市评估区分别调查。

4.2.2 农村评估区应将破坏连续分布的地震灾区按下列原则分为若干子区:

a) 6级(不含6级)以下地震,应至少将地震灾区分为二个子区,分界线宜选定在地震极灾区中心到地震灾区边界线的二等分距离处;

b) 6~7级(不含7级)地震,应至少将地震灾区分为三个子区,分界线宜选定在地震极灾区中心到地震灾区边界线的三等分距离处;

c) 7级以上(含7级)地震,应至少将地震灾区分为四个子区,分界线宜选定在地震极灾区中心到地震灾区边界线的四等分距离处;

d) 在地震极灾区震害分布不均匀时,宜将地震极灾区所在子区再进行细分若干评估子区。

4.2.3 在破坏连续分布的区域之外的破坏区应单独作为评估子区。不应将此单独评估子区作为破坏连续分布评估区的边界。

4.2.4 在城市评估区,可按城市行政区划或街区划分评估子区,如果因场地条件等原因导致震害分布不均匀,宜按震害程度划分为若干评估子区。

4.2.5 地震次生灾害波及范围较大的区域,宜单独作为评估子区。

4.3 房屋建筑面积调查

4.3.1 按照地震灾区房屋结构类型,参照GB/T 18208.3—2011附录A中的A.1可将房屋划分为下列类别:

a) Ⅰ类:钢结构房屋,包括多层和高层钢结构等;

b) Ⅱ类:钢筋混凝土房屋,包括高层钢筋混凝土框筒和筒中筒结构、剪力墙结构、框架剪力墙结构、多层和高层钢筋混凝土框架结构等;

c) Ⅲ类:砌体房屋,包括多层砌体结构、多层底部框架结构、多层内框架结构、多层空斗墙砖结构、砖混平房等;

d) Ⅳ类:砖木房屋,包括砖墙、木房架的多层砖木结构、砖木平房等;

e) Ⅴ类:土、木、石结构房屋,包括土墙木屋架的土坯房、砖柱土坯房、土坯窑洞、黄土崖土窑洞、木构架房屋(包括砖、土围护墙)、碎石(片石)砌筑房屋等;

f) Ⅵ类:工业厂房;

g) Ⅶ类:公共空旷房屋。

4.3.2 在每个评估子区,应分别调查各类房屋的总建筑面积。宜通过地震灾区地方政府并结合该地区最新统计资料(年鉴或人口普查资料等)得到。

4.3.3 在无法得到各类房屋总建筑面积时,可通过抽样调查得到各类结构建筑面积占总面积的比例,乘以所有房屋总建筑面积得到各类房屋总建筑面积。

4.3.4 在农村评估区,房屋总建筑面积包括住宅房屋总建筑面积、公用房屋面积和厂房建筑面积,其中,住宅房屋总建筑面积可通过人均房屋建筑面积或户均房屋建筑面积分别乘以人口或户数得到。

4.3.5 在城市评估区,应调查各类房屋中高档装修房屋所占比例,并按附录B中表B.1的要求填写,然后乘以所有房屋总建筑面积得到该评估子区各类中高档装修房屋的总建筑面积。

4.4 房屋破坏比调查

4.4.1 钢筋混凝土房屋、砌体房屋等一般房屋应按照GB/T 24335—2009的规定将房屋破坏划分为基本完好、轻微破坏、中等破坏、严重破坏和毁坏五个等级。

4.4.2 土、木、石结构等简易房屋可划分为三个破坏等级：

a) 基本完好：建筑物承重和非承重构件完好，或个别非承重构件轻微损坏，不加修理可继续使用(其划分指标等同于 GB/T 24335—2009 规定的基本完好)；

b) 破坏：个别承重构件出现可见裂缝，非承重构件有明显裂缝，不需要修理或稍加修理即可继续使用。或多数承重构件出现轻微裂缝，部分有明显裂缝，个别非承重构件破坏严重，需要一般修理(其划分指标等同于 GB/T 24335—2009 规定的中等破坏或轻微破坏两者的综合)；

c) 毁坏：多数承重构件破坏较严重，或有局部倒塌，需要大修，个别建筑修复困难。或多数承重构件严重破坏，结构濒于崩溃或已倒毁，已无修复可能(其划分指标等同于 GB/T 24335—2009 规定的毁坏和严重破坏两者的综合)。

4.4.3 房屋破坏比应按不同结构类型、不同破坏等级分别调查求得。

4.4.4 房屋不同破坏等级的破坏面积，应采用抽样调查得到。对 6 级以下地震，地震极灾区内宜逐村调查。应区分评估子区和结构类型，并应按附录 B 中表 B.2 与表 B.3 填写各抽样点调查结果。

4.4.5 抽样调查遵循以下原则：

a) 抽样点的分布，应覆盖整个地震灾区；

b) 抽样点应代表不同破坏程度，不应只抽样调查破坏轻微的点，或只抽样调查破坏严重的点；

c) 农村评估区应以自然村为抽样点，抽样点内的房屋应逐个调查；

d) 城市评估区的抽样点应选在房屋集中的街区，每个抽样点的覆盖面积不应小于一个中等街区；

e) 城市评估区中，所有抽样点的房屋的建筑面积总和不应小于该城市评估区房屋总建筑面积的 10%；

f) 城市评估区的抽样点，应逐栋调查；因故无法逐栋调查时，每个抽样点调查的房屋建筑面积不应小于该抽样点房屋总建筑面积的 60%。

4.4.6 农村评估区抽样调查点的数目应符合下列要求：

a) 6 级(不含 6 级)以下地震，抽样点数不应少于 24 个；

b) 6～7 级(不含 7 级)地震，抽样点不应少于 36 个；

c) 7 级以上(含 7 级)地震，抽样点不应少于 48 个；

d) 每个评估子区内的抽样点不应少于 12 个，当评估子区内村庄少于 12 个时，应逐个调查。

4.4.7 每个评估子区应分别计算不同类别房屋在各破坏等级下的破坏比，并将结果按附录 B 中表 B.4 填写。计算方法应按下列步骤：

a) 分别统计一个评估子区内所有抽样点某类房屋遭受某种破坏等级的破坏面积之和 A；

b) 分别统计该评估子区内某类房屋总建筑面积 S；

c) 评估子区内某类房屋遭受某种破坏等级的破坏比为 A/S。

4.4.8 当确定等震线(烈度分布)图后，应按照烈度分区再给出不同烈度区的各类房屋的各破坏等级的破坏比，并将结果按附录 C 中表 C.3 填写。

4.5 室内外财产损失调查

4.5.1 每个评估子区内应区分住宅和公用房屋，分别针对不同结构类型和不同破坏等级的房屋，宜各选取不少于五户(栋)典型房屋，统计不同破坏等级下住宅和公用房屋室内财产损失值和典型房屋(栋)的总建筑面积，求得二者之比，得到不同类别房屋、不同破坏等级的单位面积室内财产损失值，并按附录 B 中表 B.5 填写。也可以参照当地年鉴的有关统计数字，根据房屋破坏程度和数量估计。

4.5.2 每个评估子区的单位面积室内财产损失值，应为评估子区内的各个抽样值的平均值，并将结果按附录 B 中表 B.6 填写。

4.5.3 对于农村及城镇评估区，当房屋重置单价不包括室内外装修时，室内外装修的破坏损失应按照第 4.5.1 条规定计入室内财产损失之中。

4.5.4 对于城市评估区，房屋破坏损失的评估内容应当包括房屋主体结构损失，中高档装修损失和室内外财产损失三部分。

4.5.5 选取典型房屋样本时应考虑不同经济条件住户的比例。

4.5.6 价值50万元以上的设备、机械和精密仪器等室内财产损失应逐个调查，调查结果应按附录B中表B.7填写。价值50万元以下或库存物资可由企事业单位或分管部门归类估计。

4.5.7 对每个评估子区，应由灾区当地政府按附录D中表D.5填写牲畜、棚圈、围墙、蓄水池等室外财产破坏数量和损失，经核实后再按附录B中表B.8汇总。

4.6 工程结构和设施损失调查

4.6.1 各种生命线系统的工程结构、工业和特殊用途结构应逐个调查，并将调查结果逐一按附录B中表B.11填表。

4.6.2 对公路、铁路、城市轨道交通、市政道路、农田水利灌渠、供排水系统管道、供气系统管道、供热系统管道、输油管道、输电线路、通信系统线路等，宜逐段调查得到绝对破坏长度，或抽样调查得到平均每千米破坏长度，再乘以总长度得到绝对破坏长度。

5 地震人员伤亡统计与失去住所人数估计

5.1 宜通过灾区地方政府获得地震人员伤亡情况（死亡、失踪、重伤和轻伤），并按下列规定填写附录B表B.9，再按B.10汇总：

a) 死亡：因地震直接或间接致死；
b) 失踪：以地震为直接原因导致下落不明，暂时无法确认死亡的人口（含非常住人口）；
c) 重伤：需要住院治疗的伤员；
d) 轻伤：无须住院治疗的伤员。

5.2 地震死亡人员，应说明其性别、年龄、住房结构类型、死亡地点及致死原因等；因地震重伤、轻伤人员宜加以说明。

5.3 出现因地震而失踪人员时应加以说明。

5.4 应给出按村落或按街区人员伤亡的空间分布调查结果。

5.5 失去住所人数 T，宜按式(1)计算：

$$T=\frac{c+d+e/2}{a}\times b-f \qquad \cdots\cdots(1)$$

式中：

a ——为调查中得到的户均住宅建筑面积，单位为平方米（m^2）；
b ——为调查中得到的户均人口，单位为人每户；
c ——为调查中得到的所有住宅房屋的毁坏建筑面积，单位为平方米（m^2）；
d ——为调查中得到的所有住宅房屋的严重破坏建筑面积，单位为平方米（m^2）；
e ——为调查中得到的所有住宅房屋的中等破坏建筑面积，单位为平方米（m^2）；
f ——为调查中得到的死亡人数，单位为人。

6 地震灾害直接损失报表

6.1 破坏性地震发生后，应向灾区各级行政主管部门、行业主管部门提供地震灾害直接损失报表格式，调查、收集建（构）筑物、室内（外）财产、生命线系统工程结构和设施、企业工程结构和设施以及文物古迹部门的震前基础信息及震后损失等资料，并由地震主管部门核实。

6.2 房屋震前基础资料应由灾区行政主管部门按不同用途(居住、政府办公和其他房屋)分别填写附录D表D.1～表D.3。

6.3 地震人员伤亡情况应由灾区行政主管部门按5.1～5.5相关规定填写附录B表B.9。

6.4 城市和农村民房、行业系统(教育、卫生、行政管理事业单位等)房屋、生命线系统(电力、供排水、供气、供热、交通、长输油(气)管道、水利、通信、广播电视、市政、铁路)房屋、企业房屋、文物古迹部门管理用房等的建(构)筑物地震灾害直接损失,应由灾区各主管部门分别按附录D表D.4填写报表。

6.5 城市和农村民房、行业系统(教育、卫生、行政管理事业单位等)房屋、生命线系统(电力、供排水、供气、供热、交通、长输油(气)管道、水利、通信、广播电视、市政、铁路)房屋等的室内(外)财产地震灾害直接损失,应由灾区各行政主管部门分别按附录D表D.5填写报表。

6.6 生命线系统工程结构和设施地震灾害直接损失,应区分电力、供排水、供气、供热、交通、长输油(气)管道、水利、通信、广播电视、市政和铁路等系统,由灾区各主管部门分别按附录D中表D.6～D.16填写报表。

6.7 企业除建(构)筑物以外的地震灾害直接损失,应由灾区各主管部门按附录D表D.17填写报表。

6.8 文物古迹地震灾害直接损失,应区分古建筑、配套设施和文物,由灾区文物主管部门按附录D表D.18填写报表。

7 地震直接经济损失

7.1 房屋直接经济损失

7.1.1 房屋破坏损失比应根据结构类型、破坏等级,并应按当地土建工程实际情况,在表1规定的范围内适当选取,一般选取中值,相同区域所选取的值应有延续性。对按照基本完好、破坏、毁坏三个破坏等级评定的土、木、石结构房屋,损失比应分别在0%～5%、30%～50%、80%～100%的范围内选取。对于表1未涉及类型的房屋损失比可参照表1选取。

表1 房屋损失比

用百分比(%)表示

房屋类型		破坏等级				
		基本完好	轻微破坏	中等破坏	严重破坏	毁坏
钢筋混凝土、砌体房屋	范围	0～5	6～15	16～45	46～100	81～100
	中值	3	11	31	73	91
工业厂房	范围	0～4	5～16	17～45	46～100	81～100
	中值	2	11	31	73	91
城镇平房、农村房屋	范围	0～5	6～15	16～40	41～100	71～100
	中值	3	11	28	71	86

7.1.2 房屋破坏直接经济损失,应按下列步骤计算:

a) 按式(2)计算各评估子区各类房屋在某种破坏等级下的损失L_h:

$$L_h = S_h \times R_h \times D_h \times P_h \qquad \cdots\cdots(2)$$

式中:

S_h——该评估子区同类房屋总建筑面积,单位为平方米(m^2);

R_h——该评估子区同类房屋某种破坏等级的破坏比;

D_h——该评估子区同类房屋某种破坏等级的损失比;

P_h ——该评估子区同类房屋重置单价，单位为元每平方米。

b) 将所有破坏等级的房屋损失相加，得到该评估子区该类房屋破坏的损失；

c) 将所有类别房屋的损失相加，得到该评估子区房屋损失；

d) 将所有评估子区的房屋损失相加，得出整个灾区的房屋损失。

7.1.3 按照附录C中表C.1和表C.2分别填写房屋破坏面积汇总表。

7.2 房屋装修直接经济损失

7.2.1 城市评估区应在计算7.1规定的房屋经济损失基础上，增加中高档装修房屋的装修破坏直接经济损失，按下列步骤计算：

a) 按式(3)计算各评估子区各类房屋装修在某种破坏等级下的损失 L_d：

$$L_d = \gamma_1 \times \gamma_2 \times S_d \times R_h \times D_d \times P_d \quad \cdots\cdots(3)$$

式中：

S_d ——该评估子区同类中高档装修房屋总建筑面积(见7.2.2)，单位为平方米(m^2)；

R_h ——该评估子区同类房屋某种破坏等级的破坏比；

D_d ——该评估子区同类房屋某种破坏等级的装修破坏损失比(见7.2.3)；

P_d ——该评估子区同类房屋中高档装修的重置单价(见7.2.4)，单位为元每平方米；

γ_1 ——考虑各个地区经济状况差异的修正系数(见7.2.5)；

γ_2 ——考虑不同用途的修正系数(见7.2.6)。

b) 将所有破坏等级的房屋装修损失相加，得到该评估子区该类房屋装修破坏的损失；

c) 将所有类别的装修损失相加，得到该评估子区房屋装修破坏损失；

d) 将所有评估子区的房屋装修损失相加，然后乘以修正系数 γ_1、γ_2，得出整个灾区的房屋装修破坏损失。

7.2.2 中高档装修房屋总建筑面积可通过抽样调查获得在该评估区该类房屋中高档装修所占的比例 ξ(或者在附录A中表A.1规定的范围内适当选取)，然后乘以第7.1.2条中各类房屋的总建筑面积 S_h 得出：$S_d = S_h \times \xi$。

7.2.3 房屋装修破坏损失比 D_d 宜取中值，中档装修取中值以下数值，高档装修取中值以上数值，如表2所示。

表2 房屋装修破坏损失比

用百分比(%)表示

房屋类型		破坏等级				
		基本完好	轻微破坏	中等破坏	严重破坏	毁坏
钢筋混凝土房屋	范围	2～10	11～25	26～60	61～100	91～100
	中值	6	18	43	81	96
砌体房屋	范围	0～5	6～19	20～47	48～100	86～100
	中值	3	13	34	74	93

7.2.4 房屋装修费用主要由7.1.3中各类房屋的重置单价乘以装修百分比 η(见附录A中表A.2)得到：$P_d = P_h \times \eta$。

7.2.5 装修费用应随地区经济发达水平而有所提高，可采用附录A中表A.3规定的修正系数 γ_1 予以修正。

7.2.6 若按照用途分类评估房屋破坏的直接经济损失，房屋装修费用因其用途不同而有所差异，可采用附录A中表A.4规定的修正系数 γ_2 予以修正，否则取1.0。

7.3 房屋室内外财产的直接经济损失

7.3.1 住宅和公用房屋室内财产损失，应分别按下列步骤计算：

a) 按下列公式计算各评估子区各类房屋在某种破坏等级下的室内财产损失 L_p：

$$L_p = S_p \times R_p \times V_p \quad \cdots\cdots(4)$$

式中：

S_p ——该评估子区同类房屋总建筑面积，单位为平方米(m^2)；

R_p ——该评估子区同类房屋某种破坏等级的破坏比；

V_p ——该评估子区同类房屋某种破坏等级单位面积室内财产损失值，单位为元每平方米。

b) 将所有破坏等级的室内财产损失相加，得到该评估子区该类房屋的室内财产损失；

c) 将所有类型房屋的室内财产损失相加，得到该评估子区房屋室内财产损失；

d) 将所有评估子区的室内财产损失相加，得出整个灾区房屋室内财产损失。

7.3.2 企事业单位室内财产损失，应按4.5.6规定的调查结果评定，评估时应考虑设备破坏程度或修复难易程度。

7.3.3 室外财产损失，应按4.5.7的规定所作调查结果评定。

7.4 工程结构设施和企业的直接经济损失

7.4.1 生命线系统工程结构破坏等级划分

生命线系统工程结构的破坏等级，应按照GB/T 24336—2009中的规定划分。凡该标准中未作具体规定的结构，可按照下列原则划分破坏等级：

a) 基本完好：不影响继续使用；

b) 破坏：丧失部分功能，可以修复；

c) 毁坏：丧失大部或全部功能；无法修复或已无修复价值。

7.4.2 生命线系统直接经济损失

7.4.2.1 生命线系统的工程结构损失应与有关企业或主管部门会同逐个评定。应由有关企业或主管部门调查后按附录D中表D.6～D.16填写上报，地震主管部门会同相关部门、行业共同调查核实。

7.4.2.2 生命线系统的工程结构损失可按照重置造价乘以损失比来计算，部分生命线系统工程结构的破坏损失比，应按照结构类别、破坏等级和修复难易，在附录A中表A.11规定范围内适当选取。

7.4.2.3 对于4.6.2规定的道路、铁路、管线和渠道，其损失宜按单位长度重置造价乘以绝对破坏长度计算。

7.4.2.4 铁路和公路的破坏损失，应计入清理滑坡、塌方和修复支护所增加的费用。

7.4.2.5 生命线系统的生产用房屋破坏损失应按照房屋破坏损失评估方法进行。

7.4.2.6 生命线系统地震直接经济损失应为工程结构损失和生产用房屋损失之和。

7.4.3 其他各种工程结构和设施的直接经济损失

其他如水利系统等各种工程结构和设施的直接经济损失，可参照上述规定逐个计算。

7.4.4 企业直接经济损失

7.4.4.1 企业工程结构损失应与有关企业或主管部门会同逐个评定。应由地震主管部门根据附录B中表B.7的抽样调查结果和附录D中表D.17报表资料，会同相关部门共同调查核实。

7.4.4.2 企业的生产用房屋破坏损失应按照房屋破坏损失评估方法进行。

7.4.4.3 企业地震直接经济损失应为工程结构损失和生产用房屋损失之和。

7.5 地震直接经济损失计算

7.5.1 地震直接经济损失应包括房屋、装修、室内外财产以及所有工程结构破坏直接经济损失之和。应按照附录C中表C.4填写，提供按照行政管理和业务管理系统分别统计的损失值。

7.5.2 因特殊环境无法进行现场调查时，可采用修正系数予以修正，修正系数的取值，可根据实际情况在1.0～1.3内选取。

7.5.3 可对全部地震直接经济损失修正，也可对部分项目修正，应根据实际情况确定。

7.5.4 经济损失值应按地震发生时的当地价格(人民币)计算，同时给出经济损失占灾区所在省、市和自治区上一年国内生产总值的比例。

8 地震救灾投入费用

8.1 地震救灾投入费用，宜根据现场调查和地方政府上报综合得到。

8.2 在无法得到确切投入费用时，可按下列方法估计：

a) 6级以下(不含6级)地震：可取地震直接经济损失的1.5%；

b) 6～7级(不含7级)地震：可取地震直接经济损失的3.5%；

c) 7级以上(含7级)地震：可取地震直接经济损失的6.0%。

9 地震直接损失初步评估

9.1 地震直接损失初步评估的原则

9.1.1 震后3天内，宜同时采用简化方法进行初步评估。

9.1.2 初步评估内容为人员伤亡和直接经济损失，宜给出损失值估计范围，不宜给出确切数字。

9.2 人员伤亡和失踪人数估计

9.2.1 人员伤亡宜根据地方政府上报数字估计。

9.2.2 失踪人数应根据现场调查和地方政府上报综合估计。

9.3 地震直接经济损失初步评估方法

9.3.1 房屋和室内外财产损失

9.3.1.1 房屋破坏比，宜根据灾区破坏分布，在各评估子区选择不少于6个有代表性的城市和农村抽样点调查得到破坏比，也可参考近年来灾区及其附近地震损失评估得到的经验统计破坏比。

9.3.1.2 单位面积室内财产损失值，可按4.5.1规定通过抽样调查确定。

9.3.1.3 房屋破坏损失和室内财产损失，应按7.1～7.3的规定计算。

9.3.1.4 室外财产损失，可根据抽样调查评定。

9.3.2 行业直接经济损失

9.3.2.1 由生命线各系统、水利、企业、卫生、教育等管理部门分别上报本系统的工程结构、生产用房屋、室内设备损失估计值。

9.3.2.2 在各评估子区中按行业选择重点抽样调查核实单价、数量和破坏程度，给出行业直接经济损失初步估计。

10 续发地震损失评估

10.1 续发地震损失评估，应在前一次地震损失评估结束到震区恢复重建完成之前进行。

10.2 续发地震损失的地震灾区中与前发地震灾区不重合的区域，应划为新的评估子区。

10.3 续发地震损失的地震灾区中与前发地震灾区重合的区域，其损失评估的项目、计算方法应与前发地震损失评估相同，但应扣除前发各次地震损失之和：

a) 对房屋建筑，计算续发地震的破坏比时应从最终的破坏比减去前发地震的破坏比；

b) 对室内财产，计算续发地震的单位面积损失值时应减去前发地震的值；

c) 对生命线系统和其他工程结构，应逐个调查续发地震的破坏等级并计算损失，再减去前发地震的损失。

10.4 多次续发地震损失的总和，不应超过实物财产的总价值。

10.5 当重合的评估子区面积较小时，可适当减少抽样点数目，但抽样点不应少于5个。

11 汇总和报告内容

损失评估报告应按照附录E所规定的内容编写。

附 录 A
（规范性附录）
计算参数

表 A.1～表 A.5 分别给出了“中高档装修房屋所占比例 ξ”、“房屋装修费用与主体造价的比值 η”、“修正系数 γ_1”、“修正系数 γ_2”以及“生命线系统工程结构破坏损失比”。

表 A.1 中高档装修房屋数量所占比例 ξ

用百分比(%)表示

城市规模		房屋类型	
		钢筋混凝土房屋	砌体房屋
大城市	范围	31～55	12～25
	中值	43	19
中等城市	范围	17～35	5～11
	中值	26	8
小城市	范围	8～15	2～5
	中值	12	4
注：城市规模的划分标准根据国家统计局规定，以“市区非农业人口数”为指标，分为三个等级：大城市(≥100 万)，中等城市(20 万～100 万)，小城市(≤20 万)。			

表 A.2 房屋装修费用与主体造价的比值 η

用百分比(%)表示

城市规模		房屋类型	
		钢筋混凝土房屋	砌体房屋
大城市	范围	26～48	20～34
	中值	37	27
中等城市	范围	19～38	16～25
	中值	29	21
小城市	范围	15～30	10～20
	中值	23	15
注：城市规模的划分标准根据国家统计局规定，以“市区非农业人口数”为指标，分为三个等级：大城市(≥100 万)，中等城市(20 万～100 万)，小城市(≤20 万)。			

表 A.3 修正系数 γ_1

经济发展水平	发达	较发达	一般
修正系数	1.3	1.15	1.0
注：经济发展水平的划分标准根据国家统计局规定，以“人均 GDP”为指标，分为三个等级：发达(≥30 000 元)，较发达(15 000 元～30 000 元)，一般(≤15 000 元)。			

表 A.4 修正系数 γ_2

用途	住宅	教育卫生	公共
修正系数	1.0～1.1	0.8～1.0	1.1～1.2

表 A.5 生命线系统工程结构破坏损失比

用百分比(%)表示

<table>
<tr><th colspan="3" rowspan="2">类　别</th><th colspan="5">破坏等级</th></tr>
<tr><th>基本完好</th><th>轻微破坏</th><th>中等破坏</th><th>严重破坏</th><th>毁坏</th></tr>
<tr><td>系统名称</td><td>分项名称</td><td rowspan="4">范围</td><td rowspan="4">0～10</td><td rowspan="4">11～20</td><td rowspan="4">21～40</td><td rowspan="4">41～70</td><td rowspan="4">71～100</td></tr>
<tr><td>交通</td><td>公路、桥梁、隧道</td></tr>
<tr><td>供(排)水</td><td>水处理厂、取水井站或供水泵站、供(排)水管网、水池或水处理池</td></tr>
<tr><td>供油</td><td>炼油厂、输油泵站、油库、输油管道</td></tr>
<tr><td>供气</td><td>门站、储气罐、输气管网</td><td rowspan="6">中值</td><td rowspan="6">5</td><td rowspan="6">16</td><td rowspan="6">31</td><td rowspan="6">56</td><td rowspan="6">86</td></tr>
<tr><td>电力</td><td>发电厂、变(配)电站</td></tr>
<tr><td>通信</td><td>通信中心控制室</td></tr>
<tr><td>水利</td><td>土石坝、重力坝、拱坝</td></tr>
<tr><td>其他</td><td>挡土墙</td></tr>
<tr><td>交通</td><td>铁道线路</td></tr>
<tr><td>电力</td><td>输电线路</td><td>范围</td><td>0～5</td><td>6～15</td><td>16～35</td><td>35～55</td><td>56～80</td></tr>
<tr><td>通信</td><td>通信线路</td><td>中值</td><td>3</td><td>11</td><td>26</td><td>46</td><td>68</td></tr>
<tr><td rowspan="2">其他</td><td rowspan="2">烟囱、水塔</td><td>范围</td><td>0～4</td><td>5～8</td><td>9～35</td><td>36～70</td><td>71～100</td></tr>
<tr><td>中值</td><td>2</td><td>7</td><td>22</td><td>53</td><td>86</td></tr>
<tr><td colspan="8">注 1：对于划分为两个破坏等级的设备：基本完好取(0～20)%，毁坏取(80～100)%。
注 2：对于划分为三个破坏等级的设备：基本完好取(0～20)%，破坏取(30～50)%，毁坏取(80～100)%。</td></tr>
</table>

附 录 B
（规范性附录）
地震灾害直接损失调查表

各内容调查表见表 B.1～表 B.11。

表 B.1 评估区中高档装修房屋所占比例的抽样调查表

用百分比(%)表示

评估子区序号		钢筋混凝土房屋		砌体房屋	
1					
2					
3					
…					
调查人		复核人		调查日期	年 月 日

表 B.2 抽样点房屋面积抽样调查汇总表

单位为平方米

评估子区名称		抽样点名称		GPS 坐标	经度： 纬度：
结构类型	破坏面积				合计
	基本完好	轻微破坏	中等破坏	严重破坏	毁坏	
钢结构房屋						
钢筋混凝土房屋						
砌体房屋						
砖木房屋						
土、木、石结构房屋						
工业厂房						
公共空旷房屋						
合计						
调查人		复核人		调查日期	年 月 日	

表 B.3 评估子区房屋抽样调查汇总表

单位为平方米

评估子区名称			抽样点总建筑面积				
序号	抽样点名称	结构类型	破坏面积				合计
			基本完好	轻微破坏	中等破坏	严重破坏	毁坏	
1								
2								
3								
…								
合计								
汇总人		复核人		汇总日期	年 月 日			

注:"结构类型"一列请在以下分类中选择其相应代码填写:Ⅰ)钢结构房屋,Ⅱ)钢筋混凝土房屋,Ⅲ)砌体房屋,Ⅳ)砖木房屋,Ⅴ)土、木、石结构房屋,Ⅵ)工业厂房,Ⅶ)公共空旷房屋。

表 B.4 评估区房屋破坏比汇总表

序号	评估子区名称	结构类型	基本完好	轻微破坏	中等破坏	严重破坏	毁坏
1							
2							
3							
…							
汇总人		复核人		汇总日期	年 月 日		

注:"结构类型"一列请在以下分类中选择其相应代码填写:Ⅰ)钢结构房屋,Ⅱ)钢筋混凝土房屋,Ⅲ)砌体房屋,Ⅳ)砖木房屋,Ⅴ)土、木、石结构房屋,Ⅵ)工业厂房,Ⅶ)公共空旷房屋。

表 B.5 房屋室内财产损失抽样调查表

评估子区名称		抽样点名称		GPS 坐标	经度: 纬度:		
序号	抽样房屋名称	结构类型	建筑面积 平方米	破坏等级	主要损失物品	损失值 元	单位面积损失值 元/平方米
1							
2							
3							
…							
调查人		复核人		调查日期	年 月 日		

注1:"结构类型"一列请在以下分类中选择其相应代码填写:Ⅰ)钢结构房屋,Ⅱ)钢筋混凝土房屋,Ⅲ)砌体房屋,Ⅳ)砖木房屋,Ⅴ)土、木、石结构房屋,Ⅵ)工业厂房,Ⅶ)公共空旷房屋;

注2:"破坏等级"一列请在以下分类中选择其相应代码填写:Ⅰ)基本完好,Ⅱ)轻微破坏,Ⅲ)中等破坏,Ⅳ)严重破坏,Ⅴ)毁坏。

表 B.6 房屋单位面积室内财产损失汇总表

单位为元每平方米

抽样点		评估子区名称	结构类型	单位面积财产损失				
序号	名称			基本完好	轻微破坏	中等破坏	严重破坏	毁坏
1								
2								
3								
…								
汇总人		复核人		汇总日期		年 月 日		

注："结构类型"一列请在以下分类中选择其相应代码填写：Ⅰ)钢结构房屋，Ⅱ)钢筋混凝土房屋，Ⅲ)砌体房屋，Ⅳ)砖木房屋，Ⅴ)土、木、石结构房屋，Ⅵ)工业厂房，Ⅶ)公共空旷房屋。

表 B.7 企事业单位设备损失调查表

序号	企事业名称	设备名称	生产年代	原价 元	现价 元	破坏状况	损失值 元
1							
2							
3							
…							
合计							
调查人		复核人		调查日期		年 月 日	

表 B.8 室外财产损失抽样调查表

抽样点名称		GPS坐标	经度：	纬度：		
序号	项目类别	计量单位	单价 元	数量	损失状况	损失值 元
1	农田					
2	牲畜					
3	棚圈					
4	围墙					
5	蓄水池					
6	烤烟房					
7	汽车					
8	农用车 （摩托、助力车）					
…						
合计	—					
调查人		复核人		调查日期	年　　月　　日	

表 B.9 人员伤亡调查表

市（州、盟、地区）		县（市、旗、区）		乡（镇、苏木、街道）		行政村（居委会）		地震烈度	
序号	姓名	性别	年龄	伤亡情况				死亡原因	
				死亡	失踪	重伤	轻伤		
1									
2									
3									
4									
5									
6									
…									
合计	—	—	—					—	
调查人		复核人		调查日期		年　　月　　日			

注1：“伤亡情况”一列，应在“死亡”、“失踪”、“重伤”、“轻伤”下面打钩“√”；

注2：“死亡原因”一列，应说明其死亡地点、住房结构类型及致死原因等；因救灾遇险、地震次生灾害导致死伤的人数应加以说明。

表 B.10 人员伤亡调查汇总表

<table>
<tr><td colspan="2">市(州、盟、地区)</td><td colspan="2"></td><td colspan="2">县(市、旗、区)</td><td></td><td>乡(镇、
苏木、街道)</td><td colspan="2"></td></tr>
<tr><td>序号</td><td colspan="2">行政村(居委会)
名称</td><td>地震烈度</td><td>死亡人数</td><td>失踪人数</td><td>重伤人数</td><td>轻伤人数</td><td>总人口</td><td>备注</td></tr>
<tr><td>1</td><td colspan="2"></td><td></td><td></td><td></td><td></td><td></td><td></td><td></td></tr>
<tr><td>2</td><td colspan="2"></td><td></td><td></td><td></td><td></td><td></td><td></td><td></td></tr>
<tr><td>3</td><td colspan="2"></td><td></td><td></td><td></td><td></td><td></td><td></td><td></td></tr>
<tr><td>4</td><td colspan="2"></td><td></td><td></td><td></td><td></td><td></td><td></td><td></td></tr>
<tr><td>5</td><td colspan="2"></td><td></td><td></td><td></td><td></td><td></td><td></td><td></td></tr>
<tr><td>6</td><td colspan="2"></td><td></td><td></td><td></td><td></td><td></td><td></td><td></td></tr>
<tr><td>…</td><td colspan="2"></td><td></td><td></td><td></td><td></td><td></td><td></td><td></td></tr>
<tr><td colspan="3">合　计</td><td>—</td><td></td><td></td><td></td><td></td><td></td><td>—</td></tr>
<tr><td>调查人</td><td></td><td>复核人</td><td></td><td colspan="2">调查日期</td><td colspan="4">年　　月　　日</td></tr>
<tr><td colspan="10">注："备注"一列,应说明其死亡地点、住房结构类型及致死原因等;因救灾遇险、地震次生灾害导致死伤的人数应加以说明;出现因地震而失踪人员时,应加以说明。</td></tr>
</table>

表 B.11　生命线工程结构及其他工程结构损失调查表

工程名称			结构类型		
所属单位		所在地点		GPS 坐标	经度： 纬度：
被调查项目		数据	破坏现象描述：	附属用房破坏情况	
结构形式				结构类型	
尺寸	长度 m			结构单价 元每平方米	
	宽度 m				
	高度 m				
	面积 m^2				
	容积 m^3				
使用材料				破坏情况	
建造年代					
场地、地基情况			经济损失计算方法的详细描述：		
原建造单价 元每平方米					
现建造单价 元每平方米				估计损失 元	
现总造价 元每平方米				备注	
破坏等级					
损失比					
损失值 元					
调查人		复核人		调查日期	年　月　日

附 录 C
（规范性附录）
地震灾害直接损失调查汇总表

各汇总表见表 C.1～表 C.4。

表 C.1 按用途分类的房屋破坏面积汇总表

单位为平方米

房屋用途	破坏面积					备注
	基本完好	轻微破坏	中等破坏	严重破坏	毁坏	
农村住宅						
农村公用						
城市住宅						
城市公用						
政府办公						
教育						
卫生						
总计						
汇总人		复核人		汇总日期		年 月 日

注 1：“城市公用”主要是指除了政府办公、教育、卫生以外的其他城市用房。

注 2：土、木、石房屋破坏等级按 3 档划分时，“破坏”的破坏比归入“中等破坏”栏，“毁坏”的破坏比归入“毁坏”栏。

表 C.2 按行政区分类的房屋破坏面积汇总表

行政区	结构类型	破坏面积/m^2				
		基本完好	轻微破坏	中等破坏	严重破坏	毁坏
	钢结构房屋					
	钢筋混凝土房屋					
	砌体房屋					
	砖木房屋					
	土、木、石结构房屋					
	工业厂房					
	公共空旷房屋					
	小计					

表 C.2（续）

行政区	结构类型	破坏面积/m²				
		基本完好	轻微破坏	中等破坏	严重破坏	毁坏
…	钢结构房屋					
	钢筋混凝土房屋					
	砌体房屋					
	砖木房屋					
	土、木、石结构房屋					
	工业厂房					
	公共空旷房屋					
	小计					
总计						
百分比/%						
汇总人		复核人		汇总日期	年　月　日	
注：土、木、石房屋破坏等级按3档划分时，“破坏”的破坏比归入“中等破坏”栏，“毁坏”的破坏比归入“毁坏”栏。						

表 C.3　房屋破坏比汇总表

序号	地震烈度	结构类型	破坏等级				
			基本完好	轻微破坏	中等破坏	严重破坏	毁坏
1							
2							
3							
…							
合计							
汇总人		复核人		汇总日期		年　月　日	

注1：“结构类型”一列请在以下分类中选择其相应代码填写：Ⅰ）钢结构房屋，Ⅱ）钢筋混凝土房屋，Ⅲ）砌体房屋，Ⅳ）砖木房屋，Ⅴ）土、木、石结构房屋，Ⅵ）工业厂房，Ⅶ）公共空旷房屋。

注2：土、木、石房屋破坏等级按3档划分时，“破坏”的破坏比归入“中等破坏”栏，“毁坏”的破坏比归入“毁坏”栏。

表 C.4　地震灾害直接经济损失汇总表

单位为万元

地震事件名称																发生时间	年　月　日　时　分　秒				
行政区	评估项目																				合计
	房屋							生命线系统					企业	水利	农田	其他	室内、外财产				
	农村住宅	农村公用	城市住宅	城市公用	政府办公	教育系统	卫生系统	电力	交通	通讯	供排水	其他					室内财产	牲畜	围墙	其他	
…																					
小计																					
分项合计																					
百分比/%																					—

附　录　D
（规范性附录）
房屋基础资料与地震灾害直接损失报表

房屋基础资料报表与地震灾害损失报表见表 D.1～D.18。

表 D.1　居住房屋基础资料报表

市(州、盟、地区)				县(市、旗、区)					乡(镇、苏木、街道)		
序号	行政单位名称（行政村、居委会等）	自然村/个	户数/户	人口/人	户均面积/(m^2/户)	户均财产/(元/户)	房屋总面积/m^2(或间)				
							钢筋混凝土	砌体	砖木	土、木、石	…
1											
2											
3											
4											
5											
6											
…											
单价/(元/m^2)											
平均每间面积/m^2							—				
填表人		联系电话		填报日期		年　月　日					

注 1：各类房屋资料请列出震前面积、财产等基础资料，而不是列出地震造成破坏的面积。

注 2：如果农村房屋面积按间数统计，则必须填写平均每间平方米数。

注 3：表中"结构类型"未列全，可根据当地具体情况按以下分类选择填写：Ⅰ)钢结构房屋，Ⅱ)钢筋混凝土房屋，Ⅲ)砌体房屋，Ⅳ)砖木房屋，Ⅴ)土、木、石结构房屋，Ⅵ)工业厂房，Ⅶ)公共空旷房屋。

表 D.2　政府办公用房基础资料报表

市(州、盟、地区)			县(市、旗、区)				乡(镇、苏木、街道)				
序号	行政单位名称 (行政村、居委会等)	房屋所属单位	用途	平均室内财产 元/m^2	房屋总面积/m^2						
					钢筋混凝土	砌体	砖木				…
1											
2											
3											
…											
单价/(元/m^2)											
填表人		联系电话					填报日期		年　月　日		

注 1：各类房屋资料请列出震前面积、财产等基础资料，而不是列出地震造成破坏的面积。

注 2：表中“结构类型”未列全，可根据当地具体情况按以下分类选择填写：Ⅰ)钢结构房屋，Ⅱ)钢筋混凝土房屋，Ⅲ)砌体房屋，Ⅳ)砖木房屋，Ⅴ)土、木、石结构房屋，Ⅵ)工业厂房，Ⅶ)公共空旷房屋。

表 D.3 其他房屋基础资料报表

市(州、盟、地区)			县(市、旗、区)				乡(镇、苏木、街道)				
序号	行政单位名称 (行政村、居委会等)	房屋所属单位	用途	平均室内财产/ (元/m^2)	房屋总面积/m^2						
					钢筋混凝土	砌体	砖木	土、木、石	工业厂房	公共空旷房屋	…
1											
2											
3											
4											
5											
…											
单价/(元/m^2)											
填表人		联系电话			填报日期		年　月　日				

注 1：其他房屋主要包括除居住房屋、政府办公用房以外的商业用房、生产用房等房屋。

注 2：各类房屋资料请列出震前面积、财产等基础资料，而不是列出地震造成破坏的面积。

注 3：表中房屋用途一列请选择：学校、医疗卫生、体育场馆和影剧院、宾馆酒店写字楼、金融、工厂、其他。

注 4：表中"结构类型"未列全，可根据当地具体情况按以下分类选择填写：Ⅰ)钢结构房屋，Ⅱ)钢筋混凝土房屋，Ⅲ)砌体房屋，Ⅳ)砖木房屋，Ⅴ)土、木、石结构房屋，Ⅵ)工业厂房，Ⅶ)公共空旷房屋。

表 D.4 ______________建(构)筑物地震灾害损失报表

<table>
<tr><td colspan="2">市(州、盟、地区)</td><td></td><td colspan="2">县(市、旗、区)</td><td></td><td colspan="2">乡(镇、苏木、街道)</td><td></td><td>村委会(居委会)</td><td></td></tr>
<tr><td rowspan="2">项目</td><td rowspan="2">分类</td><td rowspan="2">总数量/m²</td><td colspan="2">平均造价/(元/m²)</td><td colspan="5">破坏面积/m²</td><td rowspan="2">经济损失/万元</td></tr>
<tr><td>土建</td><td>装修</td><td>基本完好</td><td>轻微破坏</td><td>中等破坏</td><td>严重破坏</td><td>毁坏</td></tr>
<tr><td rowspan="8">建筑物</td><td>钢结构房屋</td><td></td><td></td><td></td><td></td><td></td><td></td><td></td><td></td><td></td></tr>
<tr><td>钢筋混凝土房屋</td><td></td><td></td><td></td><td></td><td></td><td></td><td></td><td></td><td></td></tr>
<tr><td>砌体房屋</td><td></td><td></td><td></td><td></td><td></td><td></td><td></td><td></td><td></td></tr>
<tr><td>砖木房屋</td><td></td><td></td><td></td><td></td><td></td><td></td><td></td><td></td><td></td></tr>
<tr><td>土、木、石结构房屋</td><td></td><td></td><td></td><td></td><td></td><td></td><td></td><td></td><td></td></tr>
<tr><td>公共空旷房屋</td><td></td><td></td><td></td><td></td><td></td><td></td><td></td><td></td><td></td></tr>
<tr><td>…</td><td></td><td></td><td></td><td></td><td></td><td></td><td></td><td></td><td></td></tr>
<tr><td>合计</td><td></td><td></td><td></td><td></td><td></td><td></td><td></td><td></td><td></td></tr>
<tr><td rowspan="5">构筑物</td><td>分类</td><td>总数量</td><td colspan="2">平均造价</td><td>计量单位</td><td colspan="4">破坏现象描述</td><td>经济损失/万元</td></tr>
<tr><td>水塔</td><td></td><td colspan="2"></td><td></td><td colspan="4"></td><td></td></tr>
<tr><td>烟囱</td><td></td><td colspan="2"></td><td></td><td colspan="4"></td><td></td></tr>
<tr><td>…</td><td></td><td colspan="2"></td><td></td><td colspan="4"></td><td></td></tr>
<tr><td>合计</td><td></td><td colspan="2"></td><td></td><td colspan="4"></td><td></td></tr>
<tr><td>联系人</td><td colspan="2"></td><td colspan="2">联系电话</td><td colspan="2"></td><td colspan="2">填报日期</td><td colspan="2">年 月 日</td></tr>
</table>

注 1：此表用来填报城市和农村民房、各行业系统(教育、卫生、行政管理事业单位、商用等)、生命线系统(电力、供排水、供气、供热、交通、长输油(气)管道、水利、通信、广播电视、市政、铁路)、企业、文物部门等的建(构)筑物地震灾害损失。

注 2：土、木、石结构房屋破坏等级按 3 档划分时，“破坏”的面积归入中等破坏栏，“毁坏”的面积归入毁坏栏。

表 D.5 ____________地震灾害室内(外)财产损失报表

市(州、盟、地区)		县(市、旗、区)		乡(镇、苏木、街道)		村委会(居委会)
序号	项目类别	计量单位	单价 元	数量	损失值 元	备注
1						
2						
3						
4						
5						
…						
合计	—	—	—			—
填表人		联系电话		填报日期	年 月 日	

注 1：此表用来填报城市和农村民房、各行业系统(教育、卫生、行政管理事业单位、商用等)用房、生命线系统(电力、供排水、供气、供热、交通、长输油(气)管道、水利、通信、广播电视、市政、铁路)用房等的室内(外)财产损失地震灾害损失。

注 2：此表不包括企业、文物古迹单位的室内(外)财产损失。

注 3：填写"室内财产损失"时,"项目类别"一列可选择:居住房屋内的家电和家具(洗衣机、电冰箱、电脑、电视机、摄像机、照相机等);教育系统的教学设备(桌椅、实验室设备、电教设备等)、卫生系统的医疗设备(病床、药品药剂、医疗设备、器具等)、办公设备(办公桌椅、电器、会议多媒体等)等。

注 4：填写"室外财产损失"时,"项目类别"一列可选择:农田、农作物、牲畜、棚圈、围墙、蓄水池、沼气池、烤烟房、汽车、农用车(摩托、助力车)等。

表 D.6　电力系统设施、设备地震损失报表

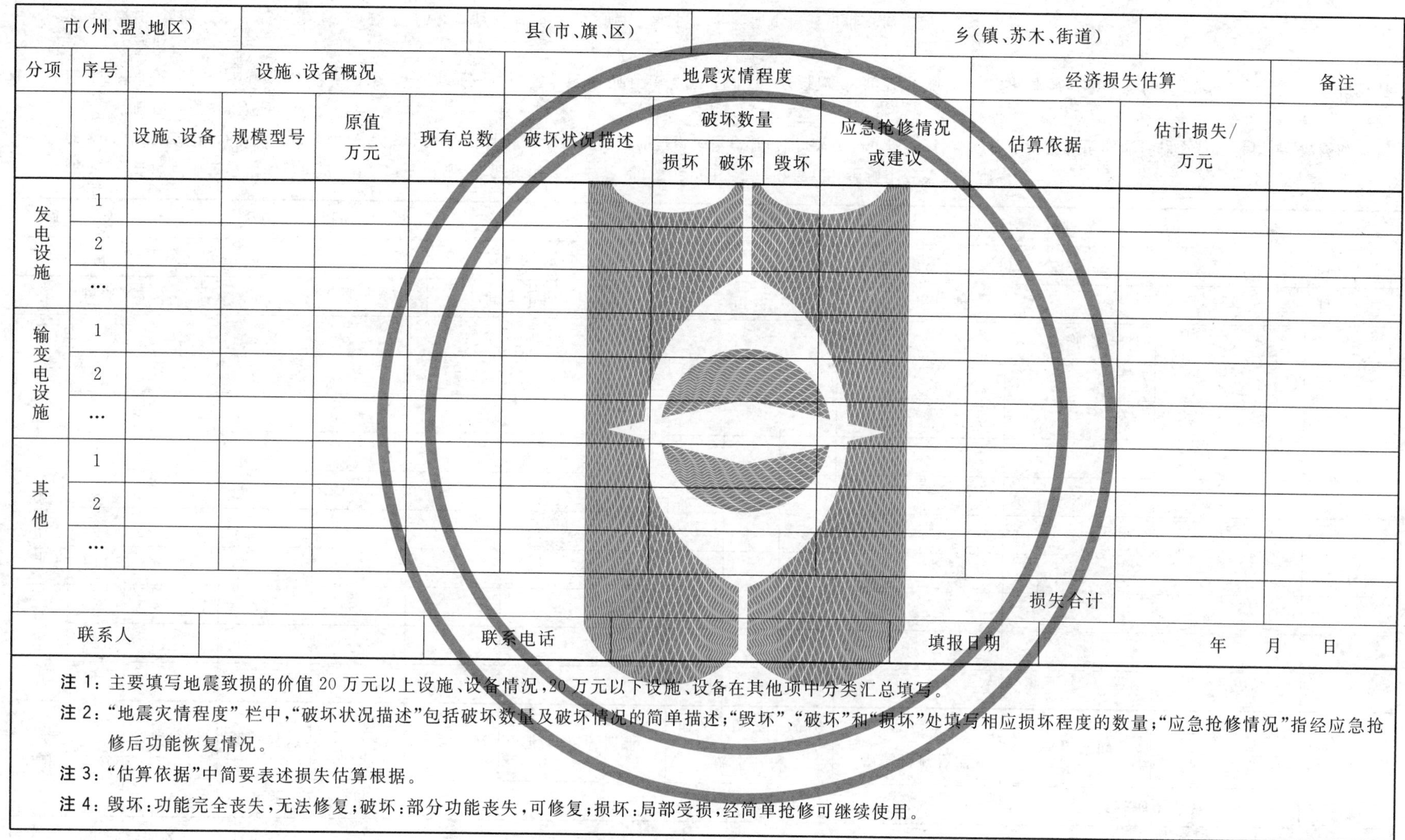

市(州、盟、地区)					县(市、旗、区)				乡(镇、苏木、街道)				
分项	序号	设施、设备概况				地震灾情程度					经济损失估算		备注
		设施、设备	规模型号	原值 万元	现有总数	破坏状况描述	破坏数量			应急抢修情况 或建议	估算依据	估计损失/ 万元	
							损坏	破坏	毁坏				
发电设施	1												
	2												
	…												
输变电设施	1												
	2												
	…												
其他	1												
	2												
	…												
											损失合计		
联系人			联系电话					填报日期			年　月　日		

注 1：主要填写地震致损的价值 20 万元以上设施、设备情况，20 万元以下设施、设备在其他项中分类汇总填写。

注 2：“地震灾情程度”栏中，“破坏状况描述”包括破坏数量及破坏情况的简单描述；“毁坏”、“破坏”和“损坏”处填写相应损坏程度的数量；“应急抢修情况”指经应急抢修后功能恢复情况。

注 3：“估算依据”中简要表述损失估算根据。

注 4：毁坏：功能完全丧失，无法修复；破坏：部分功能丧失，可修复；损坏：局部受损，经简单抢修可继续使用。

表 D.7 供排水系统设施、设备地震损失报表

<table>
<tr><td colspan="3">市(州、盟、地区)</td><td colspan="3"></td><td colspan="2">县(市、旗、区)</td><td colspan="2"></td><td colspan="2">乡(镇、苏木、街道)</td><td colspan="2"></td></tr>
<tr><td rowspan="3">分项</td><td rowspan="3">序号</td><td colspan="4">设施、设备概况</td><td colspan="5">地震灾情程度</td><td colspan="2">经济损失估算</td><td rowspan="3">备注</td></tr>
<tr><td rowspan="2">设施、设备</td><td rowspan="2">规模型号</td><td rowspan="2">原值
万元</td><td rowspan="2">现有总数</td><td rowspan="2">破坏状况描述</td><td colspan="3">破坏数量</td><td rowspan="2">应急抢修情况
或建议</td><td rowspan="2">估算依据</td><td rowspan="2">估计损失/
万元</td></tr>
<tr><td>损坏</td><td>破坏</td><td>毁坏</td></tr>
<tr><td rowspan="3">供水设施</td><td>1</td><td></td><td></td><td></td><td></td><td></td><td></td><td></td><td></td><td></td><td></td><td></td><td></td></tr>
<tr><td>2</td><td></td><td></td><td></td><td></td><td></td><td></td><td></td><td></td><td></td><td></td><td></td><td></td></tr>
<tr><td>…</td><td></td><td></td><td></td><td></td><td></td><td></td><td></td><td></td><td></td><td></td><td></td><td></td></tr>
<tr><td rowspan="3">排水设施</td><td>1</td><td></td><td></td><td></td><td></td><td></td><td></td><td></td><td></td><td></td><td></td><td></td><td></td></tr>
<tr><td>2</td><td></td><td></td><td></td><td></td><td></td><td></td><td></td><td></td><td></td><td></td><td></td><td></td></tr>
<tr><td>…</td><td></td><td></td><td></td><td></td><td></td><td></td><td></td><td></td><td></td><td></td><td></td><td></td></tr>
<tr><td rowspan="3">其他</td><td>1</td><td></td><td></td><td></td><td></td><td></td><td></td><td></td><td></td><td></td><td></td><td></td><td></td></tr>
<tr><td>2</td><td></td><td></td><td></td><td></td><td></td><td></td><td></td><td></td><td></td><td></td><td></td><td></td></tr>
<tr><td>…</td><td></td><td></td><td></td><td></td><td></td><td></td><td></td><td></td><td></td><td></td><td></td><td></td></tr>
<tr><td colspan="12">损失合计</td><td></td><td></td></tr>
<tr><td colspan="3">联系人</td><td colspan="2"></td><td colspan="2">联系电话</td><td colspan="2"></td><td colspan="2">填报日期</td><td colspan="3">年　月　日</td></tr>
<tr><td colspan="3">市(州、盟、地区)</td><td colspan="2"></td><td colspan="2">县(市、旗、区)</td><td colspan="2"></td><td colspan="2">乡(镇、苏木、街道)</td><td colspan="3"></td></tr>
<tr><td>分项</td><td>序号</td><td colspan="4">设施、设备概况</td><td colspan="4">地震灾情程度</td><td colspan="3">经济损失估算</td><td>备注</td></tr>
</table>

注 1：主要填写地震致损的价值 20 万元以上设施、设备和构筑物情况，20 万元以下设施、设备在其他项中分类汇总填写。

注 2：“地震灾情程度”栏中，“破坏状况描述”包括破坏数量及破坏情况的简单描述；“毁坏”、“破坏”和“损坏”处填写相应损坏程度的数量；“应急抢修情况”指经应急抢修后功能恢复情况。

注 3：供水设施包括水源(取水设施)、净水厂(水处理)、输配水管网、加压设备等，排水设施包括污水处理厂、排水管线、排水泵站等。管线在“规模型号”应填写材质、管径等信息。

注 4：毁坏：功能完全丧失，无法修复；破坏：部分功能丧失，可修复；损坏：局部受损，经简单抢修可继续使用。

表 D.8　供气系统设施、设备地震损失报表

市(州、盟、地区)				县(市、旗、区)				乡(镇、苏木、街道)					
分项	序号	设施、设备概况				地震灾情程度					经济损失估算		备注
		设施、设备	规模型号	原值/万元	现有总数	破坏状况描述	破坏数量			应急抢修情况或建议	估算依据	估计损失/万元	
							损坏	破坏	毁坏				
气源厂设施	1												
	2												
	3												
	…												
门站设施	1												
	2												
	3												
	…												
输配气管网	1												
	2												
	3												
	…												
其他	1												
	2												
	…												
											损失合计		
联系人				联系电话				填报日期			年　月　日		

注 1：主要填写地震致损的价值 20 万元以上设施、设备和构筑物情况，20 万元以下设施、设备在其他项中分类汇总填写。

注 2："地震灾情程度"栏中，"破坏状况描述"包括破坏数量及破坏情况的简单描述；"毁坏"、"破坏"和"损坏"处填写相应损坏程度的数量；"应急抢修情况"指经应急抢修后功能恢复情况。

注 3：管线网在"规模型号"应填写材质、管径等信息。

注 4：毁坏：功能完全丧失，无法修复；破坏：部分功能丧失，可修复；损坏：局部受损，经简单抢修可继续使用。

表 D.9 供热系统设施、设备地震损失报表

市(州、盟、地区)					县(市、旗、区)					乡(镇、苏木、街道)			
分项	序号	设施、设备概况				地震灾情程度					经济损失估算		备注
		设施、设备	规模型号	原值/万元	现有总数	破坏状况描述	破坏数量			应急抢修情况或建议	估算依据	估计损失/万元	
							损坏	破坏	毁坏				
热源厂设施	1												
	2												
	3												
	…												
热力管网	1												
	2												
	3												
	…												
其他	1												
	2												
	…												
											损失合计		
联系人				联系电话				填报日期			年 月 日		

注1：主要填写地震致损的价值20万元以上设施、设备和构筑物情况，20万元以下设施、设备在其他项中分类汇总填写。

注2：“地震灾情程度”栏中，“破坏状况描述”包括破坏数量及破坏情况的简单描述；“毁坏”、“破坏”和“损坏”处填写相应损坏程度的数量；“应急抢修情况”指经应急抢修后功能恢复情况。

注3：管线网在“规模型号”应填写材质、管径等信息。

注4：毁坏：功能完全丧失，无法修复；破坏：部分功能丧失，可修复；损坏：局部受损，经简单抢修可继续使用。

表 D.10 交通系统设施、设备地震损失报表

市(州、盟、地区)				县(市、旗、区)						乡(镇、苏木、街道)			
分项	序号	设施、设备概况				地震灾情程度					经济损失估算		备注
		工程名称	等级规模	单位原值/万元	地点	破坏状况描述	破坏数量			应急抢修情况或建议	估算依据	估计损失/万元	
							损坏	破坏	毁坏				
公路	1												
	2												
	…												
桥梁	1												
	2												
	…												
涵洞隧道	1												
	2												
	…												
其他													
	…												
											损失合计		
联系人				联系电话				填报日期			年 月 日		

注 1：公路破坏量应包括公路路段名称和破坏公里数，路基塌方等破坏单位为立方米，桥梁破坏单位为延米，隧道破坏单位为延米。

注 2："地震灾情程度" 栏中，"破坏状况描述"包括破坏数量及破坏情况的简单描述；"毁坏"、"破坏"和"损坏"处填写相应损坏程度的数量；"应急抢修情况"指经应急抢修后功能恢复情况。

注 3：管线网在"规模型号"应填写材质、管径等信息。

注 4：毁坏：中断、危险，无法修复；破坏：经抢修勉强通行，需修复；损坏：局部受损，经简单抢修可继续使用。

表 D.11　长输油、气管道地震损失报表

市(州、盟、地区)				县(市、旗、区)				乡(镇、苏木、街道)					
分项	序号	设施、设备概况				地震灾情程度					经济损失估算		备注
		设施设备	等级规模	单位原值/万元	地点	破坏状况描述	破坏数量			应急抢修情况或建议	估算依据	估计损失/万元	
							损坏	破坏	毁坏				
炼油厂	1												
	2												
	…												
输油泵站	1												
	2												
	…												
油库	1												
	2												
	…												
输油管道	1												
	2												
	…												
其他													
损失合计													
联系人			联系电话			填报日期		年　月　日					

注 1:“地震灾情程度”栏中,“破坏状况描述”包括破坏数量及破坏情况的简单描述;“毁坏”、“破坏”和“损坏”处填写相应损坏程度的数量;“应急抢修情况”指经应急抢修后功能恢复情况。

注 2:管线网在“规模型号”应填写材质、管径等信息。

注 3:毁坏:功能完全丧失,无法修复;破坏:部分功能丧失,可修复;损坏:局部受损,经简单抢修可继续使用。

表 D.12 水利系统设施、设备地震损失报表

市(州、盟、地区)						县(市、旗、区)				乡(镇、苏木、街道)				
分项	序号	设施、设备概况					地震灾情程度					经济损失估算		备注
		设施设备	规模及震前状况	坝型	原值/万元	地点	破坏状况描述	破坏数量			应急抢修情况或建议	估算依据	估计损失/万元	
								损坏	破坏	毁坏				
库坝	1													
	2													
	…													
闸门	1													
	2													
	…													
渠道	1													
	2													
其他	…													
联系人			联系电话					填报日期			年 月 日			
损失合计														

注1:“设施、设备概况”栏中,库坝的“规模及震前状况”应包括库容、震前坝体病险等情况描述。

注2:“地震灾情程度”栏中,“破坏状况描述”包括破坏数量及破坏情况的简单描述;“毁坏”、“破坏”和“损坏”处填写相应损坏程度的数量;“应急抢修情况”指经应急抢修后功能恢复情况。

注3:毁坏:溃坝或非常危险,无法修复、需重建;破坏:局部破坏但不影响安全,需修复;损坏:局部受损,经简单抢修可继续使用。

表 D.13　通信系统设施、设备地震损失报表

市(州、盟、地区)				县(市、旗、区)				移动公司(或联通公司、电信公司)					
分项	序号	设施、设备概况				地震灾情程度					经济损失估算		备注
		局房名称	中心局的等级	结构类型和建造年代	设备设施概况和总值	破坏状况描述	破坏数量			应急抢修情况或建议	估算依据	估计损失/万元	
							损坏	破坏	毁坏				
通信枢纽	1												
	2												
	…												
通信基站	序号	基站名称	机房类型	机房设备	通信铁塔	破坏状况描述	破坏数量			应急抢修情况或建议	估算依据	估计损失/万元	
							损坏	破坏	毁坏				
	1												
	2												
	…												
通信线路	序号	线路名称	线路等级	长度/km	架设方式(杆路/埋地)	破坏状况描述	破坏数量			应急抢修情况或建议	估算依据	估计损失/万元	
							损坏	破坏	毁坏				
	1												
	2												
	…												
其他													
											损失合计		
联系人			联系电话				填报日期				年　月　日		

注1：“地震灾情程度”栏中，“破坏状况描述”包括破坏数量及破坏情况的简单描述；“毁坏”、“破坏”和“损坏”处填写相应损坏程度的数量；“应急抢修情况”指经应急抢修后功能恢复情况。

注2：毁坏：功能完全丧失，无法修复；破坏：部分功能丧失，可修复；损坏：局部受损，经简单抢修可继续使用。

注3：“其他”根据实际情况填写。

表 D.14 广播电视系统设施、设备地震损失报表

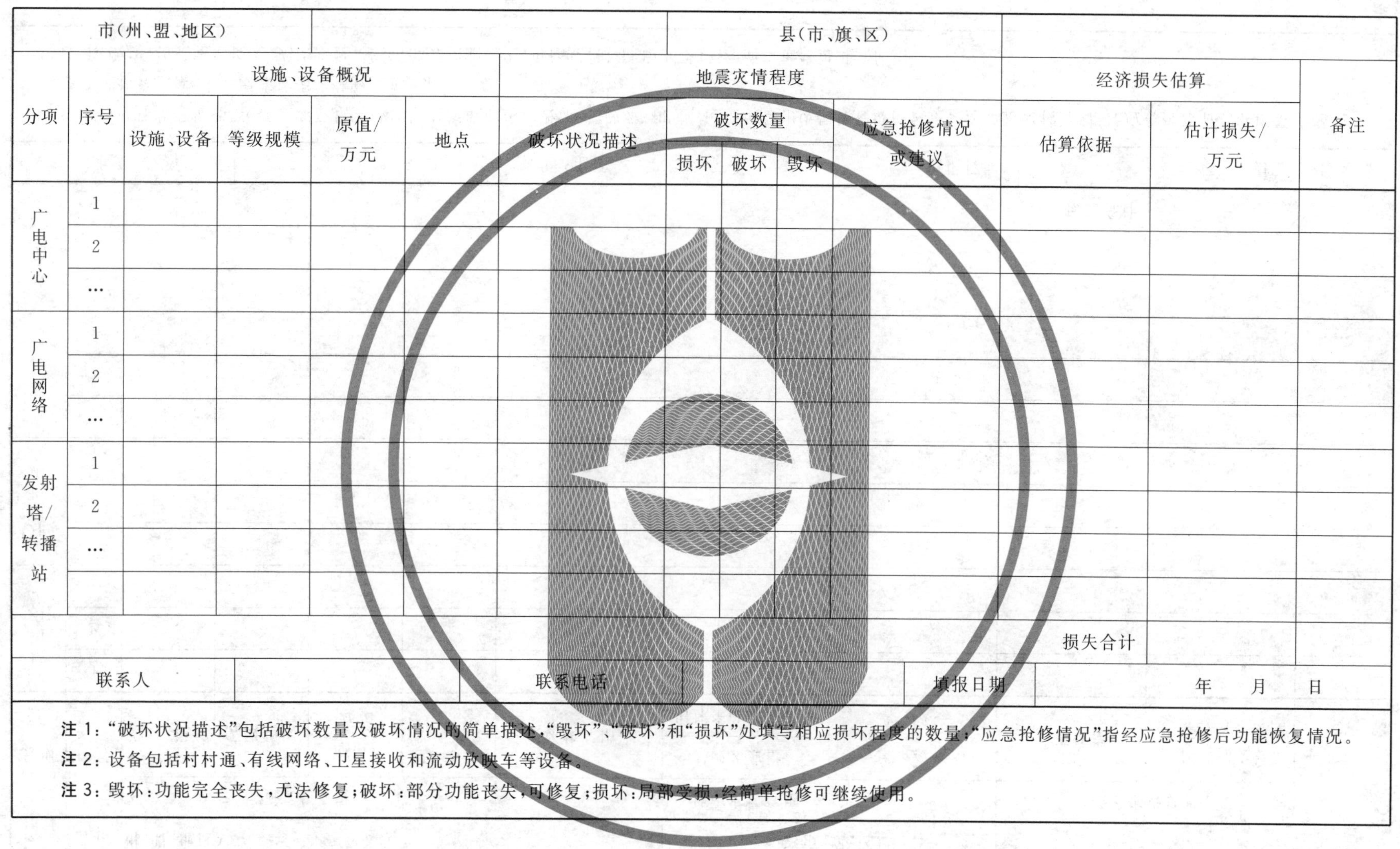

市(州、盟、地区)							县(市、旗、区)						
分项	序号	设施、设备概况				地震灾情程度					经济损失估算		备注
		设施、设备	等级规模	原值/万元	地点	破坏状况描述	破坏数量			应急抢修情况或建议	估算依据	估计损失/万元	
							损坏	破坏	毁坏				
广电中心	1												
	2												
	…												
广电网络	1												
	2												
	…												
发射塔/转播站	1												
	2												
	…												
											损失合计		
联系人			联系电话					填报日期			年 月 日		

注1:“破坏状况描述”包括破坏数量及破坏情况的简单描述,“毁坏”、“破坏”和“损坏”处填写相应损坏程度的数量;“应急抢修情况”指经应急抢修后功能恢复情况。

注2:设备包括村村通、有线网络、卫星接收和流动放映车等设备。

注3:毁坏:功能完全丧失,无法修复;破坏:部分功能丧失,可修复;损坏:局部受损,经简单抢修可继续使用。

表 D.15 市政设施地震损失报表

市(州、盟、地区)							县(市、旗、区)						
分项	序号	设施、设备概况				地震灾情程度					经济损失估算		备注
		设施、设备	等级规模	原值/万元	地点	破坏状况描述	破坏数量			应急抢修情况或建议	估算依据	估计损失/万元	
							损坏	破坏	毁坏				
城市道桥	1												
	2												
	…												
环卫设施	1												
	2												
	…												
路灯	1												
	2												
	…												
其他													
											损失合计		
联系人			联系电话				填报日期			年 月 日			

注 1:“破坏状况描述”包括破坏数量及破坏情况简单描述,“毁坏”、“破坏”和“损坏”处填写相应损坏程度的数量;“应急抢修情况”指经应急抢修后功能恢复情况。

注 2:“估算依据”中简要表述损失估算根据。

注 3:毁坏:功能完全丧失,无法修复;破坏:部分功能丧失,可修复;损坏:局部受损,经简单抢修可继续使用。

表 D.16　铁路系统设施、设备地震损失报表

铁路局				分局					段				
分项	序号	设施、设备概况				地震灾情程度					经济损失估算		备注
		工程名称	等级规模	原值/万元	地点	破坏状况描述	破坏数量			应急抢修情况或建议	估算依据	估计损失/万元	
							损坏	破坏	毁坏				
车站	1												
	2												
	…												
线路	1												
	2												
	…												
路基	1												
	2												
	…												
桥梁/隧道/涵洞	1												
	2												
	…												
机车/车辆/设备	1												
	2												
其他													
											损失合计		
联系人			联系电话				填报日期				年　月　日		

注1：“破坏状况描述”包括破坏数量及破坏情况的简单描述，“毁坏”、“破坏”和“损坏”处填写相应损坏程度的数量；“应急抢修情况”指经应急抢修后功能恢复情况。

注2：线路破坏量应包括路段名称和破坏延长千米数，路基塌方等破坏单位为立方米，桥梁破坏量单位为延米，隧道、涵洞破坏量单位为延米。

注3：“其他”根据实际情况填写。

表 D.17 企业地震损失报表

市(州、盟、地区)			县(市、旗、区)			乡(镇、苏木、街道)					
企业名称			隶属关系			主要产品					
年产值/万元			固定资产总值万元			流动资产总值(包括原料、产成品和在制品)/万元					
固定资产	资产分类	资产名称	原值/万元	购置/建造时间	破坏状态描述	破坏等级	损失/万元	恢复方式	恢复时间/天	停减产损失/万元	恢复投资/万元
	设备										
		…									
	合计	—		—	—	—		—	—		
流动资产	资产分类	资产名称	原值/万元	总数量	破坏状态描述						损失/万元
	产成品										
		…									
	在制品										
		…									
	合计	—			—						
备注											
联系人			联系电话			填报日期			年 月 日		

注 1：此表所指“固定资产”是指企业所属的设施、设备，不包括建(构)筑物。

注 2：“结构类型”一列请在以下分类中选择其相应代码填写：Ⅰ)钢结构房屋，Ⅱ)钢筋混凝土房屋，Ⅲ)砌体房屋，Ⅳ)砖木房屋，Ⅴ)土、木、石结构房屋，Ⅵ)工业厂房，Ⅶ)公共空旷房屋。

注 3：“破坏等级”一列请在以下分类中选择其相应代码填写：Ⅰ)基本完好，Ⅱ)轻微破坏，Ⅲ)中等破坏，Ⅳ)严重破坏，Ⅴ)毁坏。

表 D.18　文物古迹地震损失报表

市(州、盟、地区)				县(市、旗、区)					乡(镇、苏木、街道)		
建(构)筑物	名称		建造时间	保护级别	建筑面积/m²	结构类型	破坏状态描述	破坏等级	损失/万元	恢复方式	修复投资/万元
	古建筑										
		…									
合计	—		—	—		—	—	—		—	
文物/配套设备	名称		总价值/万元	破坏状态描述					损失/万元		修复投资/万元
	文物										
		…									
	配套设备										
		…									
合计	—			—							
联系人			联系电话				填报日期		年　月　日		

注 1:"建(构)筑物"一栏主要包括古建筑,不包括文物古迹部门的配套用房。

注 2:"建筑面积"与"总价值"一列请列出震前该类结构的总量,而不是列出地震造成破坏的总量。

注 3:"结构类型"一列请在以下分类中选择其相应代码填写:Ⅰ)钢结构房屋,Ⅱ)钢筋混凝土房屋,Ⅲ)砌体房屋,Ⅳ)砖木房屋,Ⅴ)土、木、石结构房屋,Ⅵ)工业厂房,Ⅶ)公共空旷房屋。

注 4:"破坏等级"一列请在以下分类中选择其相应代码填写:Ⅰ)基本完好,Ⅱ)轻微破坏,Ⅲ)中等破坏,Ⅳ)严重破坏,Ⅴ)毁坏。

附 录 E
（规范性附录）
地震灾害直接损失评估报告内容

地震灾害直接损失评估报告结构及内容如下：

E.1 地震基本参数

E.1.1 发震时间

E.1.2 震中位置

E.1.3 震级

E.1.4 震源深度

E.2 地震灾区概况、自然环境和发震构造环境

E.2.1 灾区概况

E.2.1.1 灾区面积

E.2.1.2 包括的省、市、县

E.2.1.3 包括的城市街道、乡、镇个数

E.2.1.4 灾区人口、户数

E.2.1.5 户均住宅建筑面积

E.2.1.6 震害特征

E.2.2 灾区社会经济环境

E.2.2.1 地区总产值，工业总产值，第一产业增加值，第二产业增加值，第三产业增加值

E.2.2.2 支柱产业、重大工程设施以及主要生命线系统状况等

E.2.2.3 地震灾区及极灾区范围

E.2.3 灾区自然环境概况、发震构造环境等

E.2.3.1 自然环境（水文地质、工程地质等）

E.2.3.2 发震构造环境

E.2.3.3 其他（震源机制、地震破裂过程等）

E.3 损失评估分区与抽样点数目与抽样点分布图，标明极灾区，并附已经确定的地震烈度分布图

E.4 人员伤亡及失去住所人数

E.4.1 死亡人数，说明死亡人员性别、年龄、住房结构类型、死亡地点与死亡原因等，附表格（见附录B中表B.10）

E.4.2 重伤人数

E.4.3 轻伤人数

E.4.4 失踪人数

E.4.5 失去住所人数

E.4.6 死亡分布图

E.5 房屋破坏直接经济损失

E.5.1 评估区划分及附图

E.5.2 灾区结构类型与破坏等级

E.5.3 各类房屋建筑总面积；各类房屋不同等级破坏总面积汇总表；农村房屋每间平均面积；各类中高档装修房屋的总建筑总面积

E.5.4 调查得到各类房屋破坏比，附表格（见附录B中表B.2、表B.3、表B.4）

E.5.5 确定的房屋破坏损失比

E.5.6 确定的房屋中高档装修破坏损失比

E.5.7 确定的房屋重置单价

E.5.8 各评估子区和地震灾区房屋总损失

E.5.9 按用途和按行政区分类的房屋震害汇总，附表格（见附录C中表C.1、表C.2）

E.5.10 重新计算的各烈度的房屋破坏比，附表格（见附录C中表C.3）

E.6 室内、外财产损失

E.6.1 住宅和公用房屋室内财产损失估计，附表格（见附录B中表B.5、表B.6、表B.7）

E.6.2 室外财产损失，附表格（见附录B中表B.8）

E.7 工程结构直接经济损失（可简称工程结构损失）

E.7.1 生命线系统工程结构（电力、通信、交通、供排水、供油、供气、供热）损失

E.7.2 水利工程结构和其他各类工程结构损失

E.8 企事业的设备财产直接经济损失

E.9 地震灾害的直接经济损失总值，附表格（见附录C中表C.4）

E.10 地震救灾投入费用

E.11 附有关震害资料照片

参 考 文 献

[1] GB 17740—1999 地震震级的规定

[2] GB/T 17742—2008 中国地震烈度表

[3] GB/T 18207.1—2008 防震减灾术语 第2部分:专业术语

[4] 李树桢.地震灾害评估.中国地震灾害损失预测研究专辑(三)[M].北京:地震出版社,1996

[5] 尹之潜,杨淑文.地震损失分析与设防标准[M].北京:地震出版社,2004

[6] 孙柏涛,陈洪富.计及城市房屋建筑装修破坏的地震经济损失评估方法[J].地震工程与工程振动,2009,29(5):164-169

[7] 陈洪富,孙柏涛,孙得璋,地震经济损失评估之装修破坏损失比厘定研究[J].震灾防御技术,2010,5(2):248-256

[8] 应用技术委员会[美].加利福尼亚未来地震的损失估计[M].北京:地震出版社,1991

[9] Risk Management Solutions, Inc.. HAZUS-MH Technical Manual[R]. National Institute of Building Sciences, Washington. D. C. ,2003

ICS 23.020.30
G 93

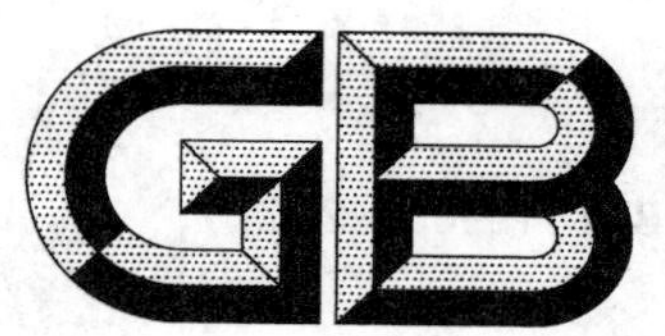

中华人民共和国国家标准

GB/T 18300—2011
代替 GB/T 18300—2001

自动控制钠离子交换器技术条件

Specification for automatic control sodium ion exchange

2011-11-21 发布　　2012-05-01 实施

中华人民共和国国家质量监督检验检疫总局
中国国家标准化管理委员会　发布

前　言

本标准按照 GB/T 1.1—2009 给出的规则起草。

本标准代替 GB/T 18300—2001《自动控制钠离子交换器技术条件》，与 GB/T 18300—2001 相比，主要变化如下：

——修改和增加了部分规范性引用标准；

——补充修改了部分术语和定义，其中自用水率修改为再生自耗水率，并重新作了定义；

——修改了型号表示方法；

——提高了交换器设计压力；

——修改了表 4 中的交换器主要性能指标；

——修改了部分设计要求；

——补充了检验和试验的方法；

——提高了无故障动作试验的切换次数；

——增加了耐压试验、空气止回性能、盐水液位控制性能等检验项目；

——增加了交换器在现场检验和调试的要求；

——取消了附录 A“自动控制钠离子交换器工艺系统和程序控制原理图”。

本标准由全国锅炉压力容器标准化技术委员会(SAC/TC 262)提出并归口。

本标准负责起草单位：中国锅炉水处理协会。

本标准参加起草单位：中国特种设备检测研究院、宁波市特种设备检验研究院、温州市润新机械制造有限公司、广州市特种承压设备检测研究院、无锡国联华光电站工程有限公司、江苏省特种设备安全监督检验研究院常州分院、北京滨特尔洁明环保设备有限公司、济宁市福美莱水处理有限公司、北京英瀚环保设备有限公司。

本标准主要起草人：王骄凌、钱公、周英、伍孝荣、杨麟、徐月湖、胡月新、温卫民、徐爱国、丛郁。

本标准所代替标准的历次版本发布情况为：

——GB/T 18300—2001。

自动控制钠离子交换器技术条件

1 范围

本标准规定了自动控制钠离子交换器(以下简称交换器)的术语和定义、分类与型号、技术要求、试验方法、检验规则及标志、包装、运输、贮存等要求。

本标准适用于工作压力不大于0.6 MPa,采用多路阀自动控制的钠离子交换器。

本标准不适用于流动床、移动床钠离子交换器,也不适用于非自动控制的钠离子交换器。

2 规范性引用文件

下列文件对于本文件的应用是必不可少的。凡是注日期的引用文件,仅注日期的版本适用于本文件。凡是不注日期的引用文件,其最新版本(包括所有的修改单)适用于本文件。

GB/T 1576—2008 工业锅炉水质

GB/T 3854 增强塑料巴柯尔硬度试验方法

GB/T 5462 工业盐

GB/T 6909 锅炉用水和冷却水分析方法 硬度的测定

GB/T 13384 机电产品包装通用技术条件

GB/T 13659 001×7强酸性苯乙烯系阳离子交换树脂

GB/T 13922.2 水处理设备性能试验 离子交换设备

GB/T 15453 工业循环冷却水和锅炉用水中氯离子的测定

GB/T 50109 工业用水软化除盐设计规范

JB/T 2932 水处理设备技术条件

3 术语和定义

GB/T 13922.2界定的以及下列术语和定义适用于本文件。

3.1

自动控制钠离子交换器 automatic control sodium ion exchanger

根据某种设定条件能够自动启动再生过程,并采用钠盐作为再生剂的离子交换器。

3.2

运行周期 service cycle

在额定出力条件下,交换器再生后,开始投运制水至失效这一周期内的累计运行时间。

3.3

工作压力 working pressure

交换器入口处进水的表压力。

3.4

工作温度 working temperature

介质在交换器正常工作过程的温度。

3.5

运行 service

水通过交换器中的离子交换树脂层，除去水中大部分或全部钙、镁离子的过程。

3.6

反洗 back wash

离子交换树脂失效后，用水由下向上清洗离子交换树脂层，使其膨胀而松动，同时清除树脂层上部的悬浮物和破碎树脂等杂质的过程。

3.7

再生 regeneration

将一定浓度的再生液以一定的流速流过失效的离子交换树脂层，使离子交换树脂恢复其交换能力的过程。

3.7.1

顺流再生 co-flow regeneration

再生液的流向和运行时水的流向一致。

3.7.2

逆流再生 reverse flow regeneration

再生液的流向和运行时水的流向相反。

3.8

置换 displacement

交换器停止进盐后，继续以再生时的液流流向和相近的流速注入水，使交换器内的再生液在进一步再生树脂的同时被排代出来的过程。

3.9

正洗 conventional well-flushing

置换过程结束后或者停备用交换器开始投运前，进水按运行时的流向清洗离子交换树脂层，洗去再生废液和需除去的离子，直至出水合格的过程。

3.10

自动控制多路阀 automatic control multi-way valve

一种组合为一体可形成多个不同的流体流道而不发生窜流，并以一定程序自动控制的装置。

注：本标准中简称控制器。

3.11

流量启动再生的交换器 flow control regeneration exchanger

采用流量控制器控制周期制水量，当周期制水量达到设定值时，能自动启动再生过程的交换器。

注：本标准中简称流量型。

3.12

时间启动再生的交换器 time control regeneration exchanger

采用程序控制运行周期的时间，当该时间达到设定值时，能自动启动再生过程的交换器。

注：本标准中简称时间型。

3.13

出水硬度启动再生的交换器 outlet water quality control regeneration exchanger

通过硬度监测控制系统监测交换器出水硬度，当出水硬度超出设定值时，能自动启动再生过程的交换器。

注：本标准中简称在线监测型。

3.14

一级钠离子交换　one-stage sodium ion-exchange

进水只经过一次钠离子交换器的交换。

注：本标准中简称一级钠。

3.15

二级钠离子交换　two-stage sodium ion-exchange

进水经过二台串连的钠离子交换器，进行连续二次的钠离子交换。

注：本标准中简称二级钠。

3.16

顺流再生固定床　co-flow regeneration fixed bed

运行和再生时，水流和再生液都是自上而下通过离子交换树脂层的交换器。

3.17

逆流再生固定床　counter-flow regeneration fixed bed

运行时水流自上而下通过离子交换树脂层，再生时再生液由下而上流经离子交换树脂层的交换器。

3.18

浮动床　floating bed

运行时水流自下而上通过离子交换树脂层，由于向上水流的作用树脂层被托起在交换器上部成悬浮状态，再生时再生液由上而下流经离子交换树脂层的交换器。

4　分类与型号

4.1　分类

4.1.1　按交换器运行和再生方式分为顺流再生固定床、逆流再生固定床和浮动床三类，代号按表1规定。

4.1.2　按控制器启动再生的控制方式，分为时间型、流量型、在线监测型三类，代号按表2规定。

4.1.3　按交换罐材质不同，其分类代号按表3规定。

表1　交换器类型的代号

交换器类型	顺流再生固定床	逆流再生固定床	浮动床
代号	S	N	F

表2　控制器控制方式的代号

控制器控制方式	时间型	流量型	在线监测型
代号	S	L	Z

表3　交换罐材质的代号

交换罐材质	不锈钢	碳钢防腐	玻璃钢	其他材质
代号	B	T	F	Q

4.2 型号

4.2.1 型号表示方法

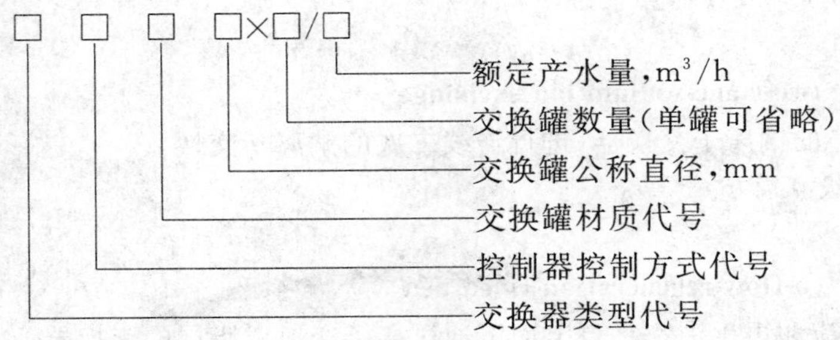

4.2.2 型号示例

自动交换器的型号示例如下：

a) 浮动床自动交换器，额定产水量为 20 m³/h，采用双罐流量型控制方式，罐体材质为碳钢防腐、公称直径为 1 000 mm，其型号表示为：FLT1000×2/20；

b) 逆流再生固定床自动交换器，额定产水量为 5 m³/h，采用单罐时间型控制方式，罐体材质为玻璃钢、公称直径为 500 mm，其型号表示为：NSF500/5。

5 技术要求

5.1 设计要求

5.1.1 交换器整机要求

5.1.1.1 工业用水软化处理的交换器设计应符合 GB/T 50109 的要求。交换器设计文件至少应包括设计图样、工艺设计计算书、安装使用说明书，设计单位应对设计文件的正确性、完整性负责。

5.1.1.2 交换器的设计压力应不小于 0.6 MPa。

5.1.1.3 交换器内的离子交换树脂层高度应根据运行周期、原水水质和出水水质要求确定。用于工业设备软水处理的固定床离子交换树脂层高一般不宜小于 800 mm；浮动床离子交换树脂层高不宜小于1 200 mm。

5.1.1.4 顺流再生与逆流再生固定床离子交换器应有树脂高度的 40%～50%的反洗膨胀高度；浮动床应有 100 mm～200 mm 的水垫层。

5.1.1.5 交换罐内应设上下布水器，布水应均匀、不产生偏流。

5.1.1.6 控制器和交换罐应根据原水水质和供水要求合理选配。时间型交换器如果自动再生最短间隔时间为一天再生一次的，应具备不少于 24 h 供水的交换能力。

5.1.1.7 用于锅炉等工业设备水处理的离子交换器再生过程中不允许有硬水从交换器出口流出。如果控制器有硬水旁通，应增设电磁阀，以便启动再生时自动关闭出水。

5.1.1.8 再生过程结束，转入运行时出水氯离子含量应不大于进水氯离子含量的 1.1 倍。用于工业设备软水处理的交换器再生时间不少于 30 min。

5.1.1.9 交换器出水硬度要求如下：

a) 工业用交换器再生过程结束后，出水硬度应符合 GB/T 50109 的要求，运行过程中应能保证出水硬度符合用水设备对供水硬度的要求；

b) 用于锅炉补给水处理时，应使出水硬度符合 GB/T 1576 的要求；

c) 民用交换器出水硬度可根据客户要求进行设计，但应在产品说明书中注明；

d) 当一级钠离子交换的出水硬度难以达到标准要求时，应采用二级钠离子交换。

表 4 交换器主要性能指标的要求

连接系统		运行流速[a] m/h	反洗流速 m/h	再生及置换流速 m/h	正洗流速 m/h	再生液浓度[b] %	盐耗 g/mol	再生自耗水率 $m^3/[m^3(R)]$	工作交换容量[e] mol/m^3
一级钠	顺流再生	20～30	10～20	4～8	15～20	6～10	≤120	<12	≥900
	逆流再生	20～30	10～20	2～4	15～20	5～8	≤100	<10[c]	≥800
	浮动床	30～50	—	2～5	15～20	5～8	≤100	<8[d]	≥800
二级钠		≤60	10～20	4～8	20～30	5～8	—	<10	—

[a] 工业用交换器运行流速上限为短时最大值；民用交换器运行流速可适当放宽，但不应影响制水质量。

[b] 再生液浓度指常温下经射流器后进入离子交换树脂层的盐水浓度。

[c] 该数值为平均再生自耗水率。

[d] 不包括体外清洗的耗水量。

[e] 指强酸性阳离子交换树脂的工作交换容量，弱酸性阳离子树脂工作交换容量大于或等于 1 800 mol/m^3。

5.1.2 盐液系统

5.1.2.1 盐液罐应耐氯化钠腐蚀或采取防腐措施。

5.1.2.2 盐液罐应加盖，其有效容积应在指定的盐液浓度范围内，至少满足一台交换器一次再生用量，且便于加盐操作。

5.1.2.3 盐液罐应有良好的过滤装置，内设隔盐板。在正常加盐情况下应能使隔盐板下的盐液浓度均匀达到饱和。

5.1.2.4 盐液系统应设有空气止回阀，能在再生液吸完后有效避免空气进入交换器内的树脂层中。

5.1.2.5 再生用工业氯化钠应符合 GB/T 5462 的规定。

5.1.3 控制器

5.1.3.1 控制器在工作压力为 0.2 MPa～0.6 MPa 范围内应能正常工作，液相换位应准确无误，且不发生泄漏和窜流。

5.1.3.2 使用电压超过 36 V 的控制器，其带电回路对控制器外壳的绝缘介电强度，应能承受交流 1 500 V 电压，历时 5 min 无击穿或闪烁现象；其带电回路对控制器外壳的绝缘电阻应不小于 5 MΩ。控制器外壳应有良好的接地保护装置。

5.1.3.3 控制器应具有手动启动再生过程的功能。

5.2 交换器的使用条件

交换器在表 5 规定的使用条件下应能正常工作。

表 5　交换器的使用条件

项　目		要　求
工作条件	工作压力	0.2 MPa～0.6 MPa
	进水温度	5 ℃～50 ℃
工作环境	环境温度	5 ℃～50 ℃
	相对湿度	≤95%(25 ℃时)
	适用电源	交流 220 V±22 V/50 Hz 或 380 V±38 V/50 Hz 或直流电(干电池)
进水水质	浊度	顺流再生<5 FTU;逆流再生<2 FTU
	游离氯	<0.1 mg/L
	含铁量	<0.3 mg/L
	耗氧量(COD_{Mn})	<2 mg/L(O_2)

5.3　材质

5.3.1　制造交换器所用的各种材料(包括外购件)均应符合相应的国家标准或行业标准,并应有材料质量合格证明文件。

5.3.2　产品中所有与水直接接触的材料,在本标准规定的使用条件下,不应对水质和树脂造成污染。

5.4　制造

5.4.1　交换罐的几何尺寸及外观质量应符合设计图纸及技术文件。钢制罐体还应符合 JB/T 2932 的要求。

5.4.2　碳钢制作的交换罐内表面应有防腐涂层或衬里,并应符合 JB/T 2932 中的有关规定。

5.4.3　不锈钢制作的交换罐参照 JB/T 2932 中的有关规定,外表面应经酸洗与钝化处理。对氯离子敏感的材料制作的罐体内表面应有防腐涂层或衬里。

5.4.4　玻璃钢罐内表面应平整光滑。罐体不应含有对使用性能有影响的龟裂、分层、针孔、杂质、贫胶区及气泡等。开口平面应和轴线垂直,无毛刺及其他明显缺陷。罐体表面的巴氏硬度:不饱和聚酯树脂不小于 36,环氧树脂不小于 50。

5.4.5　控制器的制造应符合设计图样的规定,阀体表面应光洁,阀体密封应无渗漏。

5.5　组装

5.5.1　所有零部件都应检验合格,且不应有粗糙毛边或锋利的毛刺及其他危害,并需洗净后方可组装。

5.5.2　整机组装应符合图样的规定,管道系统应平直、整齐、美观。各连接管路应密封无泄漏。

5.5.3　交换器内填装的阳离子交换树脂应符合 GB/T 13659 的要求。

6　检验及试验方法

6.1　材料质量

交换器采用的材料应附有材料生产厂家的质量证明文件,交换器订货合同有约定时交换器制造厂应按相应标准复验检测。

6.2 交换罐检验

6.2.1 利用相应的仪器、量具等对交换罐的几何尺寸按设计图纸和技术文件的要求进行检测。

6.2.2 金属罐体的内外表面质量以及防腐涂层或衬里质量根据JB/T 2932的有关规定进行检验；非金属交换罐的外部质量应符合5.4.4的规定，玻璃钢罐体的巴氏硬度按GB/T 3854进行试验。

6.3 控制器检验与试验

6.3.1 无故障动作试验

将控制器按使用状态安装在专用试验台上，采用人工或自动控制。在0.6 MPa的进水压力下，模拟实际工作条件，每隔2 min～5 min切换一次，切换次数应不少于10 000次。以阀体密封无渗漏、各个工况工作正常、无窜流为合格。

6.3.2 控制器的绝缘介电强度和绝缘电阻试验

6.4 耐压试验

6.4.1 交换罐和控制器应按表6的要求分别进行耐压试验。

表6 耐压试验要求

部件	流体静压试验	循环压力试验（仅对非金属部件）	爆破压力试验（仅对非金属部件）
交换罐	1.5倍最大工作压力下测试30 min	0～1.25倍最大工作压力循环100 000次	4倍最大工作压力
控制器	2.4倍最大工作压力下测试30 min	0～1.25倍最大工作压力循环100 000次	4倍最大工作压力

6.4.2 耐压试验的水温应能保证试验装置表面不会出现冷凝状态。

6.4.3 各项压力试验应分别在专用的试验设备上独立进行。试验时将测试部件(包括进口和出口接头等)按使用状态安装在试压设备上，并采取冲刷的方式向试验装置注水，以排尽装置内的空气。注满水后，封堵各出水口，按以下方法分别进行各项压力试验：

a) 流体静压试验：从进水口以不大于0.2 MPa/s的速度恒速增加流体静压，在5 min内达到表6规定的试验压力。保压30 min。在整个试验期间定时检查装置，应无漏水情况。

b) 循环压力试验：将计数器清零或记录初始读数，然后按表6的要求进行0倍～1.25倍最大工作压力的循环试验。增压至最大试验压力后立即泄压(即保压时间不大于1 s)，并在下一个循环开始前恢复到小于0.014 MPa。每次从升压至泄压的循环持续时间，对于测试部件直径大于33 cm的不应超过7.5 s；直径小于或等于33 cm的不应超过5 s。整个试验期间应定时检查系统各部位，应无泄漏。

c) 爆破压力试验：通过水泵连接供水系统，以不大于0.2 MPa/s的速度恒速增加流体静压，在70 s内达到表6规定的爆破试验压力，保持片刻(约3 s～5 s)后泄压，测试部件不应破裂和渗漏。

注：爆破试验装置应根据测试的最高压力配备螺纹接口，并应有安全防护措施，防止受压部件受到破坏时造成人员伤害或财产损失。

6.5 交换器性能试验

组装完毕的交换器应按5.2使用条件的规定，接通进水后进行性能试验。

6.5.1 水压试验

交换器经1.5倍设计压力的水压试验不得渗漏。试验条件应符合JB/T 2932的规定。

6.5.2 空气止回性能

在交换器进盐液状态下，吸完盐水时，检查空气止回阀及盐液连接管路，不应有空气进入。

6.5.3 盐水液位控制性能

交换器在重注水状态时，在0.2 MPa～0.6 MPa工作压力范围内，盐罐注水的液位应控制在设定的高度。对设有液位控制器的交换器，液位控制器不得泄漏或提前关闭。

6.5.4 交换器各工位流速

测量并记录交换器在各个工位时单位时间内流出的水量，计算交换器在运行、反洗、再生、置换及正洗时的流速应符合表4的规定及设计要求。在整个测试过程中应注意检查各状态下的出水，不得有离子交换树脂漏出。

6.5.5 交换器出水水质

6.5.5.1 将交换器运行流速调整至额定出力，按GB/T 6909规定的方法测定出水硬度，应能符合设计要求。用于工业锅炉补给水处理的交换器，应符合GB/T 1576对于各类锅炉给水硬度的要求。

6.5.5.2 再生过程结束转入运行时，按GB/T 15453规定的方法测定出水氯离子含量，应不大于进水氯离子含量1.1倍。

6.5.6 再生液浓度测试

将交换器按照使用状态安装在专用的试验设备上，将控制器调节至吸盐状态，调整进水压力，分别在0.2 MPa、0.4 MPa、0.6 MPa压力下，测定单位时间内盐液罐内饱和盐液减少体积V_0和交换器排水口排出液体积V_1，按公式(1)计算盐液(再生液)浓度。该数值应符合表4的规定。

$$C=\frac{V_0}{V_1}\times C_0 \qquad \cdots\cdots(1)$$

式中：

C ——经射流器稀释后的盐液浓度，单位为质量百分浓度(%)；

C_0——盐液罐内盐液的浓度，单位为质量百分浓度(%)；

V_0——单位时间内盐液罐内盐液减少体积，单位为升(L)；

V_1——单位时间内排水口排出液的体积，单位为升(L)。

6.5.7 盐耗和再生自耗水率测定

按GB/T 13922.2的要求测定交换器的盐耗和再生自耗水率，应符合表4的规定。

7 检验规则

7.1 检验分类与检验项目

7.1.1 交换器主要部件和整机的检验分为型式试验和出厂检验。检验项目和要求应符合表7的规定。

7.1.2 出厂检验应逐台进行。有下列情况之一时应从出厂检验合格品中任意抽取一台进行型式检验：

a) 老产品转厂生产或新产品的试制定型鉴定；

b) 结构、材料、工艺有重大改变，可能影响产品性能时；

c) 停产一年以上，恢复生产时；

d) 正常生产时间达24个月时；

e) 国家质量监督机构提出要求时。

表7 检验项目和要求

项目		要求	检验类别		试验方法
			出厂检验	型式试验	
各部件	材质	5.3		√	6.1
交换罐	几何尺寸及内外部表观	5.4.1	√	√	6.2.1
	防腐涂层及衬里	5.4.2 5.4.4	√	√	6.2.2
	流体静压试验	表6		√	6.4.3
	爆破压力试验	表6		√	6.4.3
	循环压力试验	表6		√	6.4.3
控制器性能	无故障动作试验	6.3.1		√	6.3.1
	绝缘介电强度和绝缘电阻	5.1.3.2	√	√	6.3.2
	流体静压试验	表6		√	6.4.3
	爆破压力试验	表6		√	6.4.3
	循环压力试验	表6		√	6.4.3
整机性能	水压试验	6.5.1	√	√	JB/T 2932
	空气止回性能	6.5.2	√[a]	√	6.5.2
	盐水液位控制性能	6.5.3	√[a]	√	6.5.3
	各工位流速	表4		√	6.5.4
	出水水质(硬度和氯离子)	6.5.5	√	√	GB/T 6909 GB/T 15453
	再生液浓度	表4		√	6.5.6
	再生剂耗量及自耗水率	表4		√	GB/T 13922

[a] 专用于民用软水处理的交换器空气止回性能和盐水液位控制性能的出厂检验按每批次1%抽样(且不少于一台)检测。

7.2 检验要求

7.2.1 交换器的交换罐和控制器应由制造单位的检验部门检验合格，并出具合格证书后方能出厂。检验人员应对检验报告的正确性和完整性负责。

7.2.2 交换器组装单位或供应商应对交换器整机性能及质量负责。整机性能的出厂检验也可在使用现场进行，但应在检验和调试合格，并出具检验合格证书和调试报告后才能交付使用。

7.3 检验判定规则

7.3.1 每台交换器按7.1规定的出厂检验项目和要求进行检验，如有任何一项不符合要求时，判定该台交换器为出厂检验不合格。

7.3.2 型式检验符合 7.1 规定时，判定为合格，若有任何一项不符合要求时，则判定型式检验不合格。

8 标志、包装、运输和贮存

8.1 标志

8.1.1 产品铭牌应固定在交换器的明显部位，铭牌应包括下列内容：

a) 制造厂名称、地址；

b) 制造厂注册登记编号；

c) 产品名称及型号；

d) 主要技术参数，如额定出水量、工作压力、工作温度等；

e) 产品出厂编号和制造日期；

8.2 包装

8.2.1 包装前应清除筒体内积水，所有接管口应进行封堵。

8.2.2 包装应符合 GB/T 13384 的规定。

8.2.3 包装箱外壁应注明以下内容：

a) 收货单位、详细地址；

b) 制造厂名称、地址、电话；

c) 产品名称、型号；

d) 外形尺寸；

e) 重量；

f) 防潮、小心轻放、不得倒置、防压等图示标志。

8.2.4 随机技术文件应装入防水袋内，与产品一起装入包装箱内。技术文件应包括下列资料：

a) 产品设计图样(总图、管道系统图)；

b) 工艺设计计算书；

c) 产品质量证明书(其中包括：型式试验报告和出厂检验报告)；

d) 安装使用说明书；

e) 装箱清单。

8.3 运输和贮存

8.3.1 吊装运输过程中应轻装轻卸，防止振动、碰撞及机械损伤。

8.3.2 衬胶产品在低于 5 ℃温度下运输时，要采取必要的保温措施，防止胶板产生裂纹。

8.3.3 吊装有防腐衬里的产品时，不得使壳体发生局部变形，以免损坏衬里层。

8.4.4 产品应存放在清洁、干燥、通风的室内。

ICS 23.020.40
J 76

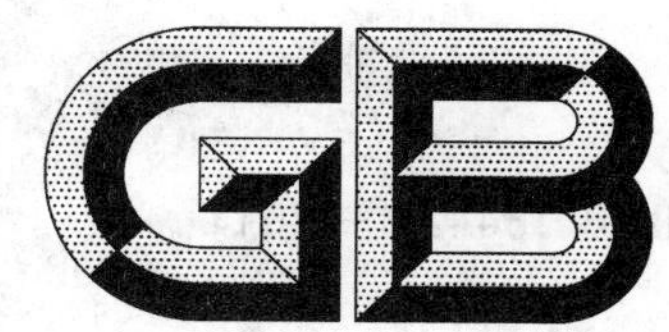

中华人民共和国国家标准

GB/T 18442.1—2011
部分代替 GB 18442—2001

固定式真空绝热深冷压力容器 第1部分:总则

Static vacuum insulated cryogenic pressure vessel—
Part 1: General requirements

2011-11-21 发布 2012-05-01 实施

中华人民共和国国家质量监督检验检疫总局
中国国家标准化管理委员会 发布

前　言

GB/T 18442《固定式真空绝热深冷压力容器》由 6 个部分组成：

——第 1 部分：总则；

——第 2 部分：材料；

——第 3 部分：设计；

——第 4 部分：制造；

——第 5 部分：检验与试验；

——第 6 部分：安全防护。

本部分为 GB/T 18442 的第 1 部分。

本部分参考了 ISO 21009-1:2008《低温容器　固定式真空绝热容器　第 1 部分：设计，制造，检验和试验》(英文版)。

本部分代替 GB 18442—2001《低温绝热压力容器》中第 1 章"范围"、第 3 章"总则"和部分定义的内容。

与 GB 18442—2001 相比，本部分新增加或变化的内容有：

——明确了适用范围和不适用范围；

——取消了型号编制方法。

本部分由全国锅炉压力容器标准化技术委员会(SAC/TC 262)提出并归口。

本部分起草单位：中国特种设备检测研究院、中国国际海运集装箱(集团)股份有限公司、上海市气体工业协会、上海华谊集团装备工程有限公司、张家港中集圣达因低温装备有限公司、上海交通大学。

本部分主要起草人：寿比南、周伟明、孙洪利、陈朝晖、唐家雄、潘俊兴、顾安忠、滕俊华、施锋萍。

本部分所代替标准的历次版本发布情况为：

——GB 18442—2001。

固定式真空绝热深冷压力容器
第1部分:总则

1 范围

1.1 本部分规定了固定式真空绝热深冷压力容器(以下简称深冷容器)的基本要求。

1.2 本部分适用于下列范围的深冷容器。

1.2.1 工作压力不小于0.1 MPa(不含液柱静压力),且工作压力与几何容积的乘积不小于2.5 MPa·L。

1.2.2 内容器和外壳为钢制构造。

1.2.3 绝热方式为真空绝热、真空粉末绝热、真空纤维绝热或高真空多层绝热的深冷容器。

1.3 本部分不适用于下列范围的深冷容器。

1.3.1 球形深冷容器。

1.3.2 堆积绝热深冷容器。

1.3.3 移动式深冷容器。

1.3.4 储存标准沸点低于-196 ℃深冷液体的深冷容器。

1.3.5 用于军事目的有特殊要求深冷容器。

2 规范性引用文件

下列文件对于本文件的应用是必不可少的。凡是注日期的引用文件,仅注日期的版本适用于本文件。凡是不注日期的引用文件,其最新版本(包括所有的修改单)适用于本文件。

GB 150 钢制压力容器

GB/T 18442.2 固定式真空绝热深冷压力容器 第2部分:材料

GB/T 18442.3 固定式真空绝热深冷压力容器 第3部分:设计

GB/T 18442.4 固定式真空绝热深冷压力容器 第4部分:制造

GB/T 18442.5 固定式真空绝热深冷压力容器 第5部分:检验与试验

GB/T 18442.6 固定式真空绝热深冷压力容器 第6部分:安全防护

TSG R1001 压力容器压力管道设计许可规则

TSG R0004 固定式压力容器安全技术监察规程

《锅炉压力容器制造监督管理办法》 国家质量监督检验检疫总局令第22号

3 术语和定义

GB 150确立的以及下列术语和定义适用于本文件。

3.1

真空绝热深冷压力容器 vacuum insulated cryogenic pressure vessel

由储液内容器和维持真空绝热空间的外壳组成,且有一套完整的安全附件、仪表装置及满足操作要求的系统,用于储存深冷液体的压力容器。

3.2

高真空多层绝热 high vacuum multilayer insulation

绝热层空间内设置多层由绝热材料间隔的防热辐射屏,并抽高真空所形成的绝热方式。

3.3

真空粉末绝热　vacuum powder insulation

绝热层空间内充填多孔微粒绝热材料，并抽真空所形成的绝热方式。

3.4

真空纤维绝热　vacuum fibre insulation

绝热层空间内充填纤维绝热材料，并抽真空所形成的绝热方式。

3.5

真空绝热　vacuum insulation

绝热层空间内填充或不填充绝热材料，并抽成真空的绝热方式的统称。绝热材料指粉末、纤维、多层及多层内放置多屏等材料。

3.6

工作压力　operating pressure

在正常工作情况下，容器顶部可能达到的最高压力(表压力)，单位为兆帕(MPa)。

3.7

设计压力　design pressure

设定的容器顶部的最高压力，与相应的设计温度一起作为容器的基本设计载荷条件，其值不低于容器工作压力，单位为兆帕(MPa)。

3.8

设计温度　design temperature

在正常工作情况下，设定的元件的金属温度(沿元件金属截面的温度平均值)。设计温度与设计压力一起作为设计载荷条件，单位为摄氏度(℃)。

3.9

静态蒸发率　static evaporation rate

真空绝热深冷压力容器在额定充满率下，静置达到热平衡后，24 h 内自然蒸发损失的深冷液体质量与内容器有效容积下深冷液体质量的百分比，换算为标准大气压(1.013 25×10^5 Pa)和环境温度(20 ℃)的状态下的蒸发率值，单位为百分比每天(%/d)。

3.10

额定充满率　Specified filling rate

储液量达到设计规定最高液面时，其容器内液体的体积与内容器的几何容积之比。

3.11

几何容积　geometric volume

按设计的几何尺寸确定的内容器内部体积(扣除内件的体积)，单位为立方米(m^3)。

3.12

有效容积　effective volume

在使用状态下，内容器允许盛装液体的最大体积，单位为立方米(m^3)。

4　一般要求

4.1　材料、设计、制造、检验与试验、安全防护除应符合本部分及 GB/T 18442.2～18442.6 的规定外，还需遵守国家颁布的有关法律、法规和安全技术规范。

4.2　设计、制造单位应分别按 TSG R1001、TSG R0004 和《锅炉压力容器制造监督管理办法》的规定，取得国家特种设备安全监督管理部门颁发的相应资格证书。

4.3　制造单位应按型号进行型式试验，低温性能检测应由国家特种设备安全监督管理部门认可的型式试验机构进行，型式试验机构负责出具低温性能型式试验报告。当罐体主要设计参数、主体材料、结构型式、关键制造工艺和使用条件等发生变更，且影响产品的低温性能时，应重新进行型式试验。

4.4 制造单位应当接受特种设备监督检验机构对其制造过程的监督检验，特种设备监督检验机构负责出具“特种设备制造监督检验证书”。

4.5 设计单位

4.5.1 设计单位应对设计文件的正确性和完整性负责。

4.5.2 设计文件需包括以下文件：

a) 设计计算书(至少包括容积计算、受压元件承载能力计算、绝热性能计算、支撑结构承载能力计算、安全泄放装置的泄放能力计算等)；

b) 设计图样(至少包括总图、随罐配管流程图，必要时还应提供基础条件图)；

c) 设计说明书；

d) 制造技术条件；

e) 安装与使用维护说明书；

f) 风险评估报告(相关法规或设计委托方要求时)。

4.5.3 设计单位应在容器设计使用年限内保存全部容器设计文件。

4.5.4 设计总图和设计计算书应盖有压力容器设计单位资格印章。

4.5.5 设计总图或罐体图上应注明下列内容：

a) 产品名称、型号及容器类别，设计、制造所依据的主要法规、标准；

b) 工作条件，包括工作压力、工作温度、介质毒性和爆炸危害程度等；

c) 设计条件，包括设计温度、设计载荷(包含压力在内的所有应当考虑的载荷)、储存介质(组分)、腐蚀裕量、焊接接头系数、自然条件等，对有应力腐蚀倾向的储存容器应当注明腐蚀介质的限定含量；

d) 设计寿命(疲劳容器还需标明循环次数)；

e) 主要受压元件材料牌号及标准；

f) 内筒体、内封头的计算厚度或设计厚度；

g) 内容器的几何容积、有效容积；

h) 额定充满率；

i) 容器自重；

j) 静态蒸发率；

k) 制造要求；

l) 无损检测要求；

m) 耐压试验和气密性试验要求；

n) 安全附件的规格和性能要求；

o) 绝热方式；

p) 预防腐蚀的要求；

q) 容器使用地及其自然条件(环境温度、地震烈度、风和雪载荷等)；

r) 产品铭牌的位置。

4.6 制造单位

4.6.1 制造单位应按设计文件的要求进行制造，如需要对原设计进行修改，应取得原设计单位同意修改的书面证明文件，并对改动部位作详细记录。

4.6.2 制造单位在容器制造前应制定完善的质量计划，其内容至少应包括容器或元件的制造工艺控制点、检验项目和合格指标。

4.6.3 制造单位的检验部门在制造过程中和完工后，应按本标准和图样规定进行各项检验和试验，出具检验和试验报告，并对报告的正确性和完整性负责。

4.6.4 制造单位对其制造的每台容器产品应在容器设计使用年限内至少保存下列技术文件备查：

a) 制造工艺图或制造工艺卡；

b) 材料证明文件及材料清单；

c) 罐体焊工施焊记录；

d) 标准中要求制造厂记录的项目；

e) 无损检测报告和底片；

f) 制造过程中及完工后的检验和试验报告；

g) 原设计图和竣工图(至少包括总图、随罐配管流程图,必要时还应提供基础条件图)；

h) 监检单位出具的“特种设备制造监督检验证书”。

4.6.5 制造单位在产品质量符合本标准和图样的要求后,应填写产品质量证明书,并经国家特种设备安全监督管理部门核准的监督检验机构的确认后交付用户。

ICS 23.020.40
J 76

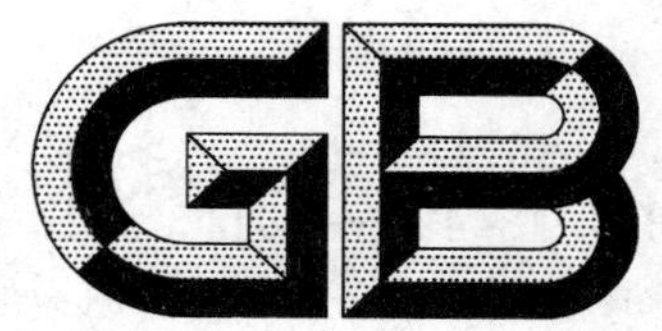

中华人民共和国国家标准

GB/T 18442.2—2011
部分代替 GB 18442—2001

固定式真空绝热深冷压力容器 第2部分:材料

Static vacuum insulated cryogenic pressure vessel—
Part 2:Material

2011-11-21 发布　　　　2012-05-01 实施

中华人民共和国国家质量监督检验检疫总局
中国国家标准化管理委员会　发布

前言

GB/T 18442《固定式真空绝热深冷压力容器》由6个部分组成:

——第1部分:总则;

——第2部分:材料;

——第3部分:设计;

——第4部分:制造;

——第5部分:检验与试验;

——第6部分:安全防护。

本部分为GB/T 18442的第2部分。

本部分参考了ISO 21009-1:2008《低温容器　固定式真空绝热容器　第1部分:设计,制造,检验和试验》(英文版)。

本部分代替GB 18442—2001《低温绝热压力容器》中6.5条"材料要求"和部分定义的内容。

与GB 18442—2001相比,本部分新增加或变化的内容有:

——增加了外购件及管件、焊接材料、吸附材料、内支撑材料要求;

——对罐体材料增加了性能指标和质量控制要求。

本部分由全国锅炉压力容器标准化技术委员会(SAC/TC 262)提出并归口。

本部分起草单位:中国国际海运集装箱(集团)股份有限公司、上海市气体工业协会、开封空分集团有限公司、中国特种设备检测研究院、上海华谊集团装备工程有限公司、苏州华福低温容器有限公司、张家港中集圣达因低温装备有限公司、上海交通大学。

本部分主要起草人:周伟明、寿比南、杨国义、裴红珍、孙洪利、陈朝晖、张生高、潘俊兴、唐家雄、顾安忠、滕俊华、施锋萍。

本部分所代替标准的历次版本发布情况为:

——GB 18442—2001。

固定式真空绝热深冷压力容器 第2部分：材料

1 范围

1.1 本部分规定了固定式真空绝热深冷压力容器(以下简称深冷容器)用材料的基本要求。

1.2 本部分适用范围同本标准第1部分。

2 规范性引用文件

下列文件对于本文件的应用是必不可少的。凡是注日期的引用文件，仅注日期的版本适用于本文件。凡是不注日期的引用文件，其最新版本(包括所有的修改单)适用于本文件。

GB 150 钢制压力容器

GB 713 锅炉和压力容器用钢板

GB/T 1220 不锈钢棒

GB/T 3198 铝及铝合金箔

GB/T 3274 碳素结构钢和低合金结构钢热轧厚钢板和钢带

GB/T 13550 5A分子筛及其试验方法

GB/T 14976 流体输送用不锈钢无缝钢管

GB/T 16958 包装用双向拉伸聚酯薄膜

GB/T 18442.1 固定式真空绝热深冷压力容器 第1部分：总则

GB 24511 承压设备用不锈钢板与钢带

HG/T 2690 13X分子筛

NB/T 47009 低温承压设备用低合金钢锻件

NB/T 47010 承压设备用不锈钢和耐热钢锻件

TSG D2001 压力管道元件制造许可规则

TSG R0004 固定式压力容器安全技术监察规程

3 术语和定义

GB 150 和 GB/T 18442.1 中确立的以及下列术语和定义适用于本文件。

3.1

夹层 interspace

指内容器与外壳之间形成的密闭空间。

3.2

罐体 tank

由内容器、外壳和绝热层等组成的压力容器。

3.3

内容器 inner vessel

储存深冷液体，并能承受工作压力的内胆。

3.4

外壳　outer shell

形成和保护真空绝热空间的密封容器。

3.5

主要受压元件　main pressure units

内容器的筒体、封头，以及公称直径不小于 250 mm 的接管和管法兰。

4　一般要求

4.1　外购件应符合相应国家标准、行业标准的规定，并应有产品合格证。外购件经检验合格后方可使用。

4.2　罐体的选材应当考虑材料的使用条件（设计温度、设计压力、介质特性和操作特点等）、材料的性能（力学性能、化学性能、物理性能和工艺性能），容器的制造工艺以及经济合理性。

4.3　罐体用材料的质量、规格与标志，应当符合相应材料的国家标准或者行业标准的规定，其使用方面的要求应当符合引用标准的规定。

4.4　制造单位应当对材料供货单位进行考察、评审和追踪，确保所使用的压力容器材料符合本标准及相关标准的要求。在材料进厂时应当审核材料质量证明书和材料标志，符合本标准的规定后方可投料使用。

4.5　罐体受压元件采用按国外标准生产的材料时，应符合 TSG R0004 的规定。

4.6　当罐体材料有特殊要求时，应在设计图样或相应的技术文件中注明。

5　外购件及管件

5.1　可能与深冷液体接触的接头、密封垫和管路用材料应与工作介质相容。

5.2　不锈钢管应当符合 GB/T 14976 的规定，且考虑材料与介质的相容性。

5.3　管件、阀门等压力管道元件应当符合相应材料的国家标准或者行业标准的规定，且考虑材料与介质的相容性。

5.4　管件、阀门等压力管道元件的制造单位许可资格应当符合 TSG D2001 的要求与规定。

6　罐体材料

6.1　一般要求

罐体用材料（钢板、锻件、钢管等）的力学性能和化学性能要求应符合 TSG R0004 的规定，以及 GB 150 和设计图样引用标准的要求。

6.2　内容器用材料

6.2.1　内容器用材料应符合设计图样的规定，标准常温屈服强度与标准常温抗拉强度下限值之比一般不应大于 0.85；其标准常温屈服强度一般应不大于 460 MPa，标准常温抗拉强度上限值一般应不大于 725 MPa。

6.2.2　内容器用不锈钢板应符合 GB 24511 的规定；不锈钢锻件应符合 NB/T 47010 的规定，锻件级别不应低于Ⅲ级；不锈钢棒应符合 GB/T 1220 的规定。

6.2.3　内容器用钢板的复验至少包括下列内容：

a)　每张钢板的表面质量和标记；

b) 每个炉号的化学成分；

c) 每个批号的力学性能；

d) 设计温度下的夏比(V型缺口)低温冲击试验值。

注：奥氏体不锈钢板的使用温度不低于−196 ℃时，可免除低温冲击试验。

6.3 外壳用材料

6.3.1 外壳用钢板应有良好的可焊性。当选用碳素钢板和低合金钢板时，应分别符合GB/T 3274和GB 713的规定，且在钢板的明显部位应有清晰、牢固的标志。标志至少包括标准代号、材料牌号及规格、炉(批)号等。

6.3.2 外壳用低合金钢锻件和不锈钢锻件应分别符合NB/T 47009、NB/T 47010的规定，其级别不应低于Ⅱ级；不锈钢棒应符合GB/T 1220的规定。

6.3.3 外壳用碳素钢和低合金钢板的复验要求应符合设计图样的要求。

7 绝热材料

7.1 真空粉末绝热用膨胀珍珠岩(珠光砂)应符合下列要求：

a) 粒度：0.1 mm～1.2 mm；

b) 堆积密度：30 kg/m^3～60 kg/m^3；

c) 含水率：小于等于0.3%(质量比)；

d) 导热系数(在常压下、温度77 K～310 K时的平均值)：不大于0.03 W/(m·K)。

7.2 采用真空粉末绝热时，可向粉末中添加阻光剂，阻光剂应有良好的化学稳定性。储存液氧的罐体禁止使用易燃的阻光剂，如铝粉等。

7.3 储存沸点不高于−182 ℃介质的罐体，不应采用可能与氧气或富氧气氛发生危险性反应的绝热材料。绝热系统中参与绝热的材料应在氧含量不小于99.5%，压力为0.1 MPa的条件下进行试验，试验方法是用灼热的铂金丝与试样接触，以试样不持续燃烧为合格。

7.4 高真空多层绝热用铝箔应符合GB/T 3198的规定。

7.5 双面镀铝聚酯薄膜基材应符合GB/T 16958的规定。

7.6 高真空多层绝热中的绝热材料应采用导热系数小、放气率低的纤维布或纤维纸等材料。玻璃纤维的可燃物含量应不大于0.2%(质量比)。

7.7 真空夹层用分子筛吸附剂应符合GB/T 13550、HG/T 2690的规定。

8 焊接材料

8.1 焊接材料应符合相应国家标准的规定，且应有质量证明书和清晰、牢固的标志。

8.2 制造单位应建立并严格执行焊接材料验收、复验、保管、烘干、发放和回收制度。

9 内支撑材料

9.1 非金属内支撑材料应尽可能采用导热系数小、使用温度在材料允许使用温度范围内、真空下表面放气率低和具有良好的低温冲击韧性的材料。

9.2 采用金属内支撑材料时，支撑本身应有足够长的热桥，以满足产品的低温性能要求，同时使用温度应在材料允许使用温度范围内，且材料应具有良好的低温冲击韧性。

10 其他材料

10.1 与受压元件相焊接的非受压元件应是焊接性能良好的钢材。

10.2 支座与设备主体焊接的垫板应采用与主体材料牌号相同的材料。

10.3 罐体用其他材料应符合设计图样的要求。与低温受压元件相焊接的非受压元件材料，其低温韧性及焊接性能应与相焊受压元件相匹配。

ICS 23.020.40
J 76

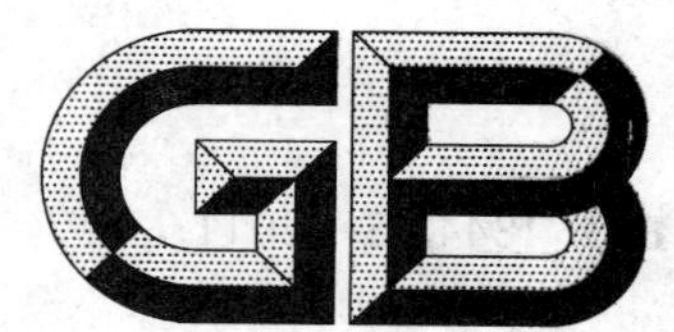

中华人民共和国国家标准

GB/T 18442.3—2011
部分代替 GB 18442—2001

固定式真空绝热深冷压力容器 第3部分：设计

Static vacuum insulated cryogenic pressure vessel—
Part 3：Design

2011-11-21 发布　　2012-05-01 实施

中华人民共和国国家质量监督检验检疫总局
中国国家标准化管理委员会　发布

前　言

GB/T 18442《固定式真空绝热深冷压力容器》由6个部分组成：

——第1部分：总则；

——第2部分：材料；

——第3部分：设计；

——第4部分：制造；

——第5部分：检验与试验；

——第6部分：安全防护。

本部分为GB/T 18442的第3部分。

本部分参考了ISO 21009-1：2008《低温容器　固定式真空绝热容器　第1部分：设计，制造，检验和试验》(英文版)。

本部分代替GB 18442—2001《低温绝热压力容器》中5.2条“产品规格及主要性能参数”、6.3条“设计要求”以及部分定义的内容。

与GB 18442—2001相比，本部分新增加或变化的内容有：

——增加了载荷规定、许用应力规定、特殊结构设计要求、常见深冷液体物性参数(资料性附录)；

——取消了焊接结构(提示的附录)；

——细化了对一些重要设计参数的规定；

——调整了性能指标数据。

本部分的附录A为资料性附录。

本部分由全国锅炉压力容器标准化技术委员会(SAC/TC 262)提出并归口。

本部分起草单位：中国国际海运集装箱(集团)股份有限公司、上海市气体工业协会、南通中集罐式储运设备制造有限公司、中国特种设备检测研究院、宁波明欣化工机械有限责任公司、上海华谊集团装备工程有限公司、张家港中集圣达因低温装备有限公司、杭州杭氧低温容器有限公司、上海交通大学。

本部分主要起草人：罗永欣、周伟明、陈朝晖、闻庆、潘俊兴、毛荣大、顾安忠、孙洪利、唐家雄、滕俊华、施锋萍。

本部分所代替标准的历次版本发布情况为：

——GB 18442—2001。

固定式真空绝热深冷压力容器
第3部分:设计

1 范围

1.1 本部分规定了固定式真空绝热深冷压力容器(以下简称深冷容器)设计的基本要求。

1.2 本部分适用范围同本标准第1部分。

2 规范性引用文件

下列文件对于本文件的应用是必不可少的。凡是注日期的引用文件,仅注日期的版本适用于本文件。凡是不注日期的引用文件,其最新版本(包括所有的修改单)适用于本文件。

GB 150 钢制压力容器

GB 713 锅炉和压力容器用钢板

GB/T 3274 碳素结构钢和低合金结构钢热轧厚钢板和钢带

GB/T 18442.1 固定式真空绝热深冷压力容器 第1部分:总则

GB/T 18442.2 固定式真空绝热深冷压力容器 第2部分:材料

GB 24511 承压设备用不锈钢板与钢带

JB 4732—1995 钢制压力容器—分析设计标准(2005年确认)

3 术语和定义

GB 150、GB/T 18442.1 和 GB/T 18442.2 中确立的以及下列术语和定义适用于本文件。

3.1

计算压力 calculation pressure

在相应设计温度下,用于确定内容器受压元件厚度的压力,其中包括液柱静压力和绝热层真空压力等,单位为兆帕(MPa)。

3.2

夹层真空度 interspaced vacuum degree

深冷容器中夹层空间的气体绝对压力,单位为帕(Pa)。

3.3

封口真空度 sealing-off vacuum degree

常温下封口时的夹层的真空度,单位为帕(Pa)。

3.4

真空夹层漏气速率 leakage of vacuum interspace

单位时间内漏入真空夹层的气体量,单位为帕立方米每秒(Pa·m^3/s)。

3.5

真空夹层放气速率 outgassing rate of vacuum interspace

真空夹层内材料、器壁表面等在单位时间内放出的气体量,单位为帕立方米每秒(Pa·m^3/s)。

3.6

真空夹层漏放气速率　outgassing and leakage of vacuum interspace

真空夹层漏气速率和真空夹层放气速率之和，单位为帕立方米每秒(Pa·m^3/s)。

4　一般要求

4.1　总要求

4.1.1　罐体在设计中应同时满足正常操作、制造、试验及运输、吊装等条件下承受各种机械载荷和热应力载荷的要求。

4.1.2　疲劳分析的免除条件

满足4.1.2.1～4.1.2.3任一条款下的所有条件时，可免除疲劳分析。否则，内容器应按照JB 4732进行疲劳分析设计。

4.1.2.1　使用经验的应用

当所设计的容器与已有成功使用经验的容器有可类比的形状和载荷条件，且根据其经验能证明不需要做疲劳分析者。但对下列情况所产生的不利影响应予特别注意：

a)　内容器采用了非整体结构，如开孔采用补强圈补强或角焊缝连接件；

b)　内容器相邻部件之间有显著的厚度变化。

4.1.2.2　对于内容器采用常温抗拉强度 $R_m \leqslant 550$ MPa 的钢材时，下列各项循环次数的总和不超过4 000次：

a)　包括充装与卸出液体在内的全范围压力循环的预计(设计)循环次数。

b)　对奥氏体不锈钢内容器，压力波动范围超过50%设计压力的工作压力循环的预计(设计)循环次数。外壳的工作压力循环不必考虑。

c)　包括接管在内的任意相邻两点(见注)之间金属温差波动的有效次数。该有效次数的计算方法是金属温差波动的预计次数乘以表1所列的相应系数，再将所得次数相加得到总次数。

表1　金属温差波动系数

金属温差波动幅度/℃	系　数
≤25	0
26～50	1
51～100	2
101～150	4

注：相邻两点是指：

对于表面温差：

回转壳的经线方向 $L=2.5\sqrt{R\delta}$；(如 $R\delta$ 是变化的，则 L 取两点的平均值)

平板 $L=3.5\alpha$；

式中：

L 为相邻两点之间最小距离，mm；

R 为垂直于表面，从壳体中面量到回转轴的半径，mm；

δ 为所考虑点处部件的厚度，mm；

α 为所考虑点受冷(或热)面半径，mm。

对于沿厚度方向的温差：指垂直于表面方向的任意两点。

d)　由热膨胀系数不同的材料组成的部件(包括焊缝)，当$(\alpha_1-\alpha_2)\Delta T>0.000\ 34$时的温度波动循环次数，$\alpha_1$、$\alpha_2$是两种材料各自的平均热膨胀系数，$\Delta T$为工作时温度波动范围。

4.1.2.3　JB 4732—1995中3.10.2.2条规定的全部条件。

4.2 载荷

4.2.1 内容器设计时应考虑以下载荷并考虑可能的最苛刻的组合。

4.2.1.1 设计压力(p,单位 MPa,表压)。

4.2.1.2 储液量达到额定充满率时,介质产生的液柱静压力。液柱静压力按照介质在标准大气压下沸点时的状态进行计算。如果其值低于5%P时,可以忽略不计。

4.2.1.3 操作工况下,内容器支承处的反力。这种反力应由最大介质重量、内容器重量以及必要时的地震载荷共同决定。

4.2.1.4 温差载荷

a) 内容器从环境温度冷却到操作温度过程中,内容器在支承点处承受的温差载荷。

b) 由于内容器、管道及外壳之间不同的热膨胀引起的管道反作用力。并分别考虑下列工况:

1) 进液冷却过程:内容器热状态,管道系统冷状态,外壳热状态;

2) 充装及卸料过程:内容器、管道系统均是冷状态,外壳热状态;

3) 储存过程:内容器冷状态,管道系统热状态,外壳热状态。

c) 容器制造过程中夹层抽真空时,由于内、外壳体不同温度载荷,应考虑下列连接处的载荷:

1) 内容器在支撑点处的温差载荷;

2) 内、外容器之间的管道以及与内容器连接处的载荷。

4.2.1.5 耐压试验时的压力载荷及在内容器支承处产生的反力。

4.2.1.6 空罐承受的载荷:

a) 空罐运输时内容器、夹层支承及连接处至少承受下列惯性载荷:

1) 运输方向至少 2 g 加速度;

2) 向上方向至少 1 g 加速度;

3) 向下方向至少 1.7 g 加速度;

4) 与运输方向垂直的水平方向至少 1 g 加速度。

b) 吊装时的载荷按照具体起吊工况确定,如对内容器及夹层支承连接处、吊耳连接部位产生的载荷等。

c) 对立式容器应考虑在制造、运输、吊装等卧置状态时,内容器及夹层支承承受的载荷。

4.2.1.7 内容器承受夹层空间施加的外压载荷,其值取外壳防爆装置的排放压力,且不小于 0.1 MPa。

4.2.1.8 操作时,压力急剧波动引起的冲击载荷。

4.2.1.9 液体进入内容器时,由液体冲击引起的作用力。

4.2.2 外壳设计应考虑下列载荷,并考虑可能的最苛刻的组合。

4.2.2.1 外压载荷,其值不小于 0.1 MPa;

4.2.2.2 内压载荷,其值取外壳防爆装置的排放压力,且不小于 0.1 MPa。

4.2.2.3 在正常操作状态下,由内容器通过夹层支承施加给外壳的作用力。

4.2.2.4 在耐压试验状态下,由内容器通过夹层支承施加给外壳的作用力。

4.2.2.5 在 4.2.1.4 温差载荷工况下,施加给外壳、夹层支持及连接管道的作用力。

4.2.2.6 附属设备如管道、扶梯及平台等的重量对外壳产生的作用力。

4.2.2.7 外部支座承受的最大容器重量及外部支座、支耳等对外壳的反作用力。

4.2.2.8 外部连接管道对外壳的作用力。

4.2.2.9 在操作过程中承受的风载、地震(两者不必同时考虑)及雪载荷。

4.2.2.10 在 4.2.1.6 空罐承受的载荷工况下,在外壳、支承、吊耳等连接部位产生的载荷。

4.3 许用应力

4.3.1 内容器在压力载荷(计算压力)作用下的整体薄膜应力不超过内容器材料在 20 ℃时的许用应

力，许用应力按 GB 150 选取。

4.3.2 内容器支承、管道连接等部位局部应力应符合 JB 4732 的规定，设计应力强度按 GB 150 中材料在 20 ℃时的许用应力确定。

4.3.3 外壳在内压作用下，整体薄膜应力不超过外壳材料在设计温度下的许用应力，许用应力按 GB 150 选取。

4.3.4 外壳在夹层支承、管道连接处的局部应力应符合 JB 4732 的规定，设计应力强度按 GB 150 中材料在 20 ℃时的许用应力确定。在外壳支座反力作用下，局部应力应符合 JB 4732 的规定，设计应力强度按 GB 150 中材料在 50 ℃时的许用应力确定。

4.3.5 夹层支承、外壳支座、吊耳等结构件，其最大当量应力或最大应力强度应不超过 0.75 倍的材料常温屈服强度。

4.3.6 压力试验时内容器整体薄膜应力应满足 5.1.1.7 要求。

4.4 设计压力

4.4.1 内容器的设计压力按下列要求确定：

a) 设计压力应不低于工作压力；

b) 承受外压的能力不小于外壳防爆装置的排放压力，且不小于 0.1 MPa。

4.4.2 外壳设计压力按下列要求确定：

a) 内压应不低于外壳防爆装置的设定压力；

b) 外压不小于 0.1 MPa。

4.5 计算压力

内容器计算压力至少是下列压力之和：

a) 设计压力；

b) 0.1 MPa；

c) 液柱静压力，如其值低于设计压力的 5%时，可以忽略不计。

4.6 设计温度

4.6.1 内容器、与液体(包括试验液体)接触的组件以及与内容器相连接的受力构件等可能达到的最低金属温度，作为设计温度。设计温度上限一般取常温。

4.6.2 外壳及外部元件的设计温度一般取常温。

4.6.3 在对各元件的稳定性进行校核时，不仅应考虑设计温度，还应考虑制造过程中整体加热抽空等工序可能导致的最高温度。

4.7 腐蚀裕量和钢材负偏差

4.7.1 内容器为不锈钢材料时通常不考虑均匀腐蚀。但对有磨损、冲蚀情况的零件，应根据罐体的预期寿命和介质对金属材料的腐蚀速率确定腐蚀裕量。

4.7.2 各组件受到的腐蚀程度不同时，可采用不同的腐蚀裕量。

4.7.3 碳素钢或低合金钢制外壳，内表面通常不考虑有腐蚀。暴露在大气环境中的外表面应考虑与所使用的环境相适应。

4.7.4 当碳素钢、低合金钢板或不锈钢板厚度负偏差分别不大于 GB/T 3274、GB 713 或 GB 24511 的规定，且不超过名义厚度的 6%时，负偏差可忽略不计。

4.8 焊接接头系数

4.8.1 内容器的焊接接头系数为 1。

4.8.2　外壳的焊接接头系数为0.85。

4.9　额定充满率

4.9.1　盛装深冷介质的容器，在初始充装状态下，充装非易爆介质的液相容积应不大于内容器几何容积的95%，充装易爆介质的液相容积应不大于内容器几何容积的90%。

4.9.2　容器应设置便于限制充装量的装置，如溢流口装置等。

4.10　真空绝热性能指标

静态蒸发率应符合表2的规定。

表2　静态蒸发率

几何容积 V m^3	静态蒸发率(上限值) %/d					
	液氮		液氧		液氩	
	高真空多层绝热	真空粉末绝热	高真空多层绝热	真空粉末绝热	高真空多层绝热	真空粉末绝热
1	0.800	1.200	0.530	0.800	0.560	0.850
2	0.700	1.000	0.470	0.670	0.490	0.700
3	0.600	0.900	0.400	0.600	0.420	0.630
5	0.450	0.650	0.300	0.435	0.315	0.460
10	0.350	0.550	0.230	0.360	0.245	0.380
15	0.250	0.530	0.167	0.350	0.175	0.370
20	0.230	0.500	0.153	0.330	0.160	0.350
25	0.210	0.450	0.140	0.300	0.147	0.320
30	0.200	0.440	0.133	0.290	0.140	0.310
35	0.185	0.405	0.123	0.270	0.130	0.285
40	0.170	0.370	0.115	0.250	0.120	0.260
50	0.150	0.350	0.100	0.230	0.110	0.240
65	0.135	0.300	0.090	0.200	0.950	0.210
85	0.125	0.280	0.085	0.180	0.088	0.190
100	0.095	0.250	0.065	0.160	0.067	0.170
150	0.085	0.225	0.058	0.145	0.060	0.155
200	0.075	0.200	0.050	0.130	0.053	0.140
250	0.070	0.180	0.048	0.120	0.050	0.130
300	0.065	0.160	0.045	0.110	0.046	0.120
500	0.055	0.150	0.036	0.100	0.039	0.110

4.11　夹层的真空性能设计

4.11.1　真空夹层漏气速率符合表3的规定。

4.11.2　真空夹层漏放气速率符合表4的规定。

4.11.3　真空夹层封口真空度符合表5的规定。

表3　真空夹层漏气速率

几何容积 V m^3	漏气速率/Pa·m^3/s	
	高真空多层绝热	真空粉末绝热
$1 \leqslant V \leqslant 10$	$\leqslant 2 \times 10^{-7}$	$\leqslant 6 \times 10^{-7}$
$10 < V \leqslant 100$	$\leqslant 6 \times 10^{-7}$	$\leqslant 2 \times 10^{-6}$
$100 < V \leqslant 500$	$\leqslant 2 \times 10^{-6}$	$\leqslant 6 \times 10^{-6}$

表4　真空夹层漏放气速率

几何容积 V m^3	漏放气速率/(Pa·m^3/s)	
	高真空多层绝热	真空粉末绝热
$1 \leqslant V \leqslant 10$	$\leqslant 2 \times 10^{-6}$	$\leqslant 2 \times 10^{-5}$
$10 < V \leqslant 100$	$\leqslant 6 \times 10^{-6}$	$\leqslant 6 \times 10^{-5}$
$100 < V \leqslant 500$	$\leqslant 2 \times 10^{-5}$	$\leqslant 2 \times 10^{-4}$

表5　封口真空度(推荐值)

几何容积 V m^3	真空度/Pa	
	高真空多层绝热	真空粉末绝热
$1 \leqslant V \leqslant 10$	$\leqslant 0.001$	$\leqslant 2$
$10 < V \leqslant 50$	$\leqslant 0.01$	$\leqslant 3$
$50 < V \leqslant 100$	$\leqslant 0.02$	$\leqslant 5$
$100 < V \leqslant 500$	$\leqslant 0.03$	$\leqslant 8$

4.12　真空夹层中吸附剂的采用要求

4.12.1　真空夹层中冷侧放置的深冷吸附剂应采用在深冷、真空状态下吸附性能好的吸附剂。储存液氧介质的深冷容器应使用在富氧环境下不会发生爆炸的吸附剂。

4.12.2　真空夹层热侧可放置适量的吸氢剂。

4.12.3　真空夹层内放置的常温与深冷吸附剂的吸附量，一般应能满足5年真空寿命的要求。

4.12.4　深冷作用型吸附剂应进行活化处理。

5　结构设计要求

5.1　整体结构要求

5.1.1　罐体设计

5.1.1.1　罐体的结构、强度、刚性和外压稳定性的计算应按GB 150的有关规定进行，局部应力分析可参照 JB 4732 的规定进行。

5.1.1.2　可能与氧接触的管路、阀门等部件，应进行脱脂处理。

5.1.1.3　考虑内容器、外壳在制造和工作过程中因温度变化而引起的热应力，必要时可设置补偿装置。

5.1.1.4　内容器耐压试验一般采用气压试验。试验压力的最低值按 5.1.1.5 的规定选取；如果采用大于 5.1.1.5 规定的试验压力，试验压力的上限应满足 5.1.1.7 应力校核的规定。

5.1.1.5　内容器与外壳组装外壳套装前，内容器的耐压试验压力至少按下列计算式确定：

a)　液压试验

$$p_T = 1.25(p + 0.1) \quad \cdots\cdots(1)$$

b)　气压试验

$$p_T = 1.10(p + 0.1) \quad \cdots\cdots(2)$$

式中：

p_T ——试验压力，单位为兆帕(MPa)；当立式容器卧置液压试验时，试验压力应记入立式时液柱静压力。

p ——设计压力，单位为兆帕(MPa)。

5.1.1.6　内容器与外壳组装完成，且形成真空夹层后，内容器的耐压试验压力取 5.1.1.5 中耐压试验压力值减去 0.1 MPa。

5.1.1.7　如果采用大于 5.1.1.5 规定的试验压力，在内容器耐压试验前，应按下式校核圆筒应力。

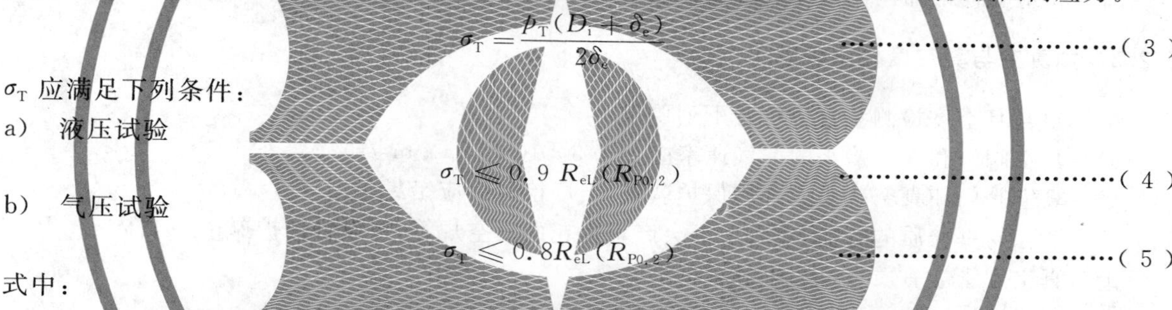

$$\sigma_T = \frac{p_T(D_i + \delta_e)}{2\delta_e} \quad \cdots\cdots(3)$$

σ_T 应满足下列条件：

a)　液压试验

$$\sigma_T \leqslant 0.9\, R_{eL}(R_{P0.2}) \quad \cdots\cdots(4)$$

b)　气压试验

$$\sigma_T \leqslant 0.8 R_{eL}(R_{P0.2}) \quad \cdots\cdots(5)$$

式中：

σ_T——试验压力下圆筒的薄膜应力，单位为兆帕(MPa)；

p_T——试验压力，单位为兆帕(MPa)；

D_i——圆筒的内直径，单位为毫米(mm)；

δ_e——圆筒的有效厚度，单位为毫米(mm)。

$R_{eL}(R_{P0.2})$——内容器或外壳材料在试验温度下的屈服强度(或 0.2%规定非比例延伸长度，对奥氏体不锈钢可以为 0.2%规定的屈服强度)，单位为兆帕(MPa)。

5.1.1.8　气密性试验压力等于内容器设计压力。

5.1.1.9　深冷容器允许不设置检查孔及人孔。

5.1.2　支承及支座设计

5.1.2.1　夹层支承的设计应符合下列要求：

a)　支承结构及受其反力作用的壳体局部有足够的强度与刚度；

b)　支承结构在压、弯组合载荷下有足够的稳定性。

5.1.2.2　外壳支座的设计应符合下列要求：

a)　支座及受其反力作用的壳体局部有足够的强度与刚度；

b)　支座结构在压、弯组合载荷下有足够的稳定性。

5.1.3　吊耳设计

为了满足运输及安装的要求，容器应设置专门用于起吊的吊耳并满足如下要求：

a) 外壳承受外压 0.1 MPa 时起吊；

b) 空罐起吊工况下，有足够的强度及刚度。

5.1.4 绝热设计

5.1.4.1 当内支撑的漏热量计算不能按经验公式计算时，宜进行绝热分析计算或模拟试验。当内支撑材料的导热系数未知时，应采用试验方法确定。

5.1.4.2 内容器引出的液相管路一般应设置液封（气封液）结构。

5.1.4.3 绝热层材料的漏热量等于绝热结构表观比热流 q（W/m^2）乘以绝热层的表面积。

5.2 专用结构设计

5.2.1 防超装设计

为防止充装率超过额定充满率而设置的溢流口、测满阀是允许的典型防超装装置，也允许采用经试验或实践验证为可靠的其他防超装装置。

5.2.2 排尽设计

排尽口应能使容器内的液体及可能存在于深冷液体中的固体颗粒杂物完全排尽。

5.2.3 抽真空与真空度检测装置

抽真空与真空度检测装置应符合下列要求：

a) 真空阀门和真空接头的漏气速率应小于 5×10^{-7}（$Pa\cdot m^3/s$）；

b) 真空阀门和真空接头应采用保护装置，出厂检验后应铅封；

c) 贮存易爆介质的容器，应采用不会产生火花的真空规管，并设置保护罩；

d) 真空规管应有质量证明书和合格证。

5.2.4 自增压汽化器的设计

5.2.4.1 自增压汽化器的压力等级应与内容器的设计压力相匹配，所选用的材料应与装运介质相容，且考虑使用工况中材料的热胀冷缩影响。

5.2.4.2 自增压汽化器的汽化量应能满足设计排液速率和升压速率的要求。

5.3 管路系统

应设置泄、放管路，顶部喷淋充液管路，底部充、排管路，液位测量管路，溢流管路等管路和附件，以满足泄压、放空、充液、出液、溢流、压力显示、液位显示等使用要求。

5.3.1 包括阀门、零件和支撑件的管道系统设计时应综合考虑下列载荷：

a) 不低于系统安全泄放装置的开启压力；

b) 温度变化产生的载荷；

c) 安全泄放装置泄放过程中产生的载荷。

5.3.2 管路系统的设计应能防止被意外开启。

5.3.3 管路系统的设计、制造和安装应避免热胀冷缩、机械颤动或振动等所引起的损坏，必要时应考虑补偿结构，并符合下列要求：

a) 在允许使用铜管的地方，应采用铜锌焊接或具有相同强度的金属接头，铜锌焊料的熔点不应低于 525 ℃，且在任何情况下，都不应降低铜管的强度；

b) 所有管路应在承受 4 倍内容器工作压力时不会破裂。

5.3.4 两端均可关闭且有可能存留液体的管路，应设置超压泄放装置，其设定压力不宜超过1.5倍管路系统设计压力，且满足管路系统压力等级要求。

5.3.5 应清楚标明各个接口和附件的用途。

5.3.6 管路系统阀门宜标明介质流向，并且截止阀应标明开启和关闭方向。

5.3.7 泄、放管路

5.3.7.1 泄压管路应与容器气相空间直接相通，且管路通径应满足安全泄放的要求。

5.3.7.2 贮存易爆介质的容器排放气体的出口应集中，排出口装设导管，出口处应设置阻火器。

5.3.7.3 安全泄放装置进口连接管路应尽可能短而直，其内截面积应不小于安全泄放装置进口的内截面积。

5.3.8 喷淋充液管路(或装置)

5.3.8.1 喷淋充液管路(或装置)应使得充液时内容器能被均匀冷却。

5.3.8.2 喷淋孔截面积总和不小于喷淋管截面积。

5.3.9 底部充、排管路

底部充、排管路应设置相应的接头、截止阀等，以满足充、排能力的要求。相应接头应带有防尘盖。

5.3.10 溢流管路

溢流管路设计应满足防超装设计的要求。

附 录 A
（资料性附录）
常见深冷液体物性参数

A.1 R728（氮气）饱和液体、蒸气热物性数据见表A.1。

表 A.1 R728（氮气）饱和液体、蒸气热物性数据

温度/K	压力/MPa	蒸气比体积/m³/kg	液体密度/kg/m³	液体比焓/kJ/kg	蒸气比焓/kJ/kg	液体比熵/kJ/kg·K	蒸气比熵/kJ/kg·K
63.15[①]	0.012 53	1.481 7	867.78	−150.45	64.739	2.427 1	5.838 1
64	0.014 612	1.286 2	864.59	−148.78	65.552	2.453 4	5.805 7
65	0.017 418	1.094 2	860.78	−146.79	66.498	2.484 1	5.768 8
66	0.020 641	0.936 08	856.9	−144.79	67.433	2.514 6	5.733 4
67	0.024 323	0.804 98	852.96	−142.77	68.357	2.544 9	5.699 2
68	0.028 509	0.695 69	848.96	−140.75	69.27	2.574 8	5.666 4
69	0.033 246	0.604 06	844.9	−138.71	70.17	2.604 5	5.634 8
70	0.038 584	0.526 85	840.77	−136.67	71.058	2.633 8	5.604 2
71	0.044 572	0.461 46	836.58	−134.62	71.931	2.662 7	5.574 8
72	0.051 265	0.405 81	832.33	−132.57	72.791	2.691 3	5.546 3
73	0.058 715	0.358 24	828.02	−130.51	73.635	2.719 6	5.518 8
74	0.066 979	0.317 39	823.65	−128.45	74.463	2.747 5	5.492 2
75	0.076 116	0.282 17	819.22	−126.39	75.275	2.775	5.466 4
76	0.086 183	0.251 68	814.74	−124.32	76.07	2.802 2	5.441 4
77	0.097 241	0.225 19	810.2	−122.25	76.847	2.829 1	5.417 2
77.35	0.101 325	0.216 8	808.61	−121.53	77.113	2.838 4	5.409
78	0.109 35	0.202 08	805.6	−120.18	77.606	2.855 7	5.393 7
79	0.122 58	0.181 85	800.95	−118.1	78.345	2.881 9	5.370 8
80	0.136 99	0.164 09	796.24	−116.02	79.065	2.907 8	5.348 6
81	0.152 64	0.148 44	791.48	−113.94	79.763	2.933 4	5.326 9
82	0.169 6	0.134 61	786.66	−111.85	80.44	2.958 8	5.305 8
83	0.187 94	0.122 35	781.79	−109.76	81.095	2.983 9	5.285 2
84	0.207 73	0.111 46	776.86	−107.66	81.726	3.008 7	5.265 1
85	0.229 03	0.101 74	771.87	−105.56	82.334	3.033 3	5.245 5
86	0.251 92	0.093 06	766.82	−103.45	82.917	3.057 6	5.226 3
87	0.276 46	0.085 27	761.71	−101.33	83.474	3.081 8	5.207 4
88	0.302 72	0.078 28	756.54	−99.2	84.005	3.105 7	5.189
89	0.330 78	0.071 99	751.3	−97.062	84.508	3.129 4	5.170 9
90	0.360 71	0.066 31	745.99	−94.914	84.982	3.153	5.153 1
91	0.392 58	0.061 17	740.62	−92.756	85.428	3.176 3	5.135 6
92	0.426 46	0.056 51	735.18	−90.585	85.842	3.199 6	5.118 3
93	0.462 42	0.052 28	729.66	−88.401	86.225	3.222 6	5.101 4

表 A.1(续)

温度/K	压力/MPa	蒸气比体积/m^3/kg	液体密度/kg/m^3	液体比焓/kJ/kg	蒸气比焓/kJ/kg	液体比熵/kJ/kg·K	蒸气比熵/kJ/kg·K
94	0.500 55	0.048 43	724.06	−86.203	86.575	3.245 6	5.084 6
95	0.540 9	0.044 91	718.38	−83.991	86.89	3.268 4	5.068
96	0.583 57	0.041 7	712.62	−81.765	87.17	3.291 1	5.051 6
97	0.628 62	0.038 76	706.77	−79.517	87.413	3.313 7	5.035 4
98	0.676 14	0.036 07	700.83	−77.253	87.616	3.336 3	5.019 2
99	0.726 19	0.033 59	694.79	−74.97	87.78	3.358 7	5.003 2
100	0.778 86	0.031 32	688.79	−72.666	87.901	3.381 1	4.987 3
101	0.834 22	0.029 21	682.4	−70.34	87.977	3.403 4	4.971 4
102	0.892 35	0.027 28	676.04	−67.99	88.007	3.425 7	4.955 5
103	0.953 34	0.025 48	669.55	−65.616	87.988	3.448	4.939 6
104	1.017 3	0.023 82	662.94	−63.215	87.917	3.470 3	4.923 7
105	1.084 2	0.022 28	656.2	−60.785	87.791	3.492 6	4.907 8
106	1.154 2	0.020 85	649.31	−58.324	87.607	3.514 9	4.891 7
107	1.227 5	0.019 51	642.26	−55.83	87.361	3.537 2	4.875 5
108	1.304	0.018 27	635.04	−53.3	87.048	3.559 7	4.859 2
109	1.383 8	0.017 11	627.64	−50.731	86.664	3.582 2	4.842 6
110	1.467 1	0.016 02	620.04	−48.119	86.203	3.608 4	4.825 8
111	1.554	0.015	612.21	−45.461	85.659	3.627 6	4.808 7
112	1.644 5	0.014 05	604.14	−42.751	85.023	3.650 6	4.791 2
113	1.738 8	0.013 15	595.8	−39.984	84.288	3.673 8	4.773 3
114	1.836 9	0.012 3	587.15	−37.152	83.441	3.697 2	4.754 9
115	1.939	0.011 5	578.14	−34.247	82.471	3.721 1	4.735 8
116	2.045 2	0.010 74	568.72	−31.258	81.36	3.745 4	4.715 9
117	2.155 5	0.010 02	558.82	−28.17	80.088	3.770 2	4.695 2
118	2.270 3	0.009 331	548.35	−24.967	78.629	3.795 7	4.673 3
119	2.389 5	0.008 671	537.17	−21.624	76.948	3.822	4.650 1
120	2.513 3	0.008 035	525.12	−18.105	74.996	3.849 5	4.625 1
121	2.642	0.007 417	511.92	−14.362	72.702	3.878 5	4.597 8
122	2.775 7	0.006 808	497.15	−10.316	69.957	3.909 7	4.567 4
123	2.914 7	0.006 198	480.11	−5.829	66.576	3.944	4.532 4
124	3.059 2	0.005 566	459.33	−0.627	62.194	3.983 6	4.490 1
125	3.209 9	0.004 863	431.03	6.015	55.882	4.034 2	4.433 1
126.20②	3.4	0.003 184	314	30.7	30.7	4.227	4.227

注:以上数据摘自:American Society of Heating, Refrigeration and Air-Conditioning Engineers, Inc. 〈1997 ASHRAE Handbook,Fundamentals〉 Atlanta,GA,U.S.A. ASHRAE 1997。

① 三相点;

② 临界点。

A.2 R732(氧)饱和液体、蒸气热物性数据见表A.2。

表A.2 R732(氧)饱和液体、蒸气热物性数据

温度/K	压力/MPa	蒸气比体积/m³/kg	液体密度/kg/m³	液体比焓/kJ/kg	蒸气比焓/kJ/kg	液体比熵/kJ/kg·K	蒸气比熵/kJ/kg·K
54.36①	0.000 15	96.543	1 306.1	−193.61	49.11	2.088 7	6.553 7
55	0.000 18	79.987	1 303.5	−192.55	49.68	2.108 3	6.512 4
60	0.000 73	21.462	1 282	−184.19	54.19	2.253 7	6.226 6
65	0.002 33	7.219	1 259.7	−175.81	58.66	2.387 8	5.995
70	0.006 26	2.892 5	1 237	−167.42	63.09	2.512 1	5.805 1
75	0.014 55	1.329 3	1 213.9	−159.02	67.45	2.627 9	5.647 6
80	0.030 12	0.680 9	1 190.5	−150.61	71.69	2.736 3	5.515 1
85	0.056 83	0.380 47	1 166.6	−142.18	75.75	2.838 3	5.402 1
90	0.099 35	0.227 94	1 142.1	−133.69	79.55	2.934 9	5.304 2
90.19②	0.101 32	0.223 86	1 141.2	−133.37	79.69	2.938 4	5.300 8
95	0.163 08	0.144 5	1 116.9	−125.12	83.04	3.026 9	5.218 1
100	0.254	0.095 92	1 090.9	−116.45	86.16	3.115	5.141 1
105	0.378 53	0.066 12	1 063.8	−107.64	88.85	3.199 9	5.071 2
110	0.543 4	0.046 99	1 035.5	−98.64	91.05	3.282 1	5.006 6
115	0.755 59	0.034 24	1 005.6	−89.42	92.72	3.362 3	4.946
120	1.022 3	0.025 44	973.9	−79.90	93.75	3.440 9	4.888 1
125	1.350 9	0.019 19	939.7	−70.02	94.06	3.518 8	4.831 4
130	1.749 1	0.014 63	902.5	−59.66	93.47	3.596 7	4.774 6
135	2.225	0.011 2	861	−48.65	91.74	3.675 7	4.715 7
140	2.787 8	0.008 56	813.2	−36.70	88.47	3.757 7	4.651 8
145	3.447 8	0.006 46	755.1	−23.22	82.83	3.846 4	4.577 7
150	4.218 6	0.004 65	675.5	−6.67	72.56	3.951 2	4.479 4
154.58③	5.043	0.002 29	436.1	32.42	32.42	4.197 4	4.197 4

注：以上数据摘自：American Society of Heating，Refrigeration and Air-Conditioning Engineers，Inc.〈1997 ASHRAE Handbook，Fundamentals〉Atlanta，GA，U.S.A. ASHRAE 1997。

① 三相点；

② 沸点；

③ 临界点。

A.3 R740(氩)饱和液体、蒸气热物性数据见表A.3。

表A.3 R740(氩)饱和液体、蒸气热物性数据

表温度/K	压力/MPa	蒸气比体积/m^3/kg	液体密度/kg/m^3	液体比焓/kJ/kg	蒸气比焓/kJ/kg	液体比熵/kJ/kg·K	蒸气比熵/kJ/kg·K
83.80①	0.069	0.246 5	1 417.2	−121.1	42.59	1.331 4	3.284 1
84	0.070 5	0.241 5	1 416	−120.8	42.65	1.333 9	3.280 3
86	0.088 2	0.196 7	1 404.1	−118.7	43.29	1.359 1	3.242 6
87.29②	0.101 3	0.173 1	1 396.3	−117.3	43.69	1.375 1	3.219 3
88	0.109 1	0.161 7	1 392	−116.5	43.91	1.383 8	3.206 9
90	0.133 6	0.134 2	1 379.7	−114.4	44.5	1.408 1	3.173
92	0.162 1	0.112 3	1 367.2	−112.2	45.06	1.432	3.140 8
94	0.195	0.094 7	1 354.5	−109.9	45.59	1.455 5	3.11
96	0.232 7	0.080 5	1 341.6	−107.7	46.08	1.478 8	3.080 7
98	0.275 5	0.068 8	1 328.4	−105.4	46.55	1.501 8	3.052 6
100	0.324	0.059 1	1 315	−103.2	46.97	1.524 5	3.025 7
102	0.378 5	0.051 1	1 301.3	−100.9	47.35	1.546 9	2.999 8
104	0.439 5	0.044 5	1 287.4	−98.51	47.68	1.569 1	2.974 8
106	0.507 4	0.038 8	1 273.1	−96.15	47.96	1.591 2	2.950 7
108	0.582 7	0.034	1 258.6	−93.75	48.19	1.613	2.927 2
110	0.665 7	0.03	1 243.7	−91.32	48.35	1.634 7	2.904 4
112	0.757	0.026 5	1 228.5	−88.85	48.44	1.656 2	2.882 1
114	0.857 1	0.023 5	1 212.9	−86.35	48.46	1.677 7	2.860 2
116	0.966 2	0.020 9	1 196.9	−83.80	48.4	1.699	2.838 7
118	1.085	0.018 6	1 180.4	−81.21	48.25	1.720 4	2.817 4
120	1.213 9	0.016 6	1 163.4	−78.56	48.01	1.741 7	2.796 4
125	1.583 5	0.012 6	1 118.4	−71.69	46.92	1.795 1	2.744
130	2.027	0.009 6	1 068.5	−64.33	45.01	1.849 6	2.690 7
135	2.553	0.007 4	1 011.5	−56.29	41.97	1.906 5	2.634 4
140	3.171	0.005 6	942.4	−47.15	37.26	1.968 4	2.571 3
145	3.892 9	0.004 1	849.1	−35.87	29.57	2.041 8	2.493 1
150.66③	4.86	0.001 9	530.9	−3.56	−3.56	2.25	2.25

注：以上数据摘自：American Society of Heating, Refrigeration and Air-Conditioning Engineers, Inc.〈1997 ASHRAE Handbook, Fundamentals〉Atlanta, GA, U. S. A. ASHRAE 1997。

① 三相点；

② 沸点；

③ 临界点。

A.4 R50(甲烷)饱和液体、蒸气热物性数据见表 A.4。

表 A.4 R50(甲烷)饱和液体、蒸气热物性数据

温度/K	压力/MPa	蒸气比体积/ m^3/kg	液体密度/ kg/m^3	液体比焓/ kJ/kg	蒸气比焓/ kJ/kg	液体比熵/ kJ/kg·K	蒸气比熵/ kJ/kg·K
90.68[①]	0.011 719	3.978 1	451.23	−357.68	185.75	4.289 4	10.282 3
92	0.013 853	3.411 2	449.52	−353.36	188.31	4.336 7	10.224 4
94	0.017 679	2.726 8	446.90	−346.76	192.16	4.407 5	10.140 8
96	0.022 314	2.202 2	444.26	−340.10	195.97	4.477 5	10.061 6
98	0.027 877	1.795 4	441.59	−333.39	199.73	4.546 6	9.986 6
100	0.034 495	1.476 9	438.89	−326.63	203.44	4.614 7	9.915 4
102	0.042 302	1.225 0	436.15	−319.84	207.10	4.681 8	9.847 8
104	0.051 441	1.024 0	433.39	−313.00	210.70	4.748 0	9.783 5
106	0.062 063	0.862 2	430.59	−306.13	214.23	4.813 2	9.722 3
108	0.074 324	0.730 8	427.76	−299.22	217.70	4.877 5	9.663 8
110	0.088 389	0.623 5	424.89	−292.28	221.11	4.940 8	9.608 0
111.63	0.101 325	0.550 0	422.53	−286.59	223.83	4.991 9	9.564 3
112	0.104 43	0.535 0	422.00	−285.31	224.44	5.003 3	9.554 6
113	0.113 24	0.496 7	420.53	−281.81	226.08	5.034 2	9.528 8
114	0.122 61	0.326 5	419.06	−278.30	227.69	5.064 9	9.503 5
115	0.132 57	0.429 7	417.58	−274.79	229.29	5.095 4	9.478 7
116	0.143 13	0.400 5	416.10	−271.26	230.87	5.125 7	9.454 5
117	0.154 32	0.373 7	414.60	−267.73	232.43	5.155 8	9.430 7
118	0.166 16	0.349 1	413.09	−264.33	233.96	5.185 8	9.407 3
119	0.178 67	0.326 5	411.57	−242.73	235.47	5.215 5	9.384 4
120	0.191 89	0.305 7	410.05	−257.07	236.97	5.245 0	9.362 0
121	0.205 83	0.286 5	408.51	−253.50	238.43	5.274 4	9.339 9
122	0.220 52	0.268 8	406.97	−249.92	239.88	5.303 5	9.318 3
123	0.235 99	0.252 4	405.41	−246.33	241.30	5.332 5	9.297 0
124	0.252 25	0.237 3	403.85	−242.73	242.69	5.361 4	9.276 0
125	0.269 33	0.223 3	402.27	−239.12	244.06	5.390 0	9.255 5
126	0.287 27	0.210 3	400.69	−235.49	245.41	5.418 5	9.235 2
127	0.306 07	0.198 2	399.09	−231.86	246.73	5.446 9	9.215 3
128	0.325 78	0.187 0	397.48	−228.21	248.02	5.475 1	9.195 7
129	0.346 41	0.176 6	395.86	−224.56	249.28	5.503 2	9.176 3
130	0.368 00	0.166 9	394.23	−220.89	250.51	5.531 1	9.157 2
131	0.390 56	0.157 8	392.58	−217.20	251.72	5.558 9	9.138 4
132	0.414 13	0.149 4	390.93	−213.51	252.90	5.586 5	9.119 9
133	0.438 72	0.141 5	389.26	−209.80	254.04	5.614 0	9.101 6
134	0.464 37	0.134 1	387.57	−206.08	255.16	5.641 4	9.083 5

表 A.4（续）

温度/ K	压力/ MPa	蒸气比体积/ m^3/kg	液体密度/ kg/m^3	液体比焓/ kJ/kg	蒸气比焓/ kJ/kg	液体比熵/ kJ/kg·K	蒸气比熵/ kJ/kg·K
135	0.491 11	0.491 1	385.87	−202.34	256.24	5.668 7	9.065 6
136	0.518 95	0.519 0	384.16	−198.58	257.29	5.695 9	9.047 6
137	0.547 93	0.547 9	382.43	−194.81	258.31	5.722 9	9.030 4
138	0.578 07	0.578 1	380.69	−191.03	259.29	5.749 9	9.013 1
139	0.609 41	0.609 4	378.93	−187.22	260.24	5.776 8	8.995 9
140	0.641 96	0.642 0	377.15	−183.40	261.15	5.803 6	8.978 9
142	0.710 82	0.710 8	373.54	−175.70	262.85	5.856 9	8.945 3
144	0.784 88	0.784 9	369.85	−167.92	264.41	5.909 9	8.912 1
146	0.864 36	0.864 4	366.08	−160.05	265.79	5.962 7	8.879 4
148	0.949 48	0.949 5	362.22	−152.09	267.00	6.015 2	8.846 9
150	1.040 50	1.040 5	358.26	−144.02	268.02	6.067 7	8.814 6
152	1.137 60	1.137 6	354.19	−135.84	268.84	6.120 0	8.782 4
154	1.241 00	1.241 0	350.01	−127.54	269.45	6.172 4	8.750 2
156	1.351 00	1.351 0	345.69	−119.11	269.83	6.224 7	8.717 9
158	1.467 90	1.467 9	341.23	−110.53	269.96	6.277 2	8.685 4
160	1.591 80	1.591 8	336.61	−101.79	269.82	6.329 9	8.652 5
162	1.723 00	1.723 0	331.82	−92.88	269.40	6.382 8	8.619 1
164	1.861 80	1.861 8	326.83	−83.77	268.66	6.436 1	8.585 1
166	2.008 50	2.008 5	321.63	−74.45	267.58	6.489 8	8.550 2
168	2.163 30	2.163 3	316.19	−64.89	266.11	6.542 2	8.514 4
170	2.326 60	2.326 6	310.47	−55.07	264.21	6.599 2	8.477 3
172	2.498 70	2.498 7	304.45	−44.94	261.83	6.655 2	8.438 7
174	2.679 90	2.679 9	298.06	−34.46	258.91	6.712 2	8.398 3
176	2.870 50	2.870 5	291.26	−23.58	255.35	6.770 7	8.355 5
178	3.071 10	3.071 1	283.95	−12.22	251.03	6.831 0	8.309 9
180	3.282 00	3.282 0	276.00	−0.24	245.79	6.893 7	8.260 5
182	3.503 80	3.503 8	267.22	12.52	239.37	6.959 7	8.206 1
184	3.737 00	3.737 0	257.26	26.41	231.33	7.030 7	8.144 4
186	3.982 50	3.982 5	245.42	42.04	220.81	7.109 9	8.071 0
188	4.241 40	4.241 4	229.93	61.08	205.67	7.205 9	7.975 0
190	5.515 50	5.515 5	201.54	92.20	175.09	7.363 8	7.800 0
190.555②	4.595 00	4.545 0	162.20	132.30	132.30	7.572 0	7.572 0

注：以上数据摘自：American Society of Heating，Refrigeration and Air-Conditioning Engineers，Inc.〈1997 ASHRAE Handbook，Fundamentals〉Atlanta，GA，U. S. A. ASHRAE 1997。

① 三相点；

② 临界点。

A.5 R170(乙烷)饱和液体、蒸气热物性数据见表A.5。

表A.5 R170(乙烷)饱和液体、蒸气热物性数据

温度/K	压力/MPa	蒸气比体积/m^3/kg	液体密度/kg/m^3	液体比焓/kJ/kg	蒸气比焓/kJ/kg	液体比熵/kJ/kg·K	蒸气比熵/kJ/kg·K
90.35[①]	1.10E-06	21 946	651.92	176.84	771.91	2.560 2	9.146 7
95	3.60E-06	7 219.6	646.83	187.38	777.65	2.673 9	8.884 3
100	0.000 011	2 484.4	641.35	198.73	783.82	2.790 4	8.635 9
105	0.000 03	957.8	635.86	210.11	789.99	2.901 5	8.417 4
110	0.000 075	407.07	630.35	221.52	796.17	3.007 6	8.223 5
115	0.000 169	188.2	624.83	232.95	802.35	3.109 2	8.051 8
120	0.000 354	93.61	619.29	244.4	808.54	3.206 7	7.898 8
125	0.000 696	49.628	613.73	255.87	814.75	3.300 3	7.762 2
130	0.001 291	27.825	608.14	267.37	820.96	3.390 5	7.639 9
135	0.002 275	16.387	602.51	278.9	827.17	3.477 5	7.530 1
140	0.003 831	10.08	596.86	290.46	833.38	3.561 6	7.431 3
145	0.006 198	6.444 5	591.16	302.06	839.58	3.643	7.342 2
150	0.009 672	4.263 7	585.42	313.7	845.76	3.721 9	7.261 6
155	0.014 617	2.090 84	579.63	325.4	851.92	3.798 5	7.188 5
160	0.021 461	2.038 8	573.78	337.15	858.03	3.873 1	7.122 2
165	0.030 7	1.464 6	567.88	348.97	864.09	3.945 7	7.061 8
170	0.042 899	1.075 4	561.91	360.86	870.09	4.016 6	7.006 7
172	0.048 745	0.955 81	559.5	365.64	872.47	4.044 5	6.985 9
174	0.055 207	0.852 06	557.07	370.43	874.84	4.072 1	6.966
176	0.062 33	0.761 78	554.64	375.24	877.19	4.099 5	6.946 6
178	0.070 16	0.682 96	552.19	380.06	879.53	4.126 7	6.928
180	0.078 743	0.613 93	549.73	384.9	881.85	4.153 6	6.909 9
182	0.088 129	0.553 28	547.25	389.75	884.16	4.180 3	6.892 5
184	0.098 367	0.499 84	544.76	394.62	886.44	4.206 8	6.875 6
184.55	0.101 325	0.486 34	544.08	395.96	887.07	4.214	6.871 1
186	0.109 51	0.452 63	542.25	399.51	888.71	4.233 1	6.859 2
188	0.121 61	0.410 8	539.73	404.41	890.96	4.259 2	6.843 4
190	0.134 72	0.373 65	537.19	409.33	893.19	4.285 1	6.828
192	0.148 89	0.340 56	534.63	414.27	895.4	4.310 9	6.813 2
194	0.164 19	0.311 02	532.06	419.23	897.59	4.336 4	6.798 7
196	0.180 66	0.284 58	529.64	424.21	899.75	4.361 8	6.784 7
198	0.198 37	0.260 87	526.85	429.21	901.88	4.387	6.771
200	0.217 38	0.239 55	524.21	434.24	903.99	4.412 1	6.757 8
202	0.237 74	0.220 35	521.55	439.24	906.08	4.437	6.744 9

表 A.5（续）

温度/K	压力/MPa	蒸气比体积/m^3/kg	液体密度/kg/m^3	液体比焓/kJ/kg	蒸气比焓/kJ/kg	液体比熵/kJ/kg·K	蒸气比熵/kJ/kg·K
204	0.259 51	0.203 02	518.88	444.35	908.13	4.461 7	6.732 4
206	0.282 77	0.187 33	516.17	449.45	910.16	4.486 4	6.720 1
208	0.307 56	0.173 12	513.45	454.56	912.15	4.510 9	6.708 2
210	0.333 95	0.160 22	510.7	459.71	914.11	4.535 2	6.696 6
212	0.362 01	0.148 47	507.92	464.88	916.04	4.559 5	6.685 2
214	0.391 81	0.137 77	505.12	470.08	917.94	4.583 6	6.674 1
216	0.423 39	0.128	502.28	475.31	919.8	4.607 7	6.663 3
218	0.456 84	0.119 07	499.42	480.57	921.61	4.631 6	6.652 6
220	0.492 22	0.110 89	496.53	485.86	923.4	4.655 4	6.642 2
222	0.529 59	0.103 38	493.61	491.18	925.14	4.679 2	6.632
224	0.569 03	0.096 48	490.65	496.54	926.84	4.702 8	6.622
226	0.610 59	0.090 13	487.65	501.93	928.49	4.726 4	6.612 1
228	0.654 36	0.084 28	484.62	507.35	930.1	4.749 9	6.602 4
230	0.700 39	0.078 88	481.56	512.82	931.66	4.773 4	6.592 8
232	0.748 76	0.073 89	478.45	518.32	933.17	4.796 8	6.583 4
234	0.799 54	0.069 27	475.29	523.87	934.63	4.820 1	6.574
236	0.852 8	0.064 99	472.1	529.45	936.03	4.843 4	6.564 8
238	0.908 61	0.061 02	468.86	535.08	937.38	4.866 6	6.555 7
240	0.967 04	0.057 33	465.56	540.76	938.67	4.889 9	6.546 6
242	1.028 2	0.053 9	462.22	546.49	939.9	4.913 1	6.537 6
244	1.092 1	0.050 71	458.82	552.26	941.06	4.936 3	6.528 6
246	1.158 8	0.047 73	455.37	558.09	942.15	4.959 5	6.517 9
248	1.228 5	0.044 95	451.85	563.97	943.18	4.982 7	6.510 8
250	1.301 1	0.042 35	448.27	569.91	944.12	5.005 9	6.501 9
252	1.376 9	0.039 92	444.62	575.91	945	5.029 1	6.493
254	1.455 8	0.037 64	440.9	581.98	945.79	5.052 4	6.484
256	1.537 9	0.035 51	437.1	588.1	946.49	5.075 7	6.475
258	1.623 3	0.033 5	433.22	594.34	947.1	5.099 2	6.465 9
260	1.712 1	0.031 62	429.24	600.26	947.61	5.122 8	6.456 7
265	1.949 6	0.027 38	418.89	616.81	948.42	5.182 2	6.433 2
270	2.210 1	0.023 71	407.81	633.55	948.45	5.242 4	6.408 5
275	2.495 1	0.020 51	395.83	650.99	947.55	5.303 8	6.382 1
280	2.806 2	0.017 7	382.72	669.31	945.47	5.366 9	6.353 3
285	3.145 2	0.015 19	368.07	688.76	941.85	5.432 6	6.320 8
290	3.514 2	0.012 93	351.22	709.79	936.05	5.502 1	6.282 6

表 A.5（续）

温度/K	压力/MPa	蒸气比体积/m^3/kg	液体密度/kg/m^3	液体比焓/kJ/kg	蒸气比焓/kJ/kg	液体比熵/kJ/kg·K	蒸气比熵/kJ/kg·K
295	3.915 9	0.010 81	330.86	733.28	926.85	5.578 4	6.234 9
300	4.354 1	0.008 722	303.49	761.58	911.05	5.668 9	6.167 5
305	4.837 1	0.005 877	241.98	813.34	865.79	5.833 9	6.006 3
305.33②	4.871 4	0.004 89	204	837.6	837.6	5.913	5.913
注：以上数据摘自：American Society of Heating，Refrigeration and Air-Conditioning Engineers，Inc.〈1997 ASHRAE Handbook，Fundamentals〉Atlanta，GA，U. S. A. ASHRAE 1997。							
① 三相点；② 临界点。							

A.6 R 1150（乙烯）饱和液体、蒸气热物性数据见表 A.6。

表 A.6 R 1150（乙烯）饱和液体、蒸气热物性数据

温度/K	压力/MPa	蒸气比体积/m^3/kg	液体密度/kg/m^3	液体比焓/kJ/kg	蒸气比焓/kJ/kg	液体比熵/kJ/kg·K	蒸气比熵/kJ/kg·K
125	0.002 521	14.661	626.87	287.58	828.46	3.462 4	7.789 5
130	0.004 414	8.696 3	620.57	299.53	834.22	3.556 1	7.669 2
135	0.007 376	5.396 1	614.26	311.45	839.93	3.646	7.560 8
140	0.011 823	3.483 5	607.88	323.35	845.55	3.732 5	7.462 7
145	0.018 267	2.328 8	601.4	335.25	851.09	3.816	7.373 8
150	0.027 314	1.605 7	594.81	347.16	856.53	3.896 7	7.292 8
155	0.039 665	1.137 8	588.09	359.11	861.85	3.974 9	7.218 9
160	0.056 114	0.826 15	581.23	371.11	867.05	4.050 9	7.151 1
165	0.077 54	0.612 99	574.24	383.15	872.09	4.124 8	7.088 7
169.41	0.101 325	0.478 79	567.95	393.83	876.42	4.188 4	7.037 7
170	0.104 9	0.463 7	567.1	395.26	876.99	4.196 8	7.031 1
172	0.117 73	0.416 77	564.21	400.13	878.89	4.225 1	7.009 3
174	0.131 75	0.375 57	561.29	405	880.77	4.253 1	6.988 1
176	0.147 02	0.339 31	558.35	409.89	882.62	4.280 9	6.967 6
178	0.163 61	0.307 28	555.38	414.79	884.44	4.308 4	6.947 6
180	0.181 6	0.278 92	552.39	419.7	886.23	4.335 7	6.928 2
182	0.201 07	0.253 74	549.38	424.63	887.98	4.362 7	6.909 3
184	0.222 08	0.231 31	546.34	429.57	889.7	4.389 5	6.890 8
186	0.244 71	0.211 3	543.28	434.53	891.39	4.416 1	6.872 9
188	0.269 05	0.193 39	540.2	439.5	893.04	4.442 4	6.855 4
190	0.295 17	0.177 32	537.08	444.49	894.65	4.468 6	6.838 4
192	0.323 15	0.162 88	533.95	449.5	896.22	4.494 5	6.821 7
194	0.353 08	0.149 86	530.78	454.52	897.75	4.520 2	6.805 4

表 A.6（续）

温度/K	压力/MPa	蒸气比体积/m^3/kg	液体密度/kg/m^3	液体比焓/kJ/kg	蒸气比焓/kJ/kg	液体比熵/kJ/kg·K	蒸气比熵/kJ/kg·K
196	0.385 02	0.138 11	527.59	459.57	899.23	4.545 8	6.789 5
198	0.419 07	0.127 47	524.36	464.63	900.68	4.571 2	6.773 9
200	0.455 31	0.117 83	521.11	469.72	902.08	4.596 4	6.758 6
202	0.493 82	0.109 07	517.82	474.83	903.43	4.621 5	6.743 6
204	0.534 69	0.101 09	514.5	479.97	904.74	4.646 4	6.728 9
206	0.578	0.093 82	511.15	485.13	905.99	4.671 2	6.714 5
208	0.623 83	0.087 17	507.76	490.33	907.19	4.695 8	6.700 2
210	0.672 28	0.081 09	504.33	495.55	908.34	4.720 3	6.686 3
212	0.723 43	0.075 52	500.86	500.8	909.43	4.744 8	6.672 5
214	0.777 36	0.070 4	497.34	506.08	910.46	4.769 1	6.658 8
216	0.834 17	0.065 69	493.78	511.41	911.43	4.793 3	6.645 4
218	0.893 95	0.061 35	490.17	516.77	912.34	4.817 4	6.632 1
220	0.956 78	0.057 35	486.51	522.17	913.18	4.841 5	6.618 9
222	1.022 8	0.053 65	482.79	527.61	913.95	4.865 5	6.605 8
224	1.092	0.050 23	479.01	533.1	914.64	4.889 5	6.592 8
226	1.164 5	0.047 06	475.17	538.64	915.26	4.913 4	6.579 9
228	1.240 5	0.044 12	471.26	544.23	915.8	4.937 3	6.567
230	1.319 9	0.041 39	467.28	549.87	916.25	4.961 2	6.554 2
232	1.403	0.038 84	463.21	555.58	916.62	4.985 2	6.541 3
234	1.489 8	0.036 47	459.07	561.34	916.88	5.009 1	6.528 5
236	1.580 4	0.034 26	454.83	567.18	917.05	5.033 1	6.515 5
238	1.675	0.032 19	450.5	573.09	917.11	5.057 2	6.502 5
240	1.773 5	0.030 26	446.06	579.07	917.05	5.081 3	6.489 4
242	1.876 1	0.028 45	441.5	585.14	916.88	5.105 5	6.476 2
244	1.983	0.026 75	436.82	591.3	916.57	5.129 8	6.462 8
246	2.094 2	0.025 15	432.01	597.56	916.12	5.154 3	6.449 2
248	2.209 8	0.023 65	427.05	603.92	915.52	5.179	6.435 4
250	2.33	0.022 24	421.93	610.39	914.76	5.203 9	6.421 2
252	2.454 9	0.020 9	416.63	616.99	913.82	5.228 9	6.406 8
254	2.584 6	0.019 64	411.13	623.72	912.68	5.254 3	6.391 9
256	2.719 2	0.018 45	405.42	630.6	911.32	5.28	6.376 5
258	2.858 9	0.017 32	399.46	637.64	909.73	5.306	6.360 6
260	3.003 9	0.016 24	393.23	644.86	907.87	5.332 5	6.344
262	3.154 2	0.015 21	386.69	652.29	905.7	5.359 5	6.326 7
264	3.31	0.014 24	379.8	659.95	903.19	5.387 1	6.308 4

表 A.6（续）

温度/K	压力/MPa	蒸气比体积/ m^3/kg	液体密度/ kg/m^3	液体比焓/ kJ/kg	蒸气比焓/ kJ/kg	液体比熵/ kJ/kg · K	蒸气比熵/ kJ/kg · K
266	3.471 5	0.013 3	372.48	667.89	900.28	5.415 4	6.289
268	3.639	0.012 4	364.65	676.14	896.89	5.444 6	6.268 3
270	3.812 6	0.011 52	356.21	684.78	892.92	5.475	6.245 8
272	3.992 6	0.010 67	346.99	693.92	888.23	5.506 8	6.221 1
274	4.179 2	0.009 832	336.72	703.7	882.57	5.540 6	6.193 4
276	4.372 8	0.008 99	324.94	714.41	975.58	5.577 4	6.161 3
278	4.573 9	0.008 119	310.72	726.61	866.47	5.619 2	6.122 3
280	4.783 1	0.007 148	291.6	741.79	853.26	5.671 1	6.069 2
282.343①	5.040 1	0.004 669	214.2	795.5	795.5	5.858	5.858

注：以上数据摘自：American Society of Heating，Refrigeration and Air-Conditioning Engineers，Inc.〈1997 ASHRAE Handbook，Fundamentals〉Atlanta，GA，U. S. A. ASHRAE 1997。

①临界点。

ICS 23.020.40
J 76

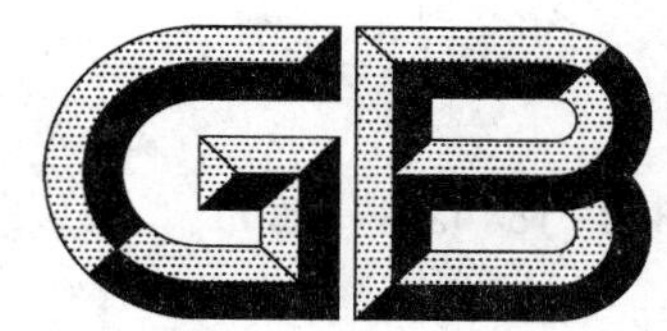

中华人民共和国国家标准

GB/T 18442.4—2011
部分代替 GB 18442—2001

固定式真空绝热深冷压力容器
第4部分:制造

**Static vacuum insulated cryogenic pressure vessel—
Part 4:Fabrication**

2011-11-21 发布　　　　2012-05-01 实施

中华人民共和国国家质量监督检验检疫总局
中国国家标准化管理委员会　发布

前　言

GB/T 18442《固定式真空绝热深冷压力容器》由6个部分组成：

——第1部分：总则；

——第2部分：材料；

——第3部分：设计；

——第4部分：制造；

——第5部分：检验与试验；

——第6部分：安全防护。

本部分为GB/T 18442的第4部分。

本部分参考了ISO 21009-1:2008《低温容器　固定式真空绝热容器　第1部分：设计，制造，检验和试验》(英文版)。

本部分代替GB 18442—2001《低温绝热压力容器》中6.6条“制造要求”、第9章“质量证明书、标志”以及部分定义的内容。

与GB 18442—2001相比，本部分新增加或变化的内容有：

——增加了一般要求(质量控制要点、下料、冷热加工成形、尺寸与形位公差等方面要求)、管路制造、无损检测、清洁、交货状态等方面要求；

——细化了焊接技术要求；

——取消了焊接结构(提示的附录)。

本部分由全国锅炉压力容器标准化技术委员会(SAC/TC 262)提出并归口。

本部分起草单位：中国国际海运集装箱(集团)股份有限公司、上海市气体工业协会、航天晨光股份有限公司、中国特种设备检测研究院、上海华谊集团装备工程有限公司、张家港中集圣达因低温装备有限公司、杭州杭氧低温容器有限公司、上海交通大学。

本部分主要起草人：刘灿荣、周伟明、寿比南、王芳、唐家雄、潘俊兴、毛荣大、孙洪利、顾安忠、陈朝晖、滕俊华、施锋萍。

本部分所代替标准的历次版本发布情况为：

——GB 18442—2001。

固定式真空绝热深冷压力容器 第4部分:制造

1 范围

1.1 本部分规定了固定式真空绝热深冷压力容器(以下简称深冷容器)制造的基本要求。

1.2 本部分适用范围同本标准第1部分。

2 规范性引用文件

下列文件对于本文件的应用是必不可少的。凡是注日期的引用文件,仅注日期的版本适用于本文件。凡是不注日期的引用文件,其最新版本(包括所有的修改单)适用于本文件。

GB 150 钢制压力容器

GB/T 1804—2000 一般公差 未注公差的线性和角度尺寸的公差

GB/T 9969 工业产品使用说明书 总则

GB/T 18442.1—2011 固定式真空绝热深冷压力容器 第1部分:总则

GB/T 18442.2 固定式真空绝热深冷压力容器 第2部分:材料

GB/T 18442.3 固定式真空绝热深冷压力容器 第3部分:设计

GB/T 25198 压力容器封头

JB/T 4711 压力容器涂敷与运输包装

JB/T 4730.1 承压设备无损检测 第1部分:通用要求

JB/T 4730.2 承压设备无损检测 第2部分:射线检测

JB/T 4730.3 承压设备无损检测 第3部分:超声检测

JB/T 4730.4 承压设备无损检测 第4部分:磁粉检测

JB/T 4730.5 承压设备无损检测 第5部分:渗透检测

JB/T 4730.10 承压设备无损检测 第10部分:衍射时差法超声检测

NB/T 47014 承压设备焊接工艺评定

NB/T 47015 压力容器焊接规程

NB/T 47016 承压设备产品焊接试件的力学性能检验

TSG R0004—2009 固定式压力容器安全技术监察规程

3 术语和定义

GB 150、GB/T 18442.1、GB/T 18442.2 和 GB/T 18442.3 确立的以及下列术语和定义适用于本文件。

3.1

试验压力 test pressure

进行耐压试验和气密性试验时,容器顶部的压力,单位为兆帕(MPa)。

3.2

试验温度 test temperature

进行耐压试验和气密性试验时,壳体的金属温度,单位为摄氏度(℃)。

3.3

安全附件 safety accessories

安全阀、爆破片装置及安全阀与爆破片组合的安全泄放装置、紧急切断装置、液位计、压力表、导静电装置、外壳爆破装置、阻火器等能起安全保护作用的附件总称。

4 一般要求

4.1 罐体的制造、检验与验收除应符合本标准规定外,还应符合设计图样的要求。

4.2 制造单位应按相关法规建立压力容器质量保证体系,保证产品质量和安全。

4.3 焊接应由持有相应项目“特种设备作业人员证”的人员担任。

4.4 无损检测应由持有相应项目“特种设备检验检测人员证”的人员担任。

4.5 制造单位应具备与真空绝热型式相适应的厂房设施、工作环境、真空设备、氦质谱检漏仪及必要的清洗设备和检测仪器等。

4.6 容器受压元件之间的焊接接头分为 A、B、C、D 四类,非受压元件与受压元件的连接接头为 E 类焊接接头,如图 1 所示。

a) 筒体部分的纵向接头、球形封头与圆筒连接的环向接头、各类凸形封头中所有拼焊接头以及嵌入式接管或凸缘与壳体对接的接头,均属 A 类焊接接头;

b) 壳体部分的环向接头、长颈法兰或接管与接管的对接环向接头,均属 B 类焊接接头,但已规定为 A 类的焊接接头除外;

c) 法兰与接管连接的非对接接头均属 C 类焊接接头;

d) 接管、人孔、凸缘、补强圈等与壳体连接的接头均属于 D 类焊接接头,但已规定为 A、B、C 类的焊接接头除外。

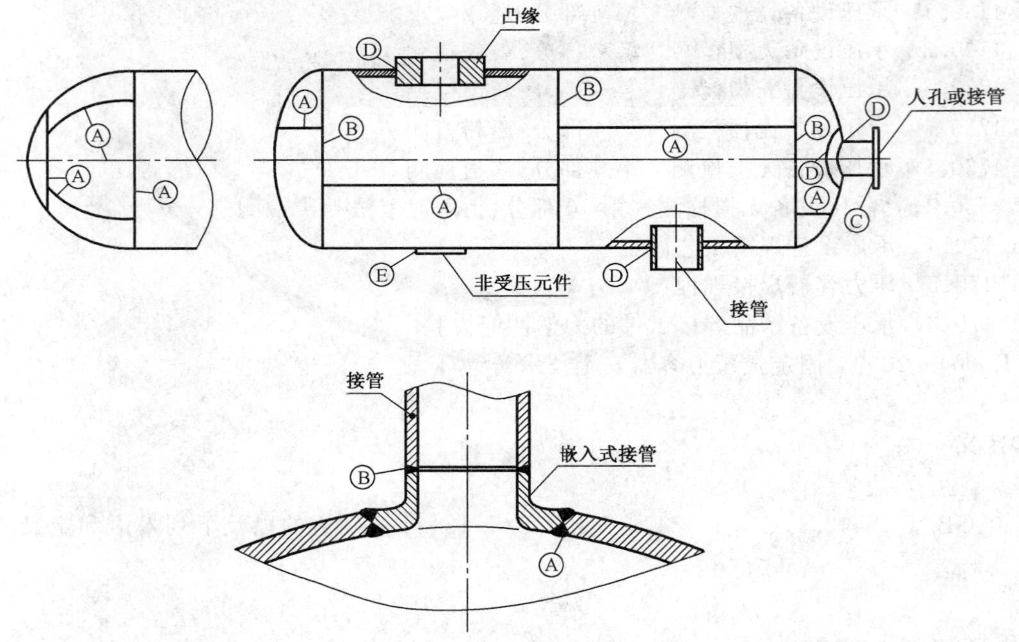

图 1 焊接接头分类

4.7 内容器及受压元件上不得采用硬印作为材料移植标记、焊工标记及其他标记。

4.8 制造过程中不允许强力组装。

5 下料

5.1 制造受压元件的材料应有可追溯的标记。在制造过程中，如原有标记被裁掉或材料分成几块，应在材料切割前完成标记移植。

5.2 下料时，可采用热切割、冷切割或其他适当的方法将材料切割成一定的尺寸和形状。但是，氧焰或电弧等热切割后，材料熔化产生的所有熔渣和影响制造质量的表面层应当通过切削加工或打磨进行修整。

5.3 制造过程中应避免钢板表面的机械损伤。

5.4 对于尖锐伤痕以及不锈钢表面的局部伤痕、刻槽等缺陷应予以修磨，修磨范围的斜度最大为1∶3。修磨的深度应不大于该部位钢材厚度 δ_s 的5%且不大于2 mm，否则应予补焊。

6 冷热加工成形

6.1 用于制造筒体和封头的板材，可采取冷热成形方法加工成所需形状。

6.2 冷成形的奥氏体不锈钢，其母材的断后伸长率不小于30%，或冷加工变形率不大于15%时可不进行热处理。

6.3 钢板的加工变形率计算

单向拉伸（如钢板卷圆）

$$\varepsilon=\frac{\delta}{2R_f}\times\left(1-\frac{R_f}{R_0}\right)\times 100\%$$

双向拉伸（如冷压封头）

$$\varepsilon=\frac{1.5\delta}{2R_f}\times\left(1-\frac{R_f}{R_0}\right)\times 100\%$$

式中：

ε ——钢板变形率，%；

δ ——钢板名义厚度，单位为毫米（mm）；

R_f ——钢板弯曲后的中心半径，单位为毫米（mm）；

R_0 ——钢板弯曲前的中心半径，对于平板 R_0 为无限大，单位为毫米（mm）。

6.4 采用热成形或冷加工变形率超过允许值的奥氏体不锈钢，成形后应按相应的材料标准进行固溶处理。

6.5 除图样另有规定，外壳（含冷成型的封头）冷成型后不需热处理。

7 制作要求

7.1 厚度

根据制造工艺确定加工余量，以确保凸形封头和筒节成型后的厚度不小于设计厚度或图样规定的最小厚度。

7.2 封头

7.2.1 封头各种不相交的拼接焊缝中心线间距离至少应为封头钢材厚度 δ_s 的3倍，且不小于100 mm。

封头由成形的瓣片和顶圆板拼接制成时，瓣片间的焊缝方向宜是径向和环向的，如图 2 所示。

7.2.2 拼板的对口错边量应不大于钢材厚度 δ_s 的 10%，且不大于 1.5 mm。

7.2.3 先拼板后成形的封头，其拼接焊缝的内表面以及影响成形质量的拼接焊缝的外表面，在成形前应打磨至与母材齐平。

7.2.4 分瓣成形后再组焊的封头，其对口错边量同 A 类焊缝，应符合表 1 的规定。

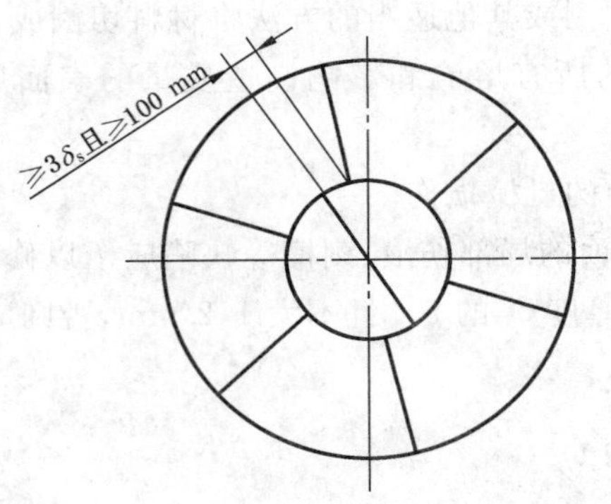

图 2 封头拼接焊缝

7.2.5 封头的外圆周长公差、内直径公差、圆度公差、总深度公差及直边倾斜度应符合 GB/T 25198 的规定。

7.2.6 用弦长相当于封头内直径的间隙样板，检查封头内表面的形状公差时(见图 3)，应使样板垂直于待测表面，可避开焊缝进行测量。椭圆形、碟形、球形封头内表面的形状公差应符合下列要求：

a) 样板与封头内表面间的最大间隙，外凸应不大于 1.25%D_i，内凹应不大于 0.625%D_i；

b) 样板轮廓曲线线性尺寸的极限偏差，按 GB/T 1804—2000—m 级的规定。

7.2.7 碟形封头过渡区转角半径应不小于图样的规定值。

7.2.8 封头的直边部分不得存在纵向皱折。

7.2.9 球形封头分瓣冲压的瓣片尺寸允差应符合相关标准的规定。

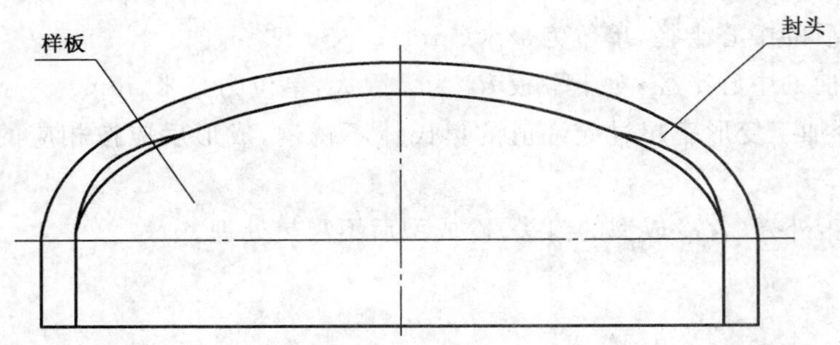

图 3 封头内表面的形状公差

7.3 圆筒

7.3.1 筒节周长公差不得大于计算值的±1.5%。

7.3.2 A、B 类焊接接头对口错边量 b(见图 4)应符合表 1 的规定。

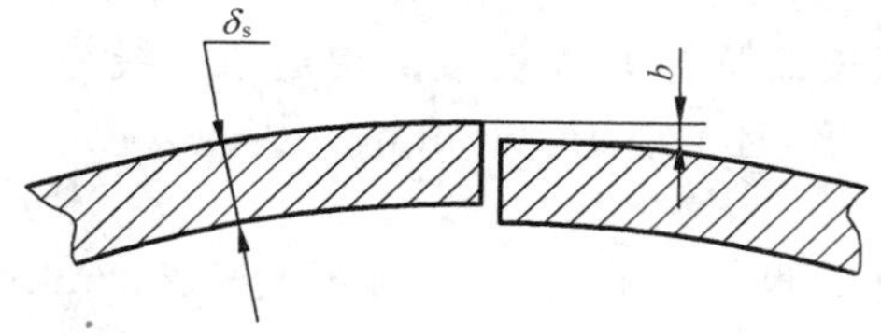

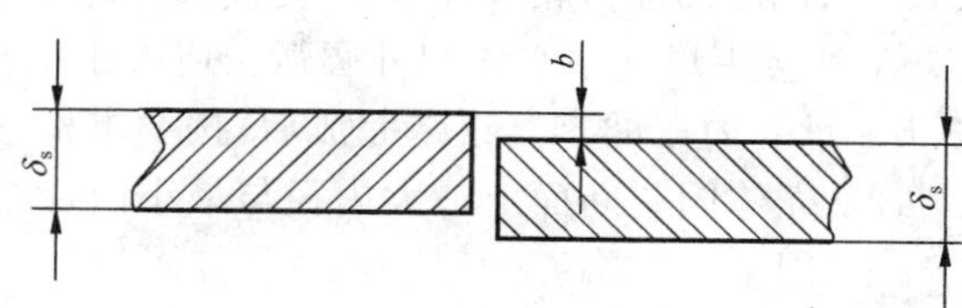

图 4 A、B 类焊接接头对口错边量 b

表 1 A、B 类焊接接头对口错边量

对口处钢材厚度 δ_s mm	按焊接接头类别划分对口错边量 b mm	
	A	B
≤40	≤1/4δ_s，且≤3	≤1/4δ_s，且≤5
>40～50(含 50)	≤3	≤1/8δ_s
>50	≤1/16δ_s，且≤10	≤1/8δ_s，且≤20
注：嵌入式接管与圆筒或封头对接连接 A 类接头，按 B 类焊接接头的对口错边量要求。		

7.3.3 在焊接接头环向形成的棱角 E，应符合 GB 150 的规定。用弦长等于 1/6 内径 D_i 且不小于 300 mm的内样板或外样板检查(见图 5)，其 E 值不大于(δ_s/10＋2)mm 且不大于 5 mm。在焊接接头轴向形成的棱角 E(见图 6)，用长度不小于 300 mm 的直尺检查，其 E 值不大于(δ_s/10＋2)mm，且不大于 5 mm。

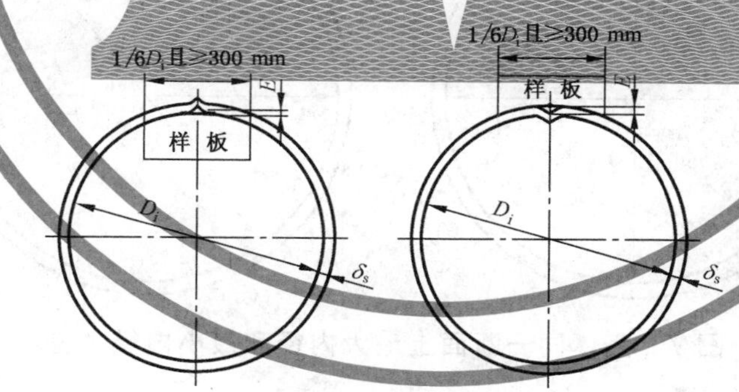

图 5 内样板或外样板检查棱角

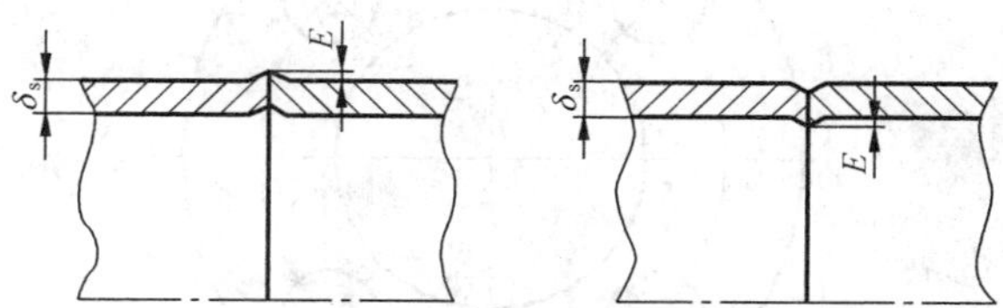

图 6 直尺检查棱角

7.3.4 除图样另有规定外，圆筒直线度允差应不大于壳体长度的1‰。

7.3.5 筒节组装时，相邻筒节A类接头焊缝中心线间外圆弧长以及封头A类接头焊缝中心线与相邻筒节A类接头焊缝中心线间外圆弧长应大于钢材厚度δ_s的3倍，且不小于100 mm。

7.3.6 承受内压的容器组装完成后，按要求检查壳体的圆度。

a) 壳体同一断面上最大内径与最小内径之差，应不大于该断面内径的1%，且不大于25 mm（见图7）；

b) 当被检断面位于开孔中心一倍开孔内径范围内时，则该断面最大内径与最小内径之差，应不大于该断面内径的1%与开孔内径的2%之和，且不大于25 mm。

7.3.7 承受外压及真空的容器组装完成后，按下列要求检查壳体的圆度：

a) 采用内弓形或外弓形样板（依测量部位而定）测量。样板圆弧半径等于壳体内半径或外半径，其弦长等于GB 150图6-12中查得弧长的2倍，测量点应避开焊接接头或其他凸起部位；

b) 用样板沿壳体径向测量的最大正负偏差e不得大于GB 150图10-11中查得的最大允许偏差值。当D_o/δ_e与L/D_o所查的交点位于图中任意两条曲线之间时，其最大正负偏差值e由内插法确定；当D_o/δ_e与L/D_o所查的交点位于图中$e=1.0\delta_e$曲线的上方或$e=0.2\delta_e$曲线的下方时，其最大正负偏差值e分别不大于δ_e及$0.2\delta_e$值；

c) 筒体、球壳的L与D_o按GB 150的规定选取。

7.4 其他连接件

7.4.1 法兰面（含凸缘面）应垂直于接管或圆筒的主轴中心线，应保证法兰面的水平或垂直（有特殊要求的应按图样规定），其偏差均不应超过法兰外径的1%（法兰外径小于100 mm时按100 mm计算）且不大于3 mm。法兰（含凸缘）的螺栓孔应与壳体主轴线或铅垂线跨中布置（见图8），有特殊要求时，应在图样上注明。

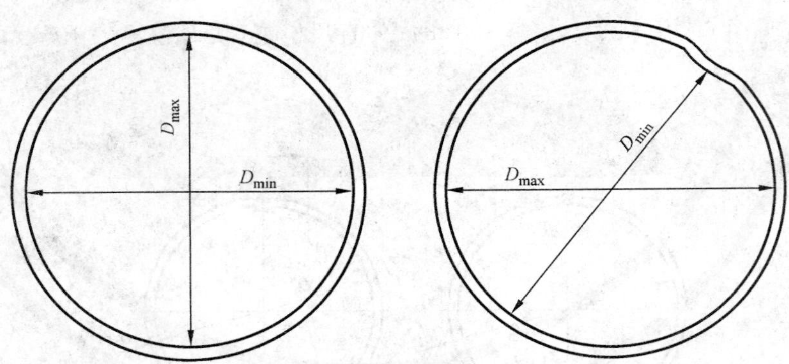

图7 壳体同一断面上最大内径和最小内径之差

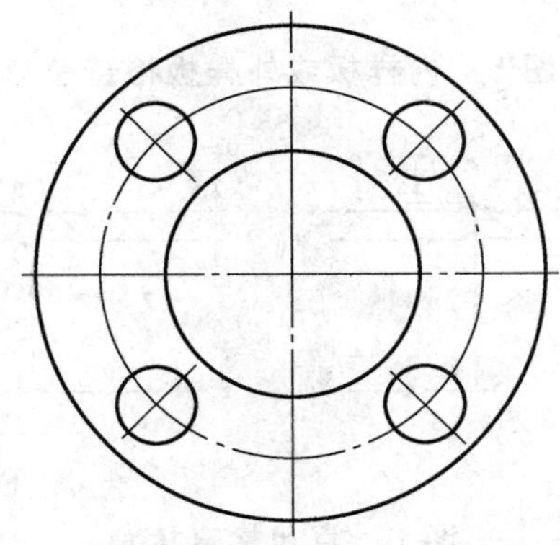

图8 法兰（含凸缘）的螺栓孔与壳体主轴线或铅垂线跨中布置

7.4.2 直立容器的底座圈、底板上地脚螺栓通孔应跨中均布，中心圆直径允差、相邻两孔弦长允差和任意两孔弦长允差均不大于 2 mm。

7.4.3 接管及人孔部件等受压件不宜覆盖在承压焊缝之上。

7.4.4 当支耳、支架、支腿及鞍座等非受压件延伸到承压焊缝上时，被覆盖的焊缝经无损检测合格后方可覆盖，覆盖前应将焊缝打磨至与母材齐平；或将这些非受压件按焊缝形状开槽或修形，以避开焊缝。

8 焊接

8.1 焊前准备

8.1.1 内容器施焊前，下列焊缝需进行焊接工艺评定或者具有经评定合格的焊接工艺支持：

a) 受压元件焊缝；

b) 与受压元件相焊的焊缝；

c) 熔入永久焊缝内的定位焊；

d) 上述焊缝的返修焊缝。

8.1.2 焊接工艺评定应按 NB/T 47014 的规定进行，包括焊缝和热影响区的低温夏比(V 形缺口)冲击试验。焊接工艺评定技术文件应保存至该工艺失效为止。焊接工艺评定试样至少应保存 5 年。

8.1.3 施焊条件应符合 NB/T 47015 的规定。当焊件温度低于 0 ℃但不低于－20 ℃时，应在施焊处 100 mm 范围内预热到 15 ℃以上。当奥氏体不锈钢焊件温度低于－20 ℃时，禁止施焊。

8.1.4 坡口表面质量检查

a) 坡口表面不应有裂纹、分层、夹杂等缺陷；

b) 标准抗拉强度下限值 R_m 不小于 540 MPa 的钢材，经火焰切割的坡口表面应进行磁粉或渗透检测；

c) 施焊前应清除坡口及其母材两侧表面各 20 mm 范围内(以离坡口边缘的距离计)的氧化物、油污、熔渣及其他有害杂质。

8.1.5 待焊件组装时，可用拉杆、千斤顶、夹具、定位焊或其他类似的辅助工具，来固定零件的边缘以对准，并在焊接作业中保持位置不变。

8.1.6 受压元件之间或受压元件与非受压元件组装时的定位焊，若保留成焊缝金属的一部分，则应按受压元件的焊缝要求施焊。

8.2 焊接结构

a) 接管与内容器的焊接应为全焊透结构；

b) 尽量减少焊接件的变形和应力，如不同厚度的材料焊接时，应采用等厚度的接头型式，尽可能减少焊后加工工作量；

c) 焊接接头的连接应尽可能采用有较高静载荷及疲劳强度的接头型式；

d) 避免焊缝过于集中，减少应力集中和接头变形；

e) 两种不同材料焊接时，其焊接接头型式应考虑材料的热膨胀特性、熔化温度、导热系数和低温条件下的收缩等因素。

8.3 焊缝形状尺寸

8.3.1 A、B 类接头焊缝的余高 e_1、e_2 按表 2 及图 9 的规定。

8.3.2 C、D、E 类接头的焊脚尺寸，在图样无规定时，取焊件中较薄者的厚度。补强圈的焊脚，当补强圈的厚度不小于 8 mm 时，其焊脚尺寸等于补强圈厚度的 70%且不小于 8 mm。

8.3.3 C、D、E 类焊缝与母材呈圆滑过渡。

8.4 焊接接头表面质量

8.4.1 焊接接头的表面不得有表面裂纹、未焊透、未熔合、表面气孔、弧坑、未填满、夹渣和飞溅物。

8.4.2 对接焊缝应与母材圆滑过渡，角焊缝外形应呈凹形圆滑过渡。

8.5 临时附件的焊接

8.5.1 在罐体上焊接的临时吊耳和拉筋的垫板等，应采取与罐体相同或在力学性能和焊接性能方面相似的材料，并用相适应的焊材及焊接工艺进行焊接。

8.5.2 临时吊耳和拉筋的垫板割除后，留下的焊疤应打磨光滑，并应按图样规定进行渗透检测或磁粉检测，确保表面无裂纹等缺陷。打磨后的厚度应不小于该部位的设计厚度或图样规定的最小厚度。

8.6 焊工识别标记或记录

内容器主要受压元件焊缝应有焊工代号标记，采用简图记录焊工代号。

表 2 A、B 类接头焊缝的余高

单位为毫米

标准抗拉强度下限值 $R_m \geqslant 540$ MPa 的钢材				其他钢材			
单面坡口		双面坡口		单面坡口		双面坡口	
e_1	e_2	e_1	e_2	e_1	e_2	e_1	e_2
0～10%δ_s 且≤3	≤1.5	0～10%δ_1 且≤3	0～10%δ_2 且≤3	0～15%δ_s 且≤4	≤1.5	0～15%δ_1 且≤4	0～15%δ_2 且≤4
注：表中百分数计算值小于 1.5 mm 时，按 1.5 mm 计。							

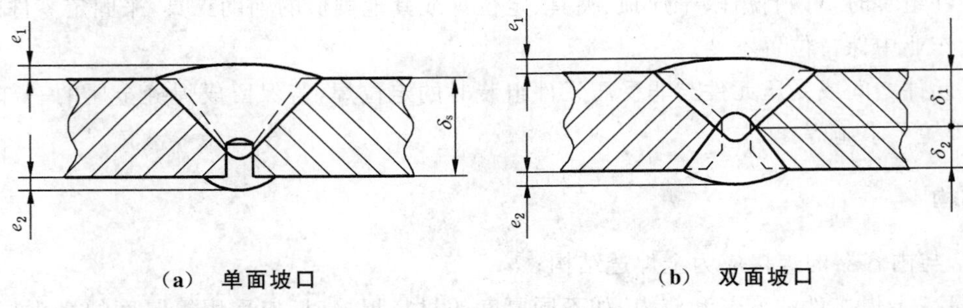

(a) 单面坡口　　(b) 双面坡口

图 9 A、B 类接头焊缝的余高 e_1、e_2

8.7 焊接接头返修(包括母材缺陷补焊)的要求

8.7.1 应当分析缺陷产生的原因，提出相应的返修或补焊方案。

8.7.2 焊接接头的返修和补焊都应当进行焊接工艺评定或有经评定合格的焊接工艺支持。焊接接头包括受压元件焊接接头、与受压元件相焊的焊接接头、熔入永久焊缝内的定位焊接接头。施焊时应有详尽的返修或补焊记录。

8.7.3 焊缝同一部位的返修次数不宜超过两次，如超过两次，返修前应经制造单位技术负责人批准，并且应将返修的次数、部位和返修情况记入产品质量证明文件。

8.7.4 耐压试验后需返修的,返修部位应按原要求经无损检测合格。因焊接接头或接管泄漏而进行返修的,或返修深度大于 1/2 壁厚的,还应重新进行耐压试验。

8.7.5 氦质谱检漏后需返修的,返修部位应当采用合适的检验方法检测合格,重新进行氦质谱检漏。

9 产品焊接试板

9.1 有A类纵向焊接接头的低合金钢制内容器应按台制作产品焊接试板。

9.2 制备产品焊接试板,应满足如下要求:

a) 产品焊接试板应当在筒节纵向焊缝的延长部位与筒节同时施焊。

b) 试板的原材料必须合格,并且与内容器用材具有相同标准、相同牌号、相同厚度和相同热处理状态。

c) 试板应当由施焊容器的焊工,采用与施焊内容器相同的条件、过程与焊接工艺施焊。多焊工焊接的容器,做产品焊接试板的焊工由制造单位检验部门指定。

d) 有热处理要求的内容器,试件一般应当随内容器一起热处理,否则应当采取措施保证试件按照与内容器相同的工艺进行热处理。

9.3 试样的力学性能检验,应满足如下要求:

a) 试样的种类、数量、截取与制备,应符合 NB/T 47016 的规定。

b) 力学性能检验的试验方法、合格指标及复验要求,应符合 NB/T 47016 的规定。

c) 低温夏比(V形缺口)冲击试验的试验温度为受压元件的设计温度或设计图样规定的温度。

d) 当产品焊接试板评定结果被判为不合格时,应分析原因,采取相应措施,允许按 NB/T 47016 要求重新取样进行复验。

10 清洁与组装

10.1 清洁要求

10.1.1 与氧接触的所有零部件表面,必须进行脱脂与清洁处理,其油脂残留量不得超过 125 mg/m^2。

10.1.2 与氧以外其他介质接触的零部件表面,除图样另有规定,其油脂残留量一般不超过 500 mg/m^2。

10.1.3 真空夹层表面以及其内部的零部件表面,应进行脱脂、除锈、干燥等处理。

10.1.4 对不设置工艺人孔的内容器,在最后一道封头与筒体对焊前,应清除容器内杂物,保持管路畅通,检查清洁度满足所贮存介质的要求。

10.2 组装要求

10.2.1 内容器在耐压试验合格后方可进行组装。

10.2.2 高真空多层绝热的绝热层应符合下列要求:

a) 必要时,多层绝热材料应进行干燥处理;

b) 多层绝热材料的层数、层密度应符合设计图样的要求;

c) 防辐射层与隔离层(绝热层)之间应相互封闭;

d) 缠绕多层绝热材料时,尽量避免出现防辐射层之间直接接触(短路)及局部无防辐射层的现象;

e) 最外层应采取措施,以防绝热材料的松散和脱落。

10.2.3 真空粉末绝热的绝热层应符合下列要求:

a) 粉末绝热材料装填前,应确认其含水率符合要求,必要时应进行干燥处理;

b) 装填时,应控制粉末绝热材料的装填密度,且尽可能采取防沉降措施;

c) 真空粉末绝热深冷容器,可添加适量阻光剂。阻光剂应具有良好的化学稳定性,且应均匀分布在粉末绝热材料中。储存液氧介质的深冷容器不应添加在富氧环境下会产生爆炸的阻光剂。

11 氦质谱检漏

11.1 内容器与外壳套装前,对内容器、外壳、真空夹套内的管路等应进行氦质谱检漏。

11.2 发现有泄漏的地方应按焊接返修工艺进行修补,按图纸规定的无损检测要求检测合格后再重新进行试验。

12 管路制造和安全附件安装

12.1 管路制造

12.1.1 管路安装前,必须严格检查管子、管件、阀门等管路组成件,确保内外表面已清理干净,无杂物、油污且干燥。

12.1.2 真空夹层内的管路连接应为焊接结构,推荐使用等壁厚、全焊透的对接接头,管径较小时也可采用承插焊结构。

12.1.3 真空夹层内的管路应具有足够的、适应热胀冷缩的补偿能力。

12.1.4 真空夹层内的管路应与内容器一起,进行耐压试验和检漏。

12.1.5 外部管路安装时,应检查法兰密封面及密封垫片,不得有影响密封性能的划痕、斑点等缺陷。

12.1.6 当管路安装工作有间断时,应及时封闭敞开的管口。

12.1.7 阀门安装时应按介质流向确定其安装方向。

12.1.8 管路应用管夹适当支撑,管夹的固定不能限制管路热胀冷缩的变化。

12.1.9 有静电接地要求的设备,各段管子间应导电。当每对法兰或螺纹接头间电阻值超过 0.03 Ω时,应设导线跨接。

12.1.10 外部管路和附件应合理布置,管路和附件的标识及用途应清晰明了。

12.1.11 外部管路经无损检测合格后,应进行气密性试验,试验压力及要求与内容器相同。

12.2 安全附件安装

12.2.1 除外壳爆破装置外,其余安全附件应在真空夹层抽真空合格后安装。

12.2.2 安全阀在安装之前,应当根据使用条件进行校验。

12.2.3 安全阀应垂直安装在与罐体气相空间相连的管道上。

12.2.4 超压泄放装置与容器之间一般不宜装设截止阀。如需装设截止阀,应经过使用单位主管压力容器安全技术负责人批准,并且制定可靠的防范措施。容器正常运行期间截止阀必须保证全开(加铅封或锁定),截止阀的结构和通径应当不妨碍超压泄放装置的安全泄放。

12.2.5 超压泄放装置的安装位置应便于检查、维修,且有防止随意打开的措施,安全泄放口应避开作业人员的操作位置。

12.2.6 压力表、液位计装设位置应当便于操作人员观察和清洗,且应当避免受到热辐射、冻结或震动的不利影响。

12.2.7 压力表与容器之间,应当装设三通旋塞或针形阀。三通旋塞或针形阀上应当有开启标记和锁紧装置。

12.2.8 储存易爆、毒性程度为极度或高度危害介质的容器,应按相关要求增设能快速关闭的阀门或紧急切断装置，但确认在工程系统中设置紧急切断装置(或类似的、防大量泄漏的其他紧急闭止装置)时除外。紧急切断装置应在气密性试验前安装完毕。

13 无损检测

13.1 一般要求

13.1.1 焊接接头的无损检测，应在形状尺寸和外观质量检查合格后进行。

13.1.2 拼接封头应在成形后进行无损检测，若成形前进行无损检测，则成形后应当对圆弧过渡区再进行无损检测。

13.2 内容器

13.2.1 内容器的A、B类焊接接头、与内容器连接的管路对接接头，应进行100%射线检测或超声检测，超声检测包括衍射时差法超声检测、可记录的脉冲反射法超声检测和不可记录的脉冲反射法超声检测；当采用不可记录的脉冲反射法超声检测时，应当采用射线检测或者衍射时差法超声检测做为附加局部检测。

13.2.2 内容器钢材标准抗拉强度下限值大于等于540 MPa，且壁厚大于20 mm时，其对接接头如采用射线检测，则每条焊缝还应当附加20%超声检测；如采用超声检测，每条焊缝还应当附加20%射线检测。附加局部检测应当包括所有的焊缝交叉部位。

13.2.3 内容器上C、D、E类焊接接头应进行100%渗透检测。

13.2.4 内容器上临时吊耳和拉筋垫板割除并修磨后留下的焊疤，应进行渗透检测。

13.2.5 无损检测应当按JB/T 4730.1～4730.5和JB/T 4730.10的规定执行。当采用射线检测时，其射线检测技术等级不应低于AB级，其合格级别不应低于Ⅱ级；当采用脉冲反射法超声检测时，其超声检测技术等级不应低于B级，合格级别不应低于Ⅰ级；当采用衍射时差法超声检测时，其合格级别不应低于Ⅱ级；当采用渗透检测时，其检查结果应符合JB/T 4730.5中渗透检测的Ⅰ级要求。

13.3 外壳

13.3.1 外壳的A、B类焊接接头(最终组装形成封闭外壳的B类焊接接头除外)，应按JB/T 4730.2进行局部射线检测，检测长度不小于各条焊接接头长度的20%，且不小于250 mm，其射线检测技术等级不应低于AB级，合格等级不低于Ⅲ级。

13.3.2 内容器与外壳套合后，最终组装形成封闭外壳的B类焊接接头以及如下项目的接头应经无损检测，检测方法和要求应符合设计图样的规定：

a) 凡被补强圈、垫板、支座、内件等覆盖的焊接接头；

b) 以开孔中心为圆心，1.5倍开孔直径为半径的圆中所包容的焊接接头；

c) 公称直径不小于250 mm的接管与长颈法兰、接管与接管对接的焊接接头。

13.4 管路

13.4.1 真空夹层内的管路，其对接接头应按JB/T 4730.2进行100%射线检测，射线检测技术等级不应低于AB级，其合格级别不应低于Ⅱ级。

13.4.2 真空夹层内的管路，其角接接头应按JB/T 4730.5进行100%渗透检测，合格等级不低于Ⅰ级。

13.5 重复检测

13.5.1 经无损检测的焊接接头，发现不允许的缺陷时，应在缺陷清除干净后进行补焊，并对该部位采用原无损检测方法和合格等级进行重新检测和评定，直至合格。

13.5.2 进行局部无损检测的焊接接头，发现不允许的缺陷时，应在该缺陷两端的延伸部位增加检查长度，增加的长度为该焊接接头长度的10%，且不小于250 mm。若仍不合格，则对该条焊接接头进行100%无损检测。

13.5.3 磁粉与渗透检测发现不允许的缺陷时，应进行修磨及必要的补焊，并对该部位采用原无损检测方法重新检测，直至合格。

14 涂敷及外观质量

14.1 容器的涂敷应符合JB/T 4711的规定。

14.2 外壳焊缝等部位的涂漆应在夹层抽真空合格后进行。

14.3 涂料的种类、颜色、涂敷的层数、涂层的厚度以及标识应符合设计图样的规定。

14.4 涂层应色泽均匀、分界整齐，无剥落、皱纹、气泡、针孔等缺陷。

14.5 不锈钢管路和阀门表面不宜涂敷。

15 标志与标识

15.1 一般规定

15.1.1 应在容器的明显部位装设产品铭牌和注册铭牌。铭牌用铆钉或焊接永久固定在外壳或支架上。

15.1.2 铭牌应为耐腐蚀的金属材料。铭牌内容采用压印、雕刻、浮雕等永久标记方法进行标记。

15.1.3 标识应字迹工整、清晰可见，牢固耐用，并固定在适当的位置。

15.1.4 铭牌应采用中文(必要时可以中英文对照)和国际单位，铭牌的格式应符合TSG R0004的规定。

15.2 标识内容

15.2.1 铭牌上的项目至少包括以下内容：

a) 产品名称；
b) 制造企业名称；
c) 制造企业许可证书编号和许可级别；
d) 产品标准；
e) 主体材料；
f) 介质名称；
g) 设计温度；
h) 设计压力或最高允许工作压力(必要时)；
i) 耐压试验压力；
j) 产品编号；
k) 制造年月；
l) 压力容器类别；
m) 几何容积；
n) 设备代码。

15.2.2 外壳上应标示管路流程示意图、液位对照表等标识。

15.2.3 外壳上可标示介质名称、危险货物标志牌以及下次检验日期等标识。

15.2.4 管路上应有标明阀门及管口用途的标识。

16 出厂文件

16.1 出厂文件至少应包括：

a) 产品竣工图；

b) 产品合格证(含产品数据表)，其样式应符合 TSG R0004 的规定；

c) 产品质量证明文件；

d) 设计文件；

e) 产品铭牌的拓印件或者复印件；

f) 特种设备制造监督检验证书。

16.2 产品质量证明文件至少应有下列内容：

a) 主要受压元件材质证明书；

b) 材料清单；

c) 封头和锻件等外购件的质量证明文件；

d) 质量计划或检验计划；

e) 结构尺寸检查报告；

f) 焊接记录；

g) 无损检测报告；

h) 产品焊接试板力学和弯曲性能检验报告；

i) 内容器耐压试验报告；

j) 气密性试验报告；

k) 封口真空度检测报告；

l) 真空夹层漏放气速率检验报告。

16.3 设计文件应符合 GB/T 18442.1—2011 中 4.5.2 的规定。

16.4 安装与使用维护说明书除符合 GB/T 9969 的规定外，还应有下列内容：

a) 产品型号以及技术特性指标；

b) 介质特性和使用说明；

c) 管路及阀门用途、流程示意图、液位对照表、绝热性能参数(必要时包括无损贮存时间-压力曲线图或表)。

17 交货状态

17.1 封存

产品完工后，内容器及管路应使用干燥的氮气加压至 0.03 MPa～0.05 MPa 密封，氮气的露点应低于－25 ℃。

17.2 清洁

贮存液氧介质的容器，凡有可能与氧接触的零部件表面均不应存在油脂等与氧发生反应的物质。

17.3 防尘保护

17.3.1 所有管路和阀门的开放端，应用塑料盖、金属盖或堵头保护。

17.3.2　所有仪表的供气口和信号端口应被保护。

17.3.3　所有的法兰端部用法兰盖、垫圈和螺栓封闭。

17.4　备品备件

备品备件按工艺文件规定的清单单独装箱。

ICS 23.020.40
J 76

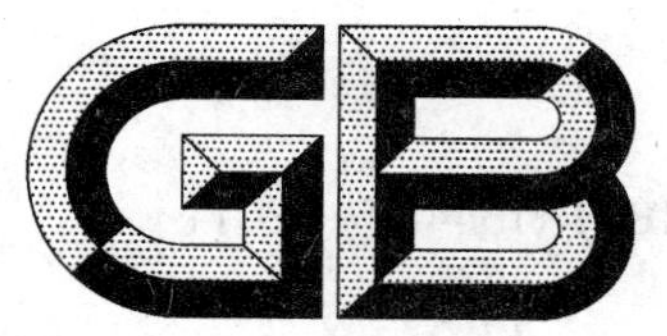

中华人民共和国国家标准

GB/T 18442.5—2011
部分代替 GB 18442—2001

固定式真空绝热深冷压力容器
第5部分:检验与试验

Static vacuum insulated cryogenic pressure vessel—
Part 5:Inspection and test

2011-11-21 发布 2012-05-01 实施

中华人民共和国国家质量监督检验检疫总局
中国国家标准化管理委员会 发布

前　言

GB/T 18442《固定式真空绝热深冷压力容器》由6个部分组成：

——第1部分：总则；

——第2部分：材料；

——第3部分：设计；

——第4部分：制造；

——第5部分：检验与试验；

——第6部分：安全防护。

本部分为GB/T 18442的第5部分。

本部分参考了ISO 21009-1:2008《低温容器　固定式真空绝热容器　第1部分：设计，制造，检验和试验》（英文版）。

本部分代替GB 18442—2001《低温绝热压力容器》中第7章"试验方法"、第8章"检验规则"和部分定义的内容。

与GB 18442—2001相比，本部分新增加或变化的内容有：

——增加了试验顺序规定、压力与气密性试验规定、冷冲击试验提要性要求、安全附件试验提要性要求；

——相关检验、试验内容的要求更具体化。

本部分由全国锅炉压力容器标准化技术委员会（SAC/TC 262）提出并归口。

本部分起草单位：中国国际海运集装箱（集团）股份有限公司、上海市气体工业协会、张家港中集圣达因低温装备有限公司、中国特种设备检测研究院、石家庄安瑞科气体机械有限公司、上海华谊集团装备工程有限公司、上海交通大学。

本部分主要起草人：唐家雄、周伟明、寿比南、翟兰惠、孙洪利、潘俊兴、顾安忠、陈朝晖、滕俊华、施锋萍。

本部分所代替标准的历次版本发布情况为：

——GB 18442—2001。

固定式真空绝热深冷压力容器
第5部分:检验与试验

1 范围

1.1 本部分规定了固定式真空绝热深冷压力容器(以下简称深冷容器)检验和试验的基本要求。
1.2 本部分适用范围同本标准第1部分。

2 规范性引用文件

下列文件对于本文件的应用是必不可少的。凡是注日期的引用文件,仅注日期的版本适用于本文件。凡是不注日期的引用文件,其最新版本(包括所有的修改单)适用于本文件。

GB 150 钢制压力容器

GB/T 18442.1 固定式真空绝热深冷压力容器 第1部分:总则

GB/T 18442.2 固定式真空绝热深冷压力容器 第2部分:材料

GB/T 18442.3 固定式真空绝热深冷压力容器 第3部分:设计

GB/T 18442.4 固定式真空绝热深冷压力容器 第4部分:制造

GB/T 18443.2 真空绝热深冷设备性能试验方法 第2部分:真空度测量

GB/T 18443.3 真空绝热深冷设备性能试验方法 第3部分:漏气速率测量

GB/T 18443.4 真空绝热深冷设备性能试验方法 第4部分:漏放气速率测量

GB/T 18443.5 真空绝热深冷设备性能试验方法 第5部分:静态蒸发率测量

GB/T 18443.7 真空绝热深冷设备性能试验方法 第7部分:维持时间测量

GB/T 18443.8 真空绝热深冷设备性能试验方法 第8部分:容积测量

3 术语和定义

GB 150、GB/T 18442.1、GB/T 18442.2、GB/T 18442.3 和 GB/T 18442.4 确立的以及下列术语和定义适用于本文件。

3.1

冷冲击试验 cold shock test

以设定的速度向深冷压力容器的内容器充注深冷液体,使内容器在规定的时间内冷却到预定的温度,以考察整个深冷压力容器耐受设定温差应力变化速度和幅度的能力。

3.2

维持时间 holding time

按额定充满率充装深冷液体,内部静置的深冷液体在大气压力下与外部环境温度达到热平衡后,补液至额定充满率,且关闭气相阀门后,内容器从环境大气压力开始上升到安全泄放装置开始泄放经历的时间,且换算为标准大气压(1.013 25×10^5 Pa)和设定环境温度(20 ℃)下的时间,单位为小时(h)。

4 试验方法

4.1 试验顺序

4.1.1 耐压试验合格后,方可进行低温性能检测。

4.1.2 定型试验的固定式真空绝热深冷压力容器,其静态蒸发率应在最后进行检测。

4.2 耐压试验

4.2.1 制造完工的容器应按图样的规定进行耐压试验。

4.2.2 耐压试验应用两个量程相同的并经过检定合格的压力表。压力表的量程应为 1.5 倍～3 倍的试验压力,且以试验压力的 2 倍为宜,压力表的精度不得低于 1.6 级、表盘直径不得小于 100 mm。

4.2.3 液压试验

4.2.3.1 液压试验一般采用水,并应控制水的氯离子含量不超过 25 mg/L。必要时,也可采用不会导致发生危险的其他液体,试验时液体的温度应低于其闪点或沸点。液压试验后应将水渍(或其他液体)清除干净。

4.2.3.2 液压试验温度应按图样的要求。

4.2.3.3 充液时,应将罐内气体排尽,保持内容器外表面干燥。试验时压力应缓慢上升,达到试验压力后,保压时间不少于 30 min。然后将压力降至设计压力,保压足够长的时间进行检查。检查期间压力应保持不变,不得采用连续加压的方式维持试验压力不变。液压试验过程中不得带压紧固螺栓或向受压元件施加外力。

4.2.3.4 液压试验的内容器壳体,符合下列条件为合格:

a) 无渗漏,无可见的变形,试验过程中无异常的响声;
b) 对抗拉强度规定值下限 R_m 不小于 540 MPa 的材料制造的内容器壳体,表面无损检测抽查未发现裂纹。

4.2.4 气压试验

4.2.4.1 由于结构或支撑、介质等原因,不允许残留试验液体的罐体,内容器可按图样要求采用气压试验。

4.2.4.2 试验所用的气体应为干燥洁净的空气、氮气或其他惰性气体。

4.2.4.3 气压试验时,试验单位的安全管理部门应派人进行现场监督。

4.2.4.4 内容器气压试验温度应按图样要求。

4.2.4.5 试验时压力应缓慢上升,至规定试验压力的 10%,保压 5 min,然后对所有焊接接头和连接部位进行泄漏检查。如无泄漏或异常现象可继续升压到规定试验压力的 50%,其后按每级为规定试验压力的 10%,逐级增压至规定试验压力,并保压 10 min。然后将压力降至设计压力,保压足够长的时间进行检查。检查期间压力应保持不变,不得采用连续加压的方式维持试验压力不变。气压试验过程中不得带压紧固螺栓或向受压元件施加外力。

4.2.4.6 气压试验以内容器无异常响声,经肥皂液或其他检漏液检查,无漏气、无可见的变形为合格。

4.3 气密性试验

4.3.1 气密性试验应在耐压试验合格后进行。

4.3.2 安全附件和其他附件应在气密性试验前装配齐全。

4.3.3 试验用的气体应为干燥洁净的空气、氮气或其他惰性气体,气体温度应符合设计图样的规定。

4.3.4 试验时,压力应缓慢上升达到设计压力后,保压足够长时间,对所有的焊接接头和连接部位进行检查,无泄漏为合格。

4.4 冷冲击试验

4.4.1 是否做冷冲击试验应根据图样的要求。

4.4.2 试验时，除进液口和排气口以外的其余管路管口封闭。

4.4.3 试验时，内容器和管路应被液氮充分浸渍。

4.4.4 冷冲击试验后的检验内容和要求应符合图样的规定。

4.5 容积测定

4.5.1 内容器应进行全容积、有效容积和真空夹层容积的测定，测定方法按 GB/T 18443.8 的规定。

4.5.2 由于结构或介质的原因不允许残留试验液体的内容器，可用几何测量尺寸后计算容积代替实测容积。

4.6 氦质谱检漏

4.6.1 按图样的要求对有关的焊缝和接头做氦质谱检漏。

4.6.2 外壳与内容器套装完毕后，一般应逐台进行氦质谱检漏。

4.6.3 发现有泄漏的地方应进行修补，修补后应重新进行氦质谱检漏。

4.7 真空度测量

封口真空度的测量方法按 GB/T 18443.2 的规定。

4.8 真空绝热层漏气速率测量

真空绝热层漏气速率的测量方法按 GB/T 18443.3 的规定。

4.9 真空绝热层漏放气速率测量

真空绝热层漏放气速率的测量方法按 GB/T 18443.4 的规定。

4.10 静态蒸发率测量

静态蒸发率的测量方法按 GB/T 18443.5 的规定。

4.11 维持时间测量

维持时间的测量方法按 GB/T 18443.7 的规定。

4.12 安全附件试验

按相应标准的要求进行安全附件性能试验，且出具试验报告。

4.13 其他检验

4.13.1 外观质量检查采用目视方法。

4.13.2 外廓尺寸测量的项目至少包括外径、总高(长)、支座布置尺寸。

5 检验规则

5.1 检验分类

检验分出厂检验、型式试验。

5.2 出厂检验

5.2.1 应逐台检验,合格后方可出厂。

5.2.2 出厂检验的项目按表1的规定。

表1 出厂检验和型式试验项目表

检验项目	出厂检验	型式试验
罐体外形尺寸	★	★
外观质量检查	★	★
罐体焊接质量	★	★
耐压试验	★	★
气密试验	★	★
安全附件性能试验	★	★
冷冲击试验	▲	★
内容器全容积	★	★
封口真空度	★	★
漏气速率	★	★
漏放气速率	★	★
静态蒸发率	▲	☆
维持时间	▲	

注1:有"★"标记的项目,为需进行检验和试验的项目;

注2:有"▲"标记的项目,由供需双方协商确定;

注3:有"☆"标记的项目,当内容器几何容积大于50 m^3,型式试验可在制造单位或用户处进行。

5.3 型式试验

5.3.1 属下列情况之一的,应进行型式试验:

a) 产品设计定型时(生产样罐型号);

b) 停产2年以上再次生产时;

c) 上级主管部门或国家特种设备安全监督管理部门提出进行型式检验时。

5.3.2 型式试验的项目按表1的规定。

ICS 23.020.40
J 76

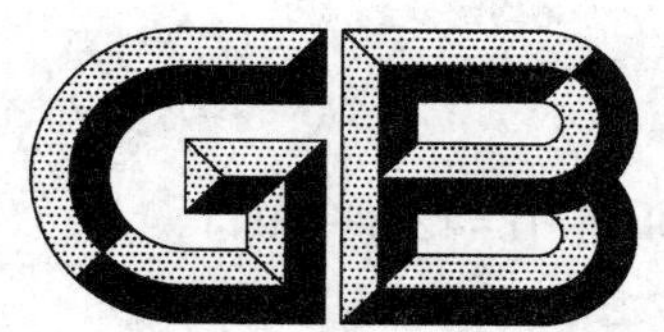

中华人民共和国国家标准

GB/T 18442.6—2011
部分代替 GB 18442—2001

固定式真空绝热深冷压力容器 第6部分:安全防护

Static vacuum insulated cryogenic pressure vessel—Part 6:Safety device requirements

2011-11-21 发布　　2012-05-01 实施

中华人民共和国国家质量监督检验检疫总局
中国国家标准化管理委员会　发布

前 言

GB/T 18442《固定式真空绝热深冷压力容器》由6个部分组成:

——第1部分:总则;

——第2部分:材料;

——第3部分:设计;

——第4部分:制造;

——第5部分:检验与试验;

——第6部分:安全防护。

本部分为GB/T 18442的第6部分。

本部分参考了ISO 21009-1:2008《低温容器　固定式真空绝热容器　第1部分:设计,制造,检验和试验》(英文版)和ISO 21013:2006《低温容器　压力泄放装置　第3部分:尺寸和容积的确定》(英文版)。

本标准代替GB 18442—2001《低温绝热压力容器》中6.7条“安全装置和附件”和部分定义的内容。

与GB 18442—2001《低温绝热压力容器》相比,本部分新增或变化的内容有:

——增加了附录A:安全泄放量的计算;

——增加了4.4条“紧急切断装置”、4.8条“装卸阀门”、4.9条“装卸软管及快速装卸接头”等内容。

本部分由全国锅炉压力容器标准化技术委员会(SAC/TC 262)提出并归口。

本部分起草单位:中国国际海运集装箱(集团)股份有限公司、上海市气体工业协会、查特深冷工程系统(常州)有限公司、中国特种设备检测研究院、上海华谊集团装备工程有限公司、张家港中集圣达因低温装备有限公司、石家庄安瑞科气体机械有限公司、上海交通大学。

本部分主要起草人:陈文峰、周伟明、寿比南、徐惠新、潘俊兴、孙洪利、唐家雄、顾安忠、林文胜、陈朝晖、滕俊华、施锋萍。

本部分所代替标准的历次版本发布情况为:

——GB 18442—2001。

固定式真空绝热深冷压力容器
第6部分:安全防护

1 范围

1.1 本部分规定了固定式真空绝热深冷压力容器(以下简称深冷容器)安全防护的基本要求。
1.2 本部分适用范围同本标准第1部分。

2 规范性引用文件

下列文件对于本文件的应用是必不可少的。凡是注日期的引用文件,仅注日期的版本适用于本文件。凡是不注日期的引用文件,其最新版本(包括所有的修改单)适用于本文件。

GB 150 钢制压力容器

GB 567 爆破片装置

GB/T 12241 安全阀 一般要求

GB/T 14525 波纹金属软管通用技术条件

GB/T 18442.1 固定式真空绝热深冷压力容器 第1部分:总则

GB/T 18442.2 固定式真空绝热深冷压力容器 第2部分:材料

GB/T 18442.3 固定式真空绝热深冷压力容器 第3部分:设计

GB/T 18442.4 固定式真空绝热深冷压力容器 第4部分:制造

GB/T 18442.5 固定式真空绝热深冷压力容器 第5部分:检验与试验

3 术语和定义

GB 150、GB/T 18442.1、GB/T 18442.2、GB/T 18442.3、GB/T 18442.4 和 GB/T 18442.5 确立的术语和定义适用于本文件。

4 安全附件和装卸附件

4.1 一般要求

4.1.1 安全附件包括:安全泄放装置(安全阀、爆破片装置、安全阀与爆破片组合安全泄放装置)、外壳防爆装置、紧急切断装置、液位计、温度计、压力表、阻火器以及导静电装置等。
4.1.2 装卸附件包括:装卸阀门、快速装卸接头、装卸软管等。
4.1.3 安全泄放装置、紧急切断装置、装卸软管及快速装卸接头的制造单位应持有国家特种设备安全监督管理部门颁发的制造许可证。
4.1.4 安全附件和装卸附件应符合相应标准的规定,且有产品质量证明书或产品质量合格证。

4.2 内容器安全泄放装置

4.2.1 内容器安全泄放装置设置要求

4.2.1.1 内容器安全泄放装置设置应按非火灾条件[本部分 4.2.2.2 中的工况 a)至 f)]和火灾条件

[4.2.2.2 中的工况 g)和 h),包括难以预测的可能遭遇 922 K 高温的其他外来热源]两种最基本外部条件要求进行考虑。

4.2.1.2 **按非火灾条件考虑时的最基本要求**

内容器至少应按图 1 所示设置两个安全阀,安全阀的整定压力应不大于内容器的设计压力,其泄压能力应能有效限制内容器的压力不超过其设计压力的 1.1 倍。并且,应保证任何时间至少有一个安全阀与内容器保持连通,其中任何一个安全阀的排放能力都能满足内容器安全泄放要求。

4.2.1.3 **按火灾条件考虑时的最基本要求**

内容器至少应按图 2 所示设置两个安全阀和两个辅助泄放装置,辅助泄放装置一般使用爆破片装置。其中一个安全阀的开启压力应不大于内容器的设计压力,其泄压能力应能有效限制内容器的压力不超过其设计压力的 1.1 倍;辅助泄放装置的动作压力不大于内容器设计压力的 1.16 倍,安全阀和辅助泄放装置的总泄压能力应能有效限制内容器的压力不超过其设计压力的 1.21 倍。同时,应保证任何时间安全阀和辅助泄放装置至少各有一个与内容器保持连通,并且单独一个安全阀就足以满足按非火灾条件考虑时内容器安全泄放要求,单独一个爆破片装置就足以满足按火灾条件考虑时内容器安全泄放要求。

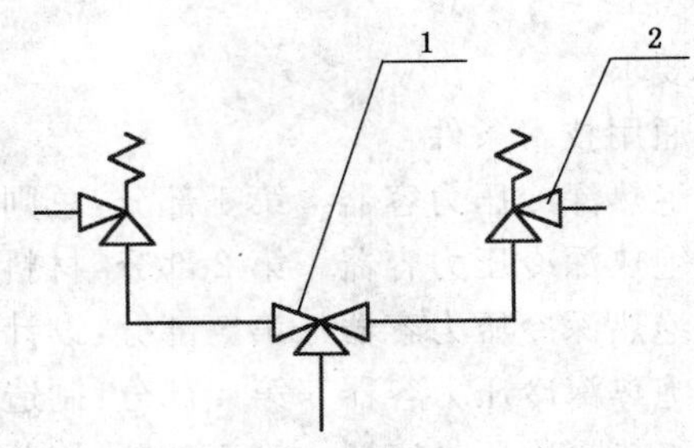

1——三通阀;
2——安全阀。

图 1 安全泄放装置设置示意

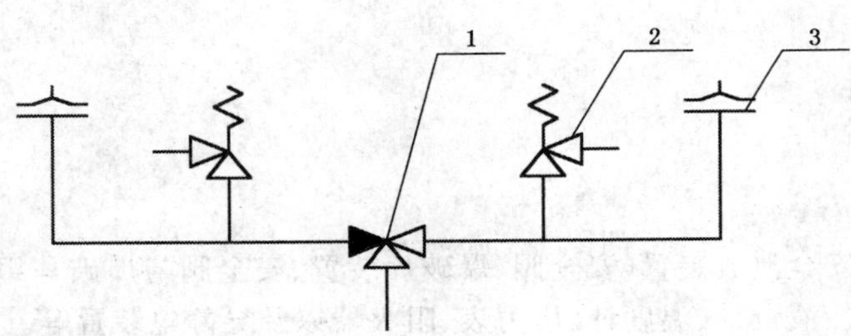

1——切换阀;
2——安全阀;
3——爆破片装置。

图 2 安全泄放装置设置示意

4.2.1.4 安全阀应符合 GB/T 12241 的规定。

4.2.1.5 爆破片装置应符合 GB 567 的要求。

4.2.1.6 安全泄放装置应采用弹簧安全阀或安全阀与爆破片的组合装置。

4.2.1.7 安全泄放装置的设置应符合下列要求：

a) 安全泄放装置的入口管应设置在罐体液面以上顶部空间容积小于2%的地方，垂直于容器的顶部，且尽可能靠近纵向和横向的中心；

b) 贮存非易爆介质的深冷容器，可选用安全阀与爆破片组合装置；

c) 贮存易爆介质的深冷容器，应使用双安全阀组合装置；

d) 气体的排放应畅通无阻，泄压排出的气体不可以直接冲击容器和主要受力结构件；

e) 贮存易爆介质的深冷容器设置的阻火器，应不影响安全泄放装置的安全泄放量；

f) 出口处应防止雨水和杂物的积聚，并防止任何异物的进入；

g) 能承受容器内部的压力、可能出现的超压及包括液体冲击力在内的动载荷。

4.2.1.8 安全泄放装置应有清晰、永久的标记，标记内容应至少包括：

a) 安全泄放装置动作压力；

b) 额定的排气能力；

c) 制造许可证编号及标志；

d) 制造单位名称或标识商标。

4.2.2 内容器安全泄放量

4.2.2.1 内容器安全泄放装置的排放能力不得小于内容器需要的安全泄放量，内容器需要的安全泄放量及安全泄放装置的排放能力计算方法按附录A。

4.2.2.2 进行内容器需要的安全泄放量计算时，至少应考虑到如下安全泄放负荷工况：

a) 绝热系统结构完好且处于正常的真空状态下，外部为环境温度，内容器的温度为泄放压力下所储存的介质的饱和温度；

b) 绝热系统结构完好且处于正常的真空状态下，外部为环境温度，内容器的温度为泄放压力下，所储存的介质的饱和温度；且增压系统处于全开工作状态；

c) 绝热系统结构完好，但夹层已丧失真空状态下，外部温度为环境温度，内容器的温度为泄放压力下所储存介质的饱和温度；

d) 连接高压源与内容器的管路中的其他阀；

e) 泵的可能组合的循环使用的影响；

f) 以可能的最大流量对工作温度下的储罐加注带液闪蒸气体；

g) 真空绝热容器的绝热系统结构完好或部分完好，但夹层真空已丧失，且外部遭遇火灾或遭遇922 K高温；

h) 真空绝热深冷容器夹套外部遭遇火灾或遭遇922 K高温，且绝热系统结构完全损坏。

4.2.2.3 设计人员应根据实际条件判明可能发生的各种工况，包括本标准4.2.2.2条列出的a)至f)以外的工况及可能有几种工况同时发生的情况。

4.2.2.4 附录A未规定针对4.2.2.2条中的工况d)、e)和f)的计算方法，设计人员应根据实际条件判明是否存在这些工况。存在这些工况时应按热力学基本理论的方法，充分估计这些工况可能产生的最大影响。

4.2.2.5 在判明容器不可能处于火灾环境的情况下，内容器安全泄放装置应满足4.2.2.2条中的a)至f)中可能有几种工况同时发生的安全泄放要求。

4.2.2.6 在判明容器可能处于火灾环境的情况下，一般按4.2.2.2条中的工况g)考虑安全泄放量，但也应充分研究发生极端工况h)的可能。

4.2.2.7 安装于地面以下的容器一般不必考虑火灾工况。

4.3 外壳防爆装置

4.3.1 外壳防爆装置设置要求

4.3.1.1 外壳应设置防爆装置,其泄放压力应不大于 0.05 MPa,其排放能力足以使夹层的压力限制在不超过 0.1 MPa。

4.3.1.2 防爆装置应能耐大气腐蚀,材料应与环境温度相适应。

4.3.1.3 防爆装置应能防止绝热材料的堵塞。

4.3.2 外壳防爆装置的排放面积

外壳防爆装置的排放面积一般不小于内容器几何容积(m^3)与 340 mm^2/m^3 的乘积,但不必超过 5 000 mm^2。

4.4 紧急切断装置

4.4.1 紧急切断装置的设置要求

4.4.1.1 储存易爆或毒性程度为极度或者高度危害介质的容器,应按如下要求增设能快速关闭的阀门或紧急切断装置,但确认在工程系统中设置紧急切断装置(或类似的、防大量泄漏的其他紧急闭止装置)时除外。

a) 几何容积不超过 5 m^3 的容器,应在液相进出管线上尽量靠近容器且便于安全操作的位置,增设能快速关闭的阀门(如球阀)或紧急切断装置。

b) 几何容积超过 5 m^3 的容器,应在液相进出管线上尽量靠近容器的位置增设紧急切断装置。

c) 紧急切断装置一般由紧急切断阀、过流控制、远程控制系统以及易熔塞自动切断装置组成。紧急切断装置应动作灵活、性能可靠、便于检修,且不应兼作它用。

4.4.1.2 在遭遇火灾或装卸过程中发生意外泄漏时,紧急切断装置应能自动关闭,且该装置应能进行远程控制操作。

4.4.1.3 设有远程控制接口,便于远程控制系统关闭操作的装置应设置在工程系统中人员易于到达的位置。

4.4.2 紧急切断装置的性能要求

紧急切断装置的性能应满足如下要求:

a) 易熔塞的易熔合金熔融温度为 75 ℃±5 ℃;

b) 紧急切断阀应保证在工作压力下全开,并持续放置 48 h 不致引起自然闭止;

c) 自始闭起,通径小于 DN50 mm 的应在 5 s 内完全闭止,通径不小于 DN50 mm 的应在 10 s 内完全闭止;

d) 制成后应经耐压试验和气密性试验,并检验合格;

e) 与介质直接接触的部件,其耐压试验压力应不低于内容器的耐压试验压力,保压时间应不少于 10 min。

4.5 液位计

4.5.1 液位计应根据介质、工作压力和温度正确选用。

4.5.2 液位计应灵活准确、结构牢固,精度等级不应低于 2.5 级。

4.5.3 不应使用玻璃板(管)液位计或其他易碎材料制液位计。

4.5.4 对易爆介质,应采用防爆型液位计,且有防止泄漏的保护装置。

4.5.5 液位计应安装在便于观察的位置。

4.5.6 设计单位应提供液位指示刻度与容积的对应关系数据。

4.6 压力表

4.6.1 压力表应与装运介质相容。

4.6.2 压力表的测量范围为 1.5 倍～3.0 倍的工作压力，精度等级不低于 2.5 级，表盘直径不小于 100 mm。

4.6.3 压力表应设置在便于操作人员观察和清洗的位置，且应避免受到振动、冻结等不利因素的影响。

4.7 导静电接地装置

4.7.1 储存易爆介质的深冷容器，其罐体、管道、阀门和支座等连接处的导电性应良好，并设置可靠的导静电连接端子。

4.7.2 罐体与接地导线末端之间的电阻值应不大于 10 Ω。

4.8 装卸阀门

装卸阀门应符合下列要求：

a) 阀体的耐压试验压力为阀体公称压力的 1.5 倍，阀门的气密性试验压力为阀体公称压力；

b) 除安全阀以外的阀门，应在全开和全闭的工况下进行气密性试验；

c) 手动阀门在承受气密性试验压力和工作温度的工况下应能开闭自如，且无异常阻力、空转等现象。

4.9 装卸软管及快速装卸接头

4.9.1 装卸软管一般应采用金属波纹软管。金属波纹软管应符合 GB/T 14525 的规定。

4.9.2 装卸软管和快速装卸接头在承受 4 倍工作压力时不应破裂，且快速装卸接头要有良好的密封结构。

4.9.3 装卸软管和快速装卸接头在最低使用温度下应有良好的韧性。

4.9.4 装卸软管在公称压力下至少能反复使用 10 000 次，且反复弯曲性能应不少于 50 000 次。

4.9.5 装卸软管和快速装卸接头内表面应无油污、杂物等。

4.9.6 易爆和液氧介质用装卸软管的电阻应小于 0.5 Ω。

附 录 A
（规范性附录）
安全泄放量的计算

A.1 从热壁(外壳)传入冷壁(内容器)的总热流量的计算

A.1.1 非火灾情况

A.1.1.1 绝热系统(夹套和绝热材料)完好且处于正常的真空状态下，外部为环境温度，内容器的温度为泄放压力下所储存的介质的饱和温度，需考虑的从热壁传入冷壁的热流量的计算方法如下：

a) 在正常的真空状态下，通过绝热材料传入的热流量按式(A.1)计算：

$$H_{i.v}=U_{i.v}\times A_{i.m}\times(T_a-T_d) \quad \cdots\cdots(A.1)$$

式中：

$H_{i.v}$——在正常的真空状态下，通过绝热材料传入的热流量，单位为瓦(W)；

$U_{i.v}$——在正常真空状态下，夹层绝热材料总的传热系数，单位为瓦每平方米开尔文($W/m^2 \cdot K$)；

$$U_{i.v}=\frac{\lambda_{i.v}}{t_i}$$

式中：

$\lambda_{i.v}$——在正常真空状态下，绝热材料在温度范围 T_a 与 T_d 之间的平均热导率，单位为瓦每米开尔文($W/m \cdot K$)；

t_i——绝热材料的名义厚度，单位为米(m)；

$A_{i.m}$——绝热层内外表面积的算术平均值，单位为平方米(m^2)；

T_a——非火灾情况下绝热容器外部最高环境温度，单位为开尔文(K)；

T_d——对应于某一深冷介质的容器或传热构件冷端表面温度，单位为开尔文(K)；
对于亚临界流体，T_d 是介质在泄放压力下的饱和温度，单位为开尔文(K)；
对于临界或超临界流体，见注1说明。

注1：关于临界或超临界状态下介质的温度、比容积、焓及 q′值的确定和计算可参考标准 ISO 21013-3《Cryogenic vessels—Pressure-relief accessories for cryogenic service—Part 3: Sizing and capacity determination》，临界或超临界流体物性参数可参考 National Institute of Science and Technology Tables of Fluid Properties[12](美国科学与技术学会出版的流体特性表。)

b) 通过内容器的吊带或其他金属支撑构件传入的热流量按式(A.2)计算：

$$H_{s.t}=N_{s.t}\frac{\lambda_{s.t}\times A_{s.t}(T_a-T_d)}{L_{s.t}} \quad \cdots\cdots(A.2)$$

式中：

$H_{s.t}$——通过内容器的吊带或其他金属支撑构件传入的热流量，单位为瓦(W)；

$N_{s.t}$——内容器吊带或其他金属支撑构件的数量；

$\lambda_{s.t}$——内容器吊带或其他金属支撑构件材料在温度 T_a 与 T_d 之间平均热导率，单位为瓦每米开尔文($W/m \cdot K$)；

$A_{s.t}$——内容器金属吊带或其他金属支撑构件的截面积，单位为平方米(m^2)；

$L_{s.t}$——内容器吊带或其他金属支撑构件材料的长度，单位为米(m)；

T_a——非火灾情况下绝热容器外部最高环境温度，单位为开尔文(K)；

T_d——对应于某一深冷介质的容器或传热构件冷端表面温度，单位为开尔文(K)；
对于亚临界流体，T_d 是介质在泄放压力下的饱和温度，单位为开尔文(K)；
对于临界或超临界流体，T_d 的确定见注1说明。

c) 通过为约束内容器发生纵(轴)向位移而设置的限位构件传入的热流量按式(A.3)计算：

$$H_{b.1} = N_{b.1}\frac{T_a - T_d}{R_{t.1}} \qquad \cdots\cdots(A.3)$$

式中：

$H_{b.1}$——通过为约束内容器发生纵向位移而设置的限位构件传入的热流量，单位为瓦(W)；

$N_{b.1}$——内容器纵向限位构件数量；

$R_{t.1}$——纵向限位构件的总热阻，单位为开尔文每瓦(K/W)；

$$R_{t.1} = \frac{L_{b.1}}{\lambda_b \cdot A_{b.1}} + \frac{L_{t.1}}{\lambda_{tu} \cdot A_{t.1}}$$

式中：

$L_{b.1}$——内容器纵向非金属限位构件的长度，单位为米(m)；

$L_{t.1}$——内容器纵向金属限位构件的长度，单位为米(m)；

λ_b——用于制作内容器纵向非金属限位构件的热导率，单位为瓦每米开尔文(W/m·K)；

λ_{tu}——用于制作内容器纵向金属限位构件的热导率，单位为瓦每米开尔文(W/m·K)；

$A_{b.1}$——内容器纵向非金属限位构件的截面积，单位为平方米(m^2)；

$A_{t.1}$——内容器纵向金属限位构件的截面积，单位为平方米(m^2)；

T_a——非火灾情况下绝热容器外部最高环境温度，单位为开尔文(K)；

T_d——对应于某一深冷介质的容器或传热构件冷端表面温度，单位为开尔文(K)；
对于亚临界流体，T_d 是介质在泄放压力下的饱和温度，单位为开尔文(K)；
对于临界或超临界流体，T_d 的确定见注 1 说明。

d) 通过为约束内容器发生径向位移而设置的径向限位构件传入的热流量按式(A.4)计算：

$$H_{b.t} = N_{b.t}\frac{T_a - T_d}{R_{t.t}} \qquad \cdots\cdots(A.4)$$

式中：

$H_{b.t}$——通过为约束内容器发生径向位移而设置的径向限位构件传入的热流量，单位为瓦(W)；

$N_{b.t}$——内容器径向限位构件数量；

$R_{t.t}$——径向限位构件的总热阻，单位为开尔文每瓦(K/W)；

$$R_{t.t} = \frac{L_{b.t}}{\lambda_b \cdot A_{b.t}} + \frac{L_{t.t}}{\lambda_{tu} \cdot A_{t.t}}$$

$L_{b.t}$——内容器径向非金属限位构件的长度，单位为米(m)；

$L_{t.t}$——内容器径向金属限位构件的长度，单位为米(m)；

$A_{b.t}$——内容器径向非金属限位构件的截面积，单位为平方米(m^2)；

$A_{t.t}$——内容器径向金属限位构件的截面积，单位为平方米(m^2)；

T_a——非火灾情况下绝热容器外部最高环境温度，单位为开尔文(K)；

T_d——对应于某一深冷介质的容器或传热构件冷端表面温度，单位为开尔文(K)；
对于亚临界流体，T_d 是介质在泄放压力下的饱和温度，单位为开尔文(K)；
对于临界或超临界流体，T_d 的确定见注 1 说明。

e) 通过真空夹层的管道传入的热流量按式(A.5)计算：

$$H_{tube} = \sum_{i=1}^{n}\left[\frac{\lambda_t \cdot A_{tube \times i}(T_a - T_d)}{L_i} + \frac{\lambda_{gas} \cdot A_{tube \times i}(T_a - T_d)}{L_i}\right] \qquad \cdots\cdots(A.5)$$

式中：

H_{tube}——通过真空夹层的管道传入的热流量，单位为瓦(W)；

λ_t——通过真空夹层的管道的材料在温度 T_a 与 T_d 之间平均热导率，单位为瓦每米开尔

文(W/m·K);

$$\lambda_t = \frac{\lambda_a - \lambda_c}{T_a - T_d}$$

式中:

λ_c ——真空夹层的管道材料在冷端(深冷介质在泄放压力下的饱和温度)的热导率,单位为瓦每米开尔文(W/m·K);

λ_a ——真空夹层的管道材料在热端的热导率,单位为瓦每米开尔文(W/m·K);

$A_{tube \times i}$——穿过真空夹层的内容器第 i 管的横截面积,$i=1,2,\cdots\cdots n$,单位为平方米(m^2);

L_i ——第 i 管在真空夹层内的长度,单位为米(m);

λ_{gas} ——所储存介质的气体热导率,单位为瓦每米开尔文(W/m·K);

T_a ——非火灾情况下绝热容器外部最高环境温度,单位为开尔文(K);

T_d ——对应于某一深冷介质的容器或传热构件冷端表面温度,单位为开尔文(K);对于亚临界流体,T_d 是介质在泄放压力下的饱和温度,单位为开尔文(K);对于临界或超临界流体,T_d 的确定见注1说明。

A.1.1.2 在非火灾和绝热层完好且处于正常的真空状态下,由热壁传入冷壁的总热流量按式(A.6)计算:

$$H_1 = H_{i.v} + H_{s.t} + H_{tube} + H_{b.l} + H_{b.t} \quad \cdots\cdots\cdots (A.6)$$

式中:

H_1——在非火灾和绝热层完好且处于正常的真空状态下,由热壁传入冷壁的总热流量,单位为瓦(W);

A.1.1.3 绝热系统完好且处于正常的真空状态下,外部为环境温度,内容器的温度为泄放压力下所储存的介质的饱和温度,且增压系统处于全开工作状态下,热壁经由绝热系统,构件和增压汽化器输入内容器的总热流量按式(A.7)计算:

$$H_2 = H_1 + H_{P.B.C} \quad \cdots\cdots\cdots (A.7)$$

式中:

H_2 ——热壁经由绝热系统,构件和增压器输入内容器的总热流量,单位为瓦(W);

$H_{P.B.C}$ ——增压器产生的热流量,单位为瓦(W);

$$H_{P.B.C} = U_{P.B.C} \times A_{P.B.C} \times (T_a - T_d)$$

式中:

$U_{P.B.C}$——增压器总的对流传热系数,单位为瓦每平方米开尔文($W/m^2 \cdot K$);

$A_{P.B.C}$——增压器总的外部传热面积,单位为平方米(m^2);

T_a ——非火灾情况下绝热容器外部最高环境温度,单位为开尔文(K);

T_d ——对应于某一深冷介质的容器或传热构件冷端表面温度,单位为开尔文(K);对于亚临界流体,T_d 是介质在泄放压力下的饱和温度,单位为开尔文(K);对于临界或超临界流体,T_d 的确定见注1说明。

A.1.1.4 绝热系统完好,但夹层已丧失真空状态下,外部温度为环境温度,内容器的温度为泄放压力下所储存介质的饱和温度,从热壁传入内容器的总热流量按式(A.8)计算:

$$H_3 = H_{i.l} + H_{s.t} + H_{tube} + H_{b.l} + H_{b.t} \quad \cdots\cdots\cdots (A.8)$$

式中:

H_3 ——绝热系统完好,但夹层已丧失真空,外部温度为环境温度,内容器的温度为泄放压力下所储存介质的饱和温度,从热壁传入内容器的总热流量,单位为瓦(W);

$H_{i.l}$——夹层丧失真空的状态下,通过绝热材料输入的漏热量,单位为瓦(W);

$$H_{i.l} = U_{i.l} \times A_{i.m} \times (T_a - T_d)$$

$U_{i.l}$——在大气压力下和环境温度下,绝热材料总的传热系数,单位为瓦每平方米开尔文(W/m²·K);

$$U_{i.l}=\frac{\lambda_{i.l}}{t_i}$$

$\lambda_{i.l}$——夹层已丧失真空,在大气压力下绝热材料充满或吸附空气或介质气体,在温度 T_a 与 T_d 之间的平均热导率,单位为瓦每米开尔文(W/m·K);

t_i ——绝热材料的名义厚度,单位为米(m);

$A_{i.m}$——绝热层内外表面积的算术平均值,单位为平方米(m²);

T_a ——非火灾情况下绝热容器外部最高环境温度,单位为开尔文(K);

T_d ——对应于某一深冷介质的容器或传热构件冷端表面温度,单位为开尔文(K);

对于亚临界流体,T_d 是介质在泄放压力下的饱和温度,单位为开尔文(K);

对于临界或超临界流体,T_d 的确定见注1说明。

A.1.2 火灾情况

A.1.2.1 真空绝热容器的绝热系统完好或部分完好,但夹层真空已丧失,且外部遭遇火灾或遭遇 922 K 高温的情况下,由热壁传入内容器的总热流量按式(A.9)计算:

$$H_4=2.6\times(922-T_d)U_{i.f}\times A_r^{0.82} \qquad\cdots\cdots\cdots(A.9)$$

式中:

H_4 ——真空绝热容器的绝热系统完整,但夹层真空已丧失,且外部遭遇火灾或遭遇 922 K 高温的情况下,由热壁传入内容器的总热流量,单位为瓦(W);

T_d ——对应于某一深冷介质的容器或传热构件冷端表面温度,单位为开尔文(K);

对于亚临界流体,T_d 是介质在泄放压力下的饱和温度,单位为开尔文(K);

对于临界或超临界流体,T_d 的确定见注1说明。

$U_{i.f}$——在火灾条件下(外部温度为 922 K 和大气压下)绝热材料总的传热系数,单位为瓦每平方米开尔文(W/m²·K);

$$U_{i.f}=\frac{\lambda_{i.f}}{t_i}$$

$\lambda_{i.f}$——真空绝热深冷容器外部遭遇火灾或遭遇 922 K 的高温,夹层真空已丧失,在大气压力下,绝热材料充满介质气体或空气,但仍能有效的阻止热传导、热对流和热辐射;绝热材料在 T_d 与 922 K 之间的平均热导率,取两者(气体或空气)之中的较大值,单位为瓦每米开尔文(W/m·K);

t_i ——绝热材料的名义厚度,单位为米(m);

A_r ——内容器与外壳面积的平均值,单位为平方米(m²);

半球形封头的卧式容器,$A_r=\pi D_0 L$;

椭圆形封头的卧式容器,$A_r=\pi D_0(L+0.3D_0)$;

立式容器,$A_r=\pi D_0 h_1$;

L ——外壳总长减去罐体中轴线处两端夹层厚度的平均值,单位为米(m);

D_0——内容器与外壳直径的平均值,单位为米(m);

h_1——设计最大液位高度,单位为米(m);

A.1.2.2 真空绝热深冷容器夹套外部遭遇火灾或遭遇 922 K 高温,且绝热系统已完全损坏的情况下,由热壁传入内容器的总热流量按式(A.10)计算:

$$H_5=7.1\times10^4\times A_r^{0.82} \qquad\cdots\cdots\cdots(A.10)$$

式中:

H_5——真空绝热深冷容器夹套外部遭遇火灾或遭遇 922 K 高温,且绝热系统已完全损坏的情况下,由热壁传入内容器的总热流量,单位为瓦(W);

A_r ——内容器外表面积，单位为平方米(m^2)；

半球形封头的卧式容器，$A_r=\pi D_0 L$；

椭圆形封头的卧式容器，$A_r=\pi D_0(L+0.3D_0)$；

立式容器，$A_r=\pi D_0 h_1$；

L ——外壳总长减去罐体中轴线处两端夹层厚度的平均值，单位为米(m)；

D_0——内容器与外壳直径的平均值，单位为米(m)；

h_1 ——设计最大液位高度，单位为米(m)；

A.2 内容器的安全泄放量(质量流量)的计算

A.2.1 当内容器的安全泄放装置的泄放压力 p_d 小于介质临界压力的40％时，上述各种状态下的真空绝热压力容器的安全泄放量(质量流量)按式(A.11)计算：

$$W_{s.i}=\frac{3.6H_i}{q} \quad \cdots\cdots\cdots\cdots\cdots\cdots (A.11)$$

式中：

$W_{s.i}$——当内容器的安全泄放装置的泄放压力 p_d 小于介质临界压力的40％时，真空绝热压力容器的安全泄放量，单位为千克每小时(kg/h)；

H_i ——由热壁传入冷壁的总热流量，对应于 $i=1,2,3,4,5$，分别由式(A.6)、(A.7)、(A.8)、(A.9)、(A.10)计算，单位为瓦(W)；

q ——在泄放压力下液体介质的汽化潜热，单位为千焦每千克(kJ/kg)；

A.2.2 当安全泄压装置的气体泄放压力 p_d 小于介质的临界压力，但大于或等于临界压力的40％，即 $0.4p_{crit}\leqslant p_d<p_{crit}$ 时，需对(A.11)中的容器安全泄放质量流量计算式进行修正，即应按式(A.12)计算：

$$W_{s.i}'=3.6\times\left(\frac{v_g-v_e}{v_g}\right)\times\frac{H_i}{q} \quad \cdots\cdots\cdots\cdots\cdots\cdots (A.12)$$

式中：

$W_{s.i}'$——当安全泄压装置的气体泄放压力 p_d 小于介质的临界压力，但大于或等于临界压力的40％，即 $0.4p_{crit}\leqslant p_d<p_{crit}$ 时，真空绝热压力容器的安全泄放量，单位为千克每小时(kg/h)；

v_g ——泄放压力下，饱和气体介质的比容积，单位为立方米每千克(m^3/kg)；

v_e ——泄放压力下，饱和液体介质的比容积，单位为立方米每千克(m^3/kg)；

H_i ——由热壁(夹套)传入冷壁(内容器)的总热流量，对应于 $i=1,2,3,4,5$，分别由式(A.6)、(A.7)、(A.8)、(A.9)、(A.10)计算，单位为瓦(W)；

q ——在泄放压力下液体介质的汽化潜热，单位为千焦每千克(kJ/kg)；

A.2.3 当安全泄放装置的气体泄放压力高于介质的临界压力时，亦需对(A.11)中的内容器安全泄放质量流量计算公式进行修正，即应按式(A.13)计算：

$$W_{s.i}''=\frac{3.6H_i}{q'} \quad \cdots\cdots\cdots\cdots\cdots\cdots (A.13)$$

式中：

$W_{s.i}''$——当安全泄放装置的气体泄放压力高于介质的临界压力时，真空绝热压力容器的安全泄放量，单位为千克每小时(kg/h)；

H_i ——由热壁(夹套)传入冷壁(内容器)的总热流量，对应于 $i=1,2,3,4,5$，分别由式(A.6)、(A.7)、(A.8)、(A.9)、(A.10)计算，单位为瓦(W)；

q' ——泄放压力 p_d 和温度 T_d(K)下，当 $\dfrac{\sqrt{v}}{v\left[\dfrac{\partial h}{\partial v}\right]_p}$ 取得最大值时的值 $v\left[\dfrac{\partial h}{\partial v}\right]_p$，单位为千焦每千克 kJ/kg；

v ——临界或超临界介质在泄放压力 p_d 和操作温度范围内任一温度下的比容积，单位为立方米每千克(m^3/kg)；

h ——临界或超临界液体在泄放压力 p_d 下和操作温度范围内任一温度下的焓值，单位为千焦每开尔文 kJ/K；

A.3 将泄放气体的质量流量 $W_{s.i}$ 换算成标态空气流量按式(A.14)计算。

$$Q_i = \frac{92.34 W_{s.i}}{C}\sqrt{\frac{ZT}{M}} \quad \cdots\cdots\cdots\cdots (A.14)$$

式中：

Q_i ——按泄放气体的质量流量 $W_{s.i}$ 换算成的标态空气流量，单位为牛立方米每小时(N·m^3/h)；

$W_{s.i}$——当内容器的安全泄装置的泄放压力 p_d 小于 40%的介质临界压力时，上述各种状态下的真空绝热压力容器的安全泄放量，单位为千克每小时(kg/h)；

C ——气体特性系数，查表 A.1 或按下式计算：

$$C = 520\sqrt{k\left(\frac{2}{k+1}\right)^{\frac{k+1}{k-1}}}$$

式中：

k ——气体绝热指数，$k = C_p/C_v$；

C_p——标准状态下气体定压比热；

C_v——标准状态下气体定容比热；

Z ——在泄放压力 p_d 下饱和气体的压缩系数；

T ——泄放装置进口侧的气体温度，单位为开尔文(K)；

M——气体的摩尔质量，单位为千克每千摩尔(kg/kmol)；

A.4 气体排放管长度对安全泄放装置入口的气体压力和温度的影响

当从内容器到泄放装置入口的气体排放管的长度超过 600 mm 时，必须考虑气体流过这段管子的压力降和热量损失，采取措施补偿由此减少的泄放系统的有效泄放能力，或对泄放装置入口的气体压力和温度进行修正，相关修正方法可参照 CGA S-1.3。

A.5 安全阀排放能力计算

当 $\frac{p_o}{p_d} \leqslant \left(\frac{2}{k+1}\right)^{\frac{k}{k-1}}$ 时，属于临界流动状态，安全阀排放能力按式(A.15)计算：

$$W_s = 7.6\times 10^{-2} CKp_dA\sqrt{\frac{M}{ZT}} \quad \cdots\cdots\cdots\cdots (A.15)$$

当 $\frac{p_o}{p_d} > \left(\frac{2}{k+1}\right)^{\frac{k}{k-1}}$ 时，属于亚临界流动状态，安全阀排放能力按式(A.16)计算：

$$W_s = 55.84\times AKp_d\sqrt{\frac{M}{ZT}}\sqrt{\frac{k}{k-1}\left[\left(\frac{p_o}{p_d}\right)^{\frac{2}{k}} - \left(\frac{p_o}{p_d}\right)^{\frac{k+1}{k}}\right]} \quad \cdots\cdots\cdots\cdots (A.16)$$

式中

k ——气体绝热指数，$k = C_p/C_k$；

式中：

k ——气体绝热指数，$k = C_p/C_v$；

C_p——标准状态下气体定压比热；

C_v——标准状态下气体定容比热；

p_o——安全阀出口压力，单位为兆帕(MPa)；

W_s——安全阀的排放能力，单位为千克每小时(kg/h)；

C ——气体特性系数，查表 A.1 或按下式计算：

$$C = 520\sqrt{k\left(\frac{2}{k+1}\right)^{\frac{k+1}{k-1}}}$$

K ——安全阀的额定泄放系数，与安全阀结构有关，应根据实验数据确定。无参考数据时，可按下列规定选取：

全启式安全阀 $K=0.60\sim0.70$；

p_d ——安全阀的排放压力，$p_d=1.1p+0.1$，单位为兆帕(MPa)；

p ——容器的设计压力，单位为兆帕 MPa；

A ——安全阀最小排气截面积，单位为平方毫米(mm^2)；

全启式安全阀，即 $h\geqslant\frac{1}{4}d_t$ 时：$A=\pi\frac{d_t^2}{4}$；

h ——阀瓣的开启高度，单位为毫米(mm)；

d_t——安全阀的最小流道直径(阀座喉部直径)，单位为毫米(mm)。

A.6 爆破片装置排放能力计算

当 $\frac{p_o}{p_b}\leqslant\left(\frac{2}{k+1}\right)^{\frac{k}{k-1}}$ 时，属于临界流动状态爆破片装置排放能力按式(A.17)计算

$$W_s=7.6\times10^{-2}CK'p_bA\sqrt{\frac{M}{ZT}}\qquad\cdots\cdots(A.17)$$

当 $\frac{p_o}{p_b}>\left(\frac{2}{k+1}\right)^{\frac{k}{k-1}}$ 时，属于亚临界流动状态爆破片装置排放能力按式(A.18)计算：

$$W_s=55.84\times AK'p_b\sqrt{\frac{M}{ZT}}\sqrt{\frac{k}{k-1}\left[\left(\frac{p_o}{p_b}\right)^{\frac{2}{k}}-\left(\frac{p_o}{p_b}\right)^{\frac{k+1}{k}}\right]}\qquad\cdots\cdots(A.18)$$

式中：

k ——气体绝热指数，$k=C_p/C_v$；

p_o ——爆破片装置出口压力，单位为兆帕(MPa)；

W_s——爆破片装置的排放能力，单位为千克每小时(kg/h)；

C ——气体特性系数，查表 A.1 或按下式计算：

$$C=520\sqrt{k\left(\frac{2}{k+1}\right)^{\frac{k+1}{k-1}}}$$

式中：

k ——气体绝热指数，$k=C_p/C_v$；

C_p——标准状态下气体定压比热；

C_v——标准状态下气体定容比热；

A ——爆破片装置的排放面积，单位为平方毫米(mm^2)；

p_b ——爆破片装置的设计爆破压力，$p_b=1.16p+0.1$ 单位为兆帕(MPa)；

p ——容器的设计压力，单位为兆帕(MPa)；

K'——爆破片装置的额定泄放系数，与爆破片装置入口管道形状有关，见图 A.1；

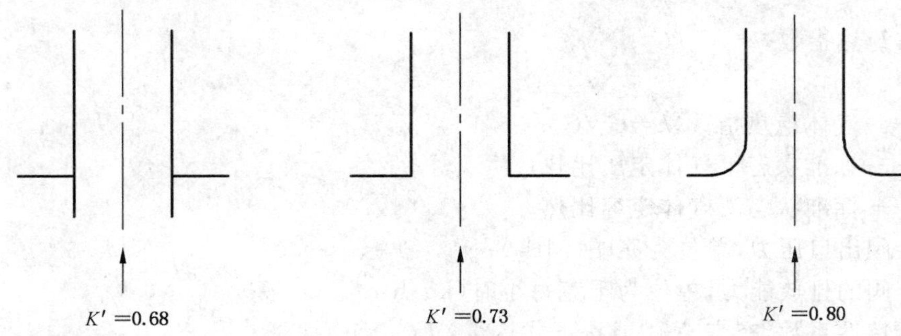

图 A.1 爆破片装置入口管道形状和额定泄放系数的关系

表 A.1 气体特性系数

k	C	k	C	k	C	k	C
1.00	315	1.20	337	1.40	356	1.60	372
1.02	318	1.22	339	1.42	358	1.62	374
1.04	320	1.24	341	1.44	359	1.64	376
1.06	322	1.26	343	1.46	361	1.66	377
1.08	324	1.28	345	1.48	363	1.68	379
1.10	327	1.30	347	1.50	364	1.70	380
1.12	329	1.32	349	1.52	366	2.00	400
1.14	331	1.34	351	1.54	368	2.20	412
1.16	333	1.36	352	1.56	369	—	—
1.18	335	1.38	354	1.58	371	—	—

ICS 11.020
C 05

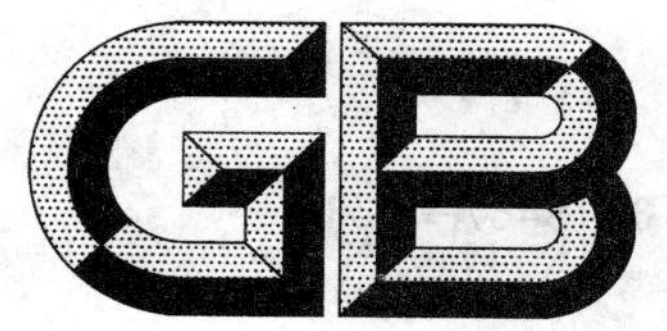

中华人民共和国国家标准

GB 18467—2011
代替 GB 18467—2001

献血者健康检查要求

Whole blood and component donor selection requirements

2011-12-30 发布

2012-07-01 实施

中华人民共和国卫生部
中国国家标准化管理委员会 发布

前　言

本标准的第 4 章、第 5 章、第 9 章、第 10 章、第 8.2、8.3 条为强制性的，其余为推荐性的。

本标准按照 GB/T 1.1—2009 给出的规则起草。

本标准代替 GB 18467—2001《献血者健康检查要求》，与 GB 18467—2001 相比，主要技术变化如下：

——调整标准结构，增加目次、引用文件、献血者知情同意，删除原附录 C；

——调整规范性技术条款的章节结构；调整免疫接种后献血的有关条款，按疫苗生产工艺分类管理；

——调整强制性条款，除原有的献血前检测、献血量和献血间隔、捐献血液的检测要求外，增加献血者知情同意；

——增加献血者有关生活经历和旅行经历的健康征询；

——删去献血后血液检测有关检测方法、检测标志物等内容；

——调整献血年龄、献血量、血色素标准、单采血小板采集标准和献血间隔；

——修订眼科疾患、同性恋以及免疫接种后献血的有关条款；

——修订附录 A 献血者知情同意及健康征询表有关内容；

——修订附录 B 献血前血液检测和献血记录有关内容。

本标准由中华人民共和国卫生部提出并归口。

本标准主要起草单位：北京市红十字血液中心。

本标准主要起草人：高东英、刘江、戴苏娜、郭瑾、周倩、陈霄、刘志永、江峰、赵冬雁、庄光艳。

本标准所代替标准的历次版本发布情况为：

——GB 18467—2001。

献血者健康检查要求

1 范围

本标准规定了一般血站献血者健康检查的项目和要求。

本标准适用于一般血站对献血者的健康检查。

本标准不适用于造血干细胞捐献、自身储血和治疗性单采。

2 规范性引用文件

下列文件对于本文件的应用是必不可少的。凡是注日期的引用文件，仅注日期的版本适用于本文件。凡是不注日期的引用文件，其最新版本(包括所有的修改单)适用于本文件。

GB 18469 全血及成分血质量要求

3 术语和定义

GB 18469 界定的以及下列术语和定义适用于本文件。

3.1

固定无偿献血者 regular non-remunerated voluntary blood donor

至少献过3次血，且近12个月内献血至少1次。

3.2

预测采后血小板数 predicted post-donation platelet count

采集后献血者体内剩余血小板数量的控制下限，用于验证血小板采集方案。

4 总则

4.1 采集血液前应征得献血者的知情同意，并对其进行必要的健康征询、一般检查和血液检测。书面记录文件参见附录A、附录B。

4.2 献血者献血前的一般检查和血液检测应以血站结果为准，有效期为14 d。

4.3 献血前健康检查结果只用于判断献血者是否适宜献血，不适用于献血者健康状态或疾病的诊断。

4.4 对经健康检查不适宜献血的献血者，应给予适当解释，并注意保护其个人信息。

5 献血者知情同意

5.1 告知义务

血站工作人员应在献血前对献血者履行书面告知义务，并取得献血者签字的知情同意书。

5.2 告知内容

5.2.1 献血动机

无偿献血是出于利他主义的动机，目的是帮助需要输血的患者。请不要为化验而献血。国家提供艾滋病免费咨询和艾滋病病毒抗体免费检测服务，如有需要，请与当地疾病预防控制中心联系(联系电话可查询全国公共卫生公益热线 12320)。

5.2.2 安全献血者的重要性

不安全的血液会危害患者的生命与健康。具有高危行为的献血者不应献血，如静脉药瘾史、男男性行为或具有经血传播疾病(艾滋病、丙型肝炎、乙型肝炎、梅毒等)风险的。

5.2.3 具有高危行为者故意献血的责任

献血者捐献具有传染性的血液会给受血者带来危险，应承担对受血者的道德责任。

根据《中华人民共和国传染病防治法》第 77 条、《艾滋病防治条例》第 38 条和第 62 条规定，高危献血者故意献血，造成传染病传播、流行的，依法承担民事责任；构成犯罪的，依法追究刑事责任。

5.2.4 实名制献血

根据《血站管理办法》规定，献血者在献血前应出示真实有效的身份证件，血站应进行核对并登记。冒用他人身份献血的，应按照相关法律规定承担责任。

5.2.5 献血者献血后回告

献血者如果认为已捐献的血液可能存在安全隐患，应当尽快告知血站。血站应当提供联系电话。

5.2.6 献血反应

绝大多数情况下，献血是安全的，但个别人偶尔可能出现如头晕、出冷汗、穿刺部位青紫、血肿、疼痛等不适，极个别可能出现较为严重的献血反应，如晕厥。医务人员应当对献血反应及时进行处置，献血者应遵照献血前和献血后注意事项，以减低献血反应的发生概率。

5.2.7 健康征询与检查

根据《中华人民共和国献血法》的规定，须对献血者进行健康征询与一般检查，献血者应该如实填写健康状况征询表。不真实填写者，因所献血液引发受血者发生不良后果，应按照相关法律规定承担责任。

5.2.8 血液检测

血站将遵照国家规定对献血者血液进行经血传播疾病的检测，检测合格的血液将用于临床，不合格血液将按照国家规定处置。血液检测结果不合格仅表明捐献的血液不符合国家血液标准的要求，不作为感染或疾病的诊断依据。

5.2.9 疫情报告

根据《中华人民共和国传染病防治法》等相关规定，血站将向当地疾病预防控制中心报告艾滋病病毒感染等检测阳性的结果及其个人资料。

5.3 献血者知情同意

献血者应认真阅读有关知情同意的资料，并签字表示知情同意。

6 献血者健康征询

6.1 献血者有下列情况之一者不能献血

6.1.1 呼吸系统疾病患者，如包括慢性支气管炎、支气管扩张、支气管哮喘、肺气肿，以及肺功能不全等。

6.1.2 循环系统疾病患者，如各种心脏病、高血压病、低血压、四肢动脉粥样硬化、血栓性静脉炎等。

6.1.3 消化系统疾病患者，如慢性胃肠炎、活动期的或经治疗反复发作的胃及十二指肠溃疡、慢性胰腺炎、非特异性溃疡性结肠炎等。

6.1.4 泌尿系统疾病患者，如急慢性肾小球肾炎、慢性肾盂肾炎、肾病综合征、慢性泌尿道感染以及急慢性肾功能不全等。

6.1.5 血液系统疾病患者，如贫血（缺铁性贫血、巨幼红细胞贫血治愈者除外）、真性红细胞增多症、粒细胞缺乏症、白血病、淋巴瘤及各种出、凝血性疾病。

6.1.6 内分泌系统疾病及代谢障碍疾病患者，如脑垂体及肾上腺疾病、甲状腺功能性疾病、糖尿病、肢端肥大症、尿崩症等。

6.1.7 免疫系统疾病患者，如系统性红斑狼疮、皮肌炎、硬皮病、类风湿性关节炎、大动脉炎等。

6.1.8 慢性皮肤病患者，特别是传染性、过敏性及炎症性全身皮肤病，如黄癣、广泛性湿疹及全身性牛皮癣等。

6.1.9 过敏性疾病及反复发作过敏患者，如经常性荨麻疹等、支气管哮喘、药物过敏等。单纯性荨麻疹不在急性发作期间可献血。

6.1.10 神经系统疾病患者，如脑血管病、脑炎、脑外伤后遗症、癫痫等，以及有惊厥病史或反复晕厥发作者。

6.1.11 精神疾病患者，如抑郁症、躁狂症、精神分裂症、癔病等。

6.1.12 克-雅（Creutzfeldt-Jakob）病患者及有家族病史者，或接受可能是来源于克-雅病原体感染的组织或组织衍生物（如硬脑膜、角膜、人垂体生长激素等）治疗者。

6.1.13 各种恶性肿瘤及影响健康的良性肿瘤患者。

6.1.14 传染性疾病患者，如病毒性肝炎患者及感染者。获得性免疫缺陷综合征（AIDS，艾滋病）患者及人类免疫缺陷病毒（HIV）感染者。麻风病及性传播疾病患者及感染者，如梅毒患者、梅毒螺旋体感染者、淋病、尖锐湿疣等。

6.1.15 各种结核病患者，如肺结核、肾结核、淋巴结核及骨结核等。

6.1.16 寄生虫及地方病患者，如血吸虫病、丝虫病、钩虫病、肺吸虫病、囊虫病、肝吸虫病、黑热病及克山病和大骨节病等。

6.1.17 某些职业病患者，如放射性疾病、尘肺、矽肺及有害气体、有毒物质所致的急、慢性中毒等。

6.1.18 某些药物使用者，如长期使用肾上腺皮质激素、免疫抑制剂、镇静催眠、精神类药物治疗的患者；既往或现有药物依赖、酒精依赖或药物滥用者，包括吸食、服食或经静脉、肌肉、皮下注射等途径使用类固醇、激素、镇静催眠或麻醉类药物者等。

6.1.19 易感染经血传播疾病的高危人群，如有吸毒史、男男性行为和多个性伴侣者等。

6.1.20 异体组织器官移植物受者：曾接受过异体移植物移植的患者，包括接受组织、器官移植，如脏器、皮肤、角膜、骨髓、骨骼、硬脑膜移植等。

6.1.21 接受过胃、肾、脾、肺等重要内脏器官切除者。

6.1.22 曾使受血者发生过与输血相关的传染病的献血者。

6.1.23 医护人员认为不适宜献血的其他疾病患者。

6.2 献血者有下列情况之一者暂不能献血

6.2.1 口腔护理(包括洗牙等)后未满3 d;拔牙或其他小手术后未满半个月;阑尾切除术、疝修补术及扁桃体手术痊愈后未满3个月;较大手术痊愈后未满半年者。

6.2.2 良性肿瘤:妇科良性肿瘤、体表良性肿瘤手术治疗后未满1年者。

6.2.3 妇女月经期及前后3 d,妊娠期及流产后未满6个月,分娩及哺乳期未满1年者。

6.2.4 活动性或进展性眼科疾病病愈未满1周者,眼科手术愈后未满3个月者。

6.2.5 上呼吸道感染病愈未满1周者,肺炎病愈未满3个月者。

6.2.6 急性胃肠炎病愈未满1周者。

6.2.7 急性泌尿道感染病愈未满1个月者,急性肾盂肾炎病愈未满3个月者,泌尿系统结石发作期。

6.2.8 伤口愈合或感染痊愈未满1周者,皮肤局限性炎症愈合后未满1周者,皮肤广泛性炎症愈合后未满2周者。

6.2.9 被血液或组织液污染的器材致伤或污染伤口以及施行纹身术后未满1年者。

6.2.10 与传染病患者有密切接触史者,自接触之日起至该病最长潜伏期。甲型肝炎病愈后未满1年者,痢疾病愈未满半年者,伤寒病愈未满1年者,布氏杆菌病病愈未满2年者。1年内前往疟疾流行病区者或疟疾病愈未满3年者,弓形体病临床恢复后未满6个月,Q热完全治愈未满2年。

6.2.11 口服抑制或损害血小板功能的药物(如含阿司匹林或阿司匹林类药物)停药后不满5 d者,不能献单采血小板及制备血小板的成分用全血。

6.2.12 1年内输注全血及血液成分者。

6.2.13 寄生虫病:蛔虫病、蛲虫病感染未完全康复者。

6.2.14 急性风湿热:病愈后未满2年或有后遗症者。

6.2.15 性行为:曾与易感经血传播疾病高危风险者发生性行为未满1年者。

6.2.16 旅行史:曾有国务院卫生行政部门确定的检疫传染病疫区或监测传染病疫区旅行史,入境时间未满疾病最长潜伏期者。

6.3 免疫接种或者接受生物制品治疗后献血的规定

6.3.1 无暴露史的预防接种

6.3.1.1 接受灭活疫苗、重组DNA疫苗、类毒素注射者

无病症或不良反应出现者,暂缓至接受疫苗24 h后献血,包括:伤寒疫苗、冻干乙型脑炎灭活疫苗、吸附百白破联合疫苗、甲型肝炎灭活疫苗、重组乙型肝炎疫苗、流感全病毒灭活疫苗等。

6.3.1.2 接受减毒活疫苗接种者

接受麻疹、腮腺炎、脊髓灰质炎等活疫苗最后一次免疫接种2周后,或风疹活疫苗、人用狂犬病疫苗、乙型脑炎减毒活疫苗等最后一次免疫接种4周后方可献血。

6.3.2 有暴露史的预防接种

被动物咬伤后接受狂犬病疫苗注射者,最后一次免疫接种1年后方可献血。

6.3.3 接受生物制品治疗者

接受抗毒素及免疫血清注射者:于最后一次注射4周后方可献血,包括破伤风抗毒素、抗狂犬病血清等。接受乙型肝炎人免疫球蛋白注射者1年后方可献血。

7 献血者一般检查

7.1 年龄:国家提倡献血年龄为18周岁~55周岁;既往无献血反应、符合健康检查要求的多次献血者主动要求再次献血的,年龄可延长至60周岁。

7.2 体重:男≥50 kg,女≥45 kg。

7.3 血压:

12.0 kPa(90 mmHg)≤收缩压<18.7 kPa(140 mmHg);

8.0 kPa(60 mmHg)≤舒张压<12.0 kPa(90 mmHg);

脉压差:≥30 mmHg/4.0 kPa。

7.4 脉搏:60次/min~100次/min,高度耐力的运动员≥50次/min,节律整齐。

7.5 体温:正常。

7.6 一般健康状况:

a) 皮肤、巩膜无黄染。皮肤无创面感染,无大面积皮肤病;

b) 四肢无重度及以上残疾,无严重功能障碍及关节无红肿;

c) 双臂静脉穿刺部位无皮肤损伤。无静脉注射药物痕迹。

8 献血前血液检测

8.1 血型检测:ABO血型(正定型)。

8.2 血红蛋白(Hb)测定:男≥120 g/L;女≥115 g/L。如采用硫酸铜法:男≥1.052 0,女≥1.051 0。

8.3 单采血小板献血者:除满足8.2外,还应同时满足:

a) 红细胞比容(HCT):≥0.36;

b) 采前血小板计数(PLT):$\geq 150\times10^9$/L且$<450\times10^9$/L;

c) 预测采后血小板数(PLT):$\geq 100\times10^9$/L。

9 献血量及献血间隔

9.1 献血量

9.1.1 全血献血者每次可献全血400 mL,或者300 mL,或者200 mL。

9.1.2 单采血小板献血者:每次可献1个至2个治疗单位,或者1个治疗单位及不超过200 mL血浆。全年血小板和血浆采集总量不超过10 L。

注:上述献血量均不包括血液检测留样的血量和保养液或抗凝剂的量。

9.2 献血间隔

9.2.1 全血献血间隔:不少于6个月。

9.2.2 单采血小板献血间隔:不少于2周,不大于24次/年。因特殊配型需要,由医生批准,最短间隔时间不少于1周。

9.2.3 单采血小板后与全血献血间隔:不少于4周。

9.2.4 全血献血后与单采血小板献血间隔:不少于3个月。

10 献血后血液检测

10.1 血型检测：ABO 和 RhD 血型正确定型。

10.2 丙氨酸氨基转移酶(ALT)：符合相关要求。

10.3 乙型肝炎病毒(HBV)检测：符合相关要求。

10.4 丙型肝炎病毒(HCV)检测：符合相关要求。

10.5 艾滋病病毒(HIV)检测：符合相关要求。

10.6 梅毒(Syphilis)试验：符合相关要求。

附 录 A
（资料性附录）
献血者知情同意及健康状况征询表

A.1 献血者知情同意及健康状况征询表如下。

尊敬的朋友：

您好！感谢您参加无偿献血。

为了您本人的健康和受血者的安全，请您认真阅读并如实填写问卷中的各项内容。下列任何问题即使您回答"是"也不一定表示您今天或以后不可以献血。如有任何疑问，请向医护人员咨询。谢谢您的理解与支持。

第一部分 献血前应知内容

1. 安全的血液可挽救生命，不安全的血液却能危害生命。安全的血液只能来自于以利他主义为动机和具有健康生活方式的献血者。请高危行为者（如有静脉药瘾史、男男性行为、艾滋病或性病等）不要献血。若明知有高危行为而故意献血，造成传染病传播、流行的，根据《中华人民共和国传染病防治法》第77条、《艾滋病防治条例》第38条和第62条规定，可被追究相应的民事责任。

2. 请不要为了化验而献血。国家提供艾滋病免费咨询和检测服务，如有需要，请与当地疾病控制中心联系（联系电话可查询全国公共卫生公益热线12320）。

3. 为了对您的健康状况和是否适宜献血进行评价，您需要如实填写健康状况征询表。如果表中提问涉及到您的隐私或令您感到不舒服，请您谅解。

4.《血站管理办法》规定，献血者在献血前应出示真实的身份证件，血站应进行核对并登记，请给予支持。

5. 如果您认为已捐献的血液可能存在安全隐患，请在第一时间内告诉我们（联系电话：××××××××）。

6. 献血过程是安全的。血液采集使用一次性无菌耗材以保证献血者安全。有些人偶尔会出现如穿刺部位青紫、出血或疼痛、献血后头晕等不适，这些不适都是轻微或短暂的。恳请每位献血者遵照献血前、后应注意的事项，以减低献血不适发生的可能。

7. 血站严格遵从国家规定进行血液检测，将检测合格的血液用于临床，不合格血液将按照国家规定处理。血液检测结果不合格仅表明您所捐献的血液不符合国家标准的要求，不能作为感染或疾病的诊断依据。

8. 根据《传染病防治法》规定，血站将艾滋病等检测阳性的结果及其个人资料向当地疾病控制中心报告。我们承诺对您的相关信息严格保密。

第二部分 献血前健康征询（请以"√"表示）

今日/现时	是	否
1. 您是否觉得今天的身体状况适合献血？	□	□
2. 您是否正等待医院的检验报告或正接受某种治疗？	□	□
3. 今天献血后您是否会参加危险性的运动（如：爬山、潜水或滑翔）？驾驶重型汽车？从事地下或高空作业（如：飞行、消防员、棚架工作）？	□	□

今日/现时	是	否
4. 您献血的目的之一,是不是想了解您身体是否健康?有没有染上艾滋病病毒或梅毒或其他疾病?	□	□
5. 您是否知道,如果感染了艾滋病病毒或梅毒,即使感觉无恙,检验结果呈阴性,也可能将病毒传播给他人?	□	□
6.(女性填写)您现在是否处于月经期及前后三天?是否已怀孕?是否在过去一年内分娩或六个月内流产?	□	□
在过去24小时内	是	否
7. 是否曾经注射类毒素、灭活或基因工程技术制成的疫苗(包括霍乱、伤寒、白喉、破伤风、甲型肝炎、乙型肝炎、流行性感冒、脊髓灰质炎或百日咳等,且并无病症或不良反应出现?	□	□
在过去3天内	是	否
8. 是否曾接受任何口腔护理(包括洗牙等)?	□	□
在过去5天内	是	否
9. 是否服用阿司匹林或含阿司匹林的药物?	□	□
在过去1周内	是	否
10. 您是否有发热、头痛或腹泻?是否曾患有感冒、急性胃肠炎?是否有任何未愈合的伤口或皮肤炎症?	□	□
在过去2周内	是	否
11. 是否曾拔牙?是否曾患有广泛性炎症?是否有其他小手术?	□	□
12. 是否曾经注射减毒活疫苗,如麻疹、腮腺炎、黄热病、脊髓灰质炎等?	□	□
在过去4周内	是	否
13. 是否曾接触传染病患者,如:水痘、麻疹、肺结核等?	□	□
14. 是否曾接受减毒活疫苗注射,如:伤寒疫苗、风疹活疫苗、狂犬病疫苗、水痘疫苗?	□	□
15. 是否曾有不明原因的腹泻?	□	□
在过去一年内	是	否
16. 是否曾纹身、穿耳或曾被使用过的针刺伤等?是否曾意外接触血液或血液污染的仪器?	□	□
17. 是否曾注射乙型肝炎免疫球蛋白?	□	□
18. 曾被动物咬伤并因此注射狂犬疫苗?	□	□
19. 是否曾接受外科手术(包括内窥镜检查、使用导管作治疗等)?或接受输血治疗?	□	□

健康史情况

是 否

20. 您是否曾有下述情况： □ □

1） 接受凝血因子治疗？接受脑垂体激素药物如生长激素治疗？

2） 您本人或直系亲属是否患克雅氏病（疯牛病）？

3） 是否曾有晕厥、痉挛、抽搐或意识丧失？

4） 是否对某些药物产生过敏反应？

5） 如曾感染过猪带绦虫、蛔虫、蛲虫等，是否已治愈？

6） 是否曾患有肺结核或肺外结核？

7） 是否被告知永久不能献血？

21. 是否曾患有任何严重疾病？ □ □

1） 循环系统疾病（例如：冠心病、高血压病、心脏瓣膜病等）

2） 呼吸系统疾病（例如：支气管哮喘、支气管扩张、慢性支气管炎、肺气肿等）

3） 消化系统疾病（例如：胃溃疡、十二指肠溃疡、溃疡性结肠炎等）

4） 血液系统疾病（例如：溶血性贫血、再生障碍性贫血、凝血性疾病等）

5） 恶性肿瘤（例如：胃癌、食管癌、肺癌、白血病等）

6） 内分泌及代谢性疾病（例如：糖尿病、甲状腺功能亢进等）

7） 神经系统疾病（例如：癫痫、脑出血等）

8） 精神系统疾病（例如：抑郁症、躁狂症等）

9） 泌尿及生殖系统疾病（例如：肾、膀胱、尿道疾病等）

10） 免疫系统疾病（例如：红斑狼疮、风湿性关节炎等）

11） 慢性皮肤病患者（例如：黄癣、广泛性湿疹、全身性牛皮癣等）

12） 严重寄生虫病（例如：血吸虫病、丝虫病、吸虫病等）

13） 其他严重疾病

22. 是否曾患有传染病或性病？ □ □

1） 12 个月内是否曾患有甲型肝炎？

2） 是否是病毒性肝炎患者或感染者？病毒性肝炎血液检测阳性？
如：乙型肝炎、丙型肝炎。

3） 是否是梅毒感染者或梅毒螺旋体检测阳性者？

4） 是否是 HIV 感染者或 HIV 检测阳性者？

5） 是否患有淋病、尖锐湿疣等？

6） 3 年内是否患有疟疾？12 个月内是否曾前往疟疾流行区？

生活习惯

是 否

23. 您是否曾有下述情况： □ □

1） 您是否曾滥服药物或注射毒品？

2） 您是否曾接受（或给予）金钱而与他人发生性行为？

3） 如您是男性，您是否曾与另一男性发生性行为？

4） 您是否同时期有多个性伙伴？

5） 其他您认为不适宜献血的情况

生活习惯 是 否

24. 在过去的12个月里,您是否曾与下列人士发生过性行为? □ □
1) 被怀疑感染了HIV(艾滋病病毒)或HIV检测呈阳性的人士?
2) 滥服药物或注射毒品的人?
3) 从事提供性服务的男士或女士?
4) 有双性性行为的男士?
5) 其他您认为不适宜献血的情况

旅行情况: 是 否

25. 自1980年起,您是否曾居住在欧洲国家五年或以上,或于英国接受过输血? □ □
26. 1980年至1996年间,您是否曾居住于英国、爱尔兰、法国3个月或以上? □ □
27. 您是否曾在传染病区(如鼠疫、霍乱、黄热病、疟疾等)居住或工作过? □ □

献血者签字: 医务人员签字:
日期: 年 月 日 日期: 年 月 日

第三部分 献血者登记表

姓名		性别		年龄		民族		国籍	
证件类别	□身份证 □护照 □军人证 □驾照 □其他								
职业	□学生 □商业服务人员 □办事人员 □单位负责人 □专业技术人员 □医务工作者 □军人 □其他( )								
文化程度	□大学以上 □大学 □大专 □高中 □中专 □初中及以下								
居住状况	□本地户籍____区 □非本地户籍居住六个月以上 □非本地户籍居住六个月以内								
固定通讯地址							邮政编码		
联系方式	移动电话:					固定电话:			
	电子邮箱:					其他(如QQ):			
既往献血史	□首次 □再次	上次献血类型: □全血 □成分血				上次献血时间: 年 月 日			
个人意愿	是否需要献血提醒:□是 □否					是否愿意参加应急献血:□是 □否			

献血者知情同意书

本人已理解以上内容,并已知悉献血的整个过程。本人在健康征询表和献血者登记表中所提供的资料正确无误,并同意按规定对血液进行相关检测及使用。本人理解献血的血液检测结果只是安全输血的需要,不能用于疾病诊断或其他目的。本人愿意承担因提供虚假资料和信息所带来的一切后果。

献血者签字: 日期: 年 月 日

附 录 B
（资料性附录）
献血前检查及采血记录

B.1 献血前检查记录见表 B.1。

表 B.1 献血前检查记录

<table>
<tr><td rowspan="3">一般体格检查</td><td colspan="9">一般检查(以√表示正常 ×不正常)： 皮肤、巩膜无黄染□ 皮肤无创面感染、无大面积皮肤病□
四肢无严重功能障碍及关节无红肿□ 双臂静脉穿刺部位无皮肤损伤且无穿刺痕迹□</td></tr>
<tr><td>体重</td><td>kg</td><td>血压</td><td>/ kPa</td><td>脉搏</td><td>次/分</td><td>体温</td><td colspan="2">正常□ 不正常□______℃</td></tr>
<tr><td colspan="9">检查结论： 体检者签名： 日期： 年 月 日</td></tr>
<tr><td rowspan="4">献血前检测</td><td rowspan="2">必查项目</td><td colspan="8">血色素(血比重)：符合要求□ 不符合要求□</td></tr>
<tr><td colspan="8">单采血小板捐献增加以下项目：采前血小板计数： $\times 10^9$/L； HCT：
其他血液成分______捐献及增加项目：</td></tr>
<tr><td colspan="9">选择性项目：血型 ALT HBsAg HIV 其他______</td></tr>
<tr><td colspan="9">检测结论：□合格 □不合格 检测者签名： 日期： 年 月 日</td></tr>
<tr><td>总评估意见</td><td colspan="9">□可以献血 □不宜献血______ □暂缓献血(□血压 □血色素 □化验检测 □其他____)</td></tr>
<tr><td>本次献血</td><td>全血</td><td colspan="2">□200 mL □300 mL
□400 mL</td><td>成分献血</td><td colspan="5">单采血小板 □1 单位 □2 单位 □200 mL 血浆
□其他：</td></tr>
<tr><td colspan="5">医务人员签名： 日期： 年 月 日</td><td colspan="5">献血者签名： 日期： 年 月 日</td></tr>
</table>

B.2 采血记录见表 B.2。

表 B.2 采血记录

<table>
<tr><td colspan="2">采血袋用前检查： □已检查完好</td><td colspan="2">“可以献血及献血量”确认：□可以献血____</td><td>身份证件核对： 正确□ 不正确□</td></tr>
<tr><td>标识一致性核对</td><td colspan="4">□采血袋 □征询表 □检验试管 □留样导管 □配血导管</td></tr>
<tr><td>采血量</td><td colspan="2">全血 □200 mL □300 mL □400 mL □采血量不足
成分献血 □1 单位 □2 单位 □200 mL 血浆 □其他____</td><td>采血时间</td><td>开始时间：____分____秒
结束时间：____分____秒</td></tr>
<tr><td>采血过程</td><td colspan="4">□顺利(□左臂 □右臂) □二次穿刺(□左臂 □右臂 □双臂) □其他，请说明：</td></tr>
<tr><td>献血不良反应
□有
□无</td><td colspan="4">处置记录(请说明症状、体征、处理及转归)：
处置人签名：</td></tr>
<tr><td colspan="2">采血者签名：</td><td colspan="3">采血日期： 年 月 日</td></tr>
<tr><td>备注</td><td colspan="4"></td></tr>
</table>

ICS 83.140.30
G 33

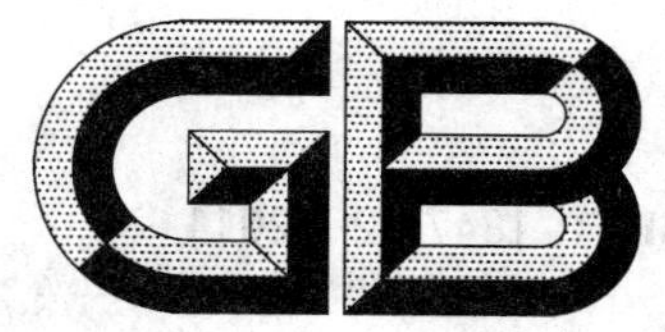

中华人民共和国国家标准

GB/T 18477.2—2011

埋地排水用
硬聚氯乙烯(PVC-U)结构壁管道系统
第2部分:加筋管材

Unplasticized polyvinyl chloride (PVC-U) structure wall pipeline system for underground soil waste and draindge—
Part 2: Ultra-Rib pipes

2011-12-30 发布　　2012-07-01 实施

中华人民共和国国家质量监督检验检疫总局
中国国家标准化管理委员会　发布

前　言

GB/T 18477《埋地排水用硬聚氯乙烯(PVC-U)结构壁管道系统》分为三个部分：

——第1部分：双壁波纹管材；

——第2部分：加筋管材；

——第3部分：双层轴向中空壁管材。

本部分为GB/T 18477的第2部分。

本标准按照GB/T 1.1—2009给出的规则起草。

本部分参考了ISO 21138-1:2007《无压埋地排水排污用热塑性塑料管道系统　硬聚氯乙烯(PVC-U)、聚丙烯(PP)和聚乙烯(PE)结构壁管道系统　第1部分：管材、管件和系统材料的规范和性能要求》以及ISO 21138-3:2007《无压埋地排水排污用热塑性塑料管道系统　聚氯乙烯(PVC-U)、聚丙烯(PP)和聚乙烯(PE)结构壁管道系统　第3部分：外壁不光滑的B型管材和管件》中关于硬聚氯乙烯结构壁管材部分的要求。

请注意本部分的某些内容可能涉及专利。本部分的发布机构不应承担识别这些专利的责任。

本部分由中国轻工业联合会提出。

本部分由全国塑料制品标准化技术委员会塑料管材、管件及阀门分技术委员会(SAC/TC 48/SC 3)归口。

本部分起草单位：公元塑业集团有限公司、天津军星管材制造有限公司、佛山高明顾地塑胶有限公司、安徽国通高新管业科技有限公司。

本部分主要起草人：黄剑、夏成文、宋波、刘泳。

埋地排水用
硬聚氯乙烯(PVC-U)结构壁管道系统
第2部分:加筋管材

1 范围

GB/T 18477 的本部分规定了以聚氯乙烯树脂(PVC)为主要原料,经挤出成型的适用于市政工程、公共建筑室外、住宅小区的埋地排污、排水、排气、通讯线缆穿线用的埋地用硬聚氯乙烯(PVC-U)加筋管材(以下简称管材)的定义、符号、材料、产品分类与标记、管材结构与连接方式、要求、试验方法、检验规则和标志、运输、贮存。

本部分适用于系统工作压力不大于 0.2 MPa、公称尺寸不大于 300 mm 的低压输水和排污管材。

在考虑到材料的耐化学性和耐温性以后,也适用于工业排水排污工程用管材。

2 规范性引用文件

下列文件对于本文件的应用是必不可少的。凡是注日期的引用文件,仅注日期的版本适用于本文件。凡是不注日期的引用文件,其最新版本(包括所有的修改单)适用于本文件。

GB/T 1033.1—2008 塑料 非泡沫塑料密度的测定 第1部分:浸渍法、液体比重瓶法和滴定法

GB/T 2828.1—2003 计数抽样检验程序 第1部分:按接受质量限(AQL)检索的逐批检验抽样计划

GB/T 2918—1998 塑料试样状态调节和试验的标准环境

GB/T 6111—2003 流体输送用热塑性塑料管材 耐内压试验方法

GB/T 8802—2001 热塑性塑料管材、管件 维卡软化温度的测定

GB/T 8806—2008 塑料管道系统 塑料部件 尺寸的测定

GB/T 9647—2003 热塑性塑料管材环刚度的测定

GB/T 14152—2001 热塑性塑料管材耐外冲击性能试验方法 时针旋转法

GB/T 18042—2000 热塑性塑料管材蠕变比率的试验方法

GB/T 19278—2003 热塑性塑料管材、管件及阀门通用术语及其定义

HG/T 3091—2000 橡胶密封件 给排水及污水管道用接口密封圈 材料规范

ISO 13968:2008 塑料管道系统 热塑性塑料管材环柔性的测定(Plastics piping and ducting systems—Thermoplastics pipes—Determination of ring flexibility)

3 术语、定义和符号

GB/T 19278—2003 界定的以及下列术语、定义和符号适用于本部分。

3.1 术语和定义

3.1.1

公称尺寸 nominal size, DN/ID

与内径相关的公称尺寸,单位为毫米(mm)。

3.1.2

平均内径　mean inside diameter

管材(不包括承口)同一横截面相互垂直的两内径算术平均值,单位为毫米(mm)。

3.1.3

最小平均内径　minimum mean inside diameter

平均内径允许的最小值,单位为毫米(mm)。

3.1.4

外径　outside diameter

管材上(不包括承口)筋形结构最大横截面的外径数值,单位为毫米(mm)。

3.1.5

平均外径　mean outside diameter

管材上(不包括承口)筋形结构最大横截面上相互垂直的两外径算术平均值,单位为毫米(mm)。

3.1.6

壁厚　wall thickness

管材沟槽处任一点厚度的测量值,单位为毫米(mm)。

3.1.7

最小壁厚　minimum wall thickness at any point

壁厚允许的最小值,单位为毫米(mm)。

3.1.8

承口平均内径　mean inside diameter of socket

管材承口部位同一横截面相互垂直的两内径平均值,单位为毫米(mm)。

3.1.9

最小承口平均内径　minimum mean inside diameter of socket

平均承口内径允许的最小值,单位为毫米(mm)。

3.1.10

承口深度　penetration length

承口端面至内壁圆柱端长度,单位为毫米(mm)。

3.1.11

最小承口深度　minimum penetration length

承口深度允许的最小值,单位为毫米(mm)。

3.1.12

有效长度　effective length

管材总长度与其承口插入深度的差,单位为米(m)。

3.2　符号

A　承口深度

A_{min}　最小承口深度

d_{im}　平均内径

$d_{im,min}$　最小平均内径

d_e　外径

d_{em}　平均外径

e　壁厚

e_{min}	最小壁厚
d_s	承口平均内径
$d_{s,min}$	最小承口平均内径
L	有效长度

4 材料

生产管材所用的材料应以聚氯乙烯(PVC)树脂为主,其中可加入为提高管材加工性能和物理力学性能所必需的添加剂。允许使用本厂的清洁回用料。

5 产品分类与标记

5.1 分类

管材按环刚度等级分类,见表1。

表1 公称环刚度等级

单位为千牛每平方米

级别	SN4	(SN6.3)	SN8	(SN12.5)	SN16
环刚度	≥4.0	≥6.3	≥8.0	≥12.5	≥16.0
注:括号内为非首选环刚度等级。					

5.2 标记

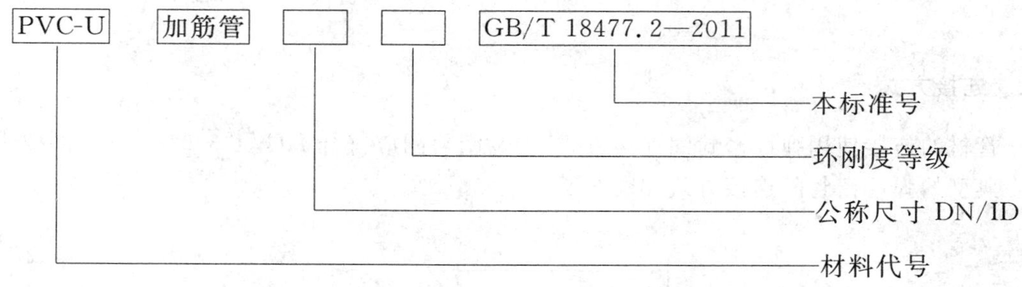

5.3 标记示例

公称内径为400 mm,环刚度等级为SN8的PVC-U管材:

PVC-U 加筋管 DN/ID400 SN8 GB/T 18477.2—2011

6 管材结构与连接方式

6.1 管材结构

管材结构如图1所示。

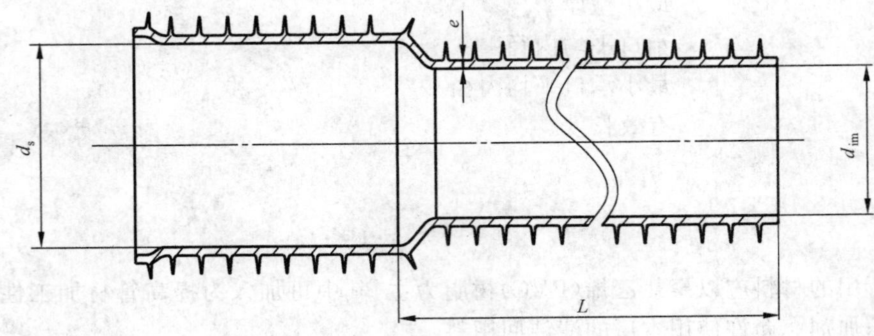

a） 带承口管材结构示意图

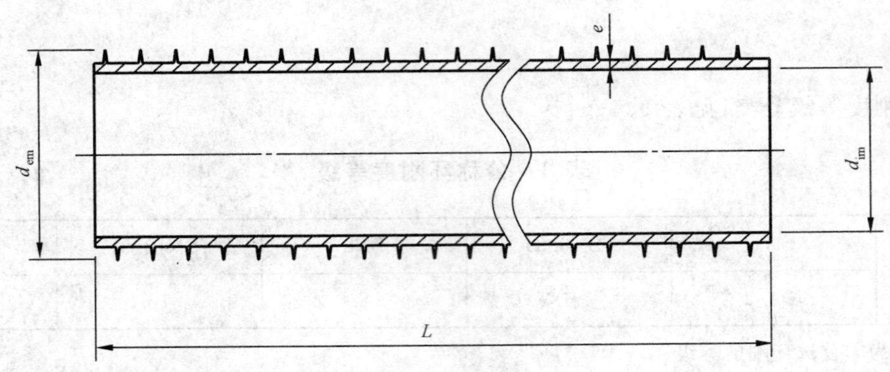

b） 不带承口管材结构示意图

图 1 管材结构示意图

6.2 连接方式

管材的连接使用弹性密封圈连接方式，弹性密封圈应符合 HG/T 3091—2000 的要求。典型的弹性密封圈连接方式如图 2 所示。

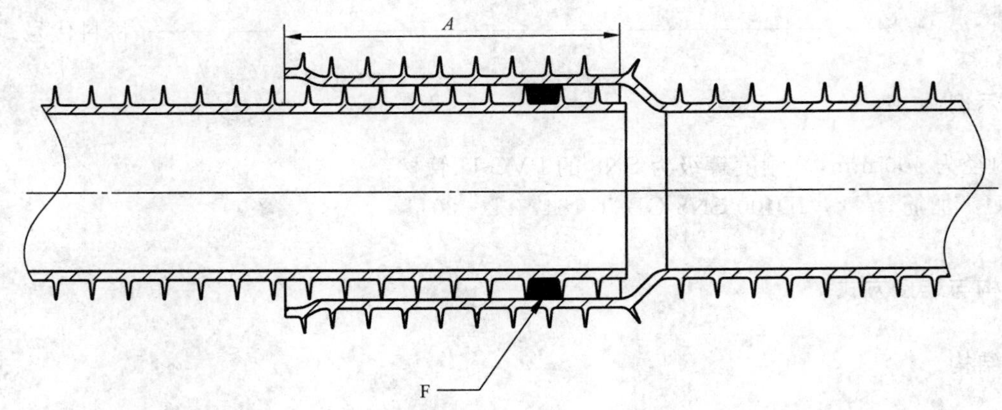

A——承口深度；
F——弹性密封圈。

图 2 典型的弹性密封圈连接示意图

7 要求

7.1 外观

管材内外表面颜色应均匀一致。管材内外表面不应有气泡、可见杂质、分解变色线和其他影响产品性能的表面缺陷。管材内壁应光滑，端面应切割平整，并与轴线垂直。

7.2 规格尺寸

7.2.1 有效长度

管材的有效长度一般为 3 m 或 6 m，其他长度也可由供需双方商定，管材有效长度不允许有负偏差。

7.2.2 平均内径

管材的最小平均内径应符合表 2 规定。

7.2.3 壁厚

管材的最小壁厚应符合表 2 的规定。

7.2.4 承口深度

管材的承口深度应符合表 2 的规定。

表 2 管材的尺寸

单位为毫米

公称尺寸 DN/ID	最小平均内径 $d_{im,min}$	最小壁厚 e_{min}	最小承口深度 A_{min}
150	145.0	1.3	85.0
225	220.0	1.7	115.0
300	294.0	2.0	145.0
400	392.0	2.5	175.0
500	490.0	3.0	185.0
600	588.0	3.5	220.0
800	785.0	4.5	290.0
1 000	985.0	5.0	330.0

7.3 物理力学性能

管材的物理力学性能应符合表 3 的规定。

表 3　管材物理力学性能

项　目		要　求
密度/(g/cm³)		1.35～1.55
环刚度/(kN/m²)	SN4	≥4.0
	(SN6.3)[a]	≥6.3
	SN8	≥8.0
	(SN12.5)[a]	≥12.5
	SN16	≥16.0
维卡软化温度/℃		≥79
落锤冲击		TIR≤10%
静液压试验[b]		试验压力为 0.8MPa,无破裂,无渗漏
环柔性		试样圆滑,无反向弯曲,无破裂
烘箱试验		无分层、开裂、起泡
蠕变比率		≤2.5

[a] 括号内为非首选环刚度。

[b] 当管材用于低压输水灌溉时应进行此项试验。

7.4　系统适用性

系统适用性试验应符合表 4 的规定。

表 4　系统适用性

项目	试验参数	要　求	
连接密封性能		用于低压灌溉时(1 h)　0.3 MPa	无破裂,无泄漏
		其他用途(15 min)　0.05 MPa	无破裂,无泄漏
弹性密封圈连接的密封性	条件 B:径向变形 管材变形 10% 承口变形 5% 温度:(23±2)℃	较低的内部静液压(15 min)　0.005 MPa	无泄漏
		较高的内部静液压(15 min)　0.05 MPa	无泄漏
		内部气压(15 min)　−0.03 MPa	≤−0.027 MPa
	条件 C:角度偏转 DN/ID≤300:2° 400≤DN/ID≤600:1.5° DN/ID>600:1° 温度:(23±2)℃	较低的内部静液压(15 min)　0.005 MPa	无泄漏
		较高的内部静液压(15 min)　0.05 MPa	无泄漏
		内部气压(15 min)　−0.03 MPa	≤−0.027 MPa

8 试验方法

8.1 状态调节和试验环境

除另有规定外，所有试样应按 GB/T 2918—1998 规定，在(23±2)℃下进行状态调节和试验，状态调节时间不少于 24 h。

8.2 外观

在自然光线下，目测观察检查。

8.3 长度

长度用精度为 1 mm 的钢卷尺测量，测量时要与管轴线平行。

8.3.1 平均内径

按 GB/T 8806—2008 的规定，用精度不低于 0.2 mm 的量具测量，以同一截面相互垂直的两内径的算术平均值作为管材的平均内径。测量位置见图 1。

8.3.2 壁厚

按 GB/T 8806—2008 的规定测量壁厚，读取最小值。测量位置见图 1。

8.3.3 承口深度

用精度不低于 1 mm 的量具测量承口深度。测量位置见图 2。

8.4 物理力学性能

8.4.1 密度

按 GB/T 1033.1—2008 方法 A 规定进行。

8.4.2 环刚度

按 GB/T 9647—2003 的规定。压缩速度按管材的实测外径确定。

8.4.3 维卡软化温度

按 GB/T 8802—2001 规定，试样取自管壁沟槽处。

8.4.4 冲击性能

按 GB/T 14152—2001 的规定。落锤的锤头为 d90 型，冲击高度为 2 000 mm±10 mm，试验温度为(0±1)℃，其他试验参数见表 5。观察冲击后的试样，检查内壁有无破坏。

表 5 落锤冲击测试参数

公称尺寸 DN/ID	试样应画线数	落锤质量/kg
150	8	1.0
225	14	2.0
300	20	2.5
400	20	3.2
500	20	3.2
600	20	3.2
800	20	3.2
1 000	20	3.2

8.4.5 静液压试验

按 GB/T 6111—2003 规定。试验温度为(20±2)℃,取 3 个试样,用水作介质,试验压力为 0.8 MPa,保持此压力 1 h,观察试样有无破裂,渗漏。

8.4.6 环柔性

按 ISO 13968:2008 规定进行试验,试验速度按管材的实测外径确定。

8.4.7 烘箱试验

8.4.7.1 试样

取 300 mm±20 mm 长的管材 3 段,DN/ID≤400 mm 的管材,沿轴向切成 2 个大小相同的试样;DN/ID<600 mm 的管材,沿轴向切成 4 个大小相同的试样;DN/ID≥600 mm 的管材,沿轴向切成 8 个大小相同的试样。

8.4.7.2 试验步骤

将烘箱升温达到(150±2)℃,将试样放置于烘箱内,试样不得与其他试样及烘箱壁接触。待烘箱温度回升至设定温度时开始计时,30 min 后取出试样。取出时不应使试样损坏或变形,试样冷却至室温后观察有无分层、起泡或开裂。

8.4.8 蠕变比率

按 GB/T 18042—2000 规定进行。

8.5 系统适用性

8.5.1 连接密封试验

试样至少含有一个弹性密封圈接头。试验温度为(23±2)℃,用水作介质。

当用于低压输水排污时,试验压力 0.3 MPa,试验时间为 1 h,观察试样有无破裂,渗漏。当用于其他用途时,试验压力 0.05 MPa,试验时间为 15 min,观察试样有无破裂,渗漏。

8.5.2 弹性密封圈连接的密封性

按附录A进行。

9 检验规则

9.1 检验出厂

产品须经生产厂质量检验部门检验合格并附有合格标识方可出厂。

9.2 组批

同一批原料,同一配方和工艺生产的同一规格的管材为一批,每批数量不超过50 t。七天不足100 t的以七天产量为一批。

9.3 出厂检验

9.3.1 出厂检验项目为7.1、7.2以及7.3中的环刚度、落锤冲击、环柔性和烘箱试验,如管材用于低压输水排污时,还需要进行静液压试验。

9.3.2 外观、尺寸按GB/T 2828.1—2003采用正常检验一次抽样方案,取一般检验水平Ⅰ,接收质量限(AQL)6.5,抽样方案见表6。

表6 抽样方案

单位为根

批量 N	样本量 n	接收数 Ac	拒收数 Re
≤150	8	1	2
151~280	13	2	3
281~500	20	3	4
501~1 200	32	5	6
1 201~3 200	50	7	8
3 201~10 000	80	10	11

9.3.3 在按9.3.2抽样检验合格的批量中,随机抽取足够样品,进行7.3中表3规定的环刚度、环柔性、烘箱试验和静液压试验(用于低压输水排污时)。

9.4 型式检验

9.4.1 型式检验项目为第7章规定的全部项目。

9.4.2 一般情况下,每两年进行一次型式检验。若有以下情况之一者,应进行型式检验:

a) 新产品或老产品转厂生产的试制定型鉴定;

b) 正常生产时,如配方、原料、工艺改变可能影响产品性能时;

c) 产品停产半年以上恢复生产时;

d) 出厂检验结果与上次型式检验结果有较大差异时;

e) 国家质量监督机构提出进行型式检验时。

9.5 判定规则

外观、尺寸按表6进行判定。物理力学性能及系统适用性中有一项达不到指标的,则随机抽取双倍样品进行该项复验，如仍不合格，则判该批为不合格批。

9.6 其他

9.6.1 如有需要，需方可对收到的产品按本部分的规定进行复验。复验结果与本部分及订货合同的规定不符时，应以书面形式向供方提出，由供需双方协商解决。属于外观及尺寸的异议，应在收到产品之日起一个月内提出；属于其他性能的异议，应在收到产品之日起三个月内提出，如需仲裁，仲裁取样应由供需双方共同进行。

9.6.2 使用后的产品不适用于本部分。

10 标志、运输、贮存

10.1 标志

10.1.1 产品上应有永久性标志，间隔不应超过 2 m。标志不应造成管材任何形式的损伤。

标志至少应包括下列内容：

a) 5.2 规定的标记；

b) 生产厂名和商标；

c) 生产日期。

10.1.2 当管材用于低压输水排污时应有“DS××”标志。

“××”为低压输水排污最大允许工作压力，用阿拉伯数字表示，单位为 MPa。

10.2 运输

管材在运输时，不得抛掷、沾污、重压和损伤。

10.3 贮存

管材存放场地应平整，堆放应整齐，承口应交错堆放，堆放高度不宜超过 2 m，远离热源，不得露天曝晒。

附 录 A
（规范性附录）
弹性密封圈接头的密封试验方法

A.1 概述

本试验方法参考了欧洲标准 EN 1277—2003《塑料管道系统 无压埋地用热塑性塑料管道系统 弹性密封圈型接头的密封试验方法》，规定了三种基本试验方法，用以评定在所选择的试验条件下，埋地用热塑性塑料管道系统中弹性密封圈型接头的密封性能。

A.2 试验方法

方法 1：用较低的内部静液压评定密封性能；
方法 2：用较高的内部静液压评定密封性能；
方法 3：内部负气压（部分真空）。

A.2.1 内部静液压试验

A.2.1.1 原理

将管材和（或）管件组装起来的试样，加上一个规定的内部静液压 P_1（方法 1）来评定其密封性能。如果可以，接着再加上一个规定的较高的内部静液压 P_2（方法 2）来评定其密封性能（见 A.2.1.4.4）。

每次加压要维持一个规定的时间，在此时间应检查接头是否泄漏（见 A.2.1.4.5）。

A.2.1.2 设备

A.2.1.2.1 端密封装置：有适当的尺寸，能以适当的方法把组装试样的非连接端密封。该装置的固定方式不可以在接头上产生轴向力。

A.2.1.2.2 静液压源：连接到一头的密封装置上，并能够施加和维持规定的压力（见 A.2.1.4.5）。

A.2.1.2.3 排气阀能够排放组装试样中的气体。

A.2.1.2.4 压力测量装置能够检查试验压力是否符合规定的要求（见 A.2.1.4）。

注：为减少所用水的总量，可在试样内放置一根密封管或芯棒。

A.2.1.3 试样

试样由一节或几节管材和（或）一个或几个管件组装成，至少含一个弹性密封圈接头。

被试验的接头必需按照制造厂家的要求进行装配。

A.2.1.4 步骤

A.2.1.4.1 下列步骤在室温下，用（23±2）℃的水进行。

A.2.1.4.2 将试样安装在试验设备上。

A.2.1.4.3 根据 A.2.1.4.4 和 A.2.1.4.5 进行试验时，观察试样是否泄漏。并在试验过程中和结束时记下任何泄漏或不泄漏的情况。

A.2.1.4.4 按以下方法选择适用的试验压力：

——方法1:较低内部静液压试验压力 P_1 为0.005 MPa(1±10%);

——方法2:较高内部静液压试验压力 P_2 为0.05 MPa (1^{+10}_{0}%)。

A.2.1.4.5 在组装试样中装满水,并排放掉空气。为保证温度的一致性,直径 d_e 小于400 mm的管应将其放置至少5 min,更粗的管放置至少15 min。在不小于5 min的期间逐渐将静液压力增加到规定试验压力 P_1 或 P_2,并保持该压力至少15 min,或者到因泄漏而提前中止。

A.2.1.4.6 在完成了所要求的受压时间后,减压并排放掉试样中的水。

A.2.2 内部负气压试验(部分真空)

A.2.2.1 原理

使几段管材和(或)几个管件组装成的试样承受规定的内部负气压(局部真空)经过一段规定的时间,在此时间内通过检测压力的变化来评定接头的密封性能。

A.2.2.2 设备

设备(见图A.1)必需至少符合A.2.1.2.1和A.2.1.2.4中规定的设备要求,并包含一个负气压源和可以对规定的内部负气压测定的压力测量装置(见A.2.2.4.3和A.2.2.4.6)。

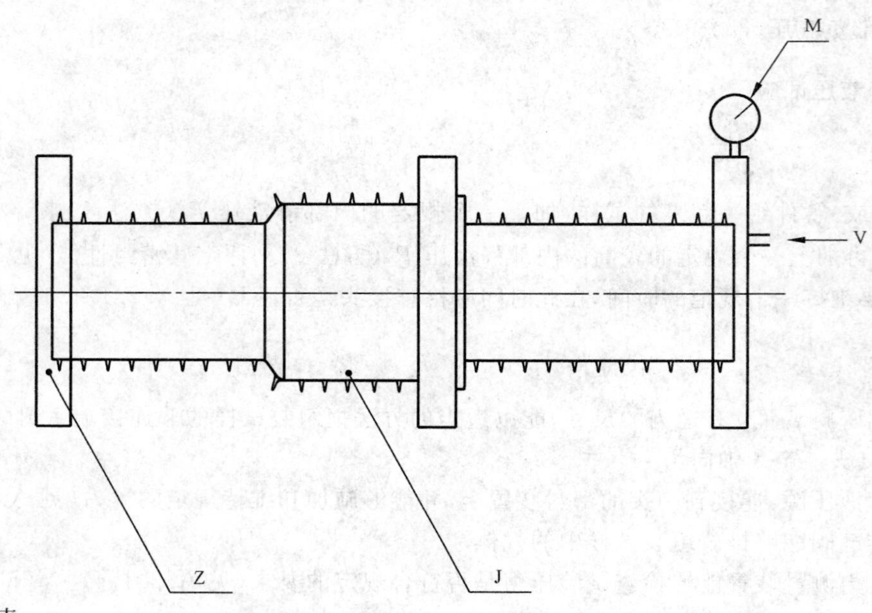

M——压力表;
V——负气压;
J——试验状态下的接头;
Z——终端密封。

图A.1 内部负气压试验的典型示例

A.2.2.3 试样

试样由一节或几节管材和(或)一个或几个管件组装成,至少含一个弹性密封圈接头。

被试验的接头应按照制造厂家的要求进行装配。

A.2.2.4 步骤

A.2.2.4.1 下列步骤在环境温度为(23±5)℃的范围内进行,在按照A.2.2.4.5试验时温度的变化不可超过 2 ℃。

A.2.2.4.2 将试样安装在试验设备上。

A.2.2.4.3 方法 3 选择适用的试验压力如下：

——方法 3：内部负气压(部分真空)试验压力 P_3 为 −0.03 MPa(1±5%)。

A.2.2.4.4 按照 A.2.2.4.3 的规定使试样承受一个初始的内部负气压 P_3。

A.2.2.4.5 将负气压源与试样隔离。测量内部负压，15 min 后记录试样内部负压值。

A.2.2.4.6 记录并判定真空度是否符合 P_3 的规定。

A.3 试验条件

A.3.1 条件 A：没有任何附加的变形或角度偏差

由一节或几节管材和(或)一个或几个管件组装成的试样在试验时，不存在由于变形或偏角分别作用到接头上的任何应力。

A.3.2 条件 B：径向变形

A.3.2.1 原理

在进行所要求的压力试验前，管材和(或)管件组装成的试样已受到规定的径向变形。

A.3.2.2 设备

设备应该能够同时在管材上和另外在连接密封处产生一个恒定的径向变形，并施加内部静液压(见图 A.2)。它应符合 A.2.1.2 和 A.2.2.2。

a) 机械式或液压式装置，作用于沿垂直于管材轴线的垂直面自由移动的压块，能够使管材产生必需的径向变形(见 A.3.2.3)，对于直径等于或大于 400 mm 管材，每一对压块应该是椭圆形的，以适合管材变形到所要求的值时预期的形状，或者配备能够适合变形管材形状的柔性衬或橡胶垫。

   压块宽度 b_1，根据管材的公称直径 d_e，规定如下：

   $d_e \leqslant 710$ mm 时，$b_1 = 100$ mm

   710 mm $< d_e \leqslant 1\,000$ mm 时，$b_1 = 150$ mm

   $d_e > 1\,000$ mm 时，$b_1 = 200$ mm

   承口端与压块之间的距离 L 为 $0.5d_e$ 或者 100 mm，取其中的较大值。

   对于有外部有筋的结构壁管材，压块应至少覆盖两条筋。

b) 机械式或液压式装置，作用于沿垂直于管材轴线的垂直面自由移动的压块。能够使连接密封处产生必须的径向变形(见 A.3.2.3)。

   压块宽度 b_2，根据管材的公称直径 d_e，规定如下：

   $d_e \leqslant 110$ mm 时，$b_2 = 30$ mm

   110 mm $< d_e \leqslant 315$ mm 时，$b_2 = 40$ mm

   $d_e > 315$ mm 时，$b_2 = 60$ mm

c) 不得以试验设备为支撑或承担试样在内压作用下形成的轴向力。

图 A.2 所示为允许有角度偏差(A.3.3)的典型装置。

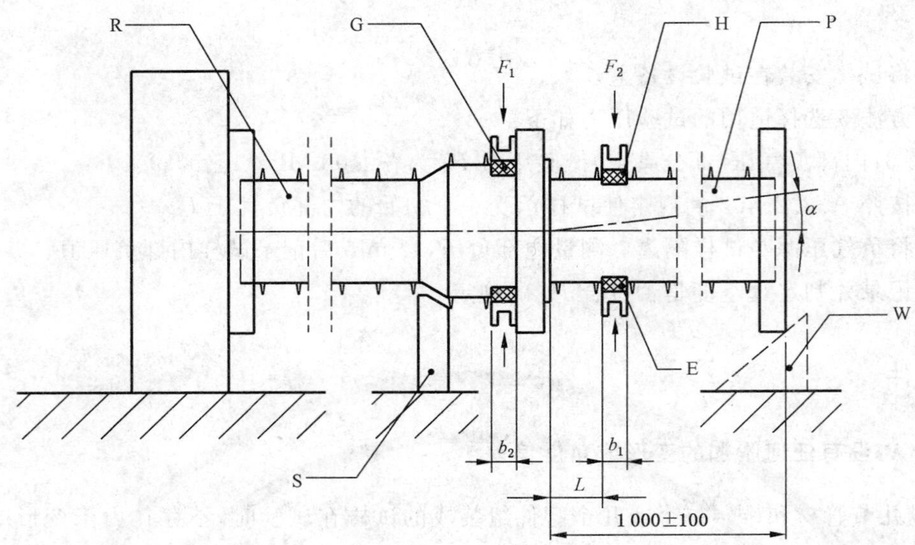

注：G——承口变形的测量点；
H——管材变形的测量点；
E——柔性带或椭圆形压块；
W——可调支撑；
P——管材；
R——管材或管件；
S——承口支撑；
α——总的偏转角度；
b_1，b_2——压块宽度；
F_1，F_2——压缩力。

图 A.2　产生径向变形和角度偏差的典型示例

对于密封圈(一个或几个)放置在管材插口上的接头，使连接密封处径向变形的装置应该放置得使压块轴线与密封圈(一个或几个)的中线对齐，除非密封圈的定位使装置的边缘与承口的端部近到不足25 mm，如图 A.3 所示。在这种情况下，压块的边缘应该放置到使 L_1 至少为 25 mm，如果可能(例如，承口长于 80 mm)，L_2 至少也为 25 mm(见图 A.3)。

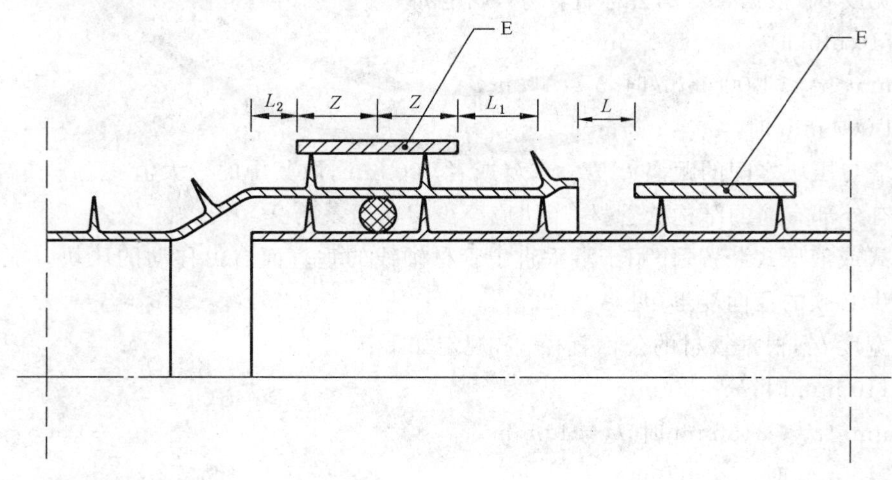

E——压块；
Z——压块长度。

图 A.3　在连接密封处压块的定位

A.3.2.3 步骤

使用机械式或液压式装置，对管材和连接密封处施加必需的压缩力，F_1 和 F_2（见图 A.2），从而形成管材变形(10±1)%、承口变形(5±0.5)%，造成最小相差是管材公称外径的5%的变形。

A.3.3 条件C：角度偏差

A.3.3.1 原理

在进行所要求的压力试验前，由管材和(或)管件组装成的试样已受到规定的偏角变形。

A.3.3.2 设备

设备应符合 A.2.1.2 和 A.2.2.2 的要求。另外它还应能够使组装成的管材接头达到规定的角度偏差(见 A.3.3.3)，图 A.2 所示为典型示例。

A.3.3.3 步骤

试验偏角 α 如下：

$d_e \leqslant 315$ mm 时，$\alpha = 2°$

315 mm $< d_e \leqslant 630$ mm 时，$\alpha = 1.5°$

$d_e > 630$ mm 时，$\alpha = 1°$

如果设计连接允许有角度偏差 β，则试验总偏转角度是设计允许偏差 β 和要求试验偏角 α 的总和。

A.4 试验报告

试验报告应包含下列内容。

a) GB/T 18477.2—2011 的附录及参照的标准。

b) 选择的试验方法及试验条件。

c) 管件、管材、密封圈以及接头的名称。

d) 以摄氏度标注的室温 T。

e) 在试验条件 B 下：

——管材和承口的径向变形；

——从承口端部到压块的端面之间的距离 L，以 mm 标注。

f) 在测试条件 C 下：

——受压的时间，以 min 标注；

——设计允许角度偏差 β 和试验总偏转角 α，以度标注。

g) 试验压力，以 MPa 标注。

h) 受压的时间，以 min 标注。

i) 如果有泄漏，报告泄漏的情况以及泄漏发生时的压力值；或者是接头没有出现泄漏的报告。

j) 可能会影响测试结果的任何因素，比如本附录试验方法中未规定的意外或任意操作细节。

k) 试验日期。

ICS 03.220.20
R 06

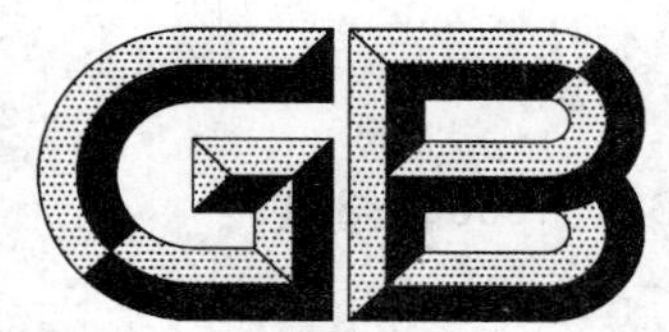

中华人民共和国国家标准

GB/T 18566—2011
代替 GB/T 18566—2001

道路运输车辆燃料消耗量检测评价方法

Inspection and evaluation method of fuel consumption for road transport vehicle

2011-09-29 发布　　2012-03-01 实施

中华人民共和国国家质量监督检验检疫总局
中国国家标准化管理委员会　发布

前　言

本标准按 GB/T 1.1—2009 给出的规则起草。

本标准代替 GB/T 18566—2001《运输车辆能源利用检测评价方法》。

本标准与 GB/T 18566—2001 相比主要技术变化如下：

——本标准的适用范围不含 3 500 kg 及以下的道路运输车辆(见第 1 章)；

——对“术语和定义”中内容进行了删除和增加(见第 3 章,2001 年版第 3 章)；

——“检测项目”修改为“检测评价参数”(见第 4 章,见 2001 年版第 4 章)；

——修改了“检测方法”条款,删除了检测流程和道路试验方式(见第 5 章,2001 年版第 7 章)；

——增加了“检测工况”(见第 6 章)；

——修改了“检测设备”条款,将“油耗计”改为“碳平衡油耗仪”;增加了“主控系统和显示装置”的要求(见第 7 章,2001 年版第 5 章)；

——修改了“检测准备”条款,增加了对车辆和燃料的要求以及“确定受检汽车的检测工况”(见第 8 章,2001 年版第 6 章)；

——增加了“检测程序”(见第 9 章)；

——删除了检测结果的重复性检验的规定(见 2001 年版的第 8 章)；

——删除了检测数据的校正的规定(见 2001 年版的第 9 章)；

——修改了燃料消耗量限值和判定方法(见 10.1,10.2,2001 年版 10.1,10.2)；

——删除了汽车行驶功率平衡计算方法的规定(见 2001 年版附录 A)；

——增加了“碳平衡油耗仪”的技术要求和燃料消耗量计算方法(见附录 A)；

——删除了检测结果记录的要求(见 2001 年版附录 B)；

——增加了“台架加载阻力计算方法”(见附录 B)；

——增加了“在用车辆燃料消耗量限值的参比值”(见附录 C)；

——增加了“台架内阻测试方法”(见附录 D)。

本标准由中华人民共和国交通运输部提出。

本标准由全国汽车维修标准化技术委员会(SAC/TC 247)归口。

本标准负责起草单位:交通运输部公路科学研究院。

本标准参加起草单位:石家庄华燕交通科技有限公司、长安大学。

本标准主要起草人:张学利、刘富佳、何勇、蔡凤田、董国亮、吴申、杨泽中、王渌江、王伟、韩建、郝盛、晋杰、司志远、金鑫、陈南峰、王生昌。

本标准所代替标准的历次版本发布情况为：

——GB/T 18566—2001。

道路运输车辆燃料消耗量检测评价方法

1 范围

本标准规定了道路运输车辆燃料消耗量的检测评价参数、检测方法、检测工况、检测设备、检测准备、检测程序、检测结果评价等。

本标准适用于燃用柴油或汽油、额定总质量大于 3 500 kg 的在用营运客车和营运货车。

2 规范性引用文件

下列文件对于本文件的应用是必不可少的。凡是注日期的引用文件,仅注日期的版本适用于本文件。凡是不注日期的引用文件,其最新版本(包括所有的修改单)适用于本文件。

GB/T 2977 载重汽车轮胎规格、尺寸、气压与负荷

JT/T 325 营运客车类型划分及等级评定

JT/T 445 汽车底盘测功机

3 术语和定义

下列术语和定义适用于本文件。

3.1

碳质量平衡法 carbon balance method

根据燃油在发动机中燃烧后排气中碳质量总和与燃油燃烧前的碳质量总和相等的质量守衡定律测算汽车燃料消耗量的方法,简称碳平衡法。

3.2

台架内阻 inner resistance of bench

底盘测功机所有转动部件运转时的摩擦阻力与空气阻力的总和。

3.3

汽车台架滚动阻力 bench rolling resistance of vehicle

汽车车轮在底盘测功机滚筒上滚动产生的阻力。

3.4

台架加载阻力 bench load resistance

底盘测功机加载装置向受检汽车施加的阻力。

4 检测评价参数

汽车在水平硬路面上以额定总质量、变速器最高挡、等速行驶条件下的百公里燃料消耗量。

5 检测方法

在底盘测功机上模拟受检汽车道路行驶工况进行检测。

6 检测工况

道路运输车辆燃料消耗量检测工况由速度工况和载荷工况构成。

6.1 速度工况

营运客车按照JT/T 325分为高级、中级和普通级客车，高级营运客车检测速度工况为等速60 km/h，中级、普通级营运客车以及营运货车检测速度工况为等速50 km/h。

6.2 载荷(阻力)工况

汽车在水平硬路面上以额定总质量、变速器最高挡、等速行驶的道路行驶阻力。

7 检测设备

7.1 底盘测功机

7.1.1 单驱动轴汽车检测采用10 t或13 t通用底盘测功机，双驱动轴汽车检测采用三轴式13 t底盘测功机。

7.1.2 底盘测功机应符合JT/T 445。

7.1.3 测功机距离测量装置的准确度应达到±0.5%，计时准确度应达到±10 ms。

7.1.4 测功机恒力控制的加载响应时间不超过300 ms。

7.2 燃料消耗量测量装置

7.2.1 采用符合附录A规定的碳平衡油耗仪(以下简称油耗仪)。

7.2.2 油耗仪的相对误差应在±4%范围内。

7.3 主控系统及显示装置

7.3.1 主控系统应具备自动控制检测程序、数据采集和处理、检测结果判断的功能。

7.3.2 主控系统根据受检车辆参数信息自动选择检测速度，自动计算并设置台架加载阻力。加载阻力计算所需车辆参数应通过车辆录入信息数据库直接调用。

7.3.3 主控系统应计算并提供受检汽车百公里燃料消耗量。

7.3.4 显示装置应配备清晰可见的司机助，应实时显示规定速度工况、检测时间和实际车速，以及其他必要的提示和警告。

8 检测准备

8.1 底盘测功机

8.1.1 预热

采用反拖电机或车辆驱动滚筒转动预热底盘测功机，直至底盘测功机滑行时间趋于稳定。

8.1.2 示值调零

底盘测功机静态空载，力、速度和距离示值调零或复位。

8.2 油耗仪

8.2.1 预热

油耗仪应预热至设备到达正常工作准备状态。

8.2.2 示值调零

各测量参数示值调零或复位。

8.3 受检汽车

8.3.1 车辆空载。

8.3.2 检查车辆排气系统,不得有泄漏。

8.3.3 检查驱动轴轮胎的花纹深度和气压。花纹深度不得小于 1.6 mm,花纹中不得夹有杂物;轮胎气压应按 GB/T 2977 的规定进行调整。

8.3.4 记录受检车辆的以下参数信息,对于检测站数据库或车辆行驶证无法提供的参数,应进行实车测量。

——燃油类别(汽、柴油);
——驱动轮轮胎规格型号;
——额定总质量,单位为千克(kg);
——车高,单位为毫米(mm);
——前轮距,单位为毫米(mm);
——客车车长,单位为毫米(mm);
——客车等级(分为高级、中级、普通级);
——货车车身型式(分为拦板车、自卸车、牵引车、仓栅车、厢式车和罐车);
——驱动轴数;
——驱动轴空载质量,单位为千克(kg);
——牵引车满载总质量,单位为千克(kg)。

8.3.5 车辆应预热至发动机、传动系达到正常工作的温度状况,发动机冷却水温度应达到 80 ℃～90 ℃。

8.3.6 关闭非汽车正常行驶所必需的附属装备,如空调系统等。

8.4 燃料

检测时使用受检汽车油箱内的燃油。燃油氢碳比采用固定值:柴油取 1.86,汽油取 1.85。

8.5 确定受检汽车的检测工况

主控系统应根据车辆参数和信息,按第 6 章的要求确定检测速度,并按附录 B 计算台架加载阻力。若半挂汽车列车驱动轮与滚筒之间的附着力小于台架加载阻力而产生轮胎打滑,则应按牵引车(单车)满载总质量计算台架加载阻力。

9 检测程序

9.1 引车员将汽车平稳驶上底盘测功机,置汽车驱动轮于滚筒上,驱动轮轴线应与滚筒轴线平行,固定汽车非驱动轮。

9.2 每次检测前油耗仪应调零,并测量环境空气中 CO_2 气体浓度。

9.3 起动汽车，逐步加速，变速器接入最高挡（自动变速器应置于“D”挡），底盘测功机按照 8.5 确定的台架加载阻力对受检车辆进行加载，至车速稳定在 8.5 确定的检测车速。

9.4 油耗仪采样管应靠近并对准汽车排气管口，其间距不大于 100 mm，使采样管与排气尾管末端同轴，用支架固定，使汽车排气和环境空气顺利进入采样管。

9.5 引车员按司机助提示控制汽车油门，使检测车速的变化幅度稳定在±0.5 km/h 的范围内，稳定至少 15 s 后，油耗仪开始 60 s 连续采样，同时测功机开始测量 60 s 连续采样时间内的汽车行驶距离 S(m)。

9.6 采样过程中，如连续 3 s 内检测车速的变化幅度超过±0.5 km/h 或加载阻力变化幅度超过±20 N，则停止本次采样，返回到 9.5 重新开始。

9.7 连续 60 s 采样完成后，按下式计算汽车百公里燃料消耗量，并四舍五入至小数点后一位。

$$FC=\frac{100}{S}\times\sum FC_S$$

式中：

FC ——汽车百公里燃料消耗量，单位为升每百千米（L/100 km）；

S ——采样时间内汽车的行驶距离，单位为米（m）；

$\sum FC_S$ ——采样时间内汽车每秒燃料消耗量的累加值，单位为毫升（mL）。

9.8 每次检测结束后油耗仪应进行反吹。

10 检测结果评价

10.1 燃料消耗量限值

10.1.1 已列入交通运输主管部门公布的《道路运输车辆燃料消耗量达标车型表》的车辆，其燃料消耗量限值为车辆《燃料消耗量参数表》中 50 km/h 或 60 km/h 满载等速油耗的 114%；

10.1.2 未列入交通运输主管部门公布的《道路运输车辆燃料消耗量达标车型表》的车辆，其燃料消耗量限值的参比值见附录 C。

10.1.3 当按牵引车（单车）满载总质量进行检测时，燃料消耗量限值的参比值按牵引车（单车）满载总质量对应取表 C.2 中的数值。

10.2 判定方法

10.2.1 当检测结果小于等于限值，判定该车燃料消耗量为合格。

10.2.2 当检测结果大于限值，允许复检两次。一次复检合格，则判定该车燃料消耗量为合格。

10.2.3 当检测结果和复检结果均大于限值，判定该车燃料消耗量为不合格。

附 录 A
（规范性附录）
碳平衡油耗仪

A.1 范围

本附录规定了碳平衡油耗仪的技术要求和燃料消耗量计算方法。

A.2 技术要求

A.2.1 基本构成

图 A.1 给出了碳平衡油耗仪的基本构成示意图。

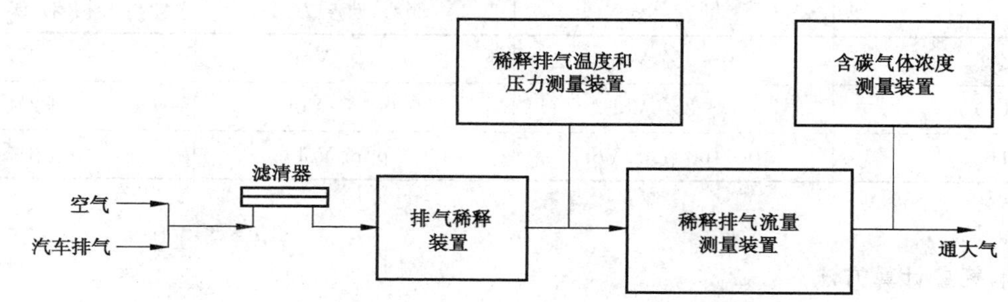

图 A.1 碳平衡油耗仪示意图

A.2.2 一般要求

A.2.2.1 碳平衡油耗仪应能够测量额定总质量大于 3 500 kg、排量大于 2 L 的汽车燃料消耗量。

A.2.2.2 进入油耗仪内部的气体不得有泄漏，与气体接触的管道、传感器等不应影响气体浓度。

A.2.2.3 油耗仪采样频率不小于 2 Hz。

A.2.2.4 油耗仪应记录、处理、存储同步测得的每秒稀释排气中 CO_2、CO、HC 气体浓度、稀释排气流量和每秒的燃料消耗量。

A.2.2.5 对独立工作的汽车双排气管，油耗仪应采用 Y 型对称采样管。两根采样管的结构、内径和长度完全一致，保证两分取样管内的气体同时全部到达总取样管。

A.2.2.6 油耗仪应显示、输出受检汽车燃料消耗量。

A.2.3 排气稀释装置

A.2.3.1 排气稀释装置应保证汽车排气与空气在其内部充分、均匀混合。

A.2.3.2 排气稀释装置应保证对汽车排气进行连续稀释过程中不产生冷凝水。

A.2.4 稀释排气温度和压力测量装置

A.2.4.1 温度测量的准确度应不超过±1.5 K。

A.2.4.2 压力测量的准确度应不超过±0.4 kPa。

A.2.5 流量测量装置

A.2.5.1 流量测量装置中的流量计准确度应在±1%之内。

A.2.5.2 采用的流量计应能抗稀释排气管道振动、电磁干扰。

A.2.5.3 应根据设备供应商提供的要求和方法定期对流量计进行校准。

A.2.5.4 应定期清除流量测量装置内部表面积碳,保证内部清洁。

A.2.6 气体浓度测量装置

A.2.6.1 气体浓度测量装置采用非分光红外线法(NDIR)测量 CO_2、CO、HC气体浓度。

A.2.6.2 应根据设备供应商提供的要求和方法定期对气体浓度测量装置进行校准。

A.2.6.3 气体浓度传感器的主要技术参数要求见表A.1。

A.2.6.4 应定期更换气体浓度测量装置中的滤芯,保证滤芯洁净。

表 A.1

项　目	量　程	分　辨　力	相对误差
CO_2	0～5% Vol	0.01% Vol	±2%
CO	0～2% Vol	0.001% Vol	±2%
HC	0～100 ppm Vol	1 ppm Vol	±3%

A.3 燃料消耗量计算方法

A.3.1 稀释排气流量(Q_g)换算为标准状态下的流量(Q_n)应按式(A.1)计算:

$$Q_n = Q_g \cdot \frac{P_g}{T_g} \cdot \frac{T_n}{P_n} \qquad \text{(A.1)}$$

式中:

Q_n——标准状态下的流量,单位为升每秒(L/s);

Q_g——稀释排气流量,单位为升每秒(L/s);

P_g——稀释排气气压,单位为千帕(kPa);

T_g——稀释排气温度,单位为开尔文(K);

P_n——标准状态下的大气压力,P_n=101.33 kPa;

T_n——标准状态下的温度,T_n=273.15 K。

A.3.2 CO_2 气体浓度校正应按式(A.2)计算:

$$C_{CCO_2} = C_{CO_2} - C_{dCO_2}\left(1 - \frac{1}{DF}\right) \qquad \text{(A.2)}$$

式中:

C_{CCO_2}——经环境空气 CO_2 气体浓度校正后的稀释排气中 CO_2 气体浓度值,单位为体积分数(%);

C_{CO_2}——每秒稀释排气中 CO_2 气体浓度,单位为体积分数(%);

C_{dCO_2}——环境空气 CO_2 气体浓度,单位为体积分数(%);

DF——每秒稀释系数按式(A.3)计算:

$$DF = \frac{13.4}{C_{CO_2} + C_{CO} + C_{HC} \times 10^{-4}} \qquad \text{(A.3)}$$

式中：

C_{CO}——每秒稀释排气中 CO 气体浓度，单位为体积分数(%)；

C_{HC}——每秒稀释排气中 HC 气体浓度，单位为体积分数(1×10^{-6})。

A.3.3 汽车每秒排放的 CO_2、CO、HC 气体质量分别按式(A.4)、式(A.5)和式(A.6)计算：

$$M_{CO_2}=Q_n\cdot d_{CO_2}\cdot C_{CCO_2}\cdot 10^{-2} \qquad \text{(A.4)}$$

$$M_{CO}=Q_n\cdot d_{CO}\cdot C_{CO}\cdot 10^{-2} \qquad \text{(A.5)}$$

$$M_{HC}=Q_n\cdot d_{HC}\cdot C_{HC}\cdot 10^{-6} \qquad \text{(A.6)}$$

式中：

M_{CO_2}、M_{CO}、M_{HC}——分别为汽车每秒排放的 CO_2、CO、HC 气体质量，单位为克每秒(g/s)；

d_{CO_2}、d_{CO}、d_{HC} ——分别为标准状态下 CO_2、CO、HC 气体密度，单位为克每升(g/L)。

A.3.4 汽车每秒燃料消耗量按如下方法计算：

对于柴油车按式(A.7)计算：

$$FC_S=\frac{1.155}{d_F}\times\{(0.865\,8\times M_{HC})+(0.429\times M_{CO})+(0.273\times M_{CO_2})\} \qquad \text{(A.7)}$$

对于汽油车按(A.8)计算：

$$FC_S=\frac{1.154}{d_F}\times\{(0.866\,4\times M_{HC})+(0.429\times M_{CO})+(0.273\times M_{CO_2})\} \qquad \text{(A.8)}$$

式中：

FC_S——汽车每秒燃料消耗量，单位为毫升每秒(mL/s)；

d_F ——15 ℃时燃料密度，取固定值：柴油 0.838，汽油 0.740，单位为千克每升(kg/L)。

A.3.5 汽车燃料消耗量($\sum FC_S$)等于采样时间内汽车每秒燃料消耗量的累加，有效值取小数点后两位，单位为毫升(mL)。

附　录　B
（规范性附录）
台架加载阻力计算方法

B.1　汽车道路行驶阻力

B.1.1　汽车燃料消耗量检测工况下的道路行驶阻力由滚动阻力和空气阻力构成，公式如下：

$$F_R = F_f + F_W$$

式中：

F_R——汽车燃料消耗量检测工况下的道路行驶阻力，单位为牛顿（N）；

F_f——汽车道路行驶的滚动阻力，单位为牛顿（N）；

F_W——汽车道路行驶的空气阻力，单位为牛顿（N）。

B.1.2　汽车道路行驶的滚动阻力计算公式为：

$$F_f = G \cdot g \cdot f$$

式中：

G——受检汽车额定总质量（或牵引车单车满载总质量），单位为千克（kg）；

g——重力加速度，$g=9.81\ \mathrm{m/s^2}$；

f——滚动阻力系数，汽车以 50 km/h、60 km/h 速度在水平硬路面行驶的滚动阻力系数 f 值参见表 B.1。

表 B.1　滚动阻力系数 f 值

轮　胎		f
子午胎	轮胎断面宽度＜8.25 in	0.007
	轮胎断面宽度≥8.25 in	0.006
斜交胎	—	0.010

B.1.3　汽车道路行驶的空气阻力计算公式为：

$$F_W = \frac{1}{2} \times C_D \cdot A \cdot \rho \cdot v_0^2$$

式中：

C_D——空气阻力系数，汽车以 50 km/h、60 km/h 速度在水平硬路面行驶的空气阻力系数（C_D）值参见表 B.2；

A——受检汽车迎风面积，即汽车行驶方向的投影面积，单位为平方米（$\mathrm{m^2}$）；

ρ——空气密度，$\rho=1.189\ \mathrm{N \cdot s^2 \cdot m^{-4}}$（温度 293.15 K，大气压力 101.33 kPa 状态下）；

v_0——汽车行驶速度，单位为米每秒（m/s）。

汽车迎风面积 A 用下式估算：

$$A = B \times H \times 10^{-6}$$

式中：

B——汽车前轮距，单位为毫米（mm）；

H——汽车高度，单位为毫米（mm）。

表 B.2　营运客车和营运货车的空气阻力系数(C_D)值

<table>
<tr><th colspan="3">营运客车 C_D</th><th colspan="3">营运货车 C_D</th></tr>
<tr><th>车长 L
mm</th><th>等速 60 km/h</th><th>等速 50 km/h</th><th>车身型式</th><th>额定总质量 G
kg</th><th>等速 50 km/h</th></tr>
<tr><td rowspan="2">$L \leqslant 7\,000$</td><td rowspan="2">0.60</td><td rowspan="2">0.65</td><td rowspan="2">拦板车
自卸车
牵引车</td><td>$G < 10\,000$</td><td>0.9</td></tr>
<tr><td>$G \geqslant 10\,000$</td><td>1.1</td></tr>
<tr><td>$7\,000 < L \leqslant 9\,000$</td><td>0.70</td><td>0.75</td><td>仓栅车</td><td>—</td><td>1.4</td></tr>
<tr><td rowspan="3">$L > 9\,000$</td><td rowspan="3">0.80</td><td rowspan="3">0.85</td><td rowspan="3">厢式车
罐车</td><td>$G < 10\,000$</td><td>0.8</td></tr>
<tr><td>$10\,000 \leqslant G < 15\,000$</td><td>0.9</td></tr>
<tr><td>$G \geqslant 15\,000$</td><td>1.0</td></tr>
</table>

B.2　汽车台架运转阻力

B.2.1　汽车台架运转阻力等于汽车台架滚动阻力和台架内阻之和，公式为：

$$F_C = F_{fc} + F_{tc}$$

式中：

F_C——汽车台架运转阻力，单位为牛顿(N)；

F_{fc}——汽车台架滚动阻力，单位为牛顿(N)；

F_{tc}——台架内阻，单位为牛顿(N)。

B.2.2　汽车台架滚动阻力计算公式为：

$$F_{fc} = G_R \cdot g \cdot f_c$$

式中：

G_R——受检汽车驱动轴空载质量，单位为千克(kg)；

f_c——台架滚动阻力系数，$f_c = 1.5f$。

B.2.3　台架内阻 F_{tc} 值应由台架生产厂提供，或按附录 D 进行测试，也可采用表 B.3 的推荐值。

表 B.3　台架内阻 F_{tc} 推荐值

速度 km/h	二轴四滚筒式台架内阻 F_{tc} N	三轴六滚筒式台架内阻 F_{tc} N
50	100	130
60	110	140

B.3　台架加载阻力

台架加载阻力等于汽车道路行驶阻力减去汽车台架运转阻力。公式为：

$$F_{TC} = F_R - F_C$$

式中：

F_{TC}——台架加载阻力，四舍五入至整数位，单位为牛顿(N)。

附 录 C
（规范性附录）
在用车辆燃料消耗量限值的参比值

在用柴油客车、货车（单车）及半挂汽车列车燃料消耗量限值的参比值见表C.1～表C.3。在用汽油车辆的燃料消耗量限值的参比值为相应车长、等级的柴油客车及相应总质量的柴油货车（单车）及半挂汽车列车限值参比值的1.15倍。

表C.1 在用柴油客车燃料消耗量限值的参比值

车长 L mm	参比值/(L/100 km)	
	高级客车 等速60 km/h	中级和普通级客车 等速50 km/h
L≤6 000	11.3	9.5
6 000<L≤7 000	13.1	11.5
7 000<L≤8 000	15.3	14.1
8 000<L≤9 000	16.4	15.5
9 000<L≤10 000	17.8	16.7
10 000<L≤11 000	19.4	17.6
11 000<L≤12 000	20.1	18.3
L>12 000	22.3	20.3

表C.2 在用柴油货车（单车）燃料消耗量限值的参比值

额定总质量 G kg	参比值 L/100 km	额定总质量 G kg	参比值 L/100 km
3 500<G≤4 000	10.6	17 000<G≤18 000	24.4
4 000<G≤5 000	11.3	18 000<G≤19 000	25.4
5 000<G≤6 000	12.6	19 000<G≤20 000	26.1
6 000<G≤7 000	13.5	20 000<G≤21 000	27.0
7 000<G≤8 000	14.9	21 000<G≤22 000	27.7
8 000<G≤9 000	16.1	22 000<G≤23 000	28.2
9 000<G≤10 000	16.9	23 000<G≤24 000	28.8
10 000<G≤11 000	18.0	24 000<G≤25 000	29.5
11 000<G≤12 000	19.1	25 000<G≤26 000	30.1
12 000<G≤13 000	20.0	26 000<G≤27 000	30.8
13 000<G≤14 000	20.9	27 000<G≤28 000	31.7
14 000<G≤15 000	21.6	28 000<G≤29 000	32.6
15 000<G≤16 000	22.7	29 000<G≤30 000	33.7
16 000<G≤17 000	23.6	30 000<G≤31 000	34.6

表 C.3　在用柴油半挂汽车列车燃料消耗量限值的参比值

额定总质量 G kg	参比值 L/100 km
$G \leqslant 27\ 000$	42.9
$27\ 000 < G \leqslant 35\ 000$	43.9
$35\ 000 < G \leqslant 43\ 000$	46.2
$49\ 000 < G \leqslant 49\ 000$	47.3

附 录 D
（规范性附录）
台架内阻测试方法

D.1 试验准备

D.1.1 台架内阻检测过程应由控制软件自动完成，各过程应在同一界面中实现。

D.1.2 采用反拖电机或车辆驱动滚筒转动预热底盘测功机，直至底盘测功机滑行时间趋于稳定。

D.1.3 在已知底盘测功机系统当量惯量(DIW)时，可采用D.2方法测试；在未知底盘测功机系统当量惯量时，可采用D.3或D.4方法测试；

D.2 单次滑行法

D.2.1 用反拖电机驱动滚筒，将滚筒线速度提高到比 V_0 高 30 km/h 以上后开始空载滑行，记录从 (V_0+16)km/h～(V_0-16)km/h 之间的滑行时间。滑行测试3次，计算3次测试的均值，记作 t(s)，并计算台架内阻，V_0 分别取 50 km/h 和 60 km/h。

D.2.2 按下式计算台架内阻：

$$F_{tc}=8.8889\times \mathrm{DIW}/t$$

式中：

F_{tc} ——速度为 V_0 时的台架内阻，单位为牛顿(N)；

DIW ——底盘测功机系统当量惯量，单位为千克(kg)；

t ——3次测试的滑行时间均值，单位为秒(s)。

D.3 两次滑行法

D.3.1 底盘测功机设定为恒力控制方式。

D.3.2 用反拖电机驱动滚筒，将滚筒线速度提高到比 V_0 高 30 km/h 以上，加载恒力 550 N，记录从 (V_0+16)km/h～(V_0-16)km/h 之间的实测加载力均值和滑行时间。滑行测试3次，计算3次测试的均值，记作 f_1(N)和 t_1(s)，V_0 分别取 50 km/h 和 60 km/h。

D.3.3 再次将滚筒线速度提高到比 V_0 高 30 km/h 以上，加载恒力 1 200 N 滑行，并记录从 (V_0+16)km/h～(V_0-16)km/h 之间的实测加载力均值和滑行时间。滑行测试3次，再计算3次测试的均值，记作 f_2(N)和 t_2(s)。

D.3.4 按下式计算台架内阻：

$$F_{tc}=(f_2\times t_2-f_1\times t_1)/(t_1-t_2)$$

式中：

F_{tc} ——速度为 V_0 时的台架内阻，单位为牛顿(N)；

f_1 ——加载恒力 550 N 时，3次测试的实测加载力均值，单位为牛顿(N)；

f_2 ——加载恒力 1 200 N 时，3次测试的实测加载力均值，单位为牛顿(N)；

t_1 ——加载恒力 550 N 时，3次测试的滑行时间均值，单位为秒(s)；

t_2 ——加载恒力 1 200 N 时,3 次测试的滑行时间均值,单位为秒(s)。

D.4 反拖法

若底盘测功机具备测力式反拖装置,可采用反拖法测台架内阻。

ICS 25.220.10
A 29

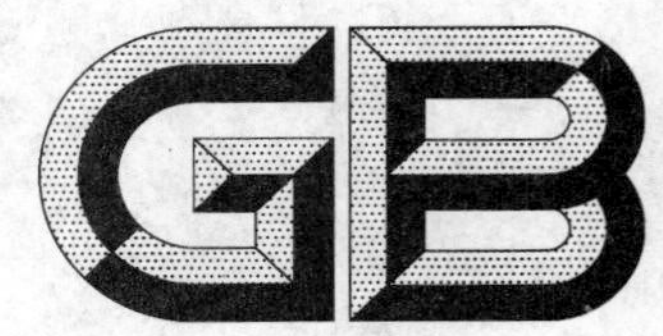

中华人民共和国国家标准

GB/T 18570.6—2011/ISO 8502-6:2006
代替 GB/T 18570.6—2005

涂覆涂料前钢材表面处理 表面清洁度的评定试验 第6部分:可溶性杂质的取样 Bresle法

Preparation of steel substrates before application of paints and related products—Tests for the assessment of surface cleanliness—Part 6:Extraction of soluble contaminants for analysis—The Bresle method

(ISO 8502-6:2006,IDT)

2011-12-30 发布　　2012-10-01 实施

中华人民共和国国家质量监督检验检疫总局
中国国家标准化管理委员会　发布

前　言

GB/T 18570《涂覆涂料前钢材表面处理　表面清洁度的评定试验》分为下列几部分：

——第1部分：可溶性铁的腐蚀产物的现场试验(技术报告)；

——第2部分：清理过的表面上氯化物的实验室测定；

——第3部分：涂覆涂料前钢材表面的灰尘评定(压敏粘带法)；

——第4部分：涂覆涂料前凝露可能性的评定导则；

——第5部分：涂覆涂料前钢材表面的氯化物测定(离子探测管法)；

——第6部分：可溶性杂质的取样　Bresle法；

——第7部分：油和脂类的现场测定法；

——第8部分：湿气的现场折射测定法；

——第9部分：水溶性盐的现场电导率测定法；

——第10部分：水溶性氯化物的现场滴定测定法；

——第11部分：水溶性硫酸盐的现场浊度测定法；

——第12部分：水溶性铁离子的现场滴定测定法。

本部分为GB/T 18570的第6部分。

本部分按照GB/T 1.1—2009给出的规则起草。

本部分代替GB/T 18570.6—2005《涂覆涂料前钢材表面处理　表面清洁度的评定试验　第6部分：可溶性杂质的取样　Bresle法》(ISO 8502-6:1995,IDT)。本部分与GB/T 18570.6—2005相比，主要技术变化如下：

——删除了规范性引用文件中的标准年代号(见2005年版的第2章)；

——修改了试验步骤，将有关重复注入、抽取溶剂的试验步骤"5.7"与"5.6"合并为一条，使试验步骤描述更为严谨(见5.6,2005年版的5.6和5.7)；

——完善了试验报告，增加"所用胶贴袋的制造商批号"(见第6章和A.5,2005年版的第6章和A.5)。

本部分使用翻译法等同采用ISO 8502-6:2006《涂覆涂料前钢材表面处理　表面清洁度的评定试验　第6部分：可溶性杂质的取样　Bresle法》。

与本部分中规范性引用的国际文件有一致性对应关系的我国文件如下：

——GB/T 8923.1—2011　涂覆涂料前钢材表面处理　表面清洁度的目视评定　第1部分：未涂覆过的钢材表面和全面清除原有涂层后的钢材表面的锈蚀等级和处理等级(ISO 8501-1:2007,IDT)；

——GB/T 13288.2—2011　涂覆涂料前钢材表面处理　喷射清理后的钢材表面粗糙度特性　第2部分：磨料喷射清理后钢材表面粗糙度等级的测定方法　比较样块法(ISO 8503-2:1988,IDT)。

本部分由中国船舶工业集团公司提出。

本部分由全国涂料和颜料标准化技术委员会涂漆前金属表面处理及涂漆工艺分技术委员会(SAC/TC 5/SC 6)归口。

本部分起草单位：中国船舶工业综合技术经济研究院、中国船舶工业集团公司第十一研究所、山东淄博大亚金属科技股份有限公司、广州中船黄埔造船有限公司、浙江佳隆防腐工程有限公司、广州中船龙穴造船有限公司。

本部分主要起草人:宋艳媛、傅建华、韩庆吉、韩超、李东、陈熙寰、张万红、王家德、杜贵铅。

本部分所代替标准的历次版本发布情况为:

——GB/T 18570.6—2005。

涂覆涂料前钢材表面处理
表面清洁度的评定试验
第6部分:可溶性杂质的取样 Bresle法

1 范围

GB/T 18570的本部分规定了从钢材表面上提取可溶性杂质的方法。本方法利用了能粘贴在任何形状(平的或弯曲的)和任意方向(包括向下的)表面上的柔性胶贴袋。

本方法适用于涂覆涂料前钢材表面上的可溶性杂质的现场取样。

本部分不包括对可溶性杂质的分析,现场分析方法在GB/T 18570的其他部分中规定。

2 规范性引用文件

下列文件对于本文件的应用是必不可少的。凡是注日期的引用文件,仅注日期的版本适用于本文件。凡是不注日期的引用文件,其最新版本(包括所有的修改单)适用于本文件。

ISO 554 调节和/或试验用标准大气 分类(Standard atmospheres for conditioning and/or testing—Spcifications)

ISO 8501-1 涂覆涂料前钢材表面处理 表面清洁度的目视评定 第1部分:未涂覆过的钢材表面和全面清除原有涂层后的钢材表面的锈蚀等级和处理等级(Preparation of steel substrates before application of paints and related products—Visual assessment of surface cleanliness—Part 1: Rust grades and preparation grades of uncoated steel substrates and of steel substrates after overall removal of previous coatings)

ISO 8503-2 涂覆涂料前钢材表面处理 喷射清理后的钢材表面粗糙度特性 第2部分:磨料喷射清理后钢材表面粗糙度等级的测定方法 比较样块法(Preparation of steel substrates before application of paints and related products—Surface roughness characteristics of blast-cleaned steel substrates—Part 2: Method for the grading of surface profile of abrasive blast-cleaned steel—Comparator procedure)

ISO/IEC 导则2 标准化及其相关活动 通用词汇(ISO/IEC Guide 2, Standardization and related activities—General vocabulary)

3 原理

将具有可容纳溶剂的中空胶贴袋粘贴在欲移取可溶性杂质的表面上,用注射器将溶剂注入空腔内,然后抽回到注射器内。重复该操作步骤若干次,然后将该溶剂(已含有从试验表面溶解的可溶性杂质)转移到一个适当容器内,进行分析。

4 仪器和材料

4.1 胶贴袋

胶贴袋由具有封闭气孔的耐老化、柔韧性材料组成,例如聚乙烯泡沫。胶贴袋为中空。未使用前空腔处的材料应保留不动。胶贴袋的一面涂有一层弹性薄膜，另一面涂有黏性物质并覆盖一层可去除的保护纸。

注：胶贴袋的空腔和外边缘可为任意形状，例如圆形、长方形和椭圆形等。

胶贴袋的厚度应为 1.5 mm±0.3 mm，胶贴袋外边缘与空腔之间黏性环带的宽度应不小于 5 mm，具有表1规定的标准空腔尺寸的胶贴袋称为标准胶贴袋。胶贴袋应为密封的，为此开发了一种简易的典型测漏试验方法(见附录A)。当测试12个相同型号的胶贴袋时，至少应有8个通过测试。测漏试验应在被认可的试验室进行，结果记录在试验报告上。这方面的术语和定义见 ISO/IEC 导则 2。

表1　标准胶贴袋

胶贴袋型号	空腔面积/ mm^2
A-0155	155±2
A-0310	310±3
A-0625	625±6
A-1250	1 250±13
A-2500	2 500±25

4.2　可重复使用的注射器

最大针筒容积：8 mL。

最大针头直径：1 mm。

最大针头长度：50 mm。

4.3　溶剂

溶剂用于测量表面杂质。测量水溶性盐或其他水溶性杂质时，用蒸馏水或去离子水作为溶剂。

4.4　接触式温度计

接触式温度计的准确度为 0.5 ℃，刻度间隔为 0.5 ℃。

5　试验步骤

5.1　取一片适当尺寸(见表1)的胶贴袋(4.1)，去除保护纸和开空腔的材料，见图1。

5.2　在测试表面上挤压胶贴袋黏性边，尽量挤出胶贴袋空腔内的空气，见图2。

5.3　将注射器(4.2)抽满溶剂(4.3)，见图3。

注：注入胶贴袋空腔内的溶剂体积与空腔的面积成正比，常用数量为 2.6×10^{-3} mL/mm^2 ± 0.6×10^{-3} mL/mm^2。

5.4　靠近测试表面，以约30°角将注射器的针头通过黏性泡沫环带插入由测试表面与弹性薄膜构成的空腔内，见图4。

若注射器针头难以插入胶贴袋空腔内，可按需要弯曲针头。

5.5　注入溶剂，确保润湿全部测试表面，见图4。

若需避免空气残留于胶贴袋空腔内，按下列两步进行注射：

先注入一半溶剂，通过反向操作将空气吸入注射器。然后将针头移出胶贴袋，针尖向上持住注射器，排空空气，之后再次将针头插入空腔内并注入剩余的溶剂。

5.6 经过有关各方约定的时间,抽回溶剂,见图 5。在这段时间内,保持注射器针头不移出胶贴袋,重复将溶剂注入空腔内,然后抽回到注射器针筒内,进行这种重复注入、抽回循环步骤至少 4 遍。

注:在喷射处理后的无凹坑表面,10 min 可达到满意效果,因为这段时间内,超过 90%的可溶性盐已经溶解。

5.7 将溶剂转移到一个适当的容器中用以分析,见图 6。

注:大多数情况下,通过 5.3~5.7 的操作,应有约 95%的表面可溶性杂质被移取。再取溶剂重复上述步骤,几乎所有剩下的 5%也可移取。

5.8 在 5.3~5.7 过程中,胶贴袋或注射器中应无溶剂损失。若有溶剂损失,应弃用获得的溶液。

5.9 完成 5.7 后,清理并洗涤注射器以使其可再次使用。弯曲的针头若无必要弄直或更弯,最好保持原样。

5.10 用接触式温度计(4.4)记录钢材表面的温度,精确到 0.5 ℃。

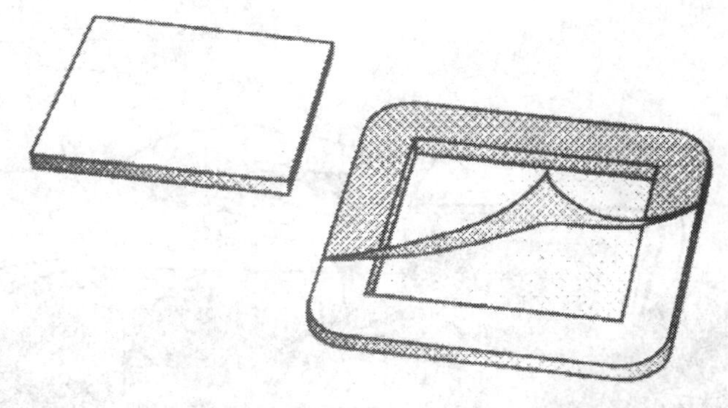

图 1 去除保护纸和开空腔的材料

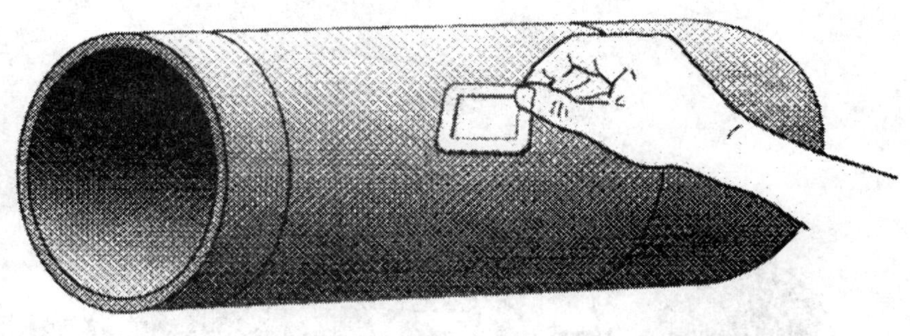

图 2 将胶贴袋粘贴到试验表面

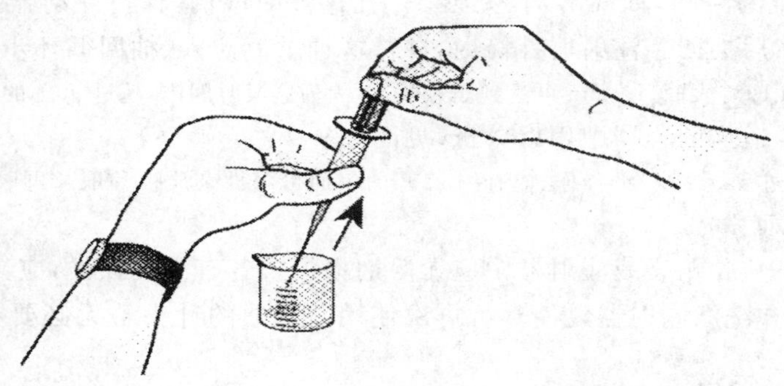

图 3 将注射器内抽满溶剂

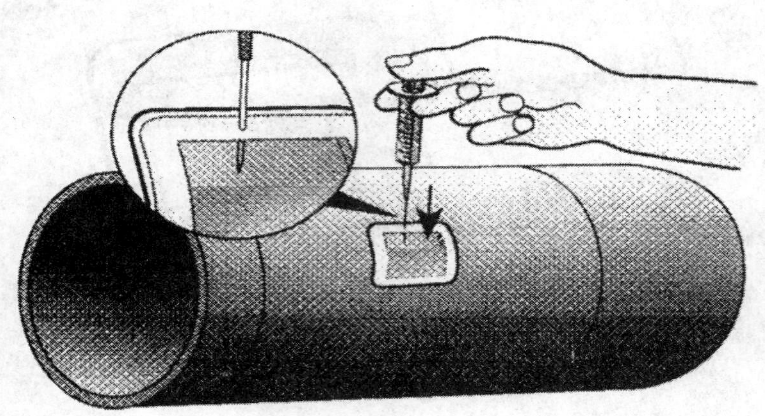

图 4 将溶剂注入到胶贴袋空腔(按 5.4 的规定进行操作)

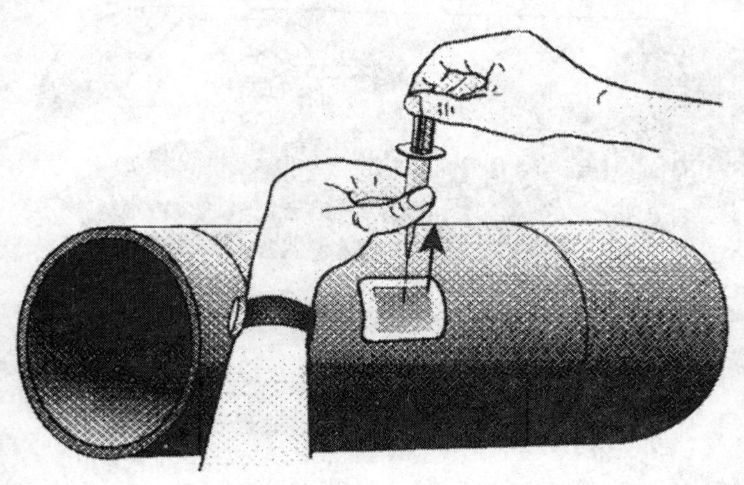

图 5 将溶剂从胶贴袋空腔内抽回

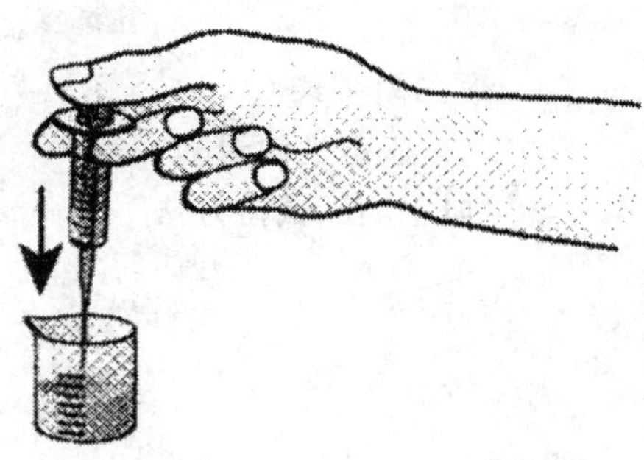

图 6　将溶剂转移到一个适当的容器内进行分析

6　试验报告

试验报告至少应包括下列内容：

a）GB/T 18570 的本部分的标准号(GB/T 18570.6—2011)；

b）所用溶剂；

c）注射用溶剂的体积；

d）溶剂和钢材表面接触总时间，即在按 5.6 的停留时间乘以总循环次数；

e）5.3～5.7 期间的温度；

f）所用胶贴袋的制造商批号；

g）试验日期。

附 录 A
（规范性附录）
典型测漏试验方法

A.1 通则

钢材表面上的杂质移取量，很大程度上取决于胶贴袋的不泄漏性，包括胶贴袋与钢材表面的结合程度。

当钢材表面不清洁（例如覆盖有灰尘或湿气）或粗糙（例如喷射清理后仍残留有凹坑）时，更有可能发生溶剂泄漏。

当胶贴袋的内部压力很大且持续时间很长时，也可能发生泄漏。

在下述测漏试验中，影响泄漏的上述方面都有意地被放大，以便于对具有橡胶弹性薄膜的胶贴袋进行典型测试。

注：本方法也可用于此类胶贴袋的生产检验和交付检验。另外，本方法还可用于比较和预测分离不可溶杂质过程中可能遇到的困难（第5章）。通过了该测试也不能保证每一个胶贴袋在所有情况下都能满足要求。

A.2 原理

将一片胶贴袋粘到已知粗糙度的清洁钢板上，将水注入空腔内，以产生内部压力来挤压胶贴袋，经过规定时间后，检查胶贴袋是否泄漏。

A.3 仪器和材料

A.3.1 胶贴袋

见4.1。

A.3.2 目视清洁钢板

尺寸适当，例如150 mm×150 mm，初始锈蚀等级D，预处理后达到ISO 8501-1规定的D Sa2½，二次粗糙度为ISO 8503-2规定的“棱角状”，等级为“粗粗”。

A.3.3 注射器

见4.2。

A.3.4 水

蒸馏水或去离子水。

A.3.5 计时器

A.4 步骤

试验在ISO 554规定的较宽允差的23/50条件下完成。

注：数值23和50分别指摄氏温度和以百分计的相对湿度。

A.4.1 将胶贴袋(A.3.1)粘贴到钢板(A.3.2)上，然后，按表A.1的规定，用注射器(A.3.3)注入一定体积的水(A.3.4)。

表 A.1

胶贴袋型号	注入水的体积/ mL
A-0155	0.8±0.1
A-0310	3.7±0.1
A-0625	5.5±0.1
A-1250	14.9±0.1
A-2500	39.5±0.1

A.4.2 启动计时器(A.3.5)。

A.4.3 检查有无泄漏。试验(A.4.2)开始后至少每5 min重复检查一遍，20 min后停止。

A.4.4 若20 min内发生了泄漏，记录泄漏时间并在胶贴袋泄漏点作记号。

A.4.5 若20 min内没有泄漏，则胶贴袋通过了测漏测试。

A.5 试验报告

试验报告至少应包括下列内容：

a) 被测试胶贴袋的型号和尺寸；

b) 所用胶贴袋的制造商批号；

c) 注入水的体积；

d) 20 min内泄漏发生的时间；

e) 泄漏点；

f) 试验日期。

ICS 75.040
E 21

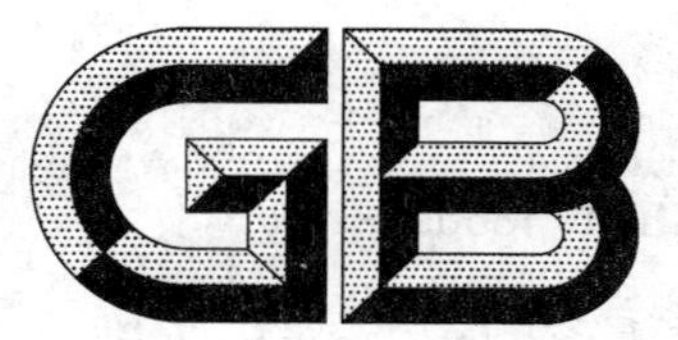

中华人民共和国国家标准

GB/T 18609—2011
代替 GB/T 18609—2001

原油酸值的测定　电位滴定法

Determination of acid number of crude oil by potentiometric titration

2011-09-29 发布　　2012-01-01 实施

中华人民共和国国家质量监督检验检疫总局
中国国家标准化管理委员会　发布

前 言

本标准按照 GB/T 1.1—2009 给出的规则起草。

本标准代替 GB/T 18609—2001《原油酸值的测定　电位滴定法》。

本标准与 GB/T 18609—2001 的主要差异(主要因修改采用 ASTM D 664-07 产生)如下:

——在"范围"中将原标准"……酸值的测定范围大于 0.05 mg KOH/g";修改为"……酸值的测定范围为 0.1 mg/g～150 mg/g",以适应原油的酸值要求;

——在"滴定溶剂"中,考虑到溶剂溶解性的差异,删除原标准"250 mL 四氢呋喃",将原标准"245 mL 异丙醇"修改为"495 mL±5 mL 异丙醇";

——删除原标准"缓冲溶液 A";在"5.1.8"中增加了"……pH11 的标准缓冲溶液",以增强可操作性;

——将原标准"6.1.3 甘汞参比电极:直型或 232 型",修改为"参比电极:银/氯化银(Ag/AgCl)参比电极,内充 1 mol/L～3 mol/L 氯化锂乙醇溶液";

——修改了"电极的测试";

——修改了"图 1";

——修改了"精密度";

——修改了"试验报告";

——在"规范性引用文件"中,增加 SY/T 5317 和 SY/T 6520,删除 GB/T 260 和 GB/T 2538;

——增加"质量保证和控制";

——增加 "警告"的内容。

本标准使用重新起草法修改采用 ASTM D 664-07《石油产品酸值测定方法　电位滴定法》(英文版)。

本标准与 ASTM D664-07 的主要差异如下:

——将 ASTM D664-07 的中文名称《石油产品酸值测定方法　电位滴定法》修改为《原油酸值的测定　电位滴定法》;

——在"范围"中将"……石油产品和润滑剂中的酸性组分";修改为"……原油中的酸性组分";

——删除"意义和用途";

——删除"关键词";

——删除"附录"。附录中的主要内容在标准中已经体现。

本标准由中国石油天然气集团公司提出。

本标准由全国石油天然气标准化技术委员会(SAC/TC 355)归口。

本标准起草单位:中国石油大学(华东)、中石化石油化工科学研究院、中国石油管道分公司科技研究中心、塔里木油田公司质量检测中心、新疆油田分公司采油工艺研究院。

本标准主要起草人:范维玉、南国枝、魏宇彤、姜心、胡天堂、苑凯君。

原油酸值的测定　电位滴定法

警告——使用本标准的人员应有正规实验室工作的实践经验。本标准并未指出所有可能的安全问题。使用者有责任采取适当的安全和健康措施,并保证符合国家有关法规规定的条件。

1　范围

1.1　本标准规定了采用电位滴定法测定原油酸值的方法。

1.2　本标准适用于测定能够溶解于甲苯和异丙醇混合溶剂中的原油中的酸性组分。这些酸性组分在水中的离解常数要大于 10^{-9};离解常数小于 10^{-9} 的极弱酸不产生干扰。水解常数大于 10^{-9} 的盐类将会参与反应。酸值的测定范围为 0.1 mg/g～150 mg/g。

1.3　本标准适用于测定水的质量分数小于 0.5%的原油。

2　规范性引用文件

下列文件对于本文件的应用是必不可少的。凡是注日期的引用文件,仅注日期的版本适用于本文件。凡是不注日期的引用文件,其最新版本(包括所有的修改单)适用于本文件。

GB/T 4756　石油液体手工取样法(GB/T 4756—1998,ISO 3170:1988,eqv)

GB/T 6682　分析实验室用水规格和试验方法(GB/T 6682—2008,ISO 3696:1987,MOD)

GB/T 8929　原油水含量的测定　蒸馏法(GB/T 8929—2006,ISO 9029:1990,MOD)

SY/T 5317　石油液体管线自动取样法(SY/T 5317—2006,ISO 3171:1988,IDT)

SY/T 6520　原油脱水试验方法　压力釜法

3　术语和定义

下列术语和定义适用于本文件。

3.1

酸值　acid number

滴定 1 g 原油试样到终点时所需的碱量,以氢氧化钾的质量分数计,单位为毫克每克(mg/g)。

在此方法中,滴定溶解在溶剂中的原油样品时,从仪器的初始电位开始滴定,以明显突跃点时的电位值或相应的新配制的标准碱性缓冲溶液的电位值作为滴定终点。

3.2

强酸值　strong acid number

中和 1 g 原油试样中强酸性组分所需的碱量,以氢氧化钾的质量分数计,单位为毫克每克(mg/g)。

滴定强酸值时,将溶解在溶剂中的原油样品从仪器的初始电位开始滴定,以明显突跃点时的电位值或相应的新配制的标准酸性缓冲溶液的电位值作为滴定终点。原油一般不需要测强酸值,若特殊情况需要测强酸值时,测定结果应注明是强酸值,以表示和酸值的区分。

4　原理

将试样溶解在由甲苯、异丙醇和少量蒸馏水组成的溶剂中,在使用玻璃电极和 Ag/AgCl 参比电极的电位滴定仪上，用氢氧化钾异丙醇标准溶液滴定。以电位读数——手动或自动滴定所消耗的标准溶液体积做图，取曲线的突跃点为滴定终点，计算原油的酸值。当所得曲线上无明显突跃点时，取碱性(或酸性)缓冲水溶液在电位计上相应的电位值读数为滴定终点。

5 试剂与材料

5.1 试剂

除非另有规定，本标准中仅使用分析纯试剂。商品溶液可以代替实验室配制溶液，两者等效。可以制备一定量备用溶液，规定以最终溶液浓度为有效。

5.1.1 水，GB/T 6682，三级。

5.1.2 氢氧化钾。

5.1.3 氯化锂。

5.1.4 异丙醇。

警告——易燃，有毒。

5.1.5 无水乙醇。

警告——易燃，有毒。

5.1.6 甲苯。

警告——有毒，使用时应在通风橱中进行。

5.1.7 邻苯二甲酸氢钾：基准试剂。

5.1.8 pH4、pH7、pH11 的标准缓冲溶液。

5.1.9 氯化锂电解液：1 mol/L～3 mol/L 的氯化锂乙醇溶液。

5.1.10 盐酸。

5.1.11 三氯甲烷。

警告——有毒，易燃。

5.2 滴定溶剂

将 5 mL±0.2 mL 水加入到 495 mL±5 mL 的异丙醇中，充分摇匀。然后加入 500 mL±5 mL 甲苯。此滴定溶剂应大量配制，每天在使用之前都要对其空白值进行滴定。

5.3 标准溶液

5.3.1 氢氧化钾异丙醇标准溶液(0.1 mol/L)

称取 6 g 氢氧化钾(5.1.2)加到盛有 1 L 异丙醇(5.1.4)的 2 L 烧瓶中，在不断搅拌下缓慢煮沸回流约 10 min，使氢氧化钾全部溶解。将溶液静置两天，滤出上层清液，滤液存放在耐化学腐蚀的试剂瓶中，避免与软木塞、橡胶或可皂化油脂接触。为了避免与空气中的二氧化碳接触，最好用装有碱石灰或碱石棉的防护管防护。

用电位滴定法对氢氧化钾异丙醇溶液进行标定：称量 0.1 g～0.15 g 邻苯二甲酸氢钾(5.1.7，在 105 ℃干燥 2 h)，精确到 0.000 2 g，并溶解在约 100 mL 新煮沸冷却后的水中，在电位滴定仪上用 0.1 mol/L 氢氧化钾异丙醇溶液进行滴定。应经常对该溶液进行标定，当溶液浓度变化超过 0.000 5 mol/L 时，应采用新标定的浓度值。

5.3.2 氢氧化钾异丙醇标准溶液(0.2 mol/L)

称取 12 g～13 g 氢氧化钾，溶在 1 L 异丙醇中，制备、贮存和标定与本标准 5.3.1 相同，标定时用 0.2 g～0.3 g 邻苯二甲酸氢钾，精确称量到 0.000 2 g，溶解在约 100 mL 新煮沸冷却后的水中。

5.3.3 盐酸异丙醇标准溶液(0.1 mol/L)

取 9 mL 盐酸(5.1.10)与 1 L 异丙醇(5.1.4)混合。标定时用 125 mL 新煮沸冷却后的水稀释约 8 mL (精确到 0.01 mL)0.1 mol/L 氢氧化钾异丙醇标准溶液,以此稀释后的溶液作为滴定剂,标定该盐酸异丙醇溶液。应经常对该盐酸异丙醇溶液进行标定,当溶液浓度变化超过 0.000 5 mol/L 时,应采用新标定的浓度值。

5.4 材料

5.4.1 滤纸。

5.4.2 脱脂棉。

5.4.3 镊子。

6 仪器

6.1 手动电位滴定仪

6.1.1 仪表:伏特计或电位计。当电极符合 6.1.2 和 6.1.3 中的规定,并且当两个电极间电阻介于 0.2 MΩ～20 MΩ 时,电位计或伏特计的精度为±0.005 V,灵敏度为±0.002 V,测量范围至少为±0.5 V。仪表应采取措施隔离外部静电场,以免操作时干扰仪表读数。这些措施包括应有接地线,对玻璃电极表面的暴露部分、玻璃电极导线、滴定台或仪表等,应采取接地措施或进行屏蔽。

6.1.2 玻璃电极:标准 pH 电极,适合非水溶液滴定。

6.1.3 参比电极:银/氯化银(Ag/AgCl)参比电极,内充 1 mol/L～3 mol/L 氯化锂乙醇溶液。

6.1.4 复合电极:将 Ag/AgCl 参比电极和玻璃电极复合在同一电极体上。

6.1.5 搅拌器:可调速的电动搅拌器或磁力搅拌器。

6.1.6 滴定管:10 mL,分度 0.05 mL;5 mL,分度 0.02 mL;2 mL,分度 0.01 mL。滴定管上端应装有碱石灰或其他吸收二氧化碳物质的防护管,以保护滴定管内的氢氧化钾异丙醇标准溶液。

6.1.7 滴定用烧杯:250 mL。

6.1.8 量筒:10 mL、100 mL、250 mL、1 000 mL。

6.1.9 容量瓶:1 000 mL。

6.1.10 滴定台:用于承载电极、搅拌器和滴定管等。

6.2 自动电位滴定仪

自动滴定系统通常应符合 6.1 和如下技术要求。

6.2.1 具有专门的电位平衡功能的动态模式,能够根据系统变化的速率自动调整滴定速度。能够进行匀速等量滴加。建议在滴定过程中能提供的最大体积增量为 0.5 mL、最小体积增量为 0.05 mL。

6.2.2 在滴定过程中能够连续记录所滴加标准溶液的体积和相应的电位值。

6.3 辅助仪器

6.3.1 烘箱:180 ℃±10 ℃。

6.3.2 分析天平:精度 0.000 1 g,最大称量值 200 g。

7 取样

7.1 取样步骤

取样按 GB/T 4756 或 SY/T 5317 执行。

7.2 试样的准备

按 GB/T 8929 规定的试验方法测定水含量。当水的质量分数大于 0.5%时，应按照 SY/T 6520 规定的试验方法或其他合适的方法进行脱水处理。

8 分析步骤

8.1 仪器的校准

8.1.1 缓冲溶液电位值的测定

为了对滴定曲线上不能出现明显突跃点的试样正确地判定终点，每个电极对都应进行日常的检测与校正，并分别测取标准酸性缓冲溶液的电位值和标准碱性缓冲溶液的电位值。

将准备好的电极插入 pH4 或 pH11 的标准缓冲溶液中，搅拌约 5 min，保持缓冲溶液的温度在设定的滴定温度±2 ℃范围内，读取电位值。如果滴定曲线上无明显突跃点，则将 pH4 标准酸性缓冲溶液的电位值作为强酸值的滴定终点，将 pH11 标准碱性缓冲溶液的电位值作为酸值的滴定终点。

8.1.2 电极的维护和保养

8.1.2.1 玻璃电极：玻璃电极应在蒸馏水中浸泡 24 h 后方可使用。一段时间（连续使用时，每周至少一次）内应将电极浸入无铬强氧化清洗液中进行清洗。

8.1.2.2 参比电极：参比电极内的 1 mol/L～3 mol/L 的氯化锂乙醇(5.1.9)电解液至少每周更换一次，使用期间应保持电解液充满电极并确保电极内无气泡。如有气泡，应将电极垂直举起轻拍以排出气泡。应始终保持参比电极中电解液液位高于滴定杯中液体液位。

8.1.3 电极的准备

当使用 Ag/AgCl 参比电极进行滴定时，如果电解液不是 1 mol/L～3 mol/L 氯化锂乙醇溶液时，应更换电解液。更换方法：先将电极中的原电解液排出，然后依次用水和乙醇冲洗，再用氯化锂电解液润洗几次，最后重新放置好套管并在电极内充满氯化锂电解液。重置套管时应确保电解液自由流入电极系统。复合电极用同样方法准备，复合电极内的电解液可使用抽真空装置排出。

电极在使用前后，应使用净布或柔软的吸水性薄纸擦干玻璃电极，并用水进行漂洗。用干布或软纸擦拭参比电极，小心移开玻璃套管，彻底擦拭套管的磨砂面，将套管轻轻复位、使电极内液体排出几滴浸润套管磨砂面，再将套管牢牢固定于原位，然后用水漂洗电极。将准备好的电极在用盐酸酸化的 pH4.5～pH5.5 的水中浸泡至少 5 min。使用前先用异丙醇、然后用滴定溶剂冲洗电极。在每次滴定前，都应将电极在 pH4.5～pH5.5 的蒸馏水中浸泡至少 5 min，且用干布或软纸将电极下端的水吸干。若两次滴定之间时间间隔较长时，绝不允许将两个电极一直插在滴定溶剂中。

电极不用时，应将玻璃电极下半部浸入 pH4.5～pH5.5 的蒸馏水中、参比电极浸入氯化锂的乙醇溶液中。

8.1.4 电极的测试

新电极、久用的电极和新安装的电极都应检测电位计/电极组合系统：将电极先用溶剂然后用水清洗干净，将此电极浸入 pH4 的标准缓冲溶液中搅拌 1 min 后测其电位读出 mV 值。移出电极用水清洗，然后将电极浸入 pH7 的标准缓冲溶液中搅拌 1 min 后测其电位读出 mV 值。当上两种标准溶液的电位值之差大于 162 mV(20 ℃～25 ℃)时，表明电位计/电极组合系统可以使用。如果该差值小于

162 mV，则应提升电极的套管确保电解液流动，重复进行测定。如果差值仍然小于 162 mV，则应清洗或更换电极。

一对电极应当看作为一个整体。当测量电极和参比电极其中之一更换时，则应重新进行 8.1.4 电极测试。

8.2 试样的滴定

8.2.1 按表 1 的要求称取试样于 250 mL 的烧杯中。

表 1 测定样品的推荐称样量

酸值/(mg/g)	试样量/g	称量精度/g
0.05～<1.0	20.0±2.0	0.10
1.0～<5.0	5.0±0.5	0.02
5.0～<20	1.0±0.1	0.005
20～<100	0.25±0.02	0.001
100～<260	0.1±0.01	0.000 5

8.2.2 在烧杯中加入 125 mL±0.01 mL 滴定溶剂使试样充分溶解。如果原油在滴定溶剂中的溶解性不好，可以有五种解决的方法：一是降低原油的称样量，基本原则是在保证样品充分溶解的基础上，尽量加大样品的称样量；二是将样品加入滴定溶剂后在 60 ℃±5 ℃下加热搅拌，样品溶解后再进行分析；三是按滴定溶剂甲苯－异丙醇－水(500＋495＋5)的比例，先加入甲苯将试样溶解，然后加入异丙醇和水；四是对含蜡量较高的凝固样品，可先加热将样品溶化后，边搅拌、边加入滴定溶剂；五是在滴定溶剂中用三氯甲烷代替甲苯。用氯仿测得的结果与用甲苯测得的结果或许不同，精密度报告并不包含用氯仿测得的结果。

8.2.3 按 8.1 准备好电极，将滴定烧杯置于滴定台上合适的位置，将电极的下半部浸入液面以下。开始搅拌，在不引起溶液飞溅和产生气泡的情况下应尽可能加大搅拌速度。

8.2.4 按 6.1.6 选择合适的滴定管，在其中充满 0.1 mol/L 的氢氧化钾异丙醇标准溶液，然后将滴定管安装在滴定架上，使滴定管尖端插入滴定溶液液面以下 25 mm 处。记下滴定管的初始读数并读取此时的电位计读数。如果原油酸值较低，可在 0.05 mol/L～0.1 mol/L 的浓度范围内选择较低浓度的氢氧化钾异丙醇标准溶液。

8.3 手动电位滴定

8.3.1 以适宜的速度滴加 0.1 mol/L 氢氧化钾异丙醇标准溶液，待电位稳定后，记录标准溶液的量并读取相应的电位值。当电位变化小于每分钟 5 mV 时，可认为电位稳定。

8.3.2 根据电位变化情况，决定每次加入 0.1 mol/L 氢氧化钾异丙醇标准溶液的量。当每滴加 0.1 mL 标准溶液，电位变化大于 30 mV 时(如滴定刚开始和发生突跃处)，则每次加入量改为 0.05 mL。当每滴加 0.1 mL 标准溶液，电位变化小于 30 mV 时，则每次加入量可大于 0.1 mL，但此量不能使电位变化大于 30 mV。

8.3.3 按该种方式滴定，直到每加入 0.1 mL 的氢氧化钾异丙醇标准溶液电位变化小于 5 mV，此时电极电位指示的碱性比新配的碱性缓冲溶液的碱性强。

8.3.4 移去滴定溶液，先用滴定溶剂，再用异丙醇，最后用蒸馏水冲洗电极和滴定管尖。下一次滴定前，电极在蒸馏水中至少浸泡 5 min，以恢复玻璃电极的水化膜。水中浸泡 5 min 后，用异丙醇润洗电极，然后用滴定溶剂润洗电极，继续进行下一个滴定。电极不用时应将玻璃电极浸泡在蒸馏水中，参比电极存放在氯化锂乙醇溶液中。如果发现电极被污染，应按 8.1.2～8.1.4 的步骤进行处理。

8.3.5 以加入 0.1 mol/L 氢氧化钾异丙醇标准溶液的体积对相应的电位值绘图（见图 1）。只有当突跃点很明显，且非常接近新配的酸性缓冲溶液（测强酸值时）和碱性缓冲溶液（测酸值时）的电位值时，才可以把突跃点作为滴定终点。如果突跃点不易确定或根本就没有出现时（参看图 1 中曲线 B），则将相应的标准缓冲溶液的电位值作为滴点终点。通常，在几次连续、等量（0.05 mL/次）、等速的滴加过程中，如果每次滴加引起电位变化比在此之前或之后的几次同种方式滴加产生的电位变化至少大 30%，即 15 mV 时，通过目测，就可确定出突跃点。一般只有在等量滴加的范围内，才可确定突跃点。也可使用软件画出体积与电位值的曲线图，再画出一阶微分图，看是否有拐点来判断体积与电位值曲线图的突跃点。

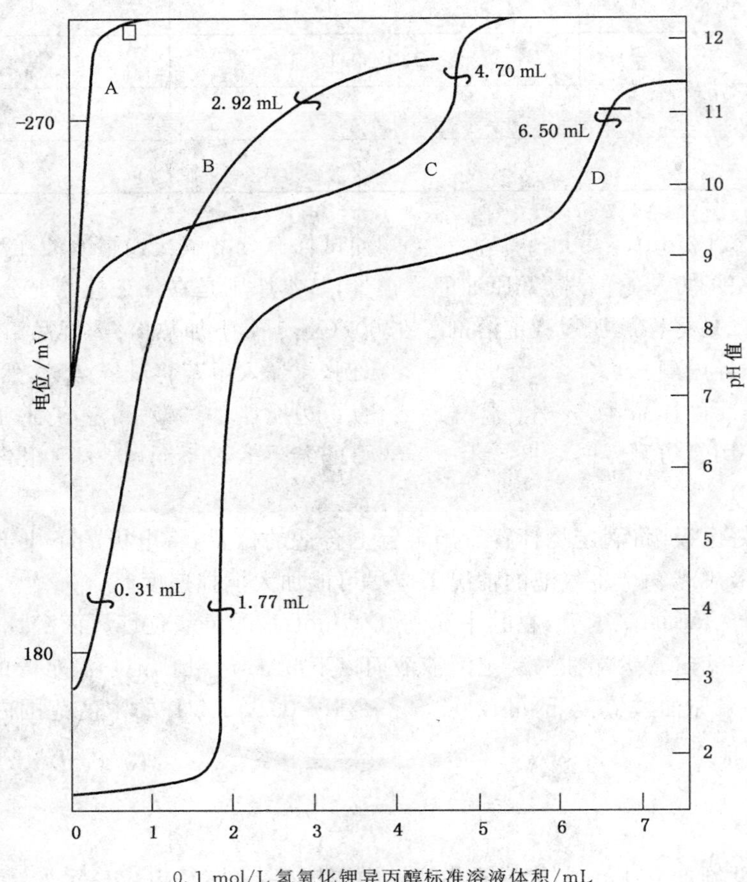

0.1 mol/L 氢氧化钾异丙醇标准溶液体积/mL

A——空白溶剂；

B——滴定曲线无突跃点；

C——含有弱酸的试样，滴定曲线有一个突跃点；

D——含有强酸和弱酸的试样，滴定曲线有两个突跃点。

图 1 电位滴定曲线示例

8.4 自动电位滴定法

8.4.1 按仪器说明书校正仪器，调整仪器装置使其达到 8.3.1 的要求，建立起如手动滴定时的电位平衡模式。当经过突跃区或对应于 pH11 的标准碱性缓冲溶液的终点时，控制以 0.05 mL/min 的速度进行滴定。

8.4.2 校正仪器测定强酸值，测定试样初始 mV 数、滴定至相应于酸性缓冲水溶液的 mV 数，表明强酸的存在。记录加入到试样中相应于 pH4 缓冲水溶液的 mV 数的氢氧化钾溶液的体积，该值用来计算强酸值。按自动滴定方式进行滴定并根据情况记录电位曲线或微分曲线。

8.4.3 按自动滴定方式，用 0.1 mol/L 氢氧化钾异丙醇标准溶液进行滴定。当有明显突跃点时，标准溶液的滴加速度和滴加量是基于滴定曲线斜率的变化。标准溶液按合适的增量（每次滴加量）大小确定出电位差，每次滴加量电位差值在 5 mV～15 mV，滴加量在 0.05 mL～0.5 mL 之间变化。如果 10 s 内变化不超过 10 mV，则应增加滴加量。两个滴加量之间的时间间隔不应超过 60 s。当响应值达到 pH11 缓冲电位值（该值在 200 mV 以上）时滴定结束。如果滴定曲线的一阶微分出现一个最大值，等当点就可判定，该值远高于静电效应产生的干扰。

8.4.4 在滴定结束后，按照 8.3.5 的方法在 8.4 得到的曲线上标记终点（见图 1）。按 8.3.4 的方法处理电极。

8.4.5 当酸值在 0.1 mg/g 以下时，可以用一种或多种方法提高测定结果的精密度，如使用 0.01 mol/L 或 0.05 mol/L 的氢氧化钾异丙醇标准溶液滴定；加大取样量到 20 g 以上；采用自动电位滴定等。

8.5 空白试验

8.5.1 对新配制的滴定溶剂及在开始测定样品前应进行一次 125 mL 滴定溶剂的空白滴定试验。手动滴定时，以每次 0.01 mL～0.05 mL 的增量加入 0.1 mol/L 氢氧化钾异丙醇标准溶液，直至相邻两次滴加的电位稳定时为止，记录电位值和滴定管读数。自动滴定时，使用与测定样品酸值同样的模式，但使用的标准溶液增量在 0.01 mL～0.05 mL 的范围内倾向于更小。根据样品情况定期重复进行空白试验。

8.5.2 测定强酸值时的空白试验，取 125 mL 滴定溶剂进行空白滴定，以 0.01 mL～0.05 mL 的增量滴加 0.1 mol/L 盐酸异丙醇标准溶液，参照 8.5.1 的规范要求。

9 结果计算

9.1 酸值以氢氧化钾质量分数 w_{TAN} 计，数值以毫克每克(mg/g)表示，按式(1)计算：

$$w_{TAN}=\frac{(V_1-V_0)\times C\times 56.1}{m} \qquad (1)$$

式中：

V_1 ——滴定试样到终点时所消耗的氢氧化钾异丙醇标准溶液的体积的数值，单位为毫升(mL)；

V_0 ——滴定空白到终点时所消耗的氢氧化钾异丙醇标准溶液的体积的数值，单位为毫升(mL)；

C ——氢氧化钾异丙醇标准溶液的浓度的数值，单位为摩尔每升(mol/L)；

m ——试样的质量的数值，单位为克(g)；

56.1——氢氧化钾的摩尔质量的数值，单位为克每摩尔(g/mol)。

9.2 强酸值以氢氧化钾质量分数 w_{TAN} 计，数值以毫克每克(mg/g)表示，按式(2)计算：

$$w_{SAN}=\frac{(V_2\times C+V_0\times C_1)\times 56.1}{m} \qquad (2)$$

式中：

C ——氢氧化钾异丙醇标准溶液的浓度的数值，单位为摩尔每升(mol/L)；

C_1 ——盐酸异丙醇标准溶液的浓度的数值，单位为摩尔每升(mol/L)；

m ——试样的质量的数值，单位为克(g)；

V_2 ——滴定试样到 pH4 缓冲液电位值时消耗的氢氧化钾异丙醇标准溶液的体积的数值，单位为毫升(mL)；

V_0 ——滴定空白到相应 V_2 的终点时消耗的盐酸异丙醇标准溶液的体积的数值，单位为毫升(mL)；

56.1——氢氧化钾的摩尔质量的数值，单位为克每摩尔(g/mol)。

10 精密度

10.1 酸值测定的精密度

10.1.1 重复性

在同一实验室、由同一操作者使用相同设备，对同一试样按本标准规定的操作，两次测定结果的绝对差值不应超过式(3)或式(4)计算数值的概率为95%。

按突跃点确定终点时：$r=0.044(X+1)$ ……………………………………………………（3）

按缓冲溶液确定终点时：$r=0.117X$ ……………………………………………………（4）

式中：

r ——重复性；

X——两次酸值试验结果的平均值。

10.1.2 再现性

在不同实验室、由不同操作者使用不同设备，对同一试样按本标准规定的操作，两次测定结果的绝对差值不应超过式(5)或式(6)计算数值的概率为95%。

按突跃点确定终点时：$R=0.141(X+1)$ ……………………………………………………（5）

按缓冲溶液确定终点时：$R=0.44X$ ……………………………………………………（6）

式中：

R ——再现性；

X ——两次酸值试验结果的平均值。

11 质量保证和控制

11.1 通过分析一种受控的质控样品保证仪器的性能和试验步骤的准确性。

11.2 检测机构应制定质量控制和质量评价方法，并能确保试验结果的可靠性。

12 试验报告

试验报告的内容至少应给出以下几个方面的内容：

a) 识别被测试样品所需的全部资料；

b) 使用的标准(包括发布或出版年号)；

c) 试验结果，包括每次的试验结果和它们的平均值，按第 9 章的规定进行计算。确定终点的方法；称样量若与推荐要求不符合，报告称样量；如果使用了氯仿溶剂，予以报告；

d) 与本方法分析步骤的差异；

e) 在试验中观察到的异常现象；

f) 试验日期。

ICS 75.040
E 21

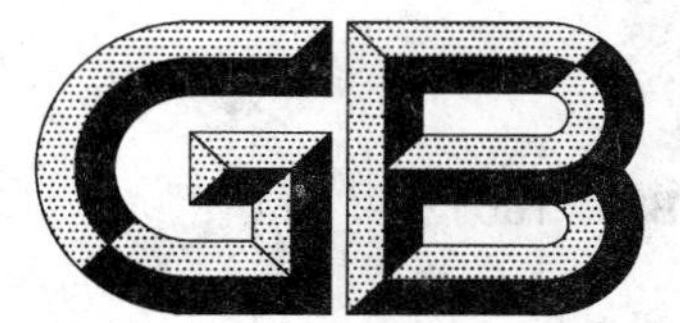

中华人民共和国国家标准

GB/T 18612—2011
代替 GB/T 18612—2001

原油有机氯含量的测定

Determination of organic chloride content in crude oil

2011-09-29 发布　　2012-01-01 实施

中华人民共和国国家质量监督检验检疫总局
中国国家标准化管理委员会　发布

前　言

本标准按照 GB/T 1.1—2009 给出的规则起草。

本标准代替 GB/T 18612—2001《原油中有机氯含量的测定　微库仑计法》，与 GB/T 18612—2001 相比，主要技术变化如下：

——标准名称由《原油中有机氯含量的测定　微库仑计法》改为《原油有机氯含量的测定》；

——增加了第 5 章“方法 A——联苯钠还原电位滴定法”；

——修改了第 6 章“方法 B——燃烧氧化微库仑计法”的精密度（2001 版的 15.1；本版的 6.5.1）；

——增加了第 7 章“质量保证和控制”。

本标准使用重新起草法修改采用 ASTM D4929—07《原油有机氯含量的测定》。

本标准与 ASTM D4929—07 相比在结构上有较多调整，附录 A 中列出了本标准与 ASTM D4929—07 的章条编号对照一览表。

本标准还做了下列编辑性修改：

——删除 ASTM D4929—07 的第 4 章“意义与用途”；

——删除 ASTM D4929—07 的第 25 章“关键词”；

——增加了“试验报告”（本标准第 8 章）；

——删除 ASTM D4929—07 的资料性附录。

本标准由中国石油天然气集团公司提出。

本标准由全国石油天然气标准化技术委员会（SAC/TC 355）归口。

本标准起草单位：大庆油田工程有限公司、中国石油化工股份有限公司石油化工科学研究院、中国石油天然气股份有限公司管道分公司管道科技研究中心。

本标准主要起草人：魏哲、张汉沛、何沛、张化、王元凤、温勇。

原油有机氯含量的测定

警告——使用本标准的人员应有正规实验室工作的实践经验。本标准并未指出所有可能的安全问题。使用者有责任采取适当的安全和健康措施,并保证符合国家有关法规规定的条件。

1 范围

1.1 本标准规定了测定原油有机氯含量的两种方法。包括方法 A——联苯钠还原电位滴定法和方法 B——燃烧氧化微库仑计法。

1.2 本标准适用于测定有机氯含量大于 1 μg/g 的原油。其中方法 B 不适用于总硫含量大于有机氯含量 10 000 倍的原油。

2 规范性引用文件

下列文件对于本文件的应用是必不可少的。凡是注日期的引用文件,仅注日期的版本适用于本文件。凡是不注日期的引用文件,其最新版本(包括所有的修改单)适用于本文件。

GB/T 4756 石油液体手工取样法(GB/T 4756—1998,ISO 3170:1988,eqv)

GB/T 6536 石油产品蒸馏测定法(GB/T 6536—1997,ASTM D86:1995,eqv)

GB/T 6682 分析实验室用水规格和试验方法(GB/T 6682—2008,ISO 3696:1987,MOD)

SY/T 5317 石油液体管线自动取样法(SY/T 5317—2006,ISO 3171:1988,IDT)

3 原理

3.1 通过原油蒸馏获得 204 ℃前石脑油馏分,蒸馏方法应按 GB/T 6536 的要求执行。石脑油馏分用碱和水充分洗脱,除去所含硫化氢和无机氯化物。

3.2 采用如下两种方法测定洗脱后石脑油馏分中的有机氯含量。

3.2.1 方法 A:将经洗脱后的石脑油馏分转移至装有溶于甲苯的联苯钠的分液漏斗中。联苯钠可将有机卤化物转化成无机卤化物,将水相蒸发浓缩,加入丙酮进行电位滴定,从而计算出原油中有机氯含量。原油中有机溴化物和有机碘化物对该方法有影响。

3.2.2 方法 B:将经洗脱后的石脑油馏分注入到含有约 80%的氧气和 20%的惰性气体(例如:氦气、氩气或氮气)的气流中,经过温度为 800 ℃的裂解管,有机氯转变为氯化物和氯氧化物,在滴定池中与银离子反应。消耗的银离子由库仑计的电解作用进行补充,根据补充银离子所消耗的总电量计算原油中有机氯含量。原油中有机溴化物和有机碘化物对该方法有影响。

氯化物在滴定池中的反应如下:

$$Cl^- + Ag^+ \longrightarrow AgCl\downarrow$$

上述反应中消耗的银离子发生的库仑反应如下:

$$Ag \longrightarrow Ag^+ + e^-$$

4 原油蒸馏和馏分油提纯

4.1 试剂和材料

除非另有规定,在分析中仅使用分析纯试剂。

4.1.1 氢氧化钾(KOH)。

警告——可能引起严重的皮肤灼伤。

4.1.2 丙酮(CH_3COCH_3)。

警告——易燃,可能导致火灾,对健康有害。

4.1.3 甲苯($C_6H_5CH_3$)。

警告——易燃,对健康有害。

4.1.4 水:符合 GB/T 6682 中二级水的要求。

4.1.5 氢氧化钾溶液:c(KOH)=1 mol/L。

4.1.6 滤纸。

4.2 仪器

4.2.1 圆底蒸馏烧瓶:耐热玻璃制造,容积 1 L,短瓶颈并具有 24/40 外磨口玻璃接口。

4.2.2 T 型接管:耐热玻璃制造,带有 75°的支管,具有 24/40 磨口玻璃接口。

4.2.3 温度计:温度范围为 0 ℃～300 ℃,最小刻度为 1 ℃。

4.2.4 温度计接口:耐热玻璃制造,具有 24/40 内磨口玻璃接口。

4.2.5 直型冷凝管:耐热玻璃制造,300 mm,具有 24/40 磨口玻璃接口。

4.2.6 抽真空接口:耐热玻璃制造,弯成 105°,具有 24/40 磨口玻璃接口。

4.2.7 接收量筒:耐热玻璃制造,容积 250 mL,具有 24/40 外磨口玻璃接口。

4.2.8 金属夹:用于 24 号磨口玻璃接口,不锈钢制。

4.2.9 冷却浴:容积 4 L。

4.2.10 铜管:用于热交换冷却冷凝水,外径 6.4 mm,长度 3 m。

4.2.11 电加热套:容积 1 L,0 W～1 000 W 可调。

4.2.12 电子天平:精确到 0.01 g。

4.3 取样

本标准应按 GB/T 4756 或 SY/T 5317 取得有代表性的样品。

4.4 试样的制备

4.4.1 所有玻璃器具应依次用甲苯和丙酮清洗,然后用干燥的氮气流吹干。称量并记录圆底烧瓶和接收量筒的质量。安装玻璃蒸馏装置,用凡士林密封所有接口,再用金属夹夹紧接口,防止接口松动。在安装温度计时,见 GB/T 6536 图 1,调整 T 型接管内的温度计的位置,使温度计毛细管的底端与连接冷凝器的 T 型接管内壁底部的最高点水平。

4.4.2 将铜管绕成线盘,装在冷却浴的内部,在冷却浴中心为接收量筒留出空间。用聚四氟乙烯管将铜管线盘的一端与水源连接,另一端与直型冷凝管套管的下支管连接,将冷凝管套管的上支管接至排水处。用冰水混合物装满冷却浴,打开循环水,冷凝管的温度应保持在 10 ℃以下。

4.4.3 将约 500 mL 原油加入已称重的圆底烧瓶中,称量并记录原油质量,精确到 0.1 g。将烧瓶与蒸馏装置连接,放置在电加热套中,将已称量的接收量筒放在馏出口下方,打开电加热套电源,进行蒸馏。蒸馏过程中,通过调节电加热套旋钮来控制蒸馏速度大约为 5 mL/min。当温度计读数达到 204 ℃时,移走接收量筒,停止蒸馏。称量并记录馏出物的质量,精确到 0.1 g。

4.4.4 将石脑油馏分从接收量筒转移至分液漏斗中,用等体积的氢氧化钾溶液(4.1.5)振荡洗涤三次,除去硫化氢,然后用等体积的水(4.1.4)振荡洗涤三次,除去微量的无机氯化物。将洗涤后的石脑油馏分过滤除去剩余的水,并储存在干净的玻璃瓶中,待用。

4.5 结果计算

4.5.1 石脑油馏分的质量分数 f,数值以%表示,按式(1)计算:

$$f=\frac{m_n}{m_c} \qquad \cdots\cdots(1)$$

式中:

m_n——收集到的石脑油馏分的质量的数值,单位为克(g);

m_c——原油的质量的数值,单位为克(g)。

4.5.2 用已知质量的 10 mL 容量瓶量取 10 mL 石脑油馏分,称重,精确到 0.1 g。石脑油馏分的密度 D,数值以克每毫升(g/mL)表示,按式(2)计算:

$$D=\frac{m}{V} \qquad \cdots\cdots(2)$$

式中:

m——石脑油馏分的质量的数值,单位为克(g);

V——石脑油馏分的体积的数值,单位为毫升(mL)。

5 方法 A——联苯钠还原电位滴定法

5.1 试剂与材料

除非另有规定,在分析中仅使用分析纯试剂。

5.1.1 硝酸银($AgNO_3$)。

5.1.2 硝酸(HNO_3)。

警告——强腐蚀性,可能导致严重的皮肤烧伤。

5.1.3 异丙醇($(CH_3)_2CHOH$)。

警告——易燃,对健康有害。

5.1.4 异辛烷(C_8H_{18}):2,2,4-三甲基戊烷。

警告——易燃,对健康有害。

5.1.5 联苯钠($C_{12}H_{10}Na$):采用 15 mL 塑料瓶包装,每次试验时采用一只塑料瓶中的全部剂量,每只塑料瓶装有 13 mg~15 mg 的活性钠。联苯钠试剂应在低温环境中储存,但不能冷冻。在使用之前,将试剂加热至大约 50 ℃,充分摇荡以保证均匀性。

5.1.6 硝酸银标准溶液:$c(AgNO_3)$= 0.01 mol/L。

5.1.7 硝酸溶液:$c(HNO_3)$=5 mol/L。将 160 mL 硝酸(5.1.2)加入至 200 mL 水(4.1.4)中,再稀释至 500 mL。

5.1.8 刚果红试纸。

5.2 仪器

5.2.1 通用玻璃电极:在连续多次使用电极时,应每周对电极用铬酸洗液清洗一次,或采用其他强氧化剂洗液。

警告——铬酸洗液是强氧化剂,可能导致严重的烧伤,致癌。

5.2.2 银-氯化银电极。

5.2.3 电位滴定仪:配有容积不大于 5 mL 的滴定管及磁力搅拌器。

5.2.4 电子天平:精确到 0.01 mg。

5.3 分析步骤

5.3.1 在测定氯化物之前，应将所有的玻璃器皿用水清洗，然后用丙酮冲洗。

5.3.2 将 50 mL 甲苯注入容积为 250 mL 的分液漏斗中，并加入一只塑料瓶的联苯钠(5.1.5)，充分混合，再加入由 4.4.4 获得的试样约 30 g，精确到 0.1 g。将分液漏斗盖严并充分混合，溶液或悬浮液应呈现蓝绿色，否则应再加入一只塑料瓶的联苯钠，直至溶液或悬浮液呈现蓝绿色为止。

5.3.3 在溶液充分混匀后，再放置 10 min，等待反应完全结束，然后逐次加入 2 mL 异丙醇，敞口轻轻摇荡，直至溶液颜色由蓝绿色变成无色为止。然后加入 20 mL 水和 10 mL 的硝酸溶液(5.1.7)，轻轻摇荡并不时通过旋塞泄压。用刚果红试纸检测水相，如果试纸没有变蓝，则再加入 5 mL 的硝酸溶液，直至试纸变蓝为止。

5.3.4 将水相转移至另一个装有 50 mL 异辛烷的分液漏斗中，充分摇荡后将水相转移至 250 mL 的烧杯中。用已滴加几滴硝酸溶液的 25 mL 水对含有试样的异辛烷进行二次萃取，将水相也转移至 250 mL 的烧杯中，将烧杯中的水溶液在电热板上加热蒸发至 25 mL～30 mL。电热板的温度应保持在低于溶液沸点的温度，避免溶液沸腾。

5.3.5 将溶液冷却后加入 100 mL 丙酮，用硝酸银标准溶液(5.1.6)进行电位滴定。如果使用自动电位滴定仪，则采用 5 mL 半微量滴定管；如果使用手动操作的电位滴定仪，则 5 mL 半微量滴定管应精确到小数点后第二位。

5.3.6 采用手动滴定时，滴定终点可通过绘制滴定曲线的方法确定，该滴定曲线表示测量电位与消耗的硝酸银溶液体积之间的对应关系；采用自动滴定时，滴定终点即为滴定曲线的拐点。

5.3.7 应进行空白试验，空白溶液中应包括除试样以外的所有试剂。

5.4 结果计算

5.4.1 石脑油馏分中有机氯含量以质量分数 w_n 计，数值以微克每克(μg/g)表示，按式(3)计算：

$$w_n=\frac{(V_1-V_2)c\times 35\ 460}{m_1} \quad \cdots\cdots(3)$$

式中：

V_1 ——滴定试料时所消耗的硝酸银标准溶液的体积的数值，单位为毫升(mL)；

V_2 ——空白试验所消耗的硝酸银标准溶液的体积的数值，单位为毫升(mL)；

c ——硝酸银标准溶液的摩尔浓度的数值，单位为摩尔每升(mol/L)；

m_1 ——试样的质量的数值，单位为克(g)；

35 460 ——换算系数。

5.4.2 原油中有机氯含量以质量分数 w 计，数值以微克每克(μg/g)表示，按式(4)计算：

$$w=w_n\times f \quad \cdots\cdots(4)$$

式中：

w_n ——石脑油馏分中有机氯含量的数值(5.4.1)，单位为微克每克(μg/g)；

f ——石脑油馏分的质量分数(4.5.1)。

5.5 精密度和偏离

5.5.1 精密度

5.5.1.1 重复性(*r*)

在同一实验室，由同一操作者使用相同设备，按本标准的规定操作，并在短时间内对同一样品相互独立进行测试获得的两次独立测试结果的绝对差值不超过按式(5)计算数值的概率为 95%。

$$r = 0.32(X + 0.33)^{0.644} \quad \cdots\cdots(5)$$

式中：

X——两次测定的原油有机氯含量的算术平均值，单位为微克每克(μg/g)。

5.5.1.2 再现性(R)

在不同的实验室，由不同的操作者使用不同的设备，按本标准的规定操作，对同一样品相互独立进行测试获得的两次独立测试结果的绝对差值不超过按式(6)计算数值的概率为95%。

$$R = 0.7(X + 0.33)^{0.644} \quad \cdots\cdots(6)$$

式中：

X——两次测定的原油有机氯含量的算术平均值，单位为微克每克(μg/g)。

5.5.2 偏离

向各种原油中加入已知含量的各种有机氯化合物，进行回收率试验。偏离量见图1。

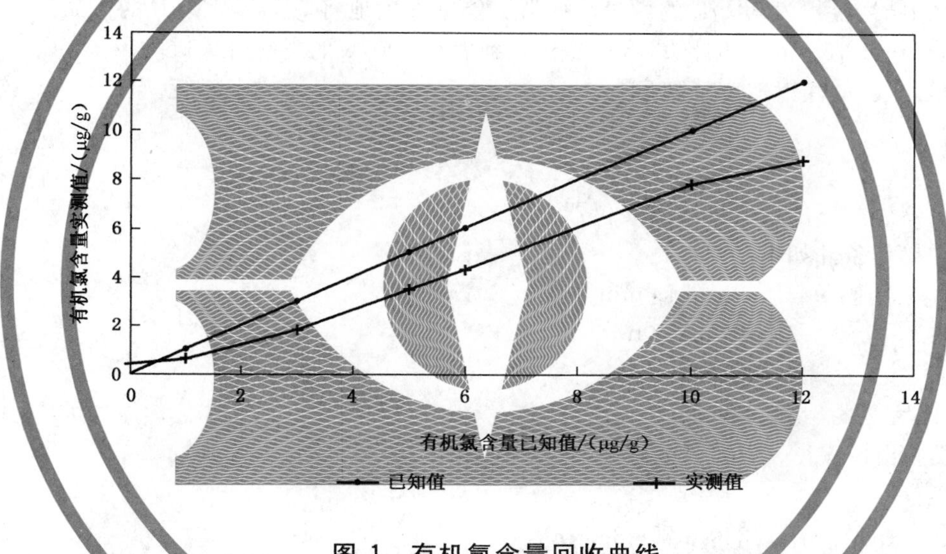

图1 有机氯含量回收曲线

6 方法B——燃烧氧化微库仑计法

6.1 试剂与材料

除非另有规定，在分析中仅使用分析纯试剂。

6.1.1 反应气：氧气，高纯级。

6.1.2 载气：氩气、氦气、氮气或二氧化碳，高纯级。

6.1.3 乙酸银(CH_3COOAg)。

6.1.4 冰乙酸(CH_3COOH)。

6.1.5 氯苯(C_6H_5Cl)。

6.1.6 乙酸溶液：体积分数为70%。将300 mL水(4.1.4)与700 mL冰乙酸(6.1.4)混合均匀。

6.1.7 氯标准储备液：氯含量为1 000 mg/L。准确称取1.587 g氯苯(6.1.5)于500 mL容量瓶中，用异辛烷(5.1.4)稀释至刻度。

6.1.8 氯标准溶液：氯含量为10 mg/L。移取1.0 mL氯标准储备液(6.1.7)于100 mL容量瓶中，用异辛烷稀释至刻度。

6.2 仪器

6.2.1 裂解炉:可恒温 800 ℃。

6.2.2 石英裂解管:在入口段应有用于注射器进样的隔膜,以及能够通入反应气及载气的进气支管。样品在入口段能够完全蒸发,由载气将蒸发的样品载入氧化区,在氧化区与反应气混合并燃烧,燃烧管的氧化区应具有足够的空间以确保样品燃烧完全。

6.2.3 滴定池:包括检测银离子浓度变化的传感-参比电极对;维持恒定银离子浓度的发生器阳-阴极对;导入从裂解管获得的气体样品的导孔。传感电极、参比电极和发生器阳极都是银制电极,发生器阴极由铂丝制成。参比电极浸泡在乙酸银饱和溶液中,电解液为乙酸溶液(6.1.6)。

6.2.4 微库仑计:具有连续可调增益和偏压控制,能够测量传感-参比电极对的电位差,并将该电位差与偏压电位进行比较,再将放大的比较值施加到发生器阳-阴极对上,进行滴定。微库仑计的输出信号与产生的电流成比例。微库仑计可具有一个数字式仪表和电路系统,将该输出信号直接转换为有机氯的纳克数或微克数。

6.2.5 样品注射器:容积为 50 μL 的微量注射器。能够准确地将 5 μL~50 μL 的样品注入裂解管中。推荐使用长 75 mm~150 mm 的针头,将样品注射到大约 500 ℃的裂解管入口段。

6.2.6 进样器:推荐的注射速度不超过 0.5 μL/s。

6.3 分析步骤

6.3.1 按照仪器生产厂的说明书来安装仪器。

6.3.2 典型的操作条件如下:

反应气(O_2)流速: 160 mL/min

载气流速: 40 mL/min

炉温:

入口段: 700 ℃

中段和出口段: 800 ℃

微库仑计:

偏压: 240 mV~265 mV

增益: 约 1 200

6.3.3 用样品注射器将 30 μL 二次蒸馏水或去离子水直接注射进入滴定池,增大或减小偏压,使由于稀释效应而产生的总积分值最小。

6.3.4 用 50 μL 注射器抽取 30 μL~40 μL 由 4.4.4 获得的试样,仔细清除气泡,抽回针杆以使凹液面最低点达到 5 μL 处,记录注射器中液柱另一端的读数。试样注入后,拔出注射器,再抽回针杆,以使凹液面最低点达到 5 μL 处,记录注射器中液柱另一端的读数。两次读数之差即为注入的试样体积。

6.3.5 也可采用称量法,即称量试样注入前和注入后的注射器质量,精确到 0.01 mg,两次质量之差即为注入的试样质量。这种方法比体积注射方法准确度更高。

6.3.6 以不超过 0.5 μL/s 的速度将试样注入到裂解管中。

6.3.7 有机氯含量小于 5 μg/g 时,针头隔垫空白的影响会更加显著。为提高准确度,应将注射器针头插入裂解管入口段,直到针头隔垫空白被滴定后再注入试样或氯标准溶液。

6.3.8 有机氯含量大于 25 μg/g 时,只需进样 5.0 μL。

6.3.9 每 4 h 用氯标准溶液(6.1.8)进行测定,检查系统回收率,系统回收率应在 85%以上。

6.3.10 氯标准溶液至少重复测定三次。

6.3.11 日常用异辛烷检查系统空白,应从试样和氯标准溶液测定数据中减去系统空白,当针头隔垫空白被滴定后(6.3.7),系统空白应小于 0.2 μg/g。

6.4 结果计算

6.4.1 石脑油馏分中有机氯含量按下式计算。

6.4.1.1 对直接读出氯的纳克数的微库仑计，石脑油馏分中有机氯含量以质量分数 w_n 计，数值以微克每克（μg/g）表示，按式(7)或式(8)计算：

$$w_n = \frac{A_1 - A_0}{(V)(D)(RF)} \qquad \cdots\cdots(7)$$

$$w_n = \frac{A_1 - A_0}{(m_2)(RF)} \qquad \cdots\cdots(8)$$

$$RF = \frac{A_2 - A_0}{(V)(D)(C_S)}$$

式中：

A_1 ——试样的积分值，单位为纳克(ng)；

A_0 ——空白的积分值，单位为纳克(ng)；

A_2 ——氯标准溶液的积分值，单位为纳克(ng)；

V ——注射的试样体积的数值，单位为微升(μL)；

D ——石脑油馏分的密度的数值，单位为克每毫升(g/mL)；

RF ——回收率，标样积分值减空白积分值，除以所注射标样中的氯含量；

m_2 ——试样的质量的数值，单位为毫克(mg)；

C_S ——氯标准溶液中有机氯含量的数值，单位为毫克每升(mg/L)。

6.4.1.2 对于只有模拟信号输出到记录仪上的微库仑计，石脑油馏分中有机氯含量以质量分数 w_n 计，数值以微克每克（μg/g）表示，按式(9)计算：

$$w_n = \frac{(A)(S)(0.367)}{(R)(Y)(m)(RF)} - B \qquad \cdots\cdots(9)$$

式中：

A ——以合适的单位表示的面积读数；

S ——记录仪的满量程灵敏度，单位为毫伏(mV)；

$$0.367 = \frac{(35.45\ \text{g/eq})(10^{-3}\ \text{V/mV})(10^{6}\ \mu\text{g/g})}{(96\ 500\ \text{C/eq})}$$

R ——电阻，单位为欧姆(Ω)；

Y ——每秒-面积单位每秒的记录仪上满量程响应的等效面积；

m ——试料的质量的数值，单位为克(g)；

RF ——回收率；

B ——系统空白，单位为微克每克(μg/g)。

6.4.2 原油中有机氯含量以质量分数 w 计，数值以微克每克（μg/g）表示，按式(10)计算：

$$w = w_n \times f \qquad \cdots\cdots(10)$$

式中：

w_n ——石脑油馏分中有机氯含量的数值(6.4.1)，单位为微克每克(μg/g)；

f ——石脑油馏分的质量分数(4.5.1)。

6.5 精密度和偏离

6.5.1 精密度

6.5.1.1 重复性(r)

在同一实验室，由同一操作者使用相同设备，按本标准的规定操作，并在短时间内对同一样品相互独立进行测试获得的两次独立测试结果的绝对差值不超过按式(11)计算数值的概率为95%。

$$r = 1.01(X - 0.17)^{0.467} \quad \cdots\cdots(11)$$

式中：

X——两次测定的有机氯含量的算术平均值，单位为微克每克(μg/g)。

6.5.1.2 再现性(*R*)

在不同的实验室，由不同的操作者使用不同的设备，按本标准的规定操作，对同一样品相互独立进行测试获得的两次独立测试结果的绝对差值不超过按式(12)计算数值的概率为95%。

$$R = 1.32(X - 0.17)^{0.467} \quad \cdots\cdots(12)$$

式中：

X——两次测定的有机氯含量的算术平均值，单位为微克每克(μg/g)。

6.5.2 偏离

见5.5.2。

7 质量保证和控制

7.1 通过分析一种受控的质控样品保证仪器的性能和试验步骤的准确。

7.2 各检测机构应制定质量控制和质量评价方法，并能确保试验结果的可靠性。

8 试验报告

试验报告至少应给出以下几个方面的内容：

a) 识别被试验的样品所需的全部资料；
b) 使用的标准(包括发布或出版年号)；
c) 使用的方法(方法A或方法B)；
d) 试验结果，包括各单次试验结果和它们的平均值，单位为微克每克(μg/g)(方法A按5.4的规定计算，方法B按6.4的规定计算)；
e) 与规定的分析步骤的差异；
f) 在试验中观察到的异常现象；
g) 试验日期。

附 录 A
（资料性附录）
本标准与 ASTM D4929—07 相比的结构变化情况

本标准与 ASTM D4929—07 相比在结构上有较多调整，具体章条编号对照情况见表 A.1。

表 A.1 本标准与 ASTM D4929—07 的章条编号对照情况

本标准章条编号	对应的 ASTM D4929—07 章条编号
4.1	8
4.2	7
4.3	9
4.4	10,11
4.5	12
5.1	14
5.2	13
5.3	15,16
5.4	17
5.5.1,6.5.1	24.1
5.5.2,6.5.2	24.2
6.1	19
6.2	18
6.3	20,21
6.4	22
7	23

ICS 67.160.10
X 66

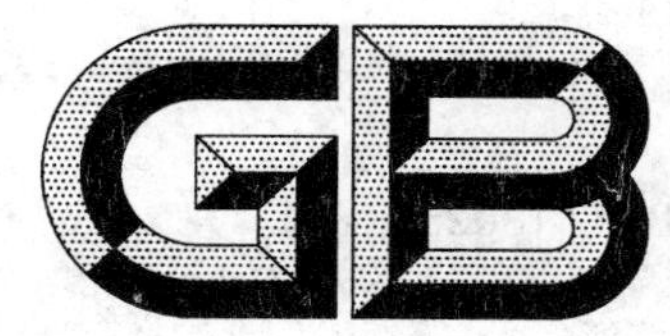

中华人民共和国国家标准

GB/T 18623—2011
代替 GB 18623—2002

地理标志产品 镇江香醋

Product of geographical indication—Zhenjiang vinegar

2011-05-12 发布 2011-11-01 实施

中华人民共和国国家质量监督检验检疫总局
中国国家标准化管理委员会 发布

前 言

本标准根据国家质量监督检验检疫总局颁布的 2005 年第 78 号令《地理标志产品保护规定》、GB/T 17924—2008《地理标志产品标准通用要求》及 GB/T 1.1—2009《标准化工作导则 第1部分:标准的结构和编写》制定。

本标准代替 GB 18623—2002《镇江香醋》。

本标准与 GB 18623—2002 相比,除编辑性修改外主要技术变化如下:

——将标准属性由强制性国家标准改为推荐性国家标准;

——根据国家质量监督检验检疫总局颁布的《地理标志产品保护规定》,修改了标准中英文名称;

——修改了"炒米色"术语和定义的内容(见 3.2,2002 年版的 4.2);

——明确了镇江香醋地理标志产品保护范围,增加了经纬度要求(见第 4 章);

——在原辅材料中增加了"麸皮"、"大糠"和"大米"的质量要求(见 5.1.3、5.1.4 和 5.1.5);

——补充了对生产环境的要求(见 5.2,2002 年版的 5.2);

——重新描述了主要工艺流程(见 5.3.1,2002 年版的 5.3.1);

——增加了特征指标要求(见 5.4.1);

——完善了感官特性中香气和体态特性的描述(见 5.4.2 表 1,2002 年版的 5.4 表 1);

——在理化指标中,取消了规格,增加了产品等级要求;还增加了可溶性无盐固形物的要求(见 5.4.3 表 2,2002 年版的 5.5 表 2);

——增加了食品添加剂使用要求(见 5.6);

——增加了净含量的要求(见 5.7);

——增加了有机酸的检测方法(见 6.1 和附录 B);

——修改了判定规则,补充了复检要求(见 7.5,2002 年版的 7.5)。

本标准由全国原产地域产品标准化工作组(SAC/WG 4)归口。

本标准起草单位:镇江市醋业协会、镇江市标准化协会、江苏恒顺集团有限公司。

本标准主要起草人:王明法、沈志远、许开慧、夏蓉、陈伟。

本标准所代替标准的历次版本发布情况为:

——GB 18623—2002。

地理标志产品　镇江香醋

1　范围

本标准规定了地理标志产品镇江香醋的术语和定义、保护范围、要求、试验方法、检验规则及标签、标志、包装、运输、贮存。

本标准适用于经国家质量监督检验检疫行政主管部门根据《地理标志产品保护规定》批准保护的镇江香醋，也适用于镇江陈醋。

2　规范性引用文件

下列文件对于本文件的应用是必不可少的。凡是注日期的引用文件，仅注日期的版本适用于本文件。凡是不注日期的引用文件，其最新版本（包括所有的修改单）适用于本文件。

GB/T 191　包装储运图示标志

GB 317　白砂糖

GB 1350　稻谷

GB 1354　大米

GB 2715　粮食卫生标准

GB 2719　食醋卫生标准

GB 2760　食品添加剂使用卫生标准

GB/T 5009.7　食品中还原糖的测定

GB 5461　食用盐

GB 5749　生活饮用水卫生标准

GB 7718　预包装食品标签通则

GB 8954　食醋厂卫生规范

GB 18186　酿造酱油

GB 18187　酿造食醋

NY/T 119　饲料用小麦麸

JJF 1070　定量包装商品净含量计量检验规程

国家质量监督检验检疫总局令[2007]第102号　食品标识管理规定

国家质量监督检验检疫总局令[2005]第75号　定量包装商品计量监督管理办法

3　术语和定义

GB 18187 界定的以及下列术语和定义适用于本文件。

3.1

镇江香醋　Zhenjiang vinegar

产自镇江地区的一种风味独特的酿造米醋。它以糯米、麸皮、大糠为主要原料，采用传统复式糖化、酒精发酵、固态分层醋酸发酵、加炒米色淋醋等特殊工艺制作，再经陈酿而成的香气浓郁、酸而不涩的食醋。

3.2

炒米色　parched rice

将大米炒制成黑色焦状物，适时溶于热水，再煮制而成的黑褐色微稠状液体。用于调制镇江香醋的色泽和香气。

4　地理标志产品保护范围

镇江香醋地理标志产品保护范围限于国家质量监督检验检疫行政主管部门批准划定的镇江市行政区，位于北纬31°37′～32°19′、东经118°58′～119°58′的区域内，详见附录A。

5　要求

5.1　原辅材料

5.1.1　主要原料来源

主要原料来自镇江及周边地区，少数来自其他地区。

5.1.2　糯米

符合GB 1350和GB 2715的规定。

5.1.3　麸皮

符合NY/T 119的规定。

5.1.4　大糠

清洁无杂质，符合相关标准的规定。

5.1.5　大米(炒色用米)

符合GB 1354和GB 2715的规定。

5.1.6　白砂糖

符合GB 317的规定。

5.1.7　食用盐

符合GB 5461的规定。

5.1.8　工艺用水

取自镇江地区，水质符合GB 5749的规定。

5.1.9　大曲

以小麦、大麦、碗豆为主要原料，在夏季发酵制成，贮存期不少于8个月。

5.2　酿造环境

气候为终年温暖湿润，属典型暖温带向亚热带过渡的季风性湿润气候；年平均最高温度20.3 ℃，平均最低温度12.3℃,平均相对湿度77%。生产环境符合GB 8954的规定。

5.3 传统工艺

5.3.1 主要工艺流程

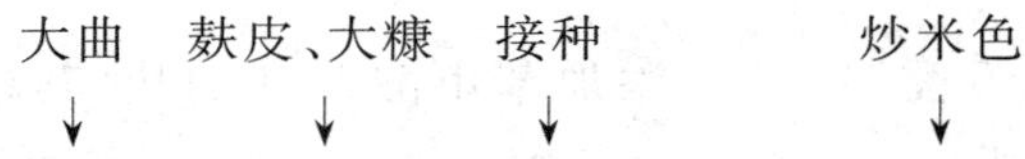

糯米→蒸煮→酒精发酵→拌料→醋酸发酵→封醅→淋醋→煎醋→装坛陈酿

5.3.2 主要工艺特点

精选优质糯米、麸皮、大糠和工艺用水,加特制大曲,采用传统复式糖化酒精发酵、固态分层醋酸发酵、加炒米色淋醋等特殊工艺,经大小共40多道工序,历时70 d左右产出熟醋。然后注入特制陶坛密封陈酿。镇江香、陈醋陈酿时间为6个月以上。

5.4 质量要求

5.4.1 特征指标

镇江香(陈)醋中含有乙酸、乳酸、琥珀酸和焦谷氨酸四种特征有机酸。其中乙酸含量不高于上述有机酸总含量的65%,乳酸含量不低于上述有机酸总含量的10%。

5.4.2 感官特性

感官特性应符合表1规定。

表1 感官特性

项 目	特 性
色泽	深褐色或红棕色,有光泽
香气	具有米醋香、炒米焦香,香气浓郁
滋味	酸而不涩,香而微甜,口感醇厚、柔和
体态	无悬浮物,无杂质,允许有微量沉淀

5.4.3 理化指标

各规格镇江香醋的理化指标应符合表2规定。

表2 理化指标

项 目		指 标			
		特级	优级	一级	二级
总酸(以乙酸计)/(g/100 mL)		≥6.00	5.50～5.99	5.00～5.49	4.50～4.99
不挥发酸(以乳酸计)/(g/100 mL)	≥	1.60	1.40	1.20	1.00
氨基酸态氮(以氮计)/(g/100 mL)	≥	0.18	0.15	0.12	0.10
还原糖(以葡萄糖计)/(g/100 mL)	≥	2.50	2.30	2.20	2.00
可溶性无盐固形物/(g/100 mL)	≥	6.00	5.50	5.00	4.50

5.5 卫生指标

符合 GB 2719 的规定。

5.6 食品添加剂

使用本标准规定的标签标注“镇江香醋”产品不添加苯甲酸及其钠盐，其他食品添加剂符合 GB 2760 的规定。

5.7 净含量

符合国家质量监督检验检疫总局令[2005]第 75 号的要求。

6 试验方法

6.1 特征指标

按附录 B 规定的方法进行。

6.2 感官特性

6.2.1 色泽、体态

将样品摇匀后，用量筒取 20 mL 放于 20 mL 比色管中，在白色背景下观察，鉴定其颜色。并对光观察其澄清度及有无沉淀物。

6.2.2 香气

用量筒取样品 50 mL 放于 150 mL 锥形瓶中，将瓶轻轻摇动，嗅其气味。

6.2.3 滋味

吸取样品 0.5 mL 滴入口内，反复吮咂，鉴别其滋味优劣及后味。第二次品尝时，须用清水嗽口后进行。

6.3 理化指标

6.3.1 有机酸

按附录 B 规定的方法进行。

6.3.2 总酸

按 GB 18187 中规定的方法进行。

6.3.3 不挥发酸

按 GB 18187 中规定的方法进行。

6.3.4 氨基酸态氮

按 GB 18186 中规定的方法进行。

6.3.5 还原糖

按 GB/T 5009.7 中规定的方法进行。

6.3.6 可溶性无盐固形物

按 GB 18187 中规定的方法进行。

6.4 卫生指标

按 GB 2719 中规定的方法进行。

6.5 净含量

按 JJF 1070 的方法进行。

7 检验规则

7.1 组批

同一天生产灌装的同一品种相同规格的产品为一批。

7.2 抽样方式和数量

7.2.1 从成品库同批产品的不同部位随机抽取样品。

7.2.2 每批产品的抽取数量见表 3。

表 3 抽取数量

批量(瓶数或袋数)	样品量(瓶数或袋数)	允许数(瓶数或袋数)
4 800 或以下	6	0
4 801～24 000	13	2
24 001～48 000	21	3
48 001～84 000	29	4
84 001～144 000	48	6
144 001～240 000	84	9
240 000～以上	126	13

7.3 出厂检验

7.3.1 产品需经生产企业检验合格并签署质量合格证后方可出厂。

7.3.2 每批产品出厂检验必须检验的项目为感官特性,理化指标和卫生指标中游离矿酸、大肠菌群、菌落总数。

7.4 型式检验

7.4.1 有下列情况之一时,应进行型式检验:

a) 生产地址、生产设备、生产工艺或原辅料有较大改变,可能影响产品质量时;

b) 正常生产时，每半年进行一次检验；
c) 产品停产三个月以上，恢复生产时；
d) 出厂检验结果与上次型式检验有较大差异时；
e) 国家质量监督机构提出进行型式检验的要求时。

7.4.2 型式检验项目为本标准的全部技术内容。

7.5 判定规则

7.5.1 出厂检验判定与复检

7.5.1.1 出厂检验项目全部符合本标准，判为合格品。

7.5.1.2 出厂检验项目中有一项指标不符合本标准，可以加倍抽样复检，复检后如仍不符合本标准，判为不合格品。

7.5.1.3 卫生指标中的微生物指标和游离矿酸指标如不合格则不得复检。

7.5.2 型式检验判定与复检

7.5.2.1 型式检验项目全部符合本标准，判为合格品。

7.5.2.2 型式检验项目有一项不符合本标准，可以加倍抽样复检，复检后如仍不符合本标准，判为不合格品。

7.5.2.3 卫生指标中的微生物指标和游离矿酸指标如不合格则不得复检。

8 标签、包装、运输和贮存

8.1 标签

8.1.1 标签内容符合 GB 7718、GB 18187 及国家质量监督检验检疫总局令[2007]第 102 号的有关要求。标签上标注产品实际总酸及其等级。

8.1.2 标签上应标注符合本标准规定的产品名称，并按规定使用地理标志产品专用标志。不符合本标准规定要求，或未取得镇江香醋地理标志产品保护注册登记的醋产品，不得使用本标准规定的镇江香醋产品名称。

8.2 包装

内包装材料应符合食品卫生要求。外包装应标注“易碎物品”、“怕晒”、“怕雨”标志并符合 GB/T 191 的规定。

8.3 运输、贮存

产品运输应注意防晒、淋雨，严禁与不洁或有毒有害物品混运。产品应贮存在阴凉干燥的库内，严禁与不洁或有毒有害物品混贮。

附 录 A
（规范性附录）
镇江香醋地理标志产品保护范围图

镇江香醋地理标志产品保护范围见图 A.1。

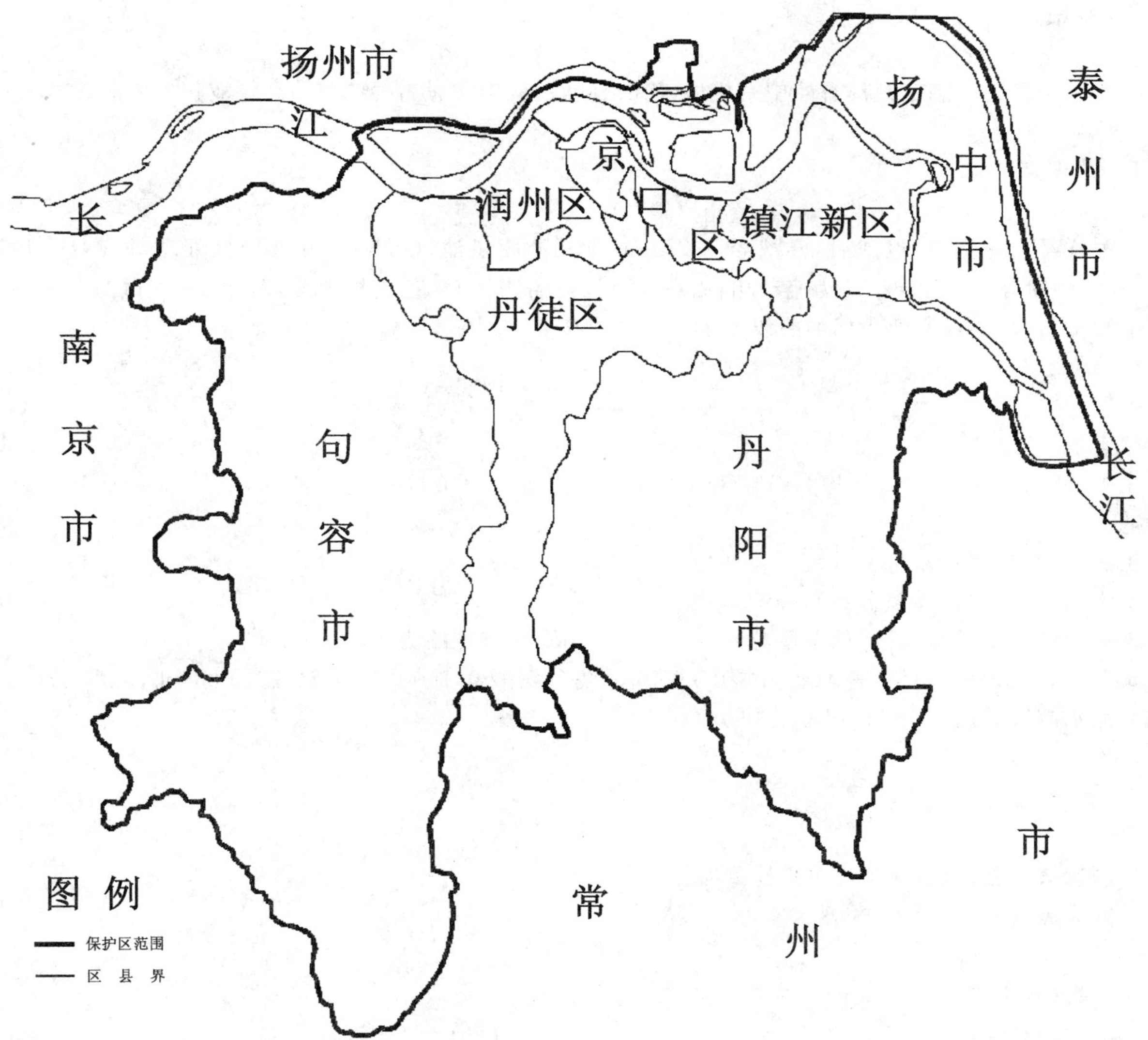

图 A.1 镇江香醋地理标志产品保护范围图

附 录 B
（规范性附录）
有机酸的检测方法

B.1 范围

本附录规定了测定镇江香醋中有机酸(乙酸、乳酸、琥珀酸、焦谷氨酸)的高效液相色谱法。

B.2 原理

醋样经去除蛋白、过滤后，样液经 0.22 μm 微孔滤膜过滤，ODS-C_{18} 预处理柱处理，以 NaH_2PO_4-H_3PO_4 缓冲溶液(pH=2.7)为流动相，用高效液相色谱法在 C_{18} 色谱柱上分离，于 210 nm 处经紫外检测器检测，用峰高或峰面积标准曲线测定有机酸的含量。

B.3 试剂

B.3.1 本方法中所用试剂均为分析纯，试验用水为重蒸水或同等纯度的水，经 0.45 μm 滤膜真空抽滤。

B.3.2 乳酸(90%，质量分数)。

B.3.3 乙酸(36%，质量分数)。

B.3.4 琥珀酸、乙酸、乳酸的浓度分别为 4.0 mg/mL，焦谷氨酸为 2.0 mg/mL。

B.3.5 有机酸标准溶液：称取琥珀酸 0.200 0 g、焦谷氨酸 0.100 0 g、量取乙酸 556 μL、乳酸 222 μL，用超滤水溶解后定容至 50 mL。

B.4 仪器

高校液相色谱仪，配紫外可见检测器。

针头过滤器，0.22 μm 滤膜。

B.5 样品预处理

取样品 5 mL，分别加入 2 mL 亚铁氰化钾(10.6%，即 10.6 g 亚铁氰化钾溶于 100 mL 超纯水中)和硫酸锌(30%，即 30 g 硫酸锌溶于 100 mL 超纯水中)，定容至 100 mL，混匀沉淀 1 h，双层滤纸过滤，然后再用 0.22 μm 微孔滤膜过滤，过 ODS-C_{18} 预处理柱后进样分析。

B.6 色谱条件

高效液相色谱条件色谱柱：C_{18} 柱，5 μm，4.6 mm×150 mm。

流动相：20 mmol/L NaH_2PO_4，用 1 mol/L 磷酸调至 pH=2.7，临用前用超声波脱气。

流速：1.0 mL/min。

柱温：30 ℃。

紫外检测器波长:210 nm。

B.7 标准曲线的绘制

取标准使用液 0.50、1.00、2.00、5.00、8.00 mL,加入 0.2 mL 1 mol/L 磷酸,用超滤水稀释至 10 mL,混匀。进样 10 μL,于 210 nm 处测量峰高或峰面积,每个浓度重复进样 2~3 次,取平均值。以有机酸的浓度为横坐标,色谱峰高或峰面积的平均值为纵坐标,绘制标准曲线或经过线性回归得出回归方程。

B.8 试样测定

在与绘制标准曲线相同的色谱条件下,取 10 μL 试样液注入色谱仪,根据曲线或线性回归方程,求出样液中有机酸的浓度。

B.9 结果计算

试样中有机酸的浓度按式(B.1)计算:

$$X=\frac{c\times V_1}{V} \qquad \cdots\cdots (B.1)$$

式中:

X ——试样中有机酸的含量,单位为克每百毫升(g/100 mL);

c ——由标准曲线或线性回归方程中求得样液中某有机酸的浓度,单位为克每百毫升(g/100 mL);

V_1——试样的最后定容体积,单位为毫升(mL);

V ——分析所用试样体积,单位为毫升(mL)。

B.10 精密度

在重复性条件下获得的两次独立测定结果的绝对差不得超过算术平均值的 9%。

GB/T 18623—2011《地理标志产品　镇江香醋》国家标准第1号修改单

本修改单经国家标准化管理委员会于2012年8月6日批准，自2012年9月1日起实施。

一、将5.4.1中的“乙酸含量不高于上述有机酸总含量的65%”修改为“乙酸含量不高于上述有机酸总含量的78%”。

二、将5.6“使用本标准规定的标签标注‘镇江香醋’产品不添加苯甲酸及其钠盐，其他食品添加剂符合GB 2760的规定。”修改为“使用食品添加剂应符合GB 2760的规定。”